高等院校材料类创新型应用人才培养规划教材

金属材料成形工艺及控制

主　编　孙玉福　张春香
副主编　卢广玺　李永刚
主　审　陈　跃

北京大学出版社
PEKING UNIVERSITY PRESS

内 容 简 介

本书为21世纪全国高等院校材料类创新型应用人才培养规划教材。全书共12章，分为三篇，主要内容包括金属液态成形工艺、连接成形工艺和塑性成形工艺，同时介绍了相关工艺过程的控制内容。本书内容丰富，风格新颖，应用性强，且具有一定的理论深度。

本书可作为高等院校材料成形及控制工程专业的本科生教材，也可作为材料科学与工程专业相关课程的教材，还可供相关行业工程技术人员学习和参考。

图书在版编目(CIP)数据

金属材料成形工艺及控制/孙玉福，张春香主编. —北京：北京大学出版社，2010.2
(高等院校材料类创新型应用人才培养规划教材)
ISBN 978-7-301-16125-8

Ⅰ.金… Ⅱ.①孙…②张… Ⅲ.金属材料—成形—工艺—高等学校—教材 Ⅳ.TG39

中国版本图书馆CIP数据核字(2009)第222835号

书　　名：金属材料成形工艺及控制
著作责任者：孙玉福　张春香　主编
责 任 编 辑：童君鑫
标 准 书 号：ISBN 978-7-301-16125-8/TH·0168
出　版　者：北京大学出版社
地　　址：北京市海淀区成府路205号　100871
网　　址：http://www.pup.cn　http://www.pup6.com
电　　话：邮购部010-62752015　发行部010-62750672　编辑部010-62750667
电 子 邮 箱：pup_6@163.com
印　刷　者：北京虎彩文化传播有限公司
发　行　者：北京大学出版社
经　销　者：新华书店
787毫米×1092毫米　16开本　25印张　573千字
2010年2月第1版　2021年8月第4次印刷
定　　价：63.00元

高等院校材料类创新型应用人才培养规划教材

编审指导与建设委员会

前　　言

随着现代科学技术的迅速发展，各学科间的渗透和交叉越来越多，专业面过窄的情况已不适应社会人才需求的要求。1998 年，教育部将高校铸造、焊接和塑性成形加工等专业调整拓宽为材料成形及控制工程专业。然而，到目前为止，相应的本科生教材较少，难以满足新专业的不同需求。在此情况下，由北京大学出版社组织的 21 世纪全国高等院校材料类创新型应用人才培养规划教材编审指导与建设委员会于 2008 年年底研究制定了材料类专业系列教材的编写计划，编者按照该编写计划的要求，本着“以学生为本”的原则编写了本书，以满足当前材料行业创新型应用人才培养的需要，适应材料行业的发展。

本书依据材料成形及控制工程专业工艺课程的基本教学要求，以金属液态成形、焊接成形和塑性成形为重点，突出工艺过程控制、工艺分析和设计及现代工程应用三大特色，以提高学生综合分析、设计和实际应用能力为目标，在原《铸造工艺学》和《造型材料》、《电弧焊及电渣焊》和《焊接方法》、《锻造工艺学》和《金属挤压与拉拔工艺学》等教材基础上精选内容，并补充了新知识和新工艺。本书将内容界定在金属材料成形范围内，宽而不泛，实用性强，并具有一定的理论深度。

全书共 12 章，分为三篇：

第一篇为金属液态成形工艺及控制，内容包括造型材料及砂型(芯)制作、金属-铸型的界面作用及铸件缺陷控制、铸造工艺设计和特种铸造工艺。阐述型(芯)砂用原材料的基本性能及其对型(芯)砂性能的影响，型(芯)砂性能及其对铸件质量影响的基本规律，以及不同的造型(芯)工艺及其特点；分析铸件凝固过程中金属-铸型的界面相互作用及其对铸件质量尤其是表面质量的影响；阐述工艺设计的基本原理和方法，主要涉及铸造工艺方案、浇冒口系统及液态成形 CAD、CAE 的基本原理。最后，简单介绍了几种特种铸造工艺。

第二篇为金属连接成形工艺及控制，内容包括焊接电弧、熔滴过渡及焊缝成形、埋弧焊及电弧控制系统和气体保护电弧焊。阐述焊接电弧物理，包括电弧的导电、产热及电弧力的机理；分析焊丝的加热、熔滴过渡及控制，母材的熔化及焊缝成形控制；介绍埋弧自动焊的工艺及熔化极电弧焊自动调节系统。此外，对钨极氩弧焊、熔化极氩弧焊、CO_2 气体保护焊和等离子弧焊的基本理论及工艺特点也进行了简单介绍。

第三篇为金属塑性成形工艺及控制，内容包括轧制理论与工艺、挤压与拉拔工艺、锻造工艺和冲压工艺。阐述轧制的基本理论，型材、线材、板带材和管材塑性加工工艺；介绍挤压与拉拔的基本理论及工艺；阐述锻造的加热规范，自由锻及模锻工艺，精密模锻及特种锻造技术；介绍冲裁、弯曲、拉深工艺及其他冲压成形，如胀形、翻边和缩口工艺等。

为了应用与创新，各篇结合生产实际列举了许多实例，在写作风格上注重分析与启发。为便于教与学的结合，每章开头提供了“本章教学要点”，每章后附有习题，以加强学生对所学内容的进一步理解和巩固。

本书的前言、绪论、第1章1.1～1.2节和第12章由郑州大学孙玉福编写，第1章1.3～1.5节和第2～4章由郑州大学张春香编写，第5～8章由郑州大学卢广玺编写，第9～11章由郑州大学李永刚编写。全书由孙玉福统稿。

本书在编写过程中，得到了21世纪全国高等院校材料类创新型应用人才培养规划教材编审指导与建设委员会、北京大学出版社及编写人员所在工作单位的支持与帮助，在此深表谢意！本书由河南科技大学陈跃教授担任主审，陈跃教授对书稿提出了许多宝贵意见，对此，谨致诚挚的谢意！

本书编写过程中参阅了大量的有关著作、教材和技术资料，谨对这些著作、教材和技术资料的编著者表示衷心的感谢！本书编写过程中还得到了关绍康教授、张锐教授、刘胜新教授和赵红亮教授等人的支持与帮助，在此深表谢意！

本书将在今后的使用过程中不断改进和完善，恳切希望广大教师、学生和其他读者提出宝贵意见。

编　者

2009年10月

目　　录

绪　　论

0.1　金属材料成形的基本概念及特点

金属材料与人们的日常生活息息相关，是现代文明各个领域不可缺少的物质基础。但任何材料在使用前都要经过加工成形，使其具有一定的形状、轮廓和尺寸，并成为具备一定使用性能的零件、部件及构件，再以特定方式组合、装配而构成各种装置、设备、仪器、设施、器件或用具，从而服务于各行各业。

金属材料成形一般包括液态成形、连接成形及塑性成形。

1. 液态成形工艺的基本概念及特点

液态成形工艺(铸造)是指将液态金属浇入铸型中，凝固后获得具有一定形状和性能铸件(产品)的成形方法。绝大多数铸件用做毛坯，需要经机加工后才能成为各种机器零件；少数铸件当达到使用的尺寸精度和表面粗糙度要求时，可作为成品或零件而直接使用。

液态成形工艺具有以下特点：

(1) 结构及尺寸适用范围广。铸造成形工艺几乎不受零件大小、壁厚和复杂程度的限制，可以铸造壁厚范围为0.3mm～1m，长度从几个毫米到十几米，质量从几克到500多吨的各种铸件。用其他方法难以成形的形状和结构复杂零件(如各类箱体、叶轮、泵体等)，几乎只能用铸造成形工艺来制造。

(2) 合金的种类适应性强。用铸造成形工艺可以生产铸钢件、铸铁件、各种铝合金、铜合金、镁合金、锌合金及钛合金等铸件。特别是对于无法用焊接和塑性加工成形的金属或合金，可采用铸造成形。如在铸件中所占比例最大的铸铁件，铸造是唯一可行的成形方法。

(3) 尺寸精度高。一般比锻件、焊接件尺寸精确，且近年来，随着铸造成形技术的快速发展和新的铸造成形工艺的出现，铸件的尺寸精度和表面质量进一步提高，节约了大量的金属材料，减少了机械加工工时。

(4) 成本低廉。铸造容易实现大批量机械化生产，并且可大量利用废、旧金属材料，可生产结构复杂、尺寸较准确的金属结构件，生产成本较低。

但是铸件也存在一些缺点，成形过程中涉及的工序较多，控制难度较大，废品率较高。由于没有经过固态下的压力加工，铸件的内部组织均匀性、致密性较低，其力学性能低于锻件。

2. 连接成形工艺的基本概念及特点

材料的连接成形是现代制造业中十分重要的制造金属零部件的手段，它是通过机械、物理、化学和冶金方式，由简单零件或型材连接成复杂零件和机械部件的工艺过程。按接头的形成机理分类，可把连接成形工艺分为机械连接成形、物理和化学连接成形、冶金连接(焊接)成形等。

焊接是指通过适当的物理化学过程使两个分离的固态物体产生原子(分子)间结合力而连接成一体的连接方法。被连接的两个物体(构件、零件)可以是各种同类或不同类的金属、非金属(石墨、陶瓷、玻璃、塑料等)，也可以是一种金属与一种非金属。迄今为止，焊接的主要对象是金属材料。

焊接成形工艺具有以下特点：

(1) 连接质量高。焊接连接是一种金属原子间的连接，刚度大，整体性好，在外力作用下不像机械连接那样因间隙变化而产生较大的变形。同时，焊接连接容易保证产品的气密性与水密性。

(2) 适用范围广。焊接工艺适用于各种金属构件间的连接，特别适用于几何尺寸大而材料较分散的制品，如船壳、桁架等；大型、复杂的结构常分解为许多小零件或部分分别加工，然后通过焊接连成整体，从而扩大了工作面，简化了结构的加工工艺，缩短了加工周期。

(3) 材料适用性强。焊接不仅可以方便地将各种不同形状与厚度的相同材料连接起来，也可实现不同材料间的连接成形。

(4) 工艺简单，成本较低。焊接结构中各零件间可直接用焊接连接，不需要特殊的模具和附加的连接件，工艺较简单；同时焊接接头的强度一般可与母材相等，接头质量好，产品质量轻；焊接设备简单，生产成本较低。

但焊接结构是不可拆卸的，更换修理部分零件不方便；另外焊接易产生残余应力，焊缝易产生裂纹、夹渣、气孔等缺陷而引起应力集中，从而降低结构的承载能力，缩短其使用寿命，甚至造成脆断。

3. 塑性成形工艺的基本概念及特点

塑性加工是指在外力的作用下，金属材料产生塑性变形，获得所需的制品形状、尺寸和微观组织及材料性能的一种金属加工工艺。基本的塑性加工方法有锻造、轧制、挤压、拉拔、拉深、弯曲及剪切等。其中锻造、轧制和挤压是依靠压力作用使金属发生塑性变形；拉拔和拉深是依靠拉力作用使金属发生塑性变形；弯曲是依靠弯矩作用使金属发生弯曲变形；剪切是依靠剪切力作用使金属发生剪切或剪断。

塑性加工既是材料制备的主要手段，又是装备制造的重要环节，前者如轧制及挤压可生产板材、管材、棒材和型材，后者如锻造与冲压可生产各种锻件和冲压件。

塑性成形工艺具有以下特点：

(1) 金属利用率高。金属型材塑性加工是在金属整体性得到保证的前提下，依靠塑性变形使物质发生转移来实现工件形状和尺寸的变化，因而材料的利用率很高。

(2) 力学性能好。在塑性加工过程中，除尺寸和形状发生改变外，金属的组织、性能也能得到改善和提高，尤其对于铸造坯料，经过塑性加工将使其结构致密、粗晶破碎细化和均匀，从而使其性能提高。此外，塑性流动所产生的流线也能使其性能得到改善。

(3) 生产效率高。金属型材塑性加工过程便于实现生产过程的连续化、自动化，适于大批量生产，因而劳动生产率高。

(4) 尺寸精度和表面质量较高。金属型材塑性加工和近年来发展较快的热精锻、冷锻及温锻等精密塑性成形技术，可以生产尺寸精度和表面质量较高的型材及金属零件。

但是塑性加工也存在一些不足，成形加工时需要很大的成形力，能耗较高，且设备庞大结构复杂，一次投入费用高。

0.2 材料成形技术的发展

1. 液态成形工艺的发展

溯源古老的制造技术，我国是世界上最早的发源地之一。在各种制造工艺之中，我国劳动人民创造了具有很高技术价值和民族色彩的铸造技术。

河北省唐山市出土的早期铜器中，有锻打成形的，也有熔铸成形的。近年考古发掘的成果表明，我国夏代就能熔铸青铜。最初的铸型是使用石范，但因石料不易加工，又不耐高温，所以，很快就想到用泥土做成泥范。这个改进变成了历史性的大跳跃，以至在长达3000多年时间内，人们都没有在它上面跨越一步。在近代机器制造业兴起采用砂型铸造以前，泥范一直是最主要的铸造方法。到了唐宋时期，泥范技术日臻完善。通过一些巨大的铸件，不难看出我国古代所拥有的高超铸造技艺。沧州五代铁狮、当阳北宋铁塔，它们至今仍闪烁着民族智慧的光芒。现存于北京大钟寺内的明朝永乐大钟，铸于明永乐十八年(418—1422)前后，全高6.75m，钟口外径3.3m，钟唇厚0.185m，重46.5t，据考证钟体铸型为泥范，芯分七段先铸成钟钮，然后再使钟钮与钟体铸接成一体，钟体的内外铸满经文，共约22700余字。大钟至今完好，声音幽雅悦耳，是世界上罕见的古钟之一。

泥范技术中的泥范，虽容易制取，但它在很长时间内，却停留在一次性使用的水平上。显然，精心制造的“泥范”只能使用一次是很可惜的。1953年，在河北省兴隆县发现了战国时期的铁范，这说明我国早在公元前400多年就已经发明和掌握了金属范技术。由于金属范使用寿命较长，这一技术在我国古代农具铸造中发挥了重大作用。铁范曾成功地利用在军事上，特别是在第一次鸦片战争时期，监制军械的龚振麟，为了赶铸炮位，打击侵略者，曾独创性地用铁范铸炮并获得成功。

金属范虽可以重复使用，但不适用铸造小巧玲珑的东西。对此，我国古代人民还发明了熔模铸造，传统的熔模铸造一般称为失蜡、出蜡或捏蜡、拔蜡铸造，它虽然在所用蜡料、制模、造型材料、工艺方法等方面都与现代熔模铸造有别，但现代熔模铸造却与它胎生于一个原理之中。

以上这些都向世人展现了我国古代铸造工艺的水平和高超技艺，表明我国古代铸造技术居世界先进行列。

新中国成立60年以来，我国铸造业发展迅猛。近几年来，我国铸件产量已达2000万t/年以上，能为航空、航天、航海、交通、制造、冶金、化工等行业提供各种铸件。例如，我国已铸出重260t的大型铸铁钢锭模，还铸出30×10^4kW水轮机转子等复杂、尺寸要求很严的铸件，特别是2008年，中信重机洛阳重型铸锻厂生产了约520t的18500t压力机铸钢机架，其尺寸精度和质量达到了发达国家的水平。这些均标志着我国铸造技术水平已接近国际先进水平。近年来，我国的铸件已大量进入国际市场，专业铸造研究所和大学的科研工作也在蓬勃发展，如大型铸件铸造工艺的计算机辅助设计，采用计算机模拟大型铸件的充型过程和凝固过程，可在铸件生产之前判断铸造缺陷(如缩孔、缩松等)是否产生以及产生的部位，从而及时调整工艺方案，对新产品试制特别是大型铸件的单件生产确保一次成功提供了技术保证。

在液态成形技术的发展过程中，出现了多种铸造方法，但基本上可分为砂型铸造和特种铸造两大类。金属液在重力作用下充满砂型而获得铸件的方法称为砂型铸造。有别于砂型铸造的其他铸造方法统称为特种铸造，如熔模铸造、金属型铸造、压力铸造、离心铸造、真空实型铸造及V法铸造等。特种铸造与砂型铸造相比，进一步提高了铸件的力学性能、尺寸精度和表面质量等，并且易于实现机械化和自动化。

2. 连接成形工艺的发展

焊接是一门新兴而又古老的技术，早在公元3000年前我国古代已有铜-金、铅-锡焊接的应用，举世瞩目的秦始皇墓中出土的铜车马构件上就有锻焊和钎焊焊缝。明代科学著作《天工开物》中也有关于锻焊的记载。但是，目前工业生产中广泛应用的焊接方法几乎都是19世纪末、20世纪初的现代科学技术，是冶金学、金属学、力学、电工、电子学等迅速发展的产物。现代焊接方法的发展是以电弧焊和压力焊为起点的。电弧作为一种气体导电的物理现象，是在19世纪初被发现的，但直到19世纪末电力生产得到发展以后，人们才有条件研究它的实际应用。1885年俄国人别那尔道斯发明碳极电弧可以看作是电弧作为工业热源应用的创始。而电弧焊真正应用于工业，则是在1892年发现金属电弧后，特别是1930年前后出现了薄皮和厚皮焊条以后才逐渐开始的。电阻焊是1886年由美国人发明的，它的大规模工业应用也几乎跟电弧焊同时代。1930年以前，焊接在机器制造工业中的作用还是很微不足道的。当时造船、锅炉、飞机等制造工业基本上还是用铆接方法。这种铆接方法不仅生产效率低，而且连接质量也不能满足船体、飞机等产品的发展要求。因此，从1930年以后，电弧焊和电阻焊就逐渐取代铆接，成为机器制造工业中的基本加工工艺之一。

20世纪现代焊接的发展十分迅速，继几种主要的电弧焊技术出现后，50年代出现电渣焊、电子束焊；60年代出现等离子弧焊和激光焊；70年代出现脉冲焊和窄间隙焊接；80年代开始太空焊接。到90年代已经有电弧焊18种、硬钎焊11种、固态焊接9种、软钎焊8种、电阻焊9种、气焊4种、其他焊10种、热喷涂3种、氧切割9种、电弧切割7种、其他切割6种以及扩散焊1种。近年来，出现的表面张力过渡焊、搅拌摩擦焊、激光和电弧复合加热焊等显示了新的焊接技术仍在不断发展之中。微电子工业对微细连接工艺和设备的需求，陶瓷材料和复合材料对真空钎焊、真空扩散焊、喷涂等工艺和设备的需求，使它们获得了更强的生命力，走上了一个新台阶。同时，材料科学、信息科学、电力电子等高新技术的应用，也极大地促进了现代焊接技术的发展。

焊接工艺的发展趋势体现在以下几个方面：

(1) 不断提高焊接生产率。提高焊接生产率的主要途径是提高焊接熔敷速率，另一个途径是减小坡口断面及降低所需熔敷金属量，近年来最突出的成就是窄间隙焊接。重视改善焊前准备工序的机械化和自动化水平，逐步实现焊接过程的自动化和智能化。

(2) 研究和开发新热源。焊接热源的发展可概括为两方面：一方面是对现有的热源进行改善，使之更为有效方便、经济适用，如激光束和电子束焊接；另一方面则是开发更有效的热源。另外，也可采用两种热源叠加，以求获得更强的能量密度，如在等离子束中加激光、在电弧中加激光等。

(3) 应用绿色节能技术。在电阻点焊中，利用电子技术的发展，将交流点焊改变为次级整流点焊，可以大大提高焊机的功率因数，减少焊机容量(由1000kVA降至200kVA)。逆变式焊机不仅有电能转换效率高的节能特点，而且可以显著降低自身体积和质量，节省原材料，具有良好的焊接工艺控制性能。

3. 塑性成形工艺的发展

金属塑性加工方法在我国的应用，可以上溯到4000年前，它是伴随着制陶、冶炼、铸造发展起来的。古代中国创造了多种工艺方法，结合固体冶金制造钢铁，对一系列的金属及合金进行了加工。采用的工艺方法以锻为主，包括冷锻和热锻。此外，还采用了箔材多层迭后锤锻、丝材拉拔、板成形及冲压等技术。山东沙滕县宏道院出土汉画像石(公元前206年)和西夏敦煌榆林窟壁画，生动地再现了古代热锻的场景。在福建泉州湾打捞起一具古代主锚，它由熟铁制造，热锻后又经退火，晶粒尺寸均匀，硬度为115HB，强度为435MPa。我国著名的四川省泸定县泸定桥，桥长为106m，宽为218m，由9条铁索组成，是在清前期(1706年)制成的。除热锻技术，冷锻、箔材制造、板成形、旋压、拉拔、模压、冷弯技术也得到应用，有的达到较高的技艺水平。

总之，我国古代塑性加工技术理论上对退火、冷加工硬化、锻的本质都有极为深刻的认识。许多传统的塑性加工工艺所以能流传至今，正是由于其蕴含有极高的工艺合理性，甚至有些工艺技术是现代技术都不及的，如捶金箔、打锡箔、铁画等。

自20世纪90年代以来，高新技术的发展正全面促进传统成形技术的改造及先进塑性成形技术的形成和发展。精密塑性成形技术是先进制造技术的重要组成部分，也是汽车工业、工程机械行业中应用广泛的制造工艺方法。它可以生产更接近最终形状(净形的)金属零件，如热精锻、冷锻和温锻即是这几年来应用发展很快的精密塑性成形技术，它们不仅节约材料、能源、减少加工工序和设备，而且显著提高了生产率和产品质量，降低了生产成本，从而提高了产品的市场竞争能力。数值模拟技术是塑性加工技术从经验走向科学化的重大转折，已经开始进入实用阶段。同时人工智能和智能化控制技术也将协同发展，并从简单形状零件成形发展到覆盖件等复杂形状零件成形，从而真正进入实用阶段。

21世纪的塑性加工业将以新材料、新能源、计算机、信息、电子、控制技术等为依托，以更快的速度持续发展，发展的方向将更加突出“精、省、净”的需求。塑性成形技术将具有更大的柔性或灵活性，以适应未来多样化及产品个性化的市场需求发展趋势，加强企业对市场变化的快速响应能力。

0.3 本课程的内容及要求

“金属材料成形工艺及控制”是材料成形及控制工程专业的主要课程之一，它主要研究金属材料的成形工艺及成形过程中的规律。

本书在液态成形工艺部分主要介绍型(芯)砂用原材料的基本性能及其对型(芯)砂性能的影响，型(芯)砂性能及其对铸件质量影响的基本规律，以及不同的造型(芯)工艺及其特点；分析铸件凝固过程中金属-铸型的界面相互作用及其对铸件质量尤其是表面质量的影响；阐述工艺设计的基本原理和方法，主要涉及铸造工艺方案、浇冒口系统及液态成形

CAD、CAE的基本原理，最后介绍几种特种铸造工艺。在学完本课程之后，应进行铸造工艺课程设计，并结合相应的CAE软件使用，使读者从选择造型材料及其工艺、分析铸件可能出现的缺陷直至设计合理的铸造工艺等方面经过实际的训练，在巩固理论知识的同时培养读者独立工作的能力。

本书在连接成形工艺部分主要介绍电弧焊基础，熔滴过渡及焊缝成形，埋弧焊及电弧控制系统，气体保护电弧焊。阐述焊接电弧物理，包括电弧的导电、产热及电弧力的机理；分析焊丝的加热、熔滴过渡及控制，母材的熔化及焊缝成形控制；介绍埋弧自动焊的工艺及熔化极电弧焊自动调节系统。此外，对钨极氩弧焊、熔化极氩弧焊、CO_2气体保护焊、等离子弧焊的基本理论及工艺特点也进行了简单介绍。

本书在塑性成形工艺部分主要介绍轧制理论与工艺、挤压与拉拔工艺、锻造工艺、冲压工艺等四大部分，内容基本涵盖了当前塑性加工的主要手段、方法以及相关的基本理论和工艺过程。塑性加工的工艺方法及产品品种繁多，建议读者在学习本书的基础上阅读一些相关书籍，以丰富和巩固所学知识。

第一篇

金属液态成形工艺及控制

第1章 造型材料及砂型(芯)制作

本章学习目标

★ 掌握湿型砂用原材料质量要求及湿型砂性能要求

★ 掌握钠水玻璃的基本特性及CO_2-钠水玻璃砂工艺

★ 掌握壳法、自硬法和气硬法所用的原材料及其工艺过程，了解铸造用涂料及分型剂

本章教学要点

知识要点	掌握程度	相关知识
湿砂型	熟悉湿型砂用原材料及质量要求；重点掌握湿型砂性能要求及检测；掌握湿型砂质量控制	硅砂、粘土的成矿过程；石英(SiO_2)的物理化学特性；粘土($m Al_2O_3 \cdot n SiO_2 \cdot x H_2O$)的结晶特征
水玻璃砂型(芯)	掌握钠水玻璃的质量要求及其硬化机理；熟悉CO_2-钠水玻璃砂型及自硬钠水玻璃砂	硅酸钠的物理化学特性；液态有机酯与硅酸钠的反应
树脂砂型(芯)	掌握壳法、自硬法和气硬法所用的原材料及其工艺过程	树脂的物理化学特性及其与固化剂的反应；高温下树脂与金属材料的化学反应
涂料及分型剂	掌握铸造用涂料的基本组成及性能；了解不同制型(芯)方法常用的分型剂	胶体分散系的特性；石墨粉、硝基磁漆及乳化硅油等的物理化学特性

导入案例

2007年8月8日，奥运金镛(青铜钟)在武汉铸造成功。奥运金镛来自于著名作家王金铃的作品《奥运赋》。2001年北京申奥成功后，王金铃即兴创作了该作品，整篇文章恰好2008字，文辞优美，用典深奥。很多学者建议铸造一口青铜钟铭记《奥运赋》，为北京奥运会助威，就名为“奥运金镛”。它由山东淄博企业家李建华出资，武汉重工铸锻有限公司螺旋桨厂承制，采用锡青铜合金材质，高3.2m，钟底直径2m余，总质量7t，高大的钟身上镌刻着精细的《奥运赋》文字。

1.1 概　　述

砂型是以原砂为主要骨料的铸型。制作砂型的材料称为造型材料，包括原材料(原砂、粘结剂和附加物)和混合料(型砂、芯砂和涂料)。

砂型铸造所用的原砂以石英质的硅砂为主。所用粘结剂分无机粘结剂和有机粘结剂两类，无机粘结剂包括粘土、水玻璃、磷酸盐等；有机粘结剂包括油类(如亚麻油、桐油；石油、汽油等)、树脂类(如呋喃树脂、酚醛树脂等)以及其他如糊精、糖浆、松香、纸浆废液等。所用附加物有煤粉、石墨、木屑和固化剂等。

按使用粘结剂的不同，将型、芯砂分为粘土砂、水玻璃砂和树脂砂等。

制作砂型用得较多的是粘土砂。粘土砂型根据在合箱和浇注时的状态不同可分为湿型(green sand mold)、干型和表面干型。三者之间的差别在于：湿型在造好型后不必烘干，直接浇入金属液；干型是在合箱和浇注前将整个砂型送入窑中烘干；表面干型只需将砂型的工作表面烘干一定深度即可，不必全部烘透。湿型铸造方法因其无须烘干，因而可节省烘干设备和燃料，延长砂箱使用寿命，改善工人劳动条件，工序简单，生产率高，易于实现生产过程的机械化和自动化，因而使用最为广泛。但湿型铸造也存在许多不足：湿型含水量较高，易产生大量气体；湿型受热形成水分凝聚区，易造成夹砂类缺陷；粘土砂的湿态强度比干态强度低，在金属液作用下会造成砂眼或铸件多肉。因此，要用湿型生产出优质铸件，根本的措施是使用优质原材料，配制优质的湿型砂，使其既具备各种必要的性能，如适宜湿度、透气性、强度和韧性等，又保持这些性能的稳定。

湿型砂按造型时的情况可分为面砂、背砂和单一砂。面砂是指造型时铺覆在模样表面上构成型腔表面层的型砂。在砂型浇注时，面砂直接与金属液接触，对铸件质量有重要影响。背砂是在面砂背后用来填充加固的型砂。一般中小件造型时，为简化型砂管理和造型操作过程，往往只用一种型砂，称为单一砂。

除粘土砂以外的其他无机粘结剂砂以及有机粘结剂砂同样可用于制造砂型和砂芯。这些内容将在下面的章节中论述。

1.2 湿 型 砂

1.2.1 湿型砂用原材料及质量要求

湿型砂是由原砂、粘土、水及附加物按一定配比组成的。其中原砂是骨料、粘土为粘结剂。经过混碾后，粘土、附加物和水混合成浆，包覆在砂粒表面形成一层粘结膜。粘结膜的粘结力决定型砂的强度、韧性、流动性，砂粒间的孔隙决定型砂的透气性。因此，为了制得性能符合要求的型砂，必须考虑以下三方面的因素：

(1) 原材料的选择。选用高质量的原材料是能否制成高质量型砂的先决条件。

(2) 型砂配方。各种材料之间要有一个合理的配合比例。

(3) 混制工艺。目的在于使各种材料分布均匀，并使粘土膜完整地包覆在砂粒表面上。型砂应质地松散无团块。

1. *石英质原砂*

铸造生产中使用最多的原砂(base sand)是以石英为主要矿物成分的天然硅砂。这是因为天然硅砂资源丰富，价格低廉，能满足铸造上大多数情况的要求。

天然硅砂是由火成岩风化形成的。例如，火成岩中的花岗岩是由石英、长石、黑云母等矿物颗粒组成的岩石，经过长期风化作用后，花岗岩中的石英由于化学性质稳定和较坚硬，风化时成分不变，仅被破碎成细粒。而花岗岩中的长石、云母，一部分通过化学风化变成粘土，另一部分未被化学风化，混在砂子中。所以一般说来，砂中除了主要成分石英以外，还混有一些长石、云母和粘土矿物等夹杂物。

硅砂分布很广，但并不是所有的硅砂都能供铸造生产使用，因此对原砂提出以下质量要求：

1) 含泥量(clay content)

含泥量是指原砂或型砂中直径小于0.02mm(20μm)的小颗粒的含量，其中包括极细的砂子、粘土和其他非粘土质点。

含泥量对湿型砂性能的影响主要有：①原砂中泥分增多，则型砂的孔隙直径减小，透气性下降；②当其他条件相同时，原砂的含泥量增多，型砂的湿态抗压强度提高，达到最适宜干湿状态的型砂含水量也提高；③如果原砂的泥分中不含粘土矿物，则原砂中含泥量增多会使型砂变脆，起模性能变坏。

使用树脂等化学粘结剂时，对原砂中泥分含量的要求更为严格，这是因为泥分的表面积大，会消耗掉大量粘结剂。树脂砂用原砂均需经过水洗去泥，尽量使原砂含泥量降低到0.2%～0.3%(质量分数)，必要时还可对原砂进行擦洗净化处理，使含泥量降至0.1%以下。

2) 原砂的颗粒组成(grain size and distribution of base sand)

原砂的颗粒组成(即粒度)包括两个方面：砂粒的粗细程度和粗细分布的集中程度。

为检测不同原砂的颗粒组成，通常采用筛分法，即用一套筛孔尺寸自大而小的铸造用试验筛(11个筛和底盘)来筛分已洗去泥分的干砂样，并对其进行颗粒分级的方法。通称的筛号表示每1英寸(25.4mm)长的筛网上的筛孔数，又称“目”。

为了能方便地了解原砂粗细和颗粒分布特征，可以用符号表示法、累积曲线表示法、美国铸造协会平均细度(AFS grain fineness number)表示法和砂粒平均尺寸表示法等来表明原砂颗粒的组成。这里主要介绍符号表示法和AFS平均细度法。

(1) 符号表示法。根据国家标准GB 9442—1998《铸造用硅砂》将铸造用试验筛筛分后所得到的各筛子上砂子质量，选出余留量之和为最大值的相邻三筛，即得该砂样的主要粒度组成部分，用相邻三筛的中间筛筛孔尺寸毫米后的两位数作为粒度代号。在主要粒度组成部分中，如果前筛余留量大于后筛余留量，则在粒度代号后用Q表示，反之用H表示。

表1-1中砂子的颗粒组成的粒度代号为25H。

表1-1　砂粒筛分后的各筛余留量

筛孔尺寸/mm	1	0.71	0.5	0.355	0.25	0.18	0.125	0.09	0.063	底盘	总计
$W_{余留量}$/(%)	—	—	1.0	11.5	37.8	39.7	7.3	1.8	0.4	0.5	100

(2) AFS平均细度法。AFS平均细度可大致反映原砂的平均颗粒尺寸。其含义是：将砂样换算成同样质量的均一直径颗粒，而砂粒的总表面积仍与原来一致，则这种均一砂粒所能通过的筛号即为美国铸造学会平均细度，或写为AFS平均细度。表1-2所示为A、B砂样筛分后计算AFS平均细度的例子。将各筛余留量的质量分数乘以表1-2所示相应乘数，然后将各乘积相加，除以砂粒部分的质量分数总和，其结果就是AFS平均细度。A、B砂样的含泥量分别为0.5%、0.8%，砂粒部分的质量分数为99.5%和99.2%，所以：

表1-2　AFS平均细度计算

筛号		6	12	20	30	40	50	70	100	140	200	270	底盘	总计	含泥量
$W_{余留量}$/(%)	A砂	0	0	0	1	24	22	16	17	14	4	1.2	0.3	99.5	0.5
	B砂	0	0	0	0	1	24	41	24	7	1.2	0	1	99.2	0.8
乘数		3	5	10	20	30	40	50	70	100	140	200	300	—	
乘积	A砂	0	0	0	20	720	880	800	1190	1400	560	240	90	5900	
	B砂	0	0	0	0	30	960	2050	1680	700	168	0	300	5888	

$$\text{A砂样的AFS平均细度}=\frac{5900}{99.5}=59.3$$

$$\text{B砂样的AFS平均细度}=\frac{5888}{99.2}=59.35$$

A、B砂样的砂粒粗细明显不同，但AFS平均细度却基本一致。

这种方法的使用历史较长，但所规定的乘数不够严格，只大致与砂粒表面积成比例关系。

3) 原砂的颗粒形状及表面状况

(1) 原砂的颗粒形状。用光学显微镜或扫描电子显微镜观察原砂的颗粒，可以清楚地看出各种砂粒的不同轮廓形状即“粒形”。铸造用原砂的粒形从尖角形、角形、半角形、半圆形、圆形直至圆整共分为六种，按圆球度(sphericity)分为高球形砂、半球形砂和少球形砂三级。以往只概略地分为三类，即圆形、多角形(多为钝角)和尖角形，分别用符号“○”、“□”、“△”表示。如果一种形状的原砂混杂有其他形状的颗粒，只要不超过1/3，就仍用主要颗粒的粒形符号表示。否则就用两种符号表示，并将数量较多的粒形符号排在前面，如□-△、□-○等。

(2) 粒形对型砂性能的影响。对湿型砂而言，其他条件相同时，原砂的颗粒形状越圆，型砂就越易紧实，标准型砂试样的质量就越大，透气性也就越低；砂粒更靠近，粘结桥较多，因而强度更高。

对使用树脂等化学粘结剂的型砂和芯砂而言，粒形对强度的影响尤为显著。在粘结剂加入量相同的条件下，用圆形砂的试样紧实程度高，而且砂粒实际比表面积小，形成的粘结膜更完整，所以强度比尖角形砂高很多。

(3) 原砂的表面状况。用扫描电子显微镜观察砂粒，能看出不同砂源的砂粒表面状况，包括表面粗糙度，有无侵蚀沟痕、裂缝和孔洞，这对消耗粘结剂量有很大影响。用吸附原理测定比表面积能反映砂粒表面坑洼、裂隙和孔洞情况。

4) 原砂的矿物组成和化学成分

(1) 硅砂的矿物组成(mineral constitutions of silica sand)和化学成分。硅砂的矿物组成主要是石英，其次是长石及少量云母、铁的氧化物、硫化物和碳酸盐。由于石英(SiO_2)是Si—O之间以强大的共价键结合而形成的原子晶体，因此，具有高熔点(1713℃)、高硬度(莫氏7)的特性，复用性好，是保证原砂铸造性能的主要成分。石英的缺点是受热过程中会产生较大的膨胀。长石即铝硅酸盐，常见的有钠长石($Na_2O \cdot Al_2O_3 \cdot 6SiO_2$)、钾长石($K_2O \cdot Al_2O_3 \cdot 6SiO_2$)和钙长石($CaO \cdot Al_2O_3 \cdot 2SiO_2$)，熔点、硬度均低于石英，易粉碎，降低砂子复用性。但受热过程中体积变化较小。云母是含水的铝硅酸盐，常见的有白云母和黑云母，与长石物理性能类似。原砂中其余的矿物均属于有害物质。

化学分析得出的原砂SiO_2含量并不等于原砂中石英矿物的含量，因为云母和长石的化学成分中也都含有SiO_2。但在实际生产中仍可把原砂中SiO_2含量作为衡量和控制原砂质量的一个主要指标。铸造用硅砂根据国家标准GB 9442—98的规定，按二氧化硅含量分为六级。

生产中通常根据铸件的合金种类、质量、壁厚的不同来选定原砂的化学成分和矿物组成。铸钢的浇注温度高达1500℃左右，钢液含碳量较低，较易与型砂中杂质进行化学反应而造成化学粘砂。所以要求原砂中SiO_2含量应较高，有害杂质也应严格控制。铸铁的浇注温度一般在1400℃以下，铁水中含有较多碳分，湿型浇注时型砂中加入煤粉等附加物，能产生大量还原性气体，与铸型相接触的界面上金属基本不氧化。因此，对原砂中SiO_2含量要求不严格。

(2) 原砂的烧结点(sintering point of base sand)。烧结点是指原砂颗粒表面或砂粒间的混杂物开始熔化的温度。它是原砂各种组合成分耐火性能的综合反应。所以，有时采用测定原砂烧结点的办法能更直观地说明原砂做为耐火材料的表现如何，而且可用来推测原砂中SiO_2含量高低和杂质多少。

阅读材料1-1

硅砂不仅用于铸造行业，还可用于水过滤、水玻璃、化工、喷砂、玻璃及玻璃制品、搪瓷等行业。图 1.1 所示是硅砂、海砂、覆膜原砂、硅砂滤料等实物照片。

图 1.1　硅砂、海砂、覆膜原砂、硅砂滤料实物图

2. 非石英质砂

虽然硅砂来源广，价格低，能满足一般铸铁、铸钢和非铁合金铸件生产的要求而得到广泛应用，但是硅砂也存在一些缺点：热膨胀系数比较大，热扩散率和蓄热系数比较低，容易与铁的氧化物起反应等。在生产高合金钢铸件或大型铸钢件时，使用硅砂配制的型砂，铸件容易发生粘砂缺陷。清砂过程中，工人长期吸入硅石粉尘易患矽肺病(silicosis)。

非石英质原砂是指矿物组成中不含或只含少量游离 SiO_2 的原砂。与硅砂相比，大多数都具有较高的耐火度、热导率、热扩散率和蓄热系数，热膨胀系数低而且膨胀均匀，无体积突变，与金属氧化物的反应能力低等优点，能得到表面质量高的铸件并改善清砂劳动条件。但这些材料中有的价格较高，比较稀缺。目前可用的非石英质原砂有橄榄石砂、锆砂、铬铁矿砂、石灰石砂、镁砂、刚玉砂、钛铁矿砂、铝矾土砂等。

1) 锆砂(又称锆英砂 zircon sand)

锆砂的主要矿物成分是锆英石($ZrSiO_4$)，外观为无色的锥柱形细颗粒，因存在铁的化合物，故一般呈棕色、黄褐色或淡黄色，颗粒形状为圆形和多角形。锆砂的密度为 4.4～4.7g/cm³，莫氏硬度为 7～8，其熔点随所含杂质的不同在 2038～2420℃ 内波动。在 1540℃时它开始分解为 ZrO_2 和 SiO_2 玻璃体，而 SiO_2 的熔点较低，因此锆砂的烧结点与熔点之间有一个较宽的温度区间。

锆砂的热膨胀性比硅砂、镁橄榄石砂、铬铁矿砂等材料都小，只及硅砂的 1/6～1/3，可避免铸件产生夹砂结疤类缺陷；而热导率和蓄热系数、密度都比硅砂高很多，其热导率比硅砂约高两倍多，因此铸件冷却凝固速度快，可细化铸件组织，提高铸件的力学性能；热化学稳定性高，几乎不被熔融金属或金属氧化物浸润，有利于阻止金属液浸入铸型孔隙，可防止化学粘砂、减少机械粘砂缺陷。

2) 铬铁矿砂(chromite sand)

铬铁矿砂属于铬尖晶石类，主要矿物组成为铬铁矿 $FeCrO_4$，镁铬铁矿(Mg，Fe)

Cr_2O_4 和铝镁铬铁矿(Fe，Mg)(Cr，Al)$_2O_4$，其化学成分主要是 Cr_2O_3，其次是 MgO、FeO、Al_2O_3 和少量 SiO_2 及其他杂质，一般可用化学式(Mg，Fe)O·(Cr，Al，Fe)$_2O_3$ 表示。铬铁矿砂的密度为 4.0～4.8g/cm^3，莫氏硬度为 5.5～6，耐火度高于 1900℃，但含有杂质时其耐火度会降低，其中最有害的杂质是碳酸盐($CaCO_3$，$MgCO_3$)，它与高温金属液接触时分解出 CO_2，而使铸件产生气孔。因此用于铸造时，常将铬镁矿经过 900～950℃焙烧，使其中的碳酸盐分解，然后再加工破碎成一定的粒度。

铬铁矿砂化学性能比较稳定，不与氧化铁等起化学反应，比镁砂更为优越。加热至 1700℃以前无相变，体积基本上稳定。热导率比硅砂大数倍，有良好的激冷作用。在金属液浇注过程中，其本身发生固相烧结，有助于防止金属液的渗透，其抵抗钢液渗透的能力高于锆砂、镁橄榄石砂或细硅砂，具有不润湿性。但是铬铁矿砂的热膨胀率几乎是锆砂的两倍，粒形不如锆砂圆整；略偏碱性，其耗酸值大于锆砂，用于酸硬化树脂砂时要多加硬化剂。

3. 粘土

粘土是湿型砂的主要粘结剂。粘土被水湿润后具有粘结性和可塑性；烘干后硬结，具有干强度，而硬结的粘土加水后又能恢复粘结性和可塑性，因而具有较好的复用性。但如果烘烤温度过高，粘土被烧死或烧枯，就不能再加水恢复粘性。粘土资源丰富，价格低廉，所以应用广泛。

1) 粘土的矿物成分和结晶特征

粘土主要是指由细小结晶质的粘土矿物所组成的土状材料。粘土矿物的种类很多，按晶体结构可分为高岭石组、蒙脱石组和伊利石组。各种粘土矿物主要是含水的铝硅酸盐，化学式可简写成 $mAl_2O_3 \cdot nSiO_2 \cdot xH_2O$。粘土是由各种含有铝硅酸盐矿物的岩石经过长期风化、热液蚀变或沉积变质作用等生成的。

通常根据所含粘土矿物种类不同将粘土分为铸造用普通粘土(fireclay)和膨润土(bentonite)两类。普通粘土主要含有高岭石或伊利石类矿物。膨润土主要是由蒙脱石组矿物组成的。

各种粘土之所以具有不同的性能，其基本原因是粘土矿物的结晶结构不同。

粘土矿物的晶格中都包含着两种基本结构单位：①硅氧四面体。各四面体之间通过公用底面的氧相互联结，且所有底面处于同一平面上，构成一片四面体层。②铝氧八面体。铝氧八面体之间也是靠公用氧或氢氧相互联结形成八面体层。

高岭石是两层型粘土矿物，其单位晶层是由一层硅氧四面体层和一层铝氧八面体层结合而成的。四面体层的顶端指向八面体，并和它共同占有一个氧。这种单位晶层在垂直方向(z 向)层层叠起，在水平方向无限制展开而构成高岭石的晶体。由于高岭石相邻的单位晶层之间是由氧面和氢氧面相重叠，它们之间形成氢键将单位晶层紧紧联结起来。因此高岭石的结晶在水中不容易分散，颗粒较粗，水分子不能进入单位晶层之间，所以吸水膨润现象较小。

蒙脱石是典型的三层型粘土矿物。其单位晶层是由两层硅氧四面体中间夹着一层铝氧八面体组成，四面体的尖端指向单位晶层内部，四面体与八面体共同占有氧。蒙脱石两相邻单位晶层之间是由氧面和氧面相接的，不形成氢键，靠一般分子间力相结合，水分子和水溶液中的离子或其他极性分子容易进入单位晶层与单位晶层之间，使晶格沿 c 轴方向膨胀。故这类粘土矿物的晶粒特别细小，吸水膨胀性较好。

伊利石也是三层型的粘土矿物，其结构大致与蒙脱石类似。

2）粘土的表面电荷和交换性阳离子

粘土晶体因破键和晶内离子置换等原因使其颗粒表面带负电荷。为了使负电荷得到平衡，粘土矿物通常吸附一些阳离子，如 Ca^{2+}、Mg^{2+}、Na^{+}、K^{+} 等，这些阳离子有可能被其他阳离子置换出来。蒙脱石的晶体内部离子置换主要发生在八面体层，所引起的电荷要经过较长的距离才能起作用，所以束缚力较弱，所吸附的阳离子有可能被其他的阳离子置换出来。而伊利石的内部离子置换主要发生在四面体中，对钾离子的束缚力较强，因此实际上是不可置换的。粘土中能被置换出来的吸附的阳离子被称为交换性阳离子。

膨润土中如果某一交换性阳离子量占阳离子交换总容量的 50%或 50%以上时，称其为主要交换性阳离子，如果为钠离子则称为钠膨润土，以 P_{Na} 表示；如果为钙离子，则称为钙膨润土，以 P_{Ca} 表示；如果任一交换性阳离子量均占阳离子交换容量的 50%以下时，则以其中含量相对较多的两种交换性阳离子表示，如为钙离子与钠离子，则称为钙钠膨润土或钠钙膨润土，以 P_{CaNa} 或 P_{NaCa} 表示(含量较多的阳离子的符号在前)。

根据粘土的阳离子交换特性，可对钙土进行处理，使之转变为钠基膨润土。这种离子交换过程，通常称为膨润土的活化处理。最常用的活化剂为碳酸钠。这一过程的化学反应机理简单示意如下：

$$Ca^{2+}-\text{蒙脱石}+Na_2CO_3\longrightarrow Na_2^{+}-\text{蒙脱石}+CaCO_3\downarrow$$

经活化处理后的钙基膨润土与天然钠基膨润土的性能相近。通常活化处理用碳酸钠量为膨润土量的 4%～5%即可得到良好效果。

3）粘土的吸附水分和粘结机理

粘土在湿润状态下含有三种水分：①吸湿水，即自由水，这种水分在 105℃温度下即能烘去；②在粘土矿物单位晶层底面取向排列的偶极水和交换性阳离子吸附的阳离子水化膜，统称为层间吸附水；③参与构成粘土矿物晶格的水，称为晶格水或结构水。后两种为化合水，必须加热到一定温度下才能排除。

由于粘土矿物的表面带有负电荷，而水分子又是极性分子，因此，粘土晶层表面的吸附水的水分子正端必然朝向粘土表面，并彼此相联结成网格状。第一层取向排列的极性水分子的负端指向外面，又能形成另一层取向排列的水分子。由于水分子具有热能，取向排列的程度将向外递减。离粘土颗粒近的水分子属于强结合水(图 1.2)，有较大的粘滞性，

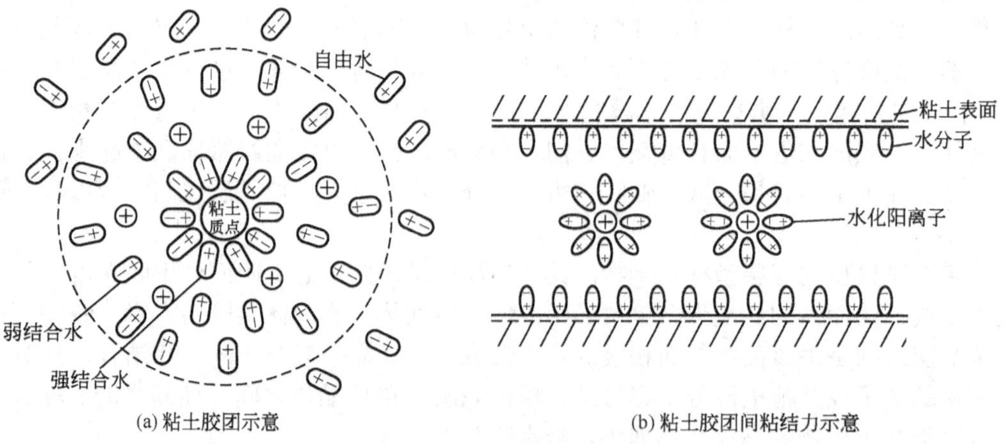

(a) 粘土胶团示意　　(b) 粘土胶团间粘结力示意

图 1.2　粘土颗粒间粘结力示意

不能流动，形成吸附层，离粘土颗粒远的水分子属于弱结合水，仍保持其液态，有一定的粘滞性，但可以缓慢流动，形成扩散层。再向外就是自由水。

被粘土吸附的交换性阳离子所带电荷的多少和半径大小也影响着结合水量。这些阳离子是以水化离子形式存在于粘土单位晶层底面附近。带负电的粘土颗粒吸附水化阳离子形成双电层(水化膜)。在粘土颗粒表面负电量相近的情况下，吸附 Na^{+} 时被平衡掉的电荷比吸附 Ca^{2+} 少，所以 Na 蒙脱石在水介质中电动电位高，并且它的电动电位随距颗粒表面距离加大呈缓慢下降趋势，可以延伸较远距离。而 Ca 蒙脱石电动电位随距颗粒表面距离加大呈急剧下降趋势，并且很快消失。所以 Na 蒙脱石较 Ca 蒙脱石的扩散层厚度大。

关于粘土的粘结机理，有一种观点完全用胶体化学的理论来解释，认为粘土在水中形成的粘土-水体系是胶体，带负电的粘土颗粒将极性水分子吸引在自己的周围，形成胶团的水化膜，依靠粘土颗粒间的公共水化膜(公共扩散层)，并通过其中的水化阳离子所起的“桥”或键的作用，使粘土颗粒相互联结起来，如图 1.2 所示。相邻的粘土胶粒表面带有同样的负电荷，由于存在于公共扩散层中阳离子的吸引作用，使它们互相结合起来。很明显，粘土胶粒的扩散层越薄，这种吸引力就越强。若水分过低，则不能形成完整的水化膜；若水分过高，就会出现自由水。在这两种情况下，湿态粘结力都不大，只有在粘土和水量比例适宜时，才能获得最佳的湿态粘结力。湿型砂处于最适宜干湿程度时的水分称为最适宜水分。一般说来，粘土颗粒所带电荷越多或粘土颗粒越细小，比表面积越大，则湿粘结力越大。

对于粘土的粘结机理，另一种观点(Patterson W 和 Boenisch D，1961)认为，一般湿型砂用膨润土颗粒之间既有阳离子的“桥”联结，又有“表面联结”(图 1.3)。直接吸附在膨润土颗粒表面的极性水分子彼此联结成六角网格结构，增加水分，逐渐发展成接二连三的水分子层。粘土颗粒就是靠这种网格水分子彼此联结，从而产生了湿态粘结力。这种极性水分子有规则排列网格的联结可称为“表面联结”，联结力的大小主要受含水量的多少影响。“桥联结”发生于相邻粘土颗粒所吸附离子的水化膜之间，阳离子及其水化膜的作用就像一座“水桥”附加在粘土的表面联结上，桥联结的强弱受离子种类的影响，也受粘土与水的质量比的影响。试验表明：型砂的最适宜干湿状态相当于粘土：水约为 10∶4

最适宜水分倍数	1	2	3	4
室温	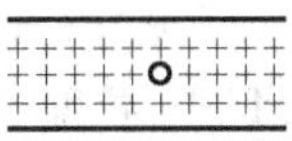 a	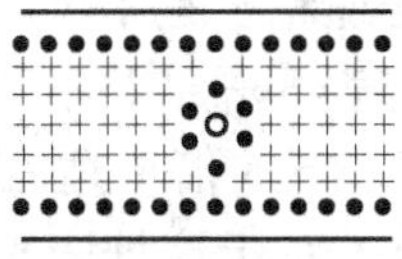 b	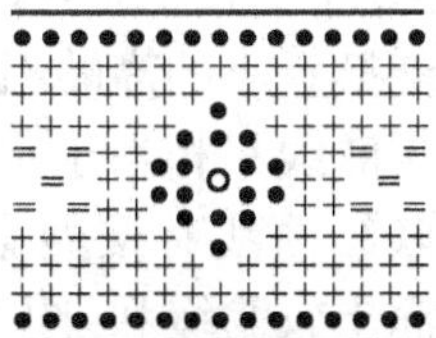 c	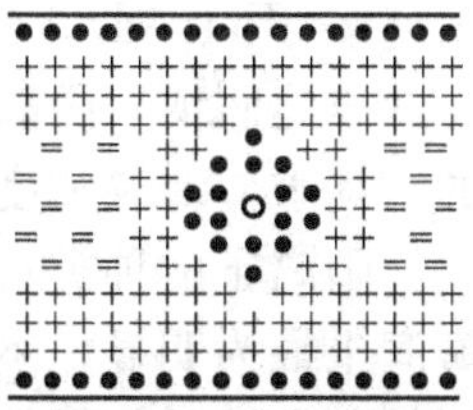 d
表面联结	强	弱	无	无
桥联结	无	弱	强	弱

图 1.3 不同含水量时粘土微粒表面之间的水分子和吸附阳离子的水化膜联结示意

○—阳离子；●—强联结的水分子；＋＋＋—弱联结的水分子；＝＝＝—自由水分子

(质量比，下同)。依靠表面联结的最大强度相当于约 10∶3.7，依靠桥联结的最大强度相当于约 10∶12(图 1.4)，而湿强度为表面联结强度和桥联结强度之和。大约在粘土晶层之间进去三层水分子时表面联结形成的粘结力最大，此时吸附的阳离子可能已形成水化膜，然而还不能形成明显的桥联结强度，因而在图 1.3a 中未表现出来。

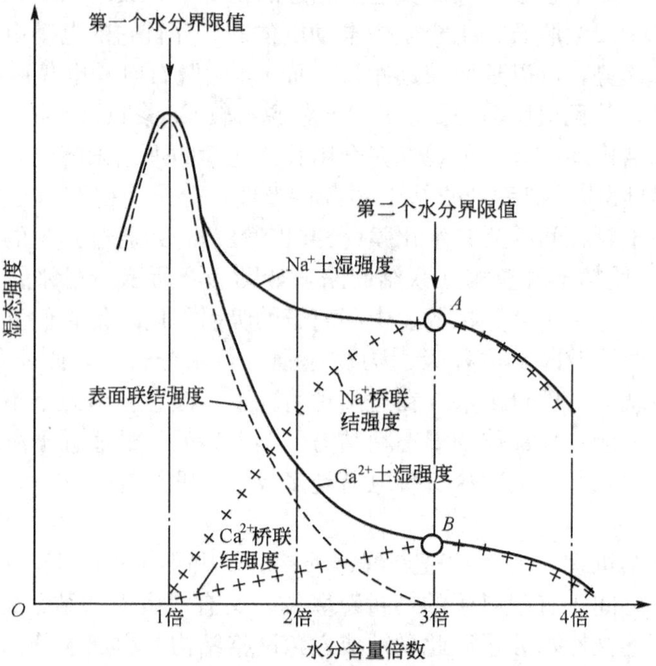

图 1.4　膨润土的湿态强度(表面联结强度和桥联结强度之和)与水分含量的关系

水分增加，则极性水分子离粘土表面远处的方向性渐差，表面联结所产生的粘结力显著下降。阳离子的水化膜随水分的增加而形成［图 1.3(b)，(c)］。直到 3 倍最适宜水分时，阳离子水化膜达到了最佳水化状态。这时由于出现了自由水，表面联结不起作用，但桥联结所产生的“水桥”却起着最强的粘结作用，也即这时粘土的湿强度主要是靠交换性阳离子所形成的桥联结来起粘结作用。水分再增多，粘土颗粒被水进一步胀开，自由水越来越多(图 1.3d)，桥联结也逐渐被削弱，这时粘土的粘结力急剧下降。

按此假说，阳离子交换量小的高岭石类普通粘土是不可能靠桥联结产生显著的粘结力的，其水分对湿强度影响曲线只相当于水分与表面联结关系曲线。

阳离子的种类对桥联结曲线有强烈影响。2～3 倍最适宜水分区间强度的下降，以钙膨润土最为明显，钠膨润土较为缓和(图 1.4)。对于这种区别，可解释为：膨润土胶核表面的负电性是相近的，不论是钠土或钙土其总电位的差别不大。当吸附的是低价 Na^+ 时，它在胶粒表面外吸附层中被平衡掉的电荷较少，粘土胶粒的动电电位较高，可吸引更多层的水分子，因此水化膜较厚。吸附较高价的离子(如 Ca^{2+})时，它在胶粒表面外吸附层平衡掉的电荷较多，胶粒的动电电位较低，吸附的水分子层较少。

对于在型砂水分凝聚层中粘土的热湿粘结力的解释是：在水分凝聚层内，型砂的水分含量是最适宜水分的 2～3 倍。桥联结对产生粘结力具有重要的影响。此外，随着型砂温度的升高，水分子的活动自由度增大，因而强度下降。在接近100℃时，表面联结的水分子沸腾，而阳离子吸附的水仍保持联结状态。因此，在水分凝聚层内，钠离子形成的桥联结使粘土产生较高的热湿粘结力。

4. 附加物

型砂中除了含有原砂、粘土和水等材料以外，还有煤粉、渣油、淀粉等，目的是使型砂具有特定的性能，并改善铸件的表面质量。这里主要介绍煤粉(coal dust)。

煤是有机和无机物的混合物，用于型砂附加物的煤粉是用烟煤磨细制成的。煤粉在湿型砂中所起的作用主要有以下几种：

(1) 在铁液的高温作用下，煤粉产生大量还原性气体，防止金属液被氧化，并使铁液表面的氧化铁还原，减少了金属氧化物和造型材料进行化学反应的可能性。产生的气体在砂型孔隙中形成压力，也可能使金属液不易渗入型砂中。

(2) 煤粉受热形成的半焦充填堵塞砂型表面颗粒间的孔隙，使金属液不能渗入。

(3) 煤粉受热后变为胶质体，具有可塑性，因而可减少因砂型受热膨胀而产生的铸件缺陷。

(4) 煤粉在受热时产生的碳氢化物挥发分在650～1000℃高温下，于还原性气氛中发生气相热解而在金属和铸型界面上析出一层带有光泽的碳，称为光亮碳，其结晶构造与石墨很接近。这层光亮碳阻止了型砂与铁液的界面反应，而且也使型砂不易被金属液所润湿，对防止机械粘砂有更加显著的作用。

总之，铸铁用湿型砂中加入煤粉，主要是防止铸件表面产生粘砂缺陷，同时对避免型砂膨胀缺陷也起到一定作用。在生产中，湿型铸铁件所用型砂中煤粉的含量常为3%～8%，根据铸件大小和厚薄而异。厚大铸件用型砂中煤粉要多一些，薄小件可少些。高压造型的砂型紧实程度高，型砂中煤粉量应少些。铸件使用抛丸清理的比仅用手工清理的型砂煤粉量也可少些。

1.2.2 湿型砂性能要求及检测原理

直接影响铸件质量和造型工艺的湿型砂性能主要有水分、透气性、强度、发气性、抗夹砂性、抗粘砂性、流动性和韧性等。下面分别介绍对这些湿型砂性能的要求和检测原理。

1. 水分、最适宜干湿程度和紧实率

为了得到所需要的湿态强度和韧性，粘土砂必须具有适宜的湿度。太干的型砂发脆，韧性差，起模容易损坏，砂型转角处容易破碎，铸件容易产生冲砂、砂眼等缺陷；太湿的型砂浇注时急速产生大量气体，铸件有可能出现气孔、夹砂结疤等缺陷。因此，型砂的干湿程度必须保持在一个适宜的范围内。

判断型砂干湿程度有以下几种方法：

(1) 水分(moisture content)。水分即含水量，表示型砂中所含水分的质量百分数。水分只能说明型砂中所含自由水的绝对数量，并不反映型砂的干湿程度。经验表明，如果型砂中含有大量的粉尘类和其他吸水性材料，虽然水分已相当高，型砂仍然会显得过分干脆；如果型砂是由纯净的新砂和优质膨润土混制而成，不含有其他附加物，虽然水分相当低，型砂也可能会显得又湿又粘。这说明型砂的成分不同，达到最适宜干湿程度的水分也不同。

(2) 手捏感觉。有经验的工人常根据手捏型砂时是否容易成团和是否沾手来判断型砂的干湿程度。如果用手捏型砂时，只有潮的感觉，但不觉得沾手，且手感柔和，印在砂团上的手指痕迹清晰，那么这样的湿型砂干湿就比较合适。但是，手捏的感觉会因人而异，没有统一标准，并且易受主观因素所影响。另外也不能用数值表示出来，无法比较和记录。与上述型砂水分含量一样，都不能作为科学地判断型砂干湿程度和控制型砂质量的主要依据。

(3) 紧实率(compactability)。是指湿型砂用1MPa的压力压实或者在锤击式制样机上打击三次，其试样在紧实前后的体积变化百分率。用试样紧实前后高度变化的百分数来表示(图1.5)，即紧实率=[(筒高－紧实距离)/筒高]×100%。该测定方法的依据是：较干的型砂自由流入试样筒中时，砂粒堆得比较密实，即松散密度较高，在相同的紧实力作用下，型砂体积减小较少，即紧实率较小。而较湿的型砂，流动性差，在未被紧实前松散密度较低，砂粒的堆积比较疏松，紧实后体积减小较多，即紧实率较大。不同的造型方法，其紧实率有所不同。通常手工和机器造型用型砂，在最适干湿状态下的紧实率接近50%；高压造型和气冲造型时为35%～45%；挤压造型时为35%～40%。不管型砂中有效膨润土、煤粉和灰分的含量有多少，只要将紧实率控制在上述范围内，手捏感觉的干湿程度就处于最适宜状态。这时型砂的水分可称为最适宜水分(optimum moisture content)。

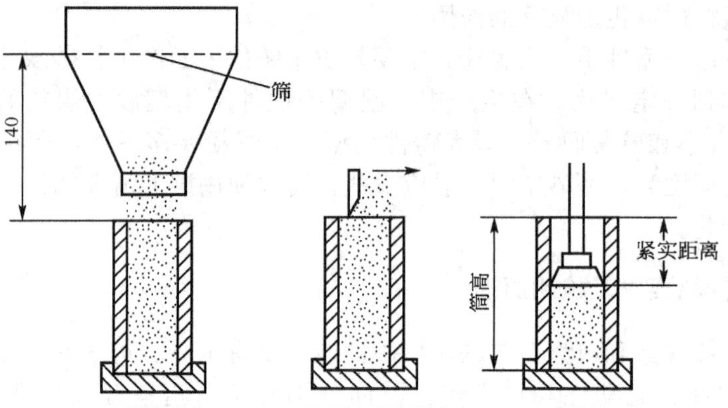

图1.5　紧实率测定法示意

2. 透气性

紧实的型砂能让气体通过而逸出的能力称为透气性。在液体金属的热作用下铸型产生大量气体，如果砂型、砂芯不具备良好的排气能力，浇注过程中就有可能发生呛火，使铸件产生气孔、浇不足等缺陷。砂型的排气能力，一方面靠冒口和穿透或不穿透的出气孔来提高；另一方面决定于型砂的透气性。而透气性的高低主要受砂粒的大小、粒度分布、粒形、含泥量、粘结剂种类、加入量和混砂时粘结剂在砂粒上的分布状况以及型砂紧实度的影响。但是，不应误解为型砂透气性越高越好，因为不涂敷涂料的砂型的透气性高，砂粒间孔隙直径较大，但金属液易于渗入砂粒间孔隙中，造成铸件表面粗糙和发生机械粘砂。因此，对于湿型的单一砂和面砂而言，透气性不但要有下限，而且必须严格规定其上限。

透气性的大小用透气率 K 表示，其物理意义为：单位时间内，在单位压力下通过标准试样单位面积的气体量。图 1.6 所示为透气率测定仪原理图，它是测出气钟内的空气在压力下通过试样的时间来计算透气率 K(一般不写出量纲)。

3. 湿态强度

型砂必须具备一定的强度以承受各种外力的作用。如果强度不足，在起模、搬动砂型、下芯、合箱等过程中，铸型有可能破损塌落；浇注时可能承受不住金属液的冲刷和冲击而破坏，或者造成胀砂或跑火等现象。但是，强度也不宜过高，因为高强度的型砂需要加入更多的粘土，不但增加了最适宜水分和降低透气性，还会使铸件的生产成本增加，而且给混砂、紧实和落砂等工序带来困难。

型砂的强度用型砂标准试样在外力作用下遭到破坏时的应力值来表示。常用计量单位为兆帕(MPa)。湿型铸造时，往往主要检查型砂的湿态抗压强度，有的也测湿态抗剪强度或湿态抗拉强度，也有测湿态劈裂强度(green splitting strength)的。当型砂中存在较多粉尘以及死粘土时，这些载水质点不仅使型砂达到规定紧实率值范围的适宜水分增加，而且也使湿态抗压强度提高。这常给人们以强度好的假象。因此，有的企业偏重测湿态剪切或抗拉或劈裂强度，因为当型砂组分及混碾效果发生变化时，后面的性能值其敏感性比抗压强度大，对型砂质量的控制更有利。

劈裂强度试验是在标准圆柱形试样的径向加载，使试样沿其轴向平面断裂的一种试验(图 1.7)，按下式计算：

$$\sigma_{sF}=\frac{2F}{\pi dL}$$

式中，σ_{sF}——型砂湿态劈裂强度(MPa)；

F——劈裂载荷(N)；

d——试样直径，为 50mm；

L——试样高度，为 50mm。

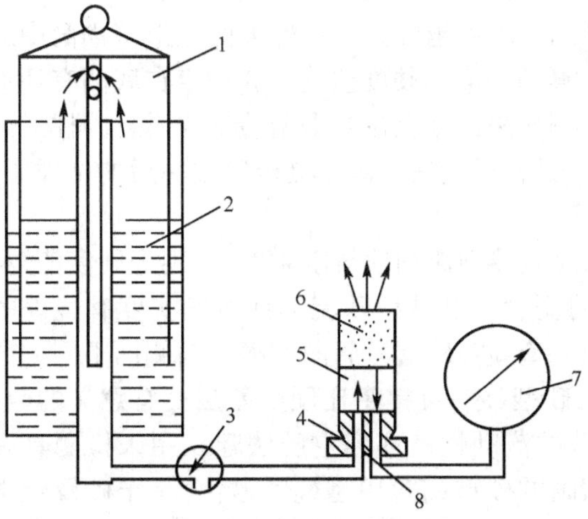

图 1.6 透气性测定仪示意

1—气钟；2—水筒；3—三通阀；4—试样座；
5—试样筒；6—标准试样；7—微压表；8—阻流孔

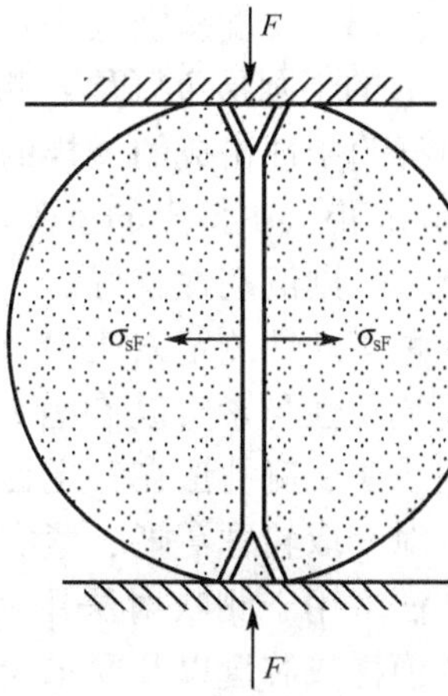

图 1.7 型砂湿态劈裂强度实验示意

从试样的受力和破坏情况看，主要是拉断。它不会像湿压强度那样因死粘土增加反而提高强度值，因此用劈裂强度比用湿压强度有可能较正确、可靠地说明型砂中粘土的粘结作用。

对于粘土干型砂和使用其他无机或有机粘结剂的型砂和芯砂，还可能检测其“干态”抗压、抗剪、抗弯和抗拉强度。图 1.8 所示是几种型砂强度试验方法示意。

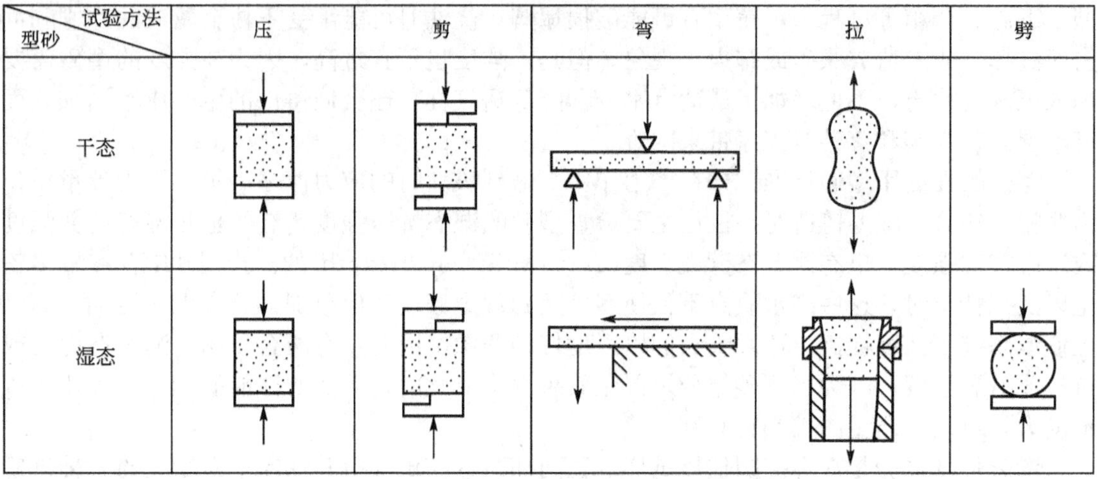

图 1.8　型砂强度试验方法示意

4. 流动性

型砂在外力或自身重力作用下，砂粒间相互移动的能力称为流动性。流动性好的型砂可形成紧实度均匀、无局部疏松、轮廓清晰、表面光洁的型腔。此外，还能减轻造型紧实型砂的劳动强度。

目前较多采用以下几种方法来判定型砂流动性：①用湿型硬度计测定标准试样两个端面硬度值的差别，硬度差别越小，表明型砂的流动性越好。②在标准圆柱形试样筒中放置一块高 25mm 的半圆形金属块，测定阶梯试样两平面的硬度差值。③测定在底侧有环形空腔的型砂试样筒中冲击成的试样的高度。④侧孔法：测定在冲击型砂试样时自圆柱形试样筒侧面 ϕ12mm 小孔中挤出的型砂的质量。⑤试样质量法：对比测定紧实率后的试样质量，容积密度越大，则流动性越好。

上述五种流动性测定方法中，硬度差法是直接把流动性与紧实度(表现为硬度值)相关联，实际上流动性与紧实度有着并不相同的概念，只是型砂流动性对紧实度有显著的影响。环形空腔法、侧孔法在一定程度上反映了型(芯)砂受力后向凹槽、向侧面不同方向移动的能力，对获取轮廓清晰、紧实度均匀的砂型(芯)可提供比硬度差法更有意义的数据。目前，侧孔法多用于测吹射法用芯砂、型砂的流动性；环形空腔法建议用来检测具有凹槽、窄缝的模样或芯盒以及要求轮廓非常清晰的砂型(芯)用型(芯)砂(含粘土砂及化学粘结剂砂)流动性；阶梯硬度差法在高密度造型工艺中有应用。

5. 起模性、形变量、韧性和破碎指数

型砂的起模性是指起模时型砂的棱角和吊砂是否容易碰碎或掉落的性能。很多人认为型砂的起模性与韧性有直接关系，因为韧性表明型砂由于塑性变形而能吸收能量的性质，既反映了形变量，也包含了强度的因素。所以韧性较能说明起模性好坏，也能说明砂型在受到振动和冲击时是否容易掉砂或塌落。

对湿型砂而言，韧性用破碎指数(shatter index)来表示，即测定在冲击条件下型砂的韧性。图1.9所示为用落球法测定破碎指数示意。湿型砂标准抗压试样放在铁砧上受到一个自1m高度自由落下的ϕ50mm、510g钢球的冲击，破碎的型砂碎块通过网眼为12.7mm(0.5in)的筛网，留在筛网上的大块型砂的质量占试样原质量的比值即为破碎指数。

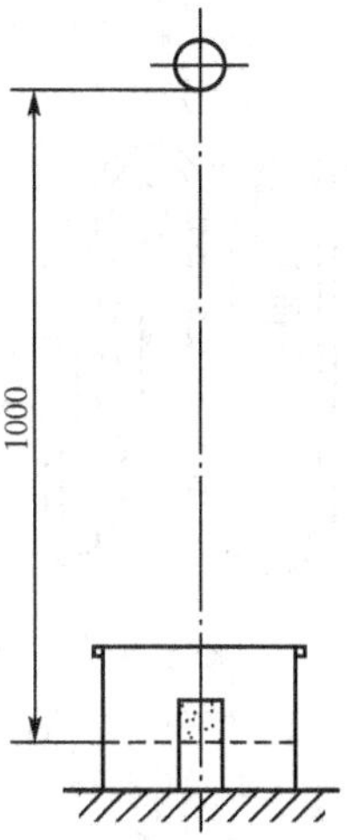

图1.9 落球法测定破碎指数示意

6. 抗夹砂结疤类缺陷的能力

夹砂结疤类缺陷是湿型由于受热膨胀形成热应力而引起的铸造缺陷。湿型砂抗夹砂结疤类缺陷的能力主要通过测定其热湿拉强度或热压应力大小来判断。

热湿拉强度的测定方法示意如图1.10所示。为了模拟金属液注入砂型过程中砂型表层受热情况，将湿型砂试样(ϕ50mm×50mm)的一端面用已加热到(320±10)℃的加热板紧贴20～30s，使之形成5mm左右厚度的干砂层及水分凝聚区，然后测出试样在水分凝聚区的抗拉强度即热湿拉强度。测定型砂热压应力，实际上是模拟砂型表层受到金属液高温激热时，如果硅砂在约573℃相变出现的较大热膨胀受到阻抑后能产生多大热压应力的问题。其试样和测试方法的示意如图1.11所示。该试样为一球冠状的圆盘，试样的凹面用氧-乙炔焰加热，支承试样的托架全部置于沸腾的水浴中，以保持其温度恒定，以免受热膨胀而影响测定结果。型砂受热膨胀时，因四周受固定托架1限制，所产生的压应力把托着试样凸面的可动托架2向下推动，根据推力大小可以计算出作用于试样周围边界的热压应力。

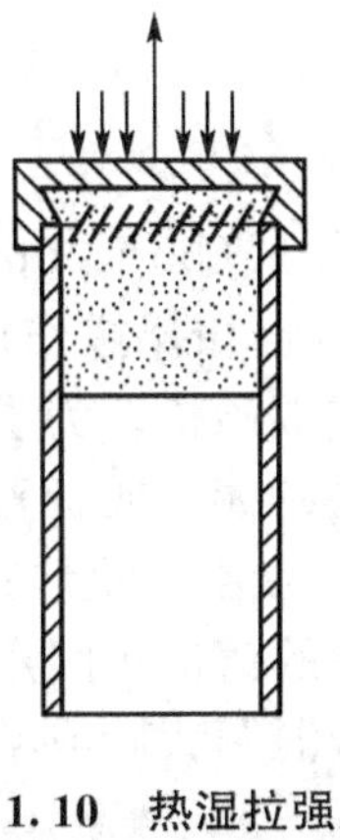

图1.10 热湿拉强度的测定方法示意

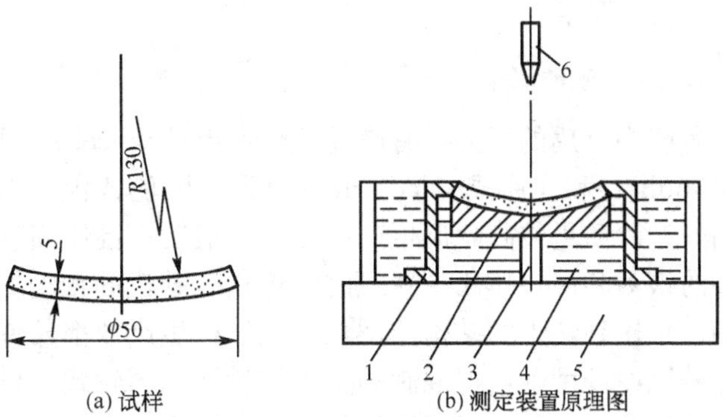

(a) 试样　　(b) 测定装置原理图

图1.11 热压应力测定示意

1—固定托架；2—可动托架；3—压杆；4—水浴；5—测量箱；6—氧-乙炔烧嘴

7. 发气量和有效煤粉含量

为了检查铸铁件用湿型砂的抗机械粘砂能力和推算出型砂中有效煤粉含量(effective coal dust content)，我国普遍采用的是测定型砂发气性 (gas evolution)的办法。造型材料

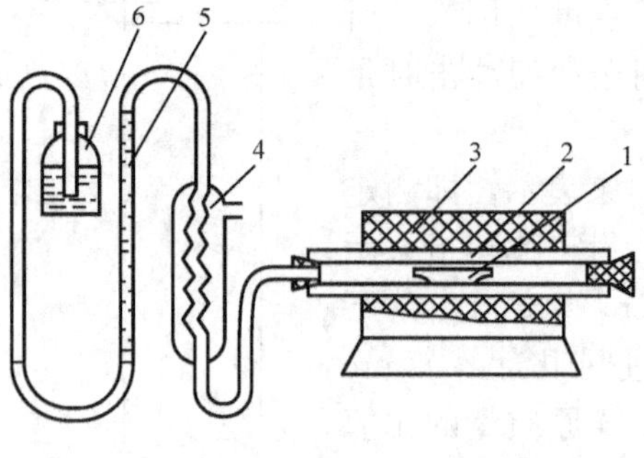

图 1.12　发气量测定原理示意

1—瓷舟；2—石英管；3—管式加热炉；
4—冷凝管；5—量管；6—平衡瓶

的发气性是用试料在高温下的发气量和发气的速度来表示的。图 1.12 所示为发气性的一种测定仪示意。试验方法是称取经过干燥(110℃下烘 1h)的型砂 1g，芯砂试样是从测干强度的“8”字试样上称取 1～2g。先在石英管 2 中通 CO_2，然后将试料盛入瓷舟 1 中，推入 850℃(有的定为 1000℃)的管式加热炉 3 中。石英管的一端用橡皮塞塞住，另一端连接一橡皮管，顺此管将试料析出的气体引出来，经冷凝管 4 进入有刻度的量管 5，用调整压力的平衡瓶 6 与液面保持水平，此时液面的读数即为该试料的发气量。如用秒表计时，间隔一定时间读一次发气量，直至发气值不再增加，即可得知试料的发气速度和析出气体的时间。

由于原砂基本不发气，而膨润土受热发出的气体主要是水蒸气，经冷凝已成水，膨润土的发气量和煤粉相比是很小的。如果先用吸蓝量法测定出型砂中有效膨润土含量，并且用发气量测定仪测出 0.01g 煤粉和 1g 膨润土的发气量及 1g 型砂的发气量，即可推算出型砂中有效煤粉含量。

从前面的论述可以看出，各性能之间有很多联系，对某一性能要求过分就有可能使其他性能变差。因此，对各种性能的要求必须适量。

1.2.3　湿型砂制备及质量控制

目前，在铸造生产中，湿型砂占整个铸造生产用砂量的 70%左右。首先根据浇注合金种类、铸件特征和要求、造型工艺等因素确定型砂应具有的性能范围。然后依据各种造型原材料的品种和规格、砂处理方法和设备性能、砂铁比和各项材料烧损比例等因素拟定型砂的配方。最后，进行混制及性能调节。

1. 湿型砂的混制工艺

生产中常用的混砂机有碾轮式(vertical wheel sand muller)、摆轮式(horizontal wheel sand muller)和叶片式(blade mixer)等。碾轮式混砂机在混砂时，混合和揉搓作用较好，混制的型砂质量较高，但生产率低。一般工厂混制面砂时都用碾轮式混砂机。为了加强对型砂的松散和混合作用，新式的碾轮式混砂机的碾轮侧面带有数根松砂棒，或者采用单碾轮和一只松砂转子的结构。摆轮式混砂机生产效率较碾轮式混砂机高几倍，而且在混砂机内能鼓风冷却型砂，但混制的型砂质量不如碾轮式，机械化程度较高的铸造车间用来混制单一砂和背砂。叶片式混砂机仅有混合作用而无揉搓作用，故只用于混制背砂或粘土含量低的单一砂。

目前工厂常用的加料顺序是先将回用砂和新砂、粘土粉、煤粉等干料混合 2～3min，再加水混合至要求的水分。

为使各种原材料混合均匀和形成完整的粘结薄膜，应有一定的混砂时间。如混砂时间过短，原材料没有混匀，粘土粉也来不及充分吸水形成粘土膜包覆在砂粒表面，因而型砂性能较差。但混砂时间过长，又会引起型砂温度升高，水分不断蒸发，使型砂性能下降。

混砂时间主要根据混砂机的形式、型砂中的粘土含量和混砂时新砂加入量所占比例决定。粘土含量高的型砂混砂时间应较长。碾轮式混砂机的混砂时间：背砂约 3min，单一砂 3～5min，面砂 5～8min，新砂所占百分比越大，则混砂时间越长。摆轮式混砂机的混砂时间：背砂约 0.5～1min，面砂为 2～3min。

2. 湿型砂的质量控制

湿型砂质量控制有在线控制(on-line control)和线外控制(out-line control)之分。线外控制是指当前实验室常用的检测型砂性能的方法，缺点是检测时间长，效率低，不能及时反映现场型砂的实际性能，更无法实现生产过程对型砂质量的及时控制和对铸件缺陷的预防。而在线控制可克服上述缺点，它从混砂机侧孔或从送砂带上连续、快速取样，自动取得结果，通过数据处理，如发现性能未稳定在规定的目标值内，就向混砂系统发出调节指令来确保型砂质量。

表 1-3 所列为型砂性能与铸件质量一览表，可供综合分析时参考使用。具体分析方法举例如下。

表 1-3 型砂性能与铸件质量关系一览表

水分	紧实率	湿压强度	透气性	破碎指数	有效粘土量	有效煤粉量	热湿拉强度	含泥量	砂粒细度	激热开裂时间	型砂温度	砂型硬度	浇注温度	浇注时间	其他	铸件缺陷
高	高		低			高		高	细			高	低			气孔
高	高		低						细			高	低	长		浇不到、冷隔
		低		低	低						高	低				砂孔
		低		低	低						高	低		短		冲砂、冲蚀结疤
高	高	低			低	低	低	高		短		高		长	硅砂 SiO_2 含量高	鼠尾、膨胀夹砂
			高					低	粗			低	高	短		机械粘砂(铸铁)
			高					低	粗			低	高	短		机械粘砂(铸钢)
			高										高		硅砂 SiO_2 含量低	化学粘砂(铸钢)
	低		高		低	低		低	粗		高	低	高	短		铸件表面粗糙
高	高										高					粘附模样
		低		低	低						高	低				塌箱
高	高	低										低		短		胀砂、尺寸及质量超差
	高	高		高	高	低						高			溃散性差	落砂困难
		高			高							高				热裂

例如，一生产中小铸件的湿型铸造车间，使用震压造型机，单一砂，造型机处取样，检测结果：

(1) 水分 6.5%(偏高，但不知是否为最适宜水分)。

(2) 紧实率 45%(不高，与水分相对照后怀疑是由于型砂中粉尘、膨润土等吸水物质过多所引起)。

(3) 湿压强度 80kPa(适中)。

(4) 含泥量18%(偏高，估计是水分高的原因)。

(5) 有效煤粉含量(发气量)20mL(适中，说明含泥量中煤粉量并不过多)。

(6) 有效膨润土含量5%(偏低，说明含泥量中有效膨润土也不多)。

综合以上结果可以得出：型砂中灰分过多是含泥量高、水分高的原因。湿压强度不完全由有效膨润土形成，其中一部分是由型砂中灰分形成的。根据以上数据还可以估计出：型砂的破碎指数较低，不大于70%。这是因为型砂的有效膨润土量不高，紧实率又只有45%。型砂的表面强度同样不高。由于型砂韧性差，起模性差，铸件易形成冲砂、砂眼等缺陷。如果型砂未活化，抗夹砂结疤能力不强，则在有些中等大小铸件上可能发现鼠尾、夹砂等缺陷。改进措施是应设法降低型砂中灰分，提高有效膨润土量，必要时可以活化。

此外，为控制型砂质量还应注意型砂在长期使用过程中可能显现的倾向性变化，如将每天的型砂性能实验结果平均值绘制成型砂性能变化曲线，可及时发现问题并采取措施，使型砂性能保持稳定，预防铸件生成缺陷。

1.3 水玻璃砂型(芯)

无机粘结剂包括粘土、水玻璃、水泥和磷酸盐聚合物，后三种主要通过发生物理-化学反应达到硬化，因此称为无机化学粘结剂，用它们作粘结剂配制的型(芯)砂，属于化学硬化砂。到目前为止，铸造生产中应用最广泛的无机化学粘结剂是钠水玻璃，其次为水泥及磷酸盐聚合物。

水玻璃型(芯)砂与粘土砂相比有下列优点：

(1) 型(芯)砂流动性好，易于紧实，故造型(芯)劳动强度低。

(2) 硬化快，工艺简单，生产率高。

(3) 可在型(芯)硬化后起模，型、芯尺寸精度高。

(4) 可取消或缩短烘烤时间，降低能耗，改善工作条件。

目前，无机化学粘结剂中的钠水玻璃、磷酸盐聚合物主要用在钢、铁铸件上，水泥砂在铸铁件、有色合金及少数铸钢件上得到一定的应用。

1.3.1 钠水玻璃的质量要求及其硬化机理

1. 钠水玻璃及其质量要求

水玻璃是各种聚硅酸盐水溶液的通称。铸造上最常用的是钠水玻璃(sodium silicate)，因其便宜，来源充足；其次为钾水玻璃、锂水玻璃等。

硅酸钠是弱酸强碱盐，干态时为白色或灰白色团块或粉末，溶于水时，纯的钠水玻璃外观为无色粘稠液体。钠水玻璃的化学式为$Na_2O \cdot mSiO_2 \cdot nH_2O$。根据氧化钠与二氧化硅之比和结晶水分类，以下是一些公认的结晶型和无水型硅酸钠：原硅酸钠Na_4SiO_4，一水、二水、五水原硅酸三钠($Na_3HSiO_4 \cdot 1H_2O$、$Na_3HSiO_4 \cdot 2H_2O$、$Na_3HSiO_4 \cdot 5H_2O$)，偏硅酸钠Na_2SiO_3，一水、五水、九水偏硅酸钠($Na_2SiO_3 \cdot 1H_2O$、$Na_2SiO_3 \cdot 5H_2O$、$Na_2SiO_3 \cdot 9H_2O$)，二硅酸钠$Na_2Si_2O_5$，四硅酸钠水合物$Na_6Si_{13}O_{29} \cdot 11H_2O$，焦硅酸钠$Na_6Si_2O_7$等，此外，还有未检出的成分。钠水玻璃有很强的碱性，pH值一般在11～13。

钠水玻璃有几个重要参数，直接影响其化学和物理性质以及工艺性能。

1）模数

钠水玻璃中 SiO_2 和 Na_2O 的物质的量之比称为模数(标准用语为“摩尔比”)，用 M 来表示，即

$$M=\frac{n_{SiO_2}}{n_{Na_2O}}=1.033\frac{w_{SiO_2}}{w_{Na_2O}}$$

式中，w_{SiO_2} 和 w_{Na_2O} 分别为硅酸钠中 SiO_2 和 Na_2O 的质量分数。

模数的大小仅表示钠水玻璃中 SiO_2 和 Na_2O 的物质的量的比，并不表示钠水玻璃中硅酸钠的质量分数；模数高的钠水玻璃，其硅酸钠的质量分数不一定高。但是模数改变，钠水玻璃结构及其物理-化学性质也会发生变化，因为模数的大小直接影响硅酸阴离子的聚合度，模数越大，聚合度也越高。模数越高，作为芯(型)砂粘结剂时的硬化速度也越快，达到最高强度的时间也越短。但过高的模数，将使芯(型)砂的保存性差，不适于造型和制芯。

2）密度、含固量和粘度

除模数外，能说明钠水玻璃主要技术特性的还有密度(density)、含固量(solid content)、水分、粘度和杂质含量。

钠水玻璃的密度 ρ 取决于钠水玻璃中水的质量分数，而不是它的模数，因为 Na_2O 和 SiO_2 的相对分子质量数值很接近。密度小，水的质量分数高，含固量少，不宜用做型(芯)砂粘结剂；反之，密度过大，粘稠，也不便定量和不利于与砂子混合。铸造上通常采用密度 ρ 为 $1.32\sim1.68g/cm^3$ 或波美度为 35～54 的钠水玻璃。模数高的，密度反而低一些，以利稳定储存。实际上，水分和含固量比密度能更直接反映钠水玻璃的粘结力和价值。含固量 $S=100-w_{H_2O}$。

钠水玻璃的粘度随其水分、密度和模数而定，模数对粘度的影响相对较大。

2. 钠水玻璃砂的硬化机理

硅酸钠是弱酸强碱盐，在水溶液中几乎完全电离，所以钠水玻璃实际是部分电离的聚硅酸负离子和钠离子在水中的分散体系。不同硅酸盐负离子的平衡是错综复杂的，它取决于 pH 值、模数和温度，在若干特有的反应过程中达到平衡。其中最有意义的反应，是硅酸钠(以≡Si—O—Na 表示)的钠-氧键水解(hydrolysis)(向右进行)和酸-碱反应(向左进行)：

$$\equiv Si—O—Na+H_2O \rightleftharpoons \equiv Si—O—H+Na^++OH^- \quad (1-1)$$

或

$$Na_2O\cdot mSiO_2\cdot nH_2O+H_2O \rightleftharpoons 2NaOH+mSiO_2\cdot nH_2O \quad (1-2)$$

钠-氧键离解(dissociation)：

$$\equiv Si—O—Na+H_2O \rightleftharpoons \equiv Si—O^-+Na^++H_2O \quad (1-3)$$

水解平衡强烈地偏向左方，因此，硅酸钠的水解度一般只有 1.58%～9.29%。

水解产生的硅酸不稳定，可以缩聚为多硅酸(向右进行)，而多硅酸又会进行水解(向左进行)：

$$\equiv Si—O—H+H—O—Si\equiv \underset{解聚}{\overset{缩聚}{\rightleftharpoons}} \equiv Si—O—Si\equiv+H_2O \quad (1-4)$$

或

$$\equiv Si—O^-+H—O—Si\equiv \rightleftharpoons \equiv Si—O—Si\equiv+OH^- \quad (1-5)$$

硅氧烷链(Si—O—Si)(siloxane linkage)沿线性方向生长，就形成高聚物(polymer)。当它在三维空间任意生长时，就形成凝胶(gel)，网状结构的硅酸凝胶将砂粒包裹起来，将砂粒粘连在一起，使型(芯)具有一定的强度。这就导致了钠水玻璃砂型(芯)的硬化。

如果没有任何胶凝作用的影响，钠水玻璃则可保存很长时间，但它对引起平衡变化的任何因素却非常敏感，这一潜在不稳定特性，通常被用来起加速钠水玻璃的缩聚作用，以形成坚硬的三维的网状结构，使型砂粘结在一起。目前，铸造生产中常用的一些硬化方法，都是加入能直接或间接影响上述反应平衡点的气态、液态或粉状硬化剂，与 OH^- 作用，从而降低 pH，或靠失水，或靠上述二者的复合作用来达到硬化。

1) 化学反应形成新的产物，实现固化

钠水玻璃在 pH 大于 10 时很稳定，加入适量酸性或具有潜在酸性的物质时，其 pH 降低，稳定性下降，使反应式(1-1)～式(1-5)的水解和缩聚过程加速进行。图 1.13 所示是 Na_2O、SiO_2 和 H_2O 三元系统的常温状态图。铸造行业感兴趣的是液体钠水玻璃，即图中阴影部分(区域 9，$M=2.0\sim3.3$，$\rho=1.2\sim1.7g/cm^3$)。当吹 CO_2 或加入其他酸类物质时，由于反应消耗 Na_2O，水玻璃组成的变化将沿着 Na_2O 角通过原始组成点作出的直线(图 1.13 中带箭头实线)进行推移，进入不稳定液体和凝胶区域(区域 11)，并使砂芯和砂型建立强度。模数高的水玻璃同 CO_2 反应时比模数低的要快。图 1.14 所示为 pH 对钠水玻璃胶凝时间的影响曲线，曲线呈大写“N”字形。胶凝速度最快的 pH，也即曲线的最低点，在 6.8～9.1；钠水玻璃稳定性最好、胶凝速度非常慢的 pH，也就是曲线的最高点，在 3.2～3.9 和 10 以上。

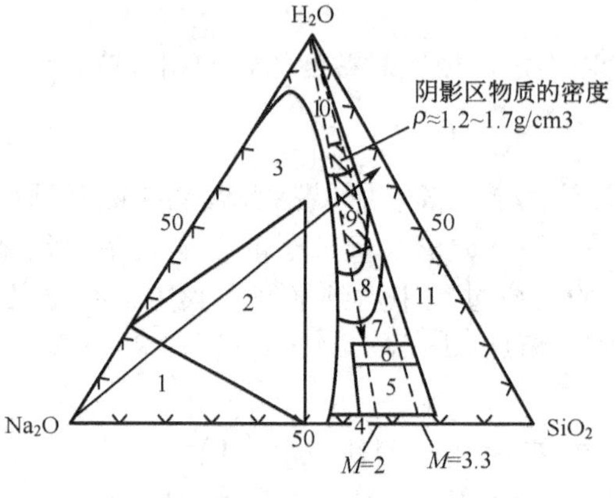

图 1.13　$Na_2O-SiO_2-H_2O$ 三元系统的常温状态图

1—无水原硅酸钠和 NaOH 的混合物；2—结晶状碱性硅酸盐；3—带有部分结晶的混合物；4—璃体；5—水合玻璃；6—脱水液体；7—半固体；8—粘稠液体；9—普通工业用液体；10—稀淡液体；11—通常不稳定液体和凝胶

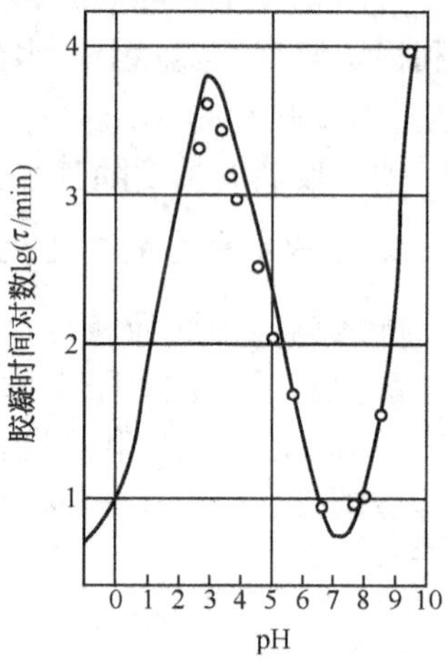

图 1.14　钠水玻璃胶凝时间和溶液 pH 的关系(以乙酸为催化剂)

钠水玻璃硬化形成凝胶，由于胶体微粒连续网状结构的孔隙率高，使大量的水靠毛细引力和氢键保持在孔隙中，每摩尔硅酸可保持达 330mol 的水。带有缩合水的硅酸胶体强度不高。失去水分增多，强度提高。硅酸分子带有约六个分子水时具有最大强度。无水硅胶较脆，强度很低。

2）失水，发生由液态到固态的转变

凡是能去除钠水玻璃中水分的方法，如加热烘干、吹热空气或干燥的压缩空气、真空脱水、微波照射以及加入产生放热反应的化合物等都可使钠水玻璃硬化。

当水玻璃(成分点位于图1.13区域9)与砂混合制成砂型(芯)时，如果通过加热等单纯脱水方式硬化，随着水分减少水玻璃的组成将沿 H_2O 角通过原始组成点作出的直线变化(图1.13中带箭头虚线指示的方向)，液体钠水玻璃先变成粘稠液体，接着成为半固体，再变成脱水液体。如果进一步加热脱水，原则上可得到水合玻璃，然后是普通玻璃。不过，一般砂芯、砂型的加热硬化，这种最后的变化不可能产生，而在脱水液体区域(图1.13中的区域6)就可得到所需要的最高强度。模数越高，这些变化进行得越迅速。钠水玻璃失水过程中粘结性能和强度的增长，源于水分降低，胶体中硅酸钠质点周围均匀的水化膜被破坏，致使其粘度迅速增加所致。产物主要是无水玻璃状多聚硅酸钠。

水玻璃在失水过程中粘度随之增加，致使水分继续逸出逐渐困难。因此，这种硬化过程所需要的时间较长，但因玻璃状的硅酸钠的强度要比硅酸凝胶强度大得多，所以硬化后型砂的强度也高得多，实验室内用电炉加热硬化时，其抗压强度甚至可达到100MPa。

在混制 CO_2-钠水玻璃砂过程中，砂粒被钠水玻璃膜包覆，当吹 CO_2 气时，由于 CO_2 是一种脱水能力相当强的气体，它从砂粒周围流过，与粘结剂大面积接触，使钠水玻璃部分失水，同时 CO_2 与钠水玻璃中的水作用形成碳酸：

$$CO_2 + H_2O \longrightarrow 2H^+ + CO_3^{2-}$$

从而使表层钠水玻璃的pH不断降低，并达到迅速硬化。因此，CO_2 硬化既有钠水玻璃的物理脱水作用，也有化学反应，两种机理难以截然分开，通常其粘结是两种作用的结果。

阅读材料1-2

水玻璃是由碱金属氧化物和二氧化硅结合而成的可溶性碱金属硅酸盐材料，又称泡花碱。有液体(图1.15)、固体和粉状等多种产品。水玻璃无色、无臭、无毒，在造型、硬化和浇铸过程中，都没有刺激性或有害物质逸出，所以它是无公害和清洁的型砂粘结剂。但水玻璃砂易出现溃散性不好，同样的原因使得水玻璃旧砂中残留 Na_2O 量过高，使旧砂再生困难，会造成环境的“碱性污染”。

图1.15 液体水玻璃

1.3.2 CO_2-钠水玻璃砂型(芯)的制造工艺

1. 型(芯)砂及芯盒(模样)

钠水玻璃砂 CO_2 法既可用于大量生产和单件小批生产，也适用于大小型、芯。CO_2-钠水玻璃砂大都由纯净的硅砂加入 4.5%～8.0%的钠水玻璃配制而成。有的要求钠水玻璃砂具有一定湿态强度和可塑性，以便脱模后再吹 CO_2 硬化，可加入 1%～3%膨润土或 3%～6%普通粘土，或加入部分粘土砂。为改善出砂性，还可加入 1.5%的木屑或 5%的石棉粉等。钠水玻璃砂可使用各种混砂机混制。混好的砂最好放在有盖的容器中，或者覆以湿的麻袋，以免砂中水分蒸发和与空气中 CO_2 接触。

为便于从硬化了的型中起模，钠水玻璃砂 CO_2 法的模样起模斜度应比普通模样大。大木模最好采用活块结构，以便把木模分块取出，个别处甚至可采用气化模，造型(芯)后不必取出。外形复杂的铸件为减少造型时的活块和减少铸件披缝，常用组芯造型。复杂砂芯的芯盒，常作成脱落式或可拆式，有时还装有便于取出的活动肋条、孔眼、搭子之类的附件。在吹 CO_2 时，为了能使 CO_2 气体散布整个砂芯(型)与钠水玻璃充分反应，应在 CO_2 不易进入的芯盒底部或砂芯拐角处开设排气小孔。

2. 制型(芯)及吹 CO_2 硬化

钠水玻璃砂流动性好，制芯时可用手工或靠微震紧实，也可采用吹射制芯(型)。大的砂芯为增加容让性和便于排气，砂芯内部放块度为 30～40mm 的焦炭块、炉渣或干砂，并在中心挖出气孔，上部通至箱口。型和芯一般要扎通气孔，使 CO_2 气体可以通过，加速硬化。

吹 CO_2 硬化时，要求 CO_2 能迅速均匀进入型(芯)的各个部分，以最少 CO_2 消耗量达到使型、芯各部分硬化均匀，避免出现死角。目前应用较多的是插管法［图 1.16(a)、(b)］和盖罩法［图 1.16(c)］。插管法是将带小孔的空心金属杆直接插入砂型(芯)中，吹入 CO_2 气体，待型(芯)硬化后将杆取出。此法适用大型砂型或砂芯。盖罩法是用木板或金属制成罩盖，扣在修好的型(芯)上，吹入 CO_2 气体使其硬化。它适用于较小砂型或砂芯。

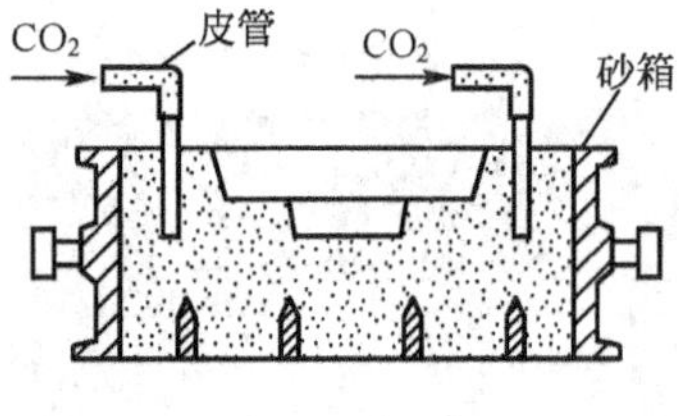

(a) 插管法硬化砂型

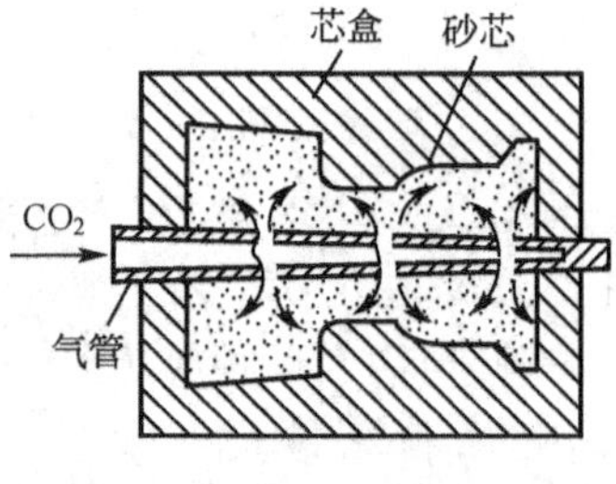

(b) 插管法硬化砂芯

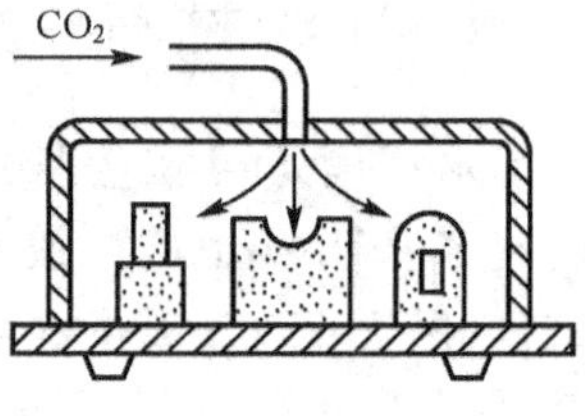

(c) 盖罩法硬化砂芯

图 1.16　插管法和盖罩法硬化示意

此外，还有通过模样吹 CO_2 硬化、脉冲吹气硬化以及真空-CO_2 硬化(或真空置换)等方法。

吹 CO_2 时，钠水玻璃砂的温度一般以 20～30℃为宜。温度过高，会导致钠水玻璃砂过早无水(drying out)，使芯、型酥脆易破。低于 10℃时，在通常吹气条件下，化学反应极为缓慢，甚至不会发生硬化反应。这时，除了应适当减少水分含量之外，可在混砂时加入一种促硬剂，常用的是酸性盐，如硫酸亚铁，它可以发生水解：

$$FeSO_4 + 2H_2O \rightleftharpoons H_2SO_4 + Fe(OH)_2$$

$$H_2SO_4 \rightleftharpoons 2H^+ + SO_4^{2-}$$

水解的结果增加了钠水玻璃中 H^+ 的浓度，使钠水玻璃处于不稳定状态，但还不足以胶凝，这时再吹 CO_2，就可以很快硬化。一般酸性盐的加入量为钠水玻璃的 0.5%左右。

吹 CO_2 工艺过程中，CO_2 流速和吹气时间的影响为：低流速有利于钠水玻璃化学反应，可得到较高的初始强度与硬度，但降低终强度并促进放热；高流速促进脱水及吸热物理反应，使化学反应迟缓，可得到较高的力学性能及较好的存放性。从吹气时间看，如果低流速且长时间吹气，将得到强度低、表面酥脆的型和芯，这就是所谓的过吹(overgassing)。过吹降低强度的原因，一是由于长时间吹气，硅酸凝胶网状结构的水脱除到甚至每摩尔的 SiO_2 低于 3mol，凝胶收缩，出现裂纹；二是由于部分 Na_2CO_3 变成 $NaHCO_3$。Na_2CO_3 在硬化的钠水玻璃粘结剂中常为结晶 $Na_2CO_3 \cdot 10H_2O$，能起部分粘结作用。过吹，pH 将进一步降低，会形成无粘结作用的 $NaHCO_3$，故型、芯强度降低。

在生产中，对立即使用的型、芯，可采取高流速长时间吹气，以得到粘结强度高的硅酸钠胶体。对可以长达一星期内使用的型、芯，可采用低流速短时间吹气来获取脱模所需的较低的初始强度，而后靠存放期间物理脱水产生高的强度。

1.3.3 自硬钠水玻璃砂

自硬法为钠水玻璃砂的应用开辟了新的领域，因为砂型(芯)是由砂内硬化剂致硬的，能制作更大的砂型(芯)，并可用其他的型砂作背砂，具有较大的灵活性。

常用的自硬钠水玻璃砂由原砂、钠水玻璃、液态有机酯硬化剂以及可以改善砂芯(型)的保存性(shelf life)、出砂性及提高铸件表面质量的附加物所组成。

钠水玻璃自硬砂工艺采用的液体硬化剂品种较多，其活度各不相同，例如，甘油单醋酸酯硬化钠水玻璃砂的反应速度很快，但硬化性能差；甘油双醋酸酯的反应速度也快，型(芯)砂可使用时间只有 3.5～4min；而甘油三醋酸酯硬化钠水玻璃砂的反应速度相当慢，可使用时间大于 2.4h；二甘醇二醋酸酯硬化的可使用时间为 1.5h(钠水玻璃模数 $M=2.7$～2.8)。因此，单独使用多不适宜，通常市场销售的铸造用有机酯大都是由上述酯以不同比例混合而成，以满足生产上所需不同的使用时间和硬化速度的要求。

用有机酯硬化时，酯在钠水玻璃中进行水解生成醇和脂肪酸：

$$RCOOR' + H_2O \xrightarrow{OH^-} RCOOH + R'OH$$

$$RCOOH \longrightarrow RCOO^- + H^+$$

脂肪酸根 $RCOO^-$ 与钠水玻璃电离的钠离子 Na^+ 发生皂化反应，生成脂肪酸钠；H^+ 与钠水玻璃水解产生的 OH^- 结合，均有利于酯的进一步水解和使钠水玻璃析出硅酸溶胶，并促使其朝着硅酸凝胶的方向发展，从而导致钠水玻璃硬化。

有机酯钠水玻璃砂可用于单件和成批生产钢铁及其他合金铸件，小的型、芯用它做单一砂，而大、中型砂型则用它做面砂。它的典型配方按质量分数是硅砂 95.6%～97%，钠水玻璃 3%～4.4%(模数一般为 2.3～2.8)，有机酯为钠水玻璃质量的 8%～12.5%。

酯硬化钠水玻璃砂要求混砂速度快，混合均匀，其混制工艺为：

$$\text{原砂}+\text{有机酯} \xrightarrow{\text{混匀}} +\text{水玻璃} \xrightarrow{\text{混匀}} \text{卸砂}$$

酯硬化钠水玻璃由于液态酯能与钠水玻璃形成均匀混合物，因此，型、芯所有部分均以相同速度建立强度；酯水解产物之一的丙三醇在浇注时被烧掉，可改善出砂性。

酯硬化的型、芯的存放性(storage life)比 CO_2 硬化的好。在潮湿的环境，与使用任何其他粘结剂一样强度降低，但在正常条件下，存放三个星期性能仍符合要求。

尽管钠水玻璃砂获得了较为广泛的应用，但仍存在许多问题。如出砂性差、铸件粘砂、型(芯)表面粉化及旧砂再生困难等，这些问题还有待寻求更为完善的解决办法。

1.4 有机化学粘结剂砂型(芯)

有机化学粘结剂砂以其强度高、流动性好及出砂性好等优点在制作砂型(芯)方面获得了广泛应用。有机粘结剂砂按粘结剂类型不同可分为植物油砂、合脂砂和树脂砂。本节主要介绍树脂砂的制芯(型)工艺。树脂砂制芯(型)工艺分热法和冷法两类，热法制芯(型)过程中粘结剂需加热才能固化，而冷法则在常温下即可实现固化。热法包括壳法和热(温)芯盒法，冷法包括自硬冷芯盒法和气硬冷芯盒法。

1.4.1 壳芯(型)

1. 壳芯(型)的制造

铸造生产中，砂芯(型)直接承受液体金属作用的只是表面一层厚度仅数毫米的砂壳，其余的砂只起支撑这一层砂壳的作用。如果砂壳的强度、刚度足够时，就可去掉或减薄支撑部分砂。这就导致了壳型(芯)的出现。制作壳型(芯)的方法称为壳法。

壳法用酚醛树脂作粘结剂，配制的型(芯)砂称为覆膜砂(precoated sand)，像干砂一样松散。其制壳的方法有两种：翻斗法和吹砂法。翻斗法常用于制造壳型，吹砂法用于制造壳芯。

图 1.17 所示为翻斗法制造壳型工序示意。模型预热到 250～300℃，喷涂分型剂；将模板置于翻斗上并固紧，翻斗转动 180°使覆膜砂落到模板上，保持 15～50s(称结壳时间)，砂上树脂软化重熔，在砂粒间接触部位形成连接“桥”，将砂粒粘在一起，并沿模板形成一定厚度塑性状态的壳；翻斗复位，未起反应的覆膜砂仍旧落回翻斗中；对塑性薄壳继续加热 30～90s(称为烘烤时间)；顶出，即得壳厚为 5～15mm 的壳型。

吹砂法分顶吹法和底吹法两种(图 1.18)。顶吹法吹砂压力为 0.1～0.35MPa，吹砂时间为 2～6s；底吹法吹砂压力为 0.4～0.5MPa，吹砂时间为 15～35s。芯盒的加热温度、结壳时间和烘烤时间均与上述翻斗法制壳型类似。顶吹法需要将翻斗和芯盒翻转，设备庞大复杂，但因有摇摆倒砂机构可以制造大型复杂的砂芯；底吹法不必翻转，设备简单，常用于小砂芯的制造。壳法造型、芯的优点是无须捣砂，能获得尺寸精确的型、芯；型、芯强度高，重量轻，易搬运；透气性好，可用细的原砂得到光洁的铸件表面；无须砂箱；覆膜砂消耗量小；型、芯可以长期存放。尽管酚醛树脂覆膜砂价格较贵，造型、造芯耗能较高，但在要求铸件表面光洁和尺寸精度甚高的行业仍得到一定应用。通常壳型多用于生产液压件、凸轮轴、曲轴以及耐蚀泵件、履带板等钢铁铸件上；壳芯多用于汽车、拖拉机、液压阀体等部分铸件上。

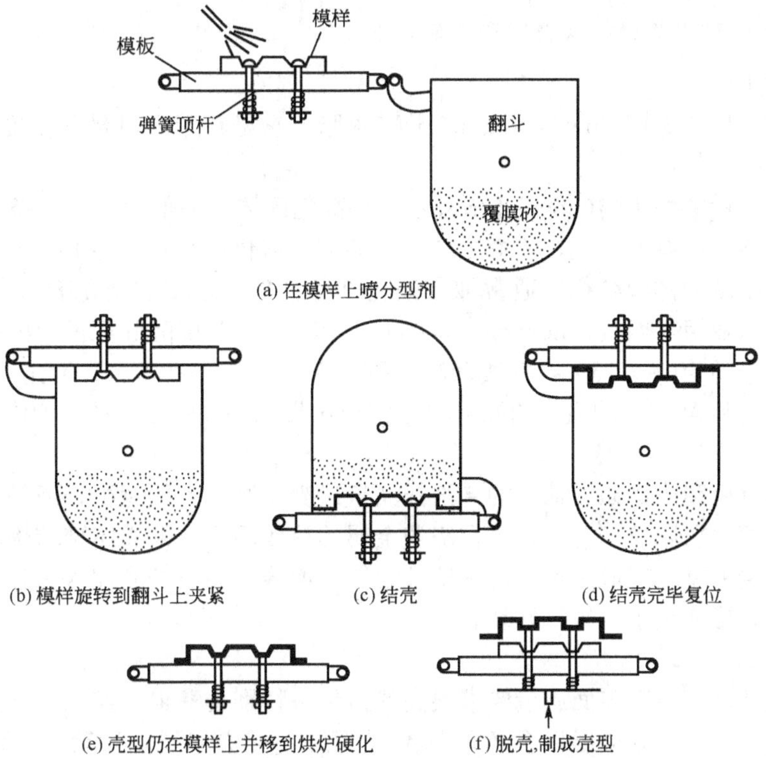

图 1.17 翻斗法制造壳型工序示意

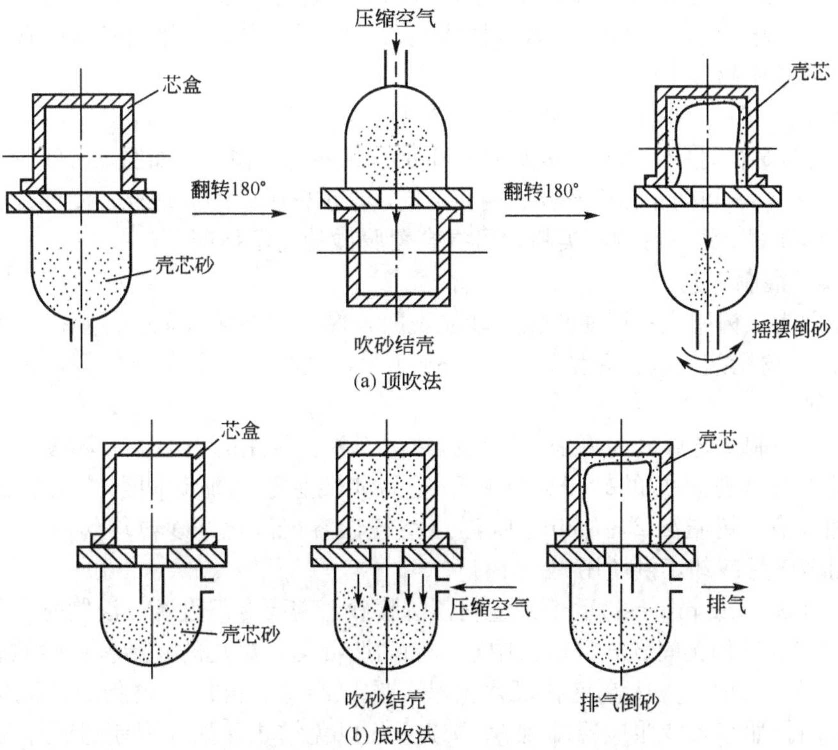

图 1.18 吹砂法制造壳芯示意

2. 壳法覆膜砂用原材料及覆膜砂混制工艺

1）酚醛树脂

壳法采用线性热塑性(thermoplastic)酚醛树脂。它是在苯酚过量及温度在105℃以下缩合制成的。

合成的热塑性酚醛树脂(novolak resin)为淡黄色固体，一般以片状、条块状或粒状供应。加热时能熔化，有可塑性，能溶于酒精等溶剂，熔化过程是可逆的。为了使热塑性酚醛树脂硬化成不熔的体型结构，通常加入硬化剂并加热。常用的硬化剂为乌洛托品(urotropine，学名六亚甲基四胺，hexamine，$(CH_2)_6N_4$)，它是甲醛和氨反应的产物。加入量一般占树脂质量的10%～15%，并按乌洛托品∶水＝1∶(1～1.5)(质量比)配成水溶液加入。由于乌洛托品含40%的氮，给酚醛树脂粘结剂带来许多的氮，使壳型浇注铸钢件易产生皮下气孔。

热塑性酚醛树脂中，如果加入的乌洛托品量过少，则带入的氮少，但是残存的未交联成体型结构的酚醛树脂较多，型、芯在浇注金属的热作用下，未成体型结构的树脂会重新软化或熔化，增大型、芯形变量，但是抗开裂能力增强；乌洛托品加入量过多，型、芯的线膨胀率增大，形变量小，较易开裂。

2）原砂

一般采用硅砂，对于表面质量要求很高的铸件，特别是壁很厚实、易产生粘砂的铸钢件，也常使用锆砂。原砂粒形以多角形到圆形为好，可增加型砂流动性，减少粘结剂用量。必须使用干砂，含泥量控制在1%以下，因为水分会使砂结块，泥分降低干强度。为得到光洁的铸件，一般使用70/140和100/200的三筛或四筛砂，AFS平均细度对壳型通常为90～110，壳芯为50～80。为减少树脂加入量，原砂中270目和底盘的含量也必须适当限制，一般不应超过10%。

3）附加物

为改善覆膜砂的性能，有时在覆膜过程中加入某些附加物。例如加入占砂质量0.25%～0.35%的硬脂酸钙，可防止覆膜砂存放期间结块，增加覆膜砂的流动性，使型、芯表面致密等。加入占砂质量2%左右的石英粉，可提高覆膜砂的高温强度。

4）覆膜砂混制工艺

覆膜砂即为让树脂成一层薄膜包在砂粒表面，像干砂一样松散。覆膜砂一般以原砂为100%质量比，树脂加入量：壳型为3.5%～6.0%，壳芯为1.5%～4.0%，另加入乌洛托品和硬脂酸钙。

覆膜砂的混制工艺可分为冷法、温法和热法三种。常用的为温法和热法。

温法是将加热到50℃的砂子连同乌洛托品和硬脂酸钙加到间歇式混砂机中，混合1min，再加入液态树脂混2～3min，吹温热空气让溶剂汽化，砂粒均匀覆膜并粘结成砂团。将砂团破碎后冷却，供使用。

热法(hot coating process)适于大量制备覆膜砂，需要专门设备。混制时一般先将加热到130～160℃的砂加到间歇式混砂机中，再加树脂混匀，熔化的树脂包在砂粒表面，当砂温降到105～110℃时，加入乌洛托品水溶液，吹风冷却，再加入硬脂酸钙混匀，经过破碎、筛分备用。如存入砂斗应冷却到30℃以下，以免结块。如在混制过程中通入压缩空气，借以分散覆膜的砂粒，加速冷却，基本省去了破碎工序，树脂加入量可减少为砂的质量的3.5%～5.0%，覆膜效率高，型、芯质量好。

热法制型(芯)的方法还有热(温)芯盒法(hot-box process)，它是用液态热固性树脂粘结剂和催化剂配制成的芯砂，填入加热到一定温度的芯盒内，贴近芯盒表面的砂芯受热，其粘结剂在很短时间即可缩聚而硬化，而且只要砂芯的表层有数毫米结成硬壳即可自芯盒取出，中心部分的砂芯利用余热和硬化反应放出的热量可自行硬化。它为快速生产尺寸精度高的中小砂芯(砂芯最大壁厚一般为50～75mm)提供了一种非常有效的方法，特别适用于汽车、拖拉机或类似行业的铸件生产。

阅读材料1-3

树脂通常是指受热后有软化或熔融范围，软化时在外力作用下有流动倾向，常温下是固态、半固态，有时也可以是液态的有机聚合物。广义地讲，可以作为塑料制品加工原料的任何聚合物都称为树脂。树脂有天然树脂和合成树脂之分。天然树脂是指由自然界中动植物分泌物所得的无定形有机物质，如松香、琥珀、虫胶等。合成树脂是指由简单有机物经化学合成或某些天然产物经化学反应而得到的树脂产物。树脂用途极为广泛，日常用的塑料、胶粘剂、油漆、纤维等都是树脂的应用。树脂可以作为各种高档耐火材料、砂轮、切割片等所必需的添加型结合剂。图1.19所示为石油树脂。

图1.19 石油树脂

1.4.2 自硬冷芯盒法砂型(芯)

将砂子、液态树脂及液态催化剂混合均匀后，填充到芯盒(或砂箱)中，稍加紧实、即于室温下在芯盒(或砂箱)内硬化成型，称做自硬冷芯盒法制芯，简称自硬法制芯(型)。这类方法的优点有以下几点：①提高了铸件的尺寸精度，改善了表面粗糙度；②节约能源及车间面积；③树脂用量少，免加热；④大大减轻了造型、制芯、落砂、清理工人的劳动强度，便于实现机械化；⑤旧砂可再生。由于自硬法具有上述许多独特优点，目前不仅用于造芯，还用于造型，可生产铸铁、铸钢及有色合金铸件。

自硬法可大致分为酸催化树脂砂自硬法、尿烷系树脂砂自硬法和酚醛-脂自硬法。下面主要介绍酸催化树脂自硬砂。

1. 酸催化树脂自硬砂用树脂

常用粘结剂为呋喃树脂和热固性酚醛树脂。所用呋喃树脂除常用脲呋喃、脲-酚呋喃、酚呋喃这类树脂外，也有采用酮醛树脂与糠醇的混合物(AR/FA)、糠醇-甲醛聚合体(FA/F)、糠醇与其他活性化合物的混合物(FA/C)的。糠醇含量越高，氮和水的含量会越低，粘结剂的质量也越好，但价格也高。自硬砂用树脂是在室温硬化，为加快硬化速度，设计这类树脂结构时多侧重反应能力。

在铸造生产中，用于铸钢件的树脂多要求氮含量小于3%甚至用无氮树脂，主要是因为氮含量大于3%时，铸件易发生气孔，耐火度也会降低，但价格较便宜。我国有些铸钢厂也使用含氮达7.5%的呋喃树脂，因为采用了具有屏蔽性的合适涂料。对铝、镁合金来说，则宜用含氮高的树脂，即使高温强度降低，也有利出砂。

2. 酸催化树脂自硬砂用催化剂

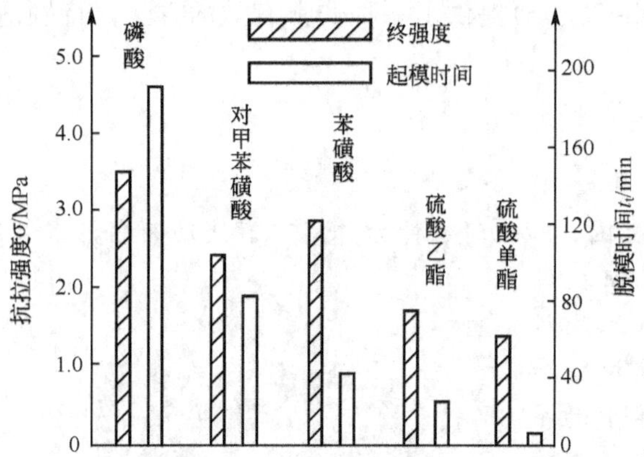

图 1.20　催化剂种类与树脂砂终强度及脱模时间的关系(树脂中氮的质量分数为7.0%，制砂样的环境温度为24℃，相对湿度为70%)

在酸催化剂自硬法中，催化剂对硬化过程的控制起着决定性作用。呋喃系、酚醛系树脂自硬砂采用的酸性催化剂是活性催化剂，其本身就是强酸或中强酸。一般采用芳基磺酸、无机酸及它们的复合物。常用的无机酸为磷酸、硫酸单酯、硫酸乙酯；芳基磺酸为对甲苯磺酸(PTSA)、苯磺酸(BSA)、二甲苯磺酸、苯酚磺酸、萘磺酸、对氯苯磺酸等。从催化效果来看，强酸使树脂砂硬化速度快，但终强度较低；弱酸硬化速度慢，但终强度较高。几种不同酸的酸性强弱次序是：硫酸单酯＞苯磺酸＞对甲苯磺酸＞磷酸。它们与芯砂强度、脱模时间的关系如图1.20所示。

3. 可使用时间和脱模时间

可使用时间(working time)是指自硬树脂砂(或化学粘结剂)混砂后能够制出合格砂芯的那一段时间。

在自硬树脂砂试验中，常将硬化24h的抗拉强度称为终强度。可使用时间的测定，最可靠的是终强度法，即混好的砂隔一定时间间隔制取试样，分别过24h测强度值，当强度降到不能满足生产实际需要(如为开始试样强度的80%、70%或60%)时，定为该种芯砂的可使用时间终点。这一方法需要事先进行大量试验工作，才能用来指导生产。

脱模时间(stripping time)是指从混砂结束开始，在芯盒内制的砂芯(或未脱模的砂型)硬化到能满意地将砂芯从芯盒中取出(或脱模)，而不致发生砂芯(或砂型)变形所需的时间间隔。实际生产中，砂芯的脱模时间要根据砂芯的尺寸和复杂程度确定。只要脱模后，砂型和砂芯不会变形、塌箱，就应脱模，决不可随意延长，否则，会使脱模困难，甚至使模样、芯盒遭破坏，影响生产率。

影响可使用时间、脱模时间的因素很多。实验表明，所采用的原砂、树脂、催化剂的类型、质量和加入量、混砂工艺、环境温度和湿度，均对可使用时间和脱模时间有明显的影响，影响最大的为环境温度和催化剂加入量。当催化剂量相同，室温不同时，温度低时可使时间长；温度高时可使时间短。其趋势是温度每增加10℃，可使时间缩短1/3～1/2。室温相同时，催化剂加入量减少，可使时间明显增长；催化剂增多，可使时间缩短，但是催化剂加入量超过一定范围后，可使时间变化不大，但对脱模时间影响显著。温度变化也明显影响脱模时间，其趋势是每增加5℃，脱模时间可缩短1/3～1/2。

4. 偶联剂——硅烷

在冷硬呋喃树脂砂中加入少量的硅烷作偶联剂，可以明显地提高树脂砂强度、热稳定性和抗吸湿性。国内外用于冷硬呋喃树脂(也可以用于热芯盒法等的树脂)的硅烷种类很多，如采用KH－550(γ-氨基丙基三乙氧基甲硅烷)、KH－560(γ-缩水甘油丙醚三甲氧基硅烷)及南大-42(苯胺甲基三乙氧基甲硅烷)等。

硅烷能提高树脂的强度，主要是靠硅烷在树脂与砂粒这两种性质差异很大的材料的表面之间架一个“中间桥梁”，以获得良好的结合，因此常将硅烷称为偶联剂。要达到树脂与偶联剂之间以及偶联剂与砂粒之间结合，最好的途径是三者之间成共价键结合。这就要求偶联剂分子的化学结构含有两部分性质不同的基团，一端基团能与砂子表面发生很好的化学或物理结合，另一端的基团能与树脂的有关基团有良好的化学或物理结合。

硅烷多在合成树脂后期直接加入，但由于硅烷会水解，国内有些工厂在树脂砂出厂时不加硅烷，而由用户使用前加硅烷。

5. 混砂工艺

原则上任何一种混砂机都可混拌树脂砂，但最好还是使用覆膜效果好又不会使砂子因强烈摩擦而发热的混砂机。其混砂工艺如下：

$$\text{砂}+\text{催化剂}\xrightarrow{\text{混拌}}\text{加树脂}\xrightarrow{\text{混拌}}\text{出砂}$$

上述顺序不可颠倒，否则局部会发生剧烈的硬化反应，缩短可使时间，对于酚醛-酯自硬砂，若在无砂的情况下将催化剂和粘结剂混合，还可能导致爆炸。砂和催化剂的混合时间的确定，应以催化剂能均匀地覆盖住砂粒表面所需的时间为准。太短了混合不匀，树脂强度低，个别地方树脂砂型硬化不良或根本不硬化；太长了，影响生产率和使砂温上升。树脂加入后的混拌时间也不能过短(混拌不均)和过长(砂温升高，可使用时间变短)。混拌时间一般通过实验确定。

1.4.3 气硬冷芯盒法砂型(芯)

壳法、热芯盒法因耗能高、芯盒工装的设计和制造周期长、成本高、造芯时工人需在高温及强烈刺激气味下操作等，从而限制了它们的应用。采用自硬冷芯法制芯，芯砂可使用时间短，脱模时间长，不利于高效大批量造芯，而气硬冷芯盒法基本可以弥补它们的不足。

气硬冷芯盒法制芯是将树脂砂填入芯盒，而后吹气硬化制成砂芯。根据使用的粘结剂和所吹气体及其作用的不同，有三乙胺法、SO_2法、酯硬化法、低毒和无毒气体促硬制芯法等方法。下面主要介绍三乙胺法及低毒和无毒气体促硬制芯法。

1. 三乙胺法

三乙胺法的粘结剂由两部分液体组成：组分Ⅰ为酚醛树脂；组分Ⅱ为聚异氰酸酯。催化剂为液态叔胺，可用三乙胺、二甲基乙胺、异丙基乙胺和三甲胺。一般用三乙胺，因其价格便宜。对厚大砂芯或芯砂温度、室温较低时，最好用易气化的二甲基乙胺(三乙胺沸点89℃、二甲基乙胺沸点35℃)。一般用干燥压缩空气、CO_2或N_2作液态胺的载体气体，稀释到约5%浓度。造芯时，其工艺过程如图1.21所示。填砂后向树脂砂中吹入催化剂气雾(压力为0.14～0.2MPa)，便能在数秒至数十秒内硬化，达到满足脱模搬运的强度，其硬化反应如下：

$$\text{酚醛树脂}+\text{聚异氰酸酯}\xrightarrow{\text{叔胺催化剂}}\text{尿烷}$$

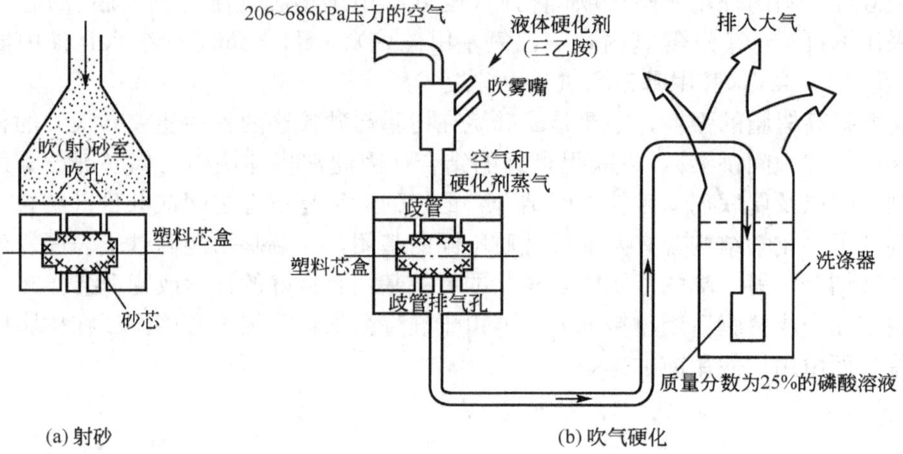

图 1.21　三乙胺法制芯工艺过程

即在催化剂作用下，组分Ⅰ中酚醛树脂的羟基与组分Ⅱ中的异氰酸基反应形成固态的尿烷树脂。组分Ⅰ和组分Ⅱ都用高沸点的酯(ester)或酮(ketone)稀释以达到低粘度，这样可使它们具有良好的可泵性和便于以一层薄膜包覆砂粒，而且能提高树脂砂的流动性和充型性能，并使催化剂作用更有效。

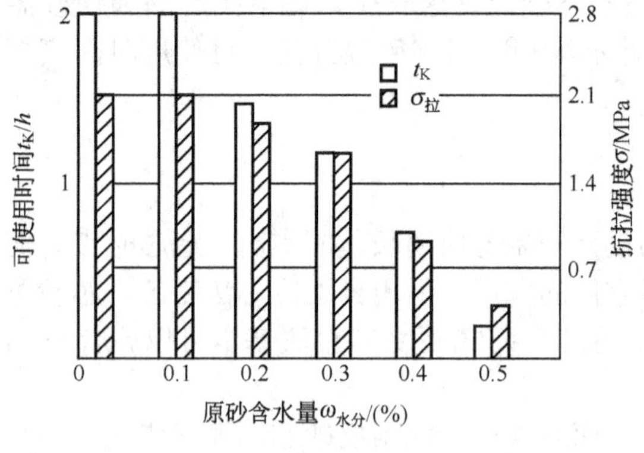

图 1.22　原砂含水量与抗拉强度和可使用时间的关系

三乙胺法制芯时，采用 AFS 细度为 50～60 的硅砂，也可使用锆砂、铬铁矿砂。必须注意原砂温度、化学成分和含水量对树脂性能的影响。原砂的理想温度是 21～27℃。砂温低，会降低混砂效率和增加硬化时间。砂温高，可缩短吹气周期，减少所需催化剂用量，但会使粘结剂失去溶剂及降低强度。砂中碱性杂质高会缩短芯砂的可使用时间。砂中含水会降低砂芯抗拉强度和减少可使用时间。图 1.22 所示为含水量对可使时间的影响，三乙胺法允许原砂室温下水的质量分数最高为 0.2%。

对于黑色金属铸件，使用水洗、干燥的原砂，典型的芯砂配方是树脂粘结剂占砂质量的 1.5%，该粘结剂通常由等质量的组分Ⅰ和组分Ⅱ构成。对铝、镁合金以及其他浇注温度低的合金来说，为便于出砂，粘结剂加入量为砂质量的 1%甚至更低。混砂时，先加组分Ⅰ再加组分Ⅱ，而且不能过混，防止发热，使溶剂挥发增多，促使提前反应，使可使时间变短，强度下降。

液态胺的用量及使砂芯硬化的硬化速率，在很大程度上取决于芯盒工装通气的有效性和型、芯本身的几何形状。在生产实际中，硬化 1t 芯砂需 0.45～1kg 胺。输送 1kg 胺约需 7kg 载体气体。对催化剂气体和净洗空气加热，可缩短硬化时间和降低胺的用量。由于液态叔胺具有碱性而且有毒，因此，从芯盒排出的气体必须输送到化学洗涤塔内，使之与塔内稀硫酸(或磷酸)反应生成硫酸胺盐，这样可除去胺。也可以采用燃烧法去胺。

三乙胺法是现代吹气冷芯盒法中应用最早的工艺，具有生产效率高、节能，铸件表面较光洁等特点。但是由于树脂和催化剂价格高、易燃(胺在空气中的质量分数高于2%时有爆炸危险)，对温度敏感，特别是聚异氰酸酯对水分敏感，芯砂可使时间有限，胺粘附皮肤和衣服经多次洗涤仍难去除污染气味等，因此采用时必须综合考虑。此外，采用此法，铸件也易出现皮下气孔、脉纹(毛刺)、光亮碳等缺陷。

2. 无毒、低毒气体促硬制芯法

三乙胺法尽管有很多优点，但三乙胺有毒，当前迫切要求开发无毒、无污染的新工艺和新材料。

1) 酚醛/酯冷芯盒法

酚醛/酯冷芯盒法(phenolic ester cold box process)在1984年开始用于铸造生产，由于有改善环境的特点，并且所生产的铸件质量高，因而很快得到一定应用。所用粘结剂由水溶性碱性甲阶酚醛树脂和易挥发形成气雾的酯组成。酚醛树脂与原砂混合后即可用吹或射砂法成型；将液态有机酯汽化，以气体形式通过芯砂使砂芯硬化。由于大部分酯消耗在硬化反应过程中，因此，残留的酯蒸气只需用少量净洗空气就可去掉。不过，净洗空气也促使酯蒸气分散到砂芯各个部分。被稀释的酯蒸气可以直接排到室外，而不必通过化学洗涤塔。

这种方法常用的酯是甲酸甲酯，因为它比其他的酯更容易汽化和易于像气体一样输送。所用酚醛树脂水溶液的含固量为50%～60%(质量分数，下同)，是一种粘度低的液体。这种粘结剂不含氮，产生的还原性气氛比许多其他有机粘结剂少。由于树脂是碱性，因此对原砂的耗酸值不十分敏感。如果采用品质高、经过洗涤和干燥的圆粒硅砂，可获得最好的强度。由于树脂是水溶性的，对水分不很敏感，所以原砂的水分可允许达0.4%(质量分数)。

2) 吹压缩空气冷芯盒法

1971年，波兰铸造研究所研制成吹压缩空气硬化的所谓Syncor法，其实质是用质量分数为1%～10%的溶解在有机溶剂(如石油烃)中的聚苯乙烯作粘结剂，制成砂芯后，向芯盒中吹入300～600kPa压力的压缩空气，让其溶剂挥发而达到硬化。根据砂芯的大小和形状，吹气时间为5～180s，粘结剂加入量为3%～5%。此法的硬化，由于靠溶剂挥发，对环境仍有污染。20世纪90年代初，出现了吹压缩空气硬化的Polcor芯砂和Syncor Ⅱ芯砂(Wieslaw Monowski，1991)。Polcor芯砂在砂芯硬化过程中只排出乙醇，而新的Syncor Ⅱ芯砂在硬化过程中排出来的是三氯乙烯，并且由捕集三氯乙烯的一种吸附-解吸装置吸收。回收的三氯乙烯再次用来配制Syncor Ⅱ粘结剂。因此该新工艺不再有环境难题。采用此新工艺时，35kg的砂芯在室温下用压力152kPa的空气90s硬化，抗拉强度可以达2.6MPa，且能根据所生产铸件的技术要求加以控制。砂芯可以涂敷自硬涂料，有好的出砂性。可用于非铁合金和钢、铁铸件。

3) 吹CO_2气体树脂砂法

这是一类正在开发的无毒气体促硬制芯法。已在生产上应用的主要有以下几种：

(1) CO_2-聚丙烯酸钠法。该法以聚丙烯酸钠为粘结剂，粉状$Ca(OH)_2$为固化剂，造

芯后通入 CO_2 硬化的 CO_2 - Polidox 法。我国也开展了这方面的类似研究，稍有不同的是聚丙烯酸钠粘结剂完全无氮(英国的含氮 0.02%)；粉状固化剂中除含有 $Ca(OH)_2$ 外，还含有其他金属离子和有机复合物。粘结剂加入量为占原砂质量为 2.8%～3.8%，固化剂为 1.0%～1.4%，芯砂可使用时间大于或等于 2.5h，吹 CO_2 的时间为 10～60s，吹 CO_2 后即时抗压强度为 0.4～1.0MPa，24h 后抗压强度为 2.8～6.0MPa。此种工艺主要适用于非铁合金和铸铁件。

(2) CO_2-改性碱性酚醛树脂法。该法的粘结剂取名 E-colotec 树脂，是将合成的液态酚醛树脂用 KOH 处理成碱性溶液，再溶入硼酸盐、锡酸盐或铝酸盐。吹 CO_2 时，它能够硬化的可能机制是因为吹 CO_2，增加了粘结剂溶液中 H^+ 浓度，H^+ 首先与酚醛负离子结合形成酚醛分子，酚醛分子再以硼酸负离子为连接桥而交联硬化；或无机盐使酚醛分子络合而胶凝。Ecolotec 2340 树脂的游离甲醛含量为 0.2%～0.5%，游离酚含量为 0.1%～0.3%，含固量为 58%～60%。树脂加入量建议为砂质量的 2.0%～3.2%；用 AFS 细度 50～60 砂时，典型的加入量为 2.5%～3.0%。混好的树脂砂的可使用时间约 4h。吹 CO_2 后的即时强度可达终强度的 70%～80%。可用于各种类型的金属铸件的砂芯和砂型，可以涂敷醇基或水基涂料。

综合上述壳法、热芯盒法、自硬冷芯盒法和气硬冷芯盒法等四种制芯方法，其主要区别在于砂芯是在芯盒内还是芯盒外硬化成形；其硬化靠加热(热法)还是室温(冷法)条件下。为提高铸件的尺寸精度，要求砂芯有高的尺寸精度，因而砂芯应尽可能在芯盒内硬化成形。至于在芯盒中硬化采用加热还是冷法，则需具体分析。从发展方向看应是冷法，既节能，也改善劳动条件，同时木质、塑料、金属芯盒均可使用。但由于热法发展较早，技术较成熟，因而应用较广，不过也在朝尽量降低加热温度的方向前进。可以肯定的是，发展无污染粘结剂，开发壳法、无毒和低毒制芯法是今后制芯技术发展的主流。

1.5 铸造用涂料及分型剂

本节阐述铸造用涂料及造型、制芯过程中使用的分型剂。

1.5.1 铸造用涂料

1. 涂料的作用

砂型铸造用涂料(coating)是指用来涂敷在砂型型腔和砂芯表面形成薄层的材料，其作用是：

(1) 改善铸件表面粗糙度，同时防止粘砂。

(2) 涂敷涂料可防止铸件产生与砂子有关的其他铸造缺陷问题。例如，为防止由于砂型或砂芯表面出现裂纹而使铸件形成毛刺，通常可在涂料的耐火粉料中掺和呈薄片状的粉料，如有云母、滑石或者氧化铁粉来解决。

(3) 用涂料来产生冶金效应，改善铸件局部的表面性能和内在质量。例如，在砂型、砂芯表面涂敷含铋和碲的涂料，可消除灰铸铁件的局部疏松(porosity)；使用含硅铁合金粉的涂料，可以防止铸铁件局部产生白口。

2. 优质涂料应具有的性能

(1) 好的悬浮性及再搅匀性。配制好的涂料在储存和使用过程中，在一定时间内不发生沉淀和分层；较长时间放置后，会产生沉淀和分层，但是进行适当搅拌后，就能均匀一致。

(2) 有一定的触变性。涂料在涂刷时能变稀易刷，刷痕可自动消失；刷垂直表面也不往下流淌，不在底部堆积，不形成滴痕。

(3) 好的覆盖能力。对砂型(芯)施涂时，涂料能以一定厚度遮盖砂型(芯)表面的性能。

(4) 具有适当的渗透性。一般要求涂料能渗入砂型(芯)表面深度达1.5～3倍砂粒直径。渗入深度太浅，涂层与型、芯表面的结合强度低；渗入太深，会使留在型、芯表面的涂层很薄，须增加涂刷次数，造成工时和涂料用量增加。

(5) 具有良好的粘结强度和耐激热性。砂型(芯)表面的涂层必须具备抵抗在搬运、合箱时过程中可能遭到的摩擦、碰撞，以及浇注过程中金属液的冲蚀而不破损的能力。在烘干或受到金属液的激热作用时，也不应出现开裂或剥落。

(6) 好的抗粘砂性。浇注后铸件应不发生粘砂，铸件冷却后涂料层与铸件表面能自动脱离。

(7) 低的发气性。涂料应有低的发气性，以免涂料产生的气体造成铸件气孔缺陷。

(8) 好的储存性。涂料在运输、储存过程中要能经受气温的变化，并有4～6个月以上的储存期。

(9) 各种原材料资源丰富，成本低廉，并能满足劳动卫生方面的要求。

3. 涂料的基本组成

铸造涂料通常是由耐火粉料、载液、悬浮剂、粘结剂和改善某些性能的添加剂所组成的胶体分散系，而耐火粉料分散在载体中属于悬浊液。

1) 耐火粉料

耐火粉料是涂料中的最主要组分，在涂料中的质量分数通常高于50%。它悬浮在载液中，并涂挂于型芯的工作表面，用来填塞砂粒间孔隙，隔离和减轻金属液对型、芯的热作用、机械作用和化学作用，以获得表面光洁的铸件。

耐火粉料根据其对铸件表面光洁所起的效用，可分为耐火型和陶瓷型(烧结剥离型)两大类。前者要求耐火粉料应具有高的耐火度和化学惰性。后者除了要求较高的耐火度外，还强调低的烧结点，让粉料表层局部熔化，甚至加入低熔点和助熔物质，使耐火粉料烧结成陶瓷型，或者呈玻璃态来得到高的铸件表面质量。

2) 载体液体

载体液体(carrier liquids)的作用是使耐火粉料分散或悬浮在载体液体内，使涂料保持一定粘度和密度，便于喷涂、浸涂、流涂或刷涂到型、芯工作表面。涂料过分粘稠，则不易涂刷均匀，过稀又会使涂层过薄，防粘砂效果不好。载体液体的选用主要取决于所用粘结剂类别、操作条件和使用方法等。可用的载体液体有水、乙醇、甲醇、异丙醇、1-丁醇、汽油、煤油、2-丙烯醛、氯化烃类(最常用的是三氯乙烷 CH_3CCl_3)等。其中最常用的是水。水无毒、价廉，易于调节流变性，但需要烘干，而且软化钠水玻璃和尿烷砂型(芯)；醇类易挥发、易燃，其中甲醇有毒，对眼神经刺激厉害，宜谨慎使用；异丙醇燃烧缓和，不会使型、芯表面过烧，能与大部分悬浮剂和树脂相溶，是良好的载体，但目前在我国价格偏高；乙醇是我国目前醇基涂料最常用的载体液体，其弱点是涂敷的涂料点燃时，燃烧偏快；工业乙醇含水5%左右(质量分数)，有时点燃较困难，而且不易燃烧完全。

3）悬浮剂(suspension agents)

悬浮剂的作用是稠化载体液体，促使涂料中耐火粉料在载体液体中保持悬浮，防止沉淀、分层和载体液体过分渗入造型材料，同时使涂料具有良好的再搅匀性和触变性。另外，它还起粘结剂的作用。

水基涂料常用的悬浮剂大体上可分为两大类：一类是使水形成胶体溶液的无机粘结剂，如膨润土、累托石等；一类是能与水形成高分子溶液的有机悬浮剂，如羧甲基纤维素(CMC)、海藻酸钠、聚乙烯醇(PVA)、聚丙烯酸钠等。当前应用较普遍的是膨润土和CMC或海藻酸钠复合稠化体系。

醇基涂料较理想的悬浮剂是，在乙醇中可溶胀的有机膨润土、锂基膨润土、钠基膨润土、改性累托石以及聚乙烯醇缩丁醛(PVB，polyvinyl butyral)等。

4）粘结剂

它使涂料中的耐火粉料彼此粘结在一起，并使涂料能牢固粘附在型、芯的表面。这一组分由于常与涂料的其他所有组分互相影响，因此不能孤立地考虑它。

常用的涂料粘结剂可分为低温粘结剂和高温粘结剂。对水基涂料来说，除上述悬浮剂中介绍的有机物和无机物以外，属于低温型的还有水溶性合成树脂、聚醋酸乙烯乳液(乳白胶)、淀粉、干性植物油、水柏油等；属于高温型的有钠水玻璃、硅溶胶、聚合磷酸等，后者中大多在低温时也起粘结作用。醇基涂料用的粘结剂属于低温型的有松香、漆片(虫胶)、PVB等；属于较高温型或高温型的有加了六亚甲基四胺的线性酚醛树脂、热固性酚醛树脂、硅酸乙酯等。对于烧结型涂料，其热强度和耐冲蚀性主要依靠涂层的适度烧结。

5）改善某些性能的其他添加剂

有时为了改善涂料的某种性能而需另加少量物质。例如，在某些树脂砂用涂料中加滑石和云母等薄层状填料防止或减少铸件毛刺等。其他方面还有：加入表面活性剂如JFC(脂肪醇聚氧乙炔醚)、平平加O(氧乙炔与油醇的缩合物)等用以改善涂料对型、芯表面的浸润、渗透能力；加入消泡剂消除涂料在制备或搅拌时所引起的气泡(如正丁醇)，以及醇基涂料的涂层在点燃干燥时可能产生的气泡或麻坑(如硬脂酸盐)；此外，还会加入防腐剂、防潮剂等。

4. 涂料的配制

铸造涂料品种繁多，按供应的形式有粉末状、粒状(一般小于5mm)、软膏状及悬浮液。涂料制成粉末状、粒状是为了最大限度地降低运输成本和易于保存。粉末状、粒状、软膏状涂料在使用前加适量载体液体，适当搅拌就可应用。呈悬浮液的涂料在使用前通常不需作任何调整就可直接使用，最为方便，但对悬浮性的要求高，因为要避免在运输、储存过程中沉淀结块。

铸造涂料按使用的合金种类分，有铸钢、铸铁、有色合金用涂料；按涂料中的主要耐火粉料分，有石墨涂料、锆英粉涂料、刚玉涂料等；按使用的载体液体分，有水基、醇基、氯化烃基及无载体液体(无溶剂)涂料；按砂型铸造采用的主要工艺分，有湿型用涂料、化学粘结剂砂型(芯)用涂料、气化模用涂料以及具有冶金效应的涂料等。不同种类的涂料其组分和配比是不同的。

涂料的组分及配比确定后，制备工艺是很重要的一环，其关键是要保证各种组分达到高度分散，使涂料稳定具备所要求的性能。

制备时各组分定量要准，所用容器及设备应清洁。有些组分要预处理，例如，有机高分子化合物一般需先配成一定质量分数的溶液；膨润土等也常加水浸泡，使其充分溶胀；有机膨润土需先用二甲苯或溶剂油泡开呈膏状，然后兑入乙醇。

为使涂料各组分高度分散，可采用多种制备工艺。例如：①先使用轮碾机或球磨机对涂料进行充分碾压或球磨，制成膏状(用轮碾机时)或液态涂料，使用时再稀释和用搅拌机搅拌；②单纯用搅拌机搅拌；③用搅拌机搅拌后的涂料再经胶体磨(或对滚机)使涂料受到很大的剪切力、摩擦力、离心力和高频振动等作用，达到被有效地粉碎、搅拌、均质和分散的目的。

1.5.2 分型(脱模)剂

分型剂(parting agent)是在造型制芯过程中在模样、芯盒工作表面覆盖的一薄层可以减少或防止型砂、芯砂对模样或芯盒的粘附，降低起模力，以便顺利得到表面光洁、轮廓非常清晰的砂型或砂芯的物质。

分型剂的优劣，可用分型力的大小和涂覆一次分型剂能造型(芯)的次数评定。

1. 粘土砂及冷硬化学粘结剂砂用分型剂

粘土湿型砂造型、芯发生粘模，主要是由于湿型砂中含水量偏多和使用时温度偏高。湿型砂温度高，与模样或芯盒表面的温差大，易引起水分在模样或芯盒表面处凝结，从而产生粘模。为了防止或减少粘模，一般对木质模样和芯盒表面涂敷涂料，或刷银色石墨粉之类的粉末。对于机械化车间，有的对模板加热，或在模样、芯盒表面喷或刷柴油、或煤油、或煤油和机油混合物。

钠水玻璃砂润湿性较好，容易粘模，因此使用的模样、芯盒表面要光滑，最好还涂敷一层非极性的或极性很小的覆盖物。木质模样和芯盒表面应涂敷耐碱的硝基磁漆，也可涂聚氨基甲酸酯清漆，或聚苯乙烯-甲苯溶液(按质量为2份聚苯乙烯，溶于10份甲苯中)；或在型(芯)砂内加入0.5%～1%(以型(芯)砂的质量为100)的柴油或重油；在模样或芯盒表面喷刷银粉分型剂或喷煤油。制造特大的芯、型时，甚至可垫一层蜡纸。

冷硬树脂砂造型、芯一般在模样或芯盒表面擦抹汽车蜡、银色石墨粉或撒滑石粉，较理想的为喷或刷以银粉与挥发性溶剂配成的分型剂或硅油乳液。

三乙胺冷芯盒法制芯，也需要在芯盒表面喷分型剂，如蜡、脂肪酸盐和银粉等，喷一次后能射制砂芯一次或多次，这类分型剂又称表面分型剂，其发展方向是开发喷涂一次能较长期顺利造芯的分型剂。但更理想的是不用喷涂分型剂能顺利造芯，即开发所谓直接加入到粘结剂中的内在分型剂。

2. 热(温)芯盒法、壳法用分型剂

热芯盒和壳法均属高温作业，模具温度高达200～300℃(温芯盒法温度也常在175℃左右)，所用树脂粘结剂大都具有强的粘附性，很容易粘附在模具上。对这类分型剂的基本要求有以下几点。

(1) 分型剂的主体材料应具有高的耐热性。在采用该工艺用模具可能到达的最高温度下应不分解，不碳化，不挥发，能形成均匀的油膜，并能保持较长的时间。

(2) 对金属芯盒、模样和树脂都不起化学反应；对金属芯盒、模样要具有较强的附着力。

(3) 涂敷应方便，一般要求配成液状，采用喷枪喷涂在模样或芯盒内腔上。

(4) 配成的分型剂气味应尽可能小，遇火不易燃烧。

(5) 分型剂涂敷一次后能顺利制取砂芯(型)的次数越多越好，而且在芯盒内腔或模板上应产生最少的积垢并易于被清除掉。

目前，热芯盒、壳法常用的分型剂为乳化硅油、乳化硅橡胶。经常采用的硅油是201甲基硅油，它的化学成分是直链状的聚甲基硅氧烷，用做分型剂时，其分型效力与其相对分子质量成正比。但是相对分子质量越高，其粘度也越大，涂敷也越困难，所以常将它用有机溶剂如甲苯、二甲苯、汽油、等稀释后，制成水乳分散液(即乳化硅油)使用。通常使用的高粘度硅油有201－1000、201－800、200－500、201－350等，201后的数字为在25℃时的粘度值，单位为厘斯($1cst=10^{-6}m^2/s$)。经常使用的乳化剂为太古油，又称磺化蓖麻油、土耳其红油。用氢氧化钠水溶液中和、调整太古油的酸碱度，用水作为分型剂的稀释载体。

小　结

砂型(芯)主要分为粘土砂型(芯)、水玻璃砂型(芯)和树脂砂型(芯)。

湿型砂主要由原砂、粘土、附加物及水按一定配比组成。湿型砂必须达到最适宜干湿程度，具备一定的透气性、湿态强度、流动性、起模性、抵抗粘砂及膨胀缺陷的能力。湿型砂要进行在线质量控制，以保证这些性能的稳定。

铸造上最常用的水玻璃是钠水玻璃，模数、密度、含固量和粘度是表征钠水玻璃化学和物理性质以及工艺性能的主要参数。模数越高，作为芯(型)砂粘结剂时的硬化速度也越快。钠水玻璃砂的硬化有物理硬化和化学硬化两种机制。常用的钠水玻璃砂有CO_2-钠水玻璃砂和自硬钠水玻璃砂。

壳法用覆膜砂由线性热塑性酚醛树脂、乌洛托品及硬脂酸钙通过温法或热法混制而成。翻斗法常用于制造壳型，吹砂法用于制造壳芯。自硬法于室温下砂型(芯)即可硬化。酸催化树脂自硬砂是自硬砂的一种，常用粘结剂为呋喃树脂和热固性酚醛树脂，固化剂为硫酸单酯、磷酸等强酸或中强酸。可使用时间和脱模时间是自硬树脂砂很重要的性能指标。自硬砂混制中加料次序不可颠倒。与自硬法相比，气硬法延长了型砂可使用时间，气硬法主要有三乙胺法、酚醛/酯自硬法及CO_2-聚丙烯酸钠法等。

铸造用涂料一般由耐火粉料、载液、悬浮剂、粘结剂和改善某些性能的添加剂所组成。湿型砂、钠水玻璃砂、自硬砂、气硬砂和覆膜砂可分别使用银色石墨粉、硝基磁漆、硅油乳液、脂肪酸盐及乳化硅橡胶作分型剂。

【关键词】

湿型 green sand mold

原砂 base sand

紧实率 compactability

钠水玻璃 sodium silicate

模数 modulus

壳法 hull process

可使用时间 working time

气硬法 cold-box gassing process

习 题

(1) 解释：紧实率，筛号，颗粒组成，钙基膨润土的活化，钠水玻璃的模数，可使用时间，脱模时间。

(2) 说明用紧实率控制型砂干湿程度的依据。各种造型方法通常要求型砂紧实率分别控制在多少？

(3) 原砂含泥量对型砂性能有什么影响？

(4) 湿型中出现水分迁移现象时的传热、传质特征是什么？如果湿型砂的热湿拉强度过低，可能会导致哪些缺陷？如何防止？

(5) 对铸造用钠水玻璃，为什么规定随模数增加而降低密度？

(6) 钠水玻璃 CO_2 硬化，低流速、长时间吹气会引起什么结果？低流速、短时间吹气，获取脱模所需最低强度，然后存放或干燥以获得高的强度，从反应机理上如何认识此工艺？

(7) 影响可使用时间和脱模时间的主要因素是什么？

(8) 三乙胺法制芯时，原砂温度、化学成分和含水量对树脂性能各有什么影响？

第 2 章

金属-铸型的界面作用及铸件缺陷控制

本章学习目标

★ 熟悉湿型的受热特点，掌握膨胀缺陷的特征、形成及控制措施

★ 掌握粘砂、气孔、砂眼及型壁移动的形成原因及控制措施，了解铸件表面合金化工艺方法

本章教学要点

知识要点	掌握程度	相关知识
砂型的传热及传质	熟悉砂型的结构特点、传热形式及膨胀特点； 重点掌握湿型受热后的特征分区	传热的基本形式及热物理性能； 传质的含义； 石英的低温型-高温型转变
湿型的膨胀缺陷——夹砂结疤、鼠尾和毛刺	掌握膨胀缺陷的特征、形成及控制措施	物体内应力的产生； 树脂等有机粘结剂在高温氧化性气氛下的性能变化
粘砂	掌握机械粘砂及化学粘砂的形成特点及控制方法	毛细及润湿现象； 黑色金属与造型材料的化学反应
气孔、砂眼及型壁移动(胀砂)	熟悉气孔、砂眼及胀砂的形成原因及控制措施	表面张力、粘度及铸铁石墨化膨胀
铸件表面合金化	了解铸件表面合金化的方法； 掌握表面合金化工艺	扩散、渗透及合金化的基本含义

导入案例

古泉币是中国古钱币的一种，属于辽币。图中的古泉币是采用铜合金以铸造工艺生产而成的。钱身上有不规则的凸出部分，即多肉。当铸型掉砂时，掉砂的地方便形成多肉，掉下的砂则形成砂眼或缺肉。可见，金属和铸型的界面作用对铸件质量有重要影响。

金属液浇入铸型后与铸型直接接触并发生相互作用，导致金属液冷却和凝固成形，从而获得铸件。

金属-铸型的相互作用在不利的情况下会引起铸件缺陷。例如：金属液对铸型的冲刷、冲击作用，可能冲坏铸型，造成铸件缺肉和夹杂；金属液充满型腔后，静压力达最大，此时可能渗入型腔表层砂粒孔隙中，造成所谓机械粘砂，使铸件表面粗糙；在金属液热作用下，金属-铸型界面会产生许多气体(水蒸气、挥发物及分解物等)，可能导致气孔；硅砂砂型在热作用下，型腔表层发生膨胀，在铸型热湿拉强度较低时，可能产生膨胀类缺陷；表层金属液与铸型气氛发生化学反应生成薄的氧化物层，金属氧化物可能与砂子形成烧结层粘附于铸件表面，形成化学粘砂；等等。

所有这些作用，金属对铸型的作用是第一位的，铸型的作用是第二位的。然而，后者在减少或避免铸件缺陷、获得合格铸件中却往往是决定性的。因此，分析金属-铸型界面的相互作用，减少或控制缺陷的发生，对保证铸件质量尤其是表面质量具有重要作用。

2.1 铸型中的传热与传质现象

2.1.1 砂型的结构特点

造型过程中，型砂在外力作用下成形并达到一定的紧实度(degree of compaction)或密度(density)而成为砂型。图 2.1 所示是型砂紧实后的结构示意，它是由原砂和粘结剂(必要时还加入一些附加物)组成的一种具有一定强度的微孔-多孔隙体系，或者称为毛细管多孔隙体系。原砂是骨干材料，占型砂总质量的 82%～99%；粘结剂起粘结砂粒的作用，以粘结薄膜形式包覆砂粒，使型砂具有必要的强度和韧性；附加物(additives)是为了改善型(芯)砂所需要的性能，或为了抑制型砂不希望有的性能而加入的物质。

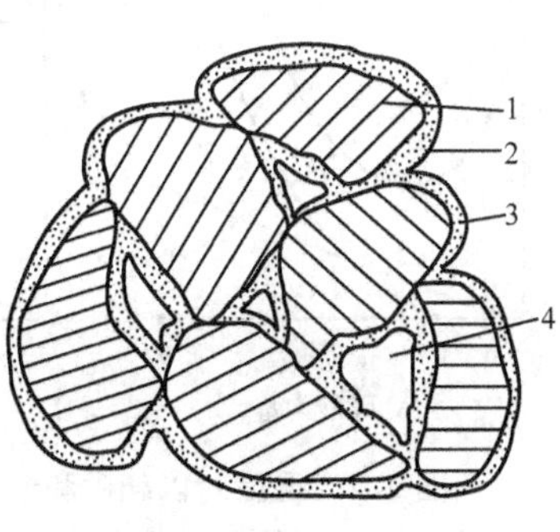

图 2.1 型砂结构示意

1—原砂砂粒；2—粘结剂；3—附加物；4—微孔

微孔在铸型中的特点，不仅表现在尺寸大小上，还表现为它的形状、在整体中的相互排列和分布，以及是否与外表面相沟通等。因此铸型中微孔的特征应当包括总的孔隙率，微孔尺寸和它们按尺寸的分布。一般情况下，任何多孔性物体的孔隙率 n 都用微孔的容积

V_n 对物体的总容积 V_0 的比来表示，即 $n=(V_n/V_0)\times100\%$。

孔隙率是多孔物体的一个主要的物理特性，对铸型的属性有很大的影响。与容积孔隙率有关的铸型参量有：导热系数，热容，热扩散率，蓄热系数，容积重量，热膨胀及其他。此外，孔隙率对于评价铸型的质量也有实际意义，因为它在很大的程度上决定着铸型的透气性和铸型总体上的气体状态，变形过程，表面层强度，型砂的吸附能力和其他性能。

2.1.2 砂型的传热及其热物理性能

从金属进入铸型中的时刻起，就开始金属和铸型之间的热作用。铸型中的传热是金属-铸型周围介质之间热力学不平衡的结果，它出现在任何铸型中，并且将持续到温度完全均匀为止。

一般来说，影响传热的因素有以下几种：

(1) 热的不平衡程度，即温度梯度。

(2) 铸件和铸型的热物理性能，如热扩散率 a 和蓄热系数 b，需要时还有辐射系数等。

(3) 几何因素，如铸件的形状和壁厚、涂料层的厚度、铸型壁厚等。

在热物理性能中，型砂的热扩散率 a 和蓄热系数 b 都与其热导率 λ、比热容 c 及密度 ρ 有关。但热导率 λ 对蓄热系数的影响比对热扩散率的影响小些，这是因为在 $b=\sqrt{\lambda c\rho}$ 中 λ 是以 0.5 次方进入的，而在 $a=\lambda/(\rho c)$ 中它是以一次方进入的。而且相对应的容积热容的作用增大了。实际上，具有高的蓄热能力(锆砂、铬铁矿砂、镁橄榄石砂等)的型砂，不仅具有高的热导率，也具有较高的比热容和密度。

铸型中热量的蓄聚和迁移不仅与比热容、密度、热导率有关，而且还与相变、化学反应、传质、接触状况及其他过程有关。不受这些现象的限制而得出的热物理性能值称为实效值。

如前所述，砂-粘土铸型是典型的毛细管-多孔性物体，在传热方面必然与相同材料的密实物体存在着某种程度的差异。型砂中的热传递是个复杂的过程，其中既有颗粒材料和微孔中气体介质导热，也有微孔内的辐射传热。

图 2.2 和图 2.3 所示为实效热导率与温度的关系。可以看出，正常温度下热导率实际上由铸型中固态骨料的热导率所决定。随着温度升高，对流和辐射的作用增大。在接近浇

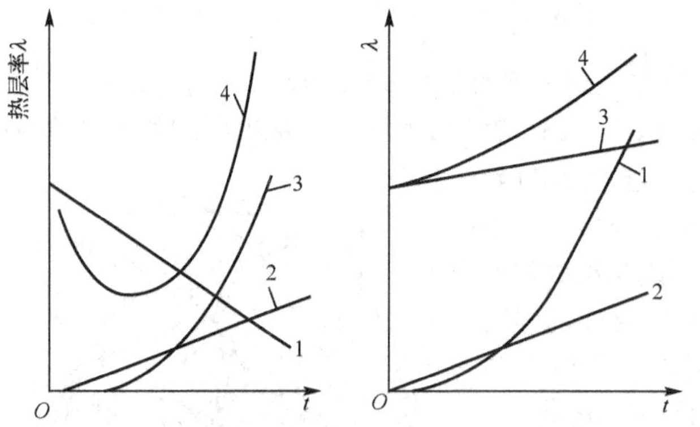

(a) 硅砂为基　　(b) 非硅质砂为基

图 2.2　温度对以硅砂和非硅质砂为基的型砂的热导率的影响

1～4—分别为传导、对流、辐射和累加的实效热导率曲线

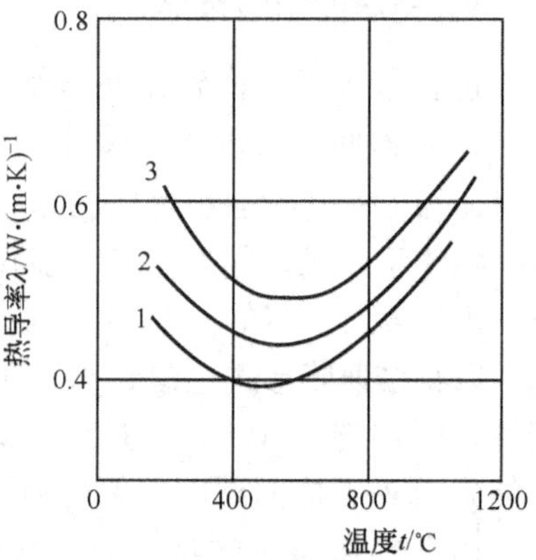

图 2.3　温度对膨润土型砂的热导率的影响

型砂紧实度：1—1.3g/cm³；2—1.4g/cm³；3—1.5g/cm³

注温度时，辐射起主要的作用。紧实度增高，热导率增大。但是在高温下，当颗粒间隙中的热传递增强时，提高紧实度对热导率的影响比在低温时小得多。

2.1.3 砂型的受热过程

描述铸型各部分温度分布随时间而变化的温度场是表征铸型热状态特征的最好形式。

图 2.4 所示是树脂砂铸型及铸件的温度分布图，由图可知，离界面越近，铸型层所能达到的最高温度越高，而且所需要的时间也越短。界面附近的最高温度大大超过粘结剂的分解温度，于是粘结剂(包括其中所含的催化剂及其他)迅速分解成为各种气体。

根据温度曲线还可以判断树脂砂性能变化情况或者砂颗粒表面上附着的树脂的焦化情况。由 T_{max} 曲线看，树脂的焦化状态近似地与距界面的距离成比例，即越接近铸型外壁，达到最高温度所需的时间越长，树脂的焦化程度越小。研究发现，靠近铸型外壁，树脂膜平滑附着于砂粒表面；距铸型外壁 40～50mm 的内部，附着的树脂因受热而为多孔质的焦炭，在铸型界面附近的砂粒上附着的多孔质焦炭量减少并可观察到砂粒表面。树脂砂的高温强度一般随着温度的上升而急剧下降。700℃以上时强度非常低，这是由于有机物质随温度上升发生热分解和氧化作用造成的，如图 2.5 所示。CO_2 -钠水玻璃砂型的受热过程与树脂砂型类似。

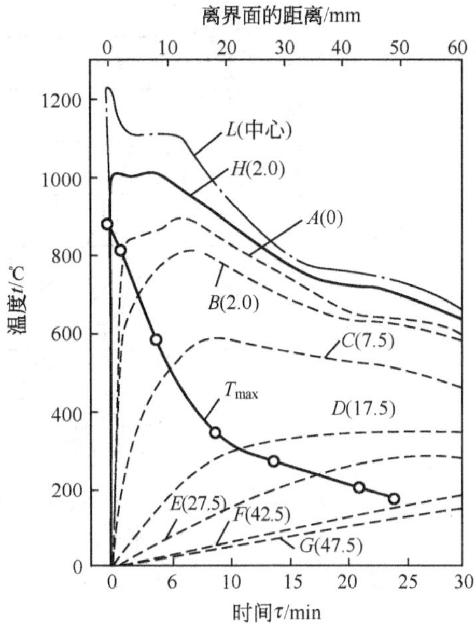

图 2.4 树脂砂型及铸件温度场和它的最高到达温度与距界面距离的关系

A～G—离界面距离分别为 0、2.0、7.5、17.5、27.5、42.5、47.5mm 时铸型的温度；H、I—分别为铸件中心、离界面 2.0mm 处的铸件温度；T_{max}—铸型内最高到达温度与离界面距离的关系曲线

图 2.6(a)所示是厚度 30mm 的平板铸铁件在湿砂型(铸型的初始水分 m_0 等于 8%)中凝固时湿型断面上的温度场。由图中看出，随时间的推移，铸型温度从由型腔表面剧热到高温逐步向内层增加，含水铸型的温度场在任何时刻都可以划分为三个特征区，如图 2.6(b)所示。Ⅰ区为干砂区；Ⅱ区是温度为 100℃、水分由 m_0 增至 m_1 的高水区；Ⅲ区的温度和水分分别由毗邻Ⅱ区的 100℃及 m_1 降至室温 t_0 和 m_0。这三个区是逐渐地由型腔表面向铸型内部延伸扩展的。这种现象的出现首先是由于金属液的高温使表面层型砂及其所含的水分迅速升温，当水温达到相变温度时，水变成蒸汽离开Ⅰ区(留下干燥区)向内扩散，引起传质现象并相继发生相变形成Ⅱ和Ⅲ区。这种传质现象不仅带走大量的热，而且影响到铸型内的热传递。这样，它使湿型内的温度分布曲线和其他铸型的大不相同。对于这种温度分布，湿型的热物性值要用简化了的傅里叶方程的解析式求出是困难的。

水的这种传质现象通常称为湿型中的水分迁移现象，将在传质部分中叙述。

由图的强度曲线看出，Ⅱ区的铸型强度最低，低于湿型砂的初始强度，这是因为该区的水分超过湿型砂的最适水分。通常称Ⅱ区的铸型型砂强度为“热湿强度”。

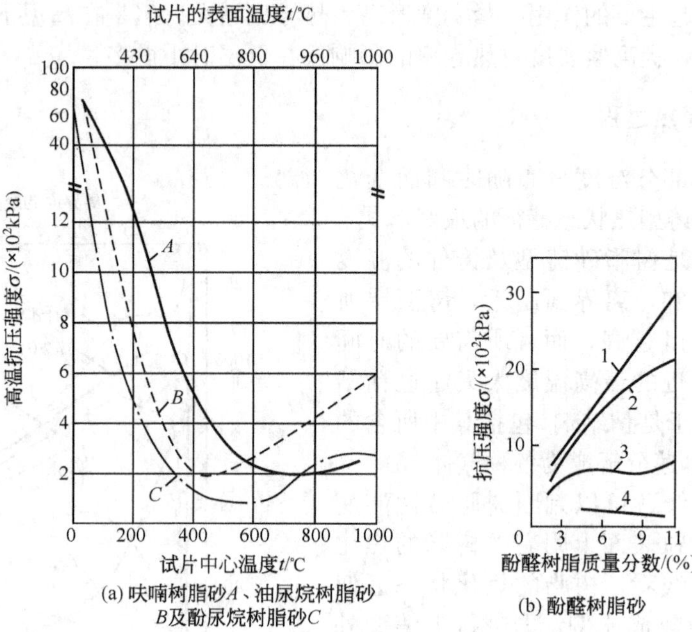

(a) 呋喃树脂砂A、油尿烷树脂砂B及酚尿烷树脂砂C

(b) 酚醛树脂砂

图 2.5 树脂砂的高温强度

1—常温；2—300℃；3—500℃；4—1100℃

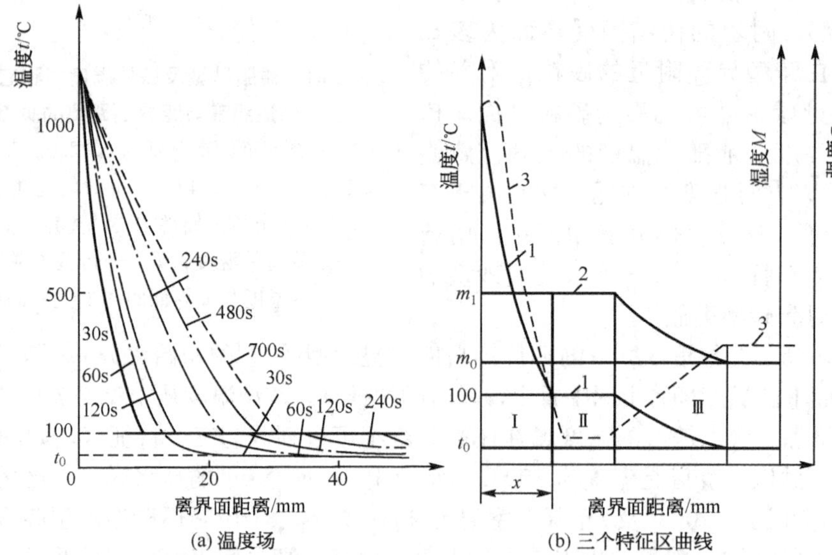

(a) 温度场

(b) 三个特征区曲线

图 2.6 粘土湿型的温度场(30mm 平板铸铁件)和铸件凝固时铸型中的温度曲线 1、湿度曲线 2 和强度曲线 3 的分布示意

2.1.4 传质现象和砂型表层的水分迁移

1. 砂型中的传质现象

一般说来，一种物质在另一种媒介物质中的传递都属于传质的范围。这样，由于砂型的多样性，铸型中出现的传质现象也是多种多样的。例如，湿型用型砂中各种形式的水分蒸发及迁移过程包括：湿型砂混制好以后在调匀斗内调匀水分；制好的湿砂型放置时出现的风干现象；砂型的烘干过程；浇注金属液后湿砂型中出现的水分蒸发、迁移和凝聚现象。

化学粘结剂砂的吹气硬化过程，如：水玻璃砂中吹入的硬化剂 CO_2 和呋喃树脂砂中吹入的催化剂 SO_2 在型内的扩散、促硬行为。

铸件表面合金化是人为地强化铸型传质现象的例子。它是在浇注前，在砂型型腔表面涂敷一层含有某种合金化元素的涂料，金属液浇入铸型后，在其高温作用下，合金化元素熔化并扩散到铸件表层金属内形成合金化层。

在砂型中的众多传质现象中，水分迁移现象是最有特性的传质形式。这个过程不仅表现出物质迁移入铸型中达到较大的深度，而且还在迁移期间改变着它的聚集状态。

2. *湿砂型型腔表层的水分迁移*

湿型受到金属液的高温作用时，型中的水分分布会发生变化，产生与湿型的温度场Ⅰ、Ⅱ、Ⅲ区［图 2.6(b)］相对应的D、M、U三个区，即干砂区(dry sand zone)D、水分饱和凝聚区(saturated condensation zone)M以及水分不饱和凝聚区(unsaturated condensation zone)U。此外尚有原来的型砂区(original green sand zone)G，或称未受影响区(图 2.7)。型内水分的沸腾或蒸发在干砂区和饱和凝聚区的界面上发生，此界面被称为蒸发界面(vaporization interface)。蒸汽通过多孔隙砂型时，凝聚下来并将砂型加热至 100℃，为此，需要利用多少蒸汽冷凝时放出的热量就会有多少蒸汽冷凝为水。这样，在这部分铸型中的水分含量会增多至某一定值 m_1。这个水分含量为 m_1 的铸型部分即为饱和凝聚区 M。通过 M 区的蒸汽在未饱和凝聚区 U 中冷凝下来并放出热量。U 区中的水分是变化的，由 m_1 变至型砂的原始水分 m_0(图 2.6)。M－U 区交界处称为凝聚界面(condensation interface)，蒸汽的凝聚从这里开始。可见，湿型中的 D、M 及 U 区等是由于热作用引起的水分迁移即传质造成的，它使湿型内的水分和强度发生变化。

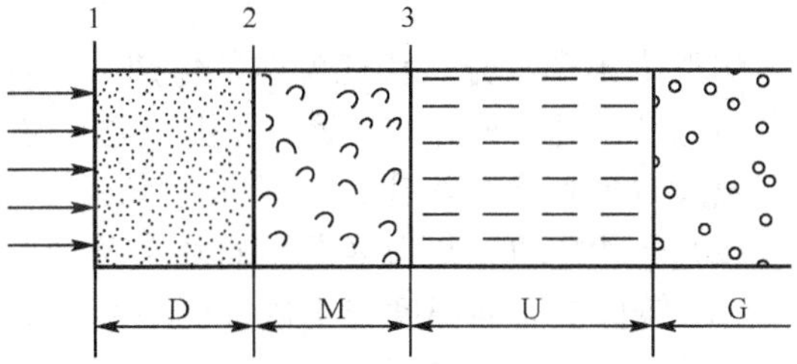

图 2.7 浇注时湿型中的水分分布示意

D—干砂区(100℃以上)；M—凝聚区(100℃)；
U—不饱和凝聚区(100℃～室温)；
G—未受影响区；→—热源
1—铸型-金属界面；2—蒸发界面；3—凝聚界面

图 2.8 所示是一个实验铸型中的蒸发界面和凝聚界面在不同时间的位置曲线。蒸发界面的移动是按抛物线 $x^n=K\tau$ 轨迹运动(x 为距金属与铸型界面的距离，τ 为时间，K 为比例常数)。可以看出，由于凝聚现象伴随着放热，凝聚区是不稳定的，当其温度达到 100℃时，就继续向前移动。凝聚界面的厚度很薄，可以把它看作是将饱和凝聚区和不饱和凝聚区隔开来的边界。凝聚区的一个显著特点是随着凝固的进行，其位置和厚度依蒸发界面和凝聚界面的变化而变化。由于凝聚界面的移动速度比蒸发界面的移动速度大，这个高水分的凝聚(迁移)区，将随着它离开界面距离的增加而不断地加厚。

由图中还可以看到，初始时干砂区和饱和凝聚区迅速形成，但是在一个比较短的时间里，它们的增长速度很快降低。浇注后1min，干砂区的厚度大约为7.14mm，而饱和凝聚区的厚度为10.31mm。在1min内，如果采用的是过热金属，则金属可能仍然处于熔融状态。在许多情况下，砂型界面上承受着相当大的金属静压力。由于薄的干砂层在这种作用力下要变形，它的刚性依赖于饱和凝聚区给予的支持，凝聚区又由其外部区中剩下的大块未受影响的砂型支撑着。所以，饱和凝聚区中的抗压强度是一个关系到型壁移动的重要性能。通常将湿型受热后形成的饱和凝聚区的强度称做热湿强度，其抗拉强度称为热湿拉强度。

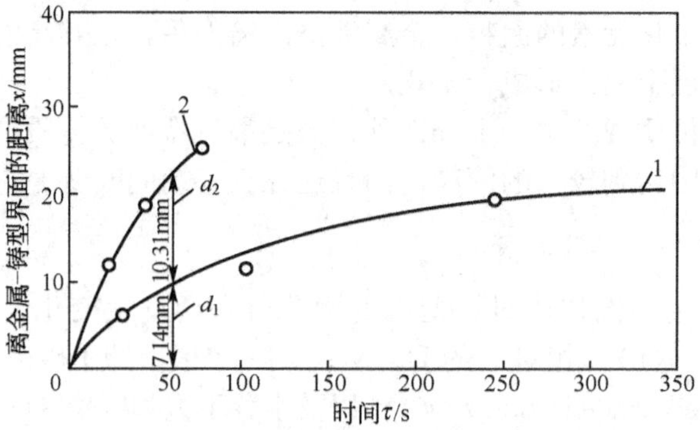

图 2.8　湿型受热时不同时间的界面位置(天然硅砂，湿型水分8.7%，38mm厚铝板铸件)

1—蒸发界面；2—凝聚界面；

d_1、d_2—分别为1min时间里干砂区和饱和凝聚区移动的距离

湿型中出现水分迁移现象时的传热、传质特征如下：

(1) 热通过两种方式传递，一是通过温度梯度进行导热，未被吸收的热通过干砂区传导至蒸发界面使水分汽化；二是靠蒸汽相传递热。蒸汽的迁移依赖于蒸汽的压力梯度。

(2) 干砂区的外侧为蒸发界面及水分凝聚区，没有温度梯度。

(3) 铸件的表面温度与干砂区的厚度及其蓄热系数有关。

阅读材料2-1

砂型的受热膨胀

将金属液浇入铸型时，型腔表面层温度急剧升高，因而发生膨胀和出现强度变化。铸型发生膨胀的主要原因是由于构成铸型的砂粒(尤其是硅砂)发生膨胀。这与石英颗粒的多晶形转变有关，如图2.9和图2.10所示。

由图2.9看到，石英颗粒的低温型-高温型转变如下：

(1) 至575℃，总的线膨胀量为原来长度的0.875%。

(2) 575℃的等温膨胀为原来长度的0.5%，是总膨胀量(0.875%+0.5%=1.375%)的36%。

(3) 进一步加热，将导致高温型石英收缩。

与硅砂比较，非石英质的锆砂、橄榄石砂、铬铁矿砂等(图2.10)不仅膨胀率小，而且没有在575℃附近的急剧膨胀现象，从而也不容易出现因膨胀而产生的铸件表面缺陷。

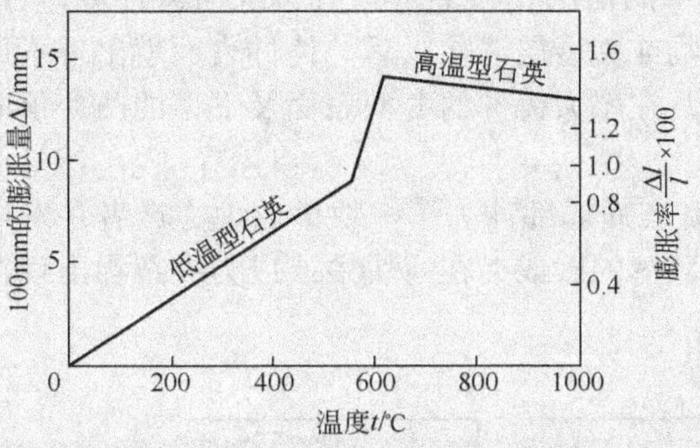

图 2.9 石英的低温型-高温型转变

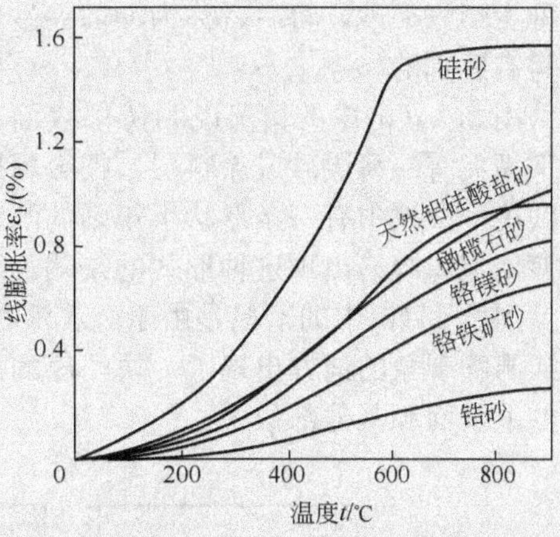

图 2.10 几种材料的热膨胀的比较

有时把铸型受热时的膨胀分为微观膨胀及宏观膨胀两阶段。砂粒的膨胀能被湿粘土膜的收缩所抵消，或者砂粒间相互移动的力小于砂型外部阻力以致仅减少砂粒间的空隙，并不引起砂型外部尺寸变化，这个阶段称为微观膨胀。当砂粒间的间隙已难以再减小，或使砂粒间相互移动的力大于砂型外部阻力时，砂型外部尺寸发生变化，这个阶段称为宏观膨胀。铸件缺陷主要由宏观膨胀造成。

型砂紧实度高，硅石粉含量高，砂粒粗，粒度集中，加热速度快，则型砂的微观膨胀减小，而相应的宏观膨胀增大。当型砂中加入的粘结剂或附加物在高温下发生收缩或烧失以及采用颗粒分散的原砂时，微观膨胀阶段延长而宏观膨胀减少。

膨胀的结果使铸型产生应力。这是因为砂型各部分温度不均匀，因而膨胀不均匀，从而使各部分相互之间产生作用力。另外，砂型膨胀过程中还受到砂箱及铸件等的外部阻力，属于受限膨胀，这些都会使铸型内部产生应力。当应力达到一定程度，将使铸型发生变形甚至破坏。

2.2 膨胀缺陷

由于硅砂膨胀形成热应力而引起的铸造缺陷通常称为膨胀缺陷，其中夹砂结疤(scab)、鼠尾(rattail)主要发生在湿型的情况下，而毛刺(veining)则主要出现在有机粘结剂的砂型(芯)中。尽管它们发生的原因有某些相似之处，但因为发生在不同类型的砂型中，所以分别加以叙述。

2.2.1 夹砂结疤和鼠尾

夹砂结疤和鼠尾是砂型铸造中常见的表面缺陷，特别是用湿型铸造厚大的平板类铸件时尤为严重。

(1) 鼠尾。铸件表面有浅的方向性凹槽或不规则的折痕，无金属瘤状物。通常沿下型内浇口正前方产生，在下型表面上可看到与这些凹槽相对应的线状棱纹［图 2.11(a)］。

(2) 夹砂结疤。过去有夹砂［图 2.11(b)］和结疤［图 2.11(c)］之分，国外也有将前者称为膨胀夹砂，将后者称为冲蚀夹砂(erosion scab)的。目前我国则泛称夹砂结疤，实际上是有区别的。

图 2.11(b)中的情况说明铸件表面有局部凸出的长条疤痕，其边缘与铸件本体分离，它下面夹有一薄层砂或涂料层。把金属瘤状物或夹砂层清除以后，铸件表面就出现不规则的凹坑，凹坑中有一条形状不规则的凸起物。在厚大铸件的上型表面及下型的凸台顶面和过渡面上，容易出现这种形式的缺陷。

图 2.11(c)中的情况是由于金属液在铸型表面局部冲去了一块砂的地方或者在发生搅拌或沸腾现象的地方出现了一块凸出的疤。脱落的砂或夹在疤块中或成为夹杂物出现在铸件的上表面和其他部位中。

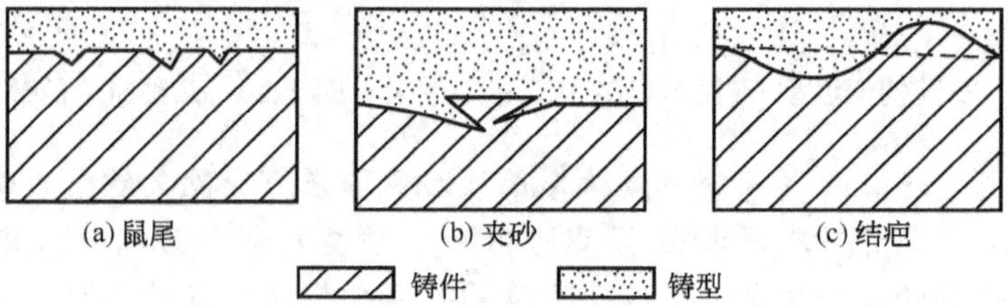

图 2.11　膨胀缺陷的几种形式

关于这类缺陷的形成有很多说法，目前常见的是以硅砂的受热膨胀、产生应力，加上热强度、热变形和高水区的发生等来阐明这类缺陷的机理。

图 2.12 所示为铸型受热过程中应力的变化过程。型腔表层在热作用下，水分蒸发变干(形成 D 区)，发生收缩，同时受周围铸型拉应力(＋)；内层(M 层)由于水分凝聚而胀大，受周围铸型较小的压应力(－)［图 2.12(a)］。随着热量的不断传递，应力长大。此阶段为微观膨胀，拉应力较大［图 2.12(b)］。如拉应力过大，表层可能开裂。

铸型继续受热，当型腔表层温度超过 575℃时，石英发生相变膨胀，体积突增，使表层(D 区)发生宏观膨胀，由于砂箱及外部砂型阻碍其膨胀使其受压应力(－)；在压应力作用下，表层有向阻力小的方向(型腔方向)拱起的趋势，从而使 M 层受拉应力(＋)，因 M 层膨胀较小［图 2.12(c)］。此时，压应力一般很大，如果 M 区抵抗拉应力的能力即热湿

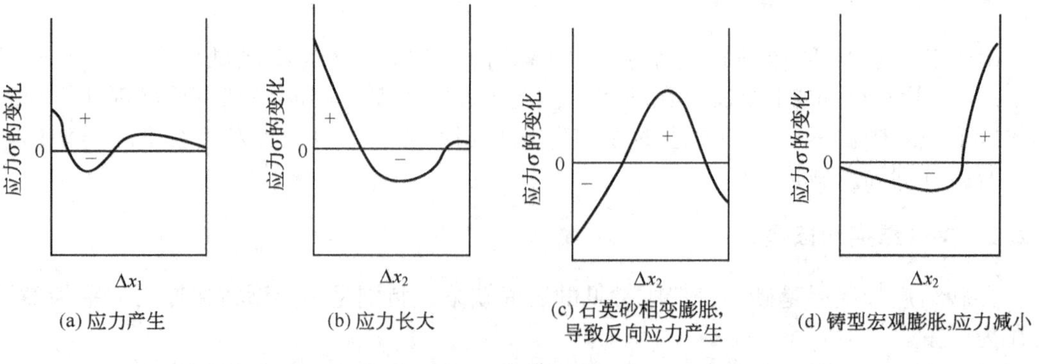

图 2.12　热作用于铸型时的应力 σ 变化的各阶段

Δx_2—离型腔表面的距离

拉强度较大，则D区不会拱起，否则，D、M区分层，拱起越来越大，甚至破裂。铸型在变形的同时应力也得到部分释放，因而应力值减小［图2.12(d)］。

图2.13(a)～(c)所示是生成鼠尾的过程示意。它多半是出现在受金属液的热作用而又不能被金属液覆盖的地方。这时，表层型砂膨胀产生的应力大于水分凝聚层M的剪切强度，使边缘部分突出于表面之外，因而产生鼠尾。图2.13(d)～(h)所示是夹砂结疤缺陷形成过程示意，表示了砂型上表面由于受金属液的热辐射，表面层受热膨胀、变形直至开裂而产生夹砂结疤的过程。

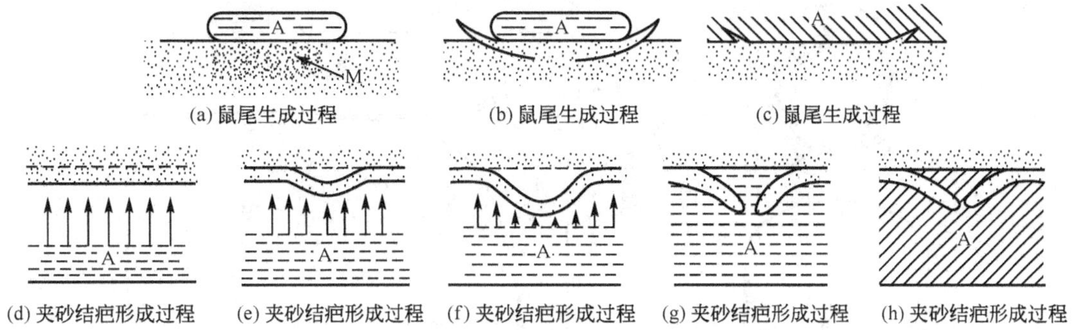

图2.13 鼠尾和夹砂结疤形成过程示意

M—水分凝聚区；A—金属

可见，这类缺陷是由于湿型表面受到金属液的热作用，产生膨胀，当膨胀压应力较大，而饱和凝聚区的热湿拉强度较低时，铸型表面干砂层拱起甚至破裂而产生。这类缺陷一般发生在未充满或凝固壳层强度较低时，且大多在铸件的上表面。

综上所述，要控制夹砂结疤类缺陷，可以从以下两方面着手。

一方面，设法减少型砂受热后的膨胀量以减少膨胀应力和提高砂型强度，以免砂型表面层脱离本体而拱起。可采取的措施有以下几种：

(1) 选用粒度分散的硅砂作原砂(最好分布在相邻的4～5个筛上)或选用热膨胀系数小和烧结点低的石英-长石砂作原砂。

(2) 对重大铸件采用热膨胀系数小、热扩散率和蓄热系数高的非石英质原砂(如铬铁矿砂、锆砂)等。

(3) 粘结剂选用热湿拉强度高、热压应力低的膨润土或增加膨润土、有效粘土含量。

(4) 尽可能降低型砂含水量。

(5) 加入一定量的煤粉、重油、木屑；采用水玻璃砂、树脂砂等。

另一方面，在工艺方面可以采取以下控制措施：

(1) 浇注时间尽可能短些。这是由于在浇注过程中砂型(芯)工作表面总要发生膨胀，如果让金属液迅速覆盖砂型表面，就不会出现膨胀缺陷。

(2) 浇注系统的设计使金属液进入型腔时平稳而冲力不大，内浇口的布置适当分散，以免铸型局部过热，同时能尽快地覆盖住下型平面。

(3) 平板铸件可采用倾斜浇注。

(4) 铸型上扎气眼以利于水蒸气及其他气体的排出，使水分凝聚区后移和降低其中的水分，以及减少气体压力对表面层拱起所起的促进作用。

(5) 修型时避免用压勺来回压大平面，防止分层。

(6) 在容易产生夹砂的地方划出小沟槽或插钉子。

2.2.2 毛刺

毛刺是金属液渗入到砂型(芯)表面层由热应力引起的裂纹中形成的。它只局部地存在于铸件表面上，能够比较容易地利用清理工具将它清除掉。图 2.14(a)所示为在一个用砂芯形成的铸铁件孔中产生的毛刺情况。

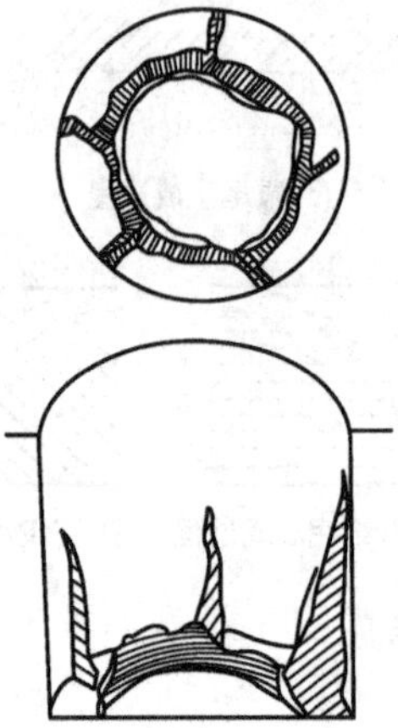

(a) 毛刺

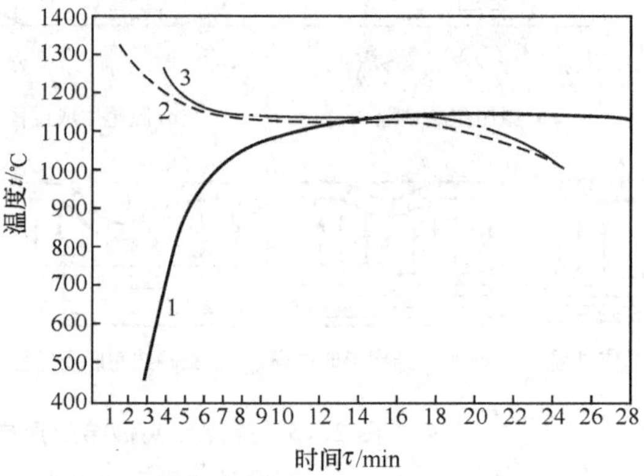

(b) 温度场

图 2.14 用砂芯形成的铸孔内出现的毛刺及砂芯与铸件的温度场

1—砂芯中心；2—砂芯/金属界面；3—铸件中心

一般来说，毛刺这种缺陷在使用油和树脂粘结剂的硅砂铸型(芯)的表面层中出现较多。使用含粘土和长石的天然红砂时一般不出现毛刺。非硅质砂(如锆砂和碳素砂芯)很少发生毛刺。采用硅酸盐作粘结剂的硅砂铸型或砂芯中也不出现毛刺。薄壁空心砂芯和厚壁或实心的砂芯相比较，较少出现毛刺。使用细颗粒硅砂时出现的毛刺比使用粗颗砂时的少。和未洗净的硅砂相比较，采用洗净的硅砂时铸件上较易出现毛刺。由此看来，硅砂对毛刺的产生有大的影响，而且硅砂越纯净其影响也越大。粘结剂的种类对毛刺产生的严重程度也很有影响，表 2-1 所示为部分试验结果。

表 2-1 砂芯粘结剂对毛刺产生的严重程度的影响

粘结剂(括号内数字为质量分数)	毛刺情况	在铸造温度下，粘结剂可能出现的情况
CO_2 钠水玻璃	无	稳定，在 60～900℃塑性很好，高于此温度分解
尿醛树脂(热芯盒)	在极端情况下轻微	在 500℃以下很快烧失
干砂芯(5%膨润土，3.5%水)	轻微	稳定，1000℃以上发生烧结
气硬树脂(酚醛)	轻微	相当稳定，直到 700℃保持其强度和塑性
亚麻油/谷物(1%油，2%谷物，3%水)	中等	相当快地烧失，迅速失去强度
葡萄糖基热芯盒粘结剂	严重	相当快地烧失，迅速失去强度
尿素呋喃树脂(冷硬)	很严重	高于 500℃快速地烧失掉
尿素呋喃树脂(热芯盒)	很严重	高于 500℃快速地烧失掉

试验结果表明合金成分也将影响毛刺的严重程度。采用质量分数C3.5%，Si1.5%，Mn0.4%，S0.03%和P0.03%的铸铁时，毛刺较严重，而随着P、C、Si和S含量的增加毛刺的严重程度将降低。

一般认为毛刺是分两阶段发生的。首先是基于砂型(芯)的本性，在热作用下砂型(芯)表面层发生裂纹，其次是裂纹扩展到某一所必需的宽度时，金属液进入裂纹内形成毛刺。裂纹的产生，是由于金属液将砂型(芯)表层加热到573℃相变温度时，硅砂颗粒迅速膨胀和重新排列，随着砂型温度的升高，次表层也达到573℃相变温度，使该层砂粒急剧膨胀，给表面层施加拉伸应力，如果此时表层的强度和塑性不够，这个拉伸应力就会使砂型表面层开裂。

钠水玻璃砂型(芯)在高温下有较大的塑性，所以其表面层受到热应力时会因发生变形而不致开裂。

对于有机粘结剂砂型(芯)，一般来说，在高温下保持其强度和塑性的能力越大，它们因热应力而产生裂纹的几率就越小。

由砂芯及铸件的温度场[图2.14(b)]可以看出，只要裂纹的开口处不为砂芯表面所生的易熔物料所堵塞金属液是有可能进入砂芯表层裂纹中的。影响金属渗入的因素有：浇注温度、金属静压头、金属的本性、铸件尺寸及其他。

防止毛刺的原则是选择合适的型砂配方使砂型(芯)表层在高温下不开裂。或者利用附加物或涂料也可防止毛刺产生，因为它们在高温下形成易熔物能堵塞裂缝开口。

2.3 粘砂现象

粘砂是一种铸件表面缺陷，表现为铸件的部分表面或整个表面上夹持有型砂或粘附有一层难易清除的含砂物质。粘砂多发生在型、芯表面受热作用强烈的部位，如厚壁表面、浇冒口附近、凹槽和小砂芯形成的表面、热节处等。铸件粘砂一般不至于报废，但影响铸件美观，增加清理工作量，加速切削刀具的磨损等。但铸件关键部位出现严重粘砂又无法清除掉时，往往只能报废。粘砂分机械粘砂(metal penetration)和化学粘砂(burn on)。

2.3.1 机械粘砂(渗透粘砂)

机械粘砂是铸件的部分或整个表面上粘附着一层砂粒与金属的机械混合物，它是由金属渗入铸型表面的微孔中形成的，可以看到粘砂层中夹有完整的单个砂粒及将这些砂粒连在铸件上的一些金属毛刺。铲除此类粘砂层时可以看到金属光泽。如果金属渗入深度小于砂粒半径，则易去掉，只使表面粗糙(rough surface)；如渗入深度大于砂粒半径，就形成机械粘砂，渗入越深，粘砂越严重。

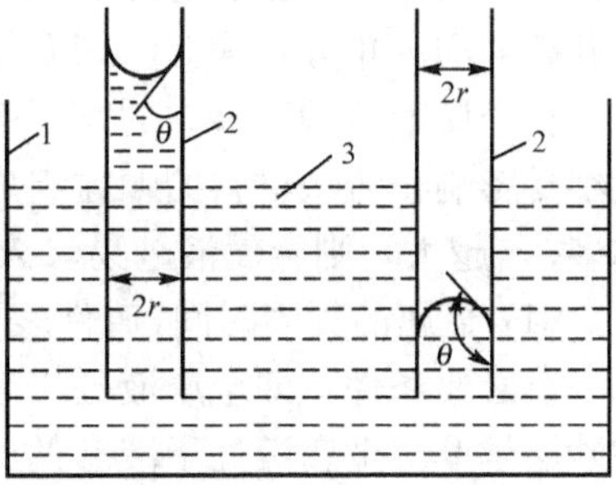

图2.15 毛细现象
1—容器；2—毛细管；3—溶液

1. 机械粘砂的形成条件

金属液渗入铸型微孔的过程和一般液体在毛细管中上升和下降一样，受毛细现象规律制约。如图2.15

所示，将内径很小的细管(毛细管)插入液体中，如液体润湿管壁，则毛细压力促使管中液面上升并呈凹面；如液体不能润湿管壁，则毛细压力阻碍管中液面上升，即管中液面下降应呈凸面。毛细压力为

$$P_{毛}=\frac{2\sigma\cos\theta}{r} \tag{2-1}$$

式中，σ——液体表面张力；

r——毛细管半径；

θ——液体对管壁的润湿角。

金属液一般不润湿硅砂类粘土砂型，但是否渗入砂型微孔取决于砂型某个部位受到的金属液压力是否大于渗入的临界压力，即机械粘砂产生的条件为

$$P_{金}>P_{临}=P_{毛}+P_{气}-P_{腔} \tag{2-2}$$

式中，$P_{金}$——铸型中金属液的动压力和静压力；

$P_{临}$——渗入临界压力，是指金属液开始渗入砂粒间的微孔所需压力；

$P_{气}$——铸型中微孔内的气体压力，即背压；

$P_{腔}$——型腔内气体的压力。大多数情况下都开设有明冒口和出气口，故 $P_{腔}$ 可忽略不计。

2. 影响机械粘砂的因素

(1) 金属液压力 $P_{金}$。金属液给予铸型的动压力和静压力是促使其渗入型腔表层孔隙的动力。动压力和静压力越大，金属液越易渗入铸型孔隙，因此，高大铸件的底部比较容易形成机械粘砂。

(2) 砂型的背压 $P_{气}$。铸型的背压阻碍金属液渗入铸型孔隙，但背压过大，有造成气孔的危险。

(3) 毛细压力 $P_{毛}$。根据式(2-1)，毛细压力与金属液表面张力 σ、润湿角 θ 和铸型微孔半径有关。

表面张力 σ 由金属性质、合金成分决定。一般钢中五大元素都具有表面活性作用，若增加其含量，钢水的表面张力降低，从而，在其他条件相同的情况下，有促进渗透的作用。需注意的是，铸铁和钢、铜及其合金和某些硅酸盐等的表面张力随温度的升高而增大。

在金属液不润湿砂型的情况下，θ 越大，越不易渗入。润湿性不仅依赖于金属和铸型材料的性质，同时也受浇注气氛的影响。如在氧化性(空气)、中性(N_2)气氛中，工业纯铁对硅砂的润湿角分别为 52°、111°。

在金属液不润湿砂型的情况下，型芯表面的微孔尺寸 r 越小，越不易渗入。微孔尺寸大小受影响于铸型材料的颗粒组成、紧实度和有机物含量等。如浇注过程中，有机物烧失越多，r 越大，则金属液越易渗入。

(4) 金属的凝固时间(铸件表面结壳时间)。金属液的充分熔融和流动是产生这类粘砂的一个必要条件，即金属液处于液态的时间越长，在其他相等条件下，越容易出现粘砂或粘砂层越厚。金属液处于液态的时间受浇注温度、铸件结构和铸型的热物理性能(蓄热系数 b 和热扩散率 a)的影响。铸件壁越厚，结构越复杂，产生粘砂的可能性越大。图 2.16 所示说明热节处的厚度(直径)增加，金属液渗入深度增加。另外，铸型的蓄热系数 b 和热

扩散率 a 越大，金属液表面结壳越早，越不易粘砂。这里需注意，当 b 较大而 a 较小时，型腔表面温升较快，如果发生烧结，则不易粘砂；但如果有机物含量较大，烧失严重，微孔尺寸变大，则促进金属液渗入，易形成粘砂。

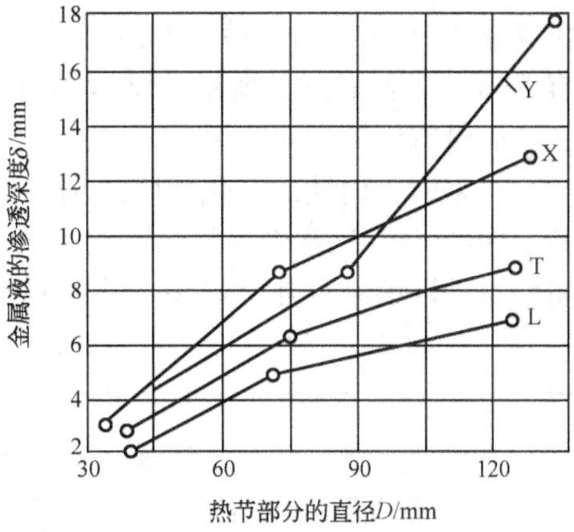

图 2.16 L、T、X、Y 形热节内接圆直径和金属液渗入深度的关系

3. 防止机械粘砂的措施(从铸型方面考虑)

(1) 减小铸型表面的微孔尺寸。对于湿型，甚至树脂砂型(芯)采用细砂、粒度分散的砂；保证型、芯具有足够和均匀的紧实度；在型、芯表面刷涂料。

(2) 型砂中加入能产生隔离层或适当提高铸型背压的物质，如煤粉、重油等。

(3) 采用非硅质原砂。如采用导热快、蓄热能力大的锆砂；采用高温能固相烧结的铬铁矿砂。

此外，降低金属液浇注温度和减小金属液压力等措施也有一定防止机械粘砂作用，但受其他工艺条件制约。

2.3.2 化学粘砂(烧结粘砂)

化学粘砂是铸件的部分或整个表面上粘附一层由金属氧化物和造型材料相互作用而生成的低熔点化合物，粘砂部位的表面看不到单个的砂粒，而是一片连续的蜂窝状物质。粘砂层易从铸件表面剥离的，称为易剥离的粘砂；不易从铸件表面剥离的，称为难剥离的粘砂。可见，化学粘砂的主要问题在于生成了难剥离的粘砂层。

一般来说，化学粘砂多出现在铸钢件上，某些大的铸铁件上也可能发生，在青铜、磷青铜中也会出现，但在黄铜、轻合金中不会发生。这里只讨论黑色金属的化学粘砂。

1. 化学粘砂层的形成及其与铸件的粘结

有关这方面的说法很多。有人认为，生成的低熔点化合物冷凝后如果是结晶体，其晶格常数与金属氧化物接近，又近似于砂粒(SiO_2)时，该结晶体就可能使粘砂层与铸件表面的结合力增大，形成难于清除的粘砂层。如果低熔点化合物冷凝后是玻璃体，由于其性质与金属氧化物和砂粒晶体相差甚远，故不会与铸件表面的氧化物连接而发生粘砂。

关于化学反应及低熔点化合物生成的观点中最常见一种的是 FeO 与 SiO_2 的反应生成铁橄榄石。

金属液浇入铸型后，在其高温作用下，其表面被空气或水蒸气等氧化，生成 FeO。黑色金属 Fe 一般不润湿铸型(纯铁在 SiO_2 基底上的润湿角为 154.5°)，而 FeO 润湿铸型(润湿角为 21°)，且熔点低于钢的凝固温度，因而就渗入铸型孔隙中，与型砂中的 SiO_2 反应：

$$2FeO(液)+SiO_2(固)=\!=\!=Fe_2SiO_4(液)(铁橄榄石)$$

生成的低熔点硅酸亚铁溶液也能润湿硅砂，故在毛细压力作用下继续渗入砂型中，包住砂子。FeO 与 SiO_2 的反应又使得砂型表面间隙增大。又因金属液对 FeO 和 Fe_2SiO_4 润湿，因而随着它们渗入铸型。这些低熔点化合物与金属液凝固后就包着砂粒一起粘在铸件表面上。

研究表明，粘砂层与铸件的粘接主要靠氧化物薄层(氧化物膜)与铸件粘附在一起，氧化物膜中有 FeO、Fe_3O_4、Fe_2O_3 等，其中与铸钢件直接接触的主要是 FeO，对铸铁件还有 Fe_3O_4，见表 2-2 所示。粘砂层与铸件之间的粘附强度与粘砂物质中的玻璃体和铁橄榄石之间没有明确的对应关系。也就是说，铁的氧化物膜是铸件和粘砂层之间的主要结合环节。当粘砂壳内铁的氧化物膜达到一定厚度时，它就成为易剥离的粘砂层。在易剥离的粘砂层中的 FeO 比难剥离的粘砂层中的 FeO 含量多，有时甚至多 10～20 倍。也就是说，金属和粘砂层的结合强度取决于铁的氧化物膜的厚度和特性。

表 2-2　氧化膜的相组成

合　金	氧化膜中的相		
	外层	中间层	内层
HT200 铸铁	$\alpha Fe_2O_3+Fe_3O_4$(痕量)	$Fe_3O_4+\alpha Fe_2O_3+FeO$	$FeO+Fe_3O_4$
ZG30 铸钢	αFe_2O_3	Fe_3O_4+FeO(痕量)	FeO

2. 铸铁和铸钢的氧化特性

在水玻璃砂型中，铸铁件往往比铸钢件不容易形成易剥离的粘砂壳。这是因为二者的氧化特性不大相同的缘故。

高温下纯铁的氧化非常迅速，只 1s 就形成 0.001mm 的氧化膜。

铸铁和铸钢表面随温度的升高和时间的增长，其氧化膜厚度和质量迅速增加。图 2.17 和图 2.18 所示表明了它们之间的依从性。其中碳钢(W_C0.3%左右)试样表面的氧化膜厚度和质量的增加值在相同条件下都高于铸铁。按增加的质量的绝对值，铸钢比铸铁大 12%～15%；按厚度的增加则是铸钢比铸铁大 30%～50%。这种不一致表明铸钢氧化膜更疏松，因此铸钢的氧化膜强度也低些。氧化膜与铸铁表面的结合强度比碳钢大 1～2 个数量级。但是氧化膜与铸铁表面的结合强度随氧化膜厚度增加而急剧下降，不过仍为碳钢的 9～10 倍，如图 2.19(a)所示。这些说明氧化膜与金属之间的结合强度不仅决定于它的厚度，也决定于其密度、化学成分及其他。

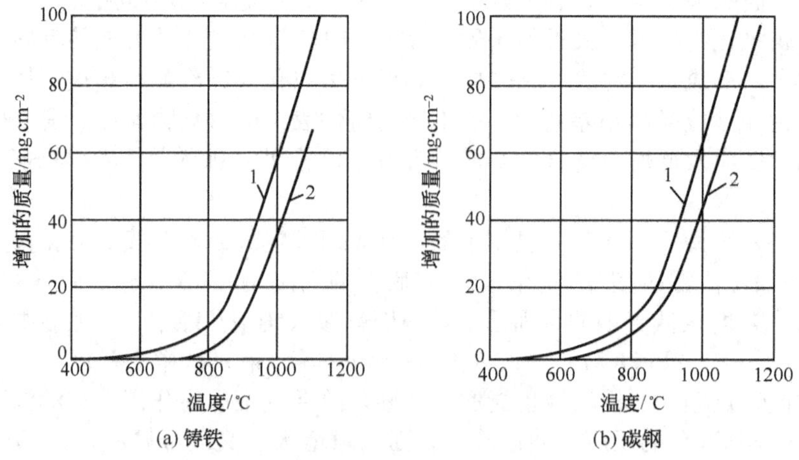

图 2.17　温度对铸铁和碳钢试样氧化作用强度

保温时间：1—5h；2—3h

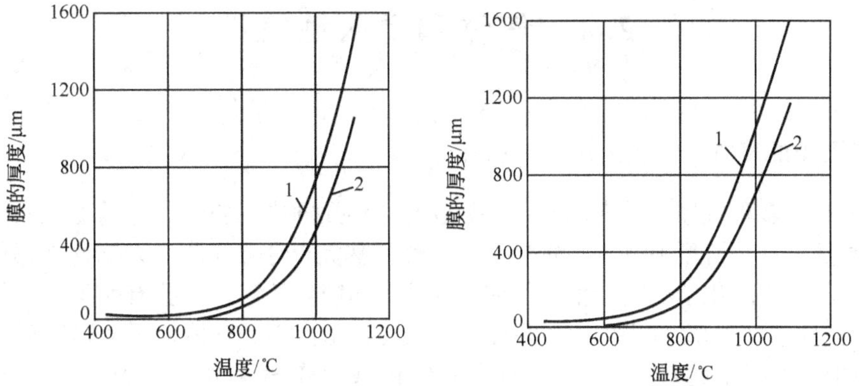

(a) 铸铁　　(b) 碳钢

图 2.18　铸铁和铸钢试样上的氧化膜厚度与温度的关系

保温时间：1—5h；2—3h

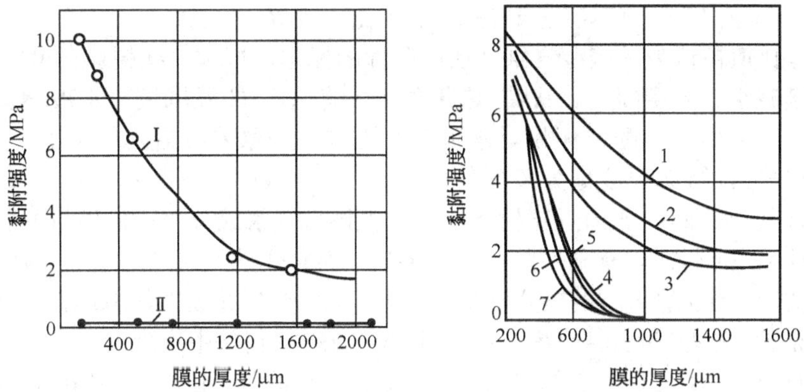

(a) 铸铁Ⅰ和碳钢Ⅱ　　(b) Fe-C合金

图 2.19　试样上的氧化膜厚度和它的结合强度的关系

w_C：1—4％；2—3.56％；3—2.96％；4—2.56％；5—2.03％；6—1.54％；7—1.07％

由图 2.19(b)看到，碳在所形成的氧化膜属性中起着重要的作用，具有最小粘附强度的氧化膜厚度随碳含量的降低而减小。对于碳的质量分数为 1％～4％的 Fe 合金，只在低温和相应的氧化膜厚度较小时，氧化膜与金属之间才有高的粘附强度，但粘附强度随温度和膜厚度的增加而急剧减小。

3. 控制化学粘砂的措施

(1) 采用耐火度高、热化学稳定性好的高纯度硅砂，以及特种砂如铬铁矿砂、铬镁石砂等碱性或中性砂粒。

(2) 刷涂料，在金属液和铸型之间建立隔离层。

(3) 促使形成易剥离性粘砂层或易剥离的烧结层。如在金属-铸型界面上创造适量氧化气氛，或加入氧化铁、氧化锰或炉渣粉，或使用易剥离烧结性涂料等。

2.4 气体和侵入性气孔

2.4.1 铸型中的气体

铸型中含有多种气体，其来源有：①型腔和铸型孔隙中的空气；②铸型尤其是湿型中水分产生的水蒸气；③铸型中有机物质受热、分解和燃烧产生的气体，无机物受热分解等也会产生气体；④界面的化学反应产生的气体。这些气体产生的铸件气孔有两类：一是反应性气孔，主要由界面的化学反应产生；二是侵入性气孔，由界面处气体侵入金属液形成。

浇注期间铸型中的气氛由下述的某些气体或全部气体组成：N_2、H_2、CO、CO_2、H_2O、NH_3、HCN、甲醛、硫化物及各种有机化合物。其组成大致在下列范围内：$H_2$40%～60%、$N_2$10%～20%、CO15%～30%、$CO_2$3%～10%、$O_2$1%～3%及总烃量1%～20%。从实际检测结果得知：无论是采用有机粘结剂还是无机粘结剂的砂型，在浇注金属以后，铸型中的气氛在组成成分和量方面虽然会有差别，但其主要成分是 H_2 和 CO，以及一定量的 CO_2、烷烃(主要是甲烷)、氮、氧等。

CO/CO_2 比值被认为是铸型气氛“还原”性的标志，通常一些树脂的 CO/CO_2 比值按下列次序逐渐减小：壳型(芯)、呋喃/热芯盒＞呋喃-酸＞酚醛尿烷＞水玻璃。总烃量按下列次序减少：壳型(芯)＞酚醛尿烷，水玻璃-酯＞呋喃-酸和呋喃/热芯盒＞CO_2-水玻璃。其中，水玻璃-酯粘结剂常被称为氧化气体源(a producer of oxidizing gases)，含氧量高，不饱和度低，其 CO/CO_2 比值远比树脂小。有关铸型气氛成分对铸件质量的影响，大体上是气氛呈中性和还原性时，有利于防止金属渗透，而氧化性气氛则易引起金属渗入砂型内，使铸件产生粘砂。有机物铸型的热分解速度较快，分解产生的碳往往造成铸件表面增碳。而在另一些情况下，铸型气氛又导致铸件表面脱碳。此外，铸件中出现的反应性气孔大都与界面反应产生的 H_2、N_2 及 CO 有关。因此，为保证铸件质量，往往要注意控制型内气氛。

发气量、发气速率、发气时间对气体缺陷的产生有重要的影响。通常发气总量按下述顺序下降：水玻璃-酯＞壳型、呋喃-热芯盒，呋喃-酸＞酚醛异氰酸酯。增加铸型中的粘结剂量，发气量增大；浇注温度高，产生的气体量多；发气量最大的粘结剂也常具有最快的发气速率。浇注后发气量达峰值的时间一般为 15～30s。发气量大，发气速率高，会在金属铸型界面造成较大背压，往往会引起气体缺陷，例如，形成侵入性气孔。不过，铸型的透气性稍有变化，就可能改变所有的结果；两种或两种以上气体的综合影响，也可能增大气体的缺陷。

2.4.2 侵入性气孔的形成

凡是气体由金属液外部侵入内部而形成的气孔称为侵入性气孔(mechanical gas holes)，又称外因气孔(exogenous gas holes)，是湿型铸件中最常见的一种缺陷。它的体积较大，形状不甚圆整，有时近似梨形。梨形气孔小端的位置表明气体由该处进入铸件。有时气孔内壁不光滑类似缩孔表面，这与型腔内部存在某种程度的冒泡现象有关。它常出现在铸件上部靠近型(芯)壁或浇注位置处。

将金属液浇入砂型中时，由于各种原因会产生大量的气体。气体的体积随着温度的升高而增大，造成金属-铸型界面上的气压增大。当界面上局部气体的压力 $p_{气}$ 大于金属液表面包括表面张力在内的反压力 $\sum p$（$\sum p = p_{静} + p_{阻} + p_{腔}$）时，气体就能在铸件开始凝固的初期侵入金属液中成为气泡，如果此时金属液的温度、粘度等方面的条件有利于该气泡上浮逸出，则铸件中并不会出现气孔，否则就在侵入处形成梨形气孔。

侵入性气孔形成的条件为

$$p_{气} > \sum p \quad 或 \quad p_{气} > (p_{静} + p_{阻} + p_{腔}) \qquad (2-3)$$

式中，$p_{气}$——金属-铸型界面上气泡所在处的过剩压力，它与型砂的发气量、发气速度、砂型的透气性、砂型出气孔的位置和数量、水分凝聚区离铸件表面的距离及其他许多因素有关；

$p_{静} = \rho gh$——其中 h 在浇注时随金属液在型内的上升高度而变化，浇注终了时为气泡所在位置至浇口杯内液面的高度，ρ 为金属液密度，g 为重力加速度；

$p_{阻}$——气体进入金属液内所需克服的阻力，它决定于金属液的表面张力、凝固的程度以及它们的粘度等。

$p_{腔}$——作用在金属液面上型腔内气体的压力。当设有明冒口时它等于大气压力。

条件不同，产生气孔的情况也不一样。有时扁平件的皮下出现一大片气孔，有时又会使铸件不完整，形同浇不足。

2.4.3 防止侵入性气孔的措施

防止侵入性气孔应主要从减小 $p_{气}$、增加气体进入金属液的阻力和使气泡容易从金属液中浮出等方面入手。

(1) 减少砂型(芯)在浇注时的发气量。

(2) 使浇注时产生的气体容易从砂型(芯)中排出。例如，保证砂型有必需的透气性，多扎出气孔，使用薄壁或空心和中间填焦炭块的砂芯，避免大平面在水平位置浇注，设置出气口，适当提高浇注温度和注意引气等。

(3) 提高气体进入金属液的阻力。例如，保证直浇道有所需的高度和金属液在型内的上升速度，在砂芯(型)表面施用涂料以减小砂型(芯)表面孔隙等。

阅读材料2-2

液体金属对砂型表面的冲刷作用

如果金属流的动压力超过砂型表面的强度，砂型表面将被冲坏，铸件中将出现砂眼(sand inclusions)、多肉等缺陷。

金属液的动压力和静压力大于型砂的单位强度时，就可能造成型壁局部滑移或型腔扩大，造成铸件形状和尺寸不合格以及缩孔(shrinkage)、缩松(porosity)等缺陷。

浇注时砂芯受到浮力，如果砂芯内因此而产生的应力超出砂芯的高温强度，则砂芯将发生变形或破裂，或者使铸件产生偏芯、形状不合格及其他缺陷。

浇注终了时，金属液动压力如超出上箱和压铁的总质量，上箱将被抬起造成跑火(run-out)。

如果金属液与铸型接触后能很快形成硬皮，则能减少金属液与砂型(芯)的接触，也就能减少金属液对砂型(芯)的冲刷。因此有助于形成金属硬皮的全部因素，如层流流动、增高铸型的导热能力等都将有助于降低金属液对铸型的冲刷作用。

2.5 砂眼及型壁移动

2.5.1 砂眼的形成及防止措施

砂眼是在铸件内部或表面充塞着有型砂的孔眼，它是一种较常见的铸造缺陷。常常由于砂眼而使铸件因强度不足、表面损坏或发生渗漏而成为废品。

当金属液沿砂型表面流动所产生的摩擦力、冲刷力大于砂型表面层某处的高温强度时，有可能使砂粒或砂块被冲下，造成铸件表面粗糙或砂眼缺陷。所以砂眼是由于金属液从砂型型腔表面冲下来的砂粒(块)，或者在造型、合箱操作中落入型腔中的砂粒(块)来不及浮入横浇道或冒口顶部，留在铸件内部或表面而造成的。铸件发生夹砂结疤缺陷时也同时会出现砂眼，但这种类似缺陷仍应归属为夹砂结疤缺陷而不能算为砂眼。

防止砂眼的措施如下：

(1) 提高砂型的表面强度。例如，合理的型砂配方，足够的砂型紧实度，合理的砂型(芯)的烘烤规范及恰当的存放时间等。

(2) 正确地设置浇冒口系统。

(3) 仔细地进行造型、合箱、浇注等操作。

2.5.2 型壁移动的形成及防止措施

金属浇入铸型后砂型壁发生位移的现象称为型壁移动(mold-wall movement)。它对铸件的尺寸精度、缩孔、缩松等缺陷的形成有很大的影响。图 2.20 所示为湿型中浇入共晶灰铸铁时型壁的位移-时间曲线。从图中可以看出，浇注开始后型壁先向内移动(型腔缩小)，经过约 0.7min，由于砂的膨胀和形成了水分凝聚区等原因，又向外移动(型腔扩大)，经过 4.5min，曲线转向，型壁和铸件急剧向外移动(扩大)，此后凝固，由于铸件开始收缩，型壁在短时内向内移动，以后型壁又继续向外移动，但和形成铸件无关。铸件凝固的收缩或膨胀取决于合金的性质。

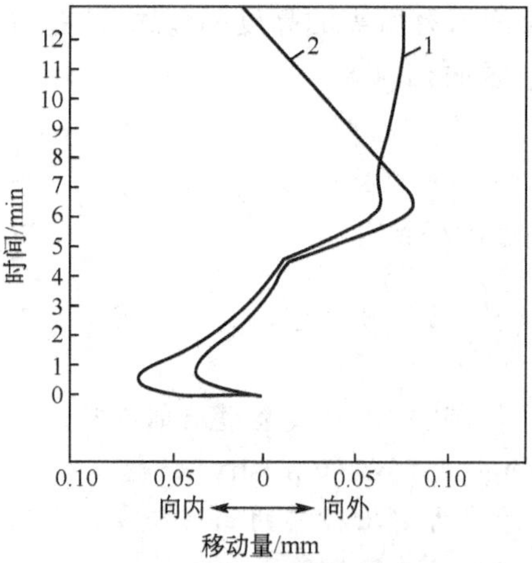

图 2.20 湿型中浇入共晶灰铸铁时的位移-时间曲线

1—砂型壁位移曲线；2—铸件壁位移曲线

型砂配方(硅砂 100%，活化膨润土 ±6%；煤粉 3%，水 3%)

造成型壁移动的原因有：在金属液的热作用下型壁发生膨胀；砂型(芯)紧实度低，在金属压力(如金属液的静压力、铸铁石墨化膨胀力等)作用下，砂型(芯)进一步被紧实。

型壁移动使型腔扩大，不仅会使铸件胀大，还因此会造成原有冒口中的金属液不够补缩而使铸件出现缩孔和缩陷缺陷。生产中把由于种种原因引起型腔胀大而使铸件同时出现胀大造成的缩孔、缩陷(depression)的现象统称为“缩沉”。

控制型壁移动的措施有以下几条：

(1) 采用液态金属静压头小的铸造方案。

(2) 提高砂型的硬度和密度。

(3) 选用耐火度高和导热性好的原砂。

(4) 尽可能降低砂型中的水分。

(5) 砂型中加入附加物以改善其性能。

2.6 铸件表面合金化

铸件表面合金化又称为铸渗现象。铸件表面合金化是利用金属-铸型间的相互作用使铸型表面涂料层中的合金元素渗入到铸件表面形成一层合金层。根据渗入合金的特性，这层合金层可以改善铸件的耐磨、耐热、耐蚀及其他性能，从而提高铸件的使用寿命。

这种铸渗方法和生产中已经广泛采用的非铸造途径的表面强化方法(如化学热处理，金属喷镀等)相比较，具有不需要专用的处理设备，而且生产周期短，成本低，零件不变形等许多优点。与整体的合金铸件相比较，合金元素能得到有效的利用，铸件表面各部分的不同性能要求可以设法通过铸渗不同的合金来满足需要，而铸件其他部分的材质仍可采用常规材料。这样既可节约贵重金属材料，降低成本，又达到物尽其用的目的。

2.6.1 铸件表面合金化的获取方法

1. *表面孕育法*

在铸型的特定部位涂上含有合金元素或其氧化物的涂料，利用金属液的热量，使合金元素熔化并弥散到金属液中，从而在铸件表面形成合金化层并获得所需要的特定性能。例如，拖拉机履带板上的小孔是磨损严重的部位。在形成小孔的砂芯表面涂刷含粉状铬铁合金的涂料，可以大大提高小孔的耐磨性。

在这类情况下，涂料中合金元素的熔化及扩散受铸件热容量及生产条件的限制，使合金化层的深度很不稳定，而且合金元素还常常被氧化，影响合金化的效果。此外，用来使金属氧化物还原(再扩散到金属液中去)的还原剂渣化，也同样会影响合金化层的深度和质量。

2. *铸渗法*

在铸型腔表面涂敷一层高硬度物质(如 WC、TiC、SiC、刚玉等)，浇注后，金属液渗入涂敷层中并在高硬度(高溶点)物质颗粒间凝固，从而把它们保持下来，形成硬化层。如果金属液和高硬度物质之间润湿性差，结合力弱，则在使用中后者往往容易脱落。生产中为了使高硬度物质粘附在型腔壁上，有时使用铁丝网，这样可能使表面硬化层达不到所要求的厚度。有时表面硬化层还含有渣化了的粘结剂或者产生气孔，从而难于获得稳定的表面硬化层。

3. *金属涂敷铸造法-铸件表面合金化*

它是在研究比较了上述两种方法的基础上提出的。研究结果如下：

(1) 为了得到稳定的(硬度和厚度)表面层，让金属渗透到涂敷层中并形成合金化组织比合金元素在金属液中扩散并形成弥散的组织好。

(2) 涂料层中不应含有渣化物质。

(3) 为便于调节表面层的厚度，要采用粘结剂。而且为避免粘结剂渣化和保证涂层中有较多的孔隙以便金属液渗入其中，最好使用有机粘结剂。

(4) 所选用的合金元素应能为渗透到涂层中的金属液所熔化并与金属液合金化。

因此，铸件表面合金化定义为：在铸型型腔表面涂敷一层含有合金元素的涂料，涂料层在浇注金属液后产生孔隙并使金属液渗入，而后金属液使涂层中的合金元素熔化并在涂料中熔剂的帮助下与合金元素实现合金化。

2.6.2 铸件表面合金化工艺

影响铸件表面合金化层的厚度、组织及其与母材结合的主要工艺因素有：含合金元素的涂料(或膏剂)的组成及配制、浇注温度、铸型及涂料层的预热等，这里简要分述如下：

(1) 合金粉末。选择适当的粒度以保证金属液能渗入粉粒间隙中并能与母材金属结合良好。一般说来，粒度细渗透深度浅，粒度粗渗透深度大。直径小于0.06mm不能形成合金化层。最粗粒度很少超过0.425mm。此外，母材金属与固体粉粒之间的表面润湿性也是保证形成表面合金化层的主要条件之一。

(2) 粘结剂。它应保证涂料或膏块有一定的强度，在浇注时不变形也不会被金属液冲散；能形成稳定的毛细孔隙；改善金属液与涂层之间的润湿性。可采用的粘结剂很多，如桐油、水玻璃、有机粘结剂等。

(3) 熔剂。其作用是在浇注初期包住合金粉粒使之不氧化，当它受热熔化时，能除去合金粉表面的氧化膜，起到净化用用，提高它与金属的浸润能力。熔剂的种类较多，如硼砂、硼酸、碳酸钠、氟化纳、氯化钠等。它们单独使用或复合使用都是可以的。

(4) 浇注温度。浇注温度影响合金化层的厚度及其与母材金属熔合的质量。浇注温度过低，金属液的渗透能力差，难于形成厚的合金化层，而且合金化层也不易与母材金属熔合，常出现夹渣，气孔等缺陷。若浇注温度过高，有冲散涂敷层而不能形成合金化层的危险。因此，需要按照涂料中合金粉的种类和含量来考虑浇注温度。

(5) 浇注系统及涂敷层在铸型中的位置。涂敷层无论是在上面、底面和侧面都能形成合金化层，但放在底面和侧面时好些。浇注系统的设置应使金属液平稳地流入型腔，避免剧烈地冲刷涂敷层。同时，内浇口的设置应尽可能地使铸件各部分均匀冷却，以保证表面合金化层与母材金属的熔合质量。冒口的设置不得破坏合金层的完整性。

(6) 铸型和涂敷层的预热。进行预热，可使铁液在铸型中的液态停留时间延长，降低涂料层对铁液的激冷作用，有利于铁液的渗透。预热温度太高，将使粘结剂、熔剂失去作用(溃散和氧化)；太低，则达不到预热效果。一般预热温度以200～240℃为宜。

小　　结

砂型是一个毛细管-多孔隙的体系。金属液浇入铸型后，铸型的热量传递主要靠硅砂颗粒进行传导导热，从而使液体金属冷却和凝固成形，获得铸件。

从金属液浇入铸型直至最终凝固的过程中，在金属-铸型的界面上会发生许多相互作用。

型腔表层硅砂在金属液长时间热作用下会发生相变膨胀，使铸型内产生应力，在应力作用下发生变形甚至破裂，从而导致夹砂结疤类缺陷。因此，为减小或控制此类缺陷发生，可以采用热膨胀系数小的原砂，或避免金属液长时间烘烤型壁等措施。

熔融的金属液在一定条件下渗入砂型微孔中，以及与铸型材料发生化学反应，从而形成机械粘砂和化学粘砂。提高铸型紧实度，减小砂型微孔，以及采用高纯度原砂避免生产低熔点化合物等，可有效防止粘砂缺陷。

金属液对铸型的加热作用会使界面某处的气压过高，导致铸件产生气孔。在金属液动、静压力作用下，型壁被进一步紧实或冲坏，则会形成胀砂或砂眼。提高铸型的性能如透气性、强度等可有效控制此类缺陷。

以上涉及的缺陷俗称为“三砂两孔”，即夹砂、粘砂、胀砂、气孔和砂孔(砂眼)。

铸件表面合金化是利用金属-铸型的界面作用来改善铸件表面性能的一种工艺方法，其关键问题是含合金元素的涂料(或膏剂)的组成及配制、浇注温度控制等。

【关键词】

界面　interface

凝聚区　condensation zone

膨胀　expansion

机械粘砂　metal penetration

气孔　gas cavity

紧实度　degree of compaction

表面合金化　surface alloying

习　　题

(1) 解释：紧实度，孔隙率，热湿拉强度，粘砂，微观膨胀，铸件表面合金化。

(2) 为提高铸件金属液的冷却凝固速率，从铸型方面可采取哪些措施?

(3) 饱和凝聚区的最大含水量是一定的，这种说法对吗? 为什么?

(4) 简述夹砂产生的原因。

(5) 结疤和砂眼从现象上看有些类似，如何区分它们?

(6) 简述影响粘砂的主要因素和防止措施，并提出一种防止化学粘砂的新措施。

(7) 侵入性气孔的特点及防止措施有哪些?

第3章 铸造工艺设计

本章学习目标

★ 掌握浇注位置确定、分型面选择及砂芯设计
★ 熟悉各类浇注系统及冒口的特点，掌握浇注系统及冒口设计
★ 熟悉铸造工艺图的内容，了解液态成形工艺 CAD/CAE/CAM 技术

本章教学要点

知识要点	掌握程度	相关知识
铸造工艺设计	熟悉铸造工艺设计内容和程序；了解铸造工艺图绘制	识图及绘图
铸造工艺方案设计	熟悉零件结构的铸造工艺性分析；重点掌握浇注位置确定、分型面选择及砂芯设计	液态成形工艺的实质及特点
浇注系统设计	熟悉各类浇注系统的特点；掌握浇注系统各组元的结构设计，以及浇注系统的整体设计与计算	砂型中，金属液在浇注系统各组元中流动的水力学特性；Osann(奥赞)公式
冒口设计	掌握冒口位置及冒口有效补缩距离的确定；掌握铸钢件、铸铁件冒口及特种冒口的设计	合金的凝固过程及收缩特性；模数法
液态成形工艺 CAD/CAE/CAM 技术	掌握液态成形工艺 CAD/CAE/CAM 的含义及基本过程	计算机辅助设计、辅助制造及计算机模拟

导入案例

铸造的方法很多，主要有砂型铸造、金属型铸造、压力铸造、离心铸造以及熔模铸造等，其中以砂型铸造应用最广泛。砂型铸造的典型工艺过程包括模样和芯盒的制作、型砂和芯砂配制、造型制芯、合箱、浇注、落砂、清理及检验。下图显示了砂型铸造工艺过程。铸造工艺设计就是编制出控制铸件生产工艺过程的技术文件。

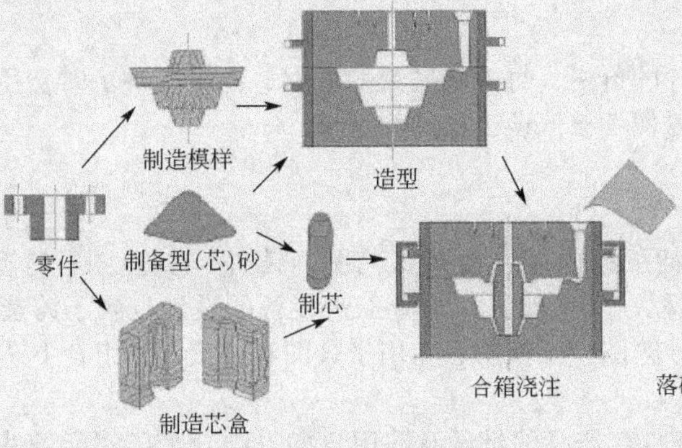

3.1 概　　述

3.1.1 铸造工艺设计概念

随着现代科学技术的高速发展，对金属铸件的要求也越来越高，不仅要具有高的力学性能、尺寸精度和低的表面粗糙度值，而且要具有某些特殊性能，如耐热、耐蚀、耐磨等，同时还要求生产周期短，成本低。因此，铸件在生产之前，首先应进行铸造工艺设计，使铸件的整个工艺过程都能实现科学操作，才能有效地控制铸件的形成过程，达到优质高产的效果。

铸造工艺设计就是根据铸造零件的结构特点、技术要求、生产批量和生产条件等，确定铸造工艺方案和工艺参数，绘制铸造工艺图，编制工艺卡等技术文件的过程。铸造工艺设计的有关文件，是生产准备、管理和铸件验收的依据，并用于直接指导生产操作。因此，铸造工艺设计的好坏，对铸件品质、生产率和成本起着重要作用。

3.1.2 设计依据

1. 生产任务

生产任务包括：①铸造零件图样。设计者应仔细读图，注意审查零件的结构是否符合铸造工艺性；②零件的技术要求，如材质牌号、力学性能要求、铸件尺寸公差及是否经水压、气压试验，零件在机器上的工作条件等；③产品数量及生产期限。对于批量大的产品，应尽可能采用先进技术。对于应急的单件产品，则应考虑使工艺装备尽可能简单，以便缩短生产周期，并获得较大的经济效益。

2. 生产条件

生产条件包括：①设备能力包括起重运输机的吨位和最大起重高度、熔炉的形式、吨位和生产率、造型和制芯机种类、机械化程度、热处理炉的能力、地坑尺寸、厂房高度和大门尺寸等；②模具等工装车间的加工能力和生产经验；③车间原材料的供应和应用情况；④工人技术水平和生产经验。

3. 经济性

对各种原材料、炉料等的价格、每吨金属液的成本、各级工种工时费用、设备每小时费用等，都应有所了解，以便考核该项工艺的经济性。

3.1.3 设计内容和程序

铸造工艺设计一般包括下列内容：铸造工艺图，铸件(毛坯)图、铸型装配图(合箱图)、工艺卡及操作工艺规程。广义地讲，铸造工艺装备的设计也属于铸造工艺设计的内容，如模样图、芯盒图、砂箱图、压铁图、专用量具图和样板图、组合下芯夹具图等。

铸造工艺设计程序如下：

(1) 读图，根据技术条件、产品的批量及需用日期，结合工厂实际条件选择铸造方法(包括确定铸型种类和造型、制芯方法，并初步确定一型内铸件数量和砂箱内框尺寸)。

(2) 对零件结构进行工艺性分析，判断缺陷倾向，提出结构改进意见和确定铸件凝固原则。

(3) 拟定铸造工艺方案，包括确定铸件在铸型内的浇注位置和分型面，依据有关技术标准选定各加工面的机械加工余量、起模斜度和收缩率；决定不铸孔。

(4) 完成砂芯设计。

(5) 设计浇注系统、冒口、冷铁和铸肋。

(6) 校核砂箱内框尺寸和造型机允许的砂箱尺寸及起模行程。

(7) 绘制铸造工艺图和铸件图。铸造工艺图用于制造模样、模板、芯盒等工艺装备，也为之提供设计依据。铸件图是铸件检验、验收和模具工装设计的依据。

(8) 设计模样、模板、芯盒、砂箱等工艺装备，绘制相关装配和零件图样，为工装制造提供技术依据。

(9) 绘制铸型装配图(合箱图)。这是生产准备、合型、检验和工艺调整的依据。

(10) 编制铸造工艺卡或产品铸造工艺规程，其中包括对造型、制芯、型(芯)砂配方、混砂、铸造合金熔炼、浇注、开箱清理和热处理等工序在内的整个生产过程的要求。这类文件主要用于生产管理、经济核算和指导、检查工人操作。

3.2 铸造工艺方案设计

3.2.1 零件结构的铸造工艺性分析

零件结构的铸造工艺性是指零件的结构应符合铸造生产的要求，易于保证铸件品质，简化铸造工艺过程和降低成本。

零件结构工艺性分析包括两个方面：①审查零件结构是否符合铸造工艺的要求；②分析铸造过程中可能出现的主要缺陷，在工艺设计中采取措施予以防止。

1. 从避免缺陷方面审查铸件结构

(1) 铸件应有合适的壁厚。为了避免浇不到、冷隔等缺陷，铸件不应太薄。铸件的最小允许壁厚和铸造合金的流动性密切相关。合金成分、浇注温度、铸件尺寸和铸型的热物理性能等显著地影响铸件的充填。铸件的最小壁厚可参阅相关数据表。

铸件也不应设计得太厚。超过临界壁厚的铸件中心部分晶粒粗大，常出现缩孔、缩松等缺陷，导致力学性能降低。

(2) 铸件结构不应严重阻碍收缩，注意壁厚过渡和圆角。图 3.1 所示为两种铸钢件结构，图 3.1 (a)所示的结构，两壁交接呈直角形，构成热节，且铸件收缩时阻力较大，故在此处常出现热裂。图 3.1 (b)所示为改进后的结构，热裂消除。

铸件薄、厚壁的相接和拐弯，等厚度的壁与壁的各种交接，都应采取逐渐过渡和转变的形式，并应使用较大的圆角相连接，避免因应力集中导致裂纹缺陷(图 3.2)。

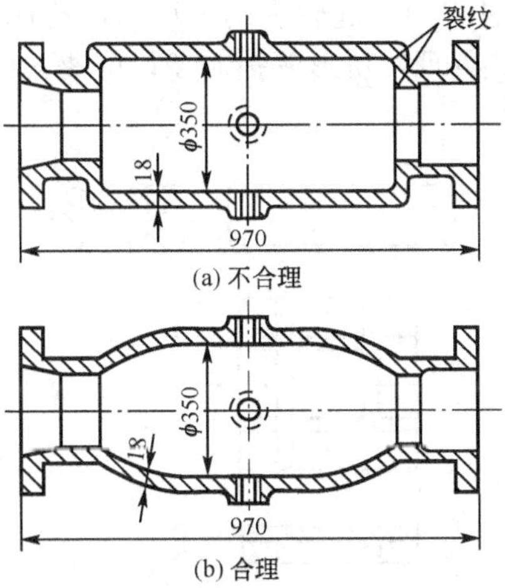

图 3.1 铸钢件结构的改进

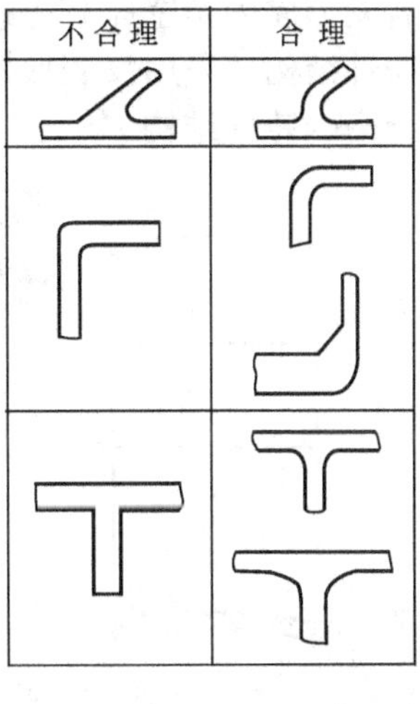

图 3.2 壁与壁相交的几种形式

(3) 铸件内壁应薄于外壁。铸件的内壁和肋等散热条件较差，应薄于外壁，以使内、外壁能均匀地冷却，减轻内应力和防止裂纹。

(4) 壁厚力求均匀，减少肥厚部分，防止形成热节。薄厚不均的铸件在冷却过程中会形成较大的内应力，在热节处易于造成缩孔、缩松和热裂纹。因此应取消那些不必要的厚大部分。肋和壁的布置应尽量减少交叉，防止形成热节(图 3.3)。

(5) 利于补缩和实现顺序凝固。对于铸钢等体收缩大的合金铸件，易于形成收缩缺陷，应仔细审查零件结构实现顺序凝固的可能性。图 3.4 所示为壳型铸造的合金钢壳体，图 3.4(a)所示方案铸出的零件，在 A 点以下部分，因超出冒口的补缩范围而有缩松，水压试验时出现渗漏；图 3.4(b)所示方案中，只在底部 76mm 范围内壁厚相等，由此向上，壁厚以 1°～3°角向上增厚，有利于顺序凝固和补缩，铸件品质良好。

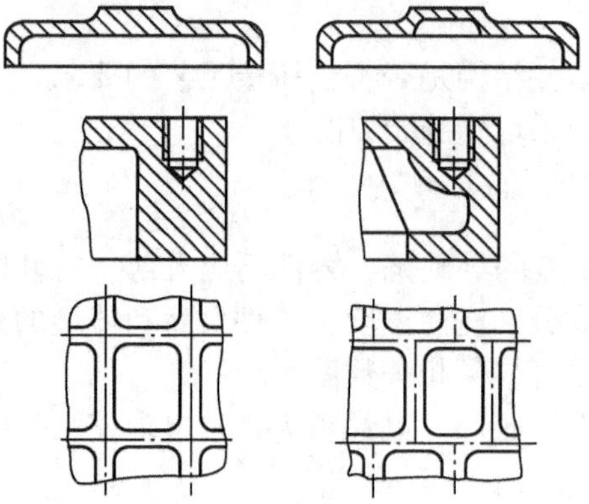

(a) 不合理　　(b) 合理

图 3.3　壁厚力求均匀

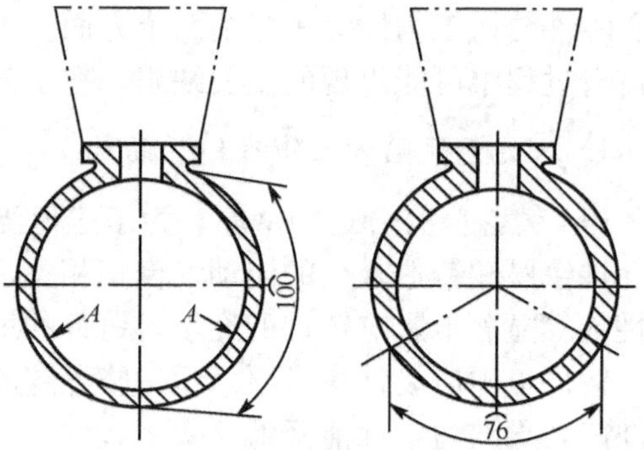

(a) 不合理　　(b) 合理

图 3.4　合金钢壳体结构改进

(6) 防止铸件翘曲变形。生产经验表明，某些壁厚均匀的细长形铸件，较大的平板形铸件以及壁厚不均的长形箱体件如机床床身等，会产生翘曲变形。前两种铸件发生变形的主要原因是结构刚度差，铸件各面冷却条件的差别引起的内应力不大，但却使铸件显著翘曲变形。后者变形原因是壁厚相差悬殊，冷却过程中引起较大的内应力，造成铸件变形。可通过改进铸件结构，采用反变形模样，铸件热处理时矫形等措施予以解决。图 3.5 所示为不合理与合理的铸件结构。

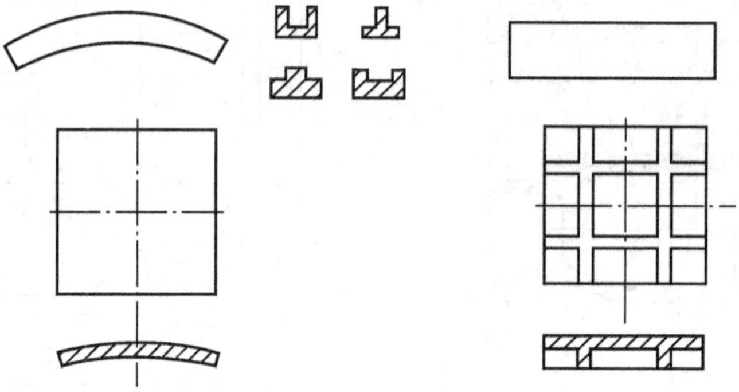

(a) 不合理　　(b) 合理

图 3.5　防止变形的铸件结构

(7) 避免浇注位置上有水平的大平面结构。在浇注时，如果型腔内有较大的水平面存在，当金属液上升到该位置时，由于断面突然扩大，金属液面上升速度变得非常小，灼热的金属液面较长时间地、近距离烘烤顶面砂型壁，极易造成夹砂、渣孔、砂眼或浇不到等缺陷。应尽可能把水平壁改进为稍带倾斜的壁或曲面壁。

2. 从简化铸造工艺方面改进零件结构

(1) 改进妨碍起模的凸台、凸缘和肋板的结构。图 3.6 所示为一铸件顶部散热肋妨碍起模部分的改进。

(2) 尽量减少砂芯数目，以降低成本并提高生产率。铸件外侧壁上凹入部分需要增加砂芯才能起模，常可稍加改进，即可避免凹入部分(图 3.7)。同样，铸件内腔的肋条、凸台和凸缘的结构欠妥，也会造成砂芯多、工艺复杂。

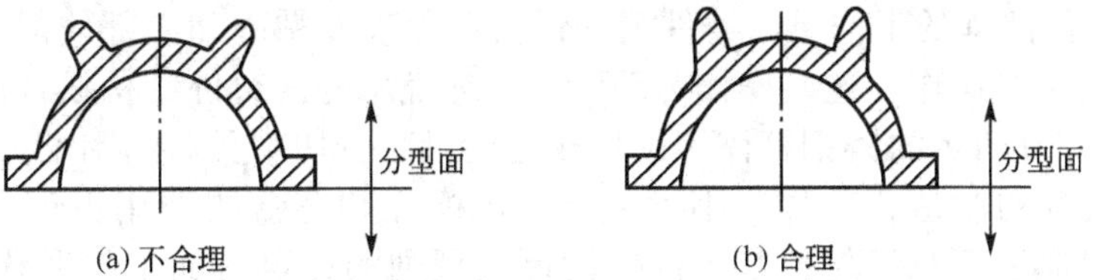

(a) 不合理　　(b) 合理

图 3.6　铸件顶部散热肋妨碍起模部分的改进

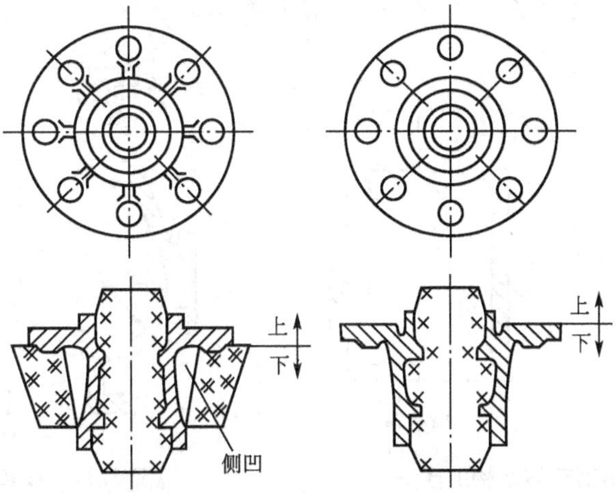

(a) 不合理　　(b) 合理

图 3.7　带有外表侧凹的铸件结构的改进

(3) 有利于砂芯的固定和排气。图 3.8(a)所示为撑架铸件的原结构。2 号砂芯呈悬臂式，需用芯撑固定。改进后，悬臂砂芯 2 和轴孔砂芯 1 连成一体，取消了芯撑，并且使排气得到改善［图 3.8(b)］。若无法更改结构时，可用螺钉堵头封住工艺孔。

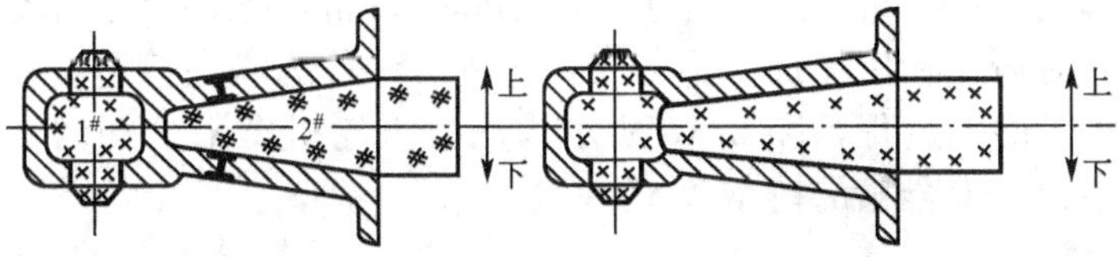

(a) 不合理　　(b) 合理

图 3.8　撑架结构的改进

(4) 减少和简化分型面。图 3.9(a)所示结构的铸件必须采用不平分型面，增加了制造模样和模板的工作量；改进成图 3.9(b)所示的结构后，则可用一平直的分型面进行造型。

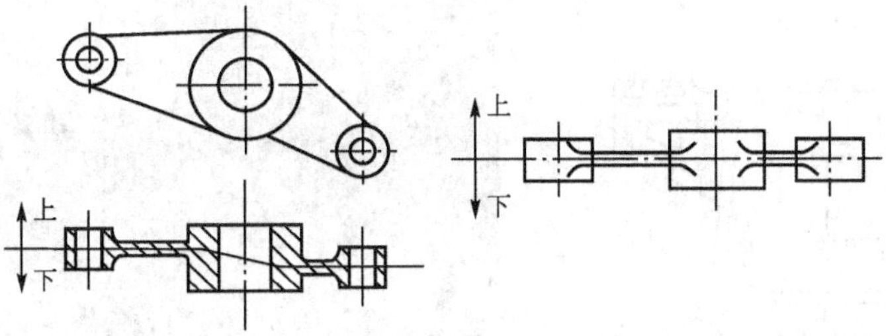

(a) 不平分型面　　(b) 水平分型面

图 3.9　简化分型面的铸件结构

(5) 减少铸件清理的工作量。铸件清理包括清除表面粘砂和内部残留砂芯，去除浇注系统、冒口和飞刺等操作。这些操作劳动量大且环境恶劣。铸件结构设计应注意减轻清理的工作量。图 3.10 所示的铸钢箱体，结构改进后可减少切割冒口的困难。

(6) 简化模具的制造。单件、小批生产中，模样和芯盒的费用占铸件成本的很大比例。为节约模具制造工时和材料，铸件应设计成规则的、容易加工的形状。图 3.11 所示为一阀体，原设计为非对称结构(实线所示)，模样和芯盒难以制造；改进后(虚线所示)呈对称结构，可采用刮板造型法，大大减少了模具制造的费用。

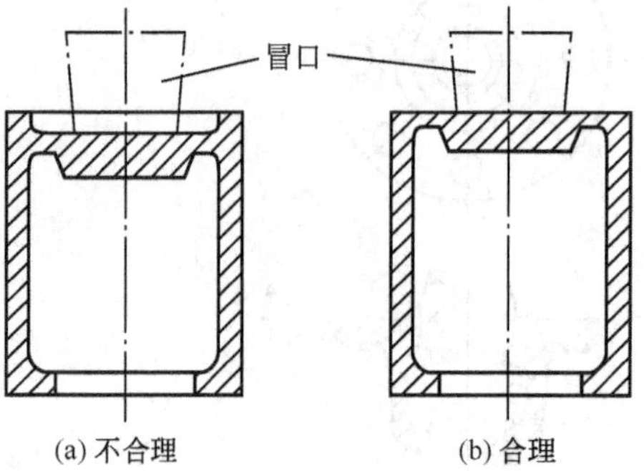

图 3.10　铸钢箱体结构的改进

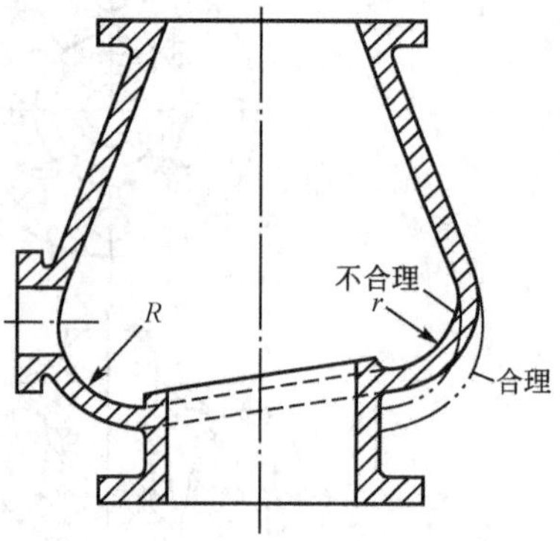

图 3.11　阀体结构的改进

(7) 大型复杂件的分体铸造和简单小件的联合铸造。有些大而复杂的铸件可考虑分成几个简单的铸件，铸造后再用焊接方法或用螺栓将其连接起来。这种方法常能简化铸造过程，使本来受工厂条件限制无法生产的大型铸件成为可能。例如，在我国生产第一台 12000t 水压机的过程中，采用铸焊结构成功地做出长 17960mm、直径 1000mm、厚 300mm 的立柱(每根 80t)等铸件。图 3.12 所示为铸铁床身的分体铸造结构。

与分体铸造相反，一些很小的零件，如小轴套等，常可把许多小件毛坯连接成为一个较长的大铸件，这对铸造和机械加工都方便，这种方法称为联合铸造。

铸造是一个多工序的过程，图 3.13 所示为东方汽轮机有限公司铸造车间一角，图中显示了造型机、砂箱、未合箱的铸型等。

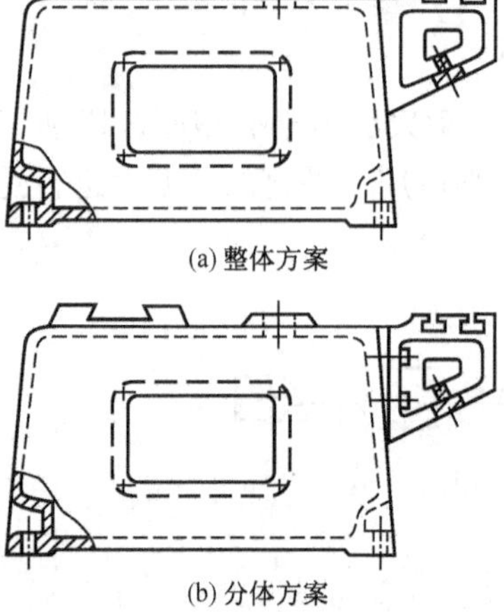

图 3.12　分体铸造的床身结构

图 3.13　东方汽轮机有限公司铸造车间一角

3.2.2 铸件浇注位置的确定

铸件的浇注位置(pouring position of casting)是指浇注时铸件在型内所处的状态和位置。浇注位置一般于选择造型方法之后确定。浇注位置关系到铸件的内在质量、铸件的尺寸精度及造型工艺过程的难易。根据对合金凝固理论的研究和生产经验，确定浇注位置时应考虑以下原则：

(1) 铸件的重要部位应尽量置于下部。铸件下部金属在上部金属的静压力下凝固并得到补缩，组织致密。

(2) 重要加工面应朝下或呈直立状态。经验表明，气孔、非金属夹杂物等缺陷多出现在朝上的表面，而朝下的表面或侧立面通常比较光洁，出现缺陷的可能性小。个别加工表面必须朝上时，应适当放大加工余量，以保证加工后不出现缺陷。

各种机床床身的导轨面是关键表面，不允许有砂眼、气孔、渣孔和缩松等缺陷，而且要求组织致密、均匀，以保证硬度值在规定范围内。因此，尽管导轨面比较肥厚，对于灰铸铁件而言，床身的最佳浇注位置是导轨面朝下，如图 3.14 所示。缸筒和卷筒等圆筒形铸件的重要表面是内、外圆柱面，要求加工后金相组织均匀、无缺陷，其最优浇注位置应是内、外圆柱面呈直立状态，如图 3.15 所示。

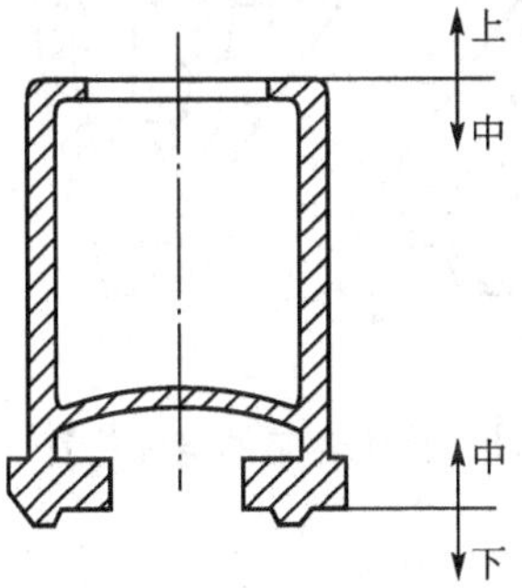

图 3.14　铸铁床身的正确浇注位置

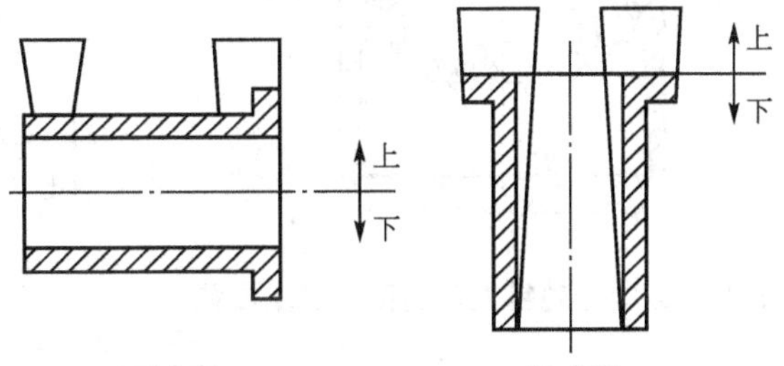

(a) 不合理　　(b) 合理

图 3.15　起重机卷筒的浇注位置

(3) 使铸件的大平面位置朝下，避免夹砂结疤类缺陷。对于大的平板类铸件，可采用倾斜浇注，以便增大金属液面的上升速度，防止夹砂结疤类缺陷(图 3.16、图 3.17)。倾斜浇注时，依砂箱大小，H 值一般控制在 200～400mm。

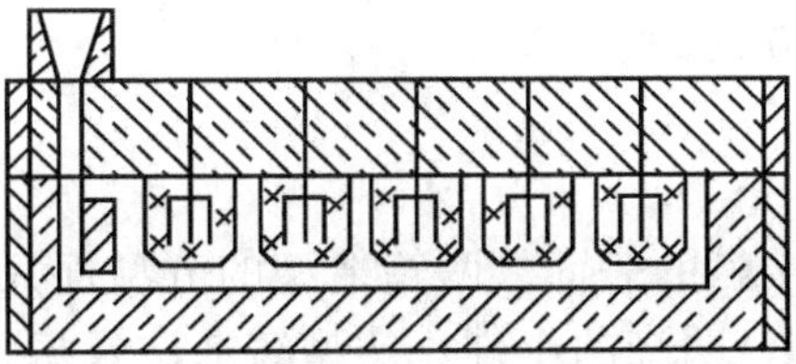

图 3.16　大平面铸件的正确浇注位置

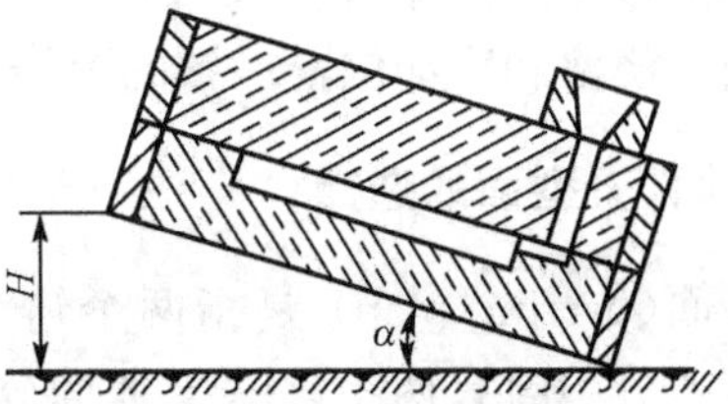

图 3.17　大平板类铸件的倾斜浇注

(4) 应保证铸件能完全充满。对具有薄壁部分的铸件，应把薄壁部分放在下半部或置于内浇道以下，以免出现浇不到、冷隔等缺陷。图 3.18 所示为曲轴箱的浇注位置。

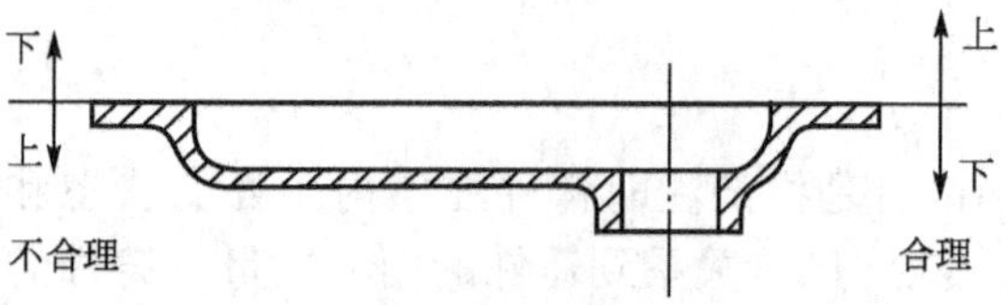

图 3.18 曲轴箱的浇注位置

(5) 应有利于铸件的补缩。对于因合金体收缩率大或铸件结构上厚薄不均匀而易于出现缩孔、缩松的铸件，浇注位置的选择应优先考虑实现顺序凝固的条件，要便于安放冒口和发挥冒口的补缩作用。双排链轮铸钢件的正确浇注位置如图 3.19 所示。

(6) 应保证砂芯的定位稳固、排气通畅及下芯、检验的方便，避免用吊砂、吊芯或悬臂式砂芯。经验表明，吊砂在合箱、浇注时容易塌箱。向上半型上安放吊芯很不方便。悬臂砂芯不稳固，在金属浮力作用下易偏斜，故应尽力避免。图 3.20 所示的改进方案就是考虑到下芯、合箱和检验的方便以及排气通畅。

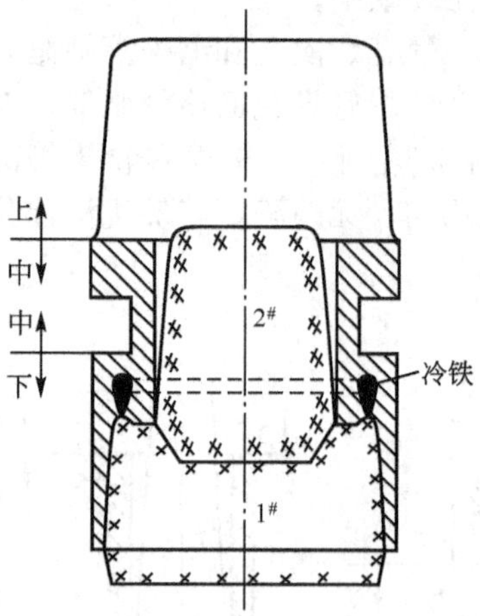

图 3.19 双排链轮铸钢件的正确浇注位置

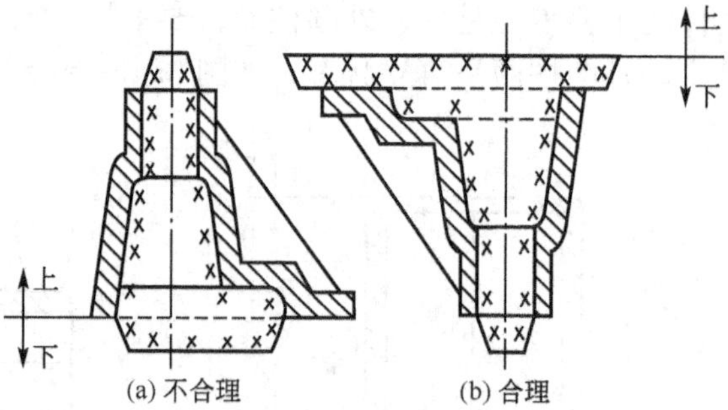

图 3.20 便于合箱的浇注位置

(7) 应使合箱位置、浇注位置和铸件冷却位置一致。这样可以避免在合箱后，或浇注后再次翻转铸型。翻转铸型不仅劳动量大，而且易引起砂芯移动、掉砂、甚至跑火等缺陷。只在个别情况下，如单件、小批量生产较大的球墨铸铁曲轴时，为了造型方便和加强冒口的补缩效果，常采用横浇竖冷方案。在浇注后将铸型竖起来，让冒口在最上端进行补缩。当浇注位置和冷却位置不一致时，应在铸造工艺图上注明。

此外，应注意浇注位置、冷却位置与生产批量密切相关。同一个铸件，如球铁曲轴，在单件小批量生产的条件下，采用横浇竖冷是合理的。而当大批量生产时，则应采用造型、合箱、浇注和冷却位置一致的卧浇、卧冷方案。

3.2.3 铸件分型面的选择

分型面(parting plan) 是指两个铸型相互接触的表面。两箱造型的分型面只有一个，三箱造型的分型面有两个。除了地面软床造型、明浇的小件、实型铸造法及熔模铸造以外，都要选择分型面。分型面一般为平面，有时为曲面。

分型面一般在确定浇注位置后再选择。但在分析各种分型面方案的优劣之后，可能需重新调整浇注位置，生产中，浇注位置和分型面有时是同时确定的。分型面的优劣，在很大程度上影响铸件的尺寸精度、成本和生产率。

分型面的选择原则如下：

(1) 应使铸件全部或大部分置于同一半型内。为了保证铸件精度，如果达不到上述要求，也应尽可能把铸件的加工面和加工基准面放在同一半型内。

分型面主要是为了取出模样而设置的，但对铸件精度会造成损害。一方面因合箱对准误差使铸件产生错偏，另一方面由于合箱不严，会使铸件在垂直分型面方向上的尺寸增加。据研究，合箱后的分型面总会保持一定的“厚度”，在最小的情况下，约为 0.38mm。因此，凡是铸件上要求严格的尺寸部分，尽量不为分型面所穿越。

图 3.21 所示为载重卡车的后轮毂的铸造方案，加工内孔时以 ϕ350mm 的外圆角定位(基准面)。图 3.22 所示为管子堵头的分型方案，铸件加工时，以四方头中心线为定位基准，加工外圆螺纹。因此这两个铸件都采用将整个铸件放在一箱内的铸造工艺方案。

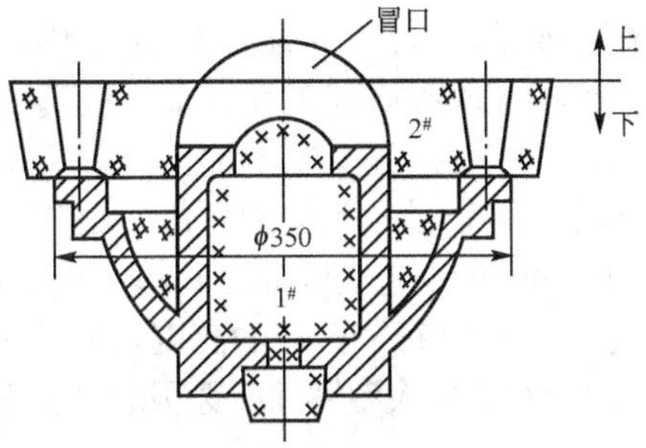

图 3.21 后轮毂的分型方案

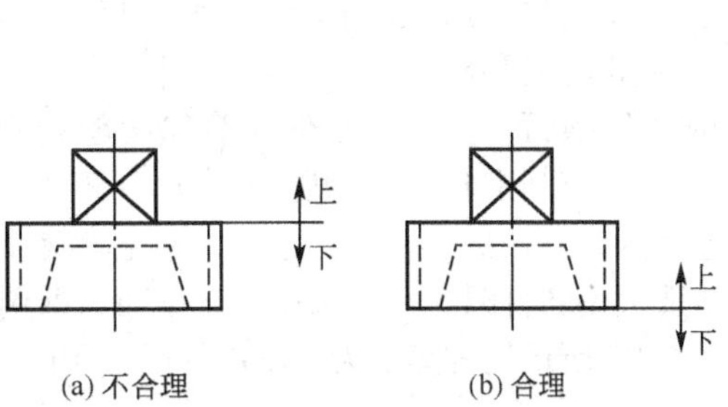

图 3.22 管子堵头的分型方案

(2) 应尽量减少分型面的数目。分型面少，铸件精度就容易保证，且砂箱数目少。但这不是绝对的。机器造型的中小件，一般只允许有一个分型面，以便充分发挥造型机的生产率，凡不能出砂的部位均采用砂芯，而不允许用活块或多分型面，分型方案如图 3.23(a)所示。而图 3.23(b)所示的方案，采用两个分型面，对单件生产的手工造型是合理的，因为能省去一个大芯盒的费用。

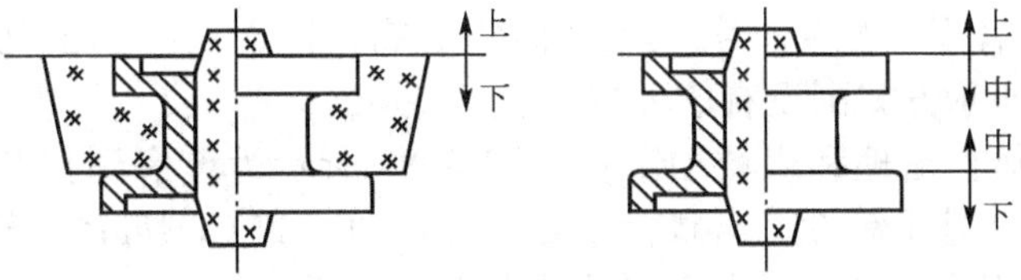

图 3.23 确定分型面数目的实例

在下列情况下，往往采用多分型面的劈箱造型：铸件高大而复杂，采用单分型面会使模样很高，起模斜度会使铸件形状有较大的改变；砂箱很深，造型不方便；砂芯多而型腔深窄，下芯困难。采用多分型面的劈箱造型就可避免这些缺点。

(3) 分型面应尽量选用平面。平直的分型面可简化造型过程和模底板的制造，易于保证铸件精度［图 3.24(b)］。在机器造型中，如铸件形状必须采用不平分型面，应尽量选用规则的曲面，如圆柱面(图 3.25)或折面。因为只有上、下模底板表面曲度精确一致时才能合箱严密，不规则曲面会给模底板的加工带来困难。

手工造型时，曲面分型面是用手工切挖型砂来实现的，只是增加了切挖的步骤，却减少了砂芯的数目。因此，手工造型中有时采用挖砂造型形成的不平分型面。

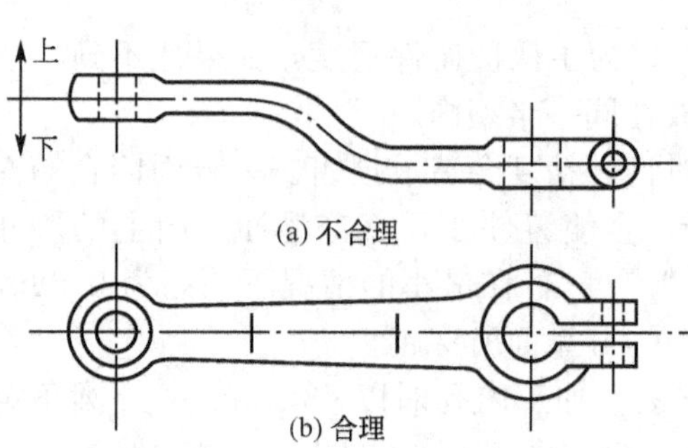

图 3.24　起重臂的分型面

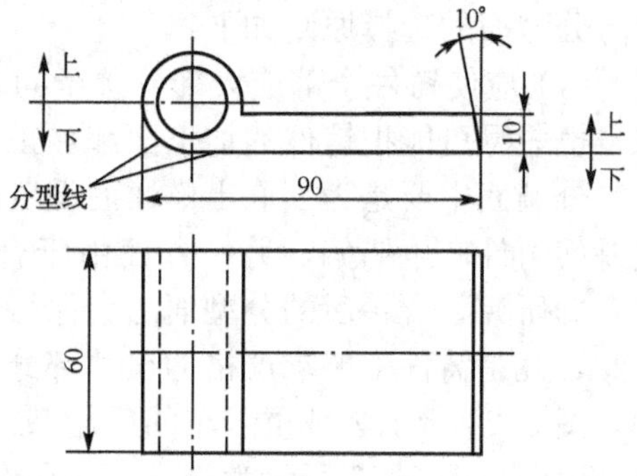

图 3.25　曲面分型面

(4) 应便于下芯、合箱和检查型腔尺寸。在手工造型时，模样及芯盒尺寸精度不高，在下芯、合箱时，造型工需要检查型腔尺寸，并调整砂芯位置，才能保证壁厚均匀。为此，应尽量把主要砂芯放在下半型中。图 3.26 所示为减速器箱盖的手工造型工艺方案，采用两个分型面，目的就是便于合箱时检查尺寸。

(5) 不使砂箱过高。分型面通常选在铸件最大截面上，并使砂箱不至于过高。因为砂箱高，会使造型困难，填砂、紧实、起模、下芯都不方便。几乎所有的造型机都对砂箱高度有限制。手工铸造大型铸件时，一般选用多分型面，即用多箱造型以控制每节砂箱的高度，使其不致过高。图 3.27 所示的方案 1 为小型铸件所选用的分型面，方案 2 为大型铸件所选用的分型面。

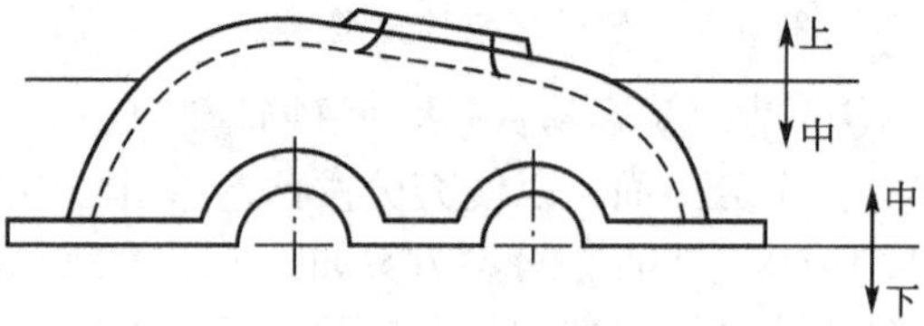

图 3.26　减速器箱盖的手工造型方案

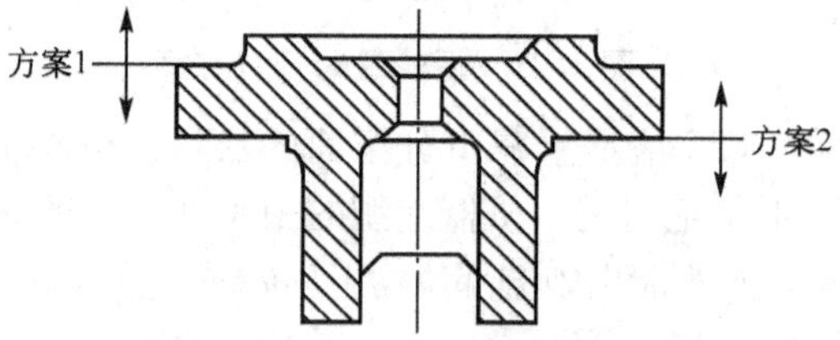

图 3.27　托架分型面的选择

(6) 受力件的分型面的选择不应削弱铸件结构强度。图 3.28(a)所示方案的分型面，合箱时如产生微小偏差将改变工字梁的截面积分布，因而有一边的强度会削弱，故不合理，而图 3.28(b)所示方案则没有这种缺点。

(7) 注意减轻铸件清理和机械加工量。图 3.29 所示为考虑到打磨飞翅的难易而选用分型面的实例。摇臂是小铸件，当砂轮厚度大时，图 3.29(a)所示方案铸件的中部飞翅将无法打磨。即使改用薄砂轮，因飞翅周长较大也不方便。

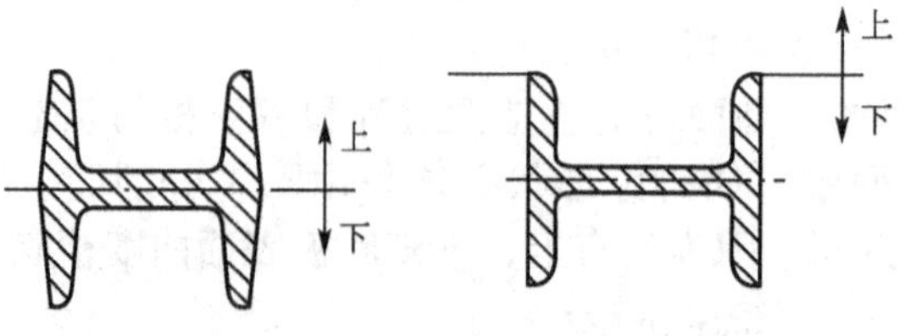

图 3.28　工字梁分型面的选择

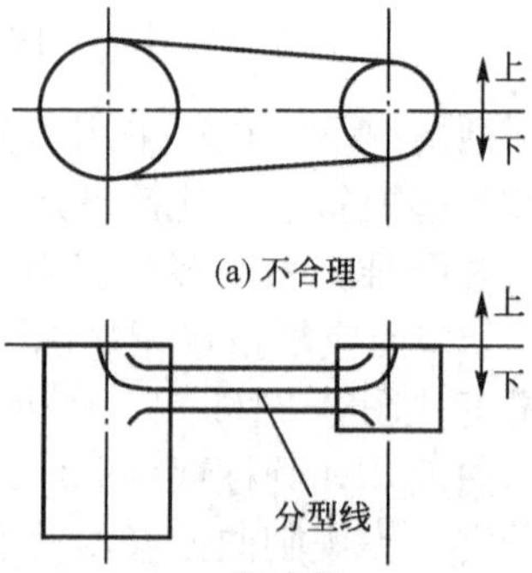

图 3.29　摇臂铸件的分型面

以上简要介绍了选择分型面的原则，这些原则有的相互矛盾和制约。一个铸件应以哪几项原则为主来选择分型面，这需要进行多个方案的对比，根据实际生产条件，并结合经验作出正确的判断，最后选出最佳方案，付诸实施。

3.2.4　砂芯设计

砂芯的功用是形成铸件的内腔、孔和铸件外形不能出砂的部位。砂型局部要求特殊性能的部分，有时也用砂芯。

1. 确定砂芯形状(分块)及选择分盒面的基本原则

总原则是：使制芯到下芯的整个过程方便，铸件内腔尺寸精确，不致造成气孔等缺陷，使芯盒结构简单。

(1) 保证铸件内腔尺寸精确。凡是铸件内腔尺寸要求较严的部分应由同一半砂芯形成，避免被分盒面所分割，更不宜分为几个砂芯。但手工造型中大的砂芯，为保证某一部位精度，有时需将砂芯分块。如图 3.30 所示，要求 500mm×400mm 方孔四周壁厚均匀而将砂型分为两块，利于下芯时四周壁厚的检查和调整。

(2) 保证操作方便。复杂的大砂芯、细而长的砂芯可分为几个小而简单砂芯。图 3.31 所示为空气压缩机大活塞的砂芯，为操作方便将砂芯分为三块，制芯后组装下芯。这样可简化制芯和芯盒结构，便于烘干。细而长的砂芯易变形，应分成数段，并设法使芯盒通用。在划分砂芯时要防止液体金属进入砂芯分割面的缝隙，堵塞砂芯通气道。

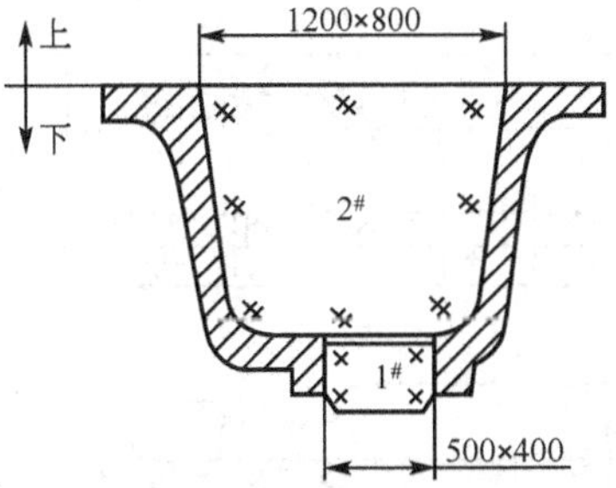

图 3.30　为保证铸件精度而将砂型分块的实例

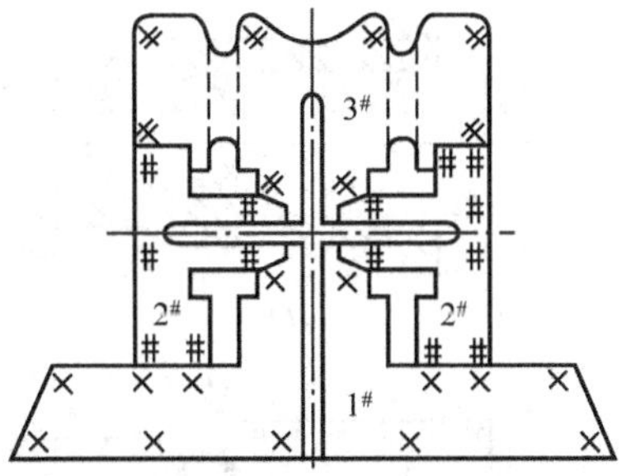

图 3.31　为操作方便将砂芯分块的实例

(3) 保证铸件壁厚均匀。使砂芯的起模斜度和模样的起模斜度大小、方向一致，保证铸件壁厚均匀(图 3.32)。

(4) 应尽量减少砂芯数目。用砂胎(自带砂芯)或吊砂可减少砂芯，图 3.33 所示为 12VB 柴油机曲轴定位套的机器造型方案。吊砂不能过高，下半型的砂胎高度 $H \leqslant D$(D 为吊砂或砂胎直径)；上半型砂胎 $H \leqslant 0.3D$。若手工造型时，H 值取上述数据的一半。在手工造型时，遇到难于出模的地方，一般尽量用模样“活块”，即用“活块”取代砂芯。这样虽然增加了造型工时，但却节省了芯盒、制芯工时及费用(图 3.34)。

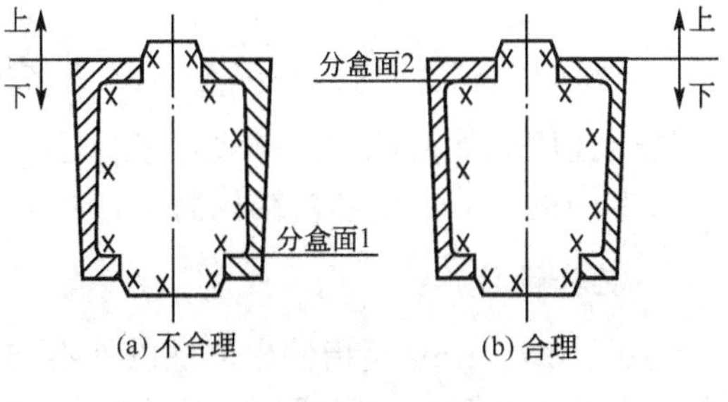

图 3.32　保证铸件壁厚均匀

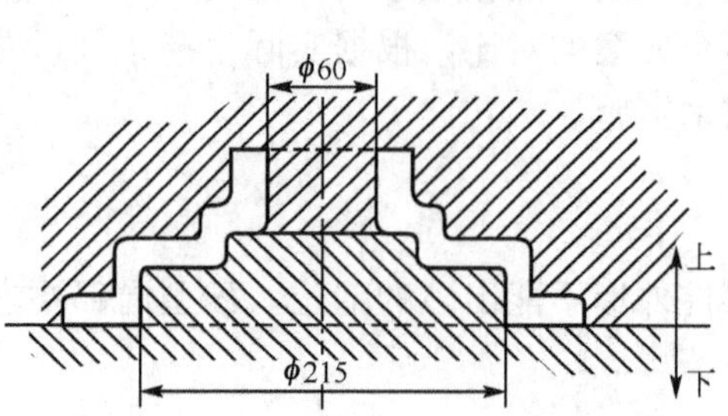

图 3.33　用砂胎取代砂芯的实例

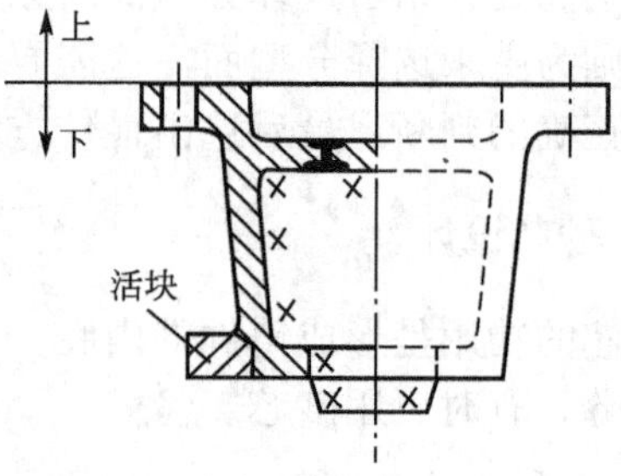

图 3.34　用活块减少砂芯的实例

(5) 填砂面应宽敞，烘干支撑面最好是平面。为此，需要进炉烘干的大砂芯，常被沿最大截面切分为两半制作［图 3.35(a)］。

普通粘土砂芯、油砂芯及合脂砂芯，火炉烘干时的支撑方法如图 3.35 所示。平面烘干板结构简单，通气性好且价廉［图 3.35(a)］，砂胎烘干法［图 3.35(b)］不精确也不方便，成形烘干器［图 3.35(c)］虽精确、简便，但结构复杂、制作成本高。

(6) 砂芯形状应适应造型、制芯方法。高速造型线限制下芯时间，对一型多铸的小铸件，不允许逐个下芯，因此，划分砂芯形状时，常把几个到十几个小砂芯连成一个大砂芯，以便节约下芯、制芯时间，以适应机器造型节拍的要求。对壳芯、热芯和冷芯盒砂芯要从便于射紧砂芯方面来考虑改进砂芯形状。

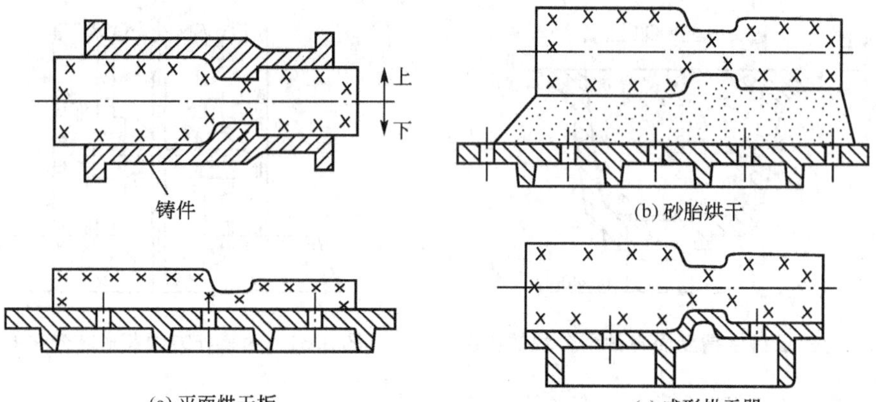

(a) 平面烘干板　(b) 砂胎烘干　(c) 成形烘干器

图 3.35　火炉烘干时的支撑方法

除上述原则外，还应使每块砂芯有足够的断面，保证有一定的强度和刚度，并能顺利排出砂芯中的气体；使芯盒结构简单，便于制造和使用等。

2. 芯头设计

芯头(core print)是指伸出铸件以外不与金属接触的砂芯部分。它不形成铸件的轮廓。模样上的芯头在砂型内形成凹坑，称为芯座。芯座让砂芯芯头坐落而定位。

芯头是砂芯的重要组成部分，其作用是定位和固定砂芯；支撑砂芯，并能承受砂芯重力及浇注时液体金属对砂芯的浮力，使之不破坏；使砂芯内部排气通畅。

在设计砂芯时，应考虑使下芯、合型方便，上、下芯头及芯号容易识别，斜度和间隙合理，搬运方便，重心平稳。

根据砂芯在砂型中安放位置的不同，大多数砂芯可分为垂直芯头和水平芯头两大类，如图 3.36 和图 3.37 所示。

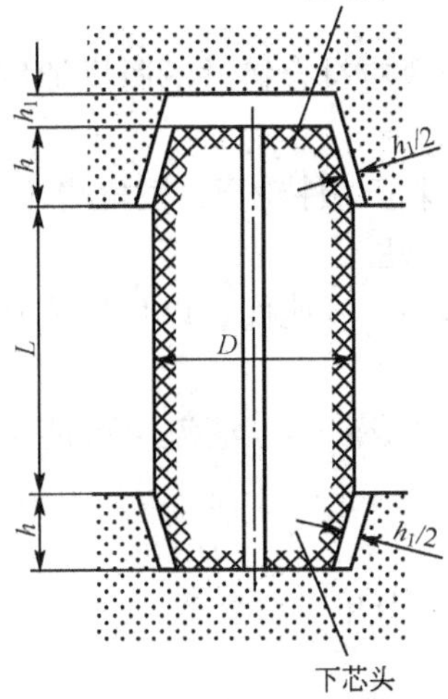

图 3.36　垂直型芯及芯头

L—砂芯长度；h—砂芯高度；

h_1—砂芯顶面与砂型的间隙；

D—砂芯直径

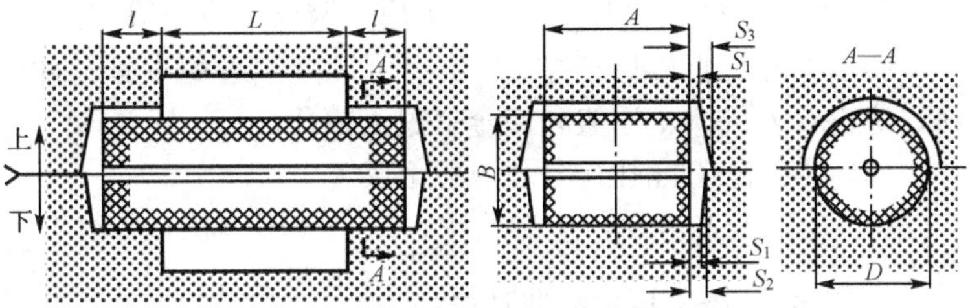

图 3.37　水平芯头结构

L—砂芯长度；l—芯头长度；S_1—芯头与砂型的间隙；

S_2—芯头斜度；D—砂芯直径

阅读材料3-1

芯头承压面积的核算

芯头的承压面积应足够大，以保证在金属液最大浮力作用下不超过铸型许用压应力。芯头的承压面积 S 应满足

$$S \geqslant \frac{kF_{芯}}{[\sigma_{压}]} \tag{3-1}$$

式中，$F_{芯}$——所要计算的最大浮芯力，应为砂芯所排开金属液的重力(N)；

k——安全系数，$k=1.3 \sim 1.5$；

$[\sigma_{压}]$——铸型许用应力(MPa)。

对于湿型，$[\sigma_{压}]$ 可取(40～60)MPa；活化膨润土砂型取 60～100MPa。若实际承压面积小，则可放大芯头尺寸。若受砂箱等条件限制，不宜放大芯头尺寸，则可在芯座内通过附加砂芯、铁片、耐火砖等措施提高芯座抗压强度。

3.3　浇注系统设计

浇注系统(gating system)是铸型中引导金属液进入型腔的通道之总称。铸铁件浇注系

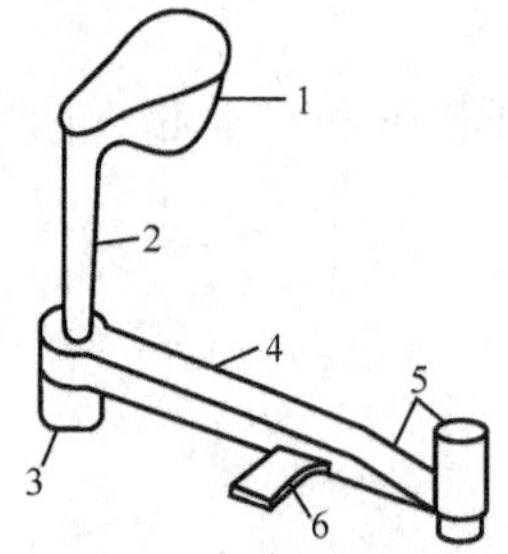

图 3.38　典型浇注系统的结构

1—浇口杯；2—直浇道；
3—直浇道窝；4—横浇道；
5—末端延长段；6—内浇道

统的典型结构如图 3.38 所示，它由浇口杯、直浇道、直浇道窝、横浇道和内浇道等组元组成。广义地说，浇包和浇注设备也可认为是浇注系统的组成部分，浇注设备的结构、尺寸、位置高低等，对浇注系统的设计和计算有一定影响。

对浇注系统的基本要求如下：

(1) 内浇道的位置、方向和个数应符合铸件的凝固原则或补缩方法。

(2) 提供必要的充型压力头，保证铸件轮廓、棱角清晰。

(3) 在规定的浇注时间内充满型腔。

(4) 保证型内金属液面有足够的上升速度，以免形成夹砂结疤、皱皮、冷隔等缺陷。

(5) 金属液进入型腔时线速度不可过高，避免飞溅、冲刷型壁或砂芯，液流尽可能平稳，防止卷入气体、浮渣和使金属过度氧化。

(6) 具有良好的阻渣能力，避免吸气。

(7) 模样制造容易，造型简单，减小砂型体积，并且金属消耗少和容易清理。

3.3.1　浇注系统的基本类型及选择

1. 按浇注系统各基本组元截面积的比例关系分类

1) 封闭式浇注系统

这类浇注系统指直浇道出口截面积大于横浇道截面积总和，横浇道出口截面积总和大于内浇道截面积总和，即在正常浇注条件下，所有组元都被金属液充满的浇注系统，也称为充满式浇注系统。因全部截面上的金属液压力均高于型壁气体压力，因此是有压或正压系统。

在整个浇注系统中，将截面积最小的浇道称为“阻流”组元。而封闭式浇注系统包括了以内浇道为阻流组元的各种浇注系统和部分扩张式($S_{内}/S_{阻}\leqslant 1.5\sim 2.5$)浇注系统，如 $S_{内}\leqslant S_{横}\leqslant S_{直}$ 或 $S_{内}\leqslant S_{直}\leqslant S_{横}$。

封闭式浇注系统有较好的阻渣能力，可防止金属液卷入气体，消耗金属少，清理方便。主要缺点是金属液进入型腔的流速较高，易产生喷溅和冲砂，使金属氧化，使型内金属液发生扰动、涡流和不平静。因此，主要应用于中小型铸铁件。对于容易氧化的轻合金铸件、漏包浇注的铸钢件和高大的铸铁件，均不宜使用封闭式浇注系统。

2) 开放式浇注系统

开放式浇注系统直浇道出口截面积小于横浇道截面积总和，横浇道出口截面积总和小于内浇道截面积总和，即在正常浇注条件下，金属液不能充满所有组元的浇注系统，又称为非充满式或非压力式浇注系统，这时 $S_{内}\geqslant S_{横}\geqslant S_{直}$。金属液流未能充满的部位存在着等大气压力的自由表面。完全开放式浇注系统在内浇道被淹没之前，各组元均呈非充满流态，几乎不能阻渣且会带入大量气体。

开放式浇注系统的内浇道截面积比阻流面积大得多，一般 $S_{内}/S_{阻}>3$。当直浇道不充满时，会使金属液高度紊流，造成氧化、卷气等，故生产中往往要求应用充满式直浇道。阻流设在直浇道下端或靠近直浇道的横浇道上。

开放式浇注系统的主要优点是进入型腔时金属液流速度小，充型平稳，冲刷力小，金属氧化轻。主要缺点是阻渣效果稍差，内浇道较大，金属消耗略多。适用于轻合金铸件、球铁件等。漏包浇注的铸钢件也宜采用开放式浇注系统，但直浇道不能呈充满态，以防钢水外溢，造成事故。使用转包浇注的铸铁件不宜应用这种浇注系统。

2. 按内浇道在铸件上的位置分类

1）顶注式浇注系统

以浇注位置为基准，内浇道设在铸件顶部的，称为顶注式浇注系统(图3.39)。这种浇注系统的优点是容易充满，可减少薄壁件浇不到、冷隔方面的缺陷；充型后上部温度高于底部，有利于铸件自下而上的顺序凝固和冒口的补缩；冒口尺寸小，节约金属；内浇道附近受热较轻；结构简单，易于清除。顶注式浇注系统的缺点是易造成冲砂缺陷；金属液下落过程中接触空气，出现激溅、氧化、卷入空气等现象，使充型不平稳；易产生砂眼、铁豆、气孔和氧化夹杂物缺陷；大部分浇注时间内浇道工作在非淹没状态，相对地说，横浇道阻渣条件较差。

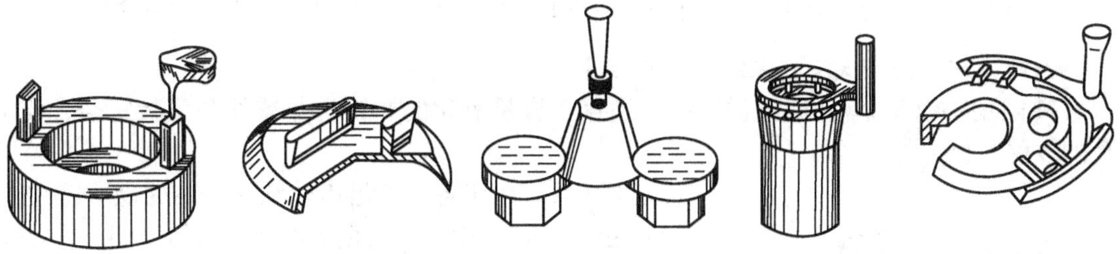

(a) 简单式　(b) 楔形(刀片)式　(c) 压边式　(d) 雨淋式　(e) 搭边式

图3.39 顶注式浇注系统

各种形式的顶注式浇注系统的特点及适用情况如下：

(1) 简单式。用于要求不高的简单小件。

(2) 楔形式。浇道窄而长，断面积大。适用于薄壁容器类铸件。

(3) 压边式。金属液经压边窄缝进入型腔，充型慢，有一定补缩和阻渣作用。结构简单，易于清除。多用于中、小型各种厚壁铸铁件。

(4) 雨淋式。金属液经型腔顶部许多小孔(内浇道)流入，状似雨淋，比其他顶注式对型腔的冲击力小。炽热金属液流不断冲刷上升液面，使熔渣不易粘附在型(芯)侧壁上。适用于要求较高的筒类铸件，如缸套、大的铁活塞、机床卡盘等。也可用于床身、柴油机缸体等。

(5) 搭边式。自上而下导入金属液，避免直接冲击型的侧壁。适用于湿型铸造薄壁铸件，如纺织机铸件。

2）底注式浇注系统

内浇道设在铸件底部的称为底注式浇注系统(图3.40)。主要优点是内浇道基本上在淹没状态下工作，充型平稳；可避免金属液发生激溅、氧化及由此而形成的铸件缺陷；无论浇口比是多大，横浇道基本工作在充满状态下，有利于阻渣；型腔内的气体容易顺序排出。缺点是充型后金属的温度分布不利于顺序凝固和冒口补缩；内浇道附近容易过热，导致缩孔、缩松和结晶粗大等缺陷；金属液面在上升中容易结皮，难以保证高大的薄壁铸件充满，易形成浇不到、冷隔等缺陷；金属消耗较大。为了克服这些缺点，采用快浇和分散的多内浇道、大的 $S_{内}/S_{阻}$ 比值、使用冷铁和安放冒口或用高温金属补浇冒口等措施，常可收到满意的结果。

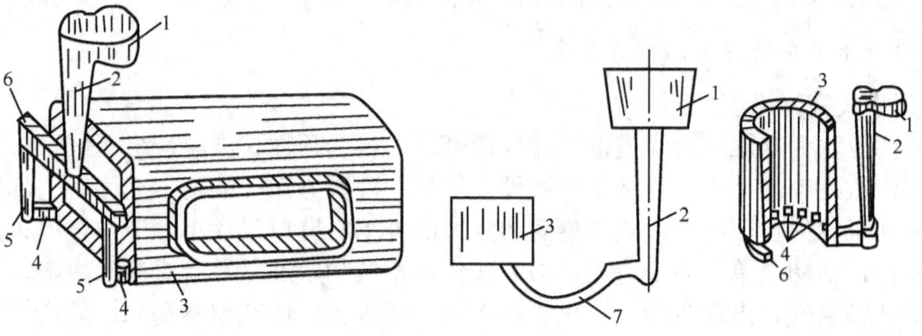

(a) 基本形式　(b) 牛角式　(c) 底雨淋式

图 3.40　底注式浇注系统

1—浇口杯；2—直浇道；3—铸件；4—内浇道；5—分直浇道；6—横浇道；7—牛角浇口

各种形式的底注式浇注系统的特点如下：

(1) 底注式(基本形式)浇注系统。适用于容易氧化的非铁合金铸件和形状复杂、要求高的各种黑色铸件。

(2) 牛角式。用于各种铸齿齿轮和有砂芯的盘形铸件。

(3) 底雨淋式。充型后金属温度分布均匀，同一水平横截面上的金相组织和硬度一致。型内金属液上升平稳且不发生旋转运动，能避免熔渣粘附在砂芯上。适用于内表面质量要求高的筒类铸件等。

3) 中间注入式浇注系统

从铸件中部某一高度上开设内浇道的称为中间注入式浇注系统(图 3.41)。这种浇注系统对内浇道以下的型腔部分为顶注式，而对于内浇道以上的型腔部分相当于底注式，故它兼有顶注式和底注式浇注系统的优缺点。由于内浇道在分型面上开设，故造型方便，广为应用，特别适用于高度不大的中等壁厚的铸件。

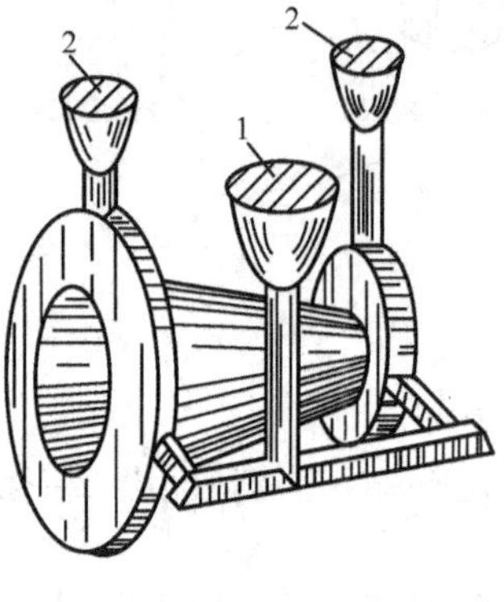

图 3.41　中间注入式浇注系统

1—浇口杯；2—出气冒口

阅读材料3-2

阶梯式浇注系统

阶梯式浇注系统是指在铸件不同高度上开设多层内浇道，使金属液从底部开始，逐层地从不同高度内浇道引入型腔的浇注系统，如图 3.42 所示。

结构正确的阶梯式浇注系统是：金属液应先从底层内浇道流入型腔；待型腔内液面上升到接近第二层内浇道时，才从第二层内浇道引入金属液，如此类推。这样，各层内浇道由下而上逐层接替发挥作用，最上层内浇道引入金属液进入型腔顶部或顶冒口中。

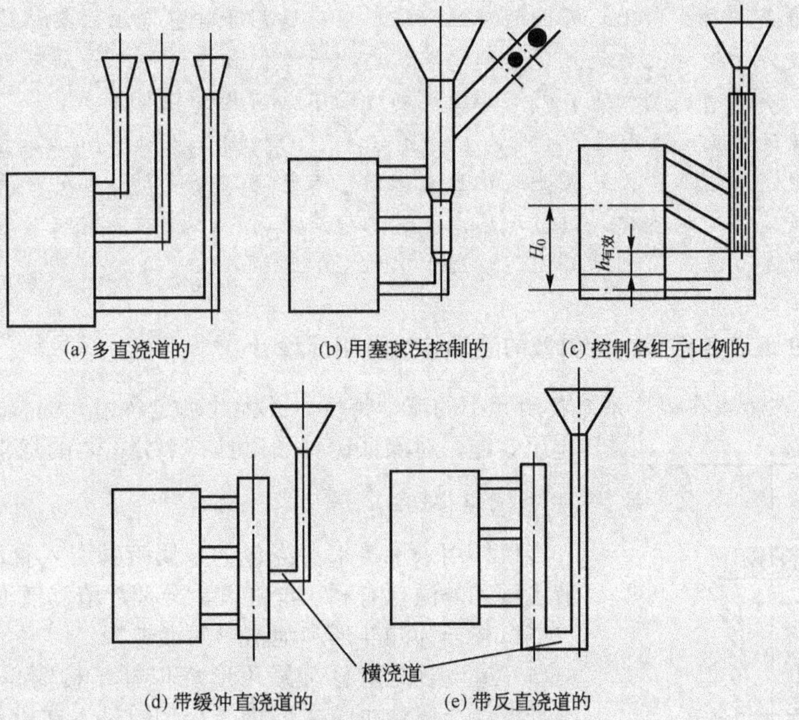

图 3.42 阶梯式浇注系统

这种浇注系统综合了底注式和顶注式的优点，充型平稳，有利于渣、气上浮；充型后，上部金属液温度高于下部，有利于顺序凝固和冒口的补缩，铸件组织致密；利用多内浇道，可减轻内浇道附近的局部过热现象。主要缺点是结构复杂，制造和清理较麻烦。有时要求几个水平分型面，要求正确的计算和结构设计，否则，容易出现上下各层内浇道同时引入金属液的“乱浇”现象，或底层进入金属液过多，形成下部温度高的不理想的温度分布。阶梯式浇注系统适用于高度大的中、大型铸件。具有垂直分型面的中大件可优先采用。

各种形式的阶梯式浇注系统的特点及适用情况如下：

(1) 多直浇道的阶梯式［图 3.42(a))］。各层内浇道由专用直浇道连接，用依次浇注不同直浇道的方法实现分层浇注。但需要较大的砂箱，造型工作量大。其用于很重要的铸件。

(2) 用塞球法控制的阶梯式［图 3.42 (b)］。直浇道呈非充满状态浇注，当型内液面上升到接近第二层内浇道时，向直浇道内投放第一枚金属球，塞住下层直浇道通路，使金属从上一层内浇道注入型腔，如此顺序进行浇注。为有效地控制浇注顺序，直浇道采用特制耐火砖管或砂芯管，上层的 V 形管径大于下层的，上层金属塞球也相应加大直径。

这种浇注系统的优点是能较可靠地控制浇注顺序，并获得有利的金属温度分布。缺点是需要特制耐火管和金属塞球。该系统对于经常应用阶梯式浇注系统的铸造厂可以考虑应用。

(3) 控制各组元比例的阶梯式。在和各层内浇道相连接的分配直浇道之前设置阻流断面，造成分配直浇道内呈非充满流态，并使 h 有效 $< H_0$［图 3.42 (c)］，从而实现分

层引注。这是一种先封闭后开放的浇注系统，故可适用于转包浇注的各种铸件。

这种浇注系统的主要优点是结构简单，占用砂型体积小。缺点是底层内浇道进入金属量过多，在获得有利于冒口补缩的温度场方面不如前两种类型。

(4) 带缓冲或反直浇道的阶梯式。如图 3.42 (d)和图 3.42 (e)所示，金属液流经直浇道及横浇道，进入宽大的缓冲或反直浇道内，未充满，并使 $h_{有效}<h_0$，而实现逐层充型。具有反直浇道的阶梯式，当几层内浇道都被淹没时，上层内浇道流量较大，容易实现铸件的顺序凝固，有利于补缩。适用于中大型的铸钢件。

3.3.2 浇注系统各组元中金属液的流动特性及组元设计

了解液态金属在浇注系统各组元中的流动特性，并由此确定各组元的合理结构和提升其应用效能，对保证铸件品质具有十分重要的意义。

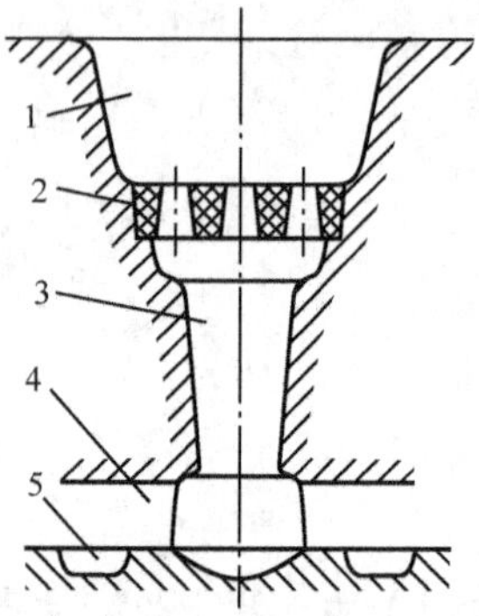

图 3.43 带滤孔芯的漏斗形浇口杯

1—浇口杯；2—过滤网；3—直浇道；4—横浇道；5—内浇道

1. 浇口杯(盆)

浇口杯用来承接来自浇包的金属液并引入直浇道，以防金属液飞溅和外溢，有利于浇注并能分离浮渣和气泡等。

浇口杯分为漏斗形和池盆形两大类。

(1) 漏斗形浇口杯。漏斗形浇口杯结构简单，制作方便，其本身消耗金属液少，主要用于小型铸件，在机器造型中广泛使用。为了挡渣，可在杯底安放滤孔芯，对金属液起缓冲作用(图 3.43)。

(2) 池盆形浇口杯(简称浇口盆)。浇口盆的结构如图 3.44 所示，图中的金属隔片式拔塞式和浮塞式浇口盆，明显地提高了浇口杯的撇渣能力。浇口盆制作较费事，本身消耗金属量较多，主要用于中、大型铸铁件。

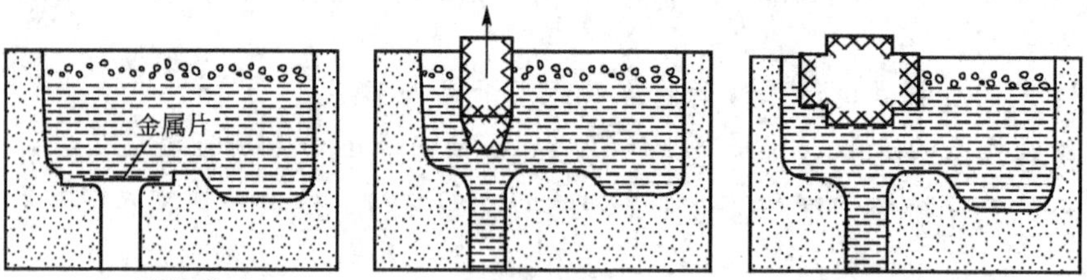

(a) 金属隔片式　(b) 拔塞式　(c) 浮塞式

图 3.44 浇注初期金属液充满浇口盆使熔渣浮出的几种方式

2. 直浇道与直浇道窝

直浇道连接浇口杯和横浇道(有时直接连接内浇道或直接通向型腔)，将金属液引入型腔，并提供足够压力头以使金属液克服流动阻力充满型腔。这就是直浇道的作用。直浇道一般设计成上大下小的锥形，且与前后组元之间圆角过渡。

在直浇道底部，常有半球形或圆柱形的凹窝，此为直浇道窝，用以缓和金属液的冲击、涡流和高度湍流，减少冲砂、渣孔和氧化夹杂物等缺陷倾向。直浇道窝对流态的影响如图 3.45 所示。

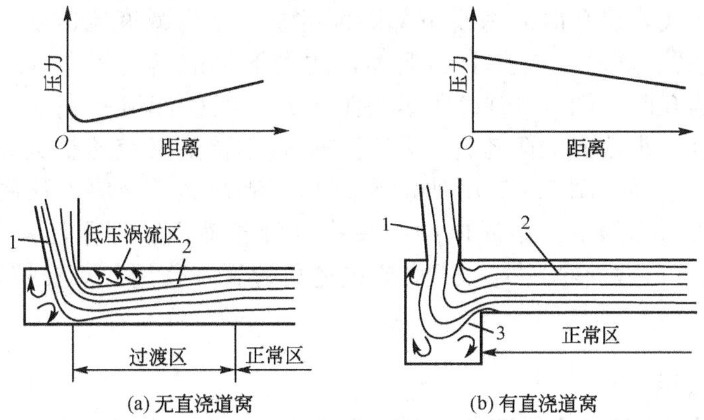

图 3.45　直浇道窝对流态的影响

1—直浇道；2—横浇道；3—浇道窝

（试验条件：浇注系统组元截面积比为 $A_{直下}:A_{横}:A_{内}=1:2.5:2.1$）

如果浇注时间长，浇注温度高，特别是铸钢件，直浇道窝最好用砂芯片或耐火砖垫底。

3. 横浇道

横浇道除了将金属液平稳而均匀地分配给内浇道外，还有捕集由浇包经直浇道流入的渣滓的作用。

横浇道的挡渣原理：在横浇道呈充满状态(挡渣的必要条件)下，渣团浮至横浇道顶部且距内浇道有一定垂直距离时，渣团便会附着在横浇道顶部而不进入型腔。

为加强横浇道的挡渣效果，常采取图 3.46 所示的几种有效措施。图 3.46(a)所示为缓

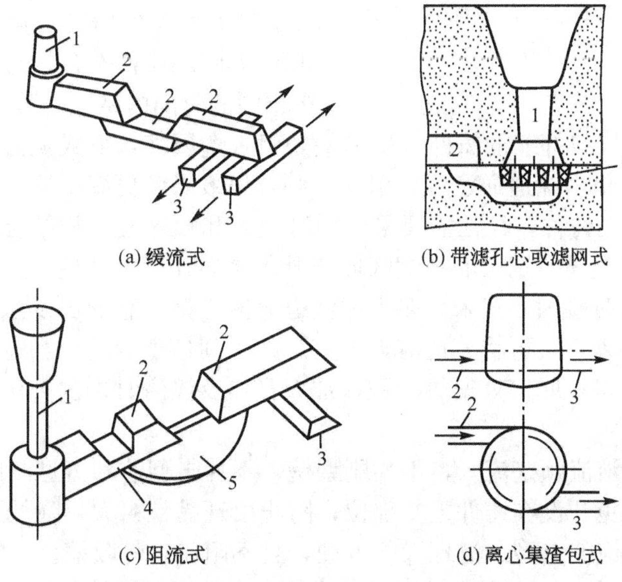

图 3.46　几种常见的强化横浇道挡渣的措施

1—直浇道；2—横浇道；3—内浇道；4—水平缝隙阻流段；

5—垂直缝隙阻流片；6—大孔滤网砂芯

流式，横浇道拐弯增加了局部阻力，降低了液流速度，利于杂质上浮。图 3.46(b)所示为带滤孔芯或滤网式，靠孔眼阻力及下部断面的扩大来骤减液流速度，滤网芯作用主要在于此而非“过滤”，这时，网孔上小下大，滤网下部依然充满。以过滤金属为目的的过滤网具有更小的孔眼。图 3.46(c)所示为阻流式，在横浇道中底部分别设置一水平缝隙阻流段和一垂直狭小截面的阻流片。液流先通过阻流后又突然扩大，流量不变，流速减小，有利于杂质上浮。图 3.46(d)所示为离心集渣包式，金属液从底部沿切线方向进入集渣包，在离心力作用下，杂质向中心集中并浮于液面。但需注意，集渣包出口(连接型腔)截面应比进口截面小。离心式集渣包还可起冒口作用，需要按冒口规范设计。

4. 内浇道

1) 内浇道的作用

内浇道的作用在于控制金属液的充型速度和流动方向，分配金属液，调节铸件各部位的温度分布和凝固顺序，在某种情况下还有一定的补缩作用。

同一横浇道上有多个等截面的内浇道时，各内浇道流量不等。一般情况下，远离直浇道的内浇道流量最大，且先进入液流；近直浇道流量小，且后进入液流，如图 3.47 所示。

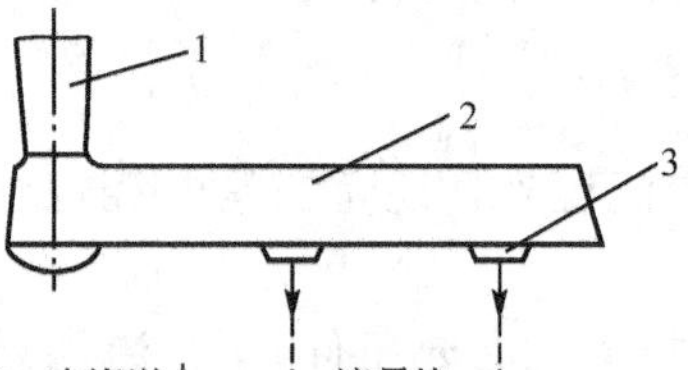

直浇道：横浇道：内浇道	流量比	
1 ： 2 ： 4	34%	66%
1 ： 2 ： 2	44%	56%

图 3.47　内浇道流量的分配

1—直浇道；2—横浇道；
3—内浇道

为了使各内浇道流量比较均匀，可采用如下方法：每流经一个内浇道，使横浇道截面积相应减小约一个内浇道的截面积。

2) 内浇道在铸件上开设位置的选择

内浇道在铸件上开设位置的选择遵循如下原则：

(1) 对壁厚均匀的铸件，应采用同时凝固方式，可选用多个内浇道分散引入金属液。对壁厚不均匀的铸件，可从薄壁处引入，这样可以平衡铸型各部分的温差，使铸件大体在相同的时间内结晶、凝固和冷却。

(2) 对需要采用冒口补缩的铸件，从厚壁处引入金属液，形成从薄壁至厚壁，最后到冒口的凝固顺序。如果内浇道通过冒口引入，则补缩效果就更好了。

(3) 对结构复杂的铸件，往往需要采用同时凝固和顺序凝固相结合的原则来开设内浇道位置。其中，对于壁厚差别大的补缩区域按顺序凝固开设内浇道，从厚处引入，但对于整个铸件，则需按同时凝固方式采用多个内浇道分散充型。总的出发点，既要使铸件上各厚大部位得到充分补缩，又可将铸造应力与变形减小到最小程度。当铸件壁厚相差悬殊又必须从薄处引入时，可在厚壁处安放冷铁，加大冒口及浇注时再次补浇冒口等，以保证厚壁处的补缩。

(4) 内浇道应使液流顺壁流入，不冲刷型壁，不冲击型芯和铸型凸出部分。

(5) 内浇道应避免开设在铸件重要部位，防止出现晶粒粗大，降低耐磨性等。

(6) 内浇道位置应使造型、清理操作方便，且不阻碍铸件收缩。

内浇道的断面形状一般为扁平梯形。高梯形内浇道用于沿铸件垂直壁充型。月牙形和三角形内浇道能迅速凝固，易于清理。

3.3.3 浇注系统的设计与计算

1. 奥赞(Osann)公式

浇注系统计算主要指其阻流截面积的计算。阻流组元一般为内浇道，但有时也应用直浇道甚至横浇道中的局部狭窄地段。应用水力学的伯努利方程可以推导出计算阻流截面积的水力学公式，该公式基于图 3.48 所示以内浇道为阻流的浇注系统计算原理图。

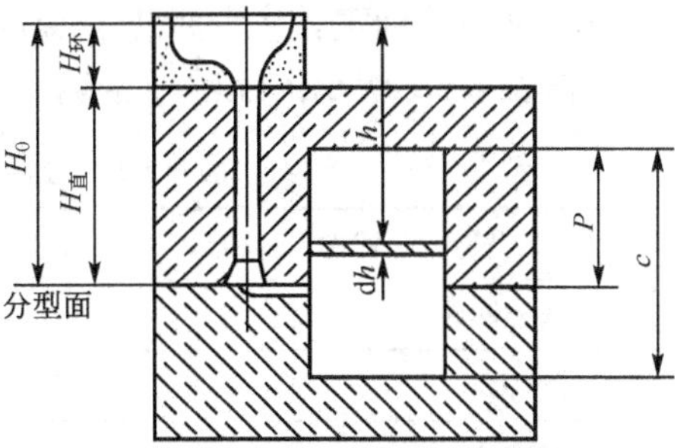

图 3.48 浇注系统计算原理图

所推导的公式如下：

$$A_{阻}=\frac{m}{\rho\tau\mu\sqrt{2gH_p}} \tag{3-2}$$

式中，$A_{阻}$——浇注系统阻流（最小）截面积(mm^2)；

m——流经阻流的金属总质量(kg)；

ρ——金属液密度(g/mm^3)；

τ——充填型腔的总时间，也称浇注时间(s)；

μ——充填全部型腔时，浇注系统阻流截面的流量系数；

g——重力加速度；

H_p——充填型腔时的平均静压头(mm)。

式(3-2)即为著名的 Osann 公式。下面就公式中平均静压头 H_p、浇注时间 τ、流量系数 μ 的计算与确定给以分别说明。

1) 平均静压头 H_p 的计算

$$H_p=H_0-p^2/2c \tag{3-3}$$

式中，H_0——阻流截面以上的金属液静压头；

p——阻流截面“重心”以上的型腔高度，可近似取分型面以上型腔高度。

c——铸件总高度。

根据式(3-3)，对于底注式：$p=c$，故 $H_p=H_0-c/2$；顶注式：$p=0$，故 $H_p=H_0$

2) 浇注时间和型内液面上升速度的核算

依铸件结构复杂程度、合金性质和铸型类别等因素确定浇注时间长短，即快浇、慢浇或正常浇注。

快浇的优点：金属的温度和流动性降低幅度小，易充满型腔。减小皮下气孔倾向。充型期间对砂型上表面的热作用时间短，减少夹砂结疤类缺陷。对灰铸铁、球墨铸铁件，快浇可以充分利用共晶膨胀消除缩孔缩松缺陷。快浇的缺点：对型壁有较大的冲击作用，容易造成胀砂、冲砂、抬箱等缺陷。浇注系统的质量稍大，工艺出品率略低。

快浇法适用于薄壁的复杂铸件，铸型上半部分有薄壁的铸件，具有大平面的铸件，铸件表皮易生成氧化膜的合金铸件，采用底注式浇注系统而铸件顶部又有冒口的条件下和各种中大型灰铸铁件、球墨铸铁件。

慢浇的优点：金属对型壁的冲刷作用轻，可防止胀砂、抬箱、冲砂等缺陷，有利于型内、芯内气体的排除。对体收缩大的合金，当采用顶注法或内浇道通过冒口时，慢浇可减小冒口。浇注系统消耗金属少。慢浇的缺点：金属液对型腔上表面烘烤时间长，易产生夹砂结疤和粘砂类缺陷。如液面上升太慢，可能形成氧化膜或结壳。金属液温度和流动性降低幅度大，易出现冷隔、浇不到及铸件表皮皱纹。慢浇还常降低造型流水线的生产率。

慢浇法适用于有高的砂胎或吊砂的湿型；型内砂芯多，砂芯大而芯头小或砂芯排气条件差的情况下；采用顶注法的体收缩大的合金铸件。

浇注时间的确定，主要根据合金性质由生产经验选择。例如，对于普通灰铸铁、铸钢件，推荐表 3-1 所示的经验数据确定浇注时间。

表 3-1　普通灰铸铁件、铸钢件的浇注时间

铸件质量/kg		浇注时间 τ/s	
灰铸铁件	铸钢件	灰铸铁件	铸钢件
<250	—	4～6	—
251～500	—	5～8	—
501～1000	501～1000	6～20	12～20
1001～3000	1001～3000	10～30	20～50
>3000	3001～5000	20～60	50～80(40)
—	5001～10000	—	(40～80)
—	>10000	—	(80～150)

注：1. 盛钢桶孔直径 ϕ40～ϕ65mm。
　　2. 括号(　)内数据为 2 个桶孔的浇注时间。

由经验数据或图表确定的浇注时间没有考虑铸件的具体条件和工艺因素，因此，在确定浇注时间之后，还应核算金属液在型腔中的液面上升速度，主要核算铸件最大横截面处的型内金属液上升速度：

$$V_{上升}=C/\tau \tag{3-4}$$

式中，$V_{上升}$——型腔中液面的上升速度(mm/s)；

C——铸件最大横截面在已定浇注位置上的高度(mm)；

τ——浇注时间(或浇注某段铸件时间)(s)。

表 3-2 给出了铸铁件液面最小上升速度。如计算结果与表 3-2 所示比较显示液面上升太慢，则应缩短浇注时间或改变浇注位置。

表 3-2　型内铸铁液最小上升速度

铸件壁厚 δ/mm	$V_{型\min}$/mm·s^{-1}	铸件壁厚 δ/mm	$V_{型\min}$/mm·s^{-1}
>40，水平浇注大平板	8～10	4～10	20～30
>40，上箱有大平面	20～30	1.5～4	30～100
10～40	10～20	—	—

3）流量系数 μ 的确定

浇注系统计算中的流量系数，指的是阻流截面的流量系数。如果阻流不设在内浇道，则内浇道的流量系数小于浇注系统的流量系数。流量系数的确定可查阅相关图表。

2. 铸铁件浇注系统设计与计算

通常在确定铸造方案的基础上设计浇注系统，大致步骤如下：

(1) 选择浇注系统类型；

(2) 确定内浇道在铸件上的位置、数目和金属液引入方向；

(3) 决定直浇道的位置和高度。

实践证明，直浇道过低会使充型及液态补缩压力不足，易出现铸件棱角和轮廓不清晰、浇不到、上表面缩凹等缺陷。

一般来说，直浇道高度取决于上砂箱高度，但应检验该高度是否足够。检验的方法是直浇道的剩余压力角应大于表 3-3 中数值，或剩余压力头应满足与压力角的如下关系，即

$$H_{min}>L\times\tan\alpha \tag{3-5}$$

式中，H_{min}——最小剩余压头；

L——直浇道中心到铸件最高且最远点的水平投影距离；

α——压力角，大小参照表 3-3 选定。

直浇道的位置应设在横、内浇道的对称中心点上，使金属液流程最短，流量分布均匀。直浇道与第一个内浇道之间应保持足够的距离，利于熔渣上浮及防止热量过于集中等问题。

(4) 计算浇注时间并核算金属上升速度。

(5) 计算阻流截面积 $S_{阻}$。用 Osann 公式计算/$S_{阻}$ 时，如果遇到铸件质量很大，特别是手工造型时，在计算铸件质量 m 时，应考虑各种原因引起的增重，包括：起模时的型腔扩大量，合箱偏差及浇注时的胀砂等，铸型及砂芯干燥过程中的尺寸变化等。增重一般可定在 3%～7%。

(6) 确定浇口比并计算各组元截面积。浇注系统中主要组元的截面积比例关系——$\sum S_{直}:\sum S_{横}:\sum S_{阻}$ 称为浇口比，以阻流面积为尺度(作为 1)。可查阅相关经验数据表选择和确定浇口比。

(7) 绘出浇注系统图形。

铸钢件及非铁合金件的浇注系统则要依据其合金特点，在铸铁件浇注系统设计基础上做适当调整。

3.4 冒口设计

3.4.1 冒口的作用、种类和位置

在铸造生产中，普遍采用设置冒口、冷铁和铸肋等工艺措施，能有效地控制铸件的凝固过程，补充铸件的收缩，防止铸件产生缩孔、缩松、裂纹和变形等铸件缺陷。

表 3-3　压力角的最小值 α

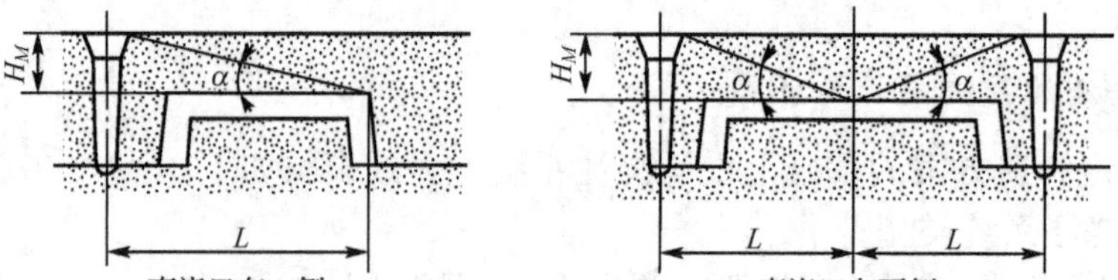

直浇口在一侧　　直浇口在两侧

L/mm	铸件壁厚 δ/mm							使用范围
	3～5	5～8	8～15	15～20	20～25	25～35	35～45	
	压力解 α/(°)							
4000	根据具体情况确定	6～7	5～6	5～6	5～6	4～5	4～5	用两个或更多的直浇道浇注
3500		6～7	5～6	5～6	5～6	4～5	4～5	
3000		6～7	6～7	5～6	5～6	4～5	4～5	
2800		7～8	6～7	6～7	6～7	5～6	4～5	
2600		7～8	6～7	6～7	6～7	5～6	4～5	
2400		8～9	6～7	6～7	6～7	5～6	5～6	
2200		8～9	7～8	6～7	6～7	5～6	5～6	
2000		8～9	7～8	6～7	6～7	5～6	6～7	用一个直浇道浇注
1800		8～9	7～8	7～8	7～8	6～7	6～7	
1600		8～9	7～8	7～8	7～8	6～7	6～7	
1400		8～9	8～9	7～8	7～8	6～7	6～7	
1200	10～11	9～10	8～9	7～8	7～8	6～7	6～7	
1000	11～12	9～10	9～10	7～8	7～8	6～7	6～7	
800	12～13	9～10	9～10	8～9	7～8	7～8	6～7	
600	13～14	9～10	9～10	9～10	8～9	7～8	6～7	

1. 冒口的作用

冒口(riser)是在铸型内储存并提供用于补缩铸件的熔融金属的空腔，也指该空腔中被充填的金属。其主要作用是提供铸件成形过程中由于体积变化而需要补偿的金属液，防止铸件出现收缩类缺陷。这些需要补偿的体积变化可能有：①铸型的胀大；②金属的液态收缩；③金属的凝固收缩。补偿这些体积变化所需的金属液量随着铸型和金属的种类不同而异。此外，冒口还有排气及汇集浮渣的作用。铸件成形后，冒口部分将从铸件上除去。因此，在保证铸件质量要求的前提下，冒口应尽可能小，以节约金属，提高工艺出品率。

要达到铸件补缩的目的，冒口必须满足以下基本条件：

(1) 冒口凝固时间应大于或等于铸件(或铸件被补缩部分)的凝固时间，或者根据合金及铸件特点和对补缩的要求在适当时候凝固。

(2) 有足够的金属液补充铸件的液态收缩和凝固收缩，以及浇注后型腔扩大的体积。

(3) 在凝固期间，冒口和被补缩部位之间存在补缩通道，扩张角向着冒口

冒口设计的内容主要有：选择冒口的种类、形状及安放位置，确定冒口的数量，计算

冒口的尺寸，校核冒口的补缩能力等。

2. 冒口的种类和形状

1）冒口的种类

按冒口在铸件上的位置可分为顶冒口和侧冒口两类；按冒口顶部是否被型砂所覆盖又可分为明冒口和暗冒口。侧冒口多做成暗冒口形式。冒口的详细分类如下：

- 冒口
  - 通用冒口(传统)
    - 普通冒口
      - 依位置分
        - 顶冒口
        - 侧冒口
      - 依顶部覆盖分
        - 明冒口
        - 暗冒口
    - 特种冒口
      - 依加压方式分
        - 大气压力冒口
        - 压缩空气冒口
        - 发气压力冒口
      - 依加热方式分
        - 保温冒口
        - 发热冒口
        - 加氧冒口
        - 电弧或煤气加热冒口
      - 易割冒口
  - 铸铁件的实用冒口(均衡凝固)
    - 直接实用冒口(浇注系统做冒口)
    - 控制压力冒口
    - 无冒口补缩

2）冒口的形状

冒口形状有圆柱形、球顶圆柱形、腰（长)圆柱形、球形及扁球形等多种。图 3.49 所示为常用的五种冒口形状。

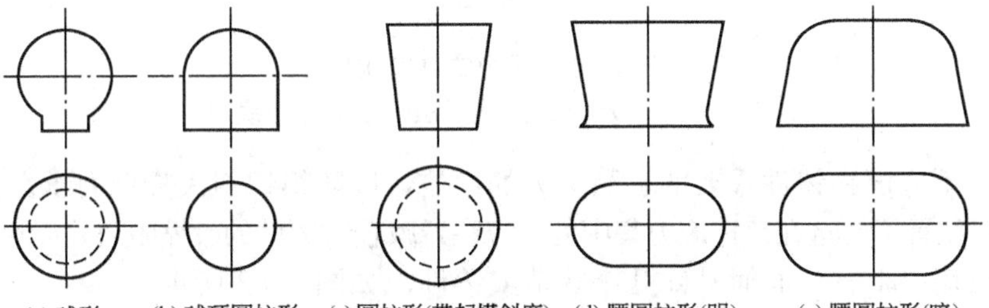

(a) 球形　(b) 球顶圆柱形　(c) 圆柱形(带起模斜度)　(d) 腰圆柱形(明)　(e) 腰圆柱形(暗)

图 3.49 常用的冒口形状

图 3.50 所示为钢铁铸件常用的冒口类型。顶冒口如图 3.50 中 1、2 所示，一般位于铸件最厚部位的顶部。这样可利用金属液的重力进行补缩，提高冒口的补缩效果，并有利于排气和浮渣。

3. 冒口的位置

冒口位置如果安放不当，就不能有效地消除铸件的缩孔和缩松，有时还会引起裂纹等铸造缺陷。确定铸件浇注位置时，要同时考虑冒口的位置。确定冒口位置应遵循下列原则：

(1) 冒口应就近设在铸件热节(hot spot)的上方或侧旁。

(2) 冒口应尽量设在铸件最高、最厚的部位。对低处的热节增设补贴或使用冷铁(图 3.51)，造成补缩的有利条件。

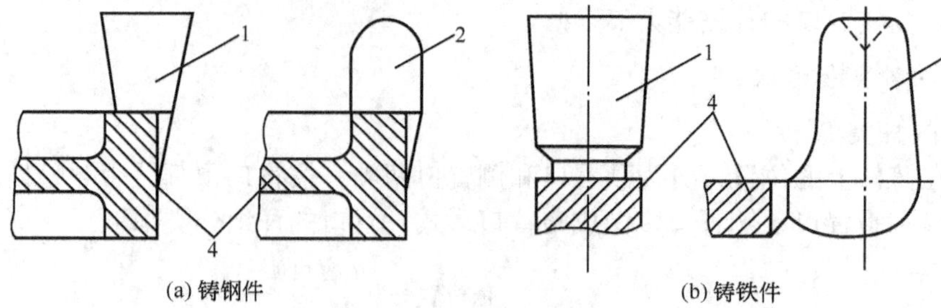

图 3.50　常用的冒口类型

1—明顶冒口；2—暗顶冒口；3—暗侧冒口；4—铸件

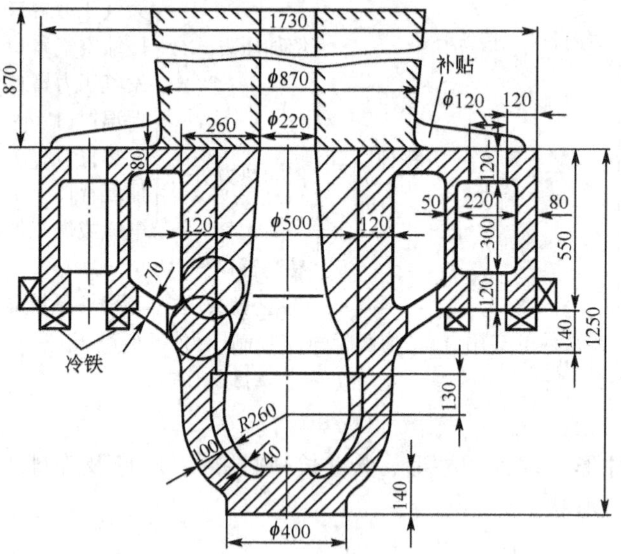

图 3.51　压力缸体铸钢件

（缸底厚 140mm 处用滚圆法导出至冒口底）

（3）冒口不应设在铸件重要的、受力大的部位，以防组织粗大降低力学性能。

（4）冒口位置不要选在铸造应力集中处，应注意减轻对铸件的收缩阻碍，以免引起裂纹。

（5）尽量用一个冒口同时补缩几个热节或铸件，如图 3.52 所示。

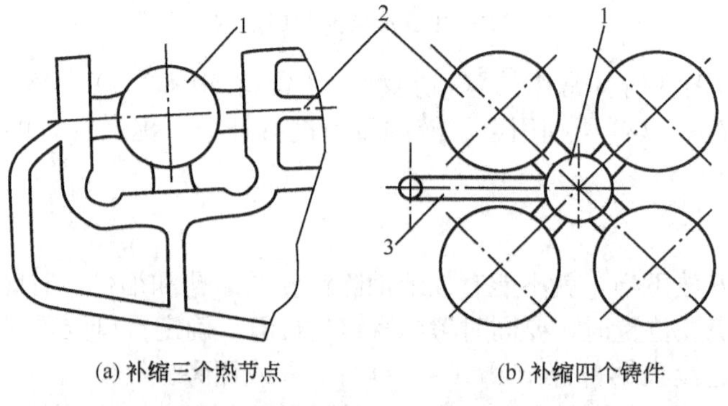

图 3.52　一个冒口补缩几个热节或几个铸件

1—冒口；2—铸件；3—浇道

(6) 冒口布置在加工面上，可节约铸件精整工时，零件外观质量好。

(7) 不同高度上的多个冒口，应用冷铁使各个冒口的补缩范围隔开，如图 3.53 所示。

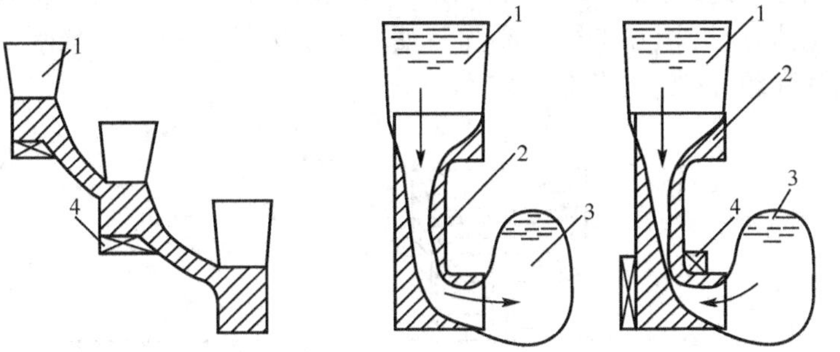

图 3.53　不等高冒口的隔离

1—明顶冒口；2—铸件；3—暗边冒口；4—外冷铁

3.4.2　冒口的补缩原理

1. 冒口有效补缩距离的概念

为了防止缩孔或缩松，冒口必须保证铸件实现顺序凝固，使铸件在凝固过程中始终存在有“补缩通道”，这样冒口中的金属液才能不断地被补送给铸件。图 3.54 所示为铸钢齿轮，轮缘厚度为 T，轮缘和辐板交接处热节直径为 d_y。$d_y > T$，因而 T 处较 d_y 处先凝固，堵塞了液体的补缩通道。当 d_y 处中心还处在液态或凝固收缩阶段时，冒口中的钢液就无法补充到 d_y 中心处，结果该处出现缩孔，如图 3.54(b) 所示。

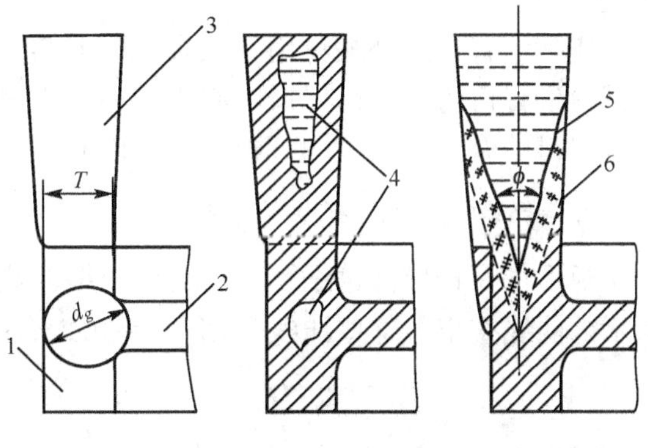

图 3.54　铸钢齿乾轮缘处形成缩孔示意图

1—轮缘；2—辐板；3—冒口；
4—缩孔；5—等液相线（面）；6—等固相线

可见，补缩效果不仅决定于冒口大小，还决定于铸件凝固时补缩通道是否畅通。图 3.54(c)所示为轮缘上部加厚(补贴)，造成上下温差，使凝固区域由下向上逐渐移动，因凝固是从壁的两侧同时进行，故液相线等温面 5 之间会形成夹角 ϕ(称为补缩通道扩张角)。在夹角 ϕ 范围内的金属都处于液态，且始终和冒口及凝固区域相通，形成补缩通道。补缩通道决定着凝固方向，它与铸件的纵向温差(远离冒口处到冒口之间的温差)、铸件截面内外温差和合金凝固区域的宽窄有关。

图 3.55 所示为平板铸件，板厚为 T，中间设置一个冒口，铸件末端比铸件中部多一个冷却端面，形成一定的温度梯度，所以，末端部分晶体生长较平板的中间部分快，凝固前沿呈楔形，补缩通道扩张角 ϕ 向着冒口扩大，末端区 l_3 是致密的无缩孔、无缩松区。靠近冒口部分，由于冒口中金属液的热量集中而造成温差，使结晶速度较平板的中心部分

慢，凝固前沿也呈楔形，因此 l_1 区也是致密的，l_1 区称为冒口作用区(也称冒口区)。如果末端区 l_3 与冒口区 l_1 是相连通的，便可获得致密铸件(图 3.55 左半部分)。当有一个邻接末端区 l_3 与冒口区 l_1 的中间区域 l_2 时，在 l_2 区域内冒口对其加热作用和末端的激冷作用都得不到，上下凝固前沿相互平行。凝固后期，由于树枝晶的生长隔断了补缩通道，这里就会产生轴线缩松(图 3.55 右半部分)。

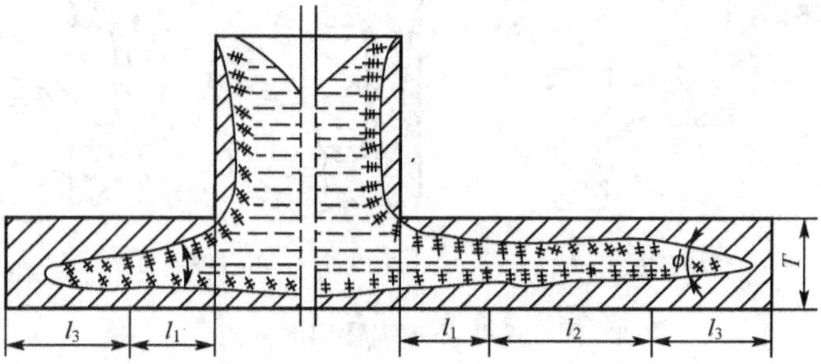

图 3.55　平板铸件的缩松区

由此可见，一个冒口只能在铸件壁的某一段长度(或高度)范围内有补缩效果。这个长度(或高度)就是冒口作用区与末端作用区之和，称为冒口的有效补缩距离。用 L 表示冒口有效补缩距离，即 L=冒口区+末端区。如果铸件被补缩部分的长度超过这个距离，就会产生缩孔或缩松；反之被补缩长度若小于或等于这个距离，铸件则是致密的。

实际上冒口的补缩作用不只存在于长度(或高度)方向存在，而是存在于周围各方向。以圆柱形冒口为例，以冒口中心为圆心，用冒口半径加上有效补缩距离为半径作圆，圆内就是冒口的有效补缩范围。根据冒口的有效补缩范围，能够确定冒口的数量。

2. 铸钢件冒口的有效补缩距离

板形件及杆形件铸钢冒口的有效补缩距离如图 3.56 所示。更精确的数据可从图 3.57 所示的曲线查出。这些曲线是用 W_C=0.2%～0.3%的碳钢铸件试验取得的。

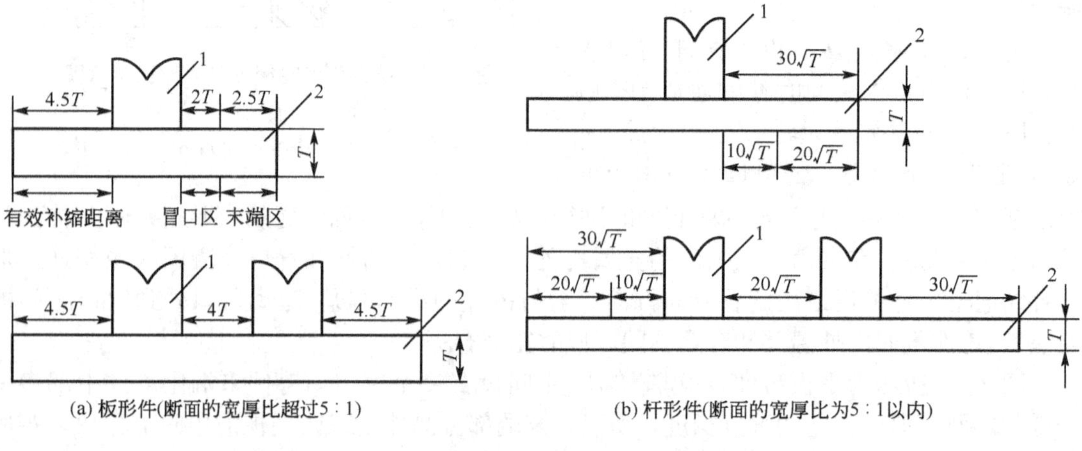

图 3.56　板形件及杆形件铸钢冒口的有效补缩距离

1—冒口；2—铸件

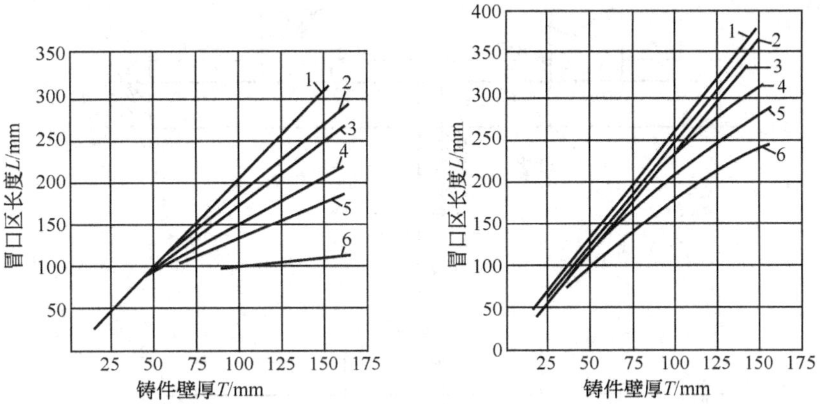

(a) 冒口区长度与壁厚的关系　　(b) 末端区长度与壁厚的关系

图 3.57　铸钢冒口有效补缩距离试验曲线

1—5∶1(铸件断面的宽厚比，余同)；2—4∶1；3—3∶1；4—2∶1；5—1.5∶1；6—1∶1

试验结果表明：

板形铸钢件为

$$L=4.5T \tag{3-6}$$

杆形铸钢件为

$$L=30\sqrt{T} \tag{3-7}$$

冒口区长度和末端区长度都随着铸件厚度增大而增加，且随断面宽厚比的减小而减小。这说明薄壁件比厚壁件更难于消除轴线缩松，而杆件比板件补缩难度大。

有些铸件由各种厚度不同的板状小单元组合而成，构成阶梯形板件。试验得出这种铸件的冒口有效补缩距离和厚度的关系，如图 3.58 所示。由此看出，阶梯形铸件延长了冒口的有效补缩距离。

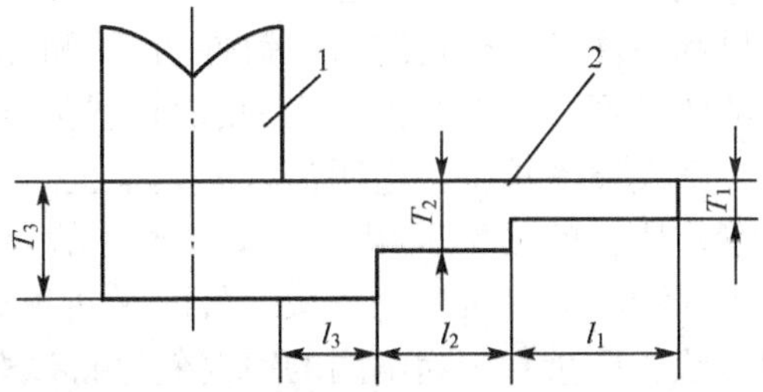

$l_1=3.5T_2$　$l_2=3.5T_3-T_1$　$l_3=3.5T_3-T_1+110\text{mm}$

图 3.58　阶梯形铸钢件冒口的有效补缩距离

1—冒口；2—铸件

3. 冷铁的影响

冷铁是为增加铸件局部冷却速度，在型腔内部或工作表面安放的金属块。它具有导热快、蓄热量大的特点，对金属液具有激冷作用。试验证明，在两个冒口之间安放冷铁，相当于在铸件中间增加了激冷端，使冷铁两端向着两个冒口方向的温度梯度扩大，形成两个冷铁末端区，显著地增大了冒口的有效补缩距离，如图 3.59 所示。当把冷铁置于板件或杆件末端时，会使铸件末端区长度略有增加。

3.4.3　铸钢件冒口设计与计算

铸钢件冒口属于通用冒口，其计算原理适用于实行顺序凝固的一切合金铸件。通用冒口的计算方法很多，有模数法、比例法、补缩液量法和铸件冒口 CAD 法等。其中模数法

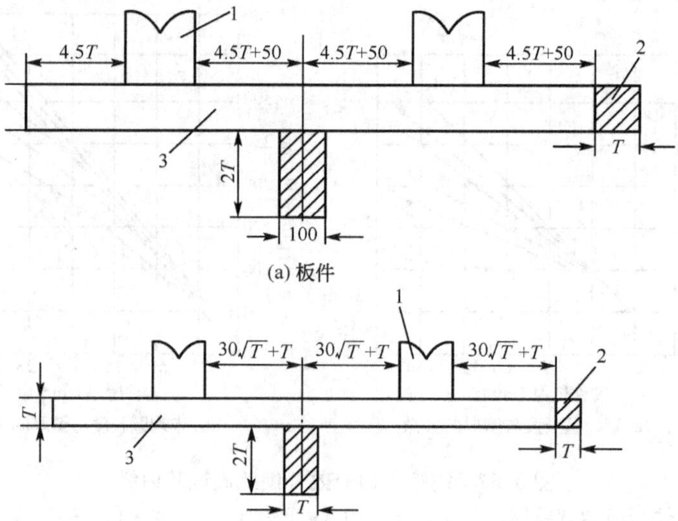

(a) 板件

(b) 杆件

图 3.59　冷铁对冒口有效补缩距离的影响

1—冒口；2—冷铁；3—铸件

比较科学，在衡量凝固时间方面，比比例法和补缩液量法准确，但复杂铸件的模数计算较繁琐。当使用计算机辅助设计后，这方面也逐步简化。下面主要介绍模数法。

冷凝物体的模数就是它的体积 V 和散热面积 A 的比，即 $M=V/A$。在铸件材质、铸型性质和浇注条件确定之后，铸件的凝固时间主要决定于铸件的结构形状和尺寸。而千差万别的铸件形体，对凝固时间的影响主要表现在铸件的体积和表面积的关系上。铸件体积越大，则金属液越多，它所包含的热量也越多，凝固时间就长。铸件体积相等，液体金属的质量及所含的热量就相等，如果铸件的结构不一样，则散热表面积就不可能相等。显然，表面积越大，散热就越快，凝固时间越短；反之，表面积越小，凝固时间就越长。用各种形状、质量和用途不同的铸钢件进行试验发现，不管铸件形状如何，只要它们的模数相等，其凝固时间就相等或相近。

1. 模数法基本原理

模数法的基本原理是冒口应比铸件受补缩的部分晚凝固，以冒口中的金属液补缩铸件，使铸件致密。因此，模数法遵守顺序凝固的基本条件。

首先，冒口的凝固时间 τ_r 应大于或等于铸件被补缩部位的凝固时间 τ_c。运用 Chvorinov 公式(平方根定律)有 $\tau_r=(M_r/K_r)^2$ 和 $\tau_c=(M_c/K_c)^2$，于是得：

$$\left(\frac{M_r}{K_r}\right)\geqslant\left(\frac{M_c}{K_c}\right)^2 \tag{3-8}$$

式中，M_r、M_c——分别为冒口模数和被冒口补缩部位的铸件模数；

K_r、K_c——冒口、铸件的凝固系数。

对于普通冒口，$K_r=K_c$，因而上式可写成

$$M_r=fM_c \tag{3-9}$$

式中，f——冒口安全系数，$f\geqslant 1$。

在冒口金属补给铸件的过程中，冒口中的金属逐渐减少，顶面形成缩孔并使散热面积增大(A增大)，因而冒口模数不断减小；铸件模数由于得到炽热的金属液的补充(V增大)，模数相对有所增大。根据试验，冒口模数相对减小值约为原始模数的17%。一般取安全系数$f=1.2$。安全系数过大，将使冒口尺寸增大，浪费金属，加重铸件热裂和偏析倾向。

对于碳钢、低合金钢铸件，其铸件和冒口颈、冒口的模数关系应符合下列关系：

侧冒口：

$$M_c : M_n : M_r = 1 : 1.1 : 1.2 \tag{3-10}$$

内浇道通过冒口：

$$M_c : M_n : M_r = 1 : (1 \sim 1.03) : 1.2 \tag{3-11}$$

顶冒口：

$$M_r = (1 \sim 1.2) M_c \tag{3-12}$$

式中，M_n——冒口颈的模数。

其次，冒口必须能提供足够的金属液，以补偿铸件和冒口在凝固完毕前的体收缩和因型壁移动而扩大的容积，使缩孔不致伸入铸件内。为满足此条件应有

$$\varepsilon(V_c + V_r) + V_e \leqslant V_r \eta \tag{3-13}$$

式中，V_c、V_r、V_e——分别为铸件体积、冒口体积和因型壁移动而扩大的体积；

ε——金属从浇完到凝固完毕的体收缩率(%)；

η——冒口的补缩效率，η=(补缩体积/冒口体积)×100%。

ε、η值对冒口体积的影响如图3.60所示。

通常根据式(3-12)确定冒口尺寸，用式(3-13)校核冒口的补缩能力。此外，为保证冒口和被补缩部位之间存在补缩通道，扩张角应向冒口敞开。利用补贴和冷铁常可实现此目的。

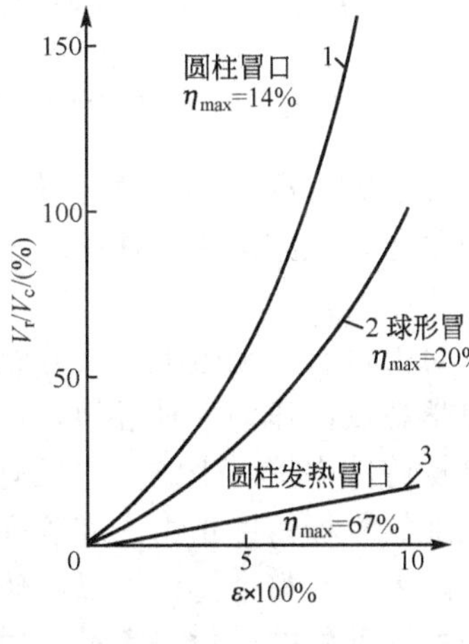

图3.60 ε、η值对冒口体积的影响
[$V_r = V_c\varepsilon/(\eta - \varepsilon)$]

2. 铸件形状系数的影响

以Chvorinov公式为基础的模数法忽略了铸件形状对凝固时间的影响。而实际上，在其他条件(模数、合金、铸型等)相同时，球体件凝固时间最长，圆柱体次之，平板件最短。铸件凸形表面的凝固层增长速度高于平面和凹形表面。说明铸件形状对其凝固和补缩有影响。

铸件形状系数(shape coefficent)q又名周界商，定义为铸件体积V_c与其模数M_c^3之比值，即

$$q = V_c / M_c^3 \tag{3-14}$$

q值使铸件形状数量化，q值的大小表明了铸件形状的特征-形状越接近于简单的实心球体，q值越小；反之，铸件形状越接近展开的大平板，q值越大。实心球体件q值最小，这时$q_{min}=113$。而大平板件q值非常大。生产中铸件的q值多在113～5000。在其他条件相同时，q值大则冒口补缩效率高。表3-4所列为保温冒口补缩效率η和铸件形状系数q的关系。在设计和校核冒口时，q值大的铸件应选取冒口补缩效率的上限值，反之则取下限值。

表 3-4　保温冒口补缩效率 η 与铸件形状系数 q 的关系

铸件形状系数 q	<200	250	300	400	500～1000	>1000
冒口补缩效率 η/(%)	25	30	33	35	40	45

3. 冒口的设计步骤

冒口的设计步骤如下：

(1) 把铸件划分为几个补缩区，计算各区的铸件模数 M_c；

(2) 计算冒口及冒口颈的模数；

(3) 确定冒口形状和尺寸(应尽量采用标准系列的冒口尺寸)；

(4) 检查顺序凝固条件，如补缩距离是否足够，补缩通道是否畅通；

(5) 校核冒口补缩能力。

4. 铸件模数的计算

任何复杂的铸件，均可看成是由许多简单的几何体(板、杆、圆柱体等)组合而成。只要掌握一些简单几体体、组合体的模数计算公式，就不必用烦琐的公式去计算铸件的体积和表面积。

1) 简单几何体的模数计算

简单几何体的模数计算相对容易。例如，正立方体的三个尺寸为 a、b、c，则 $M=abc/[2(ab+bc+ca)]$。对圆柱体［图 3.61(a)］，设其直径为 D，高为 H，则 $M=\frac{\pi}{4}D^2H\Big/\left(2\times\frac{\pi}{4}D^2+\pi DH\right)=DH/(2D+4H)$。若该圆柱体的尺寸等于立方体的内切圆柱体的尺寸，并以 D、D 及 H 分别代替立方体模数计算式中的 a、b 及 c，就会得出相同的模数值。这说明尽管立方体比圆柱体多了一些尖角体积，但相应地增加了散热面积，边角的散热效应是明显的。

对于具有“无限大”尺寸物体的模数计算。实际中当然不存在无限大尺寸物体，但从传热学观点，作为一种近似，可以设想它的存在。如图 3.61(b)所示，边长为 T 的小立方体是从铸件中挖出来的，它只有上下两个散热面，其模数为 $M=T/2$。可以设想边角影响区以外的平板铸件是由许多这样的小立方块组成的。铸件越大，这样的部分越大。到铸件为无限大时，整个铸件可以看作是由 $M=T/2$ 这样的小块组成的。所以在实际中常以无限大为边界条件的模数来表示无边角影响的铸件的模数。用类似的方法可以得出图 3.61(c)所示的长杆件的模数为 $M=ab/2(a+b)$。将图 3.61(d)所示的轮圈看作是首尾相接的杆件，则其模数也为 $M=ab/2(a+b)$。

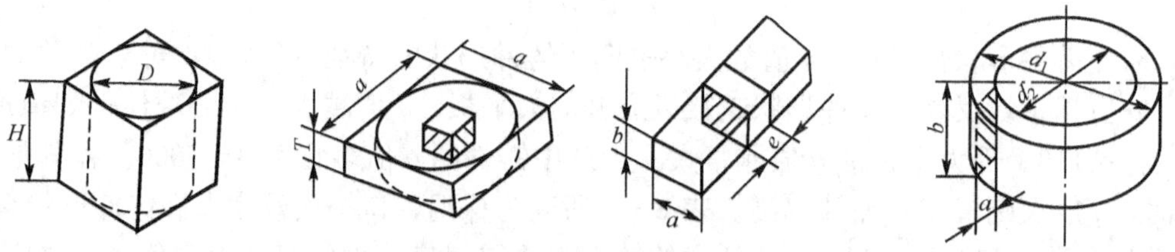

图 3.61　简单几何体的模数计算

2）热节点模数计算——热节圆当量板(或杆)法

把热节部位视为以热节圆直径为厚度的板或杆件，见表3-5。

表3-5 热节点模数的计算

序号	特点	简图	模数计算式
1	板件相交	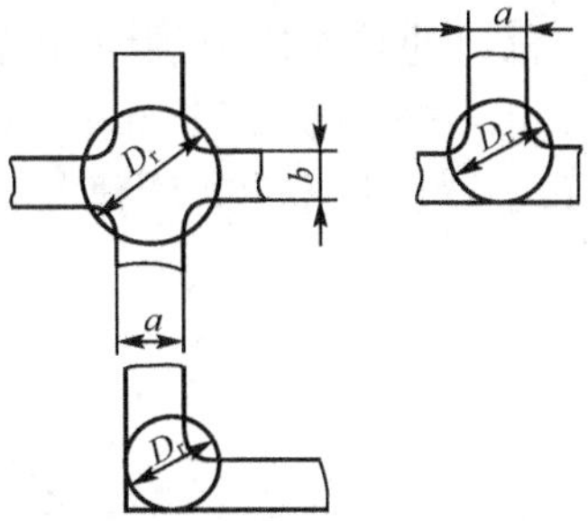	用1∶1比例绘出相交节点处的图形。板壁相交处圆角半径取壁厚的1/3即已足够，$r=a/3$或$r=b/3$。考虑砂尖角对凝固时间的影响时，作图时让热节圆的圆周线通过r的中心，量出热节圆之半径R $M=R=\frac{D_r}{2}$
2	杆件相交	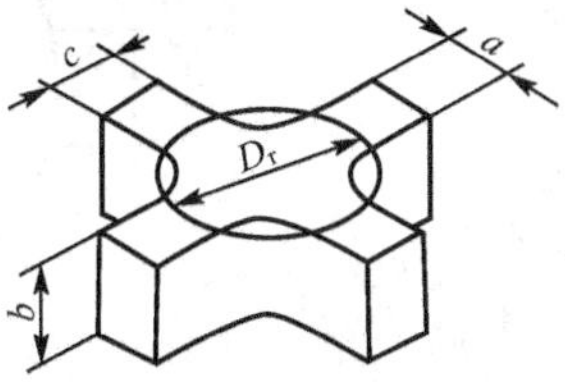	用上述方法求出热节圆直径D_r，把热节处视为厚度为D_r的杆件 $M=\frac{D_r b}{2(D_r+b)}$
3	管与法兰相交	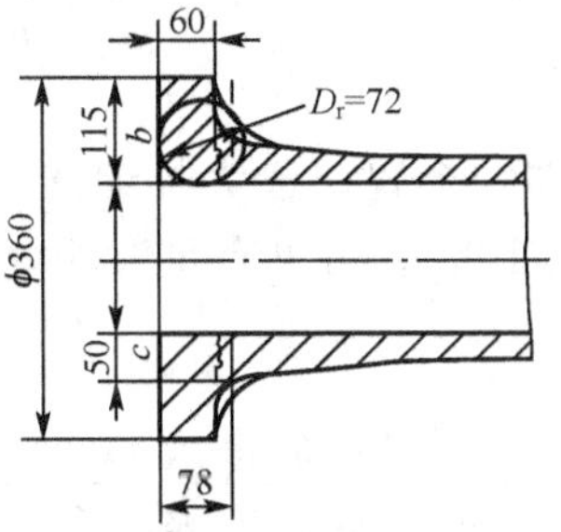	用上法作图，求出热节圆直径D_r，把法兰视为厚度为D_r的角形杆，再用扣除非散热面法计算热节模数 $M=\frac{D_r b}{2(D_r+b)-c}$

5. 冒口设计举例

图3.62所示为铸钢件，材质为ZG310—570，上下法兰均需补缩。已知铸件质量为710kg，试求冒口各部分尺寸。

(1) 求铸件模数M_c。考虑上、下法兰各放两个对称冒口，每个冒口的补缩区域是半个法兰，其模数根据表4-8中管与法兰相交的公式$M=\frac{D_r b}{2(D_r+b)-c}$计算。如图3.62所示，$b=20$cm，非冷却面$c=8$cm，取$D_r=a=10$cm，算出

$$M_c=\frac{10\times 20}{2\times(10+20)-8}\text{cm}=3.84\text{cm}$$

(2) 求M_r及M_n。冒口模数$M_r=1.2M_c=1.2\times 3.84cm=4.6$cm。底部法兰采用浇口通过的暗侧冒口，冒口颈模数$M_n=1.03M_c=1.03\times 3.84cm\approx 4$cm。

(3) 确定体收缩率。已知该铸件材质为ZG310—570，查相关图表取$\varepsilon=5\%$。

(4) 确定冒口的形状和尺寸。顶部明冒口取$M_r=4.5$cm的腰圆柱形冒口，其根部宽、长分别是$a=170$mm、$b=380$mm，单个冒口质量为129kg。当钢液的体收缩率为5%时，

每个冒口的最大补缩能力为 280kg。

底部暗冒口取 M_r=4.5cm 的圆形暗冒口，根部直径 ϕ=120mm，高 H=360mm，冒口颈宽 D=240mm，颈高 b=127mm，每个冒口最大补缩能力为 195kg。

(5) 校核冒口数目。冒口布置如图 3.63 所示，近似地用圆筒周长 $\pi D=\pi\times400$mm=1256mm 代替法兰热节中心周长。上、下法兰均视为厚度 100mm、宽厚比 2∶1 的杆件，从图 4-9 查得冒口区的长度为 150mm，冒口的总作用范围为(以冒口尺寸较小的下部暗冒口为例)：(240+2×150)×2mm=1080mm，略小于 1526mm，说明暗冒口数目不足。但对于没有气密性要求的铸件来说，上述四个冒口基本上可以满足使用要求。

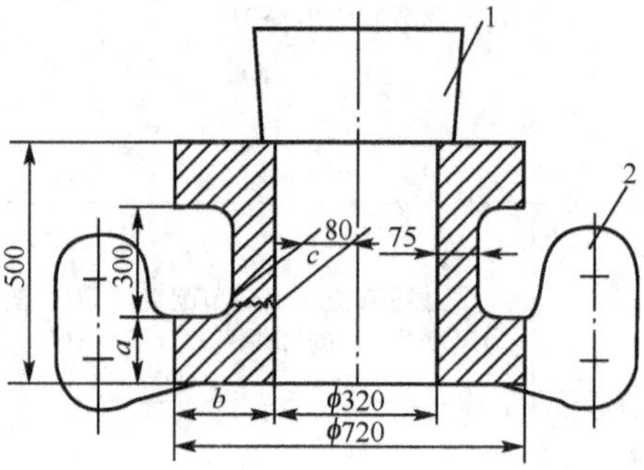

图 3.62 双法兰铸钢件的冒口计算示意

1—明顶冒口；2—暗侧冒口

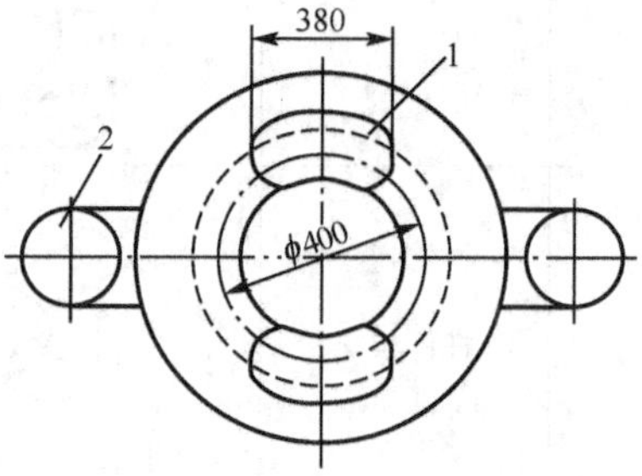

图 3.63 冒口的布置

1—明顶冒口；2—暗侧冒口

(6) 校核冒口的最大补缩能力。已知四个冒口最大补缩能力的总质量是 $m_{补}$=(280×2+195×2)kg=950kg。铸件质量 $m_{件}$=710kg。可见有足够的金属液提供铸件补缩。

6. 铸件工艺出品率的校核

$$铸件工艺出品率=\frac{铸件质量}{铸件质量+冒口质量+浇注系统质量}\times100\%$$

浇注系统质量占铸件质量的 3%～6%。当铸件质量在 500～600kg 时，取 6%左右；在 25t 以上时，取 3%左右。各种合金铸件要求的工艺出品率可查阅相关书籍。若计算出的工艺出品率大于要求的数值，说明冒口可能偏小；反之，冒口可能偏大。

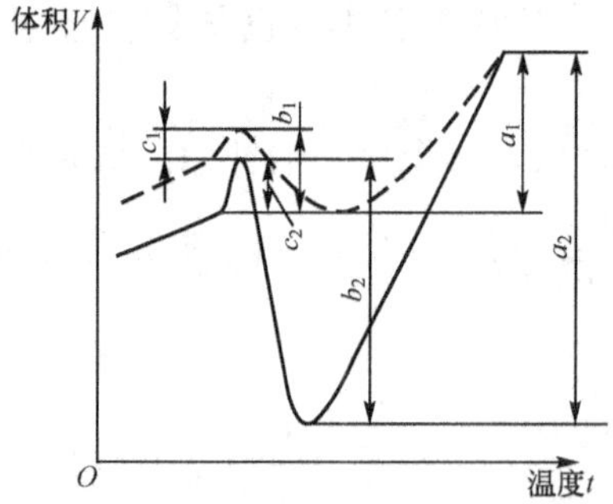

图 3.64 球墨铸铁的体积变化

虚线—冷却速度低、冶金质量高；

实线—冷却速度高、冶金质量差

a_1、a_2——次收缩；b_1、b_2—体积膨胀；

c_1、c_2—二次收缩

3.4.4 铸铁件实用冒口的设计

铸铁和铸钢都是铁碳合金，它们在凝固收缩过程中有其相同之处，如凝固前期均析出初生奥氏体树枝晶，都存在着液态、凝固态和固态下的收缩等。但也有不同之处，其根本不同点是铸铁在凝固后期有“奥氏体+石墨”的共晶转变，析出石墨并发生体积膨胀。以球铁为代表，其凝固过程可分为：一次(液态)收缩(primary contraction)、体积膨胀和二次收缩等三阶段(图 3.64)，并且收缩、膨胀的大小并非确定值，而是在很大范围内变化。

铸铁(灰铸铁、蠕墨铸铁和球墨铸铁)在凝固过程中，析出石墨而发生的体积膨胀可部分或全部地抵消凝固前期所发生的体积收缩，即具有“自补缩的能力”。因此，在铸型刚性足够大时，铸铁件可以不设冒口或采用较小的冒口即实用冒口进行补缩。

1. 直接实用冒口(包括浇注系统当冒口)

1）基本原理

实用冒口补给铸件的液态收缩，当液态收缩终止或体积膨胀开始时，即让冒口颈及时凝结。此后在刚性好的高强度铸型内，铸铁的共晶膨胀将形成内压力，迫使液体流向缩孔、缩松形成之处，这样就可预防铸件在凝固期内部出现真空度，从而有可能避免缩孔、缩松缺陷。这种冒口又称为压力冒口。

如图 3.65 所示，铸件模数越大，则膨胀压力越高。在同样模数下，球铁比灰铸铁的膨胀压力高。为了避免铸件膨胀压力超过铸型的承压能力而导致铸件胀大变形，要求采用自硬型等高强度铸型。

2）冒口体积和冒口颈计算

要计算冒口体积，必先求出铸铁液态收缩率 $\varepsilon_{液}$。$\varepsilon_{液}$ 和浇注温度 t_p、碳当量 CE 的关系如图 3.66 所示。此图所提供的数据是平衡状态的，而生产中不会出现平衡状态，铁液中的石墨质点，实际上在液态就存在并长大，发生体积膨胀；其次，在充型期间，铸件表层会形成薄的固体层，也会导致共晶膨胀。另一方面，随着冷却速度加快，会有大量初生奥氏体析出，从而加大了液态收缩。冒口体积比铸件所需补缩的铁水量要大些。特别要注意：冒口的有效体积是高于铸件最高点水平面的那部分冒口体积，只有这部分铁液才能对铸件进行补缩。

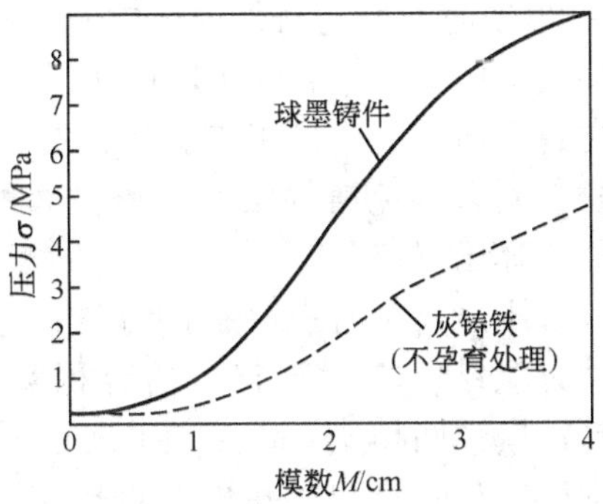

图 3.65 铸铁膨胀压力和模数的近似关系

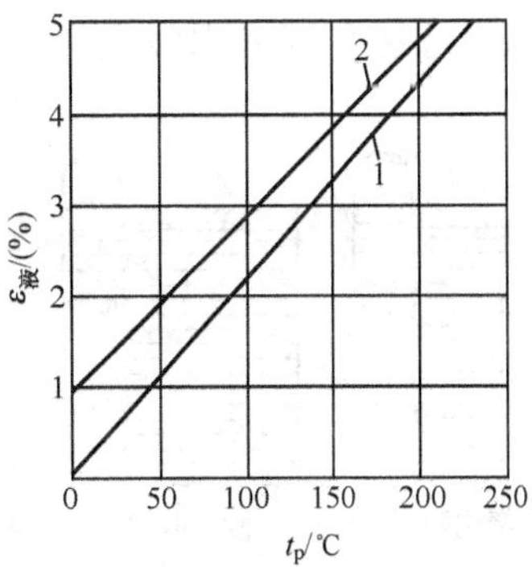

图 3.66 铸铁的 $\varepsilon_{液}-t_p$ 曲线

1—CE=4.3；2—CE=3.6

冒口颈在铸件液态收缩结束或共晶膨胀开始时必须及时凝结。冒口颈模数 M_n 依据图 3.67 所示的经验图表确定，M_c 为铸件的“关键”模数。铸件关键部分应满足的条件是：它本身的体积膨胀量能抵偿所有更厚部分的液态收缩量，直到比它厚的部分开始膨胀为止。关键部分的膨胀和比它厚的部分的液态收缩只有同时发生，且相互关联，才有可能相互抵偿。这也表明，更厚的部分也可以满足关键部分的条件。

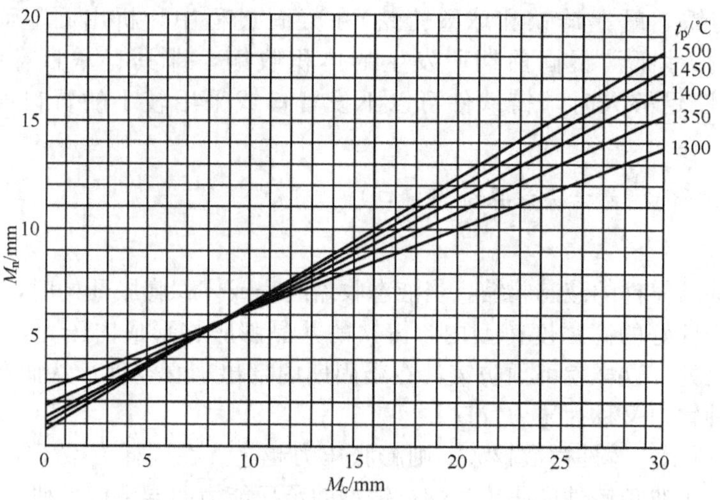

图 3.67　直接实用冒口颈模数 M_n 和铸件 M_c 的关系

3）用浇注系统当冒口

对于薄壁的铸铁件，冒口颈很小，可用浇注系统兼起直接实用冒口的作用，内浇道依冒口颈计算，超过铸件最高点水平面的浇口杯和直浇道部分实质上就是冒口。当在湿型中采用浇注系统当冒口时，仍然限制球铁件的模数小于 0.48cm，灰铸铁件模数小于 0.75mm。

2．控制压力冒口

1）基本原理

控制压力冒口适于在湿型中铸造 M_c<2.5cm 的球墨铸铁件，示意如图 3.68 所示。安放冒口补给铸件的液态收缩，在共晶膨胀初期冒口颈畅通，可使铸件内部铁液回填冒口以释放“压力”。控制铁液回填程度使铸件内建立适中的内压来克服二次收缩缺陷-缩松，同时避免铸件胀大变形。这种冒口又称“释压冒口”。

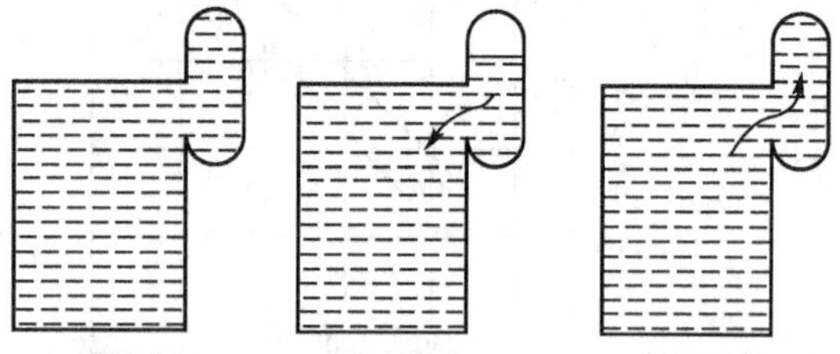

图 3.68　控制压力冒口示意

压力控制有三种控制方法：①冒口颈适时凝结；②用暗冒口的容积实现控制。暗冒口被回填满，即告终止；③采用冒口颈尺寸和暗冒口容量的双重控制。比较而言，第三种方法更为经济可靠。

2）设计方法

（1）冒口和冒口颈。冒口模数 M_r 可依图 3.69 所示确定。试验表明，控制压力冒口的模数主要与铸件厚大部分的模数(M_c)和冶金质量有关。当冶金质量好时，取下限；反之则应取上限；通常情况下，应依两条曲线的中间点决定冒口模数。

冒口应靠近铸件厚大部位安置，以暗冒口为宜。依所确定的模数决定冒口尺寸，依冒口有效体积(高于铸件制高点水平面的冒口体积)大于铸件所需补缩体积(图 3.70)加以校核。

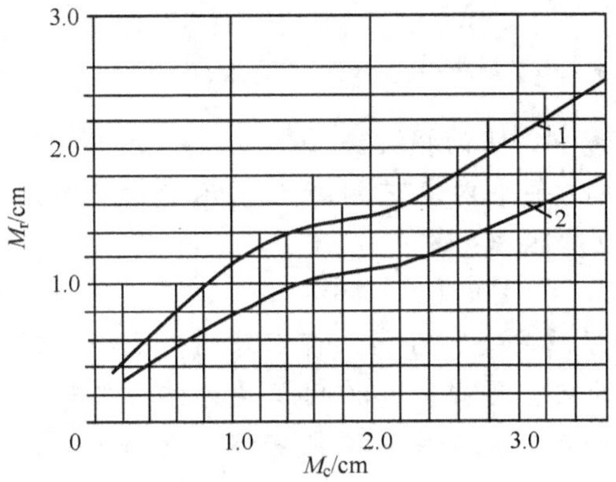

图 3.69 控制压力冒口的模数和铸件关键模数的关系

1—冶金质量差；2—冶金质量好

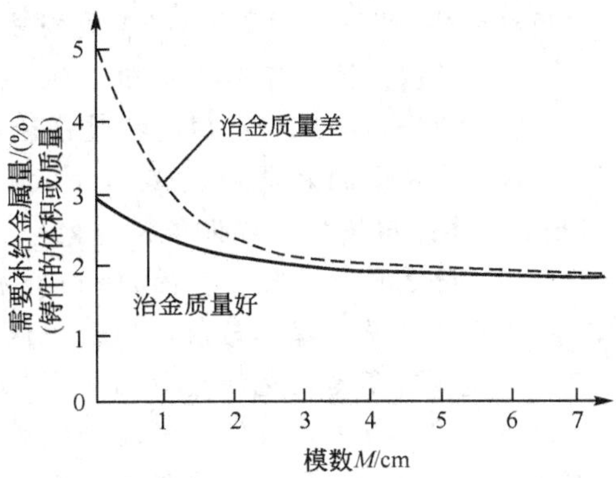

图 3.70 需要补缩金属量和铸件模数的关系

若采用短冒口颈，冒口颈的模数依下式确定：

$$M_n = 0.67M_r$$

冒口颈的形状可选用圆形、正方形或矩形。

(2) 冒口的补缩距离。与传统冒口的补缩概念不同，控制压力冒口的补缩距离，不是表明由冒口把铁液输送到铸件的凝固部位，而是表明由凝固部位向冒口回填铁液能输送多大距离。该距离与铁液冶金质量和铸件模数密切相关，如图 3.71 所示。冶金质量好，模数大，输送距离也大。输送距离达不到的部位，铸件内膨胀压力过高，将导致型壁塑性变形。灰铸铁比球铁倾向于层状凝固，铁液输送距离较球铁大。

(3) 冒口的位置和数目。依据铸件模数大的关键部位确定冒口的位置和数目。

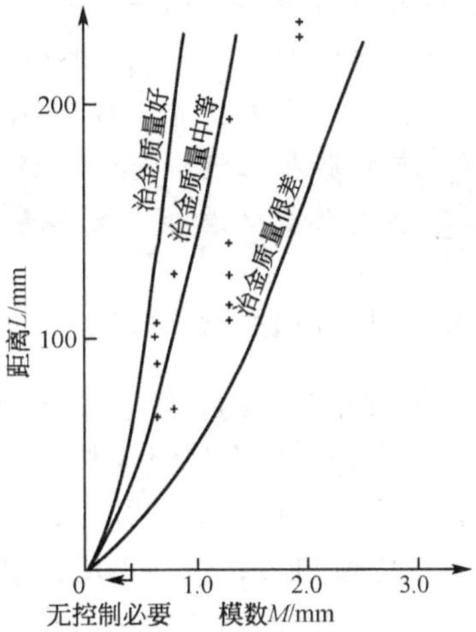

图 3.71 铁液输送距离和冶金质量及模数的关系

阅读材料3-3

无冒口补缩法的应用条件

无冒口铸造是人们所追求的高经济效益的方法，只要球铁冶金质量高，铸件模数大，采用低温浇注和紧实牢固铸型，就能保证浇注到型内的铁液从凝固一开始就出现膨胀，导致自补缩而避免出现缩孔。尽管以后的共晶膨胀率较小，但因为模数大，即铸件壁厚大，仍可以得到很高的膨胀内压(高达 5MPa)，在坚固的铸型内，足以克服二次收缩缺陷。因而无须冒口。为实现无冒口铸造，在生产中要严格满足下列应用条件：

(1) 要求铁液的冶金质量好。

(2) 球铁件的平均模数应在 2.5cm 以上。当铁液冶金质量非常好时，模数比 2.5cm 小的铸件也能成功地应用无冒口工艺。

(3) 使用强度高、刚性大的铸型，可用自硬砂型、水玻璃砂型等铸型。上下箱之间要用机械法(螺栓、卡钩等)牢靠地锁紧。

(4) 低温浇注，浇温控制在1300～1350℃。

(5) 快浇，防止铸型顶部被过分地烘烤和减少膨胀的损失。

(6) 采用小的扁薄内浇道，分散引入铁液。每个内浇道的断面积不超过15mm×60mm，尽早凝固完，以促使铸件内部尽快建立膨胀压力。

(7) 设置明出气孔，直径20mm，相距1m，均匀布置。

生产中容易出现工艺条件的某种偏差，为了更安全、可靠，可以采用一个小的顶暗冒口，质量可不超过浇注质量的2%，通常称为安全冒口。其作用仅是为弥补工艺条件的偏差，以防万一，当铁液呈现轻微的液态收缩时可以补给，避免铸件上表面凹陷。在膨胀期，它会被回填满。这仍属于无冒口补缩范畴。

最后，提一下铸铁件的均衡凝固(proportional solidification)技术。均衡凝固是根据铸铁凝固特点在普通凝固理论基础上发展的较新型的凝固理论。均衡凝固技术既强调用冒口进行补缩，又强调利用石墨化膨胀的自补缩作用。均衡凝固的定义是：铸铁液冷却时产生体积收缩，凝固时因析出石墨又发生体积膨胀，膨胀可以抵消一部分收缩。均衡凝固技术就是利用收缩和膨胀的动态叠加，采取工艺措施，使单位时间的收缩与补缩、收缩与膨胀按比例进行的一种凝固原则，可以理解为有限的顺序凝固。有关均衡凝固的工艺原则及冒口设计这里不再详述。

3.4.5 提高通用冒口补缩效率的措施和特种冒口

体收缩较大的合金，如铸钢和可锻铸铁等，其冒口重量常为铸件重的50%～100%，而铸件需补缩的金属量仅相当其重量的百分之几，使得补缩效率很低，且增加冒口切除工作量。提高通用冒口的补缩效率的主要措施为：①提高冒口中金属液的补缩压力，如采用大气压力冒口等；②在不增加甚至减少冒口重量情况下，延长冒口金属液的凝固时间，如采用保温冒口、发热冒口和点补冒口金属液等。

1. 大气压力冒口

一般暗冒口结成外壳后，由于合金液态收缩先于固态收缩，因此冒口内液面下降，而在壳顶下面形成真空区A，如图3.72(a)所示。这时只能依靠冒口中金属液柱自身的重量进行补缩，称为自重压力冒口。自重压力冒口中，真空区A的真空力会不断减小自重补缩压力。随着铸件凝固的进行，冒口内的金属液柱的高度越来越小，同时真空力也会相应增大(忽略气体自金属液中的逸出)，这样，就难于有效地克服树枝结晶所造成的流动阻力，缩孔就有可能侵入铸件中，如图3.72(b)所示。同样，当明冒口顶部未撒保温剂时，顶面很快结壳，使金属液与大气隔绝，也会形成这种补缩欠佳的“自重压力”冒口。

为了克服自重压力冒口的缺点，在暗冒口顶部插一个细的砂芯或造型时做出锥顶砂，并伸入到冒口的最高温度区域内。一般砂芯都扎有出气孔。当冒口结壳与大气隔绝后，外面空气可以通过芯中的细小出气孔及砂粒间的孔隙进入冒口中。这时冒口内金属液除靠自重压力外，还受到大气压力的作用，称为“大气压力”冒口，如图3.72(c)所示。图3.72(d)所示为凝固后的良好补缩效果，使铸件得以密实。

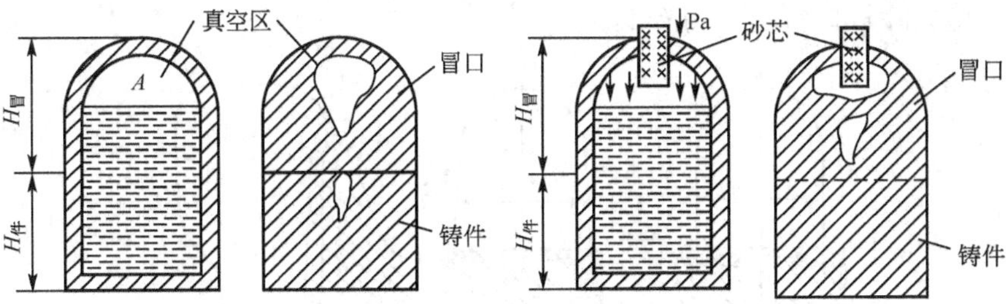

(a) 暗冒口 (b) 暗冒口 (c) 大气压力暗冒口 (d) 大气压力暗冒口

图 3.72 自重压力暗冒口和大气压力暗冒口

2. 保温、发热冒口

普通冒口与铸型使用同一种造型材料。保温、发热冒口是采用保温材料或发热材料作冒口套(图 3.73)，顶部使用保温剂、发热剂进行覆盖。试验表明，使用保温套或发热套，可大大延长冒口的凝固时间，见表 3－6 所示。冒口补缩效率一般为 30%～50%，个别情况最高可达 67%。一般比普通冒口的铸造工艺出品率提高 10%～25%，从而显著地节约了金属和降低了铸件的成本。

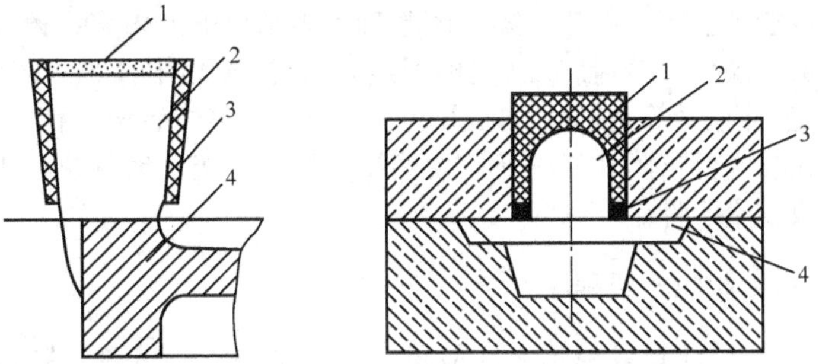

(a) 明冒口 (b) 暗冒口

图 3.73 保温、发热冒口

1—保温、发热套(剂)；2—冒口；3—隔离砂；4—铸件

表 3－6 不同保温措施对冒口凝固时间的影响 （单位：min）

合金 \ 措施	明冒口	顶部绝热	四周用保温套	保温套加顶部绝热
铸钢	5.0	13.4	7.5	43
铸铜	8.2	14.0	15.1	45
铸铝	12.3	14.3	31.1	45.6

注：试验冒口为圆柱形 100mm×100mm。

3. 易割冒口

易割冒口(knock-off head)如图 3.74 所示，在冒口根部放一片耐火陶瓷或耐火材料制成的带孔隔板，使冒口中金属液通过隔板中的孔对铸件补缩。这样易于从铸件上去除冒口。这对于不易用机械方法切除冒口而使用气割时又容易引起裂纹的高合金钢(如高锰钢)铸件，具有特别重要的意义。小冒口可用锤打掉。对于高韧性的镍合金钢铸件，也可使用易割冒口，使去除冒口费用大为降低。

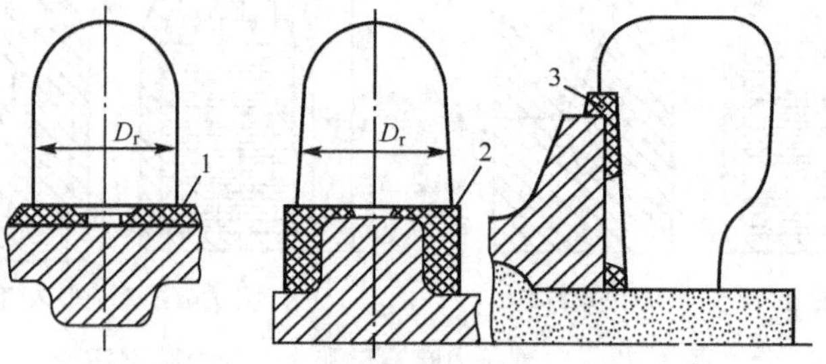

(a) 顶冒口　(b) 顶冒口　(c) 边冒口

图 3.74　易割冒口结构示意

1、2、3—带孔隔板

3.5　铸造工艺图绘制

铸造工艺图是铸造工艺设计内容的集中表现，即在确定铸造工艺方案后首先要完成的铸造工作蓝图。铸造工艺图一般应在零件图基础上表示出下列内容：铸件的浇注位置和铸型分型面；机械加工余量、铸造斜度(起模斜度)、铸造圆角半径、工艺余量(包括工艺凸台和工艺肋)和工艺补正量等；芯头、芯座尺寸与间隙、浇注系统、冒口和出气孔的位置、形状及尺寸等；在技术要求附注栏中还应说明铸件精度等级、铸件热处理类别、和硬度检查位置等铸件验收技术条件。

3.5.1　铸造工艺图绘制的一般程序

一般要先抄零件图(注意各视图之间应留出足够的空白，以便绘制各种工艺符号及浇冒系统等)，然后在零件图上用铸造工艺规定的符号及颜色(或线条)表示出所有工艺措施。具体措施如下：

(1) 标出浇注位置和分型面。

(2) 绘出各视图上的加工余量及不铸孔、沟槽等工艺符号。

(3) 标出与分型面垂直的壁的起模斜度。

(4) 绘出砂芯形状、砂芯分块线(包括分芯负数)、芯头间隙、压紧环和防压环、积砂槽，标出有关尺寸和砂芯负数，必要时设计芯骨形状、尺寸和吃砂量。

(5) 画出分盒面，填砂(射砂)方向，砂芯出气方向，起吊方向等符号。

(6) 绘出浇注系统和冒口的位置、形状、尺寸及数量，同铸试样的形状、位置和尺寸。

(7) 冷铁和铸肋的位置、形状、尺寸和数量，固定组合方法及冷铁留缝大小等。

(8) 模样的分型负数，分模面及活块形状，反变形量的大小和位置、形状及非加工壁厚的负余量，工艺补正量的加设位置和尺寸等。

(9) 大型铸件的吊柄，某些零件上所加的机械加工用夹头或加工基准台面等。此外，有的铸造工艺图尚需说明：浇注要求，压铁重，冒口切割残留量，冷却保温处理方式，拉肋处理要求，退火要求等。技术条件中还需说明：选用缩尺或标明铸造线收缩率，一箱布置几个铸件或与某名称铸件同时铸出，选用设备型号及砂箱尺寸等。

绘制铸造工艺图时应注意以下四个方面。

（1）凡在某一视图或剖视图上标清了的工艺符号，不必按投影关系再在其他视图上绘制。

（2）工艺尺寸应尽可能集中标注在一个或几个主要视图上，避免分散或重复标注。

（3）工艺图上所注尺寸一律不包括缩尺(铸造收缩率)。

（4）绘制工艺图时应注意空出零件图上所注尺寸和加工符号。零件图上某些线条由于工艺符号遮盖而看不见时，仍保留原线条，不得改为虚线。

3.5.2 铸造工艺符号及其表示方法

铸造工艺符号及其表示方法按 JB/T 2435—1978 的规定，见表 3-7。

表 3-7 铸造工艺符号及其表示方法

名称	符号	说明
分型线	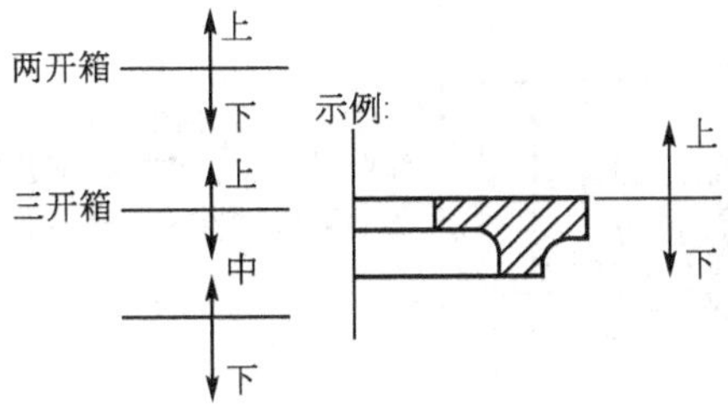	绘制在零件图样上时，用红色线表示，并写出“上、中、下”红色字样；绘制墨线工艺图样时，用细墨线表示，并写出“上、中、下”黑色字样
分模线	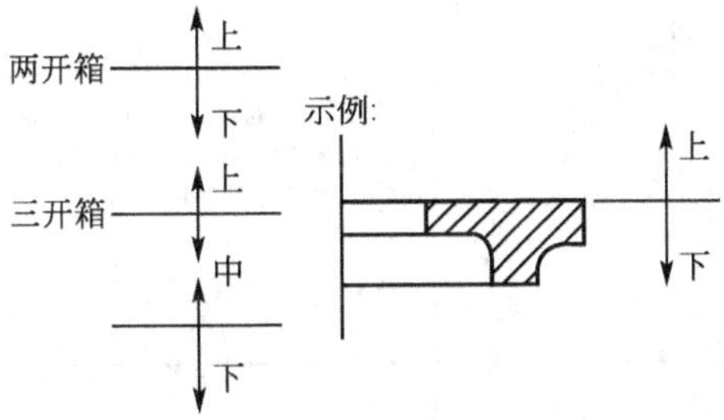	绘制在零件图样上时，用红色线表示，可在任一端划红色“<”符号；绘制墨线工艺图样时，用细实线表示，可在任一端划“<”符号
分型分模线	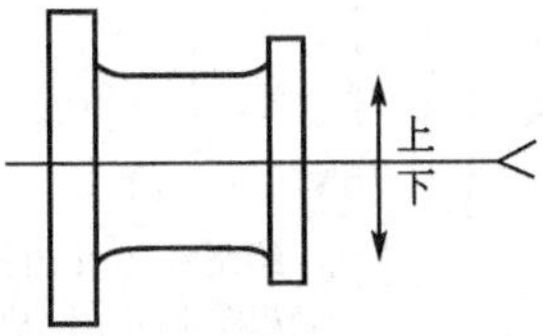	绘制在零件图样上时，用红色线表示；绘制墨线工艺图样时，用细实线表示
不铸出的孔和槽	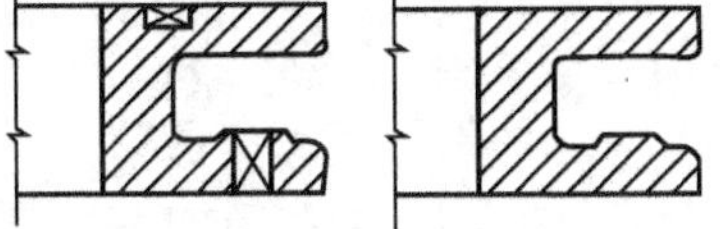 (a) (b)	绘制在零件图样上时，用红色线打叉，如图(a)所示。绘制墨线工艺图样时，在图样中不画出，如图(b)所示

（续）

<table>
<tr><th>名称</th><th>符号</th><th>说明</th></tr>
<tr><td>冒口</td><td>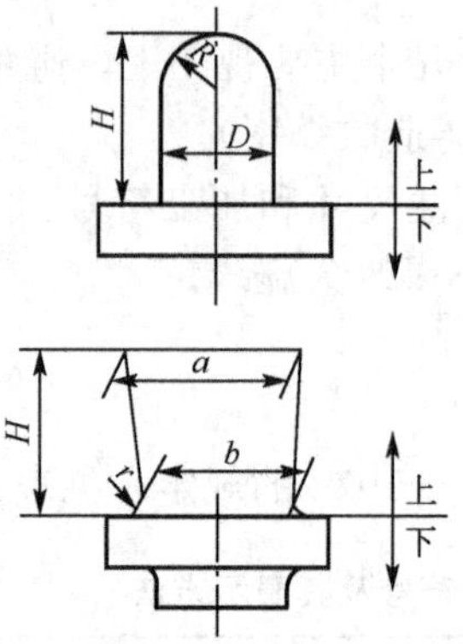
</td><td>绘制在零件图样上时，用红色线表示，有采用斜度表示之处，则注明斜度，用序号1#、2#、…区分冒口，注明冒口尺寸。绘制墨线工艺图样时，用细实墨线表示冒口，注明尺寸，有采用斜度表示之处，则注明斜度，用序号1#、2#、…区分冒口</td></tr>
<tr><td>补贴</td><td>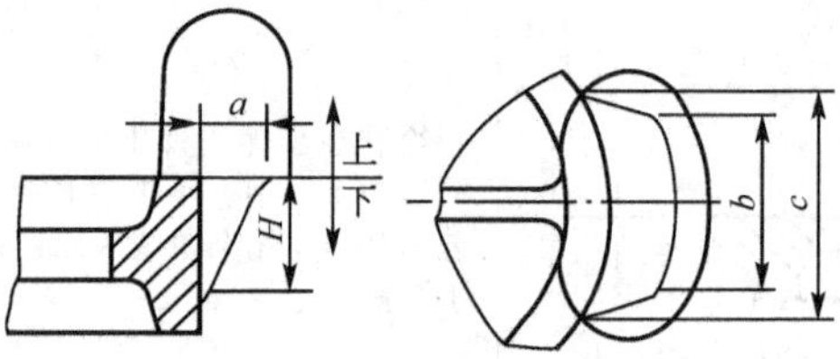
</td><td>绘制在零件图样上时，用红色虚线表示，注明尺寸。绘制墨线工艺图样时，用细实墨线表示，注明尺寸</td></tr>
<tr><td>冷铁</td><td>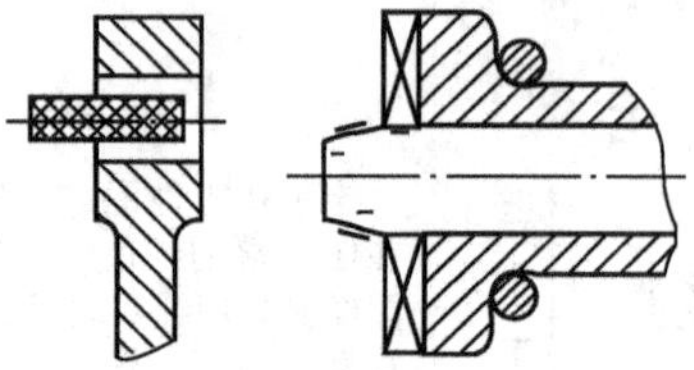</td><td>绘制在零件图样上时，用蓝色线表示，圆钢杆冷铁涂淡蓝色，成形冷铁打叉。绘制墨线工艺图样时，用细实线表示，圆钢杆冷铁涂淡黑色，成形冷铁打叉</td></tr>
<tr><td>砂芯舂砂、出气及紧固方向</td><td>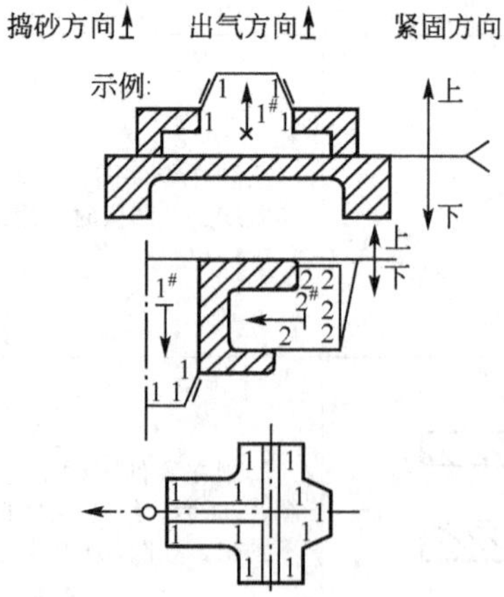
</td><td>绘制在零件图样上时，用蓝色线表示；绘制墨线工艺图样时，用粗实墨线表示；箭头表示方向，箭尾画出不同代表符号</td></tr>
</table>

（续）

名称	符号	说明
砂芯编号、边界符号及芯头边界	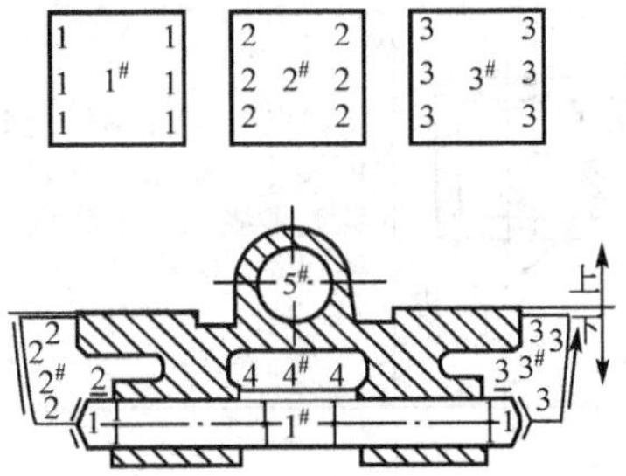	绘制在零件图样上时，芯头边界用蓝色线表示；绘制墨线工艺图样时，用细实墨线表示；砂芯编号用1#、2#、…标注；边界符号一般只在芯头及芯头交界处用与砂芯编号相同的小号阿拉伯字表示，铁心须写出“铁心”字样
芯头斜度及间隙	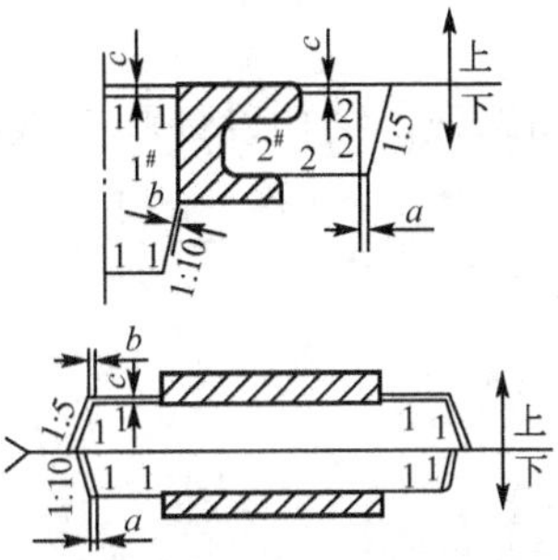	绘制在零件图样上时，用蓝色线表示；绘制墨线工艺图样时，用细实线表示；注明斜度及间隙数值
机械加工余量	示例(按第一种方法) 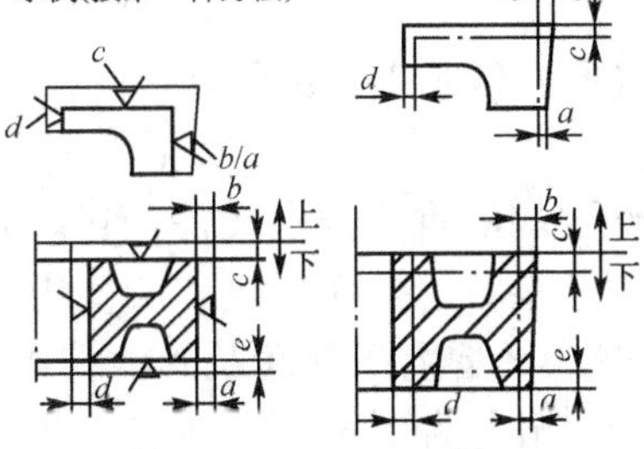 (a) (b)	在零件图样上绘制工艺图样时，用红色实线表示，如图(a)所示；绘制墨线工艺图样时，用粗实线表示铸件轮廓，双点画线表示零件形状，如图(b)所示；对各加工面的加工余量，可采用下述两种方法之一表示： （1）按GB/T 6414—1999《铸件　尺寸公差与机械加工余量》查得的数值分别标注在各加工面上。 （2）在工艺说明书中写明按GB/T 6414—1999查得的加工余量等级或该等级对不同加工面的加工余量数值
浇注系统	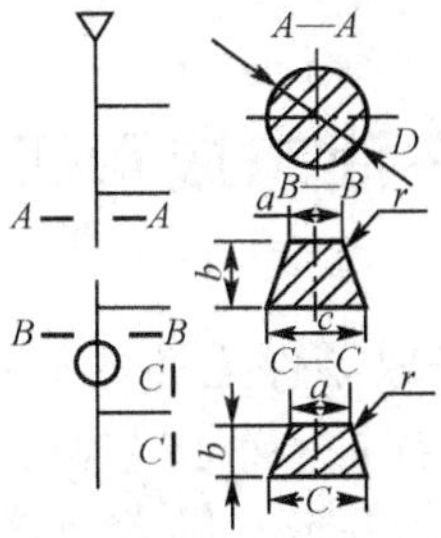 示例： 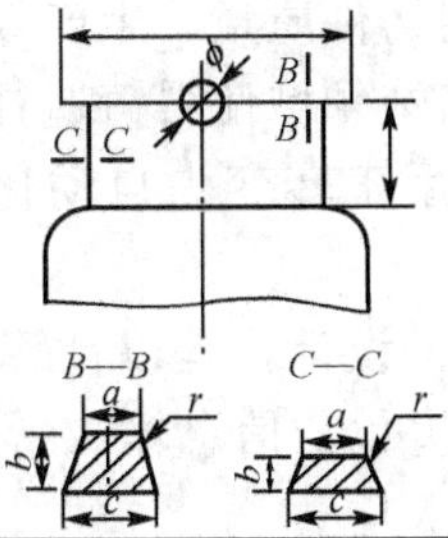	在零件图样上绘制工艺图样时，用红色单线或红色双线表示；绘制墨线工艺图样时，用细实单墨线或细实双墨线表示；注明尺寸

（续）

名称	符号	说明
拉肋、收缩肋	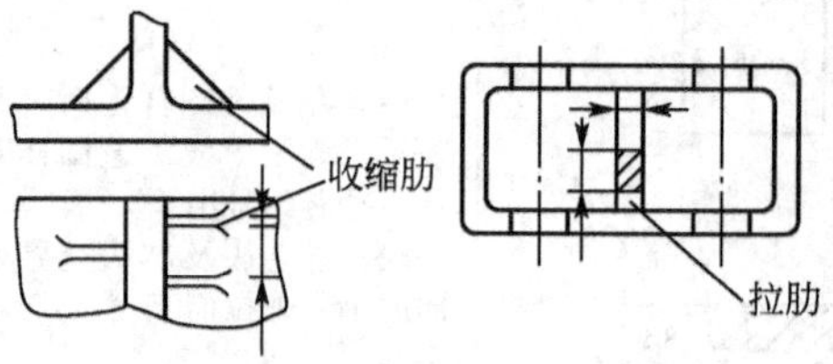	绘制在零件图样上时，用红色线表示；注明尺寸，写出“拉肋”或“收缩肋”字样。绘制墨线工艺图样时，用细实墨线表示，注明尺寸，写出“拉肋”或“收缩肋”字样

3.5.3 设计说明书及铸造工艺卡

设计说明书是对工艺设计中方案的选择和论证、结构设计和参数确定等过程的详细记录，其内容包括以下几方面：

(1) 设计任务分析；

(2) 零件结构的铸造工艺性分析；

(3) 工艺方案的选择和论证；

(4) 浇注系统、冒口等的设计和计算；

(5) 砂芯设计；

(6) 模板及芯盒的设计；

(7) 铸造工艺规范的拟定，如型芯砂选择、砂芯烘干规范等；

(8) 参考资料。

铸造工艺卡是体现铸造工艺设计及操作要求的重要技术文件，它以表格形式表示，必要时附以简图。内容应包括各工序的重要工艺参数、操作要点和所使用的主要设备、工装以及工时消耗等。它既是工人操作的指导书，又是生产管理及其他技术文件的重要依据。由于各工厂的规模、车间划分、生产方式及铸件品种等不同，铸造工艺卡的形式和内容也就不同，具体情况请参考有关书籍和手册。

3.6 CAD/CAE/CAM 技术在液态成形工艺中的应用

材料液态成形以其灵活性、经济性而成为获取零件毛坯的最主要的方法之一。然而，在几千年辉煌铸造历史的绝大部分时间内，铸造都是一种技艺，凭借的是经验，方式是手工，“睁眼造型，闭眼浇注”就是这一历史的生动写照。随着经济的市场化和全球化，基于经验和手工的落后方式已完全不能满足市场对铸件质量、生产效率以及集约化和绿色化的要求，而以计算机为代表的信息技术进入到铸造领域使得铸造行业发生了翻天覆地的变化，由基于经验逐步转变为基于科学，由基于手工转变为自动化生产。液态成形 CAD/CAE/CAM 就是这一变革的产物。

CAD(Computer Aided Design)即计算机辅助设计，是以计算机为主要手段来辅助设计者完成某项设计工作的建立、修改、分析和优化、信息输出等全部任务的综合性高新技术。

CAE(Computer Aided Engineering)即计算机辅助工程，又称模拟仿真技术，主要是通过构造能够准确描述研究对象的某一过程或属性的数学模型；利用合适的求解方式，设置合理的边界条件和初始条件，得到研究对象的某一过程或属性的求解结果。预测可能产生的问题和发展趋势，提出科学、合理的对策、建议和方法。CAE 技术与 CAD 紧密配合，大大提高了 CAD 的设计质量和效率，是 CAD 智能化的一个重要途径。

CAM(Computer Aided Manufacturing)即计算机辅助制造，是利用计算机对制造过程进行设计、管理和控制。目前，CAM 主要是研究数控加工技术和机器人技术。

3.6.1 液态成形工艺 CAD

传统的液态成形工艺的设计是人工进行铸造工艺方案和工艺参数的确定，并绘制铸造工艺图等。而利用 CAD 进行工艺设计主要是在计算机里完成所有的工艺设计任务，而且还会有很多的辅助功能，例如自动设计导航、电子工艺手册等，帮助设计者高效完成设计任务。特别是基于三维的工艺 CAD，一旦完成一个工艺后就可将数据直接输入到液态成形 CAE 系统中，对所设计的工艺进行分析模拟，使设计方案得到优化。进一步，基于优化的工艺方案，利用 CAD 系统可以快捷、方便地完成模具的设计方案，最后由 CAM 生成 NC 代码进行数据加工。

液态成形工艺 CAD 的根本功能是完成工艺基本要素的设计与绘制任务，这些要素包括浇注系统、冒口系统、分型面、加工余量、起模斜度、砂芯、不铸孔、铸造圆角、工艺卡等，最后顺利完成整个铸造工艺设计。

1. 二维工艺 CAD

虽然到目前为止还没有完全通用的二维铸造工艺 CAD 系统，但实际上一些专用的工艺 CAD 软件已有很多，如 DISA 线铸造专用工艺 CAD 软件、压铸 CAD、齿轮类 CAD 等。

二维工艺 CAD 的一个很大的共同点是，它们大都是基于 AutoCAD 系统进行二次开发的。原因显而易见：AutoCAD 是世界上最流行的二维 CAD 系统，拥有非常庞大的用户群；AutoCAD 提供方便灵活的二次开发环境，如 AutoLisp、ADS、Visual AutoLisp 等，使二次开发变得非常容易。

下面以“华铸 CAD”为例简单介绍铸造工艺 CAD 的基本功能。“华铸 CAD-铸造工艺计算机辅助设计系统”是铸造行业进行工艺设计的实用绘图软件。该系统采用美国 Autodesk 公司的最新开发工具 ARX，在 AutoCAD 环境下开发实现。它以铸造工艺设计几大工艺参数为核心，依据原机械工业部颁布的 JB/T 2435—1978《铸造工艺符号及表示方法》标准，集成了整个铸造工艺过程各阶段的功能，对各种工艺符号进行了规范化定制与扩充。能帮助铸造工艺人员快速高效地完成工艺设计过程，对于保证铸件质量，提高生产率，缩短新产品开发周期具有重要作用。

1）主要功能

图形绘制功能，包括铸件图、铸造工艺图、铸造工艺卡等的绘制和输出；补缩系统设计功能，包括冒口的设计和计算、冷铁设计计算和设计合理的补缩通道；浇注系统设计功能，包括选择浇注系统类型和各部分截面积计算；快速工艺卡绘制功能，包括表格参数输入、卡片幅面设置、工艺简图选择和自动输出工艺卡。

2）主要特点

以AutoCAD为支撑软件，二次开发，适应面广；开放式的体系结构，组件化的设计思想，易于用户定制和扩充；计算迅速、准确、可靠，运行稳定；多种方案设计与比较，易于得出最优解决方案；外部数据库访问，能调用经验数据，并能将当前参数存入数据库；对砂芯芯头、冷铁、冒口等建立了丰富的图库；工艺卡表格参数与Web数据库的无缝接口，能通过网页修改工艺卡数据；多种绘图方式选择，操作简单，界面友好，使用方便；交互式的补缩、浇注系统设计向导，逐步引导用户完成复杂的工艺设计；设计计算结果存盘打印，铸造工艺图等技术文件存档。

2. 三维工艺CAD

上述二维工艺CAD系统具有许多优点，但其致命缺陷正是其二维描述方式，不能为后续的CAE、CAM乃至RPM提供必要的三维信息。因此，实现CAD/CAE/CAM一体化就必须要求铸造工艺CAD的立体化，即三维工艺CAD是铸造工艺计算机辅助设计的必然发展方向。

借助于三维造型技术的发展和进步，基于成熟的、商品化的三维CAD系统，进行铸造工艺的二次开发形成三维的铸造工艺CAD系统已基本实现。目前常见的三维造型平台，包括Pro/E、UG、Solidedge等，都提供了友好的二次开发环境。三维工艺CAD的开发和应用还需在跨平台、零件设计的完全三维化以及界面友好方面做进一步的完善。

3.6.2 液态成形CAE

液态成形CAE技术主要包括充型流动过程模拟、结晶凝固过程模拟、应力/应变分析、微观组织模拟等。众所周知，铸造是一个复杂的、多因素影响的过程，产品质量最终如何只有生产完毕后才能知晓，“马后炮”的质量检测反馈模式造成的后果是新产品的开发周期长，质量不易保证。

铸造过程数值模拟技术(CAE)与CAD技术相结合完全改变了传统的模式。设计者先在三维CAD平台上设计出一个铸造工艺方案，然后利用CAE进行模拟分析，预测缺陷，发现问题。设计者根据CAE的模拟结果在CAD上对方案进行修改，再进行CAE分析，如此往复直到得到满意的工艺设计方案，根据优化后的方案组织实际生产。

目前在国内常见的铸造CAE系统包括德国MAGMA、法国PROCAST、瑞典的NOVACAST以及华中科技大学的“华铸CAE”、清华大学的“铸造之星”。例如“华铸CAE”对铸造工艺的模拟。针对不同的合金、不同的铸造方式，CAE系统都要进行适当的处理，使系统能够较好地反映实际情况。“华铸CAE”能对铸件初始铸造工艺方案进行模拟和分析，发现充型过程中是否存在紊流、凝固过程是否存在后凝固而欠补缩的部位等，从而及时修正方案，避免铸件缺陷。图3.75所示为CAE模拟的某铸件凝固过程，表明该铸件下部会产生缩孔或疏松缺陷，应对设计方案进行修改。

液态成形CAE作为铸造领域的高新技术，其理论研究和应用开发非常活跃，内涵和外延在不断得到丰富和拓展。目前，液态成形CAE技术在复杂多相流模拟、造型/制芯过程模拟等许多领域也已取得了显著的成效：

(1) 复杂多相流模拟。多相流是指两种或两种以上的流体同时存在，每相都具有自己的流场但又相互影响的流动。铸造过程的流动实际上就是典型的多相流动，不仅有液相，还包括气相和固相。具体来说，液态金属为液相，卷入性、析出性气体为气相，氧化夹杂、冲掉的砂粒是固相。因此从理论上讲，欲准确模拟铸造的充型过程，就必须研究多相的流动，如卷气、氧化夹杂、砂型冲蚀、压铸过程的排气等的分析都离不开多相流的模拟。真实的铸造流动是具有紊流、表面张力、自由表面、相变、热交换等众多影响因素的复杂流动，考虑了这些影响因素的模拟结果将更接近真实的铸造过程。

(2) 造型/制芯过程模拟。造型/制芯过程的模拟是近些年来铸造数值模拟领域的新方向，虽然时间不长，但已取得了可喜的进步，不仅可以较好地模拟实际过程，而且对模具的设计有着重要的指导作用。

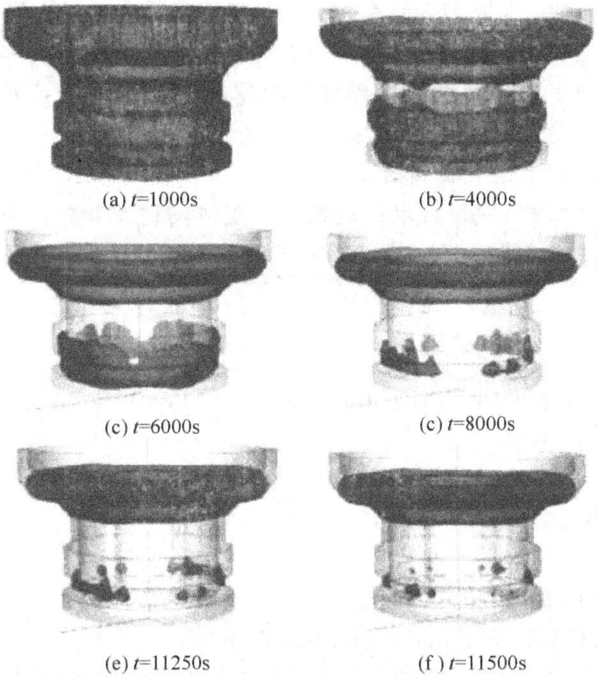

(a) t=1000s　(b) t=4000s

(c) t=6000s　(c) t=8000s

(e) t=11250s　(f) t=11500s

图 3.75　CAE 模拟的某铸件凝固过程

(深色表示液态或半固态，浅色表示已凝固)

3.6.3　液态成形 CAM

计算机辅助制造技术在铸造上的应用主要是工装领域，包括铸造模具、模板等。随着铸造技术的进步，目前绝大部分铸造模具、模板的制造都采用了 CAM 技术，由数控机床完成，并且大都实现了 CAD/CAM 一体化。一些重要工装产品还实现了 CAD/CAE/CAM/RPM 集成化生产。并行工程及远程设计与制造技术已初步进入实际应用阶段。这些先进设计/制造技术大大推动了铸造行业的技术进步，缩短了新产品的开发周期，大幅度降低了废品率，提高了铸造行业的竞争力。与一般机械产品的 CAM 相比，液态成形 CAM 并没有特别之处，故此处不再详述。

小　结

铸造工艺设计主要包括确定铸件在铸型内的浇注位置和分型面、砂芯设计、浇注系统和冒口设计以及绘制铸造工艺图等内容。

浇注位置的确定应使铸件重要部位处于有利的状态，并在很大程度上着眼于控制铸件的凝固。分型面选择的优劣，在很大程度上影响铸件的尺寸精度、成本和生产率。砂芯的设计在符合铸件要求的基础上应使其具有一定的强度和刚度、好的排气性及出砂性等。

不同的铸件应选择不同类型的浇注系统。依据各组元的功能及金属液在其中的流动特性设计各组元的结构。依据 Osann 公式从计算阻流截面积开始，逐步确定各组元尺寸。

冒口位置的确定要有利于消除铸件的缩孔和缩松，并且不引起裂纹等缺陷。依据冒口有效补缩范围确定冒口数量。铸钢件冒口依据模数法设计，而铸铁件则要设计实用冒口。冒口设计中要充分利用特种冒口来提高冒口补缩效率。

在以上设计的基础上绘制出铸造工艺图。

此外，液态成形工艺 CAE 技术通过模拟充型流动过程和结晶凝固过程，对上述设计进行分析，给出可能产生缺陷的部位，提示改进设计。

【关键词】

工艺设计　casting technology design

浇注位置　pouring position of casting

分型面　parting plan

砂芯　sand core

浇注系统　gating system

冒口　riser

工艺图　casting technology drawing

液态成形 CAE　CAE for liquid metal forming

习　题

（1）解释：浇注位置、分型面、均衡凝固、直接实用冒口和控制压力冒口。

（2）砂芯的作用和砂芯分块的基本原则是什么？

（3）开放式浇注系统不一定是不充满式浇注系统，这种说法对吗？为什么？

（4）简述封闭式、底注式浇注系统的特点及适用场合。

（5）在铸件的凝固过程中，为什么要注意保持补缩通道的畅通？结晶面夹角和补缩通道有何关系？温度梯度和补缩通道有何关系？

（6）冒口的作用是什么？提高冒口补缩效率的措施有哪些？

（7）一板形铸钢件，长、宽及厚分别为 1200、500 及 60mm，试问，设置两个直径 $D=$ 100mm 的圆柱形冒口，铸件会不会产生轴线缩松？若会，应采取什么措施来加以解决？

第 4 章

特种铸造工艺

本章学习目标

★ 掌握金属型铸造的特点及工艺过程

★ 掌握压力铸造及离心铸造的特点及应用

★ 掌握熔模铸造的特点及工艺过程，了解消失模铸造的工艺过程

本章教学要点

知识要点	掌握程度	相关知识
金属型铸造	掌握金属型铸造的特点及工艺过程；了解金属型的结构及材料	黑色金属材料的热物理性能
压力铸造	掌握压铸机工作原理，压力铸造的特点及应用	高压下，金属液在金属型中的充型、凝固特点
离心铸造	了解离心铸造的基本类型、特点及应用	金属液在离心力作用下的充型、凝固特点
熔模铸造	掌握熔模铸造的特点、适用范围及基本工艺过程	石蜡、硬脂酸的物理特性
消失模铸造	了解消失模铸造的工艺过程、特点及适用范围	聚苯乙烯的物理化学特性及其与金属液的作用

导入案例

2003年12月24日，第29届奥林匹克运动会开闭幕式的举办地——国家体育场(鸟巢)隆重奠基。4年后的2007年12月24日，这座昔日设计图纸上的宏伟蓝图逐步成为屹立在北京中轴线最北端的雄伟建筑。而在他4岁生日的这一天，完全采用建造“鸟巢”的剩余钢材，以“鸟巢”钢结构第一榀桁架作为主体造型，采用精密铸造工艺按1∶100的标准比例一次成形的“鸟巢第一榀钢雕”在其雄伟的身姿前正式面世。经北京奥组委核准，正式命名，限量5000尊，全球同步发行。

“鸟巢”外形结构主要由巨大的门式钢架组成，共有24根桁架柱，第一榀就是整个建筑的起桩位，是整座建筑的基础。第一榀钢就是第一个被吊装的国家体育场钢结构，而24榀钢结构形状并不相同，不同钢结构的结构组件相互支撑，形成网格状构架，从而组成体育场整个的“鸟巢”造型。可见，“鸟巢第一榀钢雕”具有特殊的纪念意义。

坐落在鸟巢旁的第一榀钢雕

精密铸造一次成形鸟巢第一榀钢雕

砂型铸造具有成本低、适应性广、生产设备简单等优点，在生产中得到了广泛应用。但砂型铸造生产的铸件，其尺寸精度和表面质量及内部质量在一些情况下不能满足要求。通过改变铸型材料、浇注方法、液态合金充填铸型的形式或铸件凝固条件等因素，形成了许多不同于砂型铸造的铸造方法，通称为特种铸造，如消失模铸造、熔模铸造、陶瓷型铸造、金属型铸造、离心铸造、压力铸造、低压铸造、连续铸造、挤压铸造、负压造型和磁型铸造等。

与砂型铸造相比，这些铸造方法具有以下优点：

(1) 铸件的尺寸精度高，表面粗糙度值较低，易实现近净形加工。如压力铸造生产的铸件的尺寸精度可达CT4级，表面粗糙度 Ra 达 0.8～3.2μm。

(2) 铸件的力学性能和内部质量较好。如金属型铸造的铝硅合金铸件，抗拉强度可提高20%，伸长率增大25%，冲击韧度可增大一倍。

(3) 可生产一些技术要求高且难以加工制造的合金铸件；在生产一些结构特殊的铸件时，具有较好的技术经济效果。如管状铸件用离心铸造、连续铸造或真空吸铸法生产时，铸件的质量、生产率都有很大提高。

(4) 使铸造生产达到不用砂或少用砂的目的，降低了材料消耗，改善了劳动条件。除熔模铸造外，其他特种铸造方法工艺过程都简化很多，并使生产过程易于实现机械化和自动化。

下面分别简要介绍机械制造行业中应用较为广泛的金属型铸造、压力铸造、离心铸造、消失模铸造、熔模铸造等铸造方法。

4.1 金属型铸造

金属液在重力作用下浇入金属铸型中，并在重力作用下结晶凝固而形成铸件的一种方法，称为金属型铸造，又称永久型铸造。

4.1.1 金属型铸造的特点

1. 金属型铸造的优点

(1) 金属型可反复使用，省去了砂型铸造中的配砂、造型、落砂等许多工序，节省了大量的造型材料和生产场地，提高了生产率，易于实现机械化和自动化生产。

(2) 铸件尺寸精度和表面粗糙度(CT6～CT9，*Ra* 为 3.2～12.5μm)均优于砂型铸件，其加工余量可减少。因金属型冷却快，使铸件的晶粒细密，铸件力学性能得到提高，如铜、铝合金铸件的抗拉强度可提高 10%～20%。

(3) 劳动条件好，由于不用砂或少用砂，大大减少了硅尘对人体的危害。

2. 金属型铸造的缺点

(1) 金属型的制造成本高，周期长，不适合单件、小批量生产。

(2) 不适宜铸造形状复杂(尤其是内腔复杂)、薄壁(防止浇不到)和大型铸件。

(3) 用于铸钢等高熔点合金时，金属型寿命低，同时，还易使铸铁件产生硬、脆的白口组织。

(4) 金属型不透气，并且无退让性，易使铸件产生气孔、裂纹等。

目前金属型铸造主要用于铜、铝、镁等有色合金铸件的大批量生产。如内燃机活塞、缸盖、油泵壳体、轴瓦、衬套、盘盖等中小型铸件。

4.1.2 金属型铸造工艺

金属型铸造工艺主要包括以下四个方面：

(1) 金属型的预热。在喷涂料及浇注之前，金属型要均匀地预热到工作温度或接近工作温度，金属型的工作温度一般不低于150℃，过高或过低的温度都会带来一些不良后果。

(2) 金属型的浇注。金属型的浇注温度一般比砂型铸造时高。由于金属型的激冷和不透气，浇注速度应先慢，后快，再慢。

(3) 铸件的出型和抽芯时间。铸件在金属型内停留的时间越长，其收缩量也越大，产生的抱紧型芯的力也就越大，取出型芯及铸件的困难也越大。金属型芯在铸件中最适宜的停留时间，即最好的抽芯时间，是当铸件冷却到塑性变形温度范围，并有足够的强度时，即可出型。

(4) 金属型涂料。在金属型的工作表面喷刷涂料，可以起到调节铸件的冷却速度、保护金属型免受高温金属液的直接冲蚀和热击等。

4.1.3　金属型的材料及结构

制造金属型的材料应根据浇注的合金选用，一般金属型材质的熔点应高于浇入液态合金的温度。浇注锡、锌、镁等低熔点合金，可用灰铸铁做金属型；浇注铝、铜等合金，要用合金铸铁或钢做金属型。

金属型的结构首先必须保证铸件(连同浇、冒口系统)能从金属型中顺利取出。

为适用各种铸件的形状，金属型按分型面的不同可分为整体式、水平分型式、垂直分型式和综合分型式等(图 4.1)。其中，整体式金属型［图 4.1(a)］多用于形成铸件外形轮廓，其内腔多用砂芯形成。型腔上设有出气冒口，采用滤网式浇口杯挡渣，液态金属凝固后，翻转金属型，顶杆机构将铸件顶出。水平分型金属型［图 4.1(b)］生产薄壁轮状铸件时用得较多。为防止这类铸件变形，金属型的温度分布应均匀，故常将浇口开在铸件中心。垂直分型式的金属型［图 4.1(c)］，开、合型方便，开设浇、冒口和取出铸件均较便利，易于实现机械化，应用较多。综合分型式金属型［图 4.1(d)］用于形状复杂的铸件，该种金属型有两个水平分型面和一个垂直分型面，整个金属型由四大部分组成。

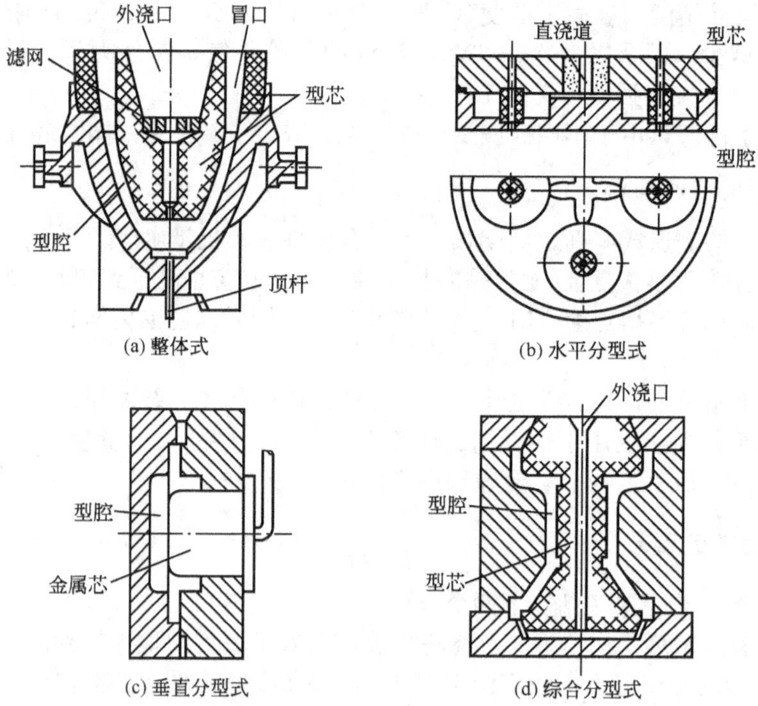

图 4.1　常用的金属型结构示意

金属型的浇注系统多采用底注式或倒注式，以防止浇注时金属液飞溅，遇金属型壁急冷凝成“冷豆”存在于铸件中，影响铸件质量。

图 4.2(a)所示为铝活塞的金属型，由左、右两半型和底型组成，左半型固定，右半型用铰链连接，称为铰链开合式金属型。它采用鹅颈缝隙式浇注系统，使金属液平稳注入型腔。为防止金属型过热，将金属型设计成夹层空腔，采用循环水冷却装置。

金属型用的型芯有金属型芯和砂芯两种，金属型芯一般适用于有色金属铸件，使用时需考虑金属型芯易于顺利拔出，因此，较复杂内腔的金属型芯，常采用组合式型芯。如图 4.2(b)所示，当铸件凝固后，立即抽出左、右销孔型芯及中间型芯，再抽出左右侧型芯。对浇注高熔点合金(如铸铁等)，它采用砂芯，但每个砂芯只能使用一次。

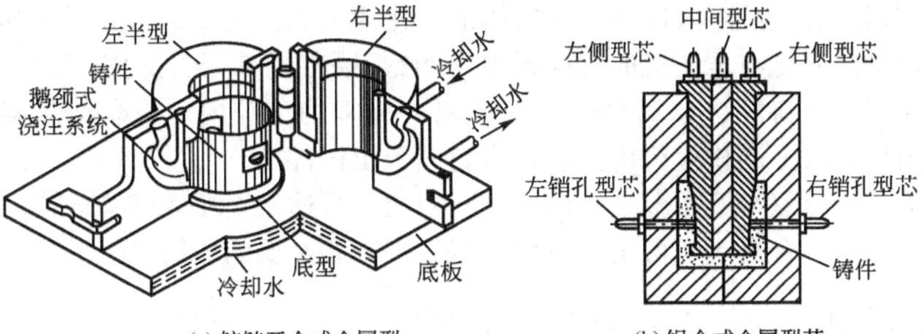

(a) 铰链开合式金属型　　(b) 组合式金属型芯

图 4.2　铸造铝活塞的金属型及金属型芯

4.2　压力铸造

压力铸造是在高压作用下，将液态或半液态金属快速压入金属压铸型(也可称为压铸模或压型)中，并在压力作用下凝固而获得铸件的方法。

高压和高速充填是压铸的两大特点，也是压铸区别于其他铸造方法的最基本特征。压铸所用的压射比压一般为 30～70MPa(300～700atm)，充填速度可达 5～100m/s，充型时间为 0.05～0.25s。

4.2.1　压铸机工作原理

压铸机是完成压铸过程的主要设备，根据压室的工作条件不同可分为热压室压铸机和冷压室压铸机两类。

1. 热室压铸机

其工作过程如图 4.3 所示，当压射活塞 5 上升时，液态金属通过进口进入压室内。动模 2 和定模 3 合型后，在压射活塞 5 下压时，液态金属沿通道经喷嘴 12 充填压铸型，冷却凝固成形后，开型取出铸件。

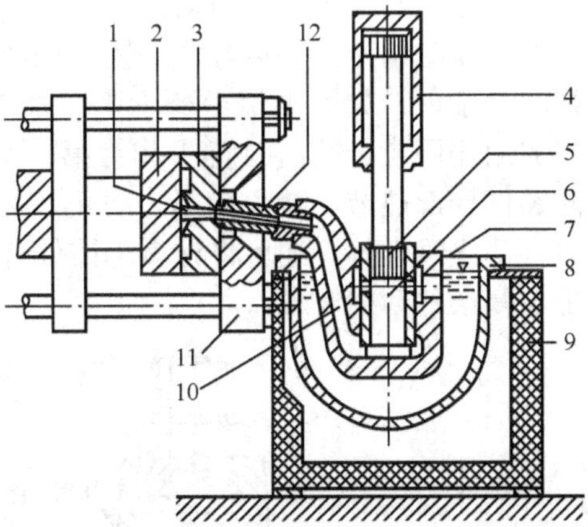

图 4.3　热室压铸机的工作原理

1—浇口；2—动模；3—定模；4—浇注缸；5—压射活塞；6—压室；7—保压浇壶；8—坩埚；9—加热炉；10—通道；11—压铸机；12—喷嘴

热室压铸机的优点是生产工序简单，效率高；金属消耗少，工艺稳定；压入型腔的金属液较干净，铸件质量好；易于实现自动化。但因压室、压射活塞长期浸在金属液中，影响使用寿命，并会增加金属液的含铁量，故目前热压室压铸机多用在压铸低熔点金属，如锌、铅、锡等。

2. 冷室压铸机

该类压铸机的压室不浸在金属液中，用高压油驱动，其合型力比热压室的大。图 4.4 所示为目前应用较普遍的卧式冷压室压铸机的工作原理图。金属铸型 2 是由定型和动型两部分组成，定型是固定在压铸机的定模板上，动型固定在压铸机的动模板上，并可作水平移动；高加压活塞 3 将液态金属高速压入金属铸型 2 的型腔内，液态金属凝固后成为铸件。顶杆 1 由压铸机上的相应机构控制，可自动顶出铸件。

这种压铸机的压室与液态金属的接触时间很短，可适用于压铸熔点较高一些的有色金属，如铜、铝、镁等合金，还可用于黑色金属和半固态金属的压铸。

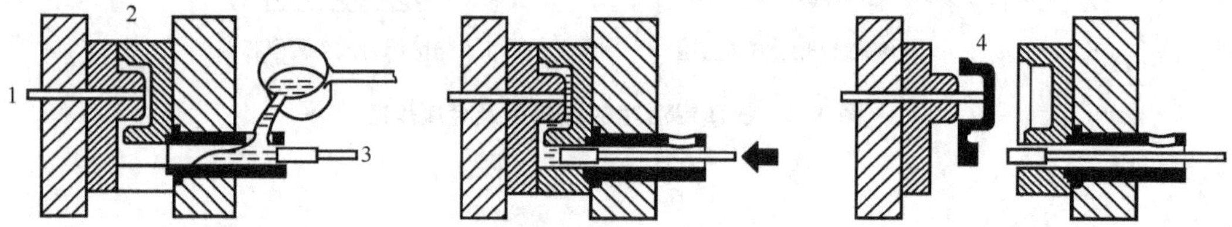

(a) 浇入液态金属　(b) 加压　(c) 顶出铸件

图 4.4　卧式冷室压铸机工作原理

1—顶杆；2—金属铸型；3—高加压活塞；4—铸件

4.2.2　压力铸造的特点及应用

压力铸造具有以下优点：

(1) 铸件的精度高，表面光洁(CT4～CT8，*Ra* 为 1.6～6.3μm)，并可直接铸出极薄件或带有小孔、螺纹的铸件。

(2) 铸件冷却快，又是在压力下结晶，故晶粒细小，表层紧实，铸件的强度、硬度高。

(3) 便于采用嵌铸(又称镶铸法)。嵌铸是将各种金属或非金属的零件嵌放在压铸型中，在压铸时与压铸件铸合成一体，如图 4.5 所示。嵌铸法利于制出一般压铸法难以制出的形状复杂件。如图 4.6(a)所示难以抽芯的深腔件，若按图 4.6(b)改进，便可铸出。此时，先用相同合金铸出圆筒 A 作为第二次压铸的嵌件，最后压铸成整体。此外，嵌铸还可消除铸件局部热节，减少壁厚，防止缩孔；可改善和提高局部性能，如耐磨性、导热性、导磁性和绝缘性等；还可将许多小铸件合铸在一起，代替装配工序。此外，压铸还利于生产形状复杂的薄壁铸件。

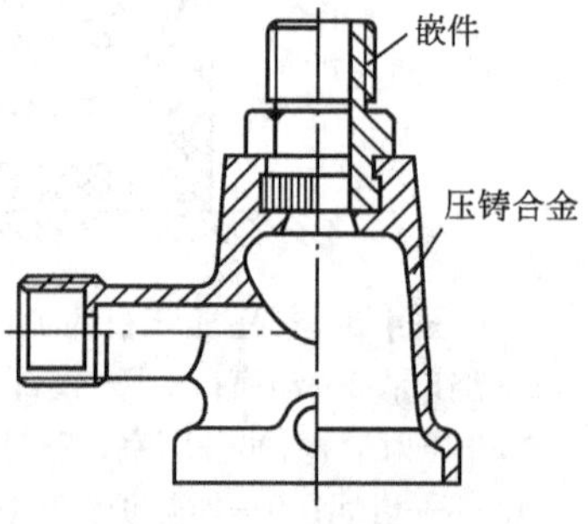

图 4.5　深腔件的改进

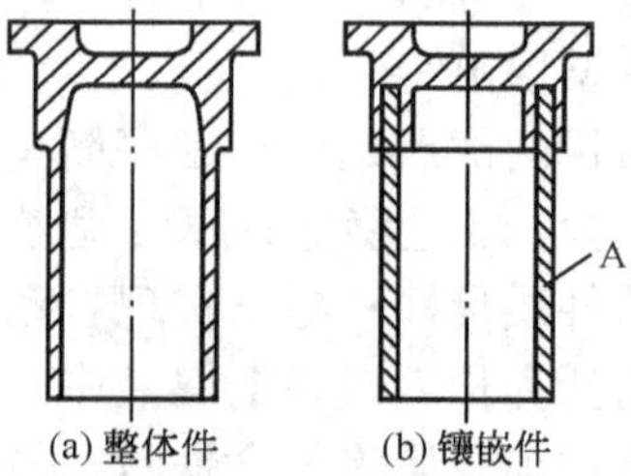

(a) 整体件　(b) 镶嵌件

图 4.6　嵌铸件

(4) 生产率高，每小时可压铸50～150次，最高可达500次，且便于实现自动化、半自动化。

由上可知，压铸是少、无切削加工的重要工艺，在汽车、拖拉机、航空、仪表、纺织、国防等工业部门中，已广泛应用于低熔点有色金属(如锌、铝、铜、镁等合金)的小型、薄壁、形状复杂件的大批量生产。

压铸也有一些缺点，因此在应用中受到如下限制：

(1) 压铸机费用高，压铸型制造成本高，工艺准备时间长，不适宜单件、小批量生产。

(2) 由于压铸型寿命原因，目前压铸尚不适于钢、铸铁等高熔点合金的铸造。

(3) 由于压铸的金属液注入和冷凝速度过快，型腔气体难以完全排出，厚壁处难以进行补缩，故压铸件内部存有气孔、缩孔和缩松。在压铸件的设计和使用中，应注意如下几个方面：①应使铸件壁厚均匀，并以3～4mm薄壁铸件为主，最大壁厚应小于8mm，以防止缩孔、缩松等缺陷；②压铸件不能进行热处理或在高温下工作，以免压铸件内气孔中的气体膨胀，导致铸件变形或破裂。③由于压铸件内部疏松，塑性、韧性差，不适于制造承受冲击件。

压铸件应尽量避免机械加工，以防止内部孔洞外露。近年来，已研究出真空压铸、加氧压铸等新工艺，它们可减少铸件中的气孔、缩孔和缩松等微孔缺陷，提高压铸件的力学性能。同时由于新型压铸型材料的研制成功，钢、铁等黑色金属压铸也取得了一定程度的发展，使压铸的使用范围日益扩大。

4.3 离心铸造

离心铸造是将金属液浇入高速旋转的铸型中，使之在离心力作用下完成充填及凝固成形的一种铸造方法。

4.3.1 离心铸造的基本类型

离心铸造主要有以下三种类型：

(1) 立式离心铸造。如图4.7所示，当铸型在立式离心铸造机上绕垂直轴回转时，在离心力作用下，金属液自由表面(内表面)呈抛物面，使铸件沿高度方向的壁厚不均匀(上薄、下厚)。铸件高度越大、直径越小、转速越低时，其上、下壁厚差越大。因此，立式离心铸造适用于高度不大的盘、环类铸件。

(2) 卧式离心铸造。如图4.8所示，当铸型在卧式离心铸造机上绕水平轴回转时，由于

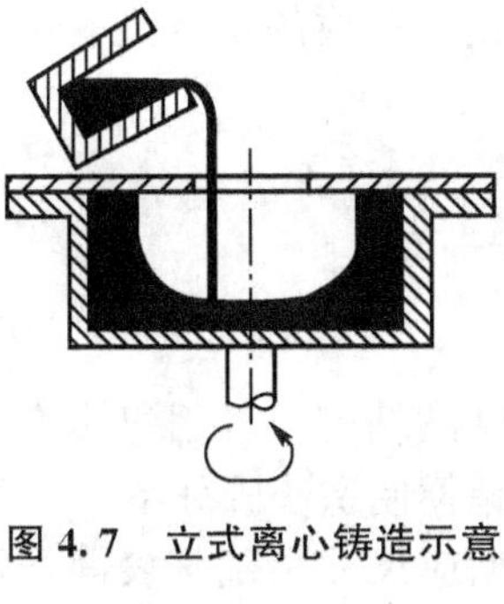

图4.7 立式离心铸造示意

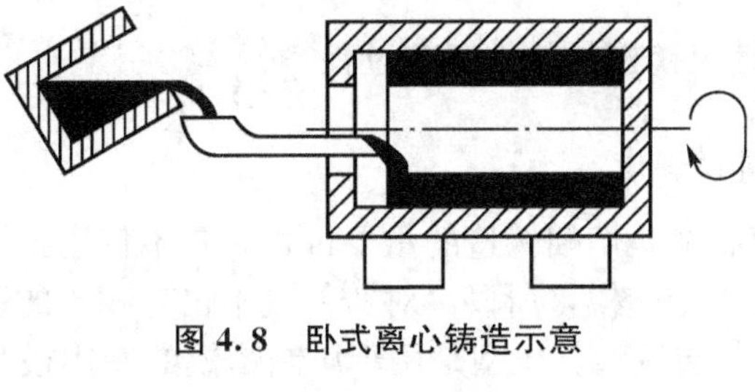

图4.8 卧式离心铸造示意

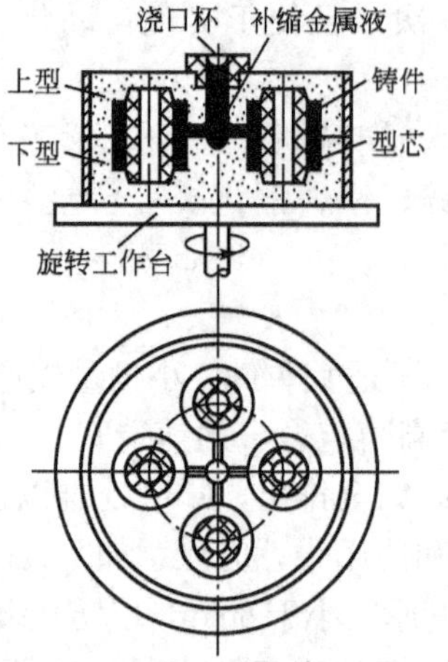

图 4.9 成形铸件的离心铸造

铸件各部分的冷却、成形条件基本相同，所得铸件的壁厚在轴向和径向都是均匀的，因此，卧式离心铸造适用于铸造长度较大的套筒及管类铸件，如铜衬套、铸铁缸套、水管等。

(3) 成形件的离心铸造。如图 4.9 所示，将铸型安装在立式离心铸造机上，金属液在离心力作用下充满型腔，提高了合金的流动性，利于薄壁铸件的成形。同时，由于金属是在离心力下逐层凝固，使浇口可取代冒口对铸件进行补缩。

离心铸造的铸型可用金属型，也可用砂型、壳型、熔模样壳，甚至耐热橡胶型(低熔点合金离心铸造时)等。

4.3.2 离心铸造的特点及适用范围

1. 离心铸造的优点

(1) 用离心铸造生产中空旋转体铸件时，可省去型芯及浇注系统和冒口。

(2) 在离心力作用下密度大的金属被推往外壁，而密度小的气体、熔渣向自由表面移动，形成自外向内的顺序凝固。补缩条件好，使铸件致密，力学性能好。

(3) 便于浇注“双金属”轴套和轴瓦。如在钢套内镶铸一薄层铜衬套，可节省价贵的铜料。

2. 离心铸造的不足之处

(1) 铸件内孔自由表面粗糙、尺寸误差大、质量差。

(2) 不适于比重偏析的合金(如铅青铜等)及铝、镁等轻合金。

离心铸造主要用于大批量生产管、筒类铸件，如铁管、铜套、缸套、双金属钢背铜套、耐热钢辊道、无缝钢管毛坯、造纸机干燥滚筒等；还可用于轮盘类铸件，如泵轮、电动机转子等。

4.4 熔模铸造

熔模铸造工艺是液态金属在重力作用下浇入由蜡模熔化后形成的中空型壳中成形，从而获得精密铸件的方法，又称失蜡铸造(图 4.10)。

4.4.1 熔模铸造的基本工艺过程

1. 蜡模制造

蜡模制造是熔模铸造的重要过程，它不仅直接影响铸件的精度，且因每生产一个铸件就要消耗一个蜡模，所以，对铸件成本也有相当的影响。蜡模制造步骤如下：

(1) 制造压型。压型是用于压制蜡模的专用模具。压型应尺寸精确、表面光洁，且压型的型腔尺寸必须包括蜡料和铸造合金的双重收缩量，以压出尺寸精确、表面光洁的蜡模。

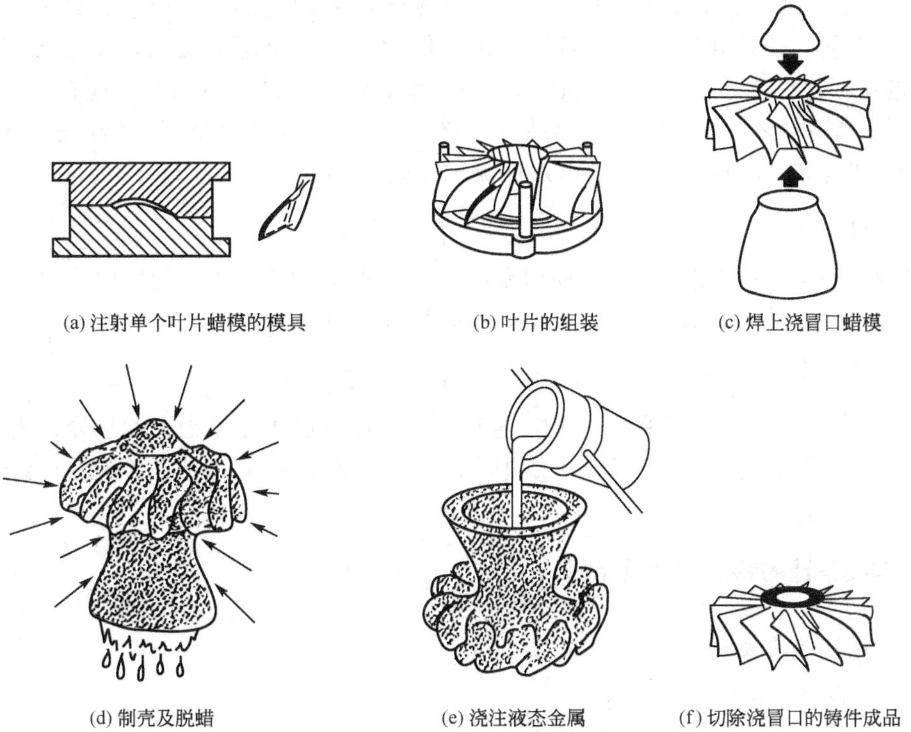

图 4.10　熔模铸造工艺过程

压型的制造方法随铸件的生产批量不同，常用的有如下两种：①机械加工压型。它是用钢或铝，经机械加工后组装而成，这种压型使用寿命长，成本高，仅用于大批量生产；②易熔合金压型。它是用易熔合金(如锡基合金)直接浇注到考虑了双重收缩量(有时还考虑双重加工余量)的母模上，取出母模而获得压型的型腔。这种压型使用寿命可达数千次，制造周期短、成本低，适于中、小批量生产。此外，单件、小批量生产中，还可采用石膏压型、塑料(环氧树脂)或硅橡胶压型。

(2) 压制蜡模。蜡模材料可用蜡料、硬脂酸等配制而成。高熔点蜡料也可加入可熔塑料。常用的蜡料是50%石蜡和50%硬脂酸，其熔点为50～60℃。制蜡模时，先将蜡料熔为糊状，然后以0.2～0.4 MPa(2～4atm)压力将蜡料压入压型内，待蜡凝固后取出，修去毛刺，即获得附有内浇口的单个蜡模。

(3) 蜡模组装。因熔模铸件一般较小，为提高生产率，减少直浇道损耗，降低成本。通常将多个蜡模通过机械组装或焊在一个涂有蜡料的直浇道棒上，构成蜡模组，以便一次浇出许多铸件。

2. 结壳

它是在蜡模组上涂挂耐火材料层，以制成较坚固的耐火型壳。结壳要经几次浸挂涂料、撒砂、硬化、干燥等工序。

(1) 浸涂料。将蜡模组浸入由细耐火粉料(一般为石英粉，重要件用刚玉粉或锆英粉)和粘结剂(水玻璃或硅溶胶等)配成的涂料中(粉液比约为1：1)，使蜡模表面均匀覆盖涂料层。

(2) 撒砂。对浸涂后的蜡模组撒干砂，使其均匀粘附一层砂粒。

(3) 硬化、风干。将浸涂后并粘有干砂的模组浸入硬化剂(20%～25%NH_4Cl水溶液中)浸泡数分钟，使硬化剂与粘结剂产生化学作用。分解出硅酸溶胶，将砂粒牢固粘结，使砂壳迅速硬化。在蜡模组上便形成1～2mm厚的薄壳。硬化后的模壳应在空气中风干，使其不要太湿，也不要过分干燥，然后再进行第二次浸涂料等结壳过程，一般需要重复4～6次(或更多次)，制成5～10mm厚的耐火型壳。

3. 脱蜡

将涂挂完毕、粘有耐火型壳的模组浸泡于85～90℃的热水中，使蜡料熔化、上浮而脱除(也可由蒸汽脱蜡)，从而得到中空型壳。蜡料可经回收、处理后再用。

4. 焙烧和浇注

将型壳送入800～950℃的加热炉中进行焙烧，以彻底去除型壳中的水分、残余蜡料和硬化剂等。熔模铸件型壳一般从焙烧炉中出炉后，宜趁热浇注，以便浇注薄而复杂、表面清晰的精密铸件。

4.4.2 熔模铸造的特点和适用范围

1. 熔模铸造的优点

熔模铸造有以下几方面优点：

(1) 铸件的精度高，表面光洁(CT4～CT7，*Ra* 为12.5～0.8μm)。

(2) 可铸出形状复杂的薄壁铸件，如铸件上的凹槽(大于3mm宽)、小孔($\phi\geqslant2.5$mm)均可直接铸出。

(3) 铸造合金种类不受限制，钢铁及有色合金均可适用。

(4) 生产批量不受限制，单件小批、成批、大量生产均可适用。

2. 熔模铸造的缺点

熔模铸造有以下几方面的缺点：

(1) 工序复杂，生产周期长。

(2) 原材料价贵，铸件成本高。

(3) 铸件不能太大、太长，否则蜡模易变形，丧失原有精度。

综上所述，熔模铸造是一种少、无切削的先进的精密成形工艺，它最适合25kg以下的高熔点、难以切削加工的合金铸件的成批大量生产。目前主要用于航天、飞机、汽轮机、燃气轮机叶片、泵轮、复杂刀具、汽车、拖拉机和机床上的小型精密铸件生产。

4.5 消失模铸造

用聚苯乙烯发泡的模样代替木模，用干砂(或树脂砂、水玻璃砂等)代替普通型砂进行造型，并直接将高温液态金属浇到型中的模样上，使模样燃烧、汽化、消失而形成铸件的方法称为消失模铸造(图 4.11)。

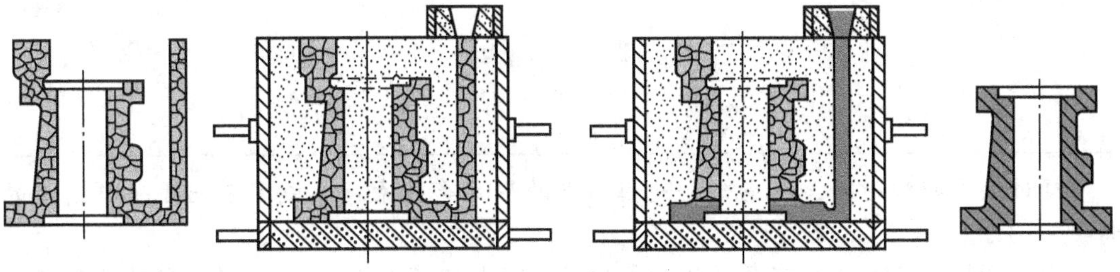

图 4.11 消失模铸造方法示意图

4.5.1 消失模铸造的主要工艺过程

消失模模样的制造→模样与浇冒口的粘合→模样涂挂涂料和干燥→填干砂并振动紧实→浇注落砂清理。

4.5.2 消失模铸造分类

消失模铸造分为以下两类：

(1) 用聚苯乙烯发泡板材，分块制作然后粘合成模样，采用水玻璃砂或树脂砂造型。这类方法主要适用于单件小批量的中大型铸件的生产，如汽车覆盖件模具、机床床身等，一些工厂曾成功地用消失模铸造工艺浇注了 50t 的铸钢件和 32.5t 的铸铁件。

(2) 将聚苯乙烯颗粒在金属模具内加热膨胀发泡，形成消失模模样，并采用干砂造型(Expendable Pattern Casting，EPC)，它主要适用于大批量中小型铸件的生产，如汽车、拖拉机、铸件管接头、耐磨件等。

4.5.3 消失模铸造特点及适用范围

消失模铸造主要有以下三方面特点：

(1) 消失模铸造是一种近无余量、精确成形的新工艺。由于采用了遇金属液即汽化的泡沫塑料制作模样，无须起模，无分型面，无型芯，因而铸件无飞边毛刺，减少了由型芯组合而引起的铸件尺寸误差。铸件的尺寸精度和表面粗糙度接近熔模铸造，但铸件的尺寸可大于熔模铸件。

(2) 为铸件结构设计提供了充分的自由度。各种形状复杂的铸件模样均可采用消失模材料粘合，成形为整体，减少了加工装配时间，铸件成本可下降 10%～30%。

(3) 消失模铸造的工序比砂型铸造及熔模铸造大大简化。

消失模铸造的适用范围如下：

(1) 合金种类：铝、铸铁(灰铁和球铁)、铜及除低碳钢以外的铸钢(因消失模在浇注的熔失过程中会对低碳钢产生增碳作用，使低碳钢的含碳量增加)。

(2) 铸件壁厚 3mm 以上。

(3) 铸件质量范围在几千克以上至几十吨。

(4) 生产批量可单件小批也可成批大量，其中 EPC 法要求年产量需为数千件以上。

(5) 只要砂子在消失模模样中能得到足够紧实，对铸件的结构形状几乎无特殊限制。

小　结

通过改变铸型材料、液态合金充填铸型的形式等因素，形成了不同于砂型铸造的特种铸造方法。

金属型铸造具有铸型可反复使用、铸件尺寸精度高的优点，但不适宜铸造形状复杂、薄壁铸件，易阻碍铸件收缩。因此，金属型要预热、刷涂料、慢浇，并严格控制出型和抽芯时间。金属型分为整体式、水平分型式、垂直分型式和综合分型式等。

高压和高速充填是压铸的两大特点。压铸具有生产率高、铸件精度高、性能高等优点，缺点是压铸件中会含有气孔和缩松。压铸机分热室压铸机和冷室压铸机。

离心铸造便于生产中空旋转体铸件，可省去型芯及浇注系统和冒口，铸件组织致密。但铸件内孔自由表面粗糙。离心铸造分立式离心铸造、卧式离心铸造和成形件离心铸造。

熔模铸造的工艺过程包括蜡模制造、结壳、脱蜡、焙烧和浇注。该成形方法的优点是铸件的精度高、可铸造形状复杂的薄壁件、生产批量及铸造合金种类不受限制等。缺点是工序复杂、铸件成本较高。

消失模铸造的工艺过程包括：模样制造、模样与浇冒口的粘合、模样涂挂涂料和干燥、干砂造型以及浇注和清理。与熔模铸造相比，工序简化，成本降低。

【关键词】

金属型铸造　permanent casting
压力铸造　die casting
离心铸造　centrifugal casting
熔模铸造　investment casting
消失模铸造　expendable pattern casting

习　题

(1) 金属型铸造有何优越性？为什么金属型铸造不能完全取代砂型铸造？为何用它浇注铸铁件时，常出现白口组织，应采取哪些措施避免？

(2) 压力铸造有何优缺点？它的适用范围是什么？

(3) 什么是离心铸造？它在铸造圆筒件时有哪些优越性？

(4) 试述熔模铸造的工艺过程。

(5) 试比较消失模铸造与熔模铸造两工艺的异同点及各自的应用范围。

第二篇

金属连接成形工艺及控制

第5章 焊接电弧

本章学习目标

★ 掌握电弧中带电粒子的产生方法和途径，理解电弧各区域的导电机理
★ 熟悉电弧的产热和电弧力的机理
★ 熟悉磁场对电弧的影响规律及消除电弧磁偏吹的措施

本章教学要点

知识要点	掌握程度	相关知识
电弧的物理基础	熟悉电弧中产生带电粒子种类和方法； 掌握电弧各区域的导电机理； 了解影响电弧静特性的因素	气体的电离种类； 阴极的电子发射种类； 电弧的区域组成
交流电弧	掌握交流电弧的导电特性及其产热和电弧力的特点	引燃电压的概念； 纯阻性回路和感性回路
焊接电弧的产热	掌握电弧各区域的产热机理； 了解电弧能量和温度分布	阴极区及阳极区的产热公式
电弧力	掌握焊接电弧中机械力及其影响因素	电磁收缩力； 等离子流力； 电极斑点压力
磁场对电弧的作用	熟悉电弧自身磁场对电弧的影响； 掌握电弧磁偏吹的规律及消除办法	电弧自身磁场； 电弧刚直性； 电弧磁偏吹

导入案例

一般情况下，气体是不导电体，在特殊情况下，电荷可以通过气体放电。电弧和雷电都属于气体放电现象。

雷电是伴有闪电和雷鸣的一种雄伟壮观而又有点令人生畏的放电现象。雷电一般产生于对流发展旺盛的积雨云中，因此常伴有强烈的阵风和暴雨，有时还伴有冰雹和龙卷风。积雨云顶部一般较高，可达 20km，云的上部常有冰晶。冰晶的凇附，水滴的破碎以及空气对流等过程，使云中产生电荷。云中电荷的分布较复杂，但总体而言，云的上部以正电荷为主，下部以负电荷为主。因此，云的上、下部之间形成一个电位差。当电位差达到一定程度后，就会产生放电，这就是我们常见的闪电现象。闪电的平均电流是 3 万 A，最大电流可达 30 万 A。闪电的电压很高，为 1～10 亿 V。一个中等强度雷暴的功率可达 1000 万 W，相当于一座小型核电站的输出功率。放电过程中，由于闪道中温度骤增，使空气体积急剧膨胀，从而产生冲击波，导致强烈的雷鸣。带有电荷的雷云与地面的突起物接近时，它们之间就发生激烈的放电。在雷电放电地点会出现强烈的闪光和爆炸的轰鸣声。这就是人们见到和听到的闪电雷鸣。

电弧是所有电弧焊接方法的能源。到目前为止，电弧焊所以能在焊接领域中仍占据着主要地位，一个重要的原因，就是电弧焊能有效而简便地把电能转换成所需要的热和机械能。为了认识和发展电弧焊方法，首先必须清楚电弧的导电特点、电弧各区域的特性以及电弧中带电粒子的产生机理，其次需要掌握电弧的产热及电弧力的特点，以及磁场对电弧的影响规律。

5.1 焊接电弧的导电机理

5.1.1 焊接电弧的导电特点

电弧(arc)是在一定条件下，电荷通过两极之间气体空间的导电过程(图 5.1 和图 5.2)。或者说是一种气体放电现象。借助这种特殊的气体放电过程，电能转变为热能、机械能和光能。焊接时主要是利用其热能和机械能来达到连接金属的目的。

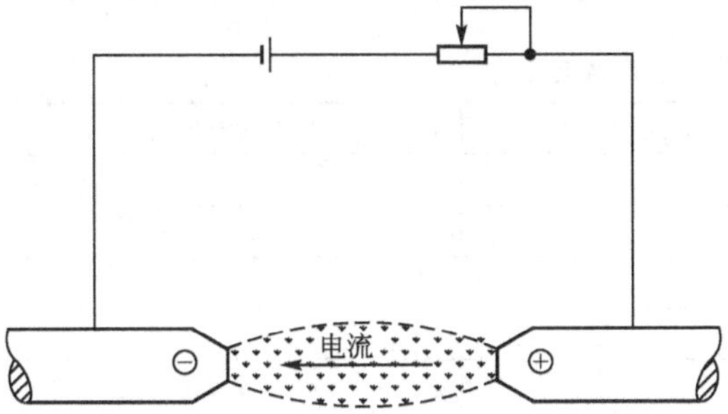

图 5.1 电弧示意

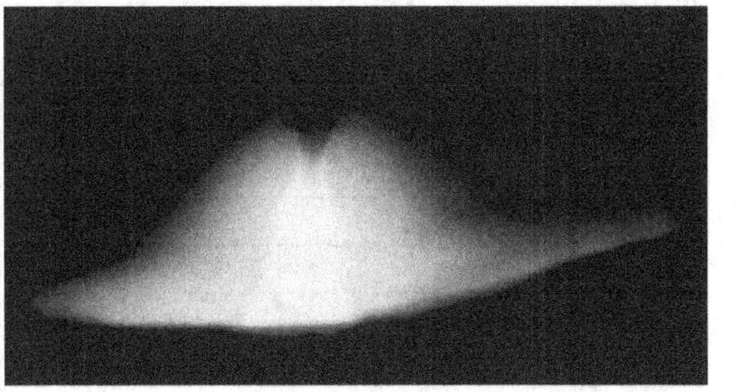

图 5.2 电弧放电照片

在正常状态下，气体不含带电粒子而由中性分子或原子组成，它们虽然可以自由移动，但在外电场作用下，不能够产生定向运动。因此，一般情况下，气体是不导电的。为了使正常状态下的气体导电，必须先有一个产生带电粒子的过程，然后才能出现导电现象。在外电场作用下，气体中所有带电粒子都要产生定向运动，所以气体的导电规律与金属导电显著不同。另外，气体导电时，其导电部分的电压和电流的关系不遵循欧姆定律，而是一个很复杂的关系。它在不同的条件和不同的导电区间，具有不同的导电特性。图 5.3 所示为气体放电的伏安特性曲线，图中电弧放电区是所有气体放电中电压最低、电流最大、温度最高、发光最强的一个放电区域，因此，电弧在工业生产中广泛用来作为光源和热源。

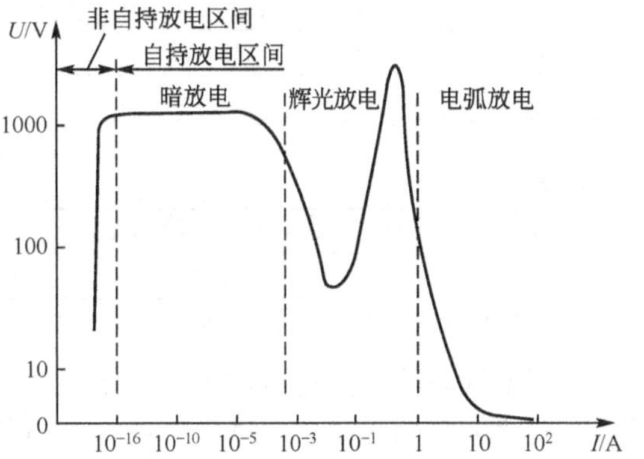

图 5.3 气体放电的伏安特性

电弧是由两个电极和它们之间的气体放电空间而构成的，电弧的带电粒子主要依靠气体的电离和电极发射电子这两个物理过程产生。除这两个主要物理过程外，还有一些其他过程，如气体的解离、激励、扩散、复合及形成负离子等，也会影响电弧的导电性能。

1. 气体的电离

在一定的条件下，中性气体分子或原子分离成电子和正离子的现象称为电离(ionization)。为了将气体电离，就必须施加足够的能量，使气体分子或原子中的电子脱离原子核的束缚而成为自由电子，同时使原子成为正离子。使中性气体粒子失去第一个电子所需要的最低外加能量称为第一电离能(the first ionization energy)。使中性气体粒子失去第二个电子需要更大的电离能，称为第二电离能，以次类推。普通电弧焊中，当焊接电流较小时，只存在一次电离，而在大电流焊接电弧中，电弧温度很高，可能出现二次或三次电离，但仍以一次电离为主。电离能的单位通常为电子伏(eV)。1eV 就是 1 个电子通过 1V 电位差的空间所需要的能量，其数值等于 1.6×10^{-19}J。在电学中，为计算方便，常把以 eV 为单位的能量转换为数值上相等的电压来处理，即直接用该电压值 U_i(称为电离电压)来表示气体电离的难易程度。自由状态气体原子的第一电离电压在 3.9V(Cs)～24.5V(He)，第二电离电压则在十几伏到几百伏之间。电弧气氛中可能遇到的气体电离电压见

表 5-1。

表 5-1　常见气体粒子的电离电压

元　素	电离电压 U_i/V	元　素	电离电压 U_i/V
H	13.5	W	8.0
He	24.5(54.2)	H_2	15.4
Li	5.4(75.3, 122)	C_2	12
C	11.3(24.4, 48, 65.4)	N_2	15.5
N	14.5(29.5, 47, 73, 97)	O_2	12.2
O	13.5(35, 55, 77)	Cl_2	13
F	17.4(35, 63, 87, 114)	CO	14.1
Na	5.1(47, 50, 72)	NO	9.5
Cl	13(22.5, 40, 47, 68)	OH^-	13.8
Ar	15.7(28, 41)	H_2O	12.6
K	4.3(32, 47)	CO_2	13.7
Ca	6.1(12, 51, 67)	NO_2	11
Ni	7.6(18)	Al	5.98
Cr	7.7(20, 30)	Mg	7.61
Mo	7.4	Ti	6.81
Cs	3.9(33, 35, 51, 58)	Cu	7.68
Fe	7.9(16, 30)	—	—

注：括号内的数字依次为二次，三次，……电离电压。

除原子状态的气体可电离外，分子状态的气体也可以直接被电离。在通常情况下，分子状态时的电离电压比原子状态时的电离电压值要高一些，如氢原子为 13.5V，而氢分子为 15.4V。当然也有个别气体分子的电离电压比原子的电离电压低，如 NO 分子的电离电压为 9.5V，而 N 原子和 O 原子的电离电压分别为 14.5V 和 13.5V。

气体电离电压的高低说明电子脱离原子或分子时所需要外加能量的大小，也就是在某种气氛中产生带电粒子的难易程度。在相同的外加能量的条件下，电离电压低的气体产生带电粒子较为容易，就此而言有利于维持电弧稳定。但是影响电弧稳定性的因素很多，气体的其他性能(如解离性能、热物理性能等)，也影响整个电弧空间的能量状态和带电粒子的产生和移动等过程，同样会影响电弧的稳定性。

当电弧空间同时存在电离电压不同的几种气体时，在外加能量的作用下，电离电压较低的气体粒子将首先被电离。如果这种低电离电压气体占一定的比例，电弧空间的带电粒子将主要依靠这种气体的电离过程来提供，所需的外加能量也主要由这种气体的电离电压来决定。由表 2-1 所示可知，铁的电离电压为 7.9V，比二氧化碳或氩的电离电压(13.7V，15.7V)都低得多。因此在钢材的气体保护焊时，如果焊接电流足够大，电弧空间将充满铁的蒸气，其带电粒子将主要由铁蒸气的电离过程来提供，电弧气氛的电离电压也将主要由铁蒸气的电离电压来决定。通常把这种决定电弧气氛的电离电压称为实效电离电压。

当气体中性粒子受外来能量作用其数量不足以使电子完全脱离气体原子或分子，而可能使电子从较低的能级转移到较高的能级时，中性粒子的内部稳定状态被破坏，但对外仍呈电中性，这种状态称为激励(stimulation)。使中性粒子激励所需的最低外加能量称为最低激励能。激励能小于电离能，也用电压值来表示，称为激励电压。

外加能量可以通过不同方式施于中性气体粒子，但是能量的传递途径从本质上讲只有两种，即碰撞传递和光辐射传递。碰撞传递是借助于气体粒子相互碰撞时进行能量转移的一种能量传递方式。弹性碰撞只能引起粒子温度变化，不能产生电离过程；非弹性碰撞能使被碰撞的粒子的内部结构发生变化，最终使中性气体粒子电离并为电弧提供带电粒子。电弧空间气体中除了中性粒子外，还同时含有电子和正离子，其间的碰撞和能量传递与它们的质量比有密切关系。被碰撞粒子和撞击粒子的质量比越大，被撞粒子获得的能量就越大。电子的质量远远小于气体原子、分子或粒子的质量，因而当具有足够动能的电子与中性粒子进行碰撞时，它的动能几乎可以全部传递给中性粒子，转换成中性粒子的内能，使其电离。中性气体粒子也可以直接接收外界以光量子形式所施加的能量，使其内能增加，造成内部结构改变而电离。

在实用电弧中，通过气体粒子间的碰撞将能量传递给中性粒子并使之电离，是电弧本身产生带电粒子以维持其导电的主要途径，而通过光辐射传递方法产生带电粒子则是次要的。

电弧中气体粒子的电离因外加能量的种类不同而分为热电离(thermal ionization)、电场作用下的电离(ionization with electric field)和光电离(light ionization)三类。气体粒子受热作用而产生的电离称为热电离，它实际上是由于气体粒子的热运动而产生碰撞的一种电离过程。气体热电离的电离度随着温度升高，气体压力减小和电离电压降低而增加，其中以温度的影响最为显著。当气体中有电场作用时，带电粒子除了作无规则的热运动外，还产生一个受电场影响的定向运动。当带电粒子的动能在电场的影响下增加到足够高的数值时，则能与中性粒子产生非弹性碰撞而使之电离，这种电离称为电场作用下的电离。电场作用下的电离现象主要是电子与中性粒子的非弹性碰撞所引起的。中性粒子接收光辐射的作用而产生电离的现象称为光电离。电弧的光辐射能直接引起电离电压较低的K、Na、Ca、Al等金属蒸气的光电离。

电弧弧柱的热力学温度一般在5000～8000K，而电场强度为10V/cm左右，在弧柱区热电离是产生带电粒子的主要途径。在电弧的阴极压降和阳极压降区，电场强度可达10^5～10^7V/cm，可以产生显著的电场作用下的电离。至于光电离则是电弧中产生带电粒子的一个次要途径。

2. 电子发射

电极表面受到外加能量的作用，使其内部的电子冲破电极表面的束缚而飞到电弧空间的现象称为电子发射(electron emitting)。从阴极发射出来的电子在电场作用下参加电弧导电过程，向弧柱提供所需的电子流。

使一个电子从金属表面飞出所需要的最低外加能量称为逸出功(W_w)，单位是电子伏(eV)。因电子电量为一常数，通常以逸出电压$U_w=W_w/e$(V)来表示逸出功。表5-2是几种金属材料的逸出功，由表可见，当金属表面附有氧化物时，其逸出功都会减小。

表5-2 几种金属的逸出功 （单位：eV）

金属种类	W	Fe	Al	Cu	K	Ca	Mg
纯金属	4.54	4.48	4.25	4.36	2.02	2.12	3.78
氧化物	—	3.92	3.9	3.85	0.46	1.8	3.31

由于外加能量不同，电子发射机构可分为热发射(thermal emitting)、电场发射(emitting with electric field)、光发射(light emitting)和粒子碰撞发射(particle encounter emitting)等四种类型。

热发射是由于金属表面受热作用，使其内部的自由电子热运动加剧，当自由电子的动能大于逸出功时，则飞出金属表面参加电弧的导电过程。电子从金属表面逸出时要带走热量，对金属表面产生冷却作用；当其被金属表面接收时会释放能量，使金属表面加热。带走和释放的能量在数值上表示为 IU_w，其中 I 为发射的总电子流，U_w 为逸出电压。

当金属表面存在一定强度的正电场时，金属内部的电子会受到电场力的作用。当此力足够大时，电子即可飞出金属表面，这种现象称为电场发射。当电场强度足够高时，即使电极温度很低，也可以发射足够的电子供给电弧导电的需要。由于电场提供了电场能，相当于降低了电极的逸出功，因此电场发射时，电子从电极表面带走的热量比热发射带走的要少。

金属表面受光能照射，使内部自由电子冲破表面约束而产生的电子发射称为光发射。产生光发射时，由于电子吸收光辐射能，不从金属表面带走能量，所以对电极没有冷却作用。

焊接电弧中正离子撞击阴极表面，将其动能传给阴极内部的电子，使其逸出金属表面的发射过程，称为碰撞发射。这种发射伴随着从阴极逸出的电子首先与正离子中和成为中性粒子，并释放出电离能的过程。因此，当该电离能与正离子的撞击能之和为电子逸出功的两倍时，阴极才能发射出一个有效电子。

在实际焊接电弧中，当使用沸点高的材料钨或碳作电极时，其阴极区的带电粒子主要靠热发射来提供，通常称为热阴极电弧。使用钢、铜、铝、镁等材料作阴极时，由于它们沸点很低，电极加热温度受沸点限制不可能很高，热发射不能提供足够的带电粒子，此时电场发射起重要作用，这种电弧称为冷阴极电弧。焊接电弧由于光量较弱，因而光发射在阴极电子发射中居次要位置。焊接电弧中阴极区前面有大量的正离子聚集，而形成一定强度的正电场，能使正离子加速撞击阴极，因而在一定条件下碰撞发射能够供给电弧所需要的电子。

3. 负离子的产生

焊接电弧的带电粒子中除了电子和正离子之外，还可能产生另一种带电粒子——负离子(negative ion)，它是在一定条件下，某些中性原子或分子吸附一个电子而形成的。中性粒子吸附电子形成负离子时，其内部能量不是增加而是减少；减少的这部分能量称为中性粒子的电子亲和能，通常以热能或光辐射的形式释出。电子亲和能越大的元素形成负离子的倾向越大，卤族元素(F、Cl、Br、I)的电子亲和能较大，比较容易形成负离子。此外，电弧中的O原子、O_2、OH^-、NO_2、H_2O 等具有一定的电子亲和能，也都可能形成负离子。由于形成负离子要伴随着放热过程且电子在高温时运动速度高，所以在电弧高温区，负离子不易形成和存在。负离子所带的电荷量虽然与电子相同，但因其质量比电子大得多，不能有效地参加电弧导电过程，所以电弧中如果产生大量的负离子，则必然会引起电弧导电困难而使其稳定性降低。

电弧正是通过上述带电粒子的产生和消亡等一系列物理过程，不断把电能转换为热、光和机械能，以满足焊接和其他工业应用的需要。

5.1.2 焊接电弧的构成及其导电特性

焊接电弧由三个不同电场强度的区域，即阳极区(anode region)、阴极区(cathode region)和弧柱区(arc column region)构成(图 5.4)。其中弧柱区电压降 U_C 较小而长度较大，说明阻抗较小，电场强度较低；两个极区沿长度方向尺寸较小而电压降较大(U_A 为阳极压降，U_K 为阴极压降)，可见其阻抗较大，电场强度较高。电弧的这种特性是由于各区导电机构不同所决定的。

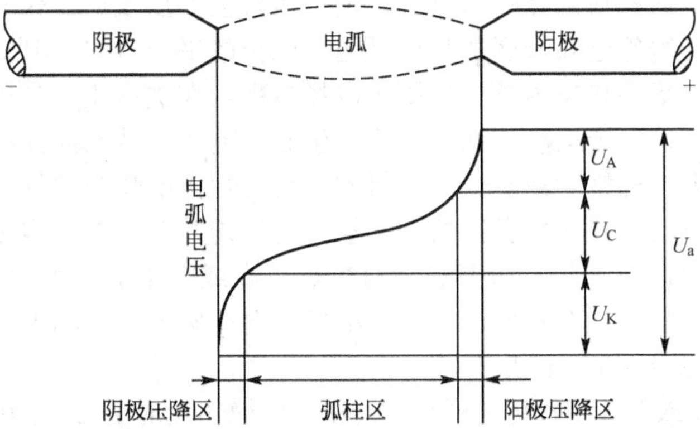

图 5.4 电弧的区域组成

1. 弧柱区的导电特性

弧柱温度因气体种类和电流大小不同，一般在 5000～50000K，因此弧柱气体将产生以热电离为主的导电现象。热电离产生的带电粒子在外加电场的作用下，正离子向阴极方向运动，电子向阳极方向运动而形成电流。这种受电场作用而形成的电子流和正离子流将由阳极区和阴极区产生相应的电子流和正离子流予以补充，以保证弧柱带电粒子的动态平衡。从整体看，弧柱呈电中性，因此电子流和正离子流通过弧柱时不受空间电荷电场的排斥作用，从而决定电弧放电具有大电流、低电压的特点(电压降可为几伏，电流可达上千安培)。

弧柱的导电性能的优劣，直接表现在弧柱导电时所需要的电场强度 E 的大小。E 的大小与电弧气氛种类和电流大小有密切关系，图 5.5 所示为几种气体的弧柱电场强度与电流的关系。由图可知，在较小电流区间，E 随电流增大而减小，在较大电流区间，E 则随电流的增加而稍有增加。

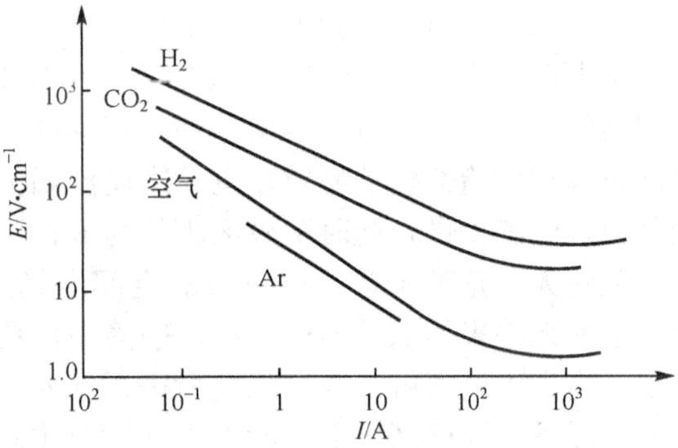

图 5.5 弧柱电场强度与气体种类和电流的关系

2. 阴极区的导电特性

阴极区的作用是向弧柱区提供所需要的电子流，接收由弧柱区送来的正离子流。由于阴极材料种类、电流大小以及电弧气体介质不同，阴极区的导电机构可分为三种类型。

1) 热发射型阴极区导电机构

当阴极采用 W、C 等高熔点材料，电流较大时，由于阴极区可达到很高的温度，弧柱所需要的电子流主要靠阴极的热发射来提供，这样的阴极区称为热发射型阴极区。如果阴极通过热发射能够提供所需要的全部电子，则阴极区不复存在，阴极压降也不存在，即阴极前面的电场强度完全和弧柱区一致。在大电流钨极电弧焊时，这种阴极导电机构占主要地位。

2）电场发射型阴极区导电机构

当阴极材料为 W、C，但电流较小或者阴极材料采用熔点较低的 Fe、A1、Cu 时，阴极表面的温度受电流或材料沸点的限制，不能产生较强的热发射以供给所需的电子流。由于电子供应不足，使得邻近阴极区的弧柱处正负电荷的平衡首先受到破坏。造成过剩的正离子堆积，形成正电场。热发射越弱，则正电场越强，在这一正电场的作用下，使阴极产生电场发射，同时加速电子运动，在阴极区产生碰撞电离，共同向弧柱提供所需要的电子流；这种形式的导电机构称为冷阴极导电机构，是熔化极电弧焊常见的导电机构。

在通常情况下热发射和电场发射两种阴极导电机构并存，并且根据电极材料、电流大小和气体介质不同而自动调节。当电极材料熔点较高或者电流较大时，热发射比例较大，电场发射比例较小，阴极压降较低；反之，电场发射比例增大，阴极压降也随之提高。

3）等离子型阴极区导电机构

在冷阴极小电流或低气压钨极电弧焊时，由于阴极热发射不足以提供所要求的电子，在阴极前造成电荷堆积，产生阴极压降 U_K，当 $U_K < U_i$ 既不足以使中性粒子产生碰撞电离，也不能引起强烈的电子发射时，正离子达到阴极时与阴极发射的电子中和成为中性粒子，并携带中和时所放出的部分能量回弹到阴极区前聚集成为一个高温区。该高温区使中性粒子被再次加热电离，生成的电子供弧柱所需要的电子流，生成的正离子流向阴极形成正离子流。这种导电机构的特点是靠近阴极区处有局部亮度的辉点，阴极压降在 $0 \sim U_i$ 之间。

3. 阳极区的导电特性

阳极区的作用是接收由弧柱流过来的电子流和向弧柱提供所需要的正离子流。阳极区接收电子的过程较为简单，每一个电子到达阳极时便向阳极释放相当于逸出功 W_W 的能量。但由于阳极不能直接发射正离子，所以正离子只能由阳极区供给。根据电弧电流密度的大小，阳极区可由两种方式提供正离子。

当电流密度较大时，阳极温度很高，阳极材料发生蒸发，靠近阳极前面的空间也加热到很高的温度。当电流密度增加到一定程度时，聚集在这里的金属蒸气将发生热电离，生成的正离子供给弧柱的需要，电子则流向阳极。如果电流足够大，弧柱所需要的正离子可全部由热电离提供，此时阳极区压降为零；当电流较小时，阳极区热电离不足，阳极前面电子数将大于正离子数，形成负的空间电场、产生阳极区压降 U_A，在 U_A 达到一定程度时，会使弧柱来的电子加速运动，碰撞中性粒子而产生碰撞电离，向弧柱提供所需要的正离子。当这种电离可以满足弧柱所需的正离子数目时，U_A 不再继续升高而保持稳定。在这种情况下，阳极区压降一般大于气体介质的电离电压。

试验表明，大电流钨极电弧焊及大电流熔化极焊接时，U_A 都很小甚至接近于零。U_A 除了与焊接电流有关外，还与材料的导热性能有关：在相同条件下阳极材料的导热性能越强，U_A 越大。

4. 阴极斑点和阳极斑点

1）阴极斑点

当阴极材料熔点和沸点较低且导热性很强时，即使阴极温度达到材料的沸点，此温度也不足以通过热发射产生足够数量的电子，阴极将进一步自动缩小其导电面积，直至阴极导电面积前形成密度很大的正离子空间电荷和很大的阴极压降，足以产生较强的电场发射，补充热发射的不足，向弧柱提供足够的电子流。此时阴极将形成面积更小、电流密度更大［达 $5\times(10^5\sim10^7)$ A/cm^2］的斑点来导通电流，这种导电斑点称阴极斑点(cathode spot)。用高熔点的W、C等材料作阴极时(所谓热阴极)，只有在电流很小、阴极温度很低的情况下，才有可能产生这种阴极斑点。而当用低熔点的Al、Cu、Fe等材料作阴极时(所谓冷阴极)，无论电流大小，均会产生阴极斑点。此时，阴极表面将由许多分离的斑点组成阴极斑点区。这些斑点在阴极斑点区以很高的速度跳动，自动选择有利于场发射和热发射条件的点。电弧通过这些点提供电子时，阴极消耗的能量最低。

由于阴极斑点电流密度很高，又受到大量正离子的撞击，斑点上将积聚大量的热能，温度很高甚至达到材料的沸点，从阴极斑点产生大量的金属蒸气并以一定速度射出。这种金属蒸气流的反作用以及正离子对阴极的撞击，对斑点产生一定的压力，称为阴极斑点压力。在直流正接(DCSP，Direct Current Straight Polarity)熔化极焊接时，工件为阳极，焊丝为阴极，这种斑点压力对熔滴过渡将起阻碍作用。

阴极表面上热发射性能较强的物质有吸引电弧的作用，阴极斑点有自动跳向温度高、热发射性强物质上的特性。如果金属表面有低逸出功的氧化膜存在时，阴极斑点有自动寻找氧化膜的倾向，而阴极斑点处很大的电流密度和很高的温度有利于祛除氧化膜。铝合金电弧焊接时的阴极清理表面致密氧化层的现象，就是由这种特性决定的。

2）阳极斑点

当采用低熔点的Fe、Cu、Al等材料作为阳极，一旦阳极表面某处有熔化和蒸发现象产生时，由于金属蒸气的电离能大大低于一般气体的电离能，在有金属蒸气存在的地方，更容易产生热电离而提供正离子流，电子流更容易从这里进入阳极，阳极上的导电区将在这里集中而形成阳极斑点(anode spot)。阳极斑点电流密度的数量级一般为 $10^2\sim10^3$ A/cm^2。低熔点阴极材料形成阳极斑点的条件，首先是该点有金属的蒸发，其次是电弧通过该点时弧柱消耗能量较低。

当金属表面覆盖氧化膜时，与阴极斑点的情况相反，阳极斑点有自动寻找纯金属而避开氧化膜的倾向。因为大多数金属氧化物的熔点和沸点皆高于纯金属，且金属氧化物的电离电压较高。

由于阳极斑点往往伴随着金属的蒸发，蒸气的反作用力对阳极表现为压力。因此一旦形成阳极斑点，也就产生阳极斑点压力。但由于阳极斑点的电流密度比阴极小，所以通常阳极斑点压力比阴极斑点压力小。熔化极焊接时，工件为阴极，焊丝为阳极，阻止熔滴过渡的作用力较小，这是MIG焊多采用直流反接(DCRP，Direct Current Reversed Polarity)的原因之一。

5.1.3 焊接电弧的静特性

电弧燃烧时，两极之间稳态的电压与电流的关系曲线称为电弧静特性(static characteristic of arc)。了解焊接电弧静特性是有效控制电弧的基础。

电弧静特性曲线形状一般如图5.6所示。当电流较小时(A区域)，电压随着电流的增加而减小；当电流较大时(B区域)，电压几乎不变，电弧呈平特性；当电流更大时(C区域)，电压随电流的增加而升高，电弧呈正特性。各种工艺因素使电弧静特性曲线有不同的数值，但都有类似的趋势。钨极氩弧焊时，在小电流区间，电弧为负特性。埋弧焊、焊条电弧焊(手工电弧焊)和大电流钨极氩弧焊，当电流密度不太大时，电弧呈平特性；当电流进一步增大，特别用细丝MIG焊时，电弧呈上升特性。

电弧长度增加时，主要是弧柱长度增加，从而使弧柱的压降增加，电弧电压增加，电弧静特性曲线的位置将提高。电流一定时，电弧电压随弧长的增加而增加，对熔化极和钨极都有类似的情况。

周围气体介质对电弧静特性有显著的影响，这种影响也是通过对弧柱电场强度的影响表现出来的。主要有两个方面的原因，一是气体电离能不同，二是气体物理性能不同。第二个原因往往是主要的，气体的导热系数、解离程度及解离能都对电弧电压起决定性的影响。图 5.7 所示给出了不同保护气体电弧电压的比较。周围气体介质压力增加，意味着气体粒子密度的增加，气体粒子通过散乱运动，从电弧带走的总热量增加，冷却作用加强，电弧电压就升高。

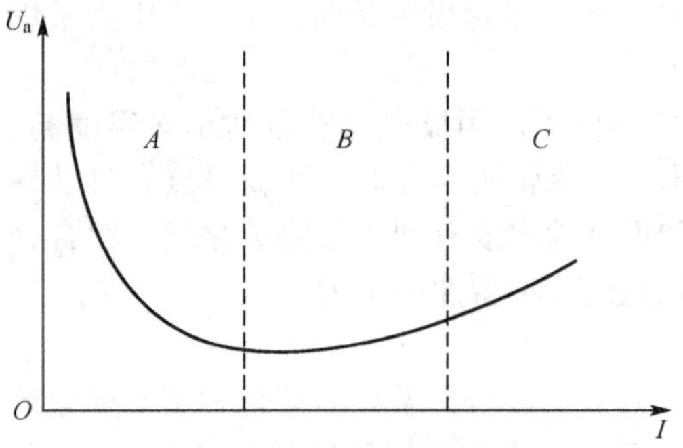

图 5.6　电弧的静特性

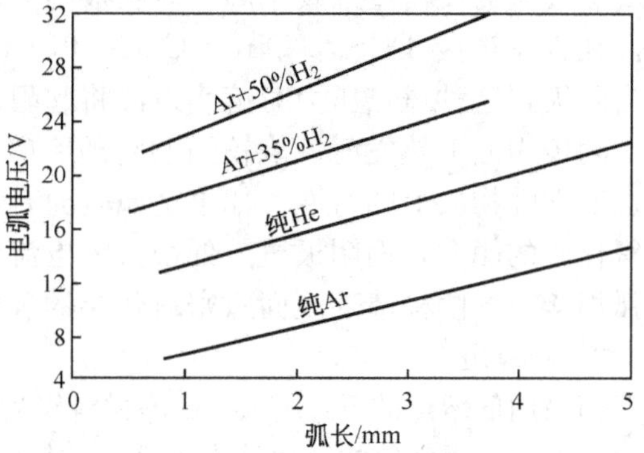

图 5.7　不锈钢 TIG 焊时弧压与弧长的关系(I=100A)

5.1.4　交流电弧的特点

目前常用的交流焊接电源，输出电流是 50Hz 的正弦波，电弧电流每秒钟有 100 次经过零点并改变极性，这种电弧称为交流电弧(alternate current arc)。交流电弧经过零点时，电流瞬时值为零，电弧熄灭，下半周波必须重新引燃。重新引燃电弧所需要的电压数值，称为再引燃电压。重新引燃电弧的难易，与再引燃电弧瞬间的电弧空间残余电离度、电极热发射电子能力及所加电压的上升速度有关。因此，焊接规范参数、气体介质、电极材料、焊接电源的动态特性等都对交流电弧的再引燃特性有明显的影响。交流焊接电弧的再引燃是在极短暂的熄弧瞬间，电弧空间及电极还处于高温状态，因此再引燃电压数值要比冷态开始焊接时所要求的引弧电压低很多。

焊接电弧在这里可以看做是非线性阻性负载。在工频条件下，电弧电压与焊接电流相位基本相同。如果焊接电源输出回路是纯阻性回路，则焊接电流与电压的关系如图 5.8 所示。由图可以看出，焊接电源电压 U_0 由零逐渐上升，当其瞬时值达到电弧的再引燃电压值 U_r 时，则电弧重新引燃。电弧一经引燃，弧压迅速下降到正常燃烧的数值，形成低电压大电流放电现象。电源按正弦波供电，电源电压由小到大，焊接电流也逐渐增大，而弧压变化不大。当电源电压下降时，焊接电流也逐渐减小，过 C 点时电源电压低于电弧电压，于是电弧熄灭。C 点所对应的电压称为熄弧电压。电弧熄灭后电流为零。下半波电源电压上升并达到再引燃电压值时，电弧又重新引燃。如此不断重复，形成交流电弧的燃烧过程。由此可见，在阻性回路中电弧电流是不连续的。在电弧熄灭时间 t_e 内电流中断了一段时间，电弧空间的热量很快散失，电极温度下降，电弧的再引燃电压提高，造成电弧不稳。如果电弧空间气体导热性好，电离势高或电极为冷阴极材料，则其再引燃电压数值很高，以致负半波电弧不能再引燃，造成电弧熄灭，使焊接过程不能正常进行。

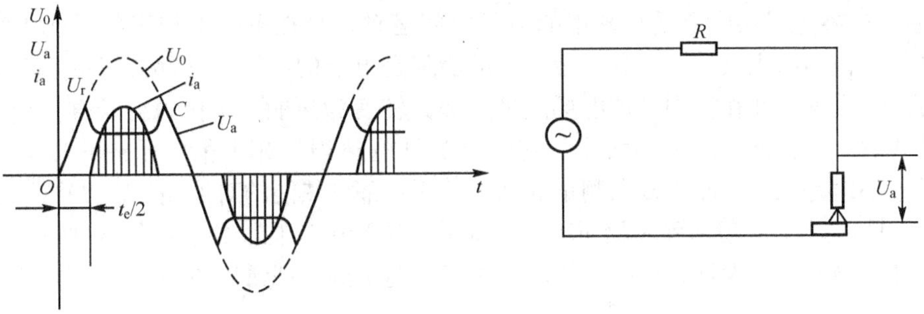

图 5.8　阻性回路中电弧电压和电流波形图

如果在焊接电源输出回路中串有足够的电感(图 5.9)，由于电源与电弧负载电压相位上的差别及电感的续流作用，当电源电压降至零点时，电感仍继续供给焊接电流，电弧电压 $U_a \neq 0$，维持电弧继续燃烧，直到电流为零，电弧熄灭。此时若电源反向电压数值已达到或超过再引燃电压 U_r，则电弧立即反向引燃，形成反向电流，使电流过零没有停顿，显著改善了交流电弧的稳定性。因此，一般交流焊接电源，焊接回路中都有合适的电感。

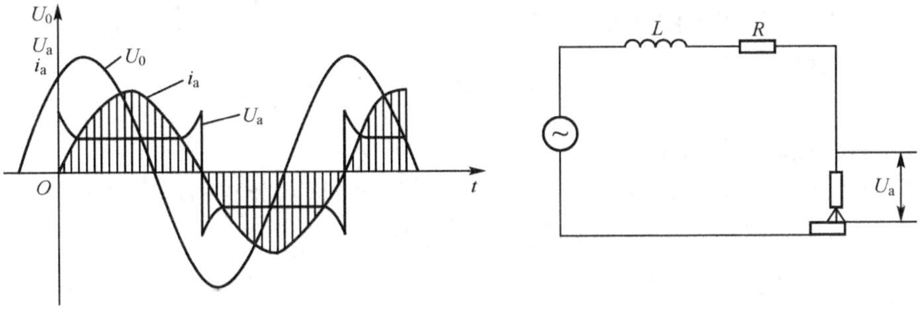

图 5.9　回路中有电感时的电弧电压和电流波形

交流电弧的电流幅值和方向是随时间而变化的，电弧温度也随时间变化，电弧对焊丝和母材的加热作用也是变化的。交流电弧对焊条和被焊工件的加热熔化效率介于直流正接和直流反接电弧之间。由于电流幅值周期性的变化，其弧柱直径也是周期性变化的，时而膨胀，时而收缩，从而引起周围气体激烈扰动，易使空气卷入电弧空间，破坏保护效果。因此，在同样条件下，交流电弧的氢、氮含量往往比直流电弧的高。

5.2　焊接电弧的产热

5.2.1　焊接电弧的产热机理

电弧可以看做一个把电能转换成热能的元件，当其各部分(弧柱、阴极区、阳极区)的能量交换达到平衡时，电弧便处于稳定燃烧状态。由于电弧三个区域导电性能不同，因而各区的能量产生和转换的特性也不一样，各区的温度也不相同。

1. 弧柱的产热机理

弧柱的导电主要是依靠电子在电场作用下定向运动来实现的，正离子流只占电流的0.1%左右。这些电子实际上是在密集的粒子之间运动，是在不断地与正离子或中性粒子碰撞过程中从阴极移向阳极的。其散乱运动的动能就是电子的热能，这部分能量占电子总能量的大部分。就是说，在弧柱中外加电场能量大部分转变为热能。单位弧柱长度的能量为 IE，其大小就代表了弧柱产热能量的大小。它将与弧柱的热损失相平衡。弧柱的热损失分为对流、传导和辐射等几个方面。根据测量的结果，弧柱部分热能的对流损失占80%以上，传导和辐射为10%左右。一般电弧焊接过程中，弧柱的热量中只有很少一部分通过辐射传给焊条(丝)和工件。当电流较大且有等离子流产生时，等离子流将把弧柱的一部分热量带到工件。

2. 阴极的产热机理

阴极区的热量直接影响焊丝或工件母材的熔化。在阴极区，电子和正离子这两种带电粒子不断产生、消失和运动。同时伴随着能量的转变与传递。电子在阴极压降的作用下逸出阴极并受到加速作用，获得的总能量为 IU_K。电子从阴极表面逸出时，克服阴极表面的束缚而消耗能量为 IU_W，电子流离开阴极区进入弧柱区时，它具有与弧柱温度相应的热能，电子流离开阴极区带走的这部分能量为 IU_T。根据上述分析，电子流离开阴极区时能量平衡为

$$P_K=I(U_K-U_W-U_T) \tag{5-1}$$

式中，P_K——阴极区产生的热能；

U_K——阴极区压降；

U_W——逸出电压；

U_T——弧柱温度的等效电压。

这是阴极的产热表达式，所产生的热能主要用于加热阴极和阴极区的散热损失，焊接过程中直接加热焊条(丝)或工件的热量主要由此提供。

3. 阳极的产热机理

电子到达阳极时将带给阳极三部分能量：第一部分是电子经阳极压降区被 U_A 加速而获得的动能 IU_A；第二部分是电子发射时在阴极吸收的逸出功又供给阳极，这部分能量为 IU_W；第三部分为从弧柱带来的与弧柱温度相对应的热能 IU_T。因此阳极区的能量平衡为

$$P_A=I(U_A+U_W+U_T) \tag{5-2}$$

式中，P_A——阳极接收的热量；

U_A——阳极区压降。

阳极产生的热量主要用于阳极的加热、熔化和散热损失。这也是焊接过程中可以直接利用的能量。

5.2.2 电弧的能量密度和温度分布

单位面积上的热功率称为能量密度。能量密度大时，能有效地利用热源，提高焊接速度，减少焊接热影响区，达到改善焊缝质量的目的。气焊火焰的能量密度为 1～10W/cm^2，而电弧的能量密度则可达到 10^2～10^4 W/cm^2。由电弧各区的导电特点可知，各部分的轴向能量密度的分布与电流密度的分布是相对应的，即阴极区和阳极区的能量密度高于弧柱区的能量密度。但温度的轴向分布却不与能量密度分布相对应，而是弧柱温度较高，两电极温

度较低。这是因为电极温度受电极材料导热性能以及熔点和沸点的限制，而弧柱的温度则不受材料限制的缘故。至于阴极和阳极的温度哪个高些，则不仅与该极区的产热量有关，而且还受材料热物理性能(熔点、沸点及导热性能等)、电极的几何尺寸大小以及周围的散热条件等因素的影响。在相同产热量的情况下，如果材料沸点低，导热性好，电极的几何尺寸大，则该极区温度低；反之，则该极区温度高。

阅读材料5-1

TIG 焊接电弧温度的光谱分析

电弧温度是描述电弧等离子体热力学状态的最重要的参数之一，通过对电弧温度的研究，可以获悉等离子体内部的一些重要性质和基本过程，从而了解焊接电弧等离子体内部的物理化学现象，把握和控制电弧等离子体中各种反应过程以及防止有害成分的污染等。同时，也为提高电弧的电热转换效率、降低能耗、改善焊缝成形提供依据。

试验采用光电直读式光谱仪，由光纤将 TIG 焊接电弧光信号引入光谱仪，通过 USB 线将光谱信号传回至计算机并进行分析。

对不同电流条件下的电弧温度在 20s 时间内取平均值(表 5－3)。从表 5－3 可以看出，随着电流的增大，电弧平均温度升高。电流每提高 30 A，电弧温度大约升高 500K。众所周知，电弧温度随电流的增大而升高，试验结果与理论分析相符合。而形成这一变化规律的原因是，随着电流的增大，电弧的电磁收缩效应加强，使得弧柱收缩，电弧内部粒子密度增大，同时电源的输出功率增大，最终导致电弧温度的上升。

表 5－3　不同电流时的电弧温度

电流/A	50	80	110
电弧平均温度/K	7530	8011	8667

表 5－4 所列为电流 110A 时不同弧长下电弧温度进行计算并取 20s 内的平均值。从计算结果中可以看出，随着弧长增加，电弧温度呈上升趋势。

表 5－4　不同弧长时的电弧温度

电流/A	2	4	5
电弧平均温度/K	7782	9671	9853

形成这种变化规律的因素是多方面的。首先，当保持电流一定，改变弧长大小，则电弧电压随弧长的增大而上升。产生这一变化一般认为是因为弧柱电压发生了变化，但阴极压降和阳极压降几乎不变。而电压与电流的乘积相当于电源供给电弧的功率，因而弧柱中得到的电功率增大，该电功率又与弧柱部分向外逸散的热损失相平衡。其次，随着电弧弧长的增加，电弧与周围环境的接触面积增大，致使电弧热收缩效应加强，弧柱直径减小，由此造成弧柱内部电流密度显著增加，这将意味着弧柱中电子平均动能的增大，而温度值正是从整体上对等离子体内部粒子总动能的量度。再次，从电弧等温线分布情况来考虑，随着弧长增加，电弧中心高温区体积逐渐膨胀，向原来的温度较低的区域扩张。基于以上三种因素，导致在实际测量中表现出电弧温度随弧长的增加而升高。

资料来源：赵华夏，焦向东．输油管 TIG 焊接电弧温度的光谱诊断．焊接技术，2006，35(6)：55.

5.3 电弧力及影响因素

5.3.1 电弧的主要作用力

电弧在焊接过程中不仅是一个热源，而且也是一个力源。焊接电弧的作用力对于熔池和焊缝的形成，以及焊条(丝)端部金属熔滴的过渡都有着重要的影响。电弧力(arc force)主要有以下几种。

1. 电磁收缩力

由电工学可知，两根相距不远的导线中通过同向电流时产生相互引力，如果电流方向相反则产生相互排斥力。当电流在一个导体中流过时，整个电流可以分成许多电流线，这些电流线之间也将产生相互吸引力，而有使导体断面产生收缩倾向。如果导体是固体，这种收缩力不足以改变导体的外形；如果导体是液体或气体，则将导致收缩并在导体内引起径向和轴向压力。

实际焊接电弧的形状是一个断面直径变化的圆锥体，由于它是气态导体，因此在电磁收缩力的作用下，径向压力将使电弧产生收缩。因此而产生的力称为电磁收缩力(electromagnetic force)。实际焊接电弧是断面直径变化的近似圆锥状的气态导体。因为焊条(丝)直径限制了导电区的扩展，而在工件上电弧可以扩展得比较宽。靠近焊条(丝)的断面直径较小，连接工件的导电断面直径较大，轴向压力将因直径不同而产生压力差，从而产生由焊条(丝)指向工件的向下推力，这种电弧的压力称为电弧的电磁静压力。

2. 等离子流力

焊接电弧呈近似锥形体，使电磁收缩力在电弧各处分布不均匀。靠近焊条(丝)处的压力大，靠近工件处的压力小，形成沿轴线的推力 F。电弧中的压力差将使靠近焊条处的高温气体快速向工件方向流动(图 5.10)。高温气体流动时要求从焊条(丝)上方补充新的气体，形成有一定速度的连续气流进入电弧区。新加入的气体被加热和部分电离后，受推力作用继续冲向工件，对熔池形成附加的压力，即电弧等离子流力(plasma jet force)。因为熔池受到的这部分附加压力是由物质的高速运动(等离子体流动)引起的，所以又称为电弧电磁动压力。

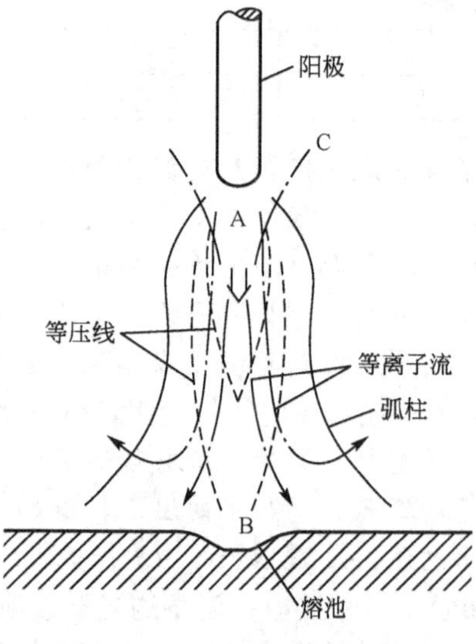

图 5.10 等离子流产生示意

电弧中等离子气流具有很大的速度，可以达到每秒数百米。等离子流产生的动压力分布应与等离子流速度分布相对应，在焊接电弧中心线上最强。电流越大，中心线上的动压力幅值越大。

3. 电极斑点压力

当电极上形成斑点时，将受到压力作用，统称为斑点压力(spot pressure)，它可由下面几种力组成。

1）正离子和电子对电极的撞击力

阳极承受电子的撞击，阴极承受正离子的撞击。因为正离子的质量远大于电子的质量，同时阴极压降一般又大于阳极压降，所以阴极斑点压力通常较大，阳极斑点压力较小。

2）电磁收缩力

当电极上形成熔滴并出现斑点时，熔滴中的电流线在斑点处集中通向电弧空间，电磁力的合力方向是由小断面指向大断面，所以熔滴斑点处受到的电磁收缩力将阻碍熔滴脱落。通常阴极斑点比阳极斑点的收缩程度大，受力也较大。

3）电极材料蒸发的反作用力

由于熔滴斑点上的电流密度及局部温度很高，从而产生强烈的液态金属蒸发，金属蒸气以一定速度由斑点发射出来，将施于斑点一定的反作用力。由于阴极斑点的电流密度比阳极斑点的高，发射要更强烈，因此受力更大。

4. 爆破力

在某些焊接过程中会出现熔滴与熔池短路，电弧瞬时熄火。当短路电流很大时，金属液柱中电流密度很高，产生很大的电磁收缩力，使液柱缩颈为小桥。电阻热使金属液柱小桥温度急剧升高，导致其气化爆断并可能形成飞溅，液柱爆断后电弧重新点燃，电弧空间的气体突然受高温加热而膨胀，局部压力骤然升高，对熔池内和焊丝端的液态金属形成较大冲击力，严重时也会造成飞溅。

5. 细熔滴的冲击力

在富氩气体保护熔化极电弧焊接时，若采取射流过渡方式，焊丝熔化金属会形成连续细滴。在等离子流力作用下，以很高的加速度(可达重力加速度的50倍以上)沿轴向冲向熔池。到达熔池时其速度可达每秒几百米。尽管每个熔滴质量仅数十毫克，但具有很大的动能，会对焊缝成形产生影响。

5.3.2 电弧力的影响因素

电弧力的影响因素有以下几方面。

1）气体介质

导热性强的气体或者多原子气体皆能引起弧柱收缩，导致电弧力的增加。气体流量或电弧空间气体压力增加，也会引起电弧收缩并使电弧力增加。同时斑点收缩进一步加大了斑点压力，使熔滴颗粒增大而过渡困难。

2）焊接电流和电弧电压

电流增大时，电磁收缩力和等离子流皆增加。而电弧电压升高即电弧长度增加时，使电弧压力降低。

3）焊丝直径

焊丝直径越细，电流密度越大，电弧电磁作用力越大。

4）电极极性

对于钨极氩弧焊，当钨极接负时，允许通过的电流大，阴极导电区收缩的程度大，将形成锥度较大电弧，产生的轴向推力较大，电弧压力也大。反之钨极接正，则形成较小的电弧压力。工频交流 TIG 焊时，电弧压力介于二者之间。对于熔化极气体保护焊，不仅电极导电面积对电弧力有影响，同时要考虑熔滴过渡形式。直流正接，焊丝受到较大的斑点压力，使熔滴长大不能顺利过渡，不能形成很强的电磁力及等离子流力，因此电弧压力小。直流反接，焊丝端部熔滴受到的斑点压力小，形成细小熔滴，有较大的电磁力与等离子流力，电弧压力较大。

5）钨极端部的几何形状

钨极端头角度变小(尖)，使电极上的导电区缩小，加大了电弧电磁收缩力。另外，焊条端头有尖角可减少补充气流的阻力，有利于提高等离子流速，从而增加了电弧的电磁动压力。

5.3.3 磁场对电弧的作用

电弧是一种气态导体，正、负电荷以一定的方向运动而形成电流。因此当有磁场存在时，将会对电流产生一定的作用力。

1. 电弧自身磁场的作用

电弧和其他通电导体一样，在其周围也要产生磁场，电流与磁场的方向由右手螺旋定则确定，如图5.11所示。这种磁场能够引起电磁收缩力、促进熔滴过渡、保证熔池深度并且使电弧具有一定的挺度。

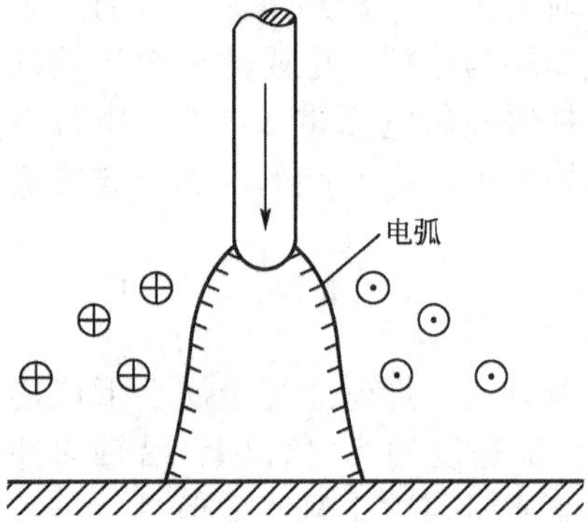

图5.11 电弧周围的磁场

电弧的挺度是电弧抵抗外界机械干扰，力求保持沿焊丝(条)轴向运动的性能。当电流通过电弧空间时，带电粒子的流动有尽量朝电弧中心方向集中的倾向。当电弧受风等某种机械作用欲使电弧偏离焊丝轴向时，自身磁场则有抵抗这种干扰的能力，使电弧尽量保持在焊丝的轴线方向上。由于电弧具有这种刚直性，所以当焊丝(条)与工件有一定倾角时，电弧仍将保持轴线方向。由于自身磁场的强度取决于产生磁场的电流大小，在一般情况下电流越大，电弧的挺度也越大；另外电弧受冷，电弧导电面积收缩，电流密度增大，自身磁场的强度也增大，电弧的挺度也随之增大。

2. 电弧的磁偏吹

当焊丝(条)轴线周围的磁场强度均匀，即磁力线的分布在焊丝(条)轴线周围是均匀的时候，电弧能保持轴向位置。但是在实际焊接过程中，由于种种原因，这种磁力线分布的均匀性可能受到破坏，而使电弧偏离焊丝(条)轴线方向，这种现象称为磁偏吹(magnetic blow)。

电弧的磁偏吹使焊接电弧失去刚直性，造成电弧飘摆不稳定，甚至会使电弧熄灭，由于电弧不稳定，会使施加在熔池上的作用力也不稳定，同时也使熔滴过渡不规则，导致焊缝成形不规则，从而引起未焊透、夹渣等缺陷。此外，磁偏吹还会破坏电弧周围的保护气氛，混入有害气体，影响焊缝内在质量。因此，必须研究电弧磁偏吹产生的原因，尽可能克服其有害影响。

1）导线位置引起的磁偏吹

当焊接导线接法如图5.12所示时，电流不仅在通过焊丝与电弧的空间产生磁场，而且在流经工件的空间也产生磁场，使电弧左侧空间为两段导体产生的同方向磁力线叠加，而右侧空间只有电弧电流本身产生的磁力线。这样电弧左侧磁力线密度较大，使两侧磁力线分布失去对称性，从而产生了从磁力线密度较大的一方指向磁力线密度较小一方的横向推力，结果电弧偏离焊丝(条)轴线。此种情况可用焊条倾斜来减小磁偏吹，也可以通过工件上对称接地线来解决磁偏吹。

2）电弧附近铁磁体引起的磁偏吹

当电弧一侧有钢板等良导磁体时，电弧将偏离轴线而趋向钢板，如图5.13所示。这是因为钢板的磁阻较小，以致较多的磁力线集中到钢板中，使电弧右侧空间的磁力线密度显著降低，破坏了空间磁力线分布的均匀性，电弧将偏向钢板一侧。电弧一侧钢板越大或距离越近，引起磁力线密度分布不对称就越严重，电弧磁偏吹也越厉害。

交流电弧的磁偏吹要比直流电弧弱很多，这主要因为交流电弧的电流和磁场都在变化，正弦波交流电流在半波内由零值增加到最大值，由于电弧偏离轴线到最大值需要一定时间，但电流达到最大值时便立即减小，这样电弧还来不及偏离到最大值就要随磁偏吹力的减小而回到焊丝轴线方向的位置上，因此交流电弧磁偏吹现象比直流的显著减弱。

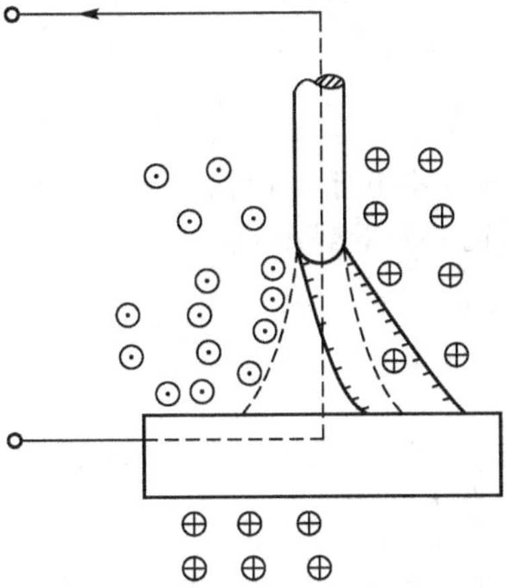

图5.12　导线连接位置产生的电弧磁偏吹

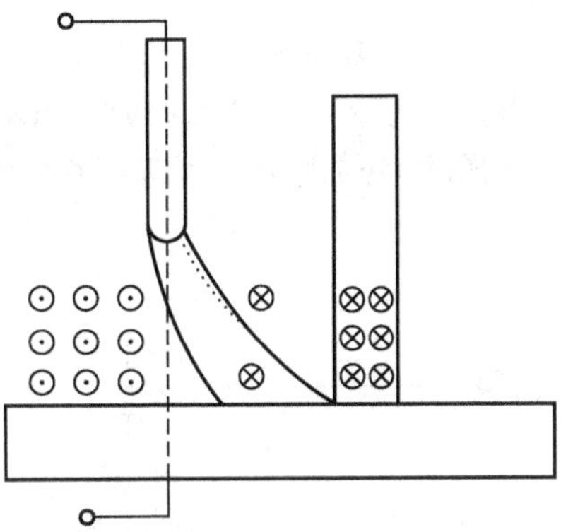

图5.13　电弧一侧有铁磁物质引起的磁偏吹

在实际焊接过程中，可根据磁偏吹产生的原因采取适当的措施，防止或减轻磁偏吹的有害影响。例如，可采用小电流短弧以减小磁偏吹力或使焊丝(条)倾斜来调整电弧左右两侧空间的大小，使磁力线密度趋向平衡，以减小磁偏吹。对较大面积的工件，采取多处接地线的方法，可以使工件上磁力线相对均匀，以减小磁偏吹。加对称铁磁物质可以使电弧两侧磁力线趋于平衡，以减小磁偏吹。针对剩磁方向加反向磁场是克服加工剩磁引起的磁偏吹的有效方法。此外，在焊接过程中对电弧进行屏蔽，也可以在一定程度上克服磁偏吹现象。

阅读材料5-2

焊接电弧磁偏吹问题的理论解释及解决办法

电弧偏吹是指电弧的中心线偏离焊条轴线的现象。电弧磁偏吹是由于电弧周围磁力线分布不均匀，从而导致电弧偏离焊条轴线。电弧磁偏吹会使焊接电弧失去刚直性，造成电弧飘摆和不稳定，甚至导致电弧熄灭；电弧不稳定，会使熔滴过渡不规则，导致焊缝成形不良，会在焊缝中引起未焊透、夹渣等缺陷；此外，磁偏吹还会混入有害气体，影响焊缝的内在质量。因此，必须研究电弧磁偏吹产生的原因，尽可能克服有害影响。

1. 电弧磁偏吹问题的理论解释

当焊接导线如图 5.14 所示接法时，电流不仅在通过焊条与电弧的空间产生磁场，而且在流经工件的空间也产生磁场。根据载流导线产生磁场的基本规律，其磁感应强度的微分形式为

$$\mathrm{d}B=\frac{\mu_0}{4\pi}\frac{I\mathrm{d}l\times r}{r^2} \tag{5-3}$$

式中，矢径 r 从源点(即电流所在位置)指向场点，$\mathrm{d}B$ 垂直于 $\mathrm{d}l$ 与 r 构成的平面，所以它沿着 $\mathrm{d}l$ 方向为圆周的切线方向，或者说磁感应线是围绕此轴线的同心圆，磁感应线的方向遵从右手定则。

式(5-3)的积分形式为

$$B=\frac{\mu_0}{4\pi}\oint\frac{I\mathrm{d}l\times r}{r^2}$$

载流直线圆周任意一点 P 的磁感应强度，如图 5.15 所示，根据毕奥-萨伐尔定律可以看出，任意电流元产生的磁场 $\mathrm{d}B$ 的方向都一致(在 P 点垂直于纸面向内)。因此在求磁感应强度 B 的大小时只需求 $\mathrm{d}B$ 的代数和。对于有限的一段导线来说：

$$B=\int_{A_1}^{A_2}\mathrm{d}B=\frac{\mu_0}{4\pi}\int_{A_1}^{A_2}\frac{I\mathrm{d}l\sin\theta}{r^2} \tag{5-4}$$

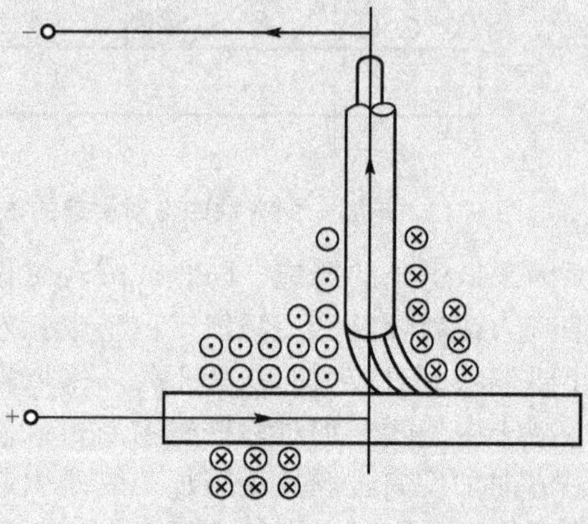

图 5.14　电流在电弧空间和工件附近的磁场

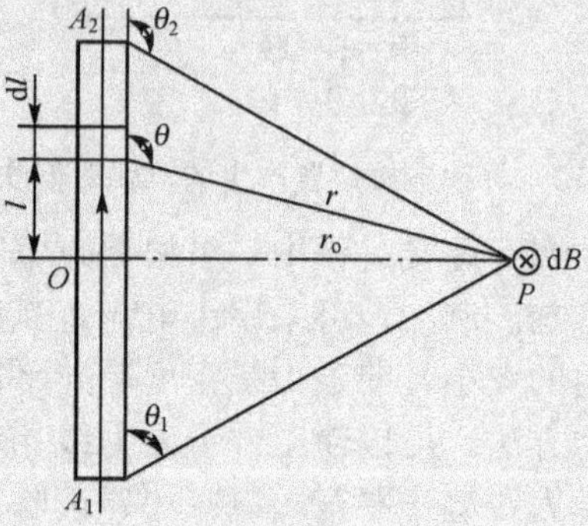

图 5.15　载流直导线

从场点 P 作直导线的垂线 PO，设它的长度为 r_0，以垂足 O 为原点，设电流元 $\mathrm{d}l$ 到 O 点的距离为 l，由图 5.15 可以看出：

$$l=r\cos(\pi-\theta)=-r\cos\theta$$

$$r_0=r\sin(\pi-\theta)=r\sin\theta$$

两式合并得 $l=-\dfrac{r_0\cos\theta}{\sin\theta}$ 代入到式(5-4)中得

$$B=\frac{\mu_0}{4\pi}\int_{\theta_1}^{\theta_2}\frac{I\sin\theta\mathrm{d}\theta}{r_0}=\frac{\mu_0}{4\pi r_0}(\cos\theta_1-\cos\theta_2) \tag{5-5}$$

式中，θ_1、θ_2——分别为 A_1、A_2 两端 θ 角的数值。

若导线为无限长，$\theta_1=0$、$\theta_2=\pi$，则

$$B=\frac{\mu_0 I}{2\pi r_0} \tag{5-6}$$

实际上遇到的当然不可能是真正的无限长直导线，然而若在闭合回路中有一段长度为 l 的直导线，在其附近 $r_0 \ll l$ 的范围内式(5-6)近似成立。

由图 5.14 可知，电弧左侧空间为两段电流导线产生的磁力线同方向叠加，提高了该处的磁力线密度，而电弧右侧空间只有电弧本身产生的磁力线，它相对于左侧磁力线密度较小，其分布失去对称性，从而产生了磁力线密度较大的一方指向磁力线密度较小的一方的横向推力，该作用力用安培力表示，即

$$\mathrm{d}F=i\mathrm{d}l\times B \tag{5-7}$$

式(5-7)的积分形式为

$$F=\int_L i\mathrm{d}l\times B\sin(i\mathrm{d}l,B)$$

由于 $i\mathrm{d}l$ 与 B 的方向相互垂直，其夹角为 90°，所以 $\sin(i\mathrm{d}l, B)=\sin 90°=1$，故电弧磁偏吹横向推力的大小为

$$F=iB\int_L \mathrm{d}l=iBL$$

磁偏吹的方向由磁力线密度较大的一方指向磁力线密度较小的一方。

2. 解决磁偏吹问题的办法

由上述对磁偏吹问题的理论剖析可以看出，电弧磁偏吹换向推力 F 的大小与电弧电流、电弧弧长、电弧周围磁力线密度等参数有关，因此，工程上可从以下几方面考虑减小或消除磁偏吹。

(1) 采用小电流。因为磁偏吹横向推力 F 与电弧电流 i 成正比，所以减小 i 可以起到减小 F 的作用。当然减小 i 要和焊接工艺结合起来，在不影响焊接质量的前提下，可以考虑尽可能地采用小电流焊接。

(2) 采用短弧焊接。电弧弧长与磁偏吹力的大小成正比，因此，减小弧长，可以起到减小磁偏吹的作用。同时，对焊条电弧焊采用碱性焊条时，工艺上本身要求采用短弧焊接，这对提高焊接接头的质量是有利的。

(3) 改变工件上地线的接线位置。理论上讲，当焊接电缆地线始终在焊接电弧正下方时，电弧周围磁力线密度分布应是均匀的，这样，无论焊接电流的增大或者电弧弧长的增大，都不会产生磁偏吹，也就是说，在这种情况下，可以起到消除磁偏吹的影响，当然这种做法在工程实际中不适用。然而由于此方法是减小磁偏吹最有效的方法，所以实际焊接中，对焊缝长度不太长的情况下，可以将地线接在焊缝长度的中部，或者在焊缝的两端都接上地线；对较长焊缝焊接时，可以利用换焊条的间隙，更换地线的接线位置，使焊接电缆地线尽量靠近正在施焊的位置。

资料来源：王建勋．焊接电弧磁偏吹问题的理论解释及解决办法．电焊机，2003，33(6)：46.

小　　结

电弧是一种气体放电现象。维持电弧连续稳定燃烧，需要源源不断的产生带电粒子。

电弧中产生带电粒子的方法有电离和电子发射。中性粒子接收外来能量达到其电离能可产生电离，电离的难易一般以气体粒子的电离电压来表征。根据能量施加的途径，电离分为热电离、电场作用下的电离和光电离。电弧中的电离离子主要依靠低电离电压的物质来提供。

当电极表面接收超过电子逸出功的能量，电子可以从电极表面直接发射。当金属表面有一定的氧化膜时，其逸出电压比纯金属要低。依据能量施加的方式，电子发射分为热发射、电场发射、光发射和粒子碰撞发射。

从电弧长度方向可将电弧分为阴极区、弧柱区和阳极区。三个区域导电机理有明显差异。弧柱区中电子和正离子数量平衡，对外呈电中性，使得电弧具有低电压、大电流的特性。阴极区的导电机构分为热发射型和电场发射型。热发射型的阴极区和弧柱区的电特性基本相同；电场发射型阴极区具有较大的阴极压降，此时阴极表面易产生电流密度很高的阴极斑点，由于金属氧化膜的电离电压比纯金属低，阴极斑点有自动寻找氧化膜的倾向，阴极斑点具有黏着特性和跳跃特性。阳极区的导电机构分为电场作用下的电离和热电离两种类型。热电离型的阳极区会产生阳极斑点。

交流电弧由于电弧电流过零点，电弧熄灭再引燃，电弧的稳定性变差。为使电弧过零点不停顿，交流电弧回路中一般串入电感，电感具有续流作用。交流电弧的产热和电弧力介于直流正接和直流反接之间。

电弧产生机械作用力。电弧力的种类主要有电磁收缩力、等离子流力、斑点力等。气体介质、电流的种类和极性、电极的种类等影响电弧力的大小。

电弧自身产生磁场。自身磁场使电弧具有刚直性。当电弧自身磁场的对称性受到破坏，则会产生磁偏吹。通过改变接线位置等工艺措施可以减小或消除电弧磁偏吹现象。

【关键词】

电弧　arc
电离　ionization
电离度　degree of ionization
热解离　hot dissociation
电子发射　electron emitting
热阴极　hot cathode
冷阴极　cold cathode
阴极斑点　cathode spot
阳极斑点　anode spot
电弧力　arc force
电弧静特性　static characteristic of arc

交流电弧　alternate current arc
电弧磁偏吹　arc magnetic blow

习　　题

(1) 电弧带电粒子的产生有哪些方式?
(2) 电弧各区域的导电机理是什么?
(3) 焊接电弧为什么具有低电压、大电流的特点?
(4) 为什么阴极斑点选择氧化膜、阳极斑点选择纯金属?
(5) 为什么阴极斑点的黏着特性和跳跃特性是统一的?
(6) 影响电弧静特性有哪些因素?
(7) 阴极区的产热受哪些因素影响?
(8) 电弧中产生哪些电弧力?
(9) 影响电弧力的因素有哪些?
(10) 交流电弧回路中为什么要有一段的电感?
(11) 影响电弧刚直性的因素有哪些?
(12) 减小电弧磁偏吹的措施有哪些?

第 6 章
熔滴过渡及焊缝成形

本章学习目标

★ 掌握焊丝的加热特性、熔滴过渡的种类及熔滴过渡控制的方法
★ 熟悉焊缝的成形规律及焊缝成形的控制方法

本章教学要点

知识要点	掌握程度	相关知识
焊丝的熔化	熟悉焊丝的加热与熔化特性； 掌握影响焊丝熔化速度的因素	电极热及电阻热； 焊丝熔化速度和熔化系数的含义； 电弧固有调节
熔滴上的作用力	掌握熔滴上作用力的组成及影响因素	表面张力的含义； 电磁力对熔滴的作用
熔滴的过渡及控制	熟悉熔滴过渡的分类； 掌握射流过渡的机理及影响射流临界电流值的因素； 掌握短路过渡的机理及影响短路过渡频率的因素； 了解熔滴过渡的控制方法	射流过渡； 临界电流值的含义； 短路过渡及短路过渡的稳定性； 飞溅； 脉冲电流控制法
熔池形状的表征	熟悉熔池及焊缝形状的表征参数； 了解改变焊缝熔合比的作用	焊缝的成形系数的含义； 熔合比
焊缝成形规律	熟悉焊接参数对焊缝尺寸的影响规律； 掌握焊接工艺对焊缝成形规律的影响	焊缝熔深系数的含义； 电弧线能量； 上坡焊和下坡焊的含义
焊缝成形的控制	掌握单面焊双面成形的影响因素； 了解曲面焊接的工艺过程	单面焊双面成形； 焊枪偏置的作用

导入案例

随着石油化工生产的快速发展，全国各地石油化工生产单位的原油储备能力及我国战略性原油储备在不断提高，大型储油罐的单罐容积由原来的50000m^3增大到目前的125000m^3，近期还将扩大到150000m^3。由于单罐容积增大，对焊缝的质量及生产建设周期等都提出了更高的要求，对于该类型的储罐，纵向焊缝一般都是用气电立焊工艺进行单面焊或双面焊，焊缝质量和进度都能得到很好的保证，其环向焊缝还采用惯用的气刨清根双面埋弧焊，焊缝的外观质量、内在质量、工程进度等受工人的身体状况影响较大，常常表现出不稳定的特征，且劳动强度较大。

油罐埋弧自动横焊采用单面焊双面成形工艺可能对提高大型储罐环向焊缝质量的稳定性、加快工程进度、降低工人的劳动强度有很好的效果。

焊接试验时，除焊机正常的送吸焊剂外，在焊缝的背面，点焊一块托剂板，用人工方法将与正常工艺相同型号的焊剂填充于焊根处，以保证焊缝根部的熔化金属并强迫成形。该工艺主要是依靠稳定燃烧的电弧之吹力，将焊缝的根部完全熔透，并在背面焊剂的保护下形成焊缝，以达到单面焊双面成形的效果。

试验结果表明：对16MnR钢种，在较小的线能量条件(小于25kJ/cm)下，只要能保证焊接接头的组对质量，背面使用焊剂封底，试件根部完全熔透，成形良好，达到了手工钨极氩弧焊打底的效果，外观成形好，X射线探伤检查结果全部Ⅰ级片，试件焊接接头的力学性能指标均达到要求，获得了埋弧自动横焊单面焊双面成形的理想焊道。

根据试验结果及50000m^3油罐的实际情况，应用埋弧自动横焊单面焊双面成形技术，进行了一系列的工艺评定，合格后，于2001年10月至2001年11月将该工艺技术应用于湛江港务局50000m^3油罐工程焊接施工之中，环焊缝外观成形良好，X射线探伤一次合格率达到98.6%，油罐主体安装工期由原来的103天缩短至48天，大大降低了劳动强度，经济效益显著。

资料来源：杨卫海，徐国就. 单面焊双面成形技术在油罐埋弧自动焊中的应用. 化工建设安装，2002，24(5)：14.

焊丝的熔化及熔滴过渡，是熔化极电弧焊过程中的重要物理现象，焊丝的加热及熔化影响着熔滴过渡的基本形式和产生条件，熔滴过渡的顺利与否及控制熔滴过渡和飞溅直接影响着焊接生产率和焊接质量。母材在电弧热和力的作用下熔化形成熔池，然后结晶形成焊缝，焊缝的成形受电弧能量及其他工艺参数的影响。如何控制焊缝成形对最终焊接质量具有重要的意义。

6.1 焊丝的熔化及熔滴过渡

6.1.1 焊丝的加热和熔化特性

熔化极电弧焊时，焊丝(条)熔化作为填充金属与母材熔化金属相作用共同形成焊缝。

焊丝的熔化主要靠阴极区（正接）或阳极区（反接）所产生的热量，弧柱区产生的热量对于焊丝熔化居于次要地位。阴极区和阳极区产热量分别为

$$P_K=I(U_K-U_W-U_T) \tag{6-1}$$

$$P_A=I(U_A+U_W+U_T) \tag{6-2}$$

在电弧焊情况下，当弧柱温度为6000K时，U_T 小于1V。当电流密度较大时，U_A 近似为零。此时阴极区和阳极区的产热主要决定于阴极压降 U_K 和逸出电压 U_W。当焊丝接正时，产热量的多少取决于材料的逸出功和焊接电流大小，在电流一定的情况下，材料的逸出功也是一个固定的数值，受其他因素的影响不大，因此焊丝的熔化系数是个相对固定的数值。当焊丝接负时，焊丝的加热与熔化则取决于 U_K-U_W。熔化极气体保护焊时，焊丝均为冷阴极材料，$U_K \gg U_W$，所以 $P_K>P_A$，在用同一材料和相同电流情况下，焊丝为阴极的产热将比焊丝为阳极时产热多。因为散热条件基本相同，所以焊丝接负时比焊丝接正时熔化得快。

在熔化极自动和半自动焊时，从导电嘴到电弧端头的一段焊丝称为焊丝干伸长（wire extension）。焊丝除了受电弧的加热外，焊丝干伸长（用 L_S 表示）有焊接电流流过，所产生的电阻热也有预热作用，从而影响焊丝的熔化速度，如图6.1所示。特别是当焊丝较细和焊丝金属电阻系数较大时，这种影响更为明显。焊丝干伸长的电阻热为

$$P_R=I^2R_S=I^2\rho L_S/S \tag{6-3}$$

式中，R_S——L_S 段焊丝电阻值；

ρ——焊丝电阻率；

L_S——焊丝干伸长；

S——焊丝截面积。

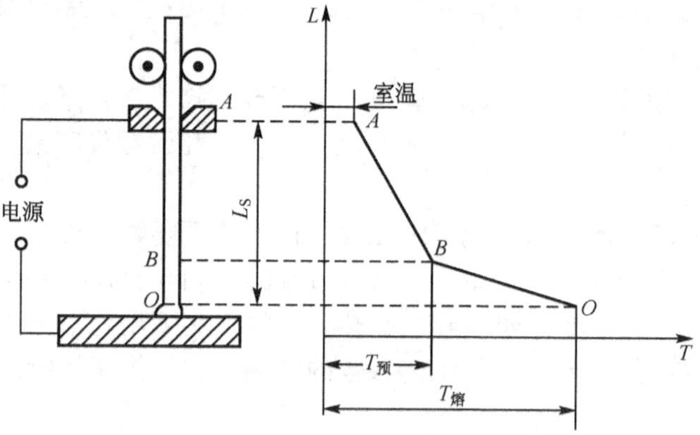

图6.1 焊丝伸出长度的电阻热示意

用于加热和熔化焊丝的总热量是由电弧热和电阻热提供的能量之和。熔化极气体保护焊时。通常 L_S=10～30mm。对于导电良好的铝和铜等金属，P_R 相对较小，可忽略不计。而对碳钢和不锈钢等材料，电阻率高，当干伸长较大时，P_R 有重要的作用。

1. 电流和电压对熔化速度的影响

随着焊接电流的增大，电弧热和焊丝电阻热都增加，焊丝的熔化速度加快。焊丝熔化

系数 α_m(wire melting coefficient)是指单位时间内通过单位电流时焊丝的熔化量，单位g/(A·h)。图 6.2 和图 6.3 所示分别表示铝和不锈钢的熔化速度和电流的关系。对铝焊丝，因电阻较小，电流与熔化速度是直线关系，但斜率不同。焊丝越细，斜率越大，说明焊丝熔化系数 α_m 越大。对不锈钢焊丝，其熔化速度与电流不是直线关系，随着电流的增大，曲线斜率增大。这是因为不锈钢的电阻率大，干伸长部分的电阻热不能忽略。

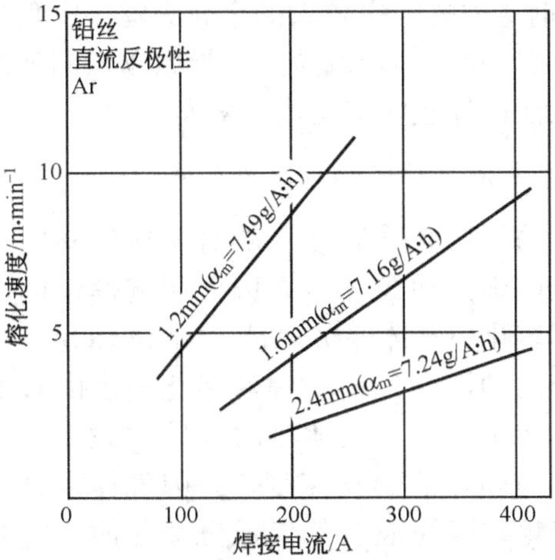

图 6.2 铝焊丝熔化速度与电流的关系

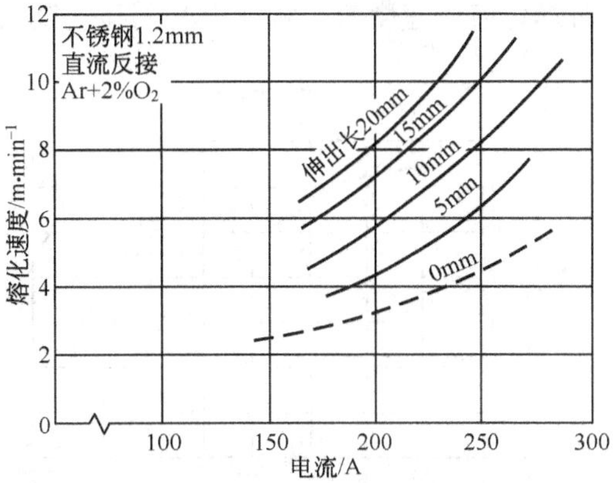

图 6.3 不锈钢焊丝熔化速度与电流的关系

电弧电压较高时，弧压对焊丝熔化速度影响不大。在电弧电压较低范围内，弧压变小，反而使焊丝熔化速度增加。特别对铝合金，这种影响更加明显，图 6.4(a)中的各条曲线，是对于直径 1.6mm 铝合金焊丝，等速送丝时的熔化速度与电弧电压和电流的关系。从图中的曲线可以看到，当弧长较大时，曲线 AB 段垂直于横轴，此时送丝速度与熔化速度平衡，焊丝熔化速度主要取决于电流大小。当弧长减小到 8mm 以下时，要熔化一定数量的焊丝所需要的电流减小，也就是说当电弧较短时焊丝的熔化系数增加。这种倾向对铝焊丝较明显，对钢焊丝较弱［图 6.4(b)］。

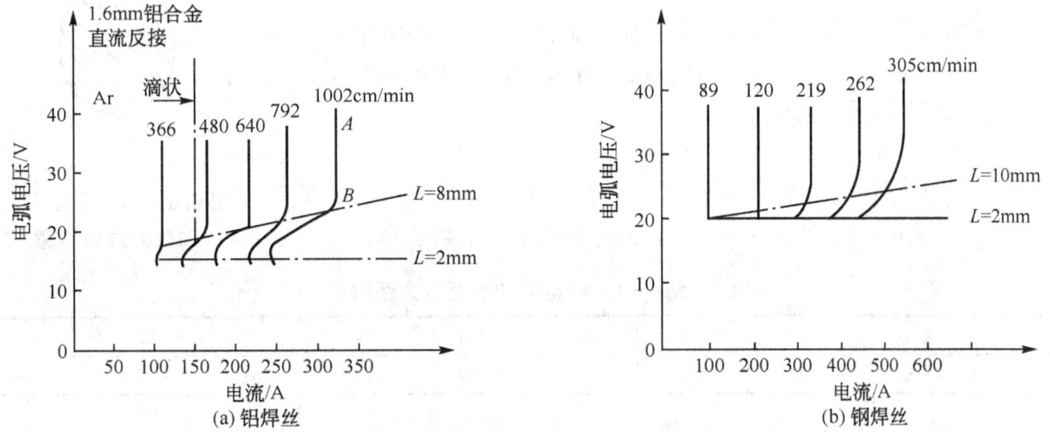

图 6.4 熔化极气体保护焊时电弧的固有自调节作用

由于在 BC 段有熔化系数随电弧长度变化的现象，所以当弧长受外界干扰发生变化时，电弧本身有恢复原来弧长的能力，一般称为电弧的固有自调节作用。对于铝丝，因为其固有调节作用很强，等速送丝时可以用恒流特性电源进行熔化极气体保护焊。

2. 电阻热对焊丝熔化速度的影响

熔化焊时。由于采用的电流密度较大，所以在焊丝干伸长产生的电阻热对焊丝起预热作用，可以影响到焊丝的熔化速度。特别是对不锈钢这类电阻中较大的金属焊丝，电阻热对焊化熔化速度的影响就更为明显，随着焊接电流或焊丝干伸长的增大，导致预热温度的升高，从而使焊丝的熔化速度增大。

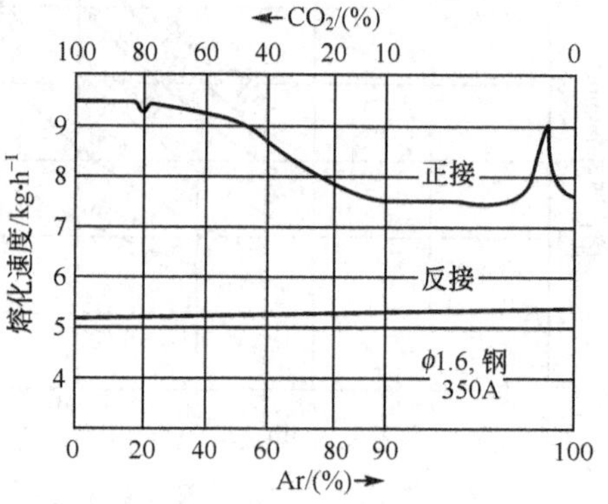

图 6.5　Ar 与 CO_2 混合比对焊丝熔化速度的影响

3. 气体介质对焊丝熔化速度的影响

不同的气体介质直接影响着阴极压降的大小和焊接电弧产热的多少，因此影响焊丝的熔化速度。熔化极气体保护焊时，Ar 和 CO_2 不同气体混合比的混合气体对焊丝熔化速度的影响如图 6.5 所示。焊丝为阴极时的熔化速度总是大于焊丝为阳极的熔化速度，并因气体混合比不同而变化。因为混合气体成分变化时，将主要引起阴极压降的变化，阴极产热和阴极压降有关，所以焊丝为阴极时，气体成分对焊丝熔化速度有很大的影响。

6.1.2　熔滴上的作用力

在熔化极电弧焊接过程中，焊丝端头的熔化金属形成熔滴(droplet)，并在受到各种力作用的情况下向母材过渡。熔滴过渡(metal transfer)与焊接过程稳定性、焊接成形、飞溅大小有直接的关系。

1. 表面张力

在焊丝端头上保持熔滴形状并阻碍其飞离的主要作用力就是表面张力(interfacial force)。如图 6.6 所示，若焊丝半径为 R，这时焊丝和熔滴间的表面张力为

$$F_\sigma = 2\pi R\sigma \tag{6-4}$$

式中，σ 为表面张力系数。其数值与材料成分、温度、气体介质等因素有关，表 6-1 列出了一些纯金属的表面张力系数资料。

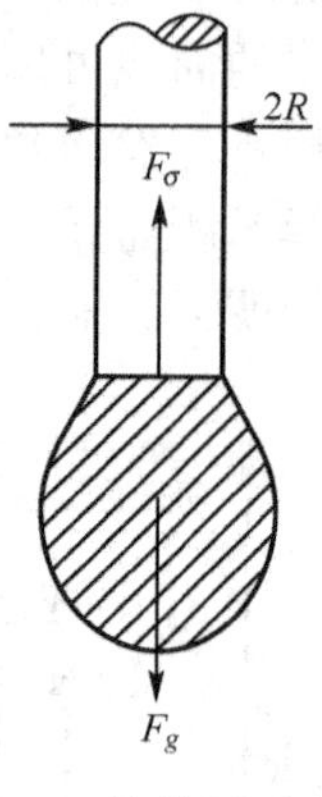

图 6.6　熔滴承受重力和表面张力示意

表 6-1　纯金属的表面张力系数

金　属	Mg	Zn	Al	Cu	Fe	Ti	Mo	W
$\sigma/(10^{-3}N/m)$	650	770	900	1150	1220	1510	2250	2680

熔滴上具有少量的表面活化物质，可以大大地降低表面张力系数。液体钢中最主要的表面活化剂是氧和硫，纯铁被氧饱和后，其表面张力系数可大大降低。因此，金属的脱氧

程度和渣的成分等因素都将会影响熔滴过渡的特性。增加熔滴温度，也能降低金属的表面张力系数，从而减小熔滴尺寸。

2. 熔滴重力

在平焊位置进行熔化极焊接时，若焊丝直径较大而焊接电流较小，则主要是重力(gravitational force)使溶滴脱离焊丝端部。重力大小为

$$F_g = mg = \frac{4}{3}\pi r^3 \rho g \tag{6-5}$$

式中，r——溶滴半径；

ρ——溶滴的密度；

g——重力加速度。

如果熔滴的重力大于表面张力，熔滴就要脱离焊丝。

3. 电磁力

电流通过熔滴时，导体的截面是变化的，将产生电磁力的轴向分力，其方向总是从小截面指向大截面。电磁力(magnetic force)对熔滴过渡的影响决定于电弧形态。同时，斑点处电流密度很高，将使金属强烈的蒸发，也会对溶滴金属表面产生很大的反作用力。若弧根面积笼罩整个熔滴。此处的电磁力促进熔滴过渡。若弧根面积小于熔滴直径。电磁力和斑点压力的一部分会阻碍熔滴过渡，CO_2 气体保护焊时大滴状排斥过渡就属于这种情况。

4. 等离子流力

自由电弧的外形通常成圆锥状，不等断面电弧内部的电磁力是不一样的，上边的压力大，下边的压力小，形成压力差，使电弧产生轴向推力。由于该力的作用，造成从焊丝端部向工件的气体流动，形成等离子流力(plasma jet force)。

焊接电流较大时，高速等离子流对熔滴产生很大的推力，使之沿焊丝轴线方向运动。这种推力的大小与焊丝直径和电流大小有密切的关系。

5. 爆破力

若熔滴内部含有易挥发金属或由于冶金反应而生成气体，则在电弧高温作用下气体积聚和膨胀而造成较大的内力，从而使熔滴爆炸。在 CO_2 短路过渡焊接时，电磁力及表面张力的作用导致熔滴形成缩颈，电流密度增加，急剧加热使液态小桥爆破形成熔滴过渡，同时也造成了较大飞溅。

各种力对熔滴过渡的作用。根据不同的工艺条件应作具体的分析。如重力在平焊时是促进熔滴过渡的力，而当立焊和仰焊时，重力则使过渡的金属偏离电弧的轴线方向而阻碍熔滴过渡。在长弧时，表面张力总是阻碍熔滴从焊丝端部脱离，但当熔滴与熔池金属短路并形成液体金属小桥时，由于熔池界面很大，这时表面张力反有助于把液体金属拉进熔池，而促进熔滴过渡。电磁力也有同样的情况，当熔滴短路使电流线呈发散形，也会促进液态小桥金属向熔池过渡。因此，熔化极电弧焊时，作用于熔滴的力对熔滴过渡的影响，应从焊缝的空间位置、熔滴过渡形式、电弧形态、工艺条件及规范参数等方面进行具体的分析。

6.1.3 熔滴过渡的主要形式

根据外观形态，熔滴尺寸以及过渡频率等特征，熔滴过渡通常可分为三大类型，即自

由过渡(free flight)、接触过渡(bridging transfer)和渣壁过渡(slag guiding transfer)。自由过渡是指熔滴脱离焊丝末端前不与熔池接触，脱离焊丝后经电弧空间自由飞行进入熔池的一种过渡形式。接触过渡是通过焊丝末端的熔滴与熔池表面接触成桥而过渡的。在熔化极气体保护焊时，熔滴与熔池重复短路熄弧和燃弧过渡交替过程，称为短路过渡(short circuiting transfer)。渣壁过渡是渣保护时的一种过渡形式，埋弧焊时在一定条件下熔滴沿熔渣的空腔壁形成过渡。

上述三类熔滴过渡，由于焊接方法不同以及工艺条件的差异，可以进一步细分为多种熔滴过渡形式。其中过渡性能优良，应用最多的当属射流过渡和短路过渡，下面对这两种典型的过渡形式分别予以讨论。

1. 射流过渡

氩气或富氩气体保护焊接时，在一定工艺条件下，会出现喷射过渡，通常分为射滴、亚射流、射流和旋转射流四种过渡形式。射滴过渡是介于滴状过渡与连续射流过渡之间的一种熔滴过渡形式，其工艺条件与连续射流过渡有相似之处，主要适用于钢焊丝脉冲焊及铝合金焊丝熔化极气体保护焊。亚射流过渡(spray transfer)是介于短路与射滴之间的一种过渡形式，主要用于铝、镁及其合金的熔化极气体保护焊。旋转射流过渡是在焊丝伸出长度较大，焊接电流比通常射流过渡临界电流高出很多时出现的一种熔滴过渡形式。此种过渡形式由于液滴细长，在各种外力的作用下失稳而产生旋转。因其焊缝成形不良，故不能用于焊接，但有人用这种过渡形式进行表面堆焊，曾获得满意的效果。

射流过渡是喷射过渡中最富有代表性且用途广泛的一种过渡形式。获得射流过渡的条件是采用纯氩或富氩保护气氛，直流反极性接法，除了保持高弧压(长弧)外，还必须使焊接电流大于某一临界值。

钢焊丝 MIG 焊电流较小时，电弧和熔滴的形态如图 6.7(a)所示，电弧弧根面积小，斑点力阻碍熔滴过渡，熔滴在重力作用下呈大颗粒过渡。随着电流增加，电弧阳极斑点笼罩面积逐渐扩大，以致达到熔滴的根部，如图 6.7(b)所示。此时熔滴与焊丝间形成缩颈，全部电流都从细颈流过，使该处电流密度很高，缩颈过热，表面产生大量金属蒸气，从而具备了产生阳极斑点的有利条件。

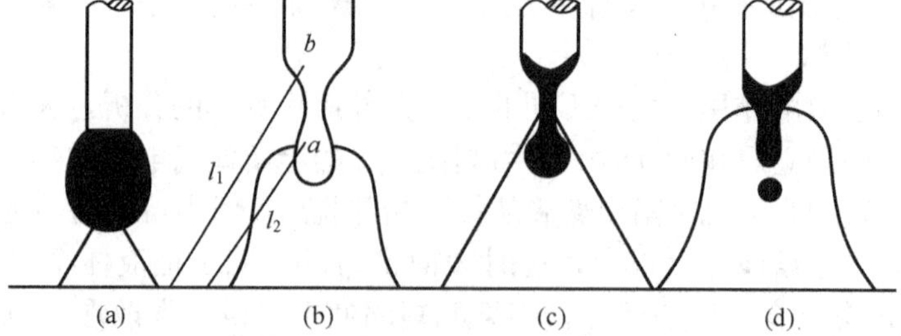

图 6.7　射流过渡的形成示意

电弧在氩气或富氩气氛中燃烧时电场强度 E 值较低，为了维持一定的弧压，电弧很容易向上扩散，又因为熔滴缩颈处被拉长变细，其电阻值较大，所以很可能出现细颈段 ab 所消耗的电阻能量加上电弧 l_2 段消耗的能量大于或等于电弧直接从 b 到母材(l_1 段)所消耗的能量。在这种情况下，一旦熔滴细颈上表面温度达到沸点，电弧的阳极斑点立即从熔滴根部迅速扩散到细颈的上部。这一过程称为跳弧，跳弧后电弧和熔滴的形态如图 6.7(c)所示。上述跳弧条件可用下式表示：

$$U_{颈}/(l_1-l_2)\geqslant E \qquad (6-6)$$

式中，$U_{颈}$——缩颈 ab 上的电压降；

l_1、l_2——通过 a、b 两点的导电通路长度；

E——电弧的电场强度。

出现跳弧后，焊丝末端已经存在的大滴即行脱离，电弧随之变成图 6.7(d)所示的圆锥形状。这种形状有利于形成较强的等离子流，并在各种电弧力的作用下，细小熔滴从焊丝尖端连续不断向熔池过渡。因这种过渡熔滴细小，频率较高，速度可达重力加速度的数十倍，故称为射流过渡。

产生跳弧的最小电流称为射流过渡的临界电流。例如，在图 6.8 所示的工艺条件下，当电流由 255A 增加到 265A 时，熔滴过渡频率从 15Hz 突增到 240Hz，熔滴直径由 4mm 降到 1mm 。当电流超过 265A 时，熔滴过渡频率增加不多，故 265A 可作为上述焊接条件下射流过渡的临界电流值。

由于焊丝材料的化学成分、焊丝直径和保护气体不同，射流过渡的临界电流有很大的差别。图 6.9 所示为不同材质的焊丝在不同直径时的临界电流。可见低熔点、低沸点的金属材料临界电流较低；随着焊丝直径减小，临界电流也随之减小。此外，焊丝伸出长度增加，预热作用加强，临界电流也会有所下降。

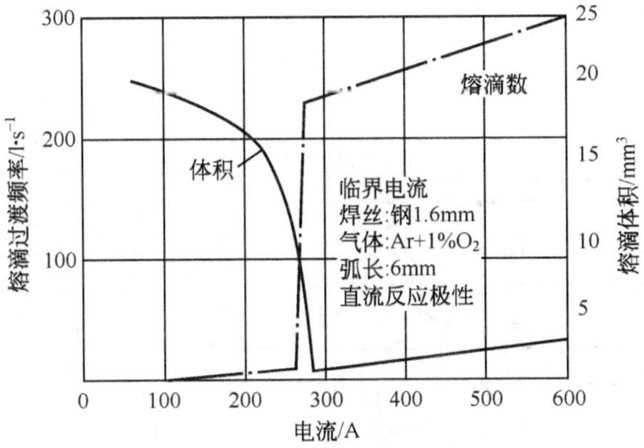

图 6.8 MIG 焊时熔滴过渡与电流的关系

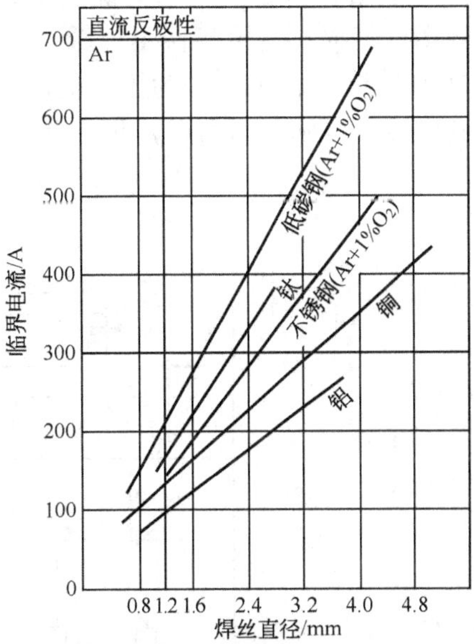

图 6.9 不同材质焊丝的临界电流

采用混合气体保护焊，Ar 中加入 O_2 和 CO_2，都会影响射流过渡的临界电流。当氧的体积分数小于5%时，由于加入 O_2 使熔滴表面张力降低，过渡阻力减小，故在此范围内，随着 O_2 加入量增加而使临界电流降低。当 O_2 加入量进一步增加时，由于吸热作用使弧柱电场强度增大，电弧收缩且不易扩展，难于实现跳弧，反而使临界电流提高(图 6.10)。加

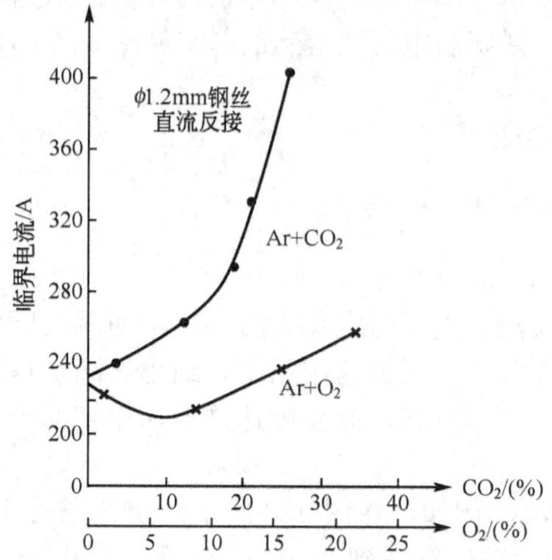

图 6.10　气体成分对临界电流的影响

入 CO_2 时，由于弧柱电场强度提高，电弧难于向上扩散，故随着 CO_2 加入的增加，临界电流值增大。当 CO_2 加入量超过 30％时（体积分数），已不能形成射流过渡而具有 CO_2 气体保护焊细滴过渡的特点。

2. 短路过渡

短路过渡（short circuiting transfer）主要用于 ϕ1.6mm 以下的细丝 CO_2 气体保护焊，采用低电压、小电流焊接工艺。由于电压低，电弧较短，熔滴尚未长成大滴时即与熔池接触而形成短路液桥，在向熔池方向的表面张力及电磁收缩力的作用下形成过渡。这种过渡电弧稳定，飞溅较小，焊缝成形良好，广泛用于薄板结构及全位置焊接。

1）短路过渡过程的特点

正常的短路过渡过程，一般要经历电弧燃烧形成熔滴、熔滴长大并与熔池短路熄弧、液桥缩颈而断开过渡、电弧复燃四个阶段。

图 6.11 所示为短路过渡过程电参数波形图。图中(1)～(2)为电弧引燃，焊丝末端加热、熔化形成熔滴；(3)为随后熔滴长大；(4)为弧隙减小，直到与熔池接触短路，此时电弧瞬时熄灭，电压 U 降至最低点，短路电流迅速增加；(5)～(6)为短路液桥内电磁收缩力增加并形成缩颈；(7)为短路电流增加到一定值时，液桥缩颈处断开而过渡，电弧电压迅速恢复，电弧重新引燃，此后重复上述过程。

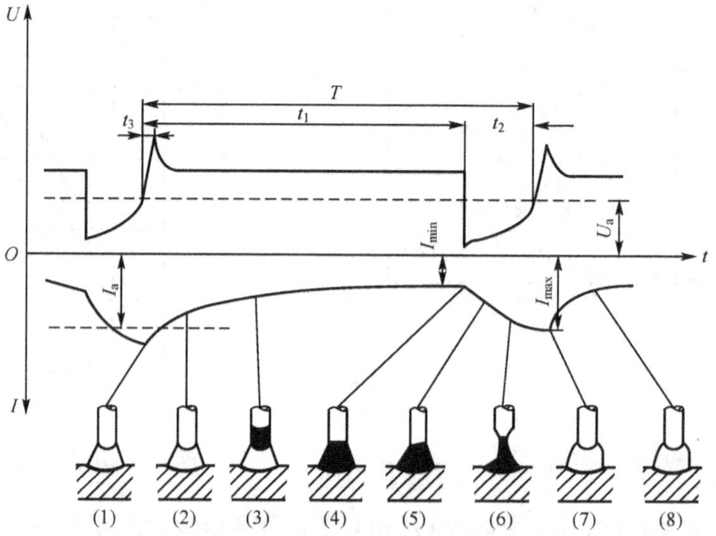

图 6.11　短路过渡过程与电流、电压波形

t_1—燃弧时间；t_2—短路时间；t_3—拉断溶滴后电压恢复时间；T—短路过渡周期；I_{max}—短路峰值电流；I_a—平均焊接电流；U_a—平均焊接电压

2）短路过渡的稳定性

短路过渡过程实质上可视为“短路-燃弧”周期性的交替过程。因此，短路过程的稳定性一方面可以用这种交替过程的柔顺、平稳程度以及过程中飞溅大小来衡量，同时还可以用短路过渡频率特性来评定。一般认为，短路过渡频率越高，即每秒熔滴过渡的次数越多，那么在恒定的送丝速度条件下，焊丝末端形成的熔滴尺寸则越小，每过渡一滴时电弧的扰动也就越小，因而短路过程也就越稳定。

3）短路过渡对焊接电源特性的要求

为了保证短路过渡的稳定性，不但要求焊接电源有合适的静特性、同时还要求电源有合适的动态特性。

电源静特性通常采用平或缓降特性。动态特性则包括以下三个方面：

第一，对于不同直径的焊丝和工艺参数，能够配以合适的短路电流上升速度 di/dt，以使短路小桥柔顺而平稳断开。

第二，提供大小为焊接电流2～3倍的短路电流峰值 I_{max} 以保证引燃电弧和促进熔滴液桥平稳断开并过渡。I_{max} 值过大会引起短路液桥激烈爆断，造成飞溅，过小则不利于电弧引燃。

第三，短路液桥断开过渡后，电源空载电压恢复速度要快，以便电弧及时复燃。

4）短路过渡的频率特性

每秒熔滴过渡的次数称为短路过渡频率，以 f 表示，若以 v_f 表示焊丝的送进速度，在稳定焊接时 $v_f=v_m$，那么每次熔滴过渡消耗焊丝的平均长度 $L_d=v_f/f$。因此，在送丝速度恒定时，f 越高则 L_d 越小，即熔滴的体积越小，短路过程越稳定。

图6.12、图6.13和图6.14所示分别表示焊接电弧电压(空载电压)、送丝速度(即焊接电流)以及焊接回路直流电感与短路过渡频率的关系，其影响规律如下：

第一，对于每一特定的焊丝直径、电弧电压、送丝速度以及直流电感都有一个获得最高短路过渡频率相对应最佳值范围，此值过大或过小都会使短路频率大大下降，飞溅增大，过渡过程不稳定。

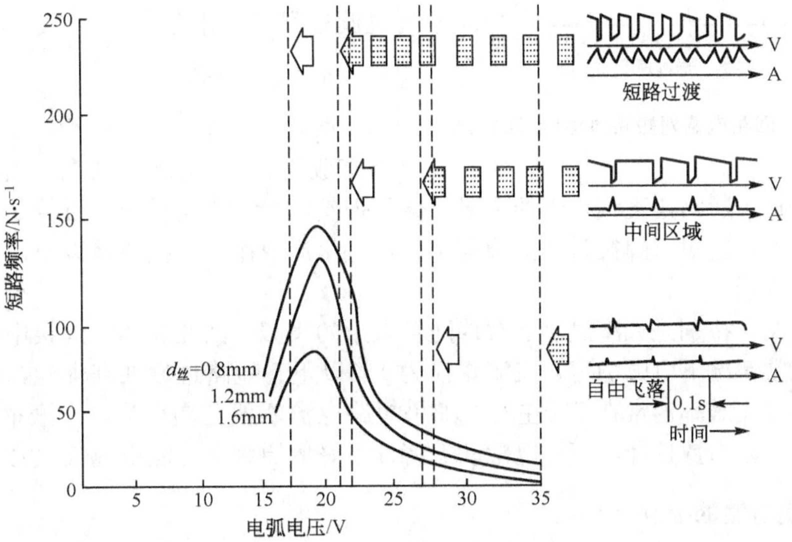

图6.12 短路过渡频率与电弧电压的关系

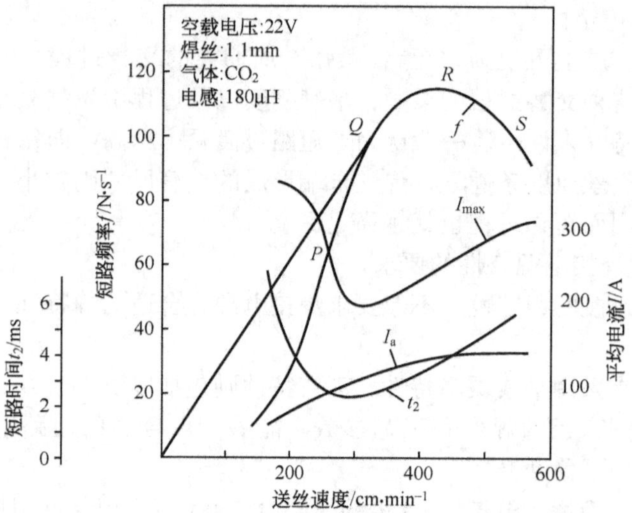

图 6.13　送丝速度与短路过渡频率、短路时间和短路电流峰值的关系

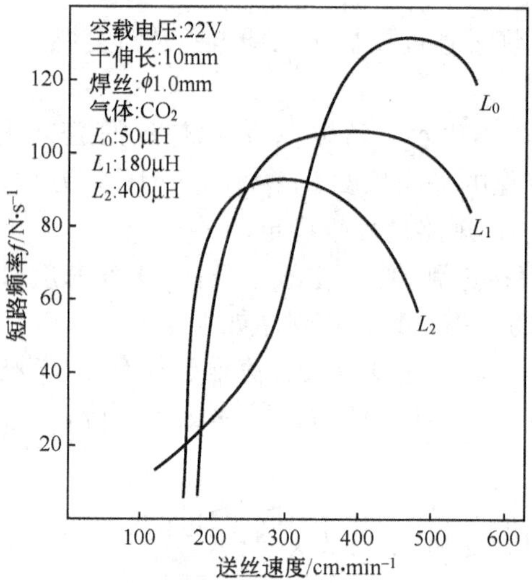

图 6.14　回路电感对短路过渡频率的影响

第二，焊丝直径越小，可达到的最高频率越大，所对应的电弧电压(或空载电压)，送丝速度(即焊接电流)以及直流电感最佳值则越小。

第三，空载电压(电弧电压)越高，要获得最佳短路频率，对应的直流电感值越大，所能达到的最高短路频率也就越低。

第四，除短路过渡频率 f 外。短路时间 t_2，短路电流峰值 I_{max} 也都会影响短路过渡的稳定性。在图 6.13 中，Q 点熔滴体积(v_f/f)最小，同时 t_2 和 I_{max} 也都为最小值，所以短路过渡过程也十分稳定。

3. 飞溅问题

焊接过程中，大部分焊丝熔化过渡到熔池冷却成为焊缝，小部分飞落到熔池之外而成为飞溅(spatter)。通常用飞溅损失的金属与熔化焊丝(焊条)金属质量的百分比(飞溅率)来表示飞溅的程度，它对于焊接过程的稳定性、焊接生产效率、焊接质量以及焊工的劳动条件都有重要的影响。

滴状过渡，特别是大滴过渡通常伴随着大量的飞溅，因此在实际焊接中应用极少；射流过渡，正常情况下电弧稳定，飞溅率仅为 1%以下；短路过渡在细焊丝，小电流，低电压稳定焊接时飞溅率通常在 5%左右，如果短路电流峰值控制得当，飞溅率还可降到 2%左右。但是工艺参数选择不当，电源动态特性不好等原因则可能出现较大的飞溅。

6.1.4　熔滴过渡的控制

目前采用的几种熔滴过渡形式，都是在比较严格的条件下实现的，而且使用范围也有一定的限制。例如射流过镀，焊接电流必须大于某一临界电流值，才能实现稳定的焊接过程。这种过渡主要用于熔化极电弧焊中、厚板水平位置焊接，不能满足薄板、全位置焊接的要求。短路过渡是在小电流，低电压，细焊丝条件下实现的，它有熄弧过程并伴随有飞溅，其适用范围也受到限制。为了满足薄板、全位置以及热敏材料高质量、高效率的焊接需要，发展了熔滴过渡控制技术。目前采用的控制技术有脉冲电流控制法、射流-短路过渡控制法、脉动送丝控制法等。

1. 脉冲电流控制法

这是熔化极电弧焊常用的控制方法，它通过控制焊接电流以一定的频率脉冲变化，实现对焊丝熔化及熔滴过渡的控制。这种方法可以在小的平均电流情况下，实现稳定的射流过渡并可控制母材的热输入和焊缝成形。目前最常用的脉冲电流波形为正弦波或矩形波。为了以较小的平均电流 I_a 实现可控的射流过渡，无论用什么样的脉冲电流波形，熔化极电弧焊的脉冲电流峰值 I_p 都一定要大于相同条件下射流过渡临界电流值 I_c。由于脉冲电流大小和脉冲持续时间各不相同，以钢焊丝为例，通常可能出现以下三种情况。

第一，是在一个脉冲周期中过渡两个或多个细小熔滴，如图 6.15 所示。这种情况是在脉冲电流较大或脉冲时间较长，即脉冲能量较大时出现。熔滴在脉冲电流的作用下，加速向熔池过渡，有较强的指向性，可用于全位置焊接。

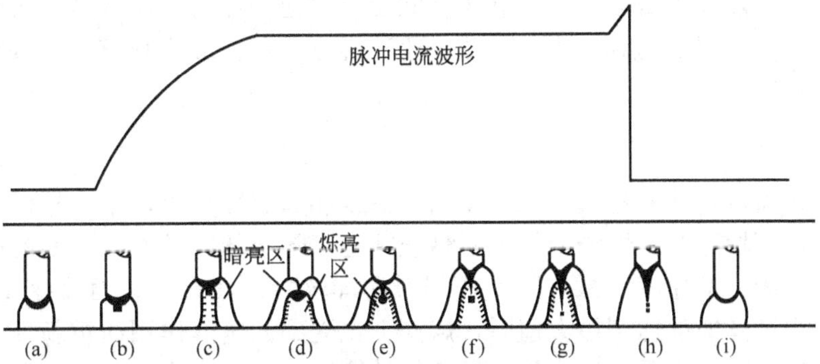

图 6.15　一个脉冲多个熔滴过渡形式

第二，是一个脉冲周期仅过渡一个等于或小于焊丝直径的熔滴。这种过渡的脉冲能量正好等于过渡一个熔滴所需要的能量，且过渡频率等于脉冲频率。由于脉冲电流较小或时间较短，熔滴大多在脉冲电流结束后基值电流初期过渡，因而加速度较小，过渡速度低，但仍沿焊丝轴向，可用于仰、立等空间位置的焊接。

第三，是两个或两个以上的脉冲周期才过渡一个熔滴，熔滴直径等于或略大于焊丝直径。这种情况脉冲电流较小，脉冲持续时间较短，即能量较弱，熔滴过渡频率低于脉冲频率，过渡时刻有较大的随机性。

2. 喷射-短路交替控制法

这种方法通过电源电压与送丝速度的低频同步变化，来获得喷射过渡和短路过渡的交替过程。焊接过程中电弧电压、电流、送丝速度及电源特性变化如图 6.16 所示。由图可以看出，焊接时稳定工作点为 G 和 D 两点。当稳定工作点为 G 时，此时是较高电压，较大电流，熔滴过渡形式为喷射过渡。仰焊或全位置焊接均使用这种规范。因焊接电流过大，熔池不易保持，可能造成铁水下淌。因此，一段时间以后改用工作点 D，此时电压低、电流小形成短路过渡，有利于熔池的保持，适合全位置焊接。这种焊接方法一般频率较低，并配合摆动技术，可以使电弧在坡口两侧用大电流喷射过渡，克服短路过渡焊接引起熔合不良、易形成夹渣的缺点。坡口中间位置用短路过渡焊接，防止全位置焊接时铁水下淌。这种焊接方法同时采用变速送丝及电源电压高低周期性变化实现喷射与短路过渡不断的交替。因此对送丝机构有较高的要求，采用惯性小的送丝机构。

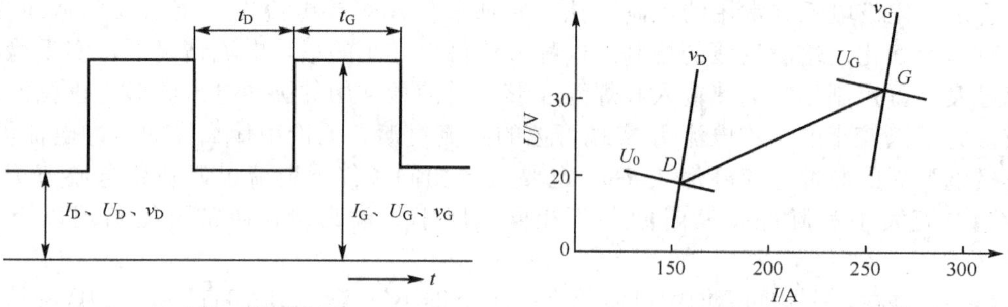

(a) 电流、电压变化图　　(b) 工作点变化图

图 6.16　喷射-短路过渡控制法示意

这种焊接方法热输入量较小，有利于空间位置熔池的保持，适合全位置焊接，既可得到良好的焊缝成形，又能得到满意的熔透。用这种方法进行现场管道安装焊接可得到满意的结果。

3. 脉冲送丝控制方法

这种方法是通过特殊的送丝机构，使送丝速度能周期性变化，来实施对熔滴过渡进行控制。当送丝速度稳定时，熔滴处于相对静止状态。随着脉冲送丝，熔滴的速度按正弦规律增加，最初熔滴运动速度缓慢，其上作用着向焊丝的惯性力，该力改变着熔滴的形状，使熔滴变扁。当送丝速度达到最大值时，熔滴上也受到加速度作用而重新恢复成球状。当送丝速度降低时，因熔滴受惯性力作用继续作加速运动，使熔滴向熔池方向移动。首先是拉长熔滴，而后形成缩颈，并把熔滴从焊丝上拉断。由于脉动送丝减速运动时惯性力的作用，促进熔滴过渡，因此脉动送丝焊接的最小电流将比电控脉冲的临界平均电流小 10%～20%。

这种脉动送丝焊接，在电弧电压较高时，可以实现无短路过渡焊接，也可以实现脉动送丝强制短路过程。若规范合适则短路过程十分规则，飞溅小，焊接过程稳定。

阅读材料6-1

熔化极气体保护焊熔滴过渡研究

熔滴过渡是熔化极气体保护焊的基本物理现象，熔滴过渡形式有：大滴过渡、滴状排斥过渡、射滴过渡、射流过渡和旋转过渡。不同的过渡形式对电弧稳定性、熔化深度、飞溅、气孔以及最终焊缝质量的影响各不相同。影响熔滴过渡的因素有焊接电流、气体成分、焊丝伸出长度、焊丝材料和直径等。对MIG/MAG焊熔滴过渡的研究始于20世纪50年代，迄今为止，可总结为实验观察、理论计算和实时控制三方面。

熔滴过渡的实验观察采用示波法和高速摄影是研究熔滴过渡的两种主要实验手段。示波法通过记录焊接过程中焊接电流和电压的波形，根据波形变化研究熔滴过渡，是一种间接的方法。利用高速摄影或摄像机对焊接电弧区域进行拍摄，将熔滴过渡过程记录在胶片上或数字存储器内，通过分析熔滴过渡的影像来研究有关熔滴过渡的特性，是一种直接的方法。

早在1958年，美国就有研究人员在不同规范参数下，用实验法研究了低碳钢的熔滴过渡现象，观察到熔滴过渡频率在很小电流范围内的突然变化，即所谓的临界过渡，指出临界电流随着焊丝伸出长度的减小和焊丝直径的增加而增加。采用高速摄影法也可在一定电流范围内测量熔滴的速度和加速度等。Rhee S采用恒电压特性的直流电源研究了MAG焊的熔滴过渡，焊丝为AWS Er100S－1，直径1.2mm，气体$Ar+2\%O_2$。采用多种手段研究了熔滴过渡行为：激光背光法拍摄熔滴过渡的高速照片，同时用示波法测量了电流和电压的变化。研究涉及短路过渡、大滴过渡和喷射过渡等六种过渡形式。通过实验提供了一定焊接条件下熔滴直径、分离速度、分离频率等数据。

用于分析熔滴过渡的理论有：静力平衡SFB和缩颈不稳定PIT。静力平衡理论认为，熔滴从焊丝端头分离的原因是熔滴上促使熔滴分离的力超过熔滴悬挂在焊丝上的力。静力平衡理论考虑的力有四个：熔滴重力、电磁力、等离子体流拉力和表面张力。许多研究人员在SFB的基础上对熔滴过渡进行了理论分析和计算。预测的熔滴尺寸在从滴状过渡到射流过渡较大的焊接电流范围内时，与实验结果能较好地吻合。

PIT理论是在圆柱形液态金属导电时，液态金属表面产生失稳的基础上发展起来的。由于球形的表面能量比圆形小，当圆柱状液态金属受到某一特定波长的干扰时，有分裂成若干个液滴的倾向。采用PIT理论可以建立MIG熔滴过渡模型，计算熔滴的初始速度、加速度和尺寸，与实验结果比较吻合较好，计算表明熔滴过渡存在纽结和笛状非稳态，实验中也观察到了MIG焊中存在这两种形式的熔滴过渡。SFB和PIT理论都可计算熔滴尺寸，但结果有一定的差异，究竟哪种与实际情况较符合，必须与实验数据进行比较。

稳定的熔滴过渡是获得优质焊缝的前提，也是各种波控焊接电源的目的。已有波控焊接电源的反馈量都是电弧电流和电压信号，以此间接反映熔滴过渡情况。该方法必须通过大量实验才能建立熔滴过渡与电弧电流和电压的关系，而且波控参数是在一定试验条件下获得的，如果使用条件与试验条件有差异，则焊机输出的波控参数就不能很好地代表实际熔滴过渡情况。因此，若能直接获得熔滴过渡的信号用于控制焊接过程，则将进一步提高焊接电源性能。天津大学在这方面做了很多工作，用电弧光谱信号来表征熔滴过渡，实现熔滴过渡在线控制。具体有两种不同的熔滴过渡光谱窗口选择方法：选取以焊丝金属谱线为主的窗口或选取以保护气体元素光谱为主的窗口，不同的光谱窗口所反映的信息不同。通过选取这两个窗口，获得了相应的电弧光谱信息，并对这些信息特征进行分析。结果表明，以焊丝金属谱线为主的光谱窗口，光谱信息能很好地反映熔滴过渡过程，原因是焊丝金属元素在电弧中的浓度分布直接反映熔滴过渡，要想准确检测电弧熔滴过渡形态应选择焊丝金属元素谱线密集的光谱波段。

资料来源：包晔峰，周昀，吴毅雄. 熔化极气体保护焊熔滴过渡研究. 电焊机，2006，36(3)：55.

6.2 母材熔化及焊缝成形

6.2.1 熔池和焊缝的形状尺寸

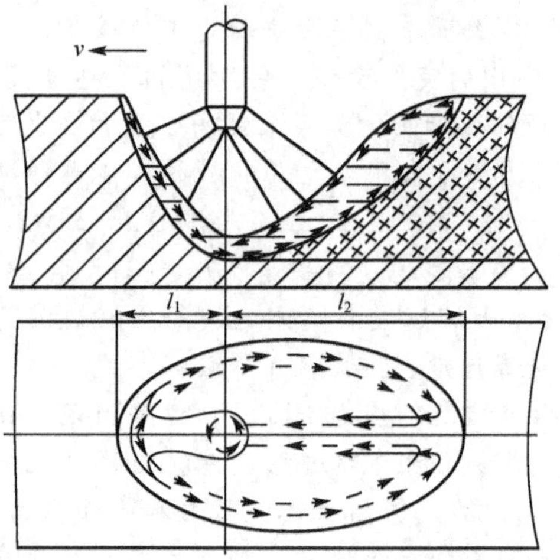

图 6.17 熔池形状和熔池金属流动情况示意

熔化极电弧焊过程中，母材金属和填充金属在电弧热的作用下加热、熔化而混合在一起，在电弧力作用下，液态金属被排向电弧移动的后方，并且在电弧力、自身重力和表面张力等共同作用下，保持一定的液面差，形成了具有一定形状和尺寸的熔池，如图 6.17 所示。随着电弧前移，熔池也随之前移，熔池尾部液态金属的温度逐步降低，当液态金属温度降到金属的凝固温度时，便冷凝结晶而成为焊缝(weld)。

焊缝形状是指焊缝横截面的形状，一般以熔深 H(depth of penetration)、熔宽 B(width of weld)和余高 a(excess weld metal)描述，如图 6.18 所示。合理的焊缝截面形状要求 H、B、a 具有恰当的比例，通常采用焊缝成形系数 ϕ(form factor of weld)($\phi=B/H$)和余高系数 ψ($\psi=B/a$)来表示焊缝的成形的特点。成形系数过小，焊缝截面窄而深，容易出现气孔和产生热裂纹。因此，对于裂纹和气孔敏感的材料 ϕ 值应取大一些。对于常用的电弧焊方法，ϕ 值一般取 1.3～2，堆焊时要求焊缝尽可能宽而浅，ϕ 值可达 10 左右。焊缝余高太大会引起应力集中，反而降低承受动载荷的能力，通常对接接头余高控制在 3mm 以下，或者余高系数 $\psi>4$，对主要结构，应在焊后除去余高，磨成光滑的凹形。

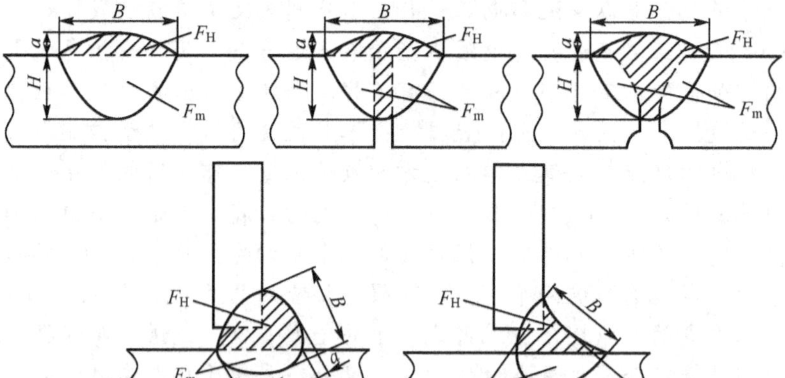

图 6.18 焊缝形状及其描述参数

母材金属在焊缝中所占的比例，可用熔合比 γ(fusion ratio)即母材金属在焊缝中所占的面积 A_m 与焊缝的总面积(A_m+A_H)之比表示，即 $\gamma=A_m/(A_m+A_H)$，其中 A_H 为填充金属在焊缝截面中所占面积。由熔合比式子可见，坡口和熔池形状改变时，熔合比都将发生变化。通过改变熔合比，可以调整焊缝化学成分，降低裂纹倾向和提高焊接力学性能。

6.2.2 焊接条件对焊缝成形的影响

焊缝的形状是由熔池的形状决定的，熔池的形状则取决于电弧的热、力特性以及相关的焊接条件。焊接条件包括焊接工艺参数和工艺因素两部分，它们对于熔池和焊缝形状的影响既有单项的影响又有多个因素的共同交叉影响。本节只介绍普通电弧焊方法中各种因素对焊缝成形单项影响的基本实验规律。

1. 电流、电压、焊速的影响

焊接电流、电弧电压和焊接速度是决定焊缝尺寸的主要工艺参数，它们对焊缝形状的影响规律如下：

1) 焊接电流是影响焊缝熔深的主要因素

随着焊接电流增大，焊件上的电弧力和热输入均增大，熔深近于成比例增加，熔宽略有增加，同时余高增加而使成形系数及余高系数减小，如图 6.19 所示。

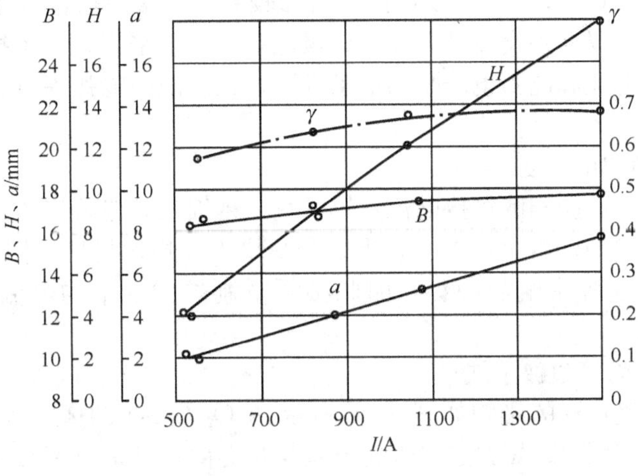

图 6.19 交流埋弧焊电流对焊缝尺寸的影响

2) 电弧电压是影响焊缝熔宽的主要因素

在其他条件不变时，随着电弧电压增大，电弧功率增大，焊件热输入有所增大，同时弧长拉长，分布半径增大，焊缝熔宽显著增加，熔深和余高略有减小，如图 6.20 所示。

3) 焊接速度对焊缝形状和尺寸都有明显的影响

焊速提高，熔深和熔宽都显著减小，为了保证合理的焊缝尺寸同时又有高的焊接生产率，在提高焊速的同时，应相应提高焊接电流和电弧电压，并使其保持在稳定的匹配工作范围内。

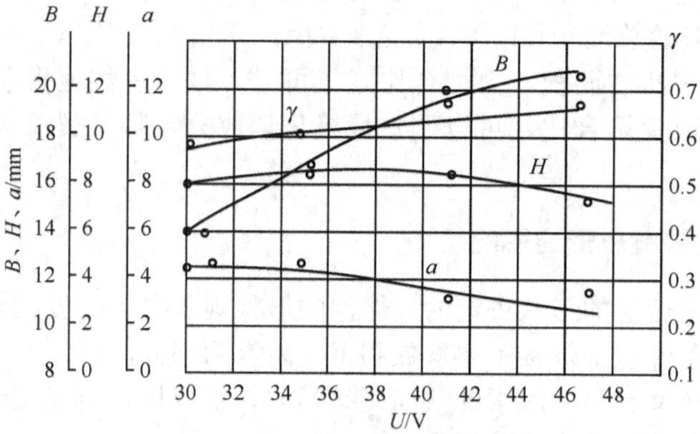

图 6.20　埋弧焊电压对焊缝尺寸的影响

2. 其他焊接条件的影响

1）电流种类和极性

主要影响焊件的热输入，熔滴过渡等。熔化极电弧焊直流反接法的熔深和熔宽要比直流正接的大；交流电弧焊介于上述两者之间，这是因为熔化极电弧阴极（焊件）产热较大（$P_K > P_A$）所致，因此熔化极电弧焊一般采用直流反极性。非熔化极电弧焊电极产热特性与熔化极电弧焊相反（$P_A > P_K$），故正接时熔深较大，反接时熔深较小。除铝、镁及其合金要求除去表面氧化膜采用交流外，非熔化极电弧焊一般采用直流正接法。脉冲电流焊接时，在同样的焊接电流和电弧电压平均值条件下，比一般的电弧焊可获得更大的焊缝熔深和熔宽。

2）焊丝直径和伸出长度

在一定的范围内，同样的焊接电流，焊丝直径越细，焊缝熔深越大。焊丝伸出长度增大时，焊丝电阻热增加，熔化量增多，焊缝余高增大，焊丝材质电阻率越高，直径越细，伸出长度越大时，这种影响越明显，因此必须限制焊丝的平均电流密度和焊丝的伸出长度。

3）保护气氛和熔滴过渡形式

保护气体对焊缝成形的影响如图 6.21 所示。CO_2 气体保护焊大电流细滴过渡，焊缝熔深较大，底部呈圆弧状；短路过渡焊缝形状与其类似，只是熔深要浅得多。纯氩气保护射流过渡的焊缝中部深陷，为所谓“指状”熔深，其根部易于形成气孔、未熔透等缺陷。通常加入少量的 CO_2、O_2、He 等，可使熔深形状得到改善。

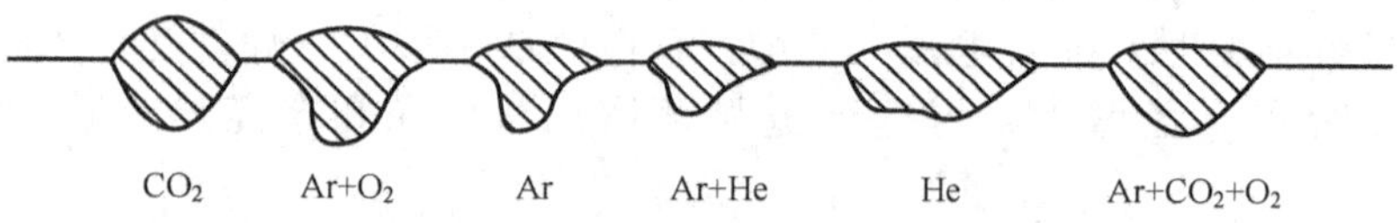

图 6.21　保护气体成分对焊缝形状的影响

4）间隙和坡口

如图 6.22 所示，开坡口、留间隙可以控制焊缝的余高和调整熔合比。

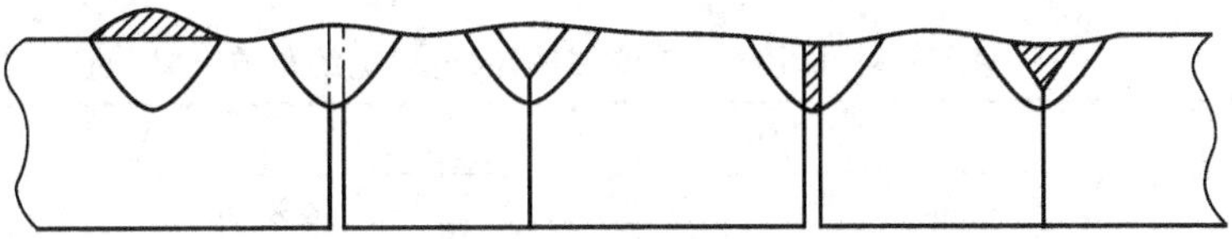

图 6.22 间隙和坡口对焊缝形状的影响

5）电极倾角

电极相对焊件倾斜有前倾和后倾两种，习惯的定义方法如图 6.23 所示。电极前倾时，电弧力后排熔池金属的作用力减弱，熔池底部液态金属增厚，熔深减小；同时电弧对熔池前方焊件的预热作用加强，熔宽增大。焊丝倾角越大，这种作用越明显。电极后倾时，情况与前述相反。实际焊接中，手工钨极氩弧焊、半自动熔化极气体保护焊等一般采用前倾焊；后倾焊除特殊情况如小直径圆筒形自动电弧焊外，较少在自动电弧焊中使用，多用于焊条电弧焊。

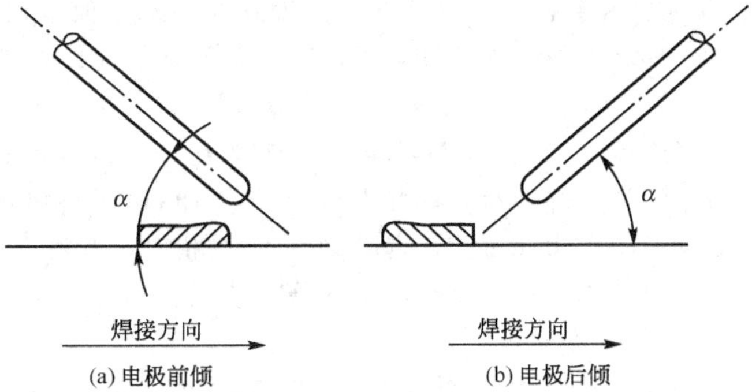

图 6.23 焊丝倾角的习惯定义

影响焊缝成形的因素还有许多，如焊件厚度、倾斜度及散热条件，焊剂、焊条药皮成分等。

阅读材料6-2

焊接工艺参数对 A－TIG 焊的焊缝成形影响

TIG 焊技术在现代焊接中的应用非常广泛，它的优点是几乎可以用于所有金属的连接；但由于熔深浅，只能对薄板材料进行焊接，而对于厚度较大(大于 6mm)的金属材料则需要开坡口，加入填充材料，进行多层焊接，加大了工艺的复杂性，降低了焊接生产率。A－TIG 焊是应用一种活性化焊剂涂在焊件上进行焊接，使焊接电弧收缩，增大了焊缝的熔深，改善了焊缝成形，缩短了焊接时间，提高焊接生产率。

试验材料是奥氏体不锈钢(1Cr18Ni9Ti)，混合型活性化焊剂，试件尺寸为 40mm×20mm×20mm。实验设备为 WS－315 型氩弧焊电源，H－8 型自动焊小车，焊前用丙酮将活性化焊剂搅拌成糊状，用刷子均匀刷于焊件表面两侧约 10mm，待干后施焊。

1. 焊接电流对焊缝成形的影响

在焊接速度和涂层一定的条件下($v=150\text{mm}\cdot\text{min}^{-1}$，$\delta=1.04\text{mm}$)，不同焊接电流对焊缝熔深与熔宽的实验结果见表 6－2。

表 6-2　焊接电流对焊缝熔深与熔宽的影响

焊接电流/A	TIG 焊		A-TIG 焊	
	熔深/mm	熔宽/mm	熔深/mm	熔宽/mm
100	2.50	3.00	3.50	2.00
150	2.90	4.80	4.76	3.90
200	3.50	5.00	5.90	4.60
250	4.00	8.50	6.90	4.50

从实验结果可以看出：随着焊接电流的增加，普通 TIG 焊和 A-TIG 的焊缝熔深都会随之增大；而且在同一电流下，A-TIG 焊的焊缝熔深明显大于普通 TIG 焊的熔深。在 250A 时，A-TIG 的焊缝熔深达到了 6.90mm，几乎是普通 TIG 焊焊缝熔深的一倍。虽然普通 TIG 焊的熔深也随着焊接电流的增加而增加，但熔宽的增加程度更大；当焊接电流增加到 250A 时，普通 TIG 焊的熔深增加量仅为 60%，而熔宽的增加量为 183.3%；而在同一电流下 A-TIG 的焊缝熔深增加量为 176%，熔宽的增加量仅为 50%。因此对于普通 TIG 焊，虽然增大焊接电流可以使熔深和熔宽都有所增加，但熔宽的增加更显著；而涂活性化焊剂后，焊接电流对 A-TIG 焊的焊缝熔深增加作用是显著的，对熔宽的影响却很小。由此可见，与普通 TIG 焊相比，采用 A-TIG 焊后，小电流即可满足对焊缝熔深的要求，从而大大降低了焊接费用。

2. 焊接速度对焊缝成形的影响

在焊接电流和涂层厚度一定的条件下（$I=200$A，$\delta=1.02$mm），通过改变焊接速度，普通 TIG 焊和 A-TIG 焊的焊缝熔深和熔宽的变化见表 6-3。

表 6-3　焊接速度对焊缝熔深与熔宽的影响

焊接速度 /mm·min^{-1}	TIG 焊		A-TIG 焊	
	熔深/mm	熔宽/mm	熔深/mm	熔宽/mm
100	3.50	6.90	6.68	4.50
150	3.50	5.00	5.90	4.60
200	2.50	5.50	4.80	4.00
250	2.20	5.30	4.80	3.50

在同一焊接速度下，A-TIG 焊的熔深要大于普通 TIG 焊的熔深；当 $I=200$A，$v=100$mm·min^{-1}时，A-TIG 焊的熔深可达到 6.68mm，几乎是在相同焊接工艺参数下普通 TIG 焊熔深（3.5mm）的两倍。同时表明随着焊接速度的增加，普通 TIG 焊和 A-TIG 焊的熔深都有所减小，但 A-TIG 焊的焊缝熔深要深于普通 TIG 焊的焊缝熔深。焊接速度对焊缝熔宽的影响并不大，但 A-TIG 焊的熔宽都小于在同一焊接条件下普通 TIG 焊的熔宽。因此，涂活性化焊剂后，在保证熔深一定的前提下，可以采用高速度焊接，从而大大提高了焊接生产率。

资料来源：武丹，裘荣鹏，许鸿吉．焊接工艺参数对 A-TIG 焊的焊缝成形的影响．兵器材料科学与工程，2004，27(4)：26.

6.2.3 焊缝成形的控制

在实际的工作中，焊接是十分复杂的。板厚范围大，形状有平面、曲面，位置有水平、垂直、横向等，在解决这些问题的过程中必定遇到一些困难，研究解决这些困难是自动焊的一项重要内容。

1. 单面焊双面成形

对于一定材料的焊接工件，位于平焊位置，并且可以实施双面焊接，其焊接质量相对较好保证。但在一些产品中，由于体积庞大或其他原因，难以翻转，背面必须采用空间位置焊接；另一些产品如管道，若直径较小，难以从背面进行焊接，需要单面焊双面成形。单面焊双面成形的主要困难是难以保证背面焊缝的良好成形。常用的成形方式有自由成形和垫板承托强制成形。

1）自由成形

自由成形比较简单，但对成形质量不易保证。这种成形依靠自身各种力进行动态平衡，一旦平衡被打破，成形就被破坏。这种成形方法常用于薄板焊接。

焊缝背面处于自由状态而焊缝又全部熔透时，熔池将完全依靠熔化金属与熔池壁之间的表面张力得到承托。理想条件下，各种力的动态平衡如图 6.24 所示，则有

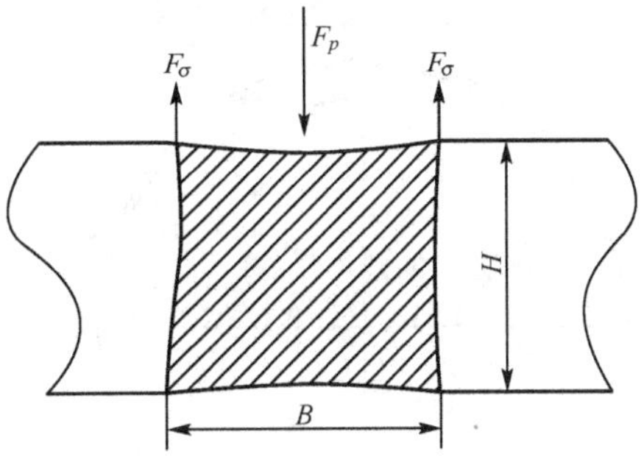

图 6.24 自由成形时各种力的平衡

$$2F_\sigma=\rho HB+F_P \qquad (6-7)$$

式中，F_σ——表面张力；

ρ——熔池液体金属的密度；

H——熔池深度；

B——熔池宽度；

F_p——电弧对单位长度熔池的总压力。

对于不同的材料，由于材料密度和表面张力系数不同，单面焊双面成形的最大厚度也不同，一般来讲，材料密度小，表面张力系数大，可成形的厚度越大。当材料一定时，可成形的厚度取决于熔池的宽度和电弧力的大小。如 TIG 焊，一般电流小于 100A，可焊厚度小于 3mm。提高电弧功率密度，在相同电流下，可使熔池宽度减小，从而使一次焊透深度增大。例如采用等离子弧焊，一次可焊透较厚的板材。另外采用脉冲电流，可以限制熔池尺寸，同时配以电弧摆动，也可焊较厚的板材。对于厚板，可采用开坡口，进行打底焊，从而实现单面焊双面成形。

2）强制成形

当焊件厚度增大，电弧功率也增大，熔池难以依靠表面张力保持稳定，在条件许可情况下，可采用背面衬垫承托方式来保持单面焊双面成形的熔池稳定和焊缝成形。背面承托可采用永久金属垫，如 CO_2 气体保护焊焊缝，衬垫材质与焊件相同，施焊时与焊件焊接在一起。也可以采用临时金属垫或焊剂垫。

2. 曲面焊缝的成形

1）环形焊缝成形

锅炉筒节和筒节或筒节和封头间的环缝的焊接，通常都是在焊件转动焊头固定的条件下进行的。焊件的直径和圆度不同，使坡口加工和装配间隙沿整条环缝不一致，再加上熔池在曲面上，所以得到成形良好的焊缝要比直焊困难。为了削弱曲面对熔池金属流动的不利影响，无论是焊接外环缝或内环缝，焊丝都应逆焊件旋转方向偏移一段距离，使熔池接近处于水平位置，以获得较好的成形(图 6.25、图 6.26)，熔池越长，焊丝偏置距离应该越大。焊件直径为 400～3500mm 时，偏置距离可取为 30～80mm。焊件的直径越小，则曲率越大，允许的熔池长度越小，因此电弧的功率和焊速受到限制。

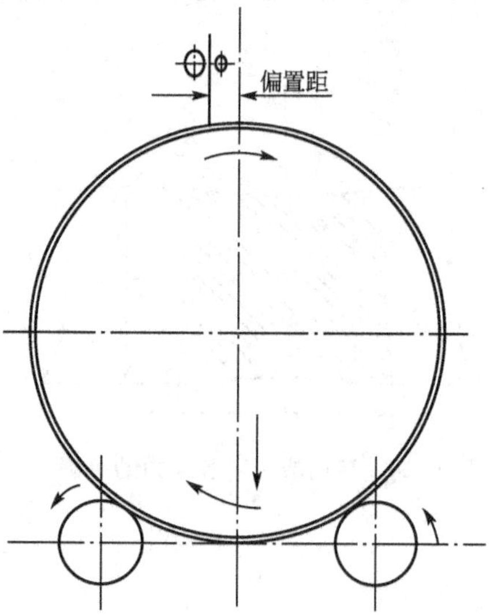

图 6.25　环缝焊接时的焊丝位置

图 6.26　管道环缝焊接实例图

螺旋缝的焊接与环缝焊接基本相似，但由于焊缝轴线与焊件轴线成一螺旋角。所以熔池金属还有侧向流淌的问题。

2）全位置焊接

一些现场安装的管子在焊接时不允许转动，此时只能采用焊枪绕焊件转动的全位置焊接方法。这时焊接熔池的位置和熔池金属的受力状态在焊接过程中是不断变化的。在此条件下，即使是环绕的间隙和坡口尺寸一致，要保证整条环缝的熔深和正、反面焊缝的成形符合要求也是不易达到的。为了限制熔池金属的流动不使失去控制，熔池的体积、电弧的功率等就应受到限制，通常用细焊丝、小电流进行焊接，或者采用脉冲电弧焊接等。在焊条电弧焊时，焊工可根据坡口尺寸以及空间位置等，随时改变焊条或焊枪角度、运焊条方法及焊接线能量参数等来控制焊缝成形。在自动焊时，通常采用的办法是把整个圆周按其空间位置划分成几个区，在不同的区域采用不同的规范参数，具体的规范参数值要根据具体的条件通过实验确定。在焊接时，当焊枪运行至不同的空间位置时，程序控制装置将焊接规范参数自动切换到相应的预定值。

小 结

熔化极电弧焊时，焊丝(条)熔化作为填充金属与母材熔化金属相作用共同形成焊缝。焊丝的熔化主要靠阴极区(正接)或阳极区(反接)所产生的热量。熔化极气体保护焊时，焊丝为冷阴极材料，在用同一材料和相同电流情况下，焊丝为阴极的产热比焊丝为阳极时产热多，焊丝也熔化得快。对于细焊丝及电阻系数较大的金属，焊丝干伸长的电阻热对焊丝熔化有很重要的作用。

随着电流的增大，焊丝熔化速度增大。在长弧情况下，弧压对焊丝的熔化基本没影响，短弧时，在氩气保护铝合金焊接时，焊丝熔化速度随电弧电压下降而增加，即具有很强的电弧固有调节作用。另外，电阻热和气体介质对焊丝熔化速度也有很明显的影响。

熔滴在各种电弧力的作用下向母材过渡，促进熔滴过渡的力主要有电磁收缩力、等离子流力等，阻碍熔滴沿焊丝轴向过渡的力为表面张力、斑点力、爆破力等。

熔滴过渡分自由过渡、搭接过渡和渣壁过渡三大类。在氩气氛中，当电流大于临界电流值时，可实现射流过渡，此时熔滴过渡的稳定性非常好。当电弧采用小电流，低电压时，可实现短路过渡，一般在 CO_2 气体保护中采用此种过渡方式，短路过渡频率是衡量其稳定性的主要指标。

采用脉冲电流控制法可在平均电流小于临界电流值的情况下实现射流过渡；采用变速送丝等方法可有效控制短路过渡时电弧的电流值，从而减小短路过渡时的飞溅。

焊缝的形状尺寸可用熔深、熔宽、余高、熔合比等参数来表征。焊接电流主要影响焊缝的熔深，电弧电压主要影响焊缝的熔宽。焊接的其他工艺因素，诸如电极尺寸、电极或焊件倾角等都对焊缝成形有很重要的影响。

通过控制焊缝成形，可实现自由成形或强制成形的单面焊双面成形，通过旋转，可实现环焊缝和螺旋焊缝等曲面焊缝的平面焊。

【关键词】

焊丝干伸长 wire extension
熔化系数 melting coefficient
熔滴过渡 metal transfer
射流过渡 spray transfer
短路过渡 short circuiting transfer
飞溅 spatter
熔深 depth of penetration
熔宽 width of weld
焊缝成形系数 form factor of weld
余高 excess weld metal

熔合比 fusion ratio

单面焊双面成形 one-side welding with back formation

习 题

(1) 为什么 DCRP 焊丝的熔化系数稳定?

(2) 射流产生的条件是什么?

(3) 影响射流临界电流值的因素有哪些?

(4) 影响焊丝熔化速度的因素有哪些?

(5) 射流过渡的特点有哪些?

(6) 影响短路过渡频率的因素有哪些?

(7) CO_2 气体保护焊为何不会产生射流过渡?

(8) 调节熔合比的作用是什么?

(9) 焊接工艺参数对焊缝成形有哪些影响?

(10) 单面焊双面成形有哪些实施方法?

(11) 环形焊缝焊接时，焊枪为何要有一定的偏置?

第7章 埋弧焊及电弧控制系统

本章学习目标

★ 熟悉埋弧自动焊的特点、设备及工艺

★ 掌握自动电弧焊的弧长调节的控制系统

本章教学要点

知识要点	掌握程度	相关知识
埋弧焊的特点	了解埋弧焊的一般特点； 熟悉埋弧焊的冶金特点； 掌握低碳钢焊接的焊丝、焊剂和母材的匹配原则	焊接生产率； 脱氧及合金化； 焊剂的组成及分类
埋弧焊设备	了解埋弧焊设备的组成； 熟悉 MZ－1000 焊机的电器原理	送丝拖动电路； 焊接程序控制的主要内容
埋弧焊工艺	熟悉埋弧焊焊前的准备工作内容； 掌握埋弧焊焊接工艺及焊接规范的选择； 了解埋弧焊主要缺陷及防止办法	坡口的设计； 焊剂垫法焊接； 焊接缺陷
电弧自身调节系统	熟悉影响电弧自身调节系统的静特性的因素； 掌握电弧自身调节系统的调节过程； 熟练掌握影响自身调节系统灵敏度的因素	电弧自身调节； 电源外特性； 静态误差； 系统灵敏度
弧压反馈调节系统	熟悉弧压反馈调节系统的静特性； 掌握弧压反馈调节系统的调节过程； 熟练掌握焊接规范的调节	弧压反馈器； 变速送丝； 系统灵敏度

导入案例

我国西部地区的塔里木、柴达木、陕甘宁和四川盆地蕴藏着26万亿m^3的天然气资源，约占全国陆上天然气资源的87%。特别是新疆塔里木盆地，天然气资源量有8万多亿m^3，占全国天然气资源总量的22%。塔里木北部的库车地区的天然气资源量有2万多亿m^3，是塔里木盆地中天然气资源最富集的地区，具有形成世界级大气区的开发潜力。实施西气东输工程，有利于促进我国能源结构和产业结构调整，带动东、西部地区经济共同发展。

下图为西气东输二线工程天然气管道走向示意。

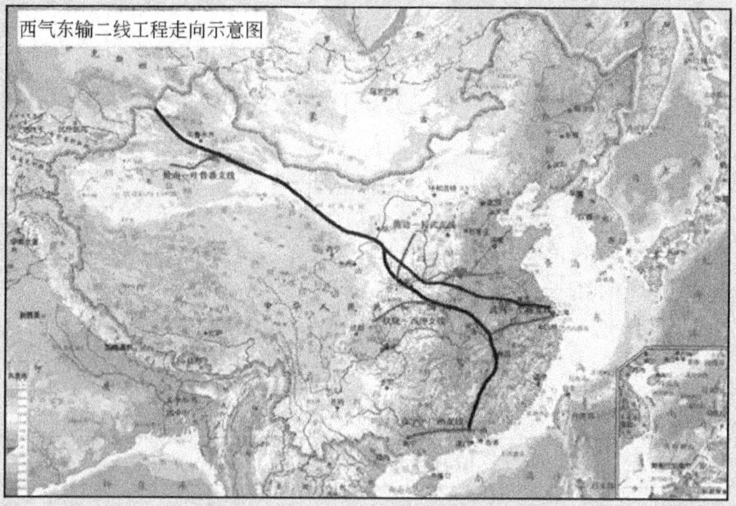

西气东输一线工程，西起新疆塔里木轮南油气田，东至上海，线路全长约4200km，投资规模1400多亿元。钢管材质为X70，钢管规格为ϕ1016×(14.6～26.2)mm，设计压力为10MPa，年设计输量120亿m^3。

西气东输二线工程西起新疆霍尔果斯，东至广州和上海，包括1条干线和5条支线，干线管道设计输气能力300亿m^3/年，管道全长7700km。工程总投资估算为1021亿元。钢管材质为X80，钢管规格为ϕ1219×(18.4～33.0)mm，设计压力为12MPa。

钢管是在钢管厂采用效率高的埋弧焊方法将钢板或钢带焊成12m长的直缝焊管或螺旋缝焊管产品，通过火车和汽车运输到施工现场再进行焊接安装。

埋弧焊(submerged arc welding，SAW)是以连续送进的焊丝作为电极和填充金属，在焊件焊接区的上面覆盖一层颗粒状焊剂，电弧在焊剂层下燃烧，将焊丝端部和焊件局部母材熔化，形成焊缝。在电弧热的作用下，一部分焊剂熔化成熔渣并与液态金属发生冶金反应。熔渣浮在金属熔池的表面，一方面可以保护焊缝金属，防止空气的污染，并与熔化金属产生物理化学反应，改善焊缝金属的成分和性能；另一方面还可以使焊缝金属缓慢冷却。

7.1 埋 弧 焊

7.1.1 埋弧焊的特点

埋弧焊的施焊过程如图 7.1 所示，由三个基本环节组成：①在焊件待焊接缝处均匀堆敷足够的颗粒状焊剂；②导电嘴和焊件分别接通焊接电源两极以产生焊接电弧；③自动送进焊丝并移动电弧实施焊接。

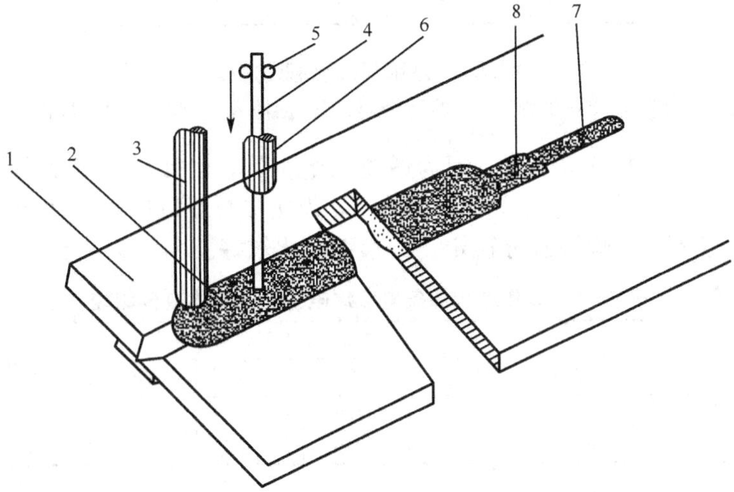

图 7.1 埋弧焊的焊接过程

1—焊件；2—焊剂；3—焊剂漏斗；4—焊丝；
5—送丝滚轮；6—导电嘴；7—焊缝；8—渣壳

通用埋弧焊设备的焊剂存储和输送漏斗、送丝机构、电弧行走机构，电源和程序的控制盘都装在焊接小车上；专用焊接设备有的采取焊件移动或转动造成电弧相对运动。

埋弧焊的电弧是掩埋在固体颗粒焊剂下面的，如图 7.2 所示。当焊丝和焊件之间引燃电弧时，电弧热使焊件、焊丝和焊剂熔化以致部分蒸发，金属和焊剂的蒸发气体形成一个气泡，电弧就在这个气泡内燃烧，气泡的上部被一层熔渣覆盖，熔渣很好地隔离了空气与电弧和熔池的接触，并且使有碍操作的弧光辐射不再散射出来。

埋弧焊的主要特点如下：

(1) 生产效率高。这是因为，一方面焊丝导电长度缩短，电流和电流密度提高，因此电弧的熔深能力和焊丝熔敷效率都大大提高，一般不开坡口单面一次焊熔深可达 20mm；另一方面由于焊剂和熔渣的隔热作用，电弧上基本没有热的辐射散失、飞溅也小，虽然用于熔化焊剂的热量损耗有所增大，但总的热效率仍然大大增加。因而使埋弧焊的焊接速度可以大大提高，以厚度 8～10mm 钢板对接为例，单丝埋弧焊速度可达 30～50m/h，而焊条电弧焊则不超过 8m/h。

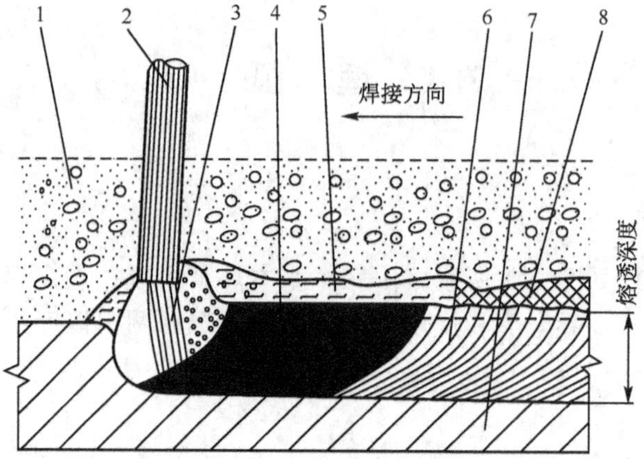

图 7.2　埋弧焊焊缝形成过程

1—焊剂；2—焊丝；3—电弧；4—熔池金属；5—熔渣；6—焊缝；7—焊件；8—渣壳

(2) 保护效果好，焊缝质量高。因为熔渣隔绝空气，电弧区主要成分是 CO，焊缝金属中含氮量(表 7-1)和含氧量大大降低。另外，焊接参数可以通过自动调节保持稳定，对焊工技术水平要求不高，焊缝成分稳定，力学性能比较好。

表 7-1　埋弧焊与焊条电弧焊电弧区的气体成分比较

焊接方法	电弧中的气氛组成/(%)					焊缝中含氮量/(%)
	CO	CO_2	H_2	N_2	H_2O	
焊条电弧焊(钛型)	46.7	5.3	34.5		13.5	0.02
埋弧焊(焊剂 431)	89～93		7～9	≤1.5		0.002

(3) 劳动条件好。埋弧焊没有弧光辐射，同时机械化自动焊接方式减轻了焊条电弧焊操作的劳动强度。

(4) 由于埋弧焊是依靠颗粒状焊剂堆积形成保护条件，因此，主要适用于水平位置焊缝焊接。但也有采用特殊机械装置，保证焊剂堆敷在焊接区而不落下来。

(5) 由于埋弧焊焊剂的成分主要是 MnO、SiO_2 等金属及非金属氧化物，与焊条电弧焊一样，难以用来焊接铝、钛等氧化性强的金属及其合金。

(6) 只适于长焊缝的焊接。由于机动灵活性差，焊接设备也比焊条电弧焊复杂，短焊缝显不出生产效率高的特点。

(7) 埋弧焊电弧的电场强度较大，电流小于 100A 时，电弧的稳定性不好，因此不适合焊接厚度小于 1mm 的薄板。

埋弧焊至今仍然是工业生产中常用的一种自动电弧焊方法，在造船、锅炉、化工容器、桥梁、起重机械及冶金机械制造业中应用最为广泛。目前可焊接的钢种包括碳素结构钢、低合金结构钢、不锈钢、耐热钢及其复合钢材等。此外，用埋弧焊堆焊耐磨耐蚀合金或用于焊接镍基合金及铜合金也是较理想的。

7.1.2　埋弧焊的冶金特点

1. *焊剂和焊丝*

埋弧焊过程中，熔化的焊剂(welding flux)能够产生气和渣，有效地保护电弧和熔池，并防止焊缝金属的氧化、氮化和合金元素的蒸发与烧损，使焊接过程稳定。焊剂还有脱氧和渗合金的作用，与焊丝配合使用，使焊缝金属获得所需要的化学成分和力学性能。为了获得高质量的焊缝，对焊剂的基本要求是：保证电弧稳定燃烧；硫、磷含量低；对油锈及其他杂质的敏感性要小，以保证焊缝中不产生裂纹和气孔等缺陷；焊剂要有合适的熔点，熔渣要有适当的黏度，以保证焊缝成形良好，焊后有良好的脱渣性；焊剂在焊接过程中不应析出有害气体；焊剂的吸湿性要小，并具有合适的粒度；焊剂颗粒要有足够的强度，以便焊剂多次使用。

按制造方法分，埋弧焊所用焊剂有熔炼焊剂(fused flux)和非熔炼焊剂，非熔炼焊剂又分为黏结焊剂(bonded flux)和烧结焊剂(sintered flux)；按化学成分分为无锰焊剂、低锰焊剂、中锰焊剂和高锰焊剂；也有按构造分为玻璃状焊剂和浮石状焊剂；按化学特性分为酸性和碱性焊剂；按用途分为低碳钢、低合金钢和合金钢焊剂等。

埋弧焊所用焊丝(welding wire)与焊条电弧焊焊条钢芯同属一个国家标准，即焊接用钢丝，焊丝直径为1.6～6mm。一般在焊丝表面镀铜，以防止焊丝在储存、运输过程中锈蚀。图7.3所示为镀铜埋弧焊丝照片。不同牌号焊丝应分类妥善保管，不能混用。焊前应对焊丝仔细清理，去除铁锈和油污等杂质，防止焊接时产生气孔等缺陷。

图7.3 埋弧焊焊丝

焊接低碳钢可选用高锰高硅型焊剂配合H08MnA焊丝，或选用低锰、无锰焊剂配合H08MnA、H10Mn2焊丝。焊接低合金高强度钢，可选用中锰中硅或低锰中硅型焊剂配合适当低合金高强度钢焊丝。对于耐热钢、低锰钢、耐蚀钢的焊接，可选用中硅或低硅型焊剂配合合适的合金钢焊丝。铁素体、奥氏体等合金钢，一般选用碱度较高的熔炼焊剂或烧结、黏结焊剂，以降低合金元素的烧损及掺加较多的合金元素。

埋弧焊用的焊丝，应根据所焊钢材的类别及对接头性能的要求加以选择，并与适当的焊剂配合使用。焊接低碳钢和低合金高强度钢应选择与钢材强度相匹配的焊丝。耐热钢和不锈钢的焊接，应选择与钢材成分相近的焊丝。不同钢种焊接用的焊剂与焊丝的配用见表7-2。

表7-2 常用埋弧焊剂用途及其配用焊丝

焊剂型号	成分类型	用途	配用焊丝	颗粒度/mm	适用电流种类
HJ130	无Mn高Si低F	低碳钢、低合金钢	H0Mn2	0.4～3	交直流
HJ131	无Mn高Si低F	Ni基合金	Ni基焊丝	0.25～1.6	交直流
HJ150	无Mn中Si中F	轧辊堆焊	2Cr13，3Cr2W8	0.25～3	直流
HJ172	无Mn低Si高F	高Cr铁素体	相应钢种焊丝	0.25～2	直流
HJ173	无Mn低Si高F	Mn-Al高合金钢	相应钢种焊丝	0.25～2.5	直流
HJ230	低Mn高Si低F	低碳钢、低合金钢	H08Mn2，H10Mn2	0.4～3	交直流
HJ250	低Mn中Si中F	低合金高强度钢	相应钢种焊丝	0.4～3	直流
HJ251	低Mn中Si中F	珠光体耐热钢	Cr-Mo钢焊丝	0.4～3	直流
HJ260	低Mn高Si中F	不锈钢、轧辊堆焊	不锈钢焊丝	0.25～2	直流
HJ330	中Mn高Si低F	重要低碳及低合金钢	H08Mn2，H10Mn2	0.4～3	交直流
HJ350	中Mn中Si中F	重要低合金高强钢	Mn-Mo，Mn-Si及含Ni高强钢焊丝	0.4～3	交直流

（续）

焊剂型号	成分类型	用　途	配用焊丝	颗粒度/mm	适用电流种类
HJ430	高 Mn 高 Si 低 F	重要低碳及低合金钢	H08A，H08MnA	0.25～1.6	交直流
HJ431	高 Mn 高 Si 低 F	重要低碳及低合金钢	H08A，H08MnA	0.4～3	交直流
HJ432	高 Mn 高 Si 低 F	重要低碳及低合金钢（薄板）	H08A	0.25～1.6	交直流
HJ433	高 Mn 高 Si 低 F	低碳钢	H08A	0.25～3	交直流

2. 埋弧焊的冶金特点

埋弧焊的冶金过程，包括液态金属、液态熔渣与各种气相之间的相互作用，包括液态熔渣与已经凝固金属之间的作用。埋弧焊时的冶金反应，主要是液态金属中的某一元素被焊剂中某元素取代的反应。

用高锰高硅焊剂焊接低碳钢时，其冶金特点是：向焊缝补充 Mn 和 Si；控制一部分碳氧化；减少焊缝金属中 S 和 P 的含量，防止热裂和冷裂；防止焊缝产生气孔。

1）硅锰还原反应

在低碳钢埋弧焊时，硅和锰是焊缝金属中最重要的合金成分。提高焊缝中的锰含量，会降低产生热裂纹的危险性，并能改善焊缝的力学性能。硅能镇静熔池，并能保证取得致密的焊缝。常用的低碳钢熔炼焊剂是高锰高硅低氟焊剂。其主要成分为 MnO 和 SiO_2，渣为 $MnO-SiO_2$。焊缝金属中的硅和锰是通过液态金属与熔渣之间的硅锰还原反应获得的，即

$$2Fe+SiO_2 = 2FeO+Si \tag{7-1}$$

$$Fe+MnO = FeO+Mn \tag{7-2}$$

当焊剂中 SiO_2 和 MnO 含量较大，熔池中 Si 和 Mn 原始浓度较低时，则 Si 和 Mn 的过渡量较大。在高 Mn 高 Si 低 F 焊剂焊接低碳钢时，通常的过渡量 $\Delta Si=0.1\%\sim0.3\%$，$\Delta Mn=0.1\%\sim0.4\%$。

2）碳的烧损

碳只能从焊丝及母材进入焊接熔池，焊剂是不含碳成分的。焊丝熔滴过渡进入熔池的过程中，焊丝中的碳发生非常剧烈的氧化（$C+O = CO$）；在熔池内也有一部分碳氧化。提高液态金属的含硅量能抑制碳的氧化。液态金属中的锰不能抑制碳的氧化，因为在熔池温度下锰对氧的亲和力比碳对氧的亲和力小。

适当增加焊丝含碳量，会使碳的烧损量增大。由于碳的剧烈氧化，熔池的搅动作用增强，使熔池中气体容易析出，这对防止焊缝产生氢气孔有作用。碳和氧会生成一氧化碳也是产生气孔的因素，但埋弧焊形成的气孔主要是氢造成的。

3）硫磷杂质的限制

硫造成偏析形成低温共晶，是产生热裂纹的主要原因。磷会引起金属的冷脆性。所以必须限制其含量并控制其过渡。我国生产的焊剂含 S 和 P 量均限制在 0.10%以内。

4）去除熔池中氢的途径

高 Mn 高 Si 焊剂埋弧焊时，气孔是一个重要的问题，一般认为主要是氢气孔，而防止氢气孔的途径有两条：一是杜绝氢的来源，例如去除铁锈、水分和有机物等；二是通过熔池和熔渣的冶金反应，把氢结合成 HF 和 OH^- 这两种稳定而又不溶于熔池的化合物。

7.1.3 埋弧焊设备

埋弧焊机的主要功能包括①连续不断地向焊接处送进焊丝；②传输焊接电流；③沿焊缝移动电弧；④调控电弧的主要参数；⑤控制焊接的启动与停止；⑥向焊接区送敷焊剂；⑦焊前调节焊丝端部位置等。

1. 埋弧焊机的机构组成

埋弧焊机是由机械机构、弧焊电源和控制系统三个主要部分组成，典型的埋弧自动焊机如图 7.4 所示，图 7.5 所示为埋弧焊自动小车示意图。

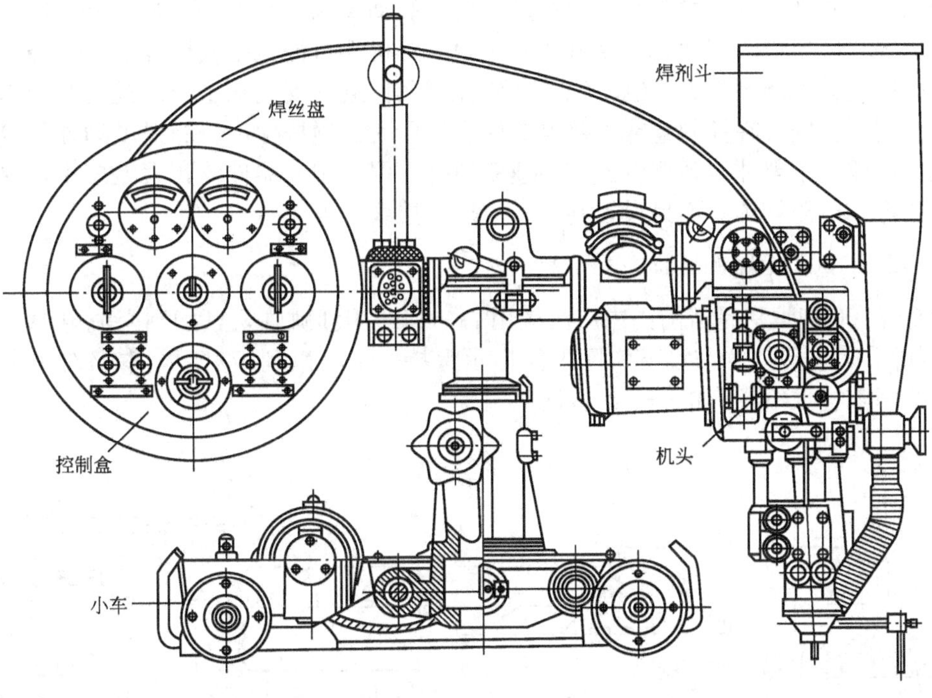

图 7.4 MZ-1000 型埋弧自动焊机的焊接小车

1）机械机构

MZ-1000 型的焊接小车是通用埋弧焊机机械部分的典型代表，它由送丝机头、行走小车、机头调节机构、导电嘴及焊丝盘、焊剂漏斗等部件构成。通常控制系统的操作面板也装在焊接小车上。

机械部分的主要任务是送进焊丝和移动电弧，因此送丝机构和小车行走机构的结构关系到焊接过程的稳定性和操作的方便可靠性。大多数焊机送丝和行走机构采用直流电动机单独驱动，其功率分别为 40～100W 及 40～200W。

图 7.5 埋弧自动焊机的焊接小车

2）埋弧焊电源

埋弧焊电源的种类和极性应与焊件的材质及选用的焊剂相匹配。低碳钢或低合金钢焊件选用高锰高硅低氟类焊剂时，应优先采用交流电源：若用低锰、低硅、高氟等焊剂，则应配用直流反极性电源，以保证电弧稳定及获得较大的焊件熔深。

埋弧焊电源的外特性为下降型。等速送丝调节式宜用缓降外特性电源，采用细焊丝焊接薄板时，可采用平特性电源；电弧电压反馈式则应选用陡降外特性电源。由于埋弧焊弧柱电场强度较高，要求电源的空载电压较高，一般在 70～80V，常用的电源有：交流 BX2－1000，直流 ZXG－1000R、ZP5－1250 等。

3）埋弧焊机控制系统

通用小车式埋弧焊机控制系统由送丝与行走驱动控制、引弧和熄弧程序控制、电源外特性控制等环节组成。门架式、悬臂式专用埋弧焊机还可能包括横臂伸缩、升降、立柱旋转和焊剂回收等控制环节。控制系统的主要控制元件通常安装在一个专设控制柜内，还有一部分控制元件安装在控制盒或焊接电源内，使用时必须按生产厂商提供的外部接线安装图把它们连成一个整体。新型电子控制埋弧焊机，因控制元器件体积大大减小，都安装在小车控制盒和电源箱内，不另设控制柜，使外部接线显著减少。

2. MZ－1000 型埋弧焊机

MZ－1000 型焊机是目前国内广泛应用的一种通用埋弧焊机，配用交流电源时的电路原理图如图 7.6 所示(为与设备实际电路标示保持一致，以利于对照，本书对图中的文字符号未按国家标准给予订正——编者注)。

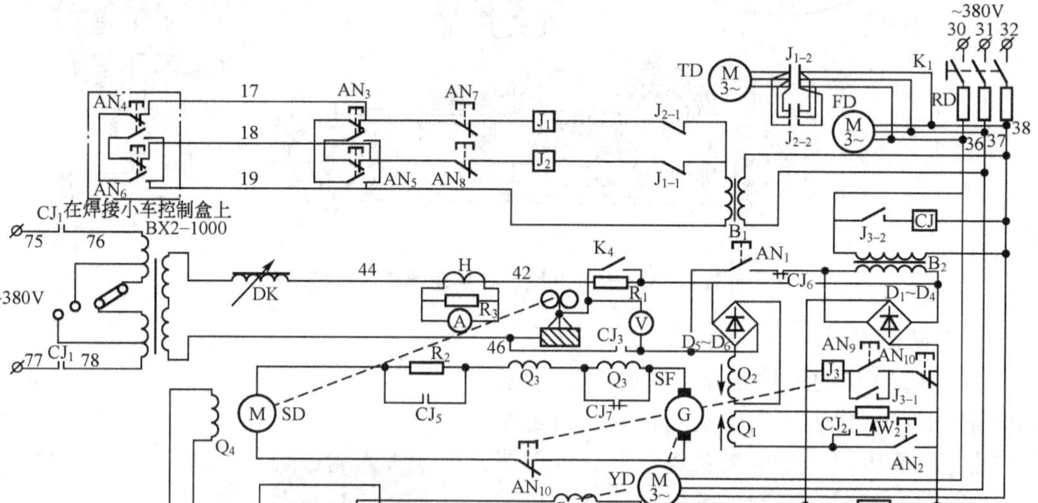

图 7.6　MZ－1000 型自动焊机电路原理图(交流电源)

1）电路组成部分

(1) 焊接电源为 BX2－1000 交流弧焊机，它的电抗器 DK 铁心可通过异步电动机 TD

的拖动机构来移动，FD 为冷却用风扇电动机。

(2) 焊接小车拖动电路由发电机 XF—电动机 XD 系统拖动，XF 有一个他激线圈 Q_5 和一个串励线圈 Q_6，XD 上有一个他励线圈 Q_7。

(3) 送丝拖动电路由发电机 SF—电动机 SD 系统拖动，SF 有两个他励线圈 Q_1、Q_2，二个串励线圈 Q_3、Q_3'，Q_1 由控制变压器 B_2 供给励磁，Q_2 由电弧电压供给励磁。SD 有一个他励线圈 Q_4。SF 和 XF 均由三相异步电动机 YD 拖动。

2) 程序控制系统工作原理

(1) 空载调整的调整方法为：①接通 K_1，FD 起动(冷却风扇)；YD 起动，SF、XF 转子开始旋转；控制变压器 B_1、B_2 获得输入电压，单相整流器 D_1～D_4 有直流输出；②K_3 为焊接方向开关，K_3 放在向左或向右位置，K_2 放在空载位置并合上离合器，XD 获得 XF 供给的转子电压带动小车移动，移动速度可借 W_1 调定。由此可选焊接方向和焊速。焊接时，应把 K_2 拨到焊接位置；③按下 AN_1，焊丝下送；按下 AN_2，焊丝上抽；④按下 AN_3 或 AN_4，则 J_1 或 J_2 动作，TD 正转或反转带动 DK 铁心移动，用以调节电源外特性；⑤K_4 起调节电弧电压反馈深度的作用。K_4 使 R_1 短路时弧压反馈深度增加，其他条件不变时，电弧长度缩短，电弧电压降低，适用于细焊丝焊接。

(2) 焊接起动和停止的步骤为：①按空车调整步骤预调焊接电流、焊速及 W_2 的位置，并使焊丝与焊件轻微接触。K_3 放在预定的焊接方向，K_2 放在焊接位置，然后打开焊剂漏斗阀门，使焊剂堆敷在起焊点，准备焊接；②按下 AN_9，控制系统将按图 7.5 所示完成起动动作程序，实现正常焊接。值得注意的是在按下 AN_9 前应检查焊丝是否与焊件轻微接触，未接触或顶得太紧都可能使正常引弧失败；③按下二次按钮 AN_{10}，即完成图 7.7 所示的停止控制程序。

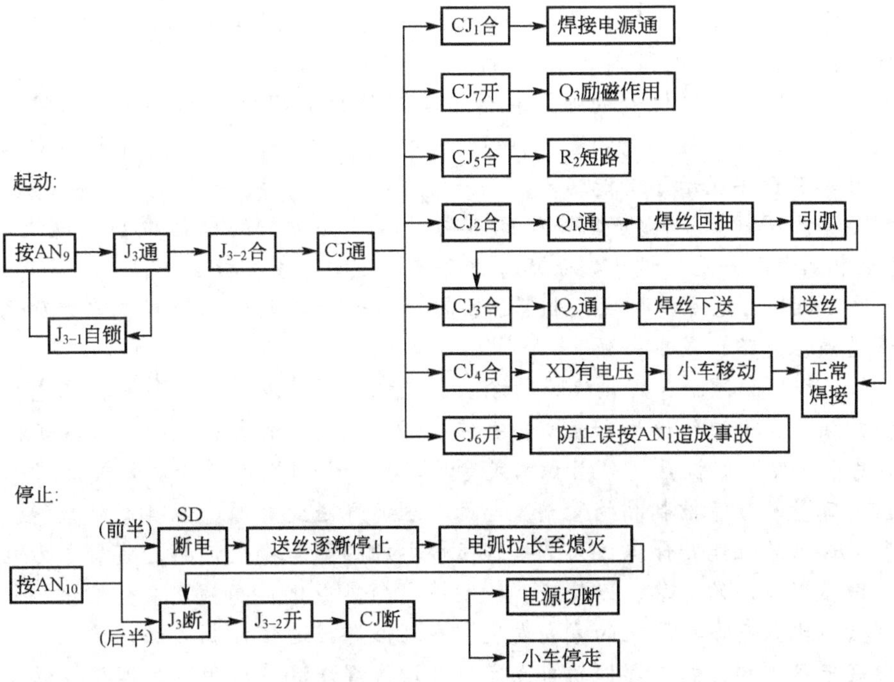

图 7.7 MZ-1000 焊机动作程序框图

阅读材料7-1

埋弧焊机的发展状况

埋弧焊作为最早获得应用的机械化焊接方法，是焊接生产中应用最广泛的工艺方法之一。由于焊接熔深大、生产效率高、机械化程度高，因而特别适用中厚板长焊缝的焊接。在造船、锅炉与压力容器、化工、桥梁、起重机械、工程机械、冶金机械以及海洋结构、核电设备等制造中都是主要焊接生产手段。

埋弧焊机电源的发展经历了三个阶段：机械调节型电源、磁饱和放大器电源、晶闸管整流电源和IGBT逆变电源。其控制系统的发展也经历了三个阶段：机械控制、分离元件控制、集成电路数字控制或微机控制。

传统埋弧焊生产中有两种自动调节方法，一是电弧自身调节系统，它采用缓降特性或平硬特性电源配等速送丝系统，通过改变焊丝熔化速度进行调节，该系统主要用于ϕ4mm以下细丝埋弧焊接；二是电弧电压反馈变速送丝调节系统，它采用陡降特性或垂降特性电源配变速送丝系统，利用电弧电压反馈改变送丝速度进行调节。埋弧自动焊机及焊接操作机采用分离元件模拟控制，由于埋弧自动焊动态过程是一个具有高度非线性、时变性及多变量耦合作用的复杂系统。固定的控制模式和控制参数难以保证各种焊接条件下的焊接性能，难以适应整个调节范围内参数的优化。在较强、较弱的焊接规范下，往往焊接性能不理想。微机控制的埋弧焊机是大势所趋，其特点可归纳如下：

(1) 电源功能拓宽。同一电源采用不同的算法，能很好地实现一机多用。通过灵活地软件编程使电源外特性可获得恒电流特性、恒电压特性、斜率不同的输出外特性和恒功率的任意控制。

(2) 动特性控制好。借助于PI调节器组成的电子电抗器对焊接过程的短路电流上升率di_{SD}/dt进行控制，从而得到di_{SD}/dt的一个优化范围。

(3) 操作性好。微机控制的弧焊机通常具有较好的操作界面，根据不同的焊丝直径、焊接的板厚进行焊接参数预置、再现、记忆，监控各焊接参数，根据不同需要变换参数，并且具有数字显示等功能。

(4) 实现协同控制。根据焊件厚度不同，同时按所需的电弧电压、电流(送丝速度)，甚至电感量的一元化调节，而不必逐个调节这些焊接参数。

(5) 稳定性好。电源特性由控制算法决定，不会出现因模拟控制中零漂及元件分散性等因素造成性能下调或不一致。

(6) 工艺程序的控制和焊接故障的诊断。微机控制可以满足各种焊接工艺程序的要求，如提前供气、电流的递增和衰减，并能够对焊接过程的各种故障进行诊断和报警。

(7) 易于开发。微机系统采用积木式结构，其开发周期短，开发成本低。

目前大容量的数字控制晶闸管整流电源、埋弧焊逆变电源，以其高效节能、良好的动特性和弧焊工艺性能等优点成为常规埋弧焊电源的更新换代产品。随着电力电子技术的发展，埋弧焊设备的电路、器件及其控制技术向集成化、高频化、全控化、电路弱电化、控制数字化以及多功能化的方向发展。在埋弧焊接过程控制方面，微机被广泛运用于埋弧焊规范参数的控制、焊件的自动定位和埋弧焊焊缝自动跟踪、埋弧焊的过程控制以及焊接生产线的自动化，随着埋弧焊工艺的发展，为适应一些特定的焊接要求，派生出了许多新的埋弧焊工艺，如双丝和多丝埋弧焊、窄间隙埋弧焊、带极埋弧焊、添加粉末埋弧焊、添加磁性焊剂埋弧焊等。

纵观当今埋弧焊机的发展趋势，可以归纳如下特点：高精度、高质量、高可靠性；数字化、集成化和智能化控制；大型化、组体化及管控一体化和多功能化。

资料来源：李鹤岐，王新，蔡秀鹏．国内外埋弧焊的发展状况．电焊机，2006，36(4)：1.

7.1.4 埋弧焊工艺

工业应用中埋弧焊以平焊最为普遍，本部分只讨论平焊位置时的焊接工艺和焊接技术。

1．焊前准备

1）坡口(groove)设计与加工

由于埋弧焊可使用大电流焊接，故一般厚度小于14mm的钢板可不开坡口；当焊件厚度为14～22mm时，一般开V形坡口；厚度为22～50mm时可开X形坡口；对一些要求较高的焊件的重要焊缝，如锅炉锅筒等压力容器，一般多开U形坡口，以保证焊缝的根部的焊透和无夹渣。坡口可用刨边机、气割机、碳弧气刨或火焰切割等设备加工，加工后的坡口边缘必须平直。

2）焊前清理

在焊接前，需将坡口及焊机部位的表面锈蚀、油污、氧化皮、水分等清除干净，可使用手工清理、机械清理和氧-乙炔火焰烘烤等方法进行。

3）装配定位

装配必须间隙均匀，高低平整，直缝还需加引弧板及熄弧板。

2．埋弧焊工艺及焊接规范参数的选择

1）平板对接焊缝(butt weld)

平板对接焊缝普遍采用双面焊接。双面对接焊的主要问题是在第一面焊接时要保证一定的熔深，又要防止熔化金属的流溢和烧穿。因此，在焊接时应采取必要的工艺措施保证焊接过程的稳定，常用的措施有采用焊剂垫、临时工艺垫板和不用衬托的悬空焊接等几种。

(1) 不用衬托的悬空焊接方法不需要任何辅助设备和装置。为防止液态金属从间隙中流失或引起烧穿，要求焊件在装配时不留间隙或间隙很小，一般不超过1mm。焊接第一面的规范，一般使达到的熔深小于焊件厚度的一半，翻转后再进行反面焊接。为保证焊透，反面焊缝的熔深应达到焊件厚度的60%～70%。

(2) 用焊剂垫施焊时，其结构原理如图7.8所示。该法要求下面的焊剂在焊缝全长都与焊件贴合，并且压力均匀，因为过松时会引起漏渣和液态金属下淌，严重时会引起烧穿。在焊前装配时，根据焊件的厚度，预留一定的装配间隙进行第一面焊接。不同板厚的预留间隙和使用的规范参数见表7-3，表中规范采用交流电焊接，配合焊剂HJ431。焊接规范的依据是第一面焊缝的熔深必须保证超过焊件厚度的60%～70%。焊完正面后翻转进行反面焊接，反面焊缝使用的规范可与正面相同或适当减小，但必须保证完全熔透。对重要产品在第二面焊接前，需要进行焊缝根部清理，此时焊接规范可稍小。

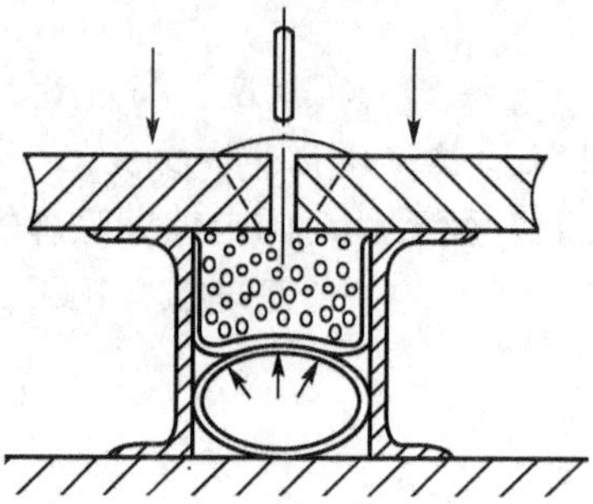

(a) 气压式

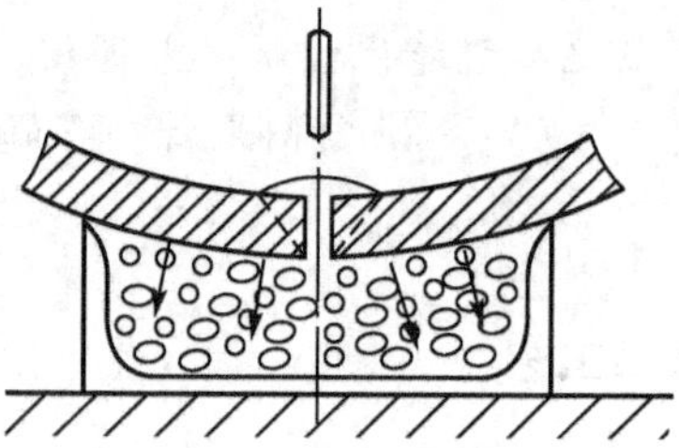

(b) 自重式

图 7.8 焊剂垫常用结构

表 7-3 预留间隙的双面自动焊规范

焊件厚度/mm	装配间隙/mm	焊丝直径/mm	焊接电流/A	电弧电压/V	焊接速度/m·h^{-1}
14	3～4	5	700～750	34～36	30
16	3～4	5	700～750	34～36	27
18	4～5	5	750～800	36～40	27
20	4～5	5	850～900	36～40	27
24	4～5	5	900～950	38～42	25
28	5～6	5	900～950	38～42	20
30	6～7	5	950～1000	40～44	16
40	8～9	5	1100～1200	40～44	12
50	10～11	5	1200～1300	44～48	10

对于厚度较大的焊件，可采用开坡口进行焊接，坡口的形式由焊件决定。通常厚度小于 22mm 时，可开 V 形坡口；大于 22mm 时，可开 X 形坡口。

(3) 采用临时工艺垫板法。薄钢带、石棉绳、石棉板等均可用作间隙对接焊缝的工艺垫板进行第一面焊接。其作用是承托间隙中的焊剂并间接承托熔池，以保证第一面焊缝成形。焊完第一面后，去除临时衬垫及间隙中的焊剂和焊缝根部的渣壳，用同样的参数焊接第二面，每面熔深都要达到板厚的 60%～70%。

2) 角接焊缝(fillet)

角接焊缝主要出现在 T 形接头和搭接接头中，角接焊缝采用船形焊和斜角焊两种形式。

船形焊由于焊丝为垂直状态，熔池处于水平位置，容易保证焊缝质量。但间隙过大，容易产生焊穿或熔池金属流溢现象，故船形焊要求严格装配质量。在选择焊接规范时，电弧电压不宜过高，以免产生咬肉。

当焊件不能或不便于采用船形焊时，可采用焊丝倾斜的斜角焊。此法优点是对装配间隙要求较低，缺点是单道焊焊脚最大不能超过 8mm。为保证焊缝的良好成形，焊丝与腹板的夹角应保持在 15°～45°(一般为 20°～30°)；电弧电压不宜过高，以防止焊渣流溢。

3. 埋弧焊主要缺陷及其防止

埋弧焊由于工艺参数不当或不稳定，可能造成熔透不足、咬边、烧穿、满溢、成形不良等成形缺陷。这些缺陷大都可以通过调整工艺参数予以克服。除此以外，还可能产生气孔、裂纹、夹渣等冶金缺陷，现简述产生原因及防止措施。

1）气孔(gas pore)

可能由于焊剂受潮、混入杂物、焊丝及接头部位被污染、焊剂层覆盖不充分、焊剂化学成分不当造成熔渣黏度过大或电弧磁偏吹等原因造成。

2）裂纹(crack)

裂纹有结晶裂纹和氢致裂纹两类，其原因可能与焊接材料选配不当、焊丝中含C与S量过高、母材含杂质较多、焊接接头结构及形状尺寸不当、焊接工艺参数不当或焊剂的干燥、接头的清理等因素相关。分析时应判别裂纹形态、产生的温度区域，有针对性地采取防止措施。

3）夹渣(slag inclusion)

焊缝内夹渣除与焊剂的脱渣性能有关外，还与焊件的装配情况、焊接工艺参数、层间清渣不净以及焊丝位置不当等因素相关。

阅读材料7-2

控制埋弧焊焊缝中的气孔发生

焊接熔池在结晶过程中，由于某些气体来不及逸出而残留在焊缝中形成气孔。气孔的存在不仅削弱了焊缝的有效工作断面，同时也会带来应力集中，显著地降低了焊缝的强度和塑性，对焊缝的疲劳强度和持久强度更为不利，最终影响构件承载力，因此焊缝中的气孔必须严格控制。现结合三峡新三期600T/D生产线成品车间钢梁的生产情况，谈一谈如何控制埋弧焊焊缝中的气孔。钢梁材料为Q235钢，翼缘板规格为20mm×400mm×12000mm，腹板规格为12mm×800mm×12000mm，共计生产329根钢梁，设计采用埋弧自动焊焊接，焊接为二级焊缝。

1. 正确选用焊剂

焊剂的选用应根据母材的材质和焊缝的重要性来进行，不同的焊剂因其成分不同，在燃烧时产生的气孔性质亦不相同。实践与理论证明：当焊剂的氧化性增大时，产生CO孔的倾向减少；而当焊剂的还原性增加时，产生CO气孔的倾向增大。在成品车间钢梁的生产中，我们根据钢梁的重要性以满足焊缝的力学性能为主，选用了焊剂HJ431，该焊剂是一种高锰高硅低氟焊剂，在实际生产中焊缝中的气孔表现为：形状如螺钉状，从焊缝表面看像喇叭口形，且四周内壁光滑的气孔，因此该气孔为氢气孔，而其他类型的气孔极少发现，因此可见，正确的选用焊剂能有效地控制某一类气孔的产生，以方便做好控制气孔发生的焊前准备工作。

2. 控制焊接区产生的气孔和杂质来源

焊接区产生的气体主要有：焊剂在燃烧时产生的气体、潮湿的焊剂在焊接时析出的水汽、焊剂中的杂质燃烧产生的气体、来自热源周围的气体介质，如空气中的氧、氮等和潮湿空气中的水汽及来自焊接部位的杂质，如油污、铁锈、油漆、水分等。其中以水分、铁锈、油污、油漆等对焊缝产生气孔最为敏感。

由于CO不溶于金属，因此在高温时容易逸出而不易形成气孔，但如果熔池金属凝结过快或CO在熔池后半部发生时则不容易逸出而产生气孔；高温时氢气(H_2)在铁水中的溶解度较高，但在金属温度下降时溶解度急剧下降，可从液态金属中迅速释放而形成气孔，由此可见，当焊缝金属冷却速度越快，H_2和CO就越容易在焊缝中形成气孔。在此要说明的是铁锈是十分有害的杂质，它不但有大量氧原子，同时还带有结晶水，结晶水需要在500～600℃下持续一段时间，才分离蒸发，因此，焊接部位的锈必须彻底清除。

3. 及时调整，选择最佳的焊接工艺参数

埋弧焊焊速高，熔池深，一次性熔敷金属量大等特点，使焊缝熔池中的气体难于逸出而容易形成气孔，同时当焊接电流过大和焊接电压过高时，均造成使熔敷金属与空气接触面和接触时间增大等使焊缝中形成气体的可能性增大，因此正确的选用焊接工艺、焊接参数显得尤为重要。我们在施工中发现因为部分钢梁存放时间长而生锈难以消除，在焊接此部钢梁时先采用了电流I=700～750A，电压U=35～36V，焊速u=24m/h的焊接参数并在焊前进行预热的方法进行焊接，但焊缝中仍产生了大量的气孔。后来采用电流I=600～650A，电压U=35～36V，焊速v=18m/h的焊接参数施焊后，焊缝经过超声波检测，气孔基本消除。

4. 严把装配工艺关

工件的装配质量直接影响到焊接质量，当装配间隙过大时，容易发生烧穿、焊漏等现象，同时又会因受焊接线能的作用沿间隙产生焊接风，而加大了空气与熔池金属接触面积形成气孔。装配间隙过大还容易使其他杂质夹于其中难于清除，在焊接过程中形成气孔、夹渣、未熔透等缺陷。本工程中钢梁翼缘板与腹板的装配间隙我们控制在0～1mm，保证装配间隙的同时还必须在装配前对焊接部位的隐蔽部分进行严格彻底的除锈、除污工作。另外，因钢梁的组装不可能用埋弧焊而需用焊条电弧焊或CO_2气体保护焊，因此，要求焊条电弧焊焊条药皮与埋弧焊选用焊剂相同，但实际上这两种很难相同，因此至少要使两者相匹配，即碱性焊剂用碱性焊条，酸性焊剂用酸性焊条，否则，可能造成不同药剂相互反应而形成气孔。

5. 加强职工技术培训

任何施工方案无论有多么完善，它终究必须由具体工作人员去执行，所以必须加强职工技术培训，要使他们掌握一定的理论知识，并使他们具有一定的分析问题和解决问题的能力，在此基础上还要严把工艺检查关，加强管理。

6. 改进工艺程序、控制气孔的发生

在工程的施工初期，焊缝中存在大量的气孔，通过我们认真分析，并采取严格工艺程序，通过采取以上工艺程序焊接后，焊缝中的气孔量明显降到正常施工范围内：表现为单个远距离分布，无成串气孔发生。另外，在施工中还要密切注视天气变化，当空气湿度较大时，要防止焊剂回潮，工件结露现象发生，焊剂做到随用随取，若工件结露后可用氧-乙炔火焰烘烤，当空气湿度过大时要停止焊接。

资料来源：贾巍，王华. 浅谈如何控制埋弧焊焊缝中的气孔产生. 大众科学，2007(14).

7.2 熔化极电弧焊自动调节系统

焊接过程的自动化是提高焊接质量、降低劳动强度及提高焊接生产率的主要途径，因此，长期以来人们一直致力于该方向的研究和推广使用。

7.2.1 电弧焊自动调节基本原理

熔化极电弧焊的焊接过程一般包括电弧引燃、焊接和收尾三个阶段，借助于机械和电气方法实现三个阶段的焊接过程称为自动电弧焊，熔化极电弧焊包括埋弧焊、CO_2 气体保护焊、熔化极氩弧焊等。焊接时为了获得优良的焊缝质量，很重要的一点是根据焊件的技术要求，合理地选定焊接规范参数，并在焊接过程中力求保持选定的焊接规范参数的稳定。当选定的规范参数受外界干扰而发生变化时，电弧焊的自动调节系统能自动调节，迅速恢复到预定值。

焊接电流 I 和电弧电压 U 是焊接规范中最主要的参数。焊接电流 I 和电弧电压 U 的稳定值，可由焊接电源外特性与电弧静特性曲线的交点来确定。在焊接过程中，要保持 I、U 值恒定不变是相当困难的，因为在焊接过程中经常会受到外界因素的扰动，导致电流和弧压偏离预定值。例如：①电弧静特性的变化，使电弧稳态工作点沿电源外特性曲线发生波动，这可能是由于送丝速度不均匀，或焊炬相对于焊缝表面距离的波动，或焊剂、保护气体、母材和电极材料成分不均匀污染物引起的弧柱气体成分与平均电离电压和弧柱电场强度的波动。②电源外特性的变化，使电弧稳定工作点沿电弧静特性曲线发生移动。这主要是由电网电压波动或弧焊电源内部参数变化而引起的。电弧工作点的波动如图 7.9 所示。

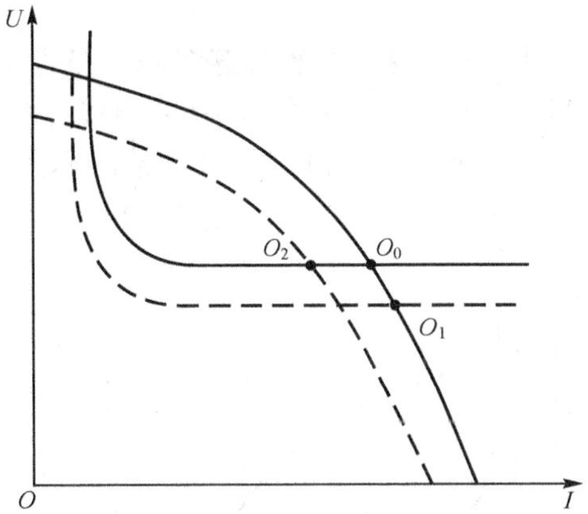

图 7.9 电弧静态工作点的波动

以上各种扰动中，弧长扰动最为突出。这是因为在一般焊接电弧中，弧长的数值仅为几毫米到十几毫米，弧柱场强依电极材料和保护条件不同，一般为 10～40V/cm。这就是说，弧长只要有 1～2mm 的变化，弧压就会有明显的变化。在焊条电弧焊操作中，焊工用眼睛观测电弧，当遇到弧长变化时，随即调整焊丝送进量，以保持理想的电弧长度和熔池状态，这是一种人工调节作用。而在熔化极电弧焊中则需采用自动调节方式。

对于熔化极焊接，弧长自动控制系统可分为两大类。第一类称为电弧自身调节系统（arc self-regulation），采用开环控制，等速送丝配以平缓外特性电源，送丝速度预选后在焊接过程中保持恒定不变，当弧长发生变化时，电弧的自身调节作用调整焊丝的熔化速度，使送丝速度重新等于焊丝送进速度，从而恢复电弧长度。第二类称为弧压反馈调节系统（arc voltage feedback-regulation），采用闭环控制，变速送丝配以下降特性电源，当弧长发生波动而引起电弧电压变化时，调节系统通过反馈改变送丝速度，使送丝速度等于焊丝熔化速度，恢复电弧长度。

7.2.2 电弧焊自身调节系统

1. 电弧自身调节系统的静特性

在熔化极电弧焊过程中焊丝的熔化速度 v_m 正比于焊接电流 I，并随弧长(弧压)的增加而减小。用数学公式表示为

$$v_m = k_i I - k_u U \tag{7-3}$$

式中，k_i——熔化速度随焊接电流变化的系数，其值取决于焊丝电阻率、直径、伸出长度以及电流数值，单位为 cm/(s·A)；

k_u——熔化速度随电弧电压变化的系数，其值取决于弧柱电位梯度、弧长的数值，单位为 cm/(s·V)。

如果焊丝以恒定送丝速度 v_f 送给，则弧长稳定时有

$$v_f = v_m \tag{7-4}$$

两式联解得

$$I = \frac{v_f}{k_i} + \frac{k_u}{k_i} U \tag{7-5}$$

式(7-5)表示在给定送丝速度条件下弧长稳定时电流和电弧弧压之间的关系，或者说是等速送丝电弧焊的稳定条件，通常称为自身调节系统静特性或称等熔化曲线方程。在此曲线上，每一种 I 和 U 组合的条件下，焊丝的熔化速度都等于送丝速度。另一方面，电弧是由焊接电源提供的，电流 I 和电压 U 应同时满足电源外特性。因此，电弧的稳定工作点应是自身调节系统静特性、电源外特性及电弧静特性三线的交点(图 7.10)。

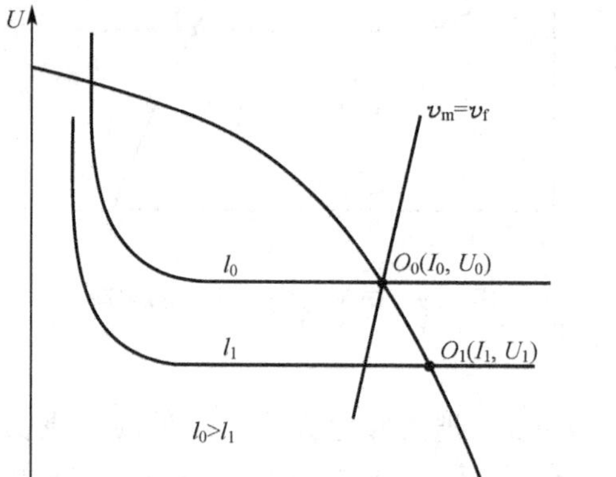

图 7.10 弧长波动时电弧自身调节系统工作点移动

电弧自身调节系统静特性曲线可以用实验方法来测定。由实验测定的静特性曲线可以看出：①长弧焊情况下，等熔化曲线几乎垂直于水平坐标值，说明这时 k_u 数值很小，电弧长度对熔化速度影响可以略去不计；②短弧焊条件下，等熔化曲线斜率减小，说明这时焊丝熔化速度随弧长缩短而有明显增大。这就是电弧的固有调节作用；③其他条件不变时，送丝速度增加(减小)，等熔化曲线右(左)移；④其他条件不变时，焊丝伸出长度增加(减小)，k_i 也增加(减小)，等熔化曲线左(右)移。

2. 电弧自身调节系统的调节过程

由图 7.10 可见，等速送丝的自动电弧焊过程中，当焊接电弧稳定燃烧时，其工作点为 O_0，对应的焊接电流和电弧电压为 I_0 和 U_0。当外界干扰使弧长突然缩短时，电弧的工作点将暂时从 O_0 点移到 O_1 点，由于

$$v_{m0} = k_i I_0 - k_u U_0$$

$$v_{m1}=k_iI_1-k_uU_1$$

$$I_1>I_0,\quad U_1<U_0$$

所以

$$v_{m1}>v_{m0}=v_f$$

于是弧长将因熔化速度 v_m 增加而得到恢复。如果弧长缩短是在焊炬与焊件表面距离不变的条件下发生的，则电弧的稳定工作点最后将回到 O_0 点，调节过程完成后系统将不带任何静态误差。当送丝速度瞬间加快或减慢的情况下，调节过程是相似的。

3. 电弧自身调节系统的调节精度

当弧长的波动是由于焊炬相对高度变化而引起的，弧长的调节过程必然是在焊丝伸出长度发生变化的条件下实现的。调节过程结束后的工作点，将由焊丝伸出长度变化以后的等熔化曲线和电源外特性曲线的交点决定。调节过程完成以后，系统将带有静态误差(static error)。误差大小除了与焊丝伸出长度变化量、直径和电阻率有关，还与电源外特性曲线形状有关。图 7.11 所示曲线 l 为电弧静特性曲线，曲线 v_1 为正常焊丝伸出长度时的等熔化曲线，曲线 v_2 为焊丝伸出长度增加时的等熔化曲线，曲线 $P_1 \sim P_3$ 为电源外特性曲线。当电弧静特性曲线为平的时候，缓降特性电源比陡降特性电源引起的弧压静态误差小。当电弧静特性曲线为上升时，平特性的电源将比上升的或下降特性电源引起的弧压静态误差小，但上升特性电源的弧长误差最小。由此可见，为了减少电弧电压及弧长的静态误差，应该采用缓降(电弧静特性为平时)或上升特性(电弧静特性为上升时)电源。

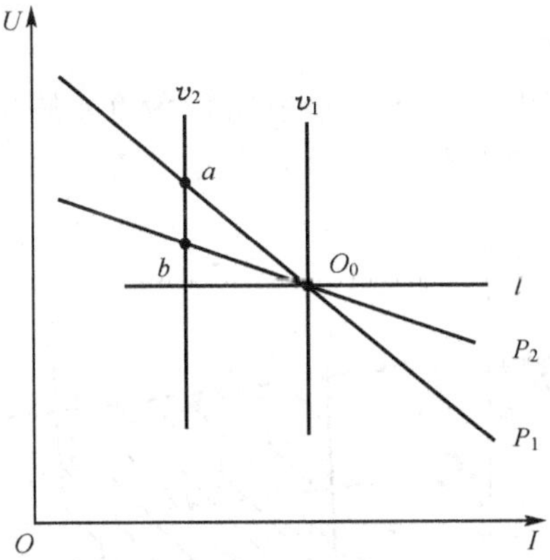

(a) 电弧静特性为平

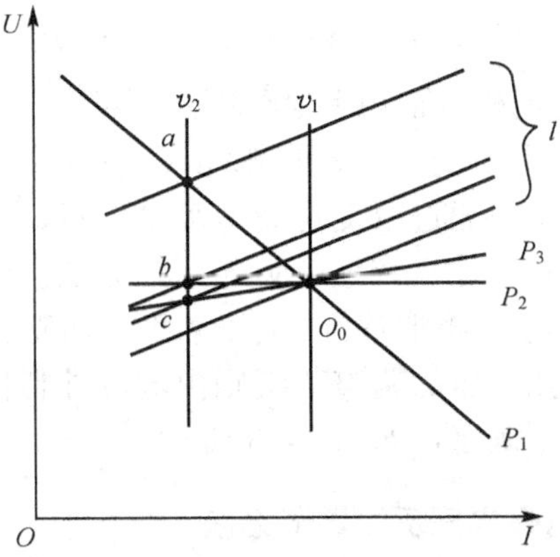

(b) 电弧静特性为上升

图 7.11　焊炬高度波动时电弧自身调节系统的静态误差

电源输出外特性对系统静态误差的影响如图 7.12 所示。电源外特性的波动使电弧的工作点移动。缓降电源外特性的静态误差要比陡降外特性电源静态误差小。

4. 电弧自身调节系统的调节灵敏度

在等速送丝的熔化极电弧焊过程中，弧长的波动是通过焊丝熔化速度的自身调节来补偿的。显然，电弧自身调节的灵敏度(sensitivity)将取决于弧长波动时引起的焊丝熔化速度变化量的大小。这个变化量越大，弧长恢复的就越快，调节时间越短，自身调节作用的灵敏度就越高。由式(7-3)可知

$$\Delta v_m=k_i\Delta I-k_u\Delta U \quad (短弧) \tag{7-6}$$

$$\Delta v_{m}=k_{i}\Delta I \quad (长弧)$$

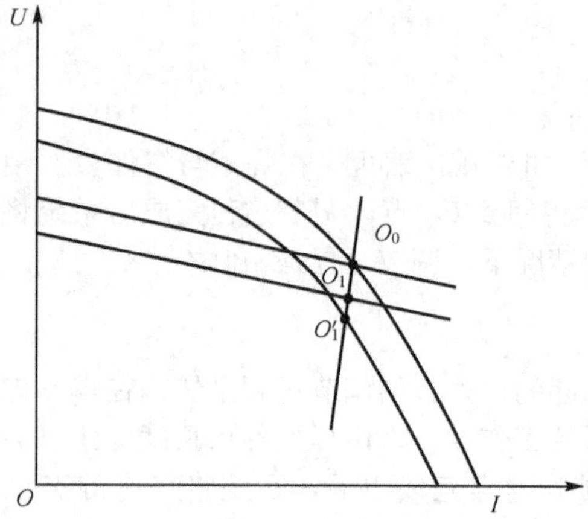

图 7.12　网路电压波动时电弧自身调节系统的静态误差

由此可见，自身调节系统作用的灵敏度将取决于：

(1) 当焊丝直径很细或电流密度足够大时，由于 k_i 很大，电弧自身调节系统就会很灵敏。因此，对于一定直径的焊丝，如果电流足够大，就有足够的灵敏度。另一个角度，对于一定的电流值，当焊丝直径增大，系统的灵敏度降低。

(2) 当电弧静特性形状为平的时候，弧长发生波动时，采用缓降外特性比陡降外特性引起的 ΔI 大，使自身调节作用比较灵敏。当电弧静特性为上升时，则采用上升特性电源。因此，一般等速送丝焊机均采用缓降特性，甚至平特性、上升特性电源。

(3) 电场强度越大，弧长变化时电弧电源和焊接电流变化量就越大，自身调节灵敏度就越高。

(4) 在弧长很短的情况下，由于电弧固有自调节明显增大，即使采用陡降特性电源，电弧自身调节作用仍然十分灵敏。

5. 等速送丝电弧焊的电流、电压的调整方法

综上所述，在一般长弧焊接条件下，电弧的自身调节系统静特性为近于跟电流坐标轴垂直，因而电源应该采用缓降的、平的或微升的外特性。因此，在这种焊接方法中，焊接电流的调整将通过改变送丝速度来实现；而改变电源外特性是调整电弧电压的方法。电流的调整范围将取决于送丝速度的调整范围；而电弧电压的调整范围则由电源外特性的调整范围确定，如图 7.13 所示。

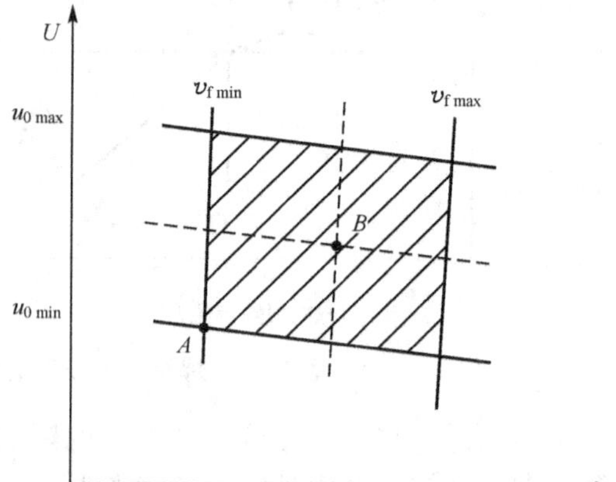

图 7.13　等速送丝电弧焊电压和电流的调节方法

7.2.3　电弧电压反馈调节系统

电弧电压反馈调节又称均匀调节，主要用于变速送丝并匹配陡降特性焊接电源，用于粗焊丝熔化极自动电弧焊。由于焊丝粗，仅依靠电弧自身调节，调节灵敏度下降，难以保证足够的焊接过程的稳定性，因此发展了带有电弧电压调节器的变速送丝式自动电弧焊。

1. 弧压反馈调节器的原理

弧压反馈自动调节与电弧自身调节作用不同之处在于，当弧长波动而引起焊接规范偏离原来的稳定值时，是利用电弧电压作为反馈量，并通过一个专门的自动调节装置强迫送

丝速度发生变化。焊丝送丝速度可表示为

$$v_f = k(U - U_g) \tag{7-7}$$

式中，U_g——给定电压；

k——调节器灵敏度，取决于拖动系统机电结构参数。

从式（7-7）中可以看出，弧长增加(减小)，电弧电压就增加(减小)，从而强迫使弧长恢复到原来的长度，以保持焊接规范参数稳定。从自动调节的结构来讲，这是一种以电弧电压为被调量，送丝速度为操作量的闭环系统。

2. 弧压反馈调节系统的静态特性

用带有弧压调节器的送丝系统进行自动电弧焊时，在稳定的工作状态下则有

$$v_f = v_m$$

$$v_f = k(U - U_g)$$

$$v_m = k_i I - k_u U$$

联立后可解得

$$U = \frac{k}{k + k_u} U_g + \frac{k_i}{k + k_u} I \tag{7-8}$$

式(7-8)称为电弧电压调节系统的静态特性，它表示变速送丝自动电弧焊接过程中稳定电弧电压与焊接电流和给定电压之间的关系。假定 k、k_i 和 k_u 为常数，则式(7-8)为一直线方程，如图 7.14 所示。

从图 7.14 中可以看出：①当 k 足够大时，系统静特性为接近于平行电流坐标轴的直线，焊机结构不同或改变 k 时，其斜率随之改变。②其他条件不变，增加 U_g，系统静特性平行上移；减小 U_g，平行下移。③其他条件不变，减小焊丝直径或增加焊丝伸出长度时，k_i 增加，使曲线斜率增加。④焊丝材料或保护条件不同时，静特性斜率也不同。

3. 弧压反馈调节系统的调节过程

图 7.15 所示是弧长变化时电弧电压反馈系统调节过程的原理。l_0 为电弧初始稳定燃烧时的静特性曲线，曲线 P 为焊接电源外特性，A 为弧压自动调节系统静特性曲线，O_0 为以上三条曲线的交点。电弧在 O_0 点燃烧时，焊丝的熔化速度等于送丝速度，焊接过程稳定。若弧长突然缩短，电弧的静特性曲线由 l_0 变到 l_1，电弧的燃烧点由 O_0 降到 O_1。此时，焊接电弧的电压由 U_0 降到 U_1，焊接电流由 I_0 增加到 I_1，则有

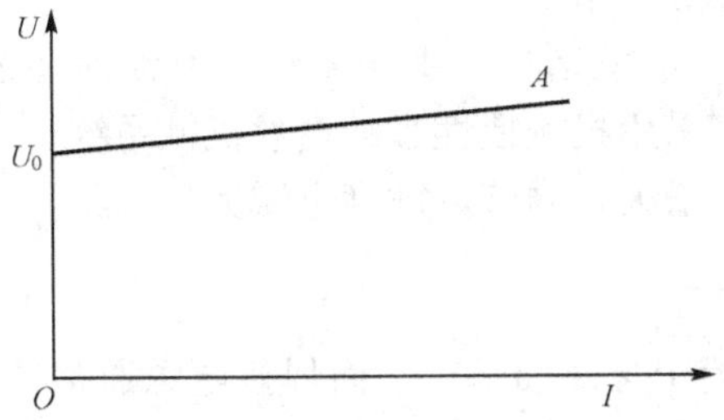

图 7.14 电弧电压调节系统的静特性

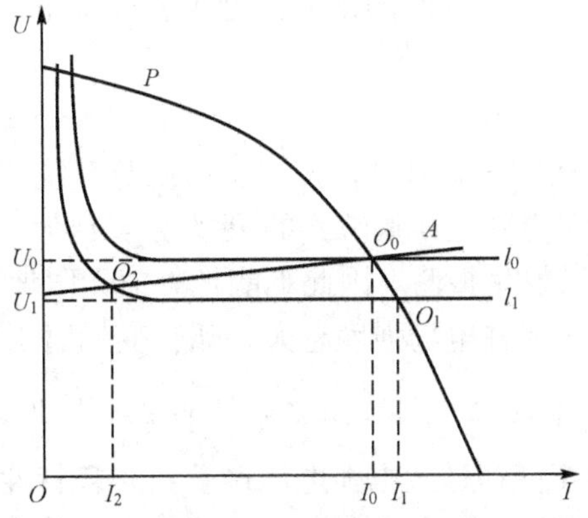

图 7.15 弧长波动时电弧电压反馈自动调节过程

$$v_{f0}=k(U_0-U_g)$$

$$v_{f1}=k(U_1-U_g)$$

因为 $U_1<U_0$　所以 $v_{f1}<v_{f0}$

由于弧压突然下降，则送丝速度急剧减小，甚至会使焊丝回抽，另外由于电流的增加，使得焊丝的熔化速度也加快。在上述两种原因作用下，弧长逐渐恢复到原来弧长。在整个调节过程中，除存在电弧电压反馈调节外，还存在着电弧自身调节作用。由于式(7-7)中 k 都做得足够大，弧压反馈作用要比电弧自身调节作用大得多。

4. 弧压反馈调节系统的调节精度

在电弧电压反馈调节系统中，电弧自身调节作用对弧长恢复起着辅助作用。如果弧长波动是在焊炬相对焊件高度不变，即焊丝伸出长度不变的情况下发生的，则电弧最后的稳定工作点回到原来的位置，调节过程将不带来静态误差。如果弧长波动是由于焊炬高度有变化，即在焊丝伸出长度和系统静特性有变化的条件下发生，则电弧新的稳定工作点将带有静态误差。调节精度取决于长度变化量、焊丝直径、电流密度及焊丝的电阻率。一般变速送丝电弧焊用于粗焊丝和电流密度较低的条件下，由于 k_i 较小，而 k 数值很大，因此焊丝伸出长度对系统静特性影响不大，系统静态误差也忽略不计。

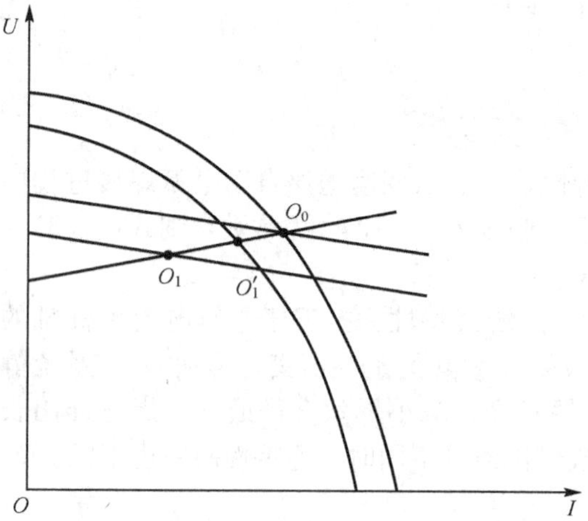

图 7.16　网路电压波动时电弧电压调节系统的静态误差

图 7.16 所示的是网压波动时，电源外特性的移动造成的调节系统的静态误差。从图中可以看出，电源外特性越陡，电流误差相应减小。因此，电弧电压反馈调节系统宜采用陡降外特性电源。

5. 弧压反馈调节系统的调节灵敏度

电弧电压调节系统适用于自身调节作用不够灵敏的粗焊丝自动电弧焊。其调节灵敏度，即弧长变动时的恢复速度主要取决于弧长变动时的送丝速度的变化量大小，由式(7-7)可得

$$\Delta v_f=k\Delta U \tag{7-9}$$

由式(7-9)可见，弧压反馈调节系统的灵敏度取决于：

(1) 电弧电压调节器的灵敏度 k 越大，调节灵敏度就增加。由于系统中有惯性环节，k 过大易发生振荡，因此不能把 k 值无限增大。最好采用机械惯性小的送丝机械系统。

(2) 弧柱电场强度越大，弧长变动时引起的 ΔU 增大，调节灵敏度也增大。

6. 变速送丝熔化极电弧焊的电流和电压调节方法

由于变速送丝电弧电压调节系统静特性曲线接近于与横轴平行，而焊接电源通常采用陡降外特性，因此在焊接中，调节电源外特性主要是为了调节焊接电流，调节送丝给定电

压，可以调节电弧电压。电压外特性的调节范围确定焊接电流的范围，送丝速度调节范围确定了电弧电压的调节范围，如图7.17所示。

7.2.4 电弧焊的程序自动控制

在焊接过程中除依靠电弧调节消除各种外界干扰对电弧焊过程的影响，保证电弧焊的质量外，为了保证整个焊接过程的焊缝成形质量，还必须使电弧焊设备各个环节协调工作，如引弧、送气、焊丝送进、熄弧等，必须依靠程序自动控制来解决。

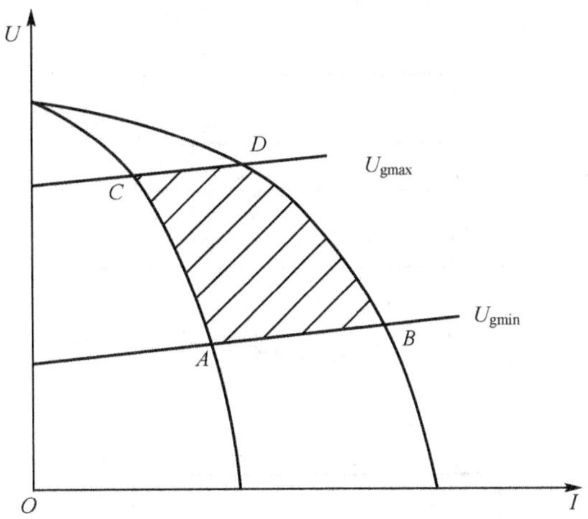

图7.17 弧压反馈电弧焊电压和电流调节

1. 自动电弧焊程序控制的对象

电弧焊的程序自动控制就是以合理的次序使自动电弧焊的各个控制对象进入预定的工作状态。这些合理的动作次序也就是电弧焊程序自动控制的基本要求。电弧焊方法及使用条件不同，焊机的程序控制对象和要求也有所不同，主要有以下几点：①弧焊电源；②送丝电动机；③小车行走拖动电动机；④气体变化的电磁气阀；⑤非熔化极焊机中的高频或脉冲发生器；⑥焊件定位控制、焊枪调整装置、焊剂回收泵等。

2. 自动电弧焊的程序控制要求

1）提前送气和滞后停气

使电弧引燃前和熄灭后熔池及其邻近区域获得充裕的保护条件，气体变化弧焊机一般均有这一控制环节。

2）可靠的一次引燃电弧

这是电弧焊中最新研究的一个控制环节。依电极特征(直径大小、是否熔化极、材料电阻率等)不同，目前有以下几种方法。①爆裂引弧；②慢送丝引弧；③回抽引弧；④高频或脉冲引弧。

3）熄弧时保证填满弧坑

为保证熄弧处的冶金质量，在熄弧前要填满弧坑，同时还要防止焊丝粘在焊缝上。常用的控制方法有：①焊丝返烧熄弧；②电流衰减熄弧；③电弧返回法熄弧。

4）焊接过程参数的程序控制

在全位置环缝、厚板多层焊等专用焊机中，为保证不同空间位置上焊缝的均匀成形要求，应对焊接过程能量输入参数(电流、电压、焊速、变化气体流量及配比)进行必要的程序切换。

上述程序控制要求，可以用受控对象某些特征参数的时间函数——程序循环图表示。图7.18所示分别给出了几种常用的电弧焊的程序循环图。

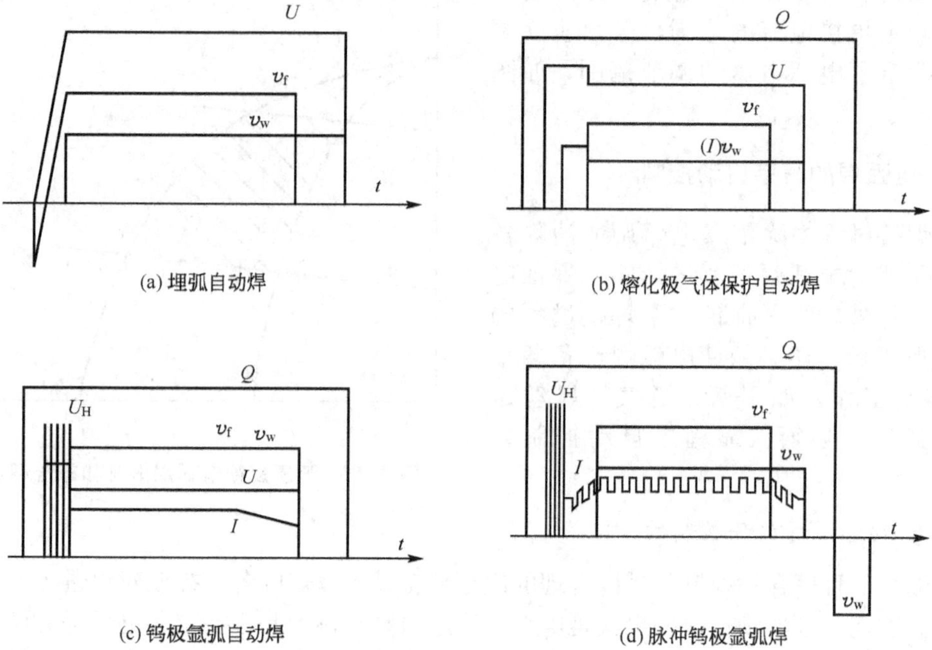

图 7.18　自动电弧焊的程序循环图

U—电弧电压；I—焊接电流；v_f—送丝速度；v_w—焊接速度；
Q—保护气体流；U_H—高频引弧电压

小　　结

埋弧焊是在焊剂层下的自动电弧焊，生产效率较高、焊缝质量、劳动条件好，广泛用于机械行业生产。由于需要在焊剂下进行焊接，一般适用于“长、直、平、厚”焊缝的焊接。

埋弧焊焊剂分熔炼焊剂和非熔炼焊剂，焊剂中主要由 Si、Mn、F 的化合物组成，其主要作用是在冶金过程中，向焊缝中添加合金元素 Si 和 Mn，限制焊缝中的 S、P，并防止焊缝中产生气孔。为得到合适的焊缝，需要焊剂、焊丝和母材有一定的匹配规则。

埋弧焊机由机械机构、弧焊电源和控制系统三部分组成。通用埋弧焊机机械机构由送丝机头、行走小车、机头调节机构、导电嘴及其他附件组成。焊接电源的种类和极性与焊件的材质及选用的焊剂相匹配。控制系统主要由送丝与行走控制、引弧和熄弧程序控制、电源外特性控制等环节组成。MZ-1000 型埋弧焊机是通用焊机的典型。

埋弧焊焊前准备包括坡口设计和加工、焊前清理和装配定位。埋弧焊有对接和角接焊缝，以对接焊缝为主。对接焊缝可采用悬空焊接或焊剂垫焊接，悬空焊接时，第一面焊接熔深小于焊件厚度的一半，反面熔深达到焊件厚度的 60%～70%，焊剂垫焊接时；第一面焊接熔深达到焊件厚度的60%～70%，背面保证焊透。焊接过程中要防止焊接缺陷的产生。

熔化极电弧焊的弧长控制方法有电弧自身调节系统和弧压反馈调节系统。电弧自身调节作用是指在焊接过程中，焊丝等速送进，利用焊接电源固有的电特性来调节焊丝的熔化速度，以控制电弧长度不变，从而达到焊接过程的稳定。一般选用平缓的电源外特性，以获得高的调节灵敏度。电弧自身调节系统一般适于细丝的电弧焊方法。

电弧电压反馈调节系统是指当弧长波动而引起焊接规范偏离原来的稳定值时，利用电弧电压作为反馈量，来调节焊丝送进速度，以保证电弧长度不变。影响弧压反馈调节灵敏度的因素主要是弧压调节器的灵敏度和弧柱的电场强度。

电弧焊的程序自动控制包括引弧、熄弧的控制，焊接过程中参数的控制，气体保护焊时气体的提前输送和滞后停止。

【关键词】

埋弧焊　submerged arc welding
焊剂　welding flux
熔炼焊剂　fused flux
焊丝　welding wire
坡口　groove
对接焊缝　butt weld
角接焊缝　fillet
电弧自身调节系统　arc self-regulation
弧压反馈调节系统　arc voltage feedback-regulation
静态误差　static error
灵敏度　sensitivity

习　　题

(1) 埋弧焊的特点有哪些？
(2) 埋弧焊的冶金特点有哪些？
(3) 埋弧焊中影响Si、Mn过渡的因素有哪些？
(4) 埋弧焊如何防止产生气孔？
(5) 阐述电弧自身调节系统。
(6) 影响电弧自身调节系统灵敏度的因素有哪些？
(7) 试述弧压反馈器的原理(发电机—电动机系统)。
(8) 阐述弧压反馈调节系统。
(9) 影响弧压反馈调节系统灵敏度的因素有哪些？
(10) 自动电弧焊程序控制的对象有哪些？

第 8 章
气体保护电弧焊

本章学习目标

★ 掌握惰性气体保护焊的特点、工艺及设备
★ 熟悉 CO_2 气体保护焊的冶金特点及减少飞溅的措施
★ 了解等离子弧焊的特点和基本工艺

本章教学要点

知识要点	掌握程度	相关知识
钨极氩弧焊	了解钨极氩弧焊的一般特点； 了解影响气体保护效果的因素； 熟悉钨极材料的种类； 掌握不同材料选用电流种类的规律； 熟练掌握交流电弧焊焊接铝合金的工艺； 了解脉冲钨极氩弧焊工艺及特点	层流、紊流的概念； 阴极雾化作用； 直流正接、直流反接； 直流分量的产生及消除； 脉冲电源参数
熔化极氩弧焊	了解熔化极氩弧焊的一般特点； 熟悉亚射流过渡产生的条件及特点； 掌握混合气体的应用； 掌握脉冲熔化极氩弧焊工艺及特点； 了解熔化极电弧焊的送丝系统	电弧固有自调节； 混合气体的种类； 恒流特性电源； 送丝机构的种类
CO_2 气体保护焊	了解 CO_2 气体保护焊的一般特点； 熟悉 CO_2 气体保护焊冶金特性； 掌握短路过渡和细颗粒过渡 CO_2 气体保护焊的工艺过程； 掌握 CO_2 气体保护焊产生飞溅的原因及减小飞溅的措施	CO_2 气体热解离； 脱氧及合金化； 短路过渡和细颗粒过渡的概念； 飞溅
等离子弧焊	了解等离子弧的种类和产生条件； 熟悉等离子弧的特点； 掌握等离子弧产生双弧的原因及防止措施； 了解穿孔型等离子弧焊工艺	电磁压缩； 电弧转移； 双弧现象； 穿孔型等离子弧

导入案例

铝是地球上含量极其丰富的金属元素，其蕴藏量在金属中居第一位。1886 年，一种经济的电解提取铝的方法发明后，铝的产量获得了显著的增长。1921 年全世界铝产量 20.3 万 t，到 1950 年达到 152 万 t，1988 年产量为 1780 万 t，到 2008 年，世界原铝产量达到了 3876 万 t。我国 2008 年原铝产量为 1311 万 t，占世界总产量的 33.8%，铝工业规模目前居世界第一位，铝工业已经成为仅次于钢铁的金属行业，在国民经济中具有重要意义。

铝质轻，密度为 $2.7g/cm^3$，约为铁的 1/3，且具有高比强度和弹性模量、高电导率和高热导率及良好的耐腐蚀性能。铝是活泼金属元素，在空气中其表面会形成一层致密的 Al_2O_3 薄膜。铝的熔点为 658℃，Al_2O_3 的熔点为 2050℃。常规焊接时，不熔化也不溶解的氧化膜阻挡金属的流动，难以实现连接的目的，早期认为铝是不可焊接的金属。20 世纪 40 年代出现惰性气体保护焊后，才得以成功实现铝及其合金的焊接，促进了铝在工业中的应用。

目前铝及其合金广泛应用于航空航天、建筑、交通运输、电工和电子材料等领域。

气体保护电弧焊(gas arc welding)是电弧在气体保护下的电弧焊方法。保护气体可以是惰性气体(Ar、He)、也可以是活性气体(CO_2、O_2 等)，由于采用气体保护，焊枪的灵活性增加，同时适应焊接的金属种类也大为增加。惰性气体保护焊可以焊接常规情况下难以焊接的铝、镁等合金；CO_2 气体密度大，受电弧加热后体积膨胀较大，可以有效地保护熔池和电弧；等离子弧是经过压缩的高能量密度的电弧，可用于多种金属材料的焊接与切割。

8.1 钨极氩弧焊

钨极氩弧焊(argon tungsten arc welding)是钨极惰性气体保护电弧焊(TIG-tungsten inert-gas arc welding)的主要形式。如图 8.1 所示。它的电极是用难熔金属钨或钨的合金棒。电弧在燃烧过程中，电极是不熔化的，故易维持恒定的电弧长度，焊接过程稳定。焊接时，电极和电弧区及熔化金属都处在氩气的保护之中，使之与空气隔离。

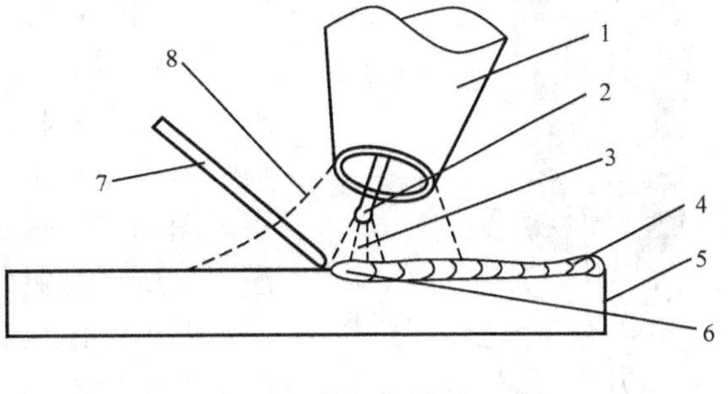

图 8.1 钨极氩弧焊示意

1—喷嘴；2—钨极；3—电弧；4—焊缝；5—工件；6—熔池；7—填充金属；8—氩气

8.1.1 钨极氩弧焊的特点

由于采用惰性气体保护焊接区，钨极氩弧焊的特点如下：

(1) 以氩气作为保护气体，保护效果好。氩气是无色无味的气体，比空气重 25%，用氩气作焊接保护气体，不易漂浮散失，有利于保护作用。氩气是一种惰性气体，它既不与金属起化学反应，也不溶解于金属中。因此，可以避免焊缝金属中的合金元素烧损及由此带来的其他冶金缺陷，使焊接冶金反应变得简单和容易控制，为获得高质量的焊缝提供了良好条件。因此，它不仅适于高强度合金钢、铝、镁、铜及其合金的焊接，还适于补焊、定位焊、反面成形打底焊以及异种金属的焊接。

(2) 电弧引弧困难，但燃烧起来电弧很稳定。由于氩气的电离电压较高，引燃电弧需要更多的能量，因而氩弧焊的引弧特性较差。但氩气的热导率较低，比热容小，电弧引燃后热散失较小，能很好地保持弧柱稳定；加之电弧长度基本稳定，因此电弧一旦引燃，直流钨极氩弧焊可在较低的电弧电压下维持燃烧，具有良好的稳定性。

(3) 钨极氩弧焊规范稳定，参数容易控制，焊接质量较稳定。焊接没有焊渣，焊缝成形美观。焊接电弧能量集中，热影响区小，收缩变形小，适于薄板焊接。

(4) 对焊件清理要求高。由于氩气不像还原性气体或氧化性气体那样，它没有脱氧或去氢作用，所以氩弧焊时对焊前的除油、去锈、去水等准备工作要求严格，否则会影响焊接质量。

(5) 焊接生产率低。由于钨电极的载流能力有限，电弧功率受到限制，致使焊缝熔深浅，焊接速度低，所以，钨极氩弧焊一般只适于焊接厚度小于 6mm 的工件。

8.1.2 钨极氩弧焊焊枪及电极

1. 钨极氩弧焊焊枪

气体保护焊时，若要求保护气体从焊枪喷嘴喷出后能排挤空气，则保护气体必须有合适的流动状态。研究表明，当圆管直径确定后，要使气流在圆管内获得近似于层流流态，选用的管子长度就必须大于圆管直径的 40～50 倍。实际上，焊枪的长径比较小，所以喷嘴出口的气流是不可能全部成为层流的，而是近壁部分为层流(laminar flow)，中心部分为紊流(turbulent flow)的双重气流。

焊接时、要使保护气体对焊接区有良好的保护效果，应在焊枪结构中安上节流装置，保护气流进入焊枪喷嘴前通过该装置，使进入喷嘴的气流紊乱程度减小并具有束流的特征，使在喷嘴内易于建立起较厚的近壁层流流态。另外，改变焊枪喷嘴内部的气流通道形状，同样可使喷嘴获得较厚的近壁层流流态。图 8.2 所示为保护气从喷嘴喷出后的状态。保护气体自喷嘴喷出后，近壁层流与周围空气发生摩擦而被逐渐削弱，经过一段距离后，层流层消失，空气很快侵入保护气流使之失去保护作用。为此，气流周围的层流层犹如保护膜，层流越厚，保护气流阻隔空气的效果越好。如果喷嘴喷出的保护气流为紊流，则在喷嘴出口很短的距离内保护气流被空气混合而失去保护作用。图 8.3 所示是带有节流装置的钨极氩弧焊枪结构示意。图 8.4 所示为钨极氩弧焊枪实物照片。

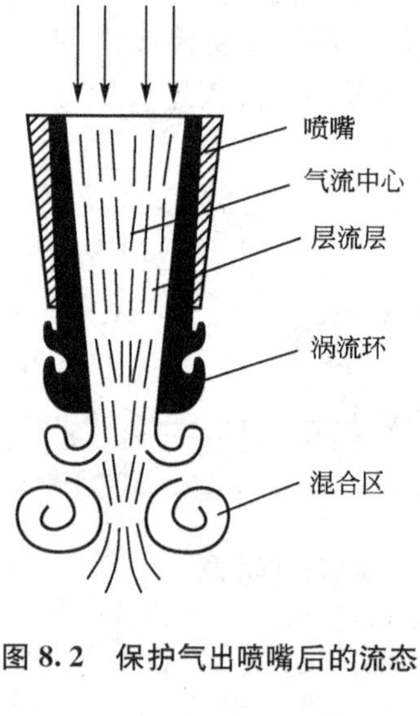

图 8.2 保护气出喷嘴后的流态

保护气体从焊枪喷嘴喷出时，容易受到其他因素的干扰而影响保护效果，已知的干扰因素有气体的流量、喷嘴至焊件的距离、焊接现场的侧向风、焊接接头形式以及外界气流的扰动等。

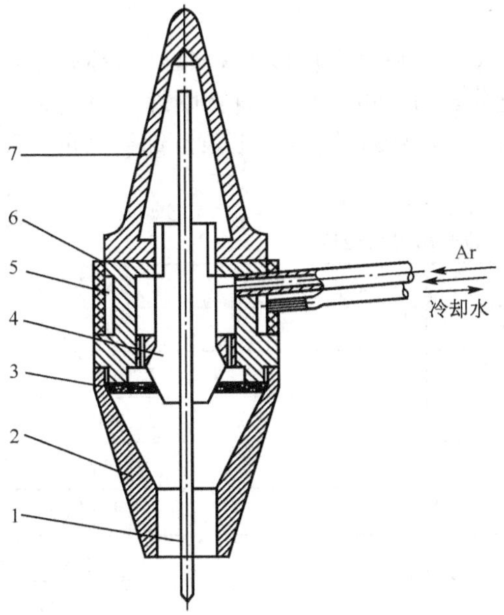

图 8.3 钨极氩弧焊焊枪示意

1—钨极；2—喷嘴；3—钢丝网；4—钨极夹头；
5—冷却水套；6—焊枪体；7—帽罩

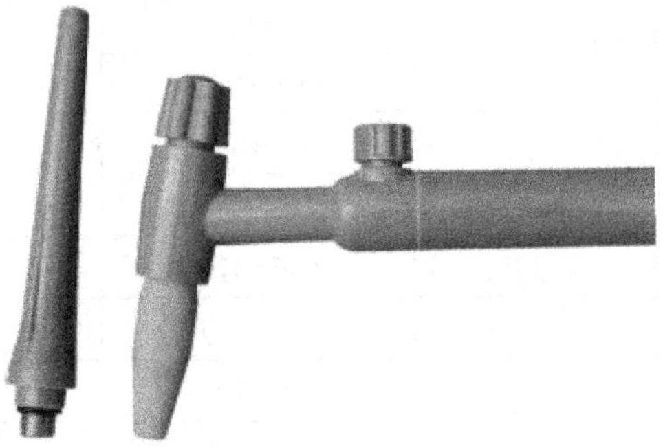

图 8.4 钨极氩弧焊焊枪

2. 钨电极(tungsten electrode)

1) 钨极材料

对于电极的基本要求：发射电子能力强，耐高温，不易烧损或熔化，有较大的电流承载能力等。生产中通常以钨棒在一定直径下容许通过的最大焊接电流(许用电流)、耐高温抗损耗能力(耐用性)、引弧和稳弧性能以及安全卫生性能作为评定和选择钨极材质的指标。

电极材料的逸出功影响引弧及稳弧性能，逸出功低时发射电子的能力强，则引弧稳弧性能就好，反之就差。钨的逸出功为 4.31～5.16eV，较之其他金属如钾(2.02eV)、铝(3.95eV)等的逸出功是比较高的，这对电子发射不利。但钨的熔点高(3380～3600℃)，在高温时，有利于钨的电子发射。用纯钨作电极材料是不够理想的，除了其逸出功较高，要求焊机有较高空载电压，另外长时间大电流焊接，纯钨的烧损较明显。

目前广泛使用的钍钨极是在纯钨中加入 1%～2%的氧化钍 ThO_2，使其逸出功大大降低、电子发射能力显著增强，因而较之纯钨极大大提高了载流能力，且容易引弧和稳定电弧，使用寿命也增长。但在使用中发现钍具有微量的放射性，若不注意防护，可能对工人健康产生危害。

为解决钍放射性的问题而改用微放射性物质铈 Ce 来代替。经试验，铈钨极性能基本上能满足氩弧焊要求而且在某些方面还优于钍钨极：①在相同规范下，弧束较细长，光亮带较窄，使温度更集中；②最大许用电流密度可增加 5%～8%；③电极的烧损率下降，修磨次数减少，使用寿命延长；④直流电时，阴极压降降低 10%，比钍钨极更容易引弧，电弧稳定性也好。

2）钨极直径及端部形状

钨极直径和端部形状对许用电流大小、电弧形态和稳定性以及焊缝成形都有重要影响。表 8-1 列出了在不同极性条件下，不同成分与直径的钨极在纯氩中焊接时的许用电流范围。直流时钍钨极可选择表中许用电流上限，纯钨极宜用电流下限；铈钨极可参照表中相同直径的钍钨极提高许用电流 5%～8%。

表 8-1　不同直径钨极的使用电流范围

钨极直径/mm	直流正接	直流反接	交流不平衡波	交流平衡波
	钨和钍钨	钨和钍钨	钍　钨	钍　钨
1.59	70～150	10～20	70～150	60～120
2.4	150～250	15～30	140～235	100～180
3.26	250～400	25～40	225～325	160～250
4.0	400～500	40～55	300～400	200～320
4.8	500～700	55～80	400～500	290～390
6.35	750～1000	80～125	500～630	340～525

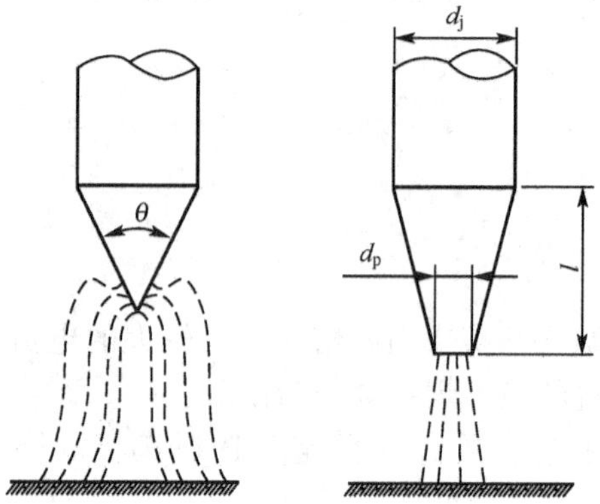

(a) 末端呈尖锥角　(b) 末端呈平顶的锥形

图 8.5　钨极端部的形状

钨极端部的形状对电弧的稳定性有影响，钨极端部必须磨光。在焊接薄板和电流较小时，可用小直径钨极并将其末端磨成尖锥角（$\theta\approx20°$），这样电弧容易引燃和稳定。在焊接电流较大时，会因电流密度过大而使末端过热熔化并增加烧损，电弧斑点也会扩展到钨极末端的锥面上［图 8.5(a)］，使弧柱明显地扩散、飘荡、不稳，而影响焊缝成形。大电流焊接时，要求钨极末端磨成钝锥角（$\theta>90°$）或带有平顶的锥形［图 8.5(b)］，这样可使电弧斑点稳定，弧柱的扩散减少，对焊件加热集中、焊缝成形均匀。钨极端部尺寸按下式确定：

$$l=(2\sim4)d_j \tag{8-1}$$

$$d_p=\left(\frac{1}{3}\sim\frac{1}{4}\right)d_j \tag{8-2}$$

当采用交流钨极氩弧焊时，一般将钨极磨成圆珠形，否则，由于极性的变化，钨极烧损严重。钨极脉冲氩弧焊时，由于采用脉冲电流，钨极在焊接过程中有冷却机会，在相同的钨极直径条件下可提高许用脉冲电流值。

8.1.3　电流的种类和极性

钨极氩弧焊可以使用交流、直流和脉冲电源，采用哪种电源是根据被焊材料来选择的。对于直流电源还有极性的选择问题。表 8-2 列出了焊接材料与电源类别和极性选择的关系。

表 8-2 材料与电源类别和极性的选择

材料	直流		交流	材料	直流		交流
	正接	反接			正接	反接	
铝(厚度<2.4mm)	×	○	△	合金钢堆焊	○	×	△
铝(厚度>2.4mm)	×	×	△	碳钢及低合金钢	△	×	○
铝青铜、铍青铜	×	○	△	镁(<3mm)	×	○	△
铸铝	×	×	△	镁(≥3mm)	×	×	△
黄铜、铜基合金	△	×	○	镁铸件	×	○	△
铸铁	△	×	○	不锈钢、镍	△	×	○
无氧铜	△	×	×	钛	△	×	○
异种金属	△	×	○	银	△	×	○

注：△—最佳；○—良好；×—最差。

从表 8-2 所示看出，除铝、镁及其合金外，其他金属一般都选用直流正极性，铝、镁及其合金选择交流，铝、镁及其合金薄件也可选用直流反极性。

1. *直流反接*(direct current reversed polarity, DCRP)

在钨极氩弧焊中，直流反接有去除氧化膜的作用，称为“阴极破碎”或“阴极雾化”现象。去除氧化膜的作用，在交流焊的反极性半波也同样存在，它是成功地焊接铝、镁及其合金的重要因素。铝及其合金的表面存在一层致密难熔的氧化膜 Al_2O_3，其熔点为 2050℃，远高于铝的熔点 658℃。焊接时，覆盖在焊接熔池表面，如不及时清除，会造成不熔合以及使焊缝表面形成皱皮或内部形成气孔夹渣，直接影响焊缝质量。实践证明，直流反接时，焊件表面的氧化膜在电弧的作用下可以被清除掉而获得外表光亮美观、成形良好的焊缝。这是因为金属氧化物逸出功小，容易发射电子，所以氧化膜上容易形成阴极斑点并产生电弧，阴极斑点有自动寻找金属氧化物的性质。阴极斑点的能量密度很高，被质量很大的正离子撞击，使氧化膜破碎。但是，直流反接的热作用对焊接是不利的，因为钨极氩弧焊阳极热量多于阴极。反极性时电子轰击钨极，放出大量热量，很容易使钨极过热熔化。例如，要通过 125A 焊接电流而不使钨极熔化，就需约 6mm 直径的钨棒。同时，由于在焊件上放出的能量不多，焊缝熔深浅而宽，生产率低，而且只能焊接约 3mm 厚的铝板。所以在钨极氩弧焊中，直流反接除了焊铝、镁薄板外很少采用。

2. *直流正接*(direct current straight polarity, DCSP)

除了焊接铝、镁及其合金外，钨极氩弧焊一般均采用直流正接，因为其他金属及其合金不存在产生高熔点合金氧化物问题。采用直流正接有下列优点：①焊件为阳极，焊件接受电子轰击放出的全部动能和位能(逸出功)，产生大量的热，因此熔池深而窄，生产率高，焊件的收缩和变形都小；②钨极上接受正离子轰击时放出的能量比较小，且由于钨极在发射电子时需要付出大量的逸出功，总的来说，钨极上产生的热量比较小，因而不易过热，可以采用直径较小的钨棒，如同样通过 125A 焊接电流，选用 1.6mm 直径的钨棒即可，而直流反接时需用 6mm 直径的钨棒；③钨棒热发射力很强，采用小直径钨棒时，电流密度大，所以电弧稳定性也比反接时好。

总之，直流正极性优点多，应尽可能采用直流正极性。

3. 交流钨极氩弧焊

焊接铝、镁及其合金时一般都采用交流电，这样在交流负极性的半波里(铝焊件为阴极)，阴极有去除氧化膜的作用，它可以清理熔池表面的氧化膜。在交流正极性的半波里(钨极为阴极)，钨极可以得到冷却，同时可发射足够的电子，有利于电弧稳定，使两者都能兼顾，焊接过程又能顺利进行。但交流焊接铝、镁及其合金，会产生如下问题：一是会产生直流分量，这是有害的，必须消除；另一点是交流电源每秒 100 次经过零点，必须采取稳弧措施。

1) 直流分量的产生及消除

在交流电弧的情况下，由于电极和母材的电、热物理性能以及几何尺寸等方面存在差异，造成在交流电两个半周中的弧柱电导率、电场强度和电弧电压不对称，使电弧电流也不对称。在钨极为阴极的半周，弧柱电导率高、电场强度小，电弧电压低而电流大；在母材为阴极的半周中，则情况恰恰相反，电弧电压高而电流小。由于两半周的电流不对称，因而交流电弧的电流可看成是由两部分组成，一是交流电流，另一是叠加在交流部分上的直流电流，后者称为直流分量(direct current component)(图 8.6)。直流分量的方向与钨极为阴极的半周内的电流方向相同，由母材流向钨极，相当于在焊接时回路中存在着一个正极性的直流电源。

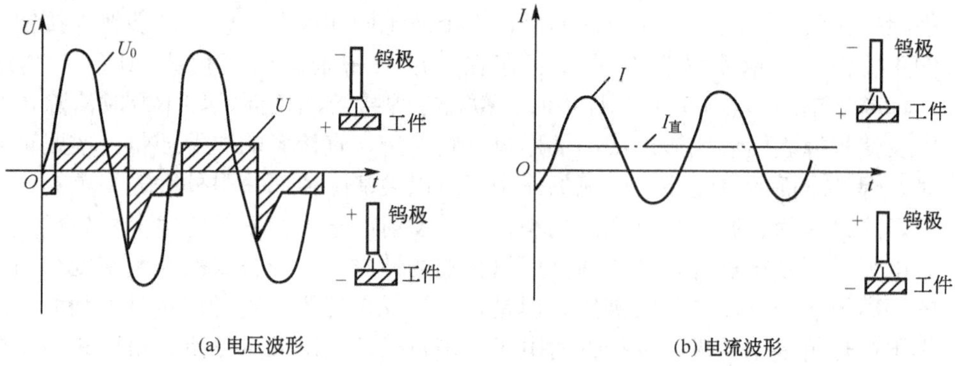

图 8.6　交流钨极氩弧焊时电弧电压和电流波形及直流分量示意

U_0—电源空载电压；I—电流；U—电弧电压

由于直流分量的存在，首先会使阴极去除氧化膜作用减弱，其次会使焊接变压器的铁心中相应地产生一部分直流磁通，这部分直流磁通叠加在原来的交流磁通上，使铁心在一方向上可能达到磁饱和状态，从而导致变压器的励磁电流大大增加。这样，一方面使变压器的铁损和铜损增加，效率降低，温升提高；另一方面还会使焊接电流的波形严重畸变，降低功率因数。这些都会给电弧的稳定燃烧带来不利影响。为此，必须采取措施消除直流分量。

消除直流分量的方法通常有以下三种：

(1) 在焊接回路中串接一蓄电池组 G [图 8.7(a)]，使回路中的直流电流同焊接时的直流分量方向相反。假如两者完全相等，则直流分量抵消。由于焊接电流随焊件厚薄、大小而变的，而蓄电池的电势不能随意调节，因而，在实际应用时不可能完全抵消直流分量。

(2) 在焊件回路中接入电阻和二极管［图 8.7(b)］，二极管的正极与焊件相接，在负极性半波时，电流通过二极管流过。而在正极性半波时，电流不能通过二极管，必须通过电阻，形成正极性半波内的回路阻抗，限制了电流，达到减弱或消除直流分量的目的。此方法装置简单、体积小，元件少，消除直流分量的效果也较好。其缺点是电流流过电阻要消耗一部分能量。

(3) 在焊件回路中串联电容［图 8.7(c)］，电容只允许交流电通过而隔断直流电。因此，电路中串联电容可以起到隔离直流分量的作用。这种方法隔直流作用好，而且电容基本不消耗能量。目前在钨极氩弧焊机中普遍得到应用。经过消除直流分量的交流，称为平衡波，它可获得良好熔深、焊波均匀、保护可靠的优良焊接结果。

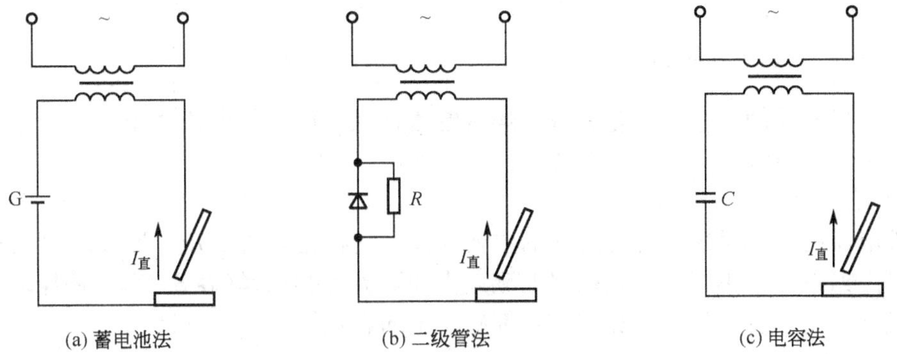

图 8.7　消除直流分量的方法

2) 引弧和稳弧措施

(1) 提高焊接电源的空载电压(150～220V)，使空载电压高于电弧的引燃电压，其电弧的引燃非常容易，这一方法的稳弧效果也很好，但变压器的容量要增大很多，功率因数降低，成本高，也不安全，故较少采用。

(2) 采用高频振荡器，高频振荡器(high-frequency oscillator)如图 8.8 所示，由升压变压器 T_1、火花隙放电器 P、振荡电容 C_k、振荡电感 L_k 以及高频耦合变压器 T_2 组成。高频振荡器可产生约 3000V 的高频电压进行引弧，这时焊接电源电压只需要 65V 左右即可。高频振荡器用于稳弧工作不够可靠(主要是难以保持相位关系)，其引弧效果好，普遍用于引弧。高频振荡会产生电磁波，会干扰无线电信号，且有害于人身健康。应采取屏蔽高频、降低振荡频率或限制高频振荡强度加以克服。

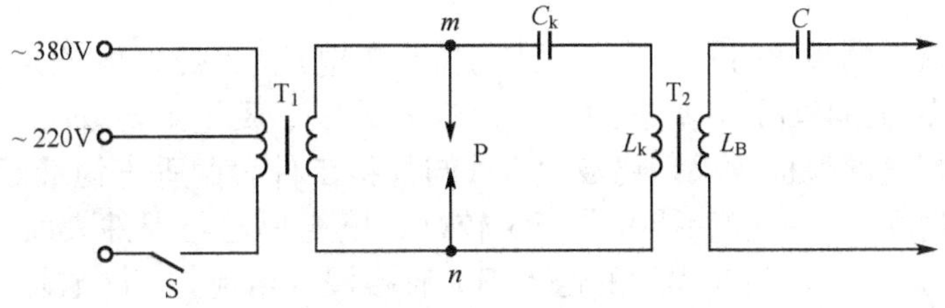

图 8.8　高频振荡器原理电路图

(3) 脉冲叠加引弧、稳弧，在焊件为阴极且空载电压最高时，控制触发电路使串联在焊接主回路中的脉冲变压器发出高压脉冲引燃电弧；当焊件从阳极转为阴极过零时，则发出稳弧高压脉冲。从而达到引弧和稳弧的目的。

8.1.4 钨极氩弧焊工艺

1. 工件和焊丝的焊前清理

清除填充焊丝及焊件坡口和坡口两侧表面至少20mm范围内的油污、水分、灰尘和氧化膜等是保证焊件质量的重要工艺步骤。可用有机溶剂，如丙酮、汽油等也可用专门的工业清洗剂清除油、污和灰尘。可用机械清理和化学清洗去除氧化膜，如不锈钢用砂布打磨或钢丝刷清理；铝合金用刮刀清理；铝、镁焊丝及重要焊件用碱洗及酸液冲洗中和和光化。

2. 工艺参数的选择原则

手工钨极氩弧焊的主要工艺参数有焊接电流种类、极性、电流大小、钨棒直径及端部形状、保护气流量等，对于自动焊还包括焊接速度等。

1）焊接电流和钨棒直径

焊件电流的大小是决定焊缝熔深的主要参数，它根据焊件材质、厚度、接头形式、焊接位置等因素选择。钨棒直径则根据电流大小和电流种类选择(表8-1)。钨棒端部形状对电弧引燃和稳定以及对焊缝熔深和熔宽都有一定的影响。

2）保护气体流量和喷嘴孔径

气体流量和喷嘴孔径应相互配合，使保护气体形成足够挺度的层流。通常钨极氩弧焊的喷嘴孔径为5～20mm，对应保护气体流量为5～25L/min。焊接电流增大，所对应的喷嘴孔径和气体流量取值也随之增大。

3）喷嘴与焊件的距离、弧长和电弧电压

喷嘴端部与焊件的距离为5～14mm，通常钨棒外伸长度为5～10mm；实用电弧长度范围为0.5～3mm，对应电弧电压为8～20V。自动焊、不加填充丝、小电流时，喷嘴端部与焊件的距离、电弧长度可取下限；反之则取上限。

4）焊接速度

焊接速度是用来调节热输入和焊缝形状的重要参数之一。其选择应根据焊件厚度并考虑与焊接电流等配合以获得所需的熔深和熔宽；在高速自动焊时，还要考虑焊速对保护效果的影响。

3. 操作技术要领

手工钨极氩弧焊的焊接过程中，电弧长度(电弧电压)、焊接电流及焊接速度等规范参数通常是通过焊工的操作来调节的，所以焊缝的成形质量主要取决于焊工的焊接技术与经验。为保证氩气的保护效果，钨极中心线与焊接工件表面垂直为最好，但手工焊时太垂直会影响焊工的视线，一般保持80°～85°较好。填充焊丝与焊件表面夹角应尽可能小，一般为10°左右。焊接时，填充焊丝的送入不应直接浸入熔池，以免破坏氩气的保护效果。正确的送丝应使填充焊丝位于钨极的前方边熔化边送进，此时，熔池中熔化了的填充金属能很好地与基体金属熔合。电弧的引弧和熄弧处如果不注意也会影响焊接质量。接触引弧处需先在引弧板上引弧后，再把电弧移到焊接区域。收弧处，由于焊缝冷却速度快，容易出现缩孔、裂纹等缺陷。为此，收弧时要多添加点焊丝，使焊缝堆高增大，待焊后再铲平修正。

8.1.5 脉冲钨极氩弧焊

1. 脉冲钨极氩弧焊的工艺特点

脉冲钨极氩弧焊(pulsed argon tungsten arc welding)采用可控的脉冲电流 I_m [图 8.9(a)]来加热焊件。每当一次脉冲电流通过时，焊件上就产生一个点状熔池，待脉冲电流停歇时，点状熔池就冷凝结晶，与此同时由基值电流 I_j 来维持电弧稳定燃烧，以便下一次脉冲电流导通时，脉冲电弧能可靠稳定燃烧。只要合理调节脉冲间隙时间 t_j，保证焊点间有一定的相互重叠量，就可获得一条连续气密的焊缝，如图 8.9(b)所示。脉冲钨极氩弧焊时电流是脉动的，由大而明亮的脉冲电弧和小而暗淡的基值电弧周期交替，电弧有闪烁现象。而焊件的加热熔化主要靠脉冲电弧。脉冲钨极氩弧焊有如下工艺特点：

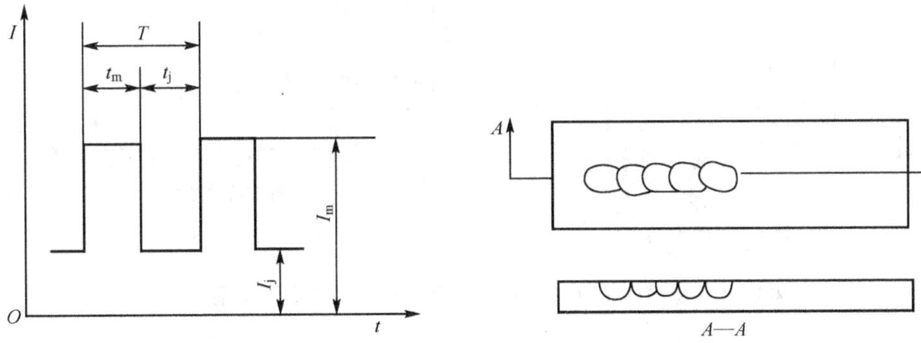

(a) 脉冲电流波形　　(b) 焊缝外观与熔深示意

图 8.9　脉冲钨极氩弧焊采用的焊接电流波形和焊缝示意

T—脉冲周期；t_m—脉冲时间；t_f—间隙时间；I_m—脉冲电流；I_j—基值电流

1) 电弧线能量低

由于采用脉冲电流，可以减小焊接电流的平均值，获得较低的电弧线能量，因此，利于脉冲钨极氩弧焊能焊接薄板或超薄板构件。用它焊接小于 0.1mm 薄钢板时仍能获得满意的结果。

2) 便于精确控制电弧能量及其分布

通过脉冲规范参数的调节，可精确控制电弧能量及其分布，易获得均匀的熔深和焊缝根部均匀熔透，可以用于中厚板多层焊的第一道封底焊。控制熔池尺寸使之可能得到一个合适的小熔池，这时的熔池金属在任何位置均不至于因重力而下流，因而，能很好地实现全位置焊接和单面焊双面成形，这些都是一般电弧焊难于实现的。

3) 可用于难焊金属材料的焊接

脉冲钨极氩弧焊的焊缝是由焊点相互重叠而成，由于脉冲电流对点状熔池有较强的搅拌作用，且熔池金属冷却速度快，高温停留时间短，所以焊缝金属组织致密，树枝状结晶不明显，可减小热敏金属材料焊接时产生裂纹的影响。

2. 脉冲焊规范参数选择

1）脉冲电流和脉冲持续时间

脉冲电流 I_m 和脉冲持续时间 t_m 是决定焊缝成形尺寸的主要参数之一。一般随着 I_m 和 t_m 的增大，焊缝的熔深和熔宽都会增大，其中 I_m 的作用比 t_m 大。图 8.10 所示是焊接不锈钢薄板时，脉冲电流和脉冲持续时间对焊缝成形尺寸的影响。脉冲电流的选择主要取决于焊接材料的性质与厚度。如果电弧电压保持恒定，采用不同的脉冲电流和脉冲时间的匹配组合，可获得不同的熔深和熔宽。

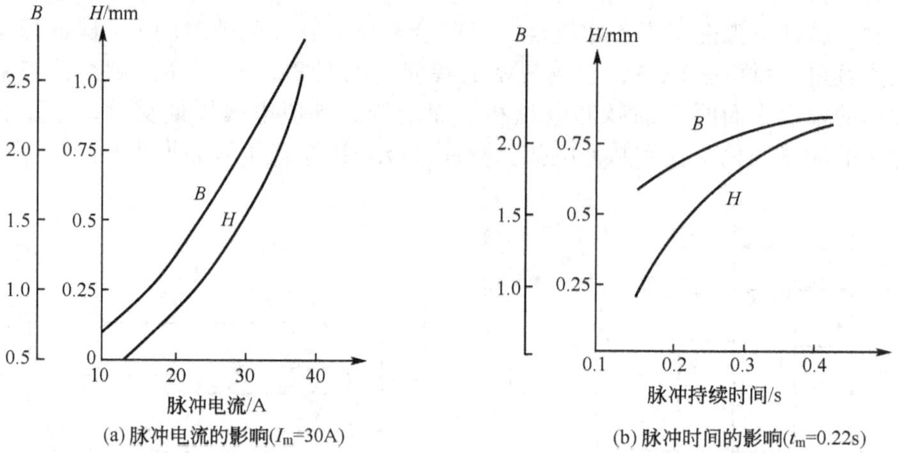

图 8.10　脉冲电流和脉冲持续时间对焊缝成形尺寸的影响

2）基值电流和脉冲间歇时间

为充分发挥脉冲焊的特点，一般选用较小的基值电流 I_j，只要能维持电弧稳定燃烧即可。一般来说，脉冲间歇时间 t_j 的改变对焊缝成形尺寸的影响较小。但是，如果间歇时间过长，将明显地减小对焊件的热输入，使熔池冷却速度增长，导致焊件上的热积累减小。

3）脉冲频率

脉冲钨极氩弧焊的脉冲频率范围目前有两个区域：0.5～10Hz 的低频脉冲焊和 1～30kHz 的高频脉冲焊。

低频脉冲钨极氩弧焊中，每次脉冲电流通过时，焊件上就产生一个点状熔池。在基值电流期间，点状熔池不继续扩大，而且冷凝结晶，这样在下次脉冲电流到来时熔池已凝固形成一个焊点。下一次脉冲电流的到来在上一个凝固点边缘又产生一个新熔池，基值电流期间又形成一个新焊点。如此重复进行，就获得由许多焊点连续搭接而成的脉冲焊缝。考虑焊缝的致密，焊点之间要有一定的相互重叠量，因而，脉冲频率和焊接速度要匹配。

如果脉冲频率提高到几千甚至几万赫，电弧形态和热分布将起显著变化。在平均电流相同的情况下，高频电弧比连续直流电弧的电磁收缩效应增加，电弧刚性增大，轴向的指向性增强，电弧压力也增大，熔透性也增加。同时熔池受到超声波振动，改善了焊缝物理化学冶金过程及增加了熔池的流动性。对焊件较薄的金属材料，有利于焊缝质量的提高，特别适于快速焊接。

阅读材料8-1

高频脉冲TIG焊机与普通TIG焊机的比较

(1) 直流TIG焊机的热影响区大，高频脉冲TIG焊机的热影响区小。焊接要求热影响区小的焊件，如电动机、变压器的线圈在焊接时不希望损伤周边的绝缘材料，可选用这种焊机。

(2) 焊铝塑复合管时，用普通TIG焊机需要氦、氩两种保护气体，用高频脉冲TIG焊机时，不需氦气，只需氩气。因为氦气的价格高于氩气价格7～8倍；氦气比空气轻，需要的流量比氩气大7～8倍，因此焊接时仅保护气体就可节省大量费用；同时焊接电流越大，焊速也越大，焊接效果越好，用直流TIG焊时，焊速过大，易产生咬边现象。高频脉冲TIG焊的焊接电流即使很大也不易产生焊接咬边。在铝塑复合管自动生产线上使用，只要拉管机械能在高速下稳定不振动运行，制管的速度比用直流TIG焊机生产效率提高3～4倍。

(3) 用高频脉冲TIG焊较直流TIG焊金属的渗透性好，焊缝强度高。因为高频脉冲TIG焊机的电流在焊接过程中不断地变化。电弧对熔池不断产生搅拌，不仅焊缝细腻，金属之间完全渗透，同时焊接过程中产生的有害气体容易逸出，不起泡，焊缝的机械强度增加。

(4) 采用高频脉冲TIG焊机焊接电动机、变压器线圈，能在极短的时间内完成，周边的绝缘材料不受损伤。

(5) 高频脉冲TIG焊电弧微束化的结果，自然产生电弧挺直、不偏摆、指向性好。而直流电弧具有发散性，很容易产生偏摆。因此，高频脉冲TIG焊可用于要求电弧挺度好、不偏摆的场所。

(6) 使用高频脉冲TIG焊机，能节约用电。

(7) 采用高频脉冲TIG焊焊接厚板时，焊件可以不开坡口或少开坡口。对于同样的坡口，采用高频脉冲TIG焊的填充层数比直流焊机可以减少1/3～1/2，原来需填充6层的采用高频脉冲TIG焊后只需填充2层，同时焊缝强度高，焊接没有飞溅。

资料来源：莫文凯．高频脉冲TIG焊机及其应用．电焊机，2004，34(10)：70.

8.2 熔化极氩弧焊

熔化极氩弧焊(metal argon arc welding)是采用惰性气体作为保护气，使用焊丝作为熔化电极的一种弧焊方法。这种方法通常用氩气或氦气作为保护气体，连续送进的焊丝既作为电极又作为填充金属，在焊接过程中焊丝不断熔化送进并过渡到熔池中而形成焊缝。在焊接生产中，特别是在高合金材料和有色金属及其合金材料的焊接生产中，熔化极氩弧焊占有很重要的地位。

8.2.1 熔化极氩弧焊的特点

与其他电弧焊方法相比，熔化极氩弧焊具有以下特点：

(1) 适于范围广。几乎可焊接所有金属，尤其适合于焊接铝及铝合金、铜及铜合金以及不锈钢等材料。

(2) 生产率高、焊接变形小。由于采用熔化极方式进行焊接，焊丝和电弧的电流密度大，焊丝熔化速度快，对母材的熔敷效率高，母材熔深和焊接变形都好于钨极氩弧焊，焊接生产率高。

(3) 熔滴过渡主要采用喷射过渡形式，电弧稳定，飞溅极小。采用脉冲喷射过渡形式还特别适于全位置焊接。

(4) 熔化极氩弧焊可直流反接，焊接铝及铝合金时有良好的阴极雾化作用，亚射流电弧的固有自调节作用显著。

(5) 焊前清理要求高。焊接过程对油、锈等污染比较敏感，焊接准备工作要求严格，对焊丝、焊件焊前清理要求较高。

8.2.2 亚射流过渡和电弧固有自调节作用

1. 亚射流过渡的特点

用熔化极氩弧焊方法焊接铝及铝合金时，在射流过渡区与短路过渡区之间有一个明显的中间过渡区——亚射流过渡(under spatter transfer)区。亚射流电弧的形态和声响与射流电弧显著不同。前者可见弧长很短，向四周扩展为碟形，并略带爆声。后者电弧较长，呈钟形，伴随着“嘶嘶”声。图 8.11 所示为直径 1.6mm 铝丝在氩气中的熔化特性曲线。每一根曲线代表一个送丝速度，特性曲线上的数字表示焊丝末端与母材表面之间的距离(即电弧的可见长度)。从图中可以看出，焊丝熔化特性曲线在射流过渡区域部分几乎是垂线，焊丝熔化系数基本上不受弧长的影响。但进入亚射流过渡区域后，特性曲线向左拐弯，焊丝熔化系数随着弧长增加而减小，随着弧长减小而增加，而且这种变化在高电流值下更为明显。弧长若进一步减小(2mm 以下)，特性曲线又向右弯曲，焊丝与焊件频繁短路，进入到短路过渡区。在亚射流过渡区，焊丝熔化系数随弧长变化而变化这一特性，是铝焊丝亚射流电弧非常重要的性质。碳钢和不锈钢焊丝这种性质则不明显。

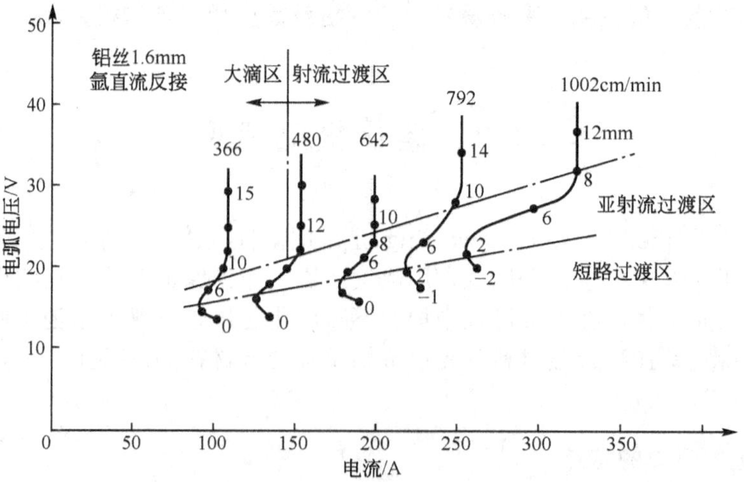

图 8.11　铝焊丝熔化特性与电弧形态间的关系

2. 亚射流电弧固有的自调节作用

电弧固有自调节作用采用等速送丝匹配恒流特性焊接电源。图 8.12 所示 P 线为恒流电源的外特性，V_f 线为铝焊丝熔化特性曲线，O 点是电弧稳定工作点，对应的弧长为 l_0。如果某种外界干扰使电弧突然由 l_0 变化至 l_1（电弧燃烧点由 O 上升到 O_1），由于电源外特性为恒流，焊接电流不变。但电弧变长后，焊丝熔化系数减小，使得焊丝熔化速度降低，焊丝熔化速度与送进速度失去平衡。于是电弧要逐渐缩短，O_1 点逐渐向 O 点恢复，最后二者重合，焊丝熔化速度等于送进速度，电弧又稳定在 l_0 长度上燃烧。反之，若外界干扰使弧长突然从 l_0 变化到 l_2，同样可很快恢复到 l_0。这就是亚射流电弧固有的自调节作用。

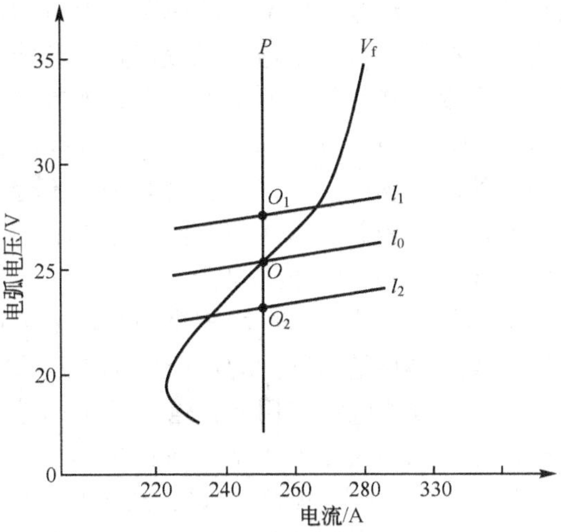

图 8.12　亚射流区弧长的自调节作用

铝丝 d=1.6mm；

焊接速度为 30cm/min；纯 Ar 平焊

亚射流电弧焊铝的特点：电弧为碟形，阴极雾化区大，焊缝起皱皮及表面形成黑粉的现象比射流电弧少；采用恒流外特性电源，焊接过程中弧长在一定范围内变化，焊接电流始终不变，因此焊缝外形和熔深非常均匀，避免了射流电弧“指形”熔深引起的熔透不足等缺欠；亚射流电弧的弧长范围不宽（例如直径为 1.6mm 的铝丝，在 Ar 气中为 2～8mm），对于一定的焊接电流，最佳送丝速度范围相当窄，送丝速度太小，易引起焊丝回烧；送丝速度过高，焊丝会粘在工件上。因此，焊机中必须要有特殊的送丝速度与焊接电流同步控制系统。目前市售的熔化极氩弧焊机，都是规范一元化调节。选好电流，送丝速度就自动调整到对应电流的最合适的电弧长度上。当需要焊接不锈钢等材料时，将焊机转变为普通的熔化极氩弧焊机，电源从恒流转变为恒压。这时焊接电流、电弧电压就可以分别调节了。

8.2.3　熔化极脉冲氩弧焊

通常情况下，熔化极氩弧焊多是以熔滴喷射过渡为主要焊接形式，焊接电流必须大于喷射过渡临界电流，才能实现稳定的焊接。如果焊接电流小于喷射过渡临界电流，只能出现大滴过渡或短路过渡。大滴过渡的过程稳定性差，不能进行仰焊、立焊等空间位置焊缝的焊接，而短路过渡也有规范区间窄等问题，应用的较少。为了对薄板、空间位置焊缝及热敏感性材料进行有效的焊接，发展了熔化极脉冲氩弧焊（metal pulsed argon arc welding），利用周期性变化的脉冲电流进行焊接，其主要目的是控制熔滴过渡和焊接热输入。

1. 工艺特点

由于熔化极脉冲氩弧焊的峰值电流及熔滴过渡是间歇而又可控的，因而与连续电流氩弧焊相比，在工艺上具有以下特点：

1）具有较宽的电流调节范围

采用脉冲电流，可在平均电流小于临界电流值的情况下获得射流过渡。因而，相同直径的焊丝，随着脉冲频率的变化，能在很大的电流范围内稳定地进行焊接。熔化极脉冲氩弧焊的工作电流范围包括了从短路过渡到射流过渡所有的电流区间，既能焊厚板，又能焊薄板。焊接薄板时，熔透情况较短路过渡情况要好，而与钨极氩弧焊焊接薄板相比，又体现出生产率高和焊件变形小的特点。尤其有意义的是可以用粗焊丝来焊接薄板，这给工艺上带来很大方便。首先粗丝送丝比细丝容易，对于铝及铝合金等软质焊丝尤其明显。其次，粗丝比细丝挺直，比较容易对中，不像细丝那样易偏摆。另外，使用粗焊丝可降低焊丝成本，并且表面积与体积之比减小，而使产生气孔的倾向减小。

2）有利于实现全位置焊

采用脉冲电流后，可用较小的平均电流进行焊接，因而熔池体积小。加上熔滴过渡和熔池金属的加热是间歇性的，所以不易流淌。此外，由于熔滴的过渡力与电流的平方成正比，在脉冲峰值电流作用下，熔滴的轴向性比较好，不论是仰焊还是垂直焊时，在控制焊缝成形方面脉冲氩弧焊要比普通氩弧焊有利。

3）可有效地控制输入热量，改善接头组织

在焊接高强度钢及某些铝合金时，由于材料热敏感性比较大，因而对母材输入的热量有一定限制。采用脉冲电弧，既可使母材得到较大的熔深，又可控制总的平均焊接电流在较低的水平。焊缝金属和热影响区金属过热都比较小，从而使焊接接头具有良好的韧性，减小了产生裂纹的倾向。

此外，脉冲电弧还具有加强熔池搅拌的作用，可以改善熔池冶金性能以及有助于消除气孔等。

2. 脉冲参数选择

熔化极脉冲氩弧焊，其主要脉冲参数有：脉冲电流 I_m、基值电流 I_j、脉冲频率 f_m 和脉冲宽比 K_m 等。正确选择和组合这些参数，就可以在控制焊缝成形及限制热输入等方面获得良好的效果。

1）脉冲电流 I_m

脉冲电流是决定脉冲能量的一个重要因素。为了使熔滴呈射流过渡，脉冲电流值必须大于临界脉冲电流值。脉冲电流还影响焊缝的熔深。在平均电流和送丝速度不变的情况下，脉冲电流增大，熔深增大；脉冲电流减小，熔深也减小。

2）基值电流 I_j

基值电流的作用是在脉冲电弧停歇期间，维持焊丝与焊接熔池之间的导电状态，保证脉冲电弧复燃稳定，同时预热焊丝和母材，使焊丝端部有一定的熔化量，为脉冲电弧期间熔滴过渡做准备。基值电流不宜过大，否则，脉冲焊接的特点就不明显；基值电流也不宜过小，过小电弧则不稳定。

3）脉冲频率 f_m 和脉冲宽比 K_m

脉冲频率的大小，主要根据焊接电流来确定。若选择较大焊接电流(或送丝速度)，需要提高脉冲频率；焊接电流较小，脉冲频率则应低一些。但脉冲频率的调节有一定限制，脉冲频率过高，将失去脉冲焊接的特点；脉冲频率过低，焊接过程不稳定。脉冲宽比($K_m=t_m/t_j$)反映了脉冲焊接特点的强弱。脉冲宽比过大，脉冲焊接特点不显著，一般不大于50%。

8.2.4 混合气体的应用

在一种气体中加入一定量的另一种或两种气体后，可以分别在细化熔滴、减少飞溅、提高电弧稳定性、改善熔深以及提高电弧温度等方面获得满意的结果。因此，目前混合气体使用十分广泛。

1. Ar+He

He气也是惰性气体，但它的热传导系数大，和Ar气相比，在相同的电弧长度下，电弧电压较高，电弧温度也高得多。钨极氦弧焊的焊接速度几乎是钨极氩弧焊的两倍，所以He气最大优点是电弧温度高，母材热输入量大。Ar气独特的优点是电弧燃烧非常稳定，进行熔化极焊接时焊丝金属很容易呈稳定的轴向射流过渡，飞溅极小。以Ar气为基体，加入一定数量的He气后可获得两者所具有的优点。

焊接铝及铝合金时，采用Ar+He混合气体可改善焊缝熔深、减少气孔和提高生产率。He气的加入量在20%～90%。

焊接铜及铜合金时，采用Ar+He混合气体最显著的好处是可改善焊缝金属的润湿性，提高焊接质量，He气占的比例一般为50%～75%。

对于钛、锆等金属的焊接，用这种混合气体也是为了改善熔深及焊缝金属的润湿性。这时Ar气和He气的比例通常为3∶1。

焊接镍基合金时，也常常采用Ar+He混合气体。焊缝金属润湿性及焊缝熔深比纯Ar气好。加入的He气为15%～20%。

2. Ar+H_2

利用Ar+H_2混合气体的还原性，可用来焊接镍及其合金。可以抑止和消除镍焊缝中的CO气孔，但H_2气含量必须低于6%，否则会导致产生H_2气孔。

3. Ar+N_2

Ar气中加入N_2气后，电弧的温度比纯Ar气时高，主要用于焊接铜及铜合金，Ar和N_2气的混合比例为4∶1。这种气体与Ar+He混合气体比较，优点是N_2气来源多，价格便宜。缺点是焊接时有飞溅，焊缝表面粗糙，焊缝外观不如Ar+He混合气好。此外，在焊接奥氏体不锈钢时，在Ar气中加入少量的N_2气(1%～4%)，对提高电弧的刚度以及改善焊缝成形有一定的效果。

4. Ar+O_2

Ar+O_2混合气体分两种类型，一种含O_2气量较低，为1%～5%，用于焊接不锈钢、高合金钢及级别较高的高强度钢；另一种含O_2气量较高，可达20%以上，用于焊接低碳钢及低合金结构钢。

用纯Ar气焊接不锈钢、低碳钢及低合金钢，存在以下问题：首先，液态金属的黏度及表面张力较大，易产生气孔。焊缝金属润湿性差，焊缝两侧容易形成咬边等缺欠；其次，电弧阴极斑点不稳定，产生阴极漂移现象，会引起焊缝熔深及焊缝成形的不规则。

将少量的 O_2 气加入 Ar 气中，阴极斑点漂移现象便可克服。另外，加入 O_2 气后，有利于金属熔滴的细化，降低了射流过渡的临界电流值。这是因为，在纯 Ar 气保护下，熔池表面及熔池附近的工件表面产生的氧化物较少，而且分布不均匀。因为有氧化物的地方，电子逸出功低，因而电弧的阴极斑点总是占据着有氧化物的地方(熔化极氩弧焊一般为直流反接)。由于阴极破碎作用，氧化物很快被除去，于是阴极斑点向其他有氧化物的地方转移。如此不停的破碎和转移，便形成阴极斑点的漂移。Ar 气中加入少量 O_2 气后，使熔池表面连续氧化，使得在阴极斑点处同时进行着破碎氧化物和形成氧化物的两个过程则阴极斑点便不再转移，漂移现象被克服。

用 $Ar+O_2$ 混合气体焊接不锈钢，经焊缝抗腐蚀试验证明：Ar 气中加入少量的 O_2 气，对接头的抗腐蚀性能无显著影响；当 O_2 气超过 2%时，焊缝表面氧化严重，接头质量下降。

如果将 $Ar+O_2$ 混合气体中的 O_2 含量增加到 20%左右，这种强氧化气体可以焊接碳素钢及低合金结构钢。其优点是生产效率高，抗气孔性能比加 20%的 CO_2 气及纯 CO_2 气都好，焊缝缺口韧性也有所提高。

5. $Ar+CO_2$

$Ar+CO_2$ 混合气体被广泛应用于焊接碳钢及低合金钢。它既具有 Ar 气的优点，如电弧稳定、飞溅小、很容易获得轴向喷射过渡等，又因为具有氧化性，克服了单一 Ar 气焊接时产生的阴极漂移现象及焊缝成形不良等问题。Ar 气与 CO_2 气的比例，通常为(70～80)∶(30～20)。这种比例既可用于喷射过渡电弧也可用于短路过渡电弧及脉冲过渡电弧。为防止 CO 气孔及减少飞溅，须使用含有脱氧剂的焊丝，如 H08Mn2SiA。

另外，这种气体还可以用来焊接不锈钢，但 CO_2 的比例不能超过 5%，否则，焊缝金属有渗碳的可能，从而降低接头的抗腐蚀性能。

6. $Ar+CO_2+O_2$

试验证明，$80\%Ar+15\%CO_2+5\%O_2$ 混合气体对于焊接低碳钢及低合金钢是最佳的。无论焊缝成形，接头质量还是金属熔滴过渡和电弧稳定性方面都非常满意。焊缝的断面形状如图 8.13 所示。熔深呈碗状，较之用其他气体获得的焊缝都要理想。

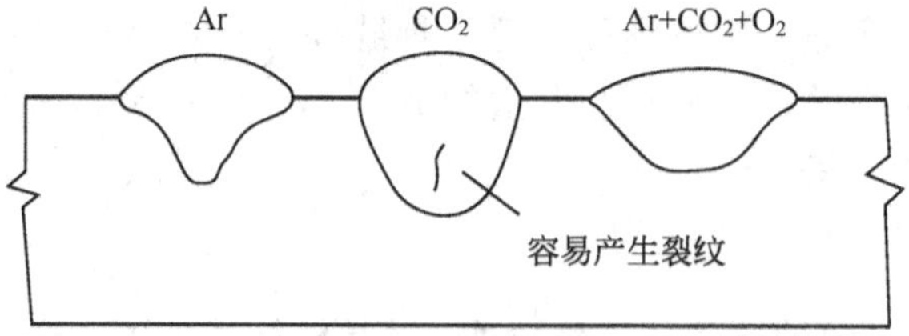

图 8.13　在三种不同气体中焊缝剖面形状

8.2.5　熔化极氩弧焊设备

熔化极氩弧焊设备主要由焊接电源、送丝机构、控制系统、供气系统等部分组成，如图 8.14 所示。图 8.15 所示为熔化极氩弧焊机。

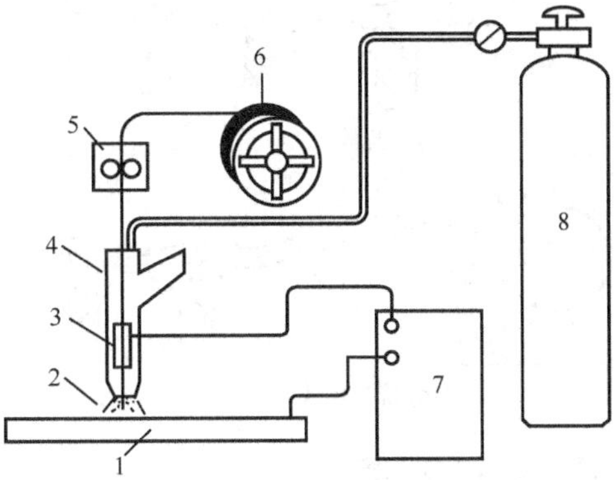

图 8.14　熔化极氩弧焊基本装置

1—工件；2—保护气；3—导电嘴；4—焊炬
5—送丝机构；6—焊丝盘；7—直流电焊机；8—气瓶

图 8.15　熔化极氩弧焊焊机

1. 焊接电源

为保证焊接过程的稳定，减少飞溅，焊接电源均采用直流电源，且反接。对于细焊丝，配备等速送丝机构和平特性或缓降特性电源，依靠电弧自身调节作用保持电弧长度的稳定；对于粗焊丝配备变速送丝机构和陡降特性电源，依靠电弧电压反馈稳定电弧长度，但使用较少；对铝及铝合金的焊接，采用等速送丝配备恒流特性电源，依据电弧固有的自身调节稳定电弧的长度。

2. 送丝系统

送丝系统(wire-feed system)直接影响焊接过程的稳定性，一般由送丝机构、送丝软管、焊丝盘等组成。根据送丝方式不同，半自动焊送丝系统有三种基本送丝方式。

1) 推丝式

图 8.16 所示为推丝式送丝机。推丝式主要用于直径为 0.8～2.0mm 的焊丝，是应用最广的一种送丝方式，其原理如图 8.17(a)所示。其特点是焊枪机构简单轻便，操作与维修方便，但焊丝进入焊枪前要经过一较长的送丝软管，阻力较大，而且随着软管长度的增加，送丝稳定性也将变差，所以送丝软管不能太长，一般为 2～5m。

图 8.16　熔化极半自动焊推丝式送丝机

2) 拉丝式

拉丝式主要用于直径小于 0.8mm 的细焊丝，因为细焊丝刚度小，所以难以推丝。拉丝式又分为两种形式，一种是焊丝盘和焊枪分开，两者用送丝软管联系起来，如图 8.17(b)所示；另一种是将焊丝盘直接装在焊枪上，如图 8.17(c)所示。后者由于去掉了送丝软管，因而增加了送丝的稳定性，但焊枪质量增加。

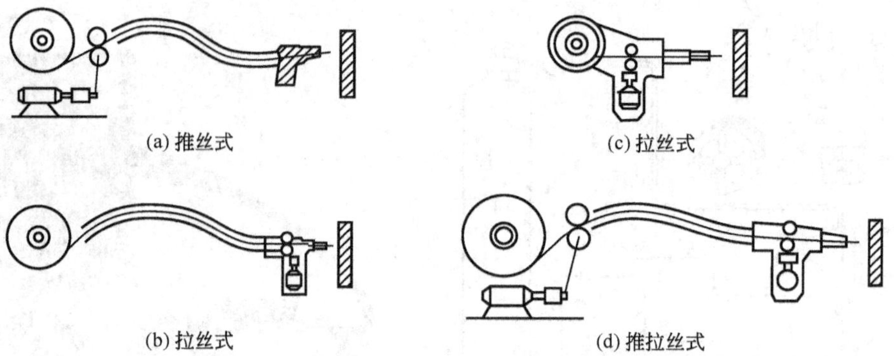

图 8.17　熔化极半自动焊机送丝方式示意

3）推拉丝式

此方式把上述两种方式结合起来，克服了使用推丝式焊枪操作范围小的缺点，送丝软管可加长到 15m 左右，如图 8.17(d)所示。由于结构复杂，调整麻烦，同时焊枪较重，实际使用不多。

阅读材料8-2

送丝系统对 GMAW 电弧稳定性的影响

GMAW 焊接方法的使用越来越广泛，焊接时若送丝不稳定，会造成电弧不稳定，从而影响正常焊接。送丝系统包括送丝机、送丝软管、焊枪组件，送丝机包括送丝电动机、减速机、送丝轮、压线轮、校直轮，部分送丝机还有控制焊丝盘转动的调节旋钮。焊枪组件包括导电嘴、气罩等。送丝系统容易出现的问题简介如下：

1. 送丝轮磨损严重

送丝轮是送丝系统中十分关键的零部件，从沟槽形状分有 U 形、V 形、梯形，从结构上有单驱和双驱。从使用情况看，梯形槽的送丝轮送丝效果较好，双驱比单驱送丝效果好。送丝轮经长期使用后，沟槽形状会发生磨损而变得不规则，当焊丝经过送丝轮时，就极有可能使焊丝表面发生划伤，从而影响焊丝的导电性能，造成电弧稳定性变差。

2. 压线轮调节不适当

压线轮将焊丝压在送丝轮上，凭借送丝轮的转动，将焊丝送入送丝软管中。压线轮调节太松，摩擦力太小，送丝轮打滑，送丝不稳定；压线轮调节太紧，将损伤焊丝表面，导电性变差，使电弧不稳定。

3. 校直轮失效

对于盘装焊丝来讲，焊丝在自然状态下放在平面上为一定直径的圆圈，为减小送丝阻力，需要对焊丝进行校直处理，校直轮起着校直焊丝的作用。若不使用校直轮，则会增大送丝阻力，使电弧稳定性变差。

4. 送丝软管阻力大

送丝软管规格要与焊丝规格相匹配，不能使用较小或较大规格的送丝软管，否则，送丝阻力增大，影响送丝。送丝软管连续使用一周左右时间，需要清理一次。清理时，可以用煤油或其他有机溶剂浸泡1h，再用压缩空气吹干。送丝软管磨损严重，也会增大送丝阻力，造成送丝不顺畅。

5. 送丝软管较短

送丝软管的长度为在焊枪平直放置时，焊枪尾部到导电嘴尾部的距离再加5mm。如果送丝软管太短，焊接时容易产生焊枪抖的现象。

6. 导电嘴导电不良导致电弧不稳

导电嘴规格选错或导电嘴磨损严重，焊丝和导电嘴之间导电面积减小，使导电性能变差，严重时，焊丝在导电嘴内引弧，焊丝和导电嘴发生粘连，造成断弧。市场销售的导电嘴质量良莠不齐，有的导电嘴内孔的圆度、粗糙度、孔径不符合导电嘴的要求，导电性能较差，严重影响电弧的稳定性。

7. 送丝轮沟槽和送丝软管中心线不在一条直线上

送丝轮沟槽和送丝软管中心线不在一条直线上，导致送丝时焊丝线性发生变化，焊丝表面损伤，增大送丝阻力。

资料来源：王杭安. 送丝系统对GMAW电弧稳定性的影响及改善对策. 电焊机，2007，37(11)：72.

3. 控制系统

控制系统的主要作用为：引弧前预先送气，熄弧时，延迟停气；送丝控制和速度调节以及焊接主回路的控制。

4. 供气系统

供气系统主要有氩气瓶、减压阀、流量计及电磁气阀等组成。

8.2.6 熔化极氩弧焊工艺

熔化极氩弧焊可采用短路过渡、射流过渡、亚射流过渡、脉冲射流过渡等熔滴过渡形式。焊接参数主要有焊丝直径、焊接电流、电弧电压、焊接速度、保护气流量、焊丝伸出长度、喷嘴直径等。

1. 焊丝直径

首先是根据焊件厚度及熔滴过渡形式来选择焊丝直径。细焊丝以短路过渡为主，较粗焊丝以射流过渡为主。细焊丝主要用于焊接薄板和全位置焊接，而粗焊丝多用于厚板平焊位置。

2. 焊接电流

焊接电流是最重要的焊接参数，应根据焊件厚度、焊接位置及熔滴过渡方式来选择。焊丝直径一定时，可以通过选用不同的焊接电流范围以获得不同的熔滴过渡形式，如要获得连续喷射过渡，其电流值必须大于其临界电流值。

3. 电弧电压

电弧电压主要影响熔滴的过渡形式及焊缝成形，要想获得稳定的熔滴过渡，除了正确选用合适的焊接电流外，还必须选择合适的电弧电压与之匹配。

4. 焊接速度

焊接速度和焊接电流一定要密切配合，焊接速度不能过大也不能过小，否则，很难获得满意的焊接效果。图 8.18 所示为大电流熔化极氩弧自动焊的焊接范围，作为焊铝时选择焊接规范的大致依据。

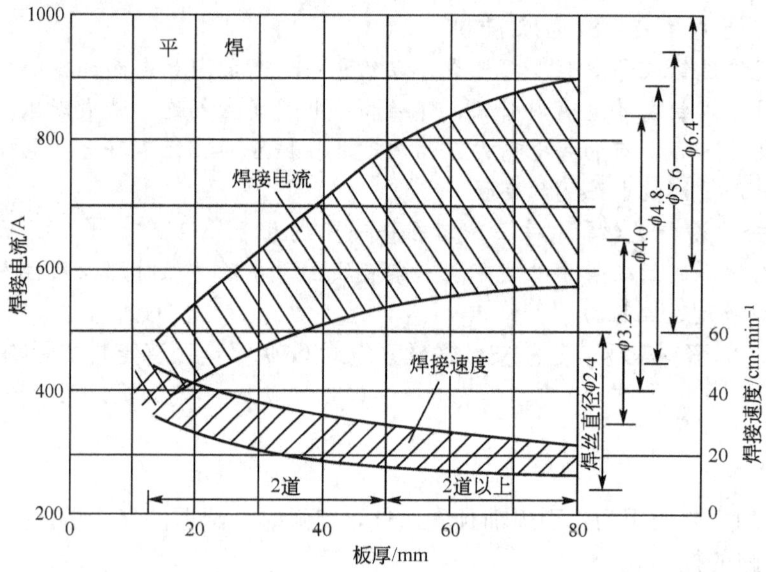

图 8.18 铝板大电流 MIG 自动焊接电流及焊接速度范围(对接)

5. 喷嘴直径及喷嘴端部至焊件的距离

由于熔化极氩弧焊对熔池的保护要求较高，喷嘴直径比钨极氩弧焊的喷嘴直径要大，一般为 20mm 左右。氩气流量也大，一般为 30～60L/min。喷嘴端部至焊件的距离一般保持在 12～22mm。距离过近，容易使喷嘴接触到熔池表面，反而恶化焊缝成形，并且飞溅易损坏喷嘴；距离过远，保护效果明显变差。

8.3 CO_2 气体保护焊

CO_2 气体保护焊(carbon-dioxide arc welding)是利用 CO_2 作为保护气体的熔化极电弧焊方法。这种方法以 CO_2 气体作为保护介质，使电弧及熔池与周围空气隔离，防止空气中氧、氮、氢等对熔滴和熔池金属的有害作用，从而使焊缝获得优良的力学性能。CO_2 气体保护焊在国内外工业部门获得了日益广泛的应用。

8.3.1 CO_2 气体保护焊的特点

CO_2 气体保护焊与其他电弧焊相比，有以下特点：

(1) 生产率高。焊接时焊丝的电流密度大，CO_2 电弧的穿透力强，熔深大而且焊丝的熔化率高，所以熔敷速度快，生产率可比焊条电弧焊提高2～3倍。

(2) 焊接成本低。CO_2气体是工业生产中大量使用的一种产品，来源广，价格低，因而CO_2气体保护焊的成本只有埋弧焊和焊条电弧焊的一半左右，具有较好的经济性。

(3) 能耗低。CO_2气体保护焊和焊条电弧焊相比，3mm厚低碳钢板对接焊缝，每米焊缝消耗的电能，前者是后者的70%左右。25mm厚低碳钢板对接焊缝，前者仅为后者的40%。所以，CO_2气体保护焊是较好的节能焊接方法。

(4) 适用范围广，不论何种位置都可进行焊接。薄板可焊到1mm左右，而且焊接薄板时，较之气焊速度快、变形小。采用多层焊厚度几乎不受限制。

(5) 抗锈能力强，焊缝含氢量低，抗冷裂性好。

(6) 焊后不需清理焊渣，又因是明弧，便于监视和控制，有利于实现焊接过程的机械化和自动化。

(7) 金属飞溅是CO_2气体保护焊较为突出的问题，目前不论从焊接电源、材料及工艺上采取何种措施，也只能使其飞溅减少，尚不能完全消除。

(8) 焊缝成形有待改善，应注意增加熔深，减小余高，以避免产生应力集中，降低抗疲劳载荷的能力。

(9) CO_2电弧气氛具有较强的氧化性，目前主要用于焊接低碳钢和低合金钢。在焊接不锈钢时，焊缝出现增碳现象，影响抗晶间腐蚀性能。

8.3.2 CO_2气体

CO_2是一种无色无味的气体；在0℃和101.3kPa压力时，它的密度为1.9768g/cm^3，为空气的1.5倍；在常温下很稳定，但在高温5000K左右时几乎能全部分解。

CO_2能够以固、液、气三种状态存在。气态CO_2只有受到压缩才能变成液态。当不加压力而冷却时，CO_2气体将直接变成固态干冰。当温度升高时，固态CO_2不需经过液态的转变而能直接变成气体。固态CO_2不适于在焊接中使用，因为空气里的水分不可避免地会冷凝在干冰的表面，使CO_2气体中带有大量的水分。

无色液态CO_2的密度随温度而变。当温度低于−11℃时比水重，而当温度高于−11℃时则比水轻。由于液态CO_2的沸点很低(−78℃)，所以工业用CO_2都是液态存储，常温下自动气化。在0℃和101.3kPa压力时，1kg液态CO_2可以气化成509L的气态CO_2。

液态CO_2储瓶通常漆成黑色，并标有黄色CO_2字样。容量为40L的标准钢瓶可灌入25kg的液态CO_2。这些液态CO_2约占钢瓶容积的80%，其余空间则充满气化了的CO_2。气瓶压力表上所指示的压力值，就是这部分气体的饱和压力。室温20℃时，气体的饱和压力为57.2×10^5Pa左右。只有当气瓶内液态CO_2已全部挥发成气体后，瓶内气体的压力才会随着CO_2气体的消耗而逐渐下降。

液态CO_2中可溶解约0.05%质量的水，其余的水则成自由状态沉于瓶底。这些水分在使用过程中随CO_2一起挥发成水汽后进入焊接区。随着CO_2气体中水分的增加，即露点温度提高，焊缝中的含氢量亦增加，塑性变差，而且易于出现气孔。一般焊接用CO_2的纯度不应低于99.5%，而露点低于−40℃(即CO_2气体中的水分含量低于总质量的0.0066%)。

为了得到优质焊缝，应对瓶装CO_2气体作一定的处理。试验证明，在焊接现场采取以下措施，对减少气体中的水分有显著效果：①将新灌气瓶倒立静置1～2h，然后打开阀门，把沉积在下部的自由状态的水排出，放水结束后，仍将气瓶放正；②经放水处理后的气瓶，在使用前先放气2～3min，放掉气瓶上面部分的气体。因为这部分气体通常含有较多的空气和水分；③在气路系统中设置高压干燥器和低压干燥器，进一步减少CO_2气体中的水分，一般用硅胶或脱水硫酸铜作干燥剂，用过的干燥剂经烘干后可反复使用；④瓶中压力降到980kPa(10个工程大气压)时，就不再使用。

8.3.3 CO_2气体保护焊的冶金特性

1. 合金元素的氧化

CO_2气体在电弧高温下分解，而产生的O_2又进一步分解为氧原子：

$$CO_2 = CO + \frac{1}{2}O_2 \tag{8-3}$$

$$O_2 = 2O \tag{8-4}$$

CO_2气体在高温时有强烈的氧化性，CO_2电弧可使Fe及其他合金元素氧化：

$$CO_2 + Fe = FeO + CO \tag{8-5}$$

$$2CO_2 + Si = SiO_2 + 2CO \tag{8-6}$$

$$CO_2 + Mn = MnO + CO \tag{8-7}$$

$$Fe + O = FeO \tag{8-8}$$

$$Si + 2O = SiO_2 \tag{8-9}$$

$$Mn + O = MnO \tag{8-10}$$

$$C + O = CO \tag{8-11}$$

上述氧化反应发生在熔滴和熔池内。反应生成物中，SiO_2和MnO成为杂质浮于熔池表面；C的氧化反应是在液体金属的表面进行，生成的CO气体逸出到气相中去，不会引起焊缝气孔，只是C受到烧损；至于FeO，则一部分成为杂质浮于熔池表面，另一部分溶入液态金属中，并进一步与熔池及熔滴中的合金元素发生反应使其氧化。

在CO_2气体保护焊中，焊丝中的Ni，Cr，Mo向焊缝过渡系数最高，烧损最少；Si，Mn的过渡系数则较低，因为它们中的相当一部分要耗于熔池中脱氧；Al，Ti，Nb等元素的过渡系数更低，烧损较多。焊丝中C的过渡，有可能使焊缝金属增碳，从而使焊缝的抗腐蚀性能降低，焊接不锈钢就是一例。

溶入熔池的FeO与碳元素作用，产生CO气体。如果此气体不能析出熔池，便在焊缝中形成气孔。溶入熔滴中的FeO与碳元素作用产生的CO气体，则在电弧高温下急剧膨胀，使熔滴爆破而引起金属飞溅。

合金元素烧损、CO气孔、金属飞溅是CO_2气体保护焊冶金过程中的三个主要问题，这三方面的问题都与CO_2气体的氧化性有关。

2. 脱氧(deoxidization)和合金化(alloying)

在CO_2气体保护焊中，溶入液态金属中的FeO是引起气孔和飞溅的主要原因，同时FeO残留在焊缝金属中将使焊缝金属的含氧量增加而降低力学性能。使FeO脱氧，并在脱氧的同时对烧损掉的合金元素给予补充，这是必要的。通常是在焊丝金属或药芯焊丝的药粉中，加入一定量的脱氧剂(与氧的亲和力比Fe大的合金元素)，使FeO中的Fe还原。

对所加入的元素，在脱氧后的生成物不应是气体以免造成气孔；应不溶于金属。生成物应该成为熔渣且熔点要低，密度较小，以利于浮出熔池表面而不造成焊缝夹渣。可作CO_2气体保护焊用的脱氧剂，主要有Al，Ti，Si，Mn等合金元素。实践表明，Si，Mn联合脱氧(如应用H08Mn2SiA焊丝)具有满意的效果，可以得到高质量的焊缝。Si，Mn脱氧的反应方程式如下：

$$2FeO+Si=2Fe+SiO_2 \quad (8-12)$$

$$FeO+Mn=Fe+MnO \quad (8-13)$$

加入到焊丝中的Si和Mn在焊接过程中，一部分被直接氧化和蒸发掉，一部分用于FeO的脱氧，其余部分则剩留在焊缝金属中充作合金元素。但焊丝中Si含量过高将降低焊缝的抗热裂缝能力，Mn含量过高将使焊缝金属的冲击韧性下降。Si和Mn之间的比例还必须适当，否则不能很好地结合成硅酸盐$MnO \cdot SiO_2$熔渣浮出熔池，而会有一部分SiO_2或者MnO夹杂物残留在焊缝中，使焊缝的塑性和冲击值下降。

在CO_2气体保护焊接冶金过程中，为了防止气孔和减少飞溅以及降低焊缝产生裂缝的倾向，焊丝中的含碳量一般都限制在0.15%以下。但碳是保证钢材的机械强度所不可缺少的元素，焊丝中的碳被限制在0.15%以下，往往使焊缝的强度降低。在焊接30CrMnSiA这类高强度钢时，母材含碳量高达0.3%左右，为补偿焊缝金属含碳量大幅度下降，焊丝中除需要有足够的Si、Mn外，还要再适量添加Cr、Mo、V等强化元素。

近年来国内外很多新品种焊丝中进一步降低了含碳量(含碳量为0.03%～0.06%)，而添加了Ti，Al，Zr等合金元素，CO_2气体保护焊采用的焊丝，有实芯焊丝、药芯焊丝及活化处理焊丝等。所谓活化处理，就是在焊丝表面涂一薄层碱金属或稀土金属的化合物，来提高焊丝发射电子的能力和降低弧柱的有效电离势，这样可以细化金属熔滴，减少飞溅，改善焊缝成形。

3. 气孔的产生

CO_2气体保护焊时，CO_2气流具有冷却作用，因而熔池凝固比较快，容易在焊缝中产生气孔，包括一氧化碳气孔、氢气孔、氮气孔。产生CO气孔的原因，主要是熔池中的FeO和C进行如下化学反应：

$$FeO+C=Fe+CO \quad (8-14)$$

这个反应在熔池处于结晶温度时进行得比较剧烈，这时熔池已开始凝固，CO气体不易析出。于是在焊缝中形成气孔。如果焊丝中含有足够的脱氧元素Si和Mn，并限制焊丝中的含碳量，就可以抑制上述氧化反应，有效地防止CO气孔的产生。

如果高温时熔池溶入了大量氢气，在结晶过程中又不能充分排出，则留在焊缝金属中成为气孔。电弧区的氢主要来自焊丝和焊件表面的油污及铁锈，以及CO_2气体中所含的水分。油污为碳氢化合物，铁锈中含有结晶水，它们在电弧高温下都能分解出氢气。CO_2气体中的水分常常是引起氢气孔的主要原因。减少熔池中氢的溶解量，不仅可防止氢气孔，而且可提高焊缝金属的塑性。当焊接区有氧化性的CO_2气体存在时，自由状态的氢被氧化成不溶于金属的水蒸气与羟基，从而减弱了氢气的有害作用。CO_2气体的氧化性对消除CO气孔和飞溅方面是不利的，但在制约氢的危害方面却又是有益的，所以CO_2气体保护焊对铁锈和水分没有埋弧焊和氩弧焊那样敏感。

$$H_2+CO_2=CO+H_2O \quad (8-15)$$

$$H+CO_2=CO+OH^- \quad (8-16)$$

$$H+O = OH^- \tag{8-17}$$

氢是以离子形态溶于熔池的。直流反接时，熔池为负极，它发射大量电子，使熔池表面的氢离子又复合为原子，因而减少了进入熔池的氢离子数量。所以直流反接时的焊缝中含氢量为正接时的1/3～1/5，产生氢气孔的倾向也比正接时小。

焊缝中产生氮气孔的主要原因，是由于保护气层遇到破坏，大量空气侵入焊接区所致。造成保护气层失效的因素有：过小的CO_2气体流量，喷嘴被飞溅物部分堵塞，喷嘴与焊件的距离过大及焊接场地有侧向风等。另外，工艺因素如电弧电压、焊接速度、电源极性等，对气孔的产生也有影响，弧压越高，空气侵入的可能性越大。焊缝中含氮量增加，即使不出现气孔，也将显著降低焊缝金属的塑性。焊接速度主要影响熔池的结晶速度，焊接速度快，熔池结晶快，则气体排出要困难一些。

8.3.4 CO_2气体保护焊规范参数选择

在CO_2气体保护焊中，为获得稳定的焊接过程，通常采用短路过渡和细颗粒自由飞落过渡两种熔滴过渡形式。

1. 短路过渡焊接

短路过渡(short circuiting transfer)的特点是电压低、电流小，适合于焊接薄板及全位置焊接。焊接薄板时，生产率高、变形小。而且操作容易掌握，对焊工技术水平要求不高。还由于焊接规范小，焊接过程中光辐射、热辐射以及烟尘等都比较小。因而容易在生产上得到推广和应用。短路过渡主要采用细焊丝，直径一般是0.6～1.4mm。随着焊丝直径增大，飞溅颗粒和飞溅数量相应增大。在实际生产中，焊丝最大直径可用到1.6mm。

短路过渡CO_2气体保护焊一般采用平特性电源与等速送丝系统相配合，其主要规范参数有：电弧电压、焊接电流、焊接回路电感、焊接速度、气体流量及焊丝伸出长度等。

1）电弧电压和焊接电流

电弧电压的大小决定了电弧的长短和熔滴的过渡形式，它对焊缝成形、飞溅、焊接缺陷以及焊缝的力学性能有很大的影响。实现短路过渡的条件之一是保持较短的电弧长度。所以就焊接规范而言，短路过渡的一个重要特征是低电压。

在一定的焊丝直径及送丝速度下，为获得稳定的短路过渡焊接过程，使飞溅较小且焊缝成形良好，电弧电压与焊接电流必须匹配得合适。表8-3给出了三种不同直径焊丝典型的短路过渡焊接规范。在生产中选择焊接规范参数时，除了考虑飞溅大小外，还要考虑生产率等其他因素，所以实际使用的焊接短路范围远比典型规范大，图8.19所示为四种直径焊丝适用的电流和弧压范围。

表8-3 不同直径焊丝典型的短路过渡焊接规范

焊丝直径/mm	0.8	1.2	1.6
电弧电压/V	18	19	20
焊接电流/A	100～110	120～135	140～180

2）焊接回路电感

进行短路过渡CO_2气体保护焊时，焊接回路中一般要串接附加电感。其作用主要有以下两方面：

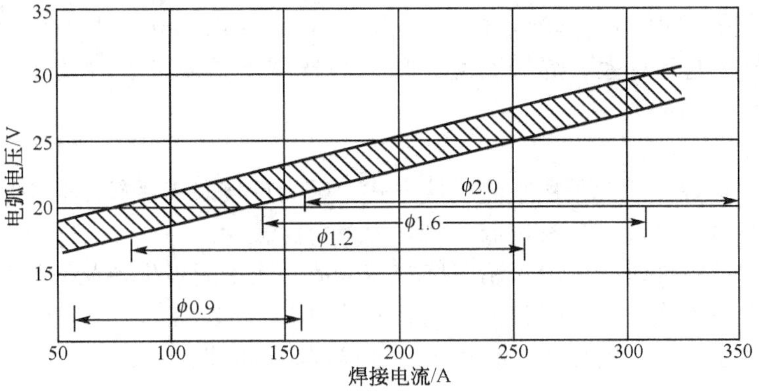

图 8.19 短路过渡焊接时适用的电流和电压范围

第一，调节短路电流增长速度。di/dt 过小，会发生大颗粒飞溅，甚至焊丝成大段爆断使电弧熄灭；di/dt 过大，则产生大量小颗粒的金属飞溅。焊接回路内的电感在 0～0.2mH 变化时，对短路电流上升速度的影响特别显著。短路电流增长速度应与焊丝的最佳短路频率相适应。细焊丝熔化快，熔滴过渡的周期短，因此需要较大的 di/dt；粗焊丝熔化慢，熔滴过渡的周期长，则要求较小的 di/dt。

第二，调节电弧燃烧时间，控制母材熔深。焊接回路中加入电感后，电弧燃烧时间加长。在熔滴短路过渡的一个周期中，只有电弧燃烧期间，电弧的大部分热量才能直接输入焊件，对熔深形成起主要作用。焊丝直径较细时，由于需要较大的 di/dt ，焊接回路中加入的电感很小。这种情况下，在一个周期中短路过渡结束后的电弧燃烧时间较短，从而减少了输入焊件的热量，这有利于焊接薄板。但是对于较厚的板，由于母材熔化不足，可能会造成未焊透现象。

另外，在实际生产环境中，焊接电缆比较长，常将一部分电缆盘绕起来。必须注意，这相当于在焊接回路中串入了个附加电感，由于回路电感值的改变，使飞溅情况、母材熔深都会发生变化。

3）焊接速度

随着焊接速度增大，焊缝熔宽降低，熔深及余高也有一定减少。焊接速度过快会引起焊缝两侧咬边。焊接速度过慢则容易产生烧穿和焊缝组织粗大等缺陷。此外，焊接高强度钢等材料时，为了防止裂纹缺陷，保证焊缝金属的韧性，需要选择合适的焊接速度来控制线能量。

4）焊丝伸出长度

由于短路过渡焊接时采用的焊丝都比较细，因此焊丝伸出长度部分的电阻便成为焊接规范中不可忽视的因素。随着焊丝伸出长度增加，焊接电流将减小，熔深也减小。直径越细、电阻率越大的焊丝这种影响越大。

随着焊丝伸出长度增加，焊丝上的电阻热增大，焊丝熔化加快，从提高生产率看这是有利的。但是当焊丝伸出长度过大时，焊丝容易发生过热而成段熔断，产生严重飞溅，导致焊接过程不稳定。同时，伸出长度增大后，喷嘴与焊件间的距离也增大，因此气体的保护效果变差。焊丝伸出长度过小，势必缩短喷嘴与焊件间的距离，飞溅金属容易堵塞喷嘴。焊丝伸出长度一般在 10～20mm。

5）气体流量

细丝小规范焊接时，气体流量的范围通常为5～15L/min；中等规范焊接时，约为20L/min。在焊接电流较大、焊接速度较快、焊丝伸出长度较长以及在室外作业等情况下，气体流量要适当加大。

6）电源极性

CO_2气体保护焊一般都采用直流反接方式。因为反接时飞溅较小，电弧稳定，成形较好。而且反极性时焊缝金属含氢量低，并且焊缝熔深较大。

在堆焊及焊补铸件时，一般采用正接较为合适。因为阴极发热量较阳极大，正接时焊丝为阴极，熔化系数大，约为反接的1.6倍，金属熔敷效率高，可以提高生产率。此外，焊件为正极，热量较小，熔深浅，有利于保证堆焊金属的性能。

2. 细颗粒过渡焊接

在CO_2气体保护焊中，对于一定直径焊丝，在电流增大到一定数值并配以适当的电弧电压后，焊丝金属熔滴可以较小的尺寸自由飞落形式进入熔池。这种熔滴过渡形式称之为细颗粒过渡(fine particle transfer)。细颗粒过渡时，电弧穿透力强，母材熔深大，适合于焊接中等厚度及大厚度工件。细颗粒过渡大都采用较粗的焊丝。目前以焊丝直径为1.6mm和2.0mm用得最多。几种常用焊丝细颗粒过渡的最低电流值和电弧电压范围见表8-4。

表8-4 不同直径焊丝细颗粒过渡的电流下限值及电弧电压范围

焊丝直径/mm	电流下限量/A	电弧电压/V
1.2	300	34～45
1.6	400	
2.0	500	
3.0	650	
4.0	750	

随着焊接电流增大，电弧电压必须相应提高，否则电弧对熔池金属有冲刷作用，使焊缝成形恶化。适当提高电弧电压可克服这种现象。然而，电弧电压太高会显著增大飞溅。这里还要指出，在同样的电流下，随着焊丝直径增大，电弧电压须相应降低。

细颗粒过渡焊接仍采用直流反极性。回路电感对抑制飞溅已不起作用，因而焊接回路中可以不加电抗器。细颗粒过渡焊接的优点是生产率高，成本低。只要规范参数选择适当，焊缝成形和焊缝力学性能是可以满意的，气孔也是可以防止的。不过飞溅仍然是个问题，喷嘴堵塞情况比短路过渡焊接时严重。另外，当电流达600～700A后，光辐射和热辐射十分强烈，劳动强度较大。

应该指出，CO_2细颗粒过渡和Ar弧中的喷射过渡有着实质性的差别。Ar弧中喷射过渡是轴向的，而CO_2电弧中细颗粒过渡是非轴向的，仍有一定的金属飞溅。另外，Ar弧喷射过渡临界电流有明显的转变点，而CO_2细颗粒过渡则没有。

8.3.5 减少金属飞溅的措施

金属飞溅(spatter)是CO_2气体保护焊最主要的缺点。根据人们对飞溅形成机理已有的认识和实践经验，目前减少飞溅的措施主要有以下几方面：

1. 正确选择工艺参数

在 CO_2 电弧中，在小电流区间(短路过渡区)飞溅率较小，进入大电流区(细颗粒过渡区)飞溅率也较小，而中间区飞溅率最大。以直径1.2mm焊丝为例，电流小于150A或大于300A飞溅率都较小，介于两者之间则飞溅率较大。在选择焊接电流时，应尽可能避开飞溅率高的电流区域。电流确定后再匹配适当的电压，以保证飞溅率最少。

焊枪垂直时飞溅量最少，倾斜角度越大，飞溅量越多，焊枪前倾或后倾最好不超过20°。

焊丝伸出长度对飞溅也有影响，焊丝伸出长度应尽可能缩短。

2. 颗粒过渡焊接时在 CO_2 中加入Ar气

CO_2 气体在电弧温度区间热导率较高，加上分解吸热，消耗电弧大量热能，而引起弧柱及电弧斑点强烈收缩。即使增大电流，弧柱和斑点直径也很难扩展，这是 CO_2 气体保护焊产生飞溅的最主要原因，是由 CO_2 气体本身物理性质决定的。在 CO_2 气中加入一定数量的Ar气，改变了纯 CO_2 气体的上述物理性质和化学性质。随着Ar气比例增大，飞溅量逐渐减少。CO_2＋Ar混合气体除克服飞溅外，也改善了焊缝成形，减少了材料的损失及清理飞溅的时间，同时焊缝金属的低温韧性比用纯 CO_2 气要高。

3. 短路过渡焊接时限制金属液桥爆断能量

短路过渡焊接时，引起金属飞溅的原因主要是在短路过程的最后阶段，由于短路电流的急剧增大，使液桥金属迅速加热，造成了热量的聚集，最后导致液桥爆裂而产生飞溅。可以通过焊接设备限制短路电流增长速度及峰值电流，从而达到控制引起飞溅的能量，达到减小飞溅的目的。但 CO_2 电弧短路过渡存在着固有的非规律性的过渡特性，很难完全达到一致，只可减少部分飞溅。

4. 采用低飞溅率焊丝

对于实芯焊丝，在保证力学性能前提下，应尽可能降低其中含碳量，并添加适量的钛、铝等合金元素。无论颗粒过渡焊接还是短路过渡焊接都可显著减少由 CO_2 等气体引起的飞溅。采用活化处理过的焊丝或者药芯焊丝，都可一定程度的减少飞溅。

阅读材料8-3

活性剂对 CO_2 气体保护焊飞溅的影响

CO_2 气体保护焊是一种高效焊接技术，具有焊接成本低、能耗低、适用范围广、抗锈能力强以及焊后不需清渣等优点，在造船、机车制造、汽车、石油化工、工程机械、农业机械等部门获得了日益广泛的应用，但此焊接方法存在飞溅大和成形差等不足。在 CO_2 气体保护焊的焊接过程中采用活性剂，就是旨在降低飞溅，改善焊缝成形。

试验采用的母材为低碳钢Q235，试样尺寸是200mm×90mm×10mm，焊丝为 ϕ1.2mm的H08Mn2SiA普通焊丝和自制的带活性剂焊丝。基本活性剂是碳酸钠、碳酸钾、碳酸钡、长石、稀土等，活性剂质量百分比大约为30%。采用使用活性剂的 CO_2 气体保护焊与不使用活性剂的普通 CO_2 气体保护焊对比试验的方法，研究活性剂对飞溅的影响。

1. 活性剂对焊接飞溅率的影响

表 8-5 所列是分别使用普通焊丝和自制带活性剂焊丝进行焊接试验结果对比。从表中数据可以得出，普通焊丝的平均飞溅率为 4.95%，带活性剂焊丝的平均飞溅率为 3.11%，飞溅率降低。而且在飞溅收集物当中，Ⅰ类大颗粒飞溅物所占的百分比平均值：使用普通焊丝焊接的为 31.86%，使用带活性剂焊丝焊接的为 20.01%，Ⅰ类大颗粒飞溅物的比例明显降低。在焊接过程中，普通焊丝焊接熔滴过渡时形成大颗粒飞溅，污染了工件表面；使用带活性剂焊丝焊接时，大颗粒飞溅物明显减少，焊缝成形较美观平滑。

表 8-5　普通焊丝和自制带活性剂焊丝飞溅率的比较

焊丝类型	电流/A	电压/V	送丝速度/m·min^{-1}	焊接时间/s	所用焊丝质量/g	飞溅质量/g	大颗粒飞溅质量/g	飞溅率/(%)	大颗粒占飞溅物的比率/(%)
C1	200	29	5.1	24.20	19.54	0.8633	0.3246	4.42	37.59
C2	200	29	5.2	25.03	20.62	1.2141	0.4128	5.88	34.00
C3	200	29	4.9	26.36	20.46	0.8869	0.1709	4.34	29.26
C4	220	29	5.0	27.14	21.50	1.1136	0.2907	5.17	26.62
A1	210	29	4.9	25.41	19.73	0.5539	0.1103	2.80	19.91
A2	220	29	4.9	28.27	21.95	0.6982	0.1431	3.18	20.49
A3	210	29	4.9	27.17	21.53	0.6541	0.1325	3.04	20.25

注：表中 C1、C2、C3、C4 为普通焊丝；A1、A2、A3 为带活性剂焊丝。

2. 活性剂降低飞溅的原因

在一定条件下，自由电弧的导电截面取决于电弧外围气体的导热性。导热性越强，电弧断面直径自动收缩的程度就越大。在 CO_2 气体保护焊中，由于 CO_2 气体导热性强，对电弧具有强烈的冷却作用，使电弧热损失增加，电弧缩小，热量集中。而使用活性剂的气体保护焊中，由于加入的活性剂中的 K、Na 等离子的导热系数比 CO_2 气体的导热系数低许多，因此改变了弧柱与外围气体的热交换条件，减少了径向热耗散，促使弧柱扩展，所以表现在电弧形态上，就呈现电弧范围较大，弧根扩展，热量分布均匀，熔滴细化，易于脱离焊丝，熔滴过渡频率加快，飞溅降低，大颗粒飞溅物也随之减少。

资料来源：袁玉兰，王惜宝，朱冬妹等. 活性剂对 CO_2 气体保护焊焊缝成形及飞溅的影响. 材料开发与研究，2006，2：24.

8.3.6　CO_2 气体保护焊焊接设备

CO_2 气体保护焊的基本设备包括焊接电源、焊枪、送丝系统、供气系统和控制器等，如图 8.20 所示。

1. 焊接电源

由于 CO_2 气体保护焊电弧的静特性曲线是上升的，所以一般采用平外特性电源就可满足电源—电弧系统的稳定条件。同时，配用等速送丝系统，即可满足短路过渡和细颗粒过渡焊接的要求。采用平外特性电源，有以下优点：①弧长变化时引起较大的电流变化，

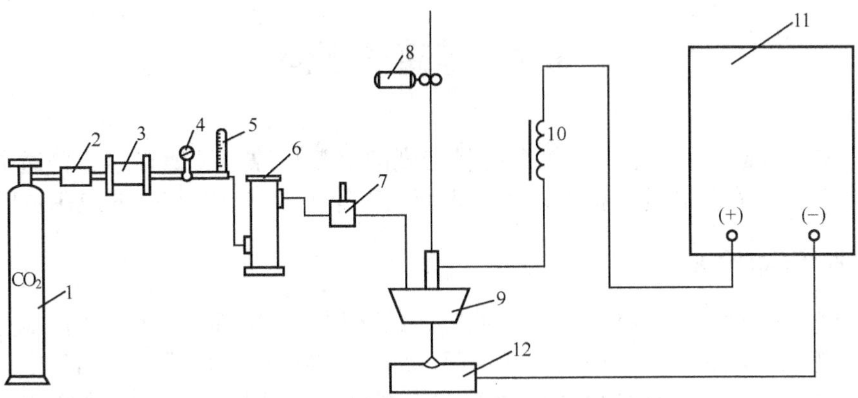

图 8.20 CO_2 气体保护焊焊接设备示意

1—CO_2 气瓶；2—预热器；3—高压干燥器；4—气体减压阀；5—气体流量计；6—低压干燥器；
7—气阀；8—送丝机构；9—焊枪；10—可调电感；11—焊接电源；12—工件

因而电弧自调节作用强。同时，由于短路电流大，引弧比较容易。②焊接规范调节比较方便。可以对焊接电压和焊接电流单独调节。通过改变送丝速度来调节电流，改变电源外特性来调节电压，二者之间相互影响不大。③焊丝伸出长度变化时，产生的静态电压误差小，即焊接电压基本不受焊丝伸出长度变化的影响。④有利于防止焊丝回烧和粘丝。因为电弧回烧时，随着电弧拉长，电弧电流很快减小，使得电弧在未回烧到导电嘴前已熄灭。焊丝粘接在焊件上时，平特性有足够大的短路电流使粘接处爆开，从而避免粘丝。

短路过渡焊接时则要求焊接电源具有良好的动态品质：一是要有足够大的短路电流增长速度 di/dt、短路峰值电流 I_{max} 和焊接电压恢复速度 dv/dt；二是当焊丝成分及直径不同时，短路电流增长速度能够进行调节。

2. 供气系统

CO_2 气体保护焊的供气系统的特殊之处是气路中一般安装预热器和干燥器。

1）预热器

焊接过程中钢瓶内的液态 CO_2 不断地气化成 CO_2 气体，在气化过程中要吸收大量的热能。另外，气瓶中 CO_2 气体是高压的，为$(50\sim65)\times10^5$Pa，经减压阀减压后，气体体积膨胀也会使气体温度下降。为了防止 CO_2 气体中的水分在气瓶出口处及减压表中结冰使气路堵塞，在减压之前要将 CO_2 气体通过预热器进行预热。显然，预热器应尽量安装在靠近气瓶的出气口附近。预热器的结构一般采用电热式，用电阻丝加热。

2）干燥器

由于市售 CO_2 气体中含有一定的水分，为了防止气孔和减少焊缝金属中的含氢量，可在气路中装置高压干燥器(在减压阀之前)和低压干燥器(在减压阀之后)。一般情况下，气路中只安装高压干燥器，而无须安装低压干燥器。如果对焊缝质量要求不太高或者 CO_2 气体中含水分较少时，这两种干燥器均可不安装。

8.4 等离子弧焊

等离子弧(plasma arc)是一种较高能量密度的电弧热源，显著有别于普通电弧的电弧形态与能量特性，在材料的焊接、切割和表面工程等领域，具有特殊的应用范围。

8.4.1 等离子弧的形成

借助于水冷喷嘴的外部拘束条件，使电弧的弧柱区横截面受到限制时，电弧的温度、能量密度、等离子流速都显著增大。这种用外部拘束条件使弧柱受到压缩的电弧就是通常所称的等离子弧。等离子弧按电源供电方式不同可分为转移型和非转移型两种基本形式[图 8.21(a)、(d)]。前者电弧在电极和工件之间燃烧，水冷喷嘴不接电源，仅起冷却拘束作用；后者电弧则直接在电极和喷嘴之间燃烧，水冷喷嘴既是电弧的电极，又起冷壁拘束作用，而工件却是不接电源的。转移型弧和非转移型弧也可以同时存在，称为混合型等离子弧，这时需要用两个电源独立供电。转移型弧难以直接形成，必须先引燃非转移型，然后使电弧另一极从喷嘴转移到焊件才能形成转移型弧。

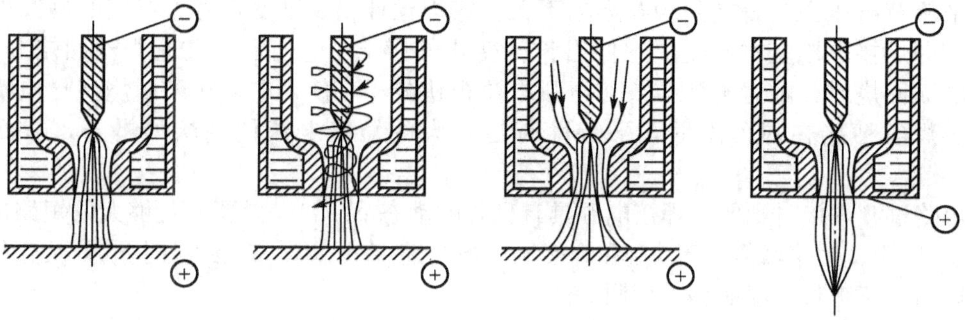

图 8.21 等离子弧的形式

为了进一步提高、控制等离子弧的温度、能量密度及其稳定性，喷嘴中常通以径向或切向流动的离子气流[图 8.21(b)、(c)]，焊接和喷镀用的等离子弧可采用纯 Ar 气或富 Ar 气作为离子气，同时，还必须另外通入保护气体。切割等离子弧可用 N_2 气、$Ar+H_2$ 混合气、空气、水蒸气等作为离子气。

等离子弧所用的电极主要是铈钨极或钍钨极。一般均采用直流正接。电源外特性应为下降或垂直陡降。电流一般不超过 600A，但可低至 1A。为了焊接铝合金等有色金属，可采用变极性的方波交流电源。

8.4.2 等离子弧的特性

1. 静态特性

等离子弧的静态特性仍然呈 U 形，但具有以下特点：

(1) 由于冷壁喷嘴的拘束作用使弧柱横截面受到限制，弧柱电场强度增大，电弧电压明显增高，U 形特性的平直区较自由电弧明显缩小。

(2) 拘束孔道的尺寸和形状对静特性有明显影响，喷嘴孔径越小，U形特性平直区域就越小，上升区域斜率增大，即弧柱电场强度增大。

(3) 离子气种类和流量不同时，弧柱的电场强度将有明显变化。因此，等离子弧供电电源的空载电压应按所用等离子气种类而定。

(4) 如果采用混合型等离子弧，转移弧U形特性下降区段斜率明显减小，这是由于非转移型弧的存在为转移弧提供了导电通路的原因。因此，小电流微束等离子弧常采用混合型弧，以提高其稳定性。

2. 热源特性

1) 温度和能量密度

普通钨极氩弧焊的最高温度为10000～24000K，能量密度小于10^4 W/cm^2。等离子弧温度可高达24000～50000K，能量密度可达10^5～10^6 W/cm^2。

等离子温度和能量密度提高的原因是：①水冷喷嘴孔径限制了弧柱横截面积不能自由扩大，这种拘束作用称为机械压缩作用；②喷嘴水冷作用使靠近喷嘴内壁的气体也受到强烈的冷却作用，其温度和电离度均迅速下降，迫使弧柱区电离集中到弧柱中心的高温高电离度区。这样由于冷壁而在弧柱四周产生一层电离度趋于零的冷气膜，从而使弧柱有效横截面进一步减小，电离密度进一步提高，这种使弧柱温度和能量密度提高的作用通常又称为热收缩效应。③以上两个收缩效应的存在，弧柱电流密度增大以后，弧柱电流线之间的电磁收缩作用也进一步增强，致使弧柱温度和能量密度进一步提高。以上三个因素中，喷嘴机械拘束是前提条件，而热收缩则是最本质的原因。

等离子弧温度和能量密度的显著提高使等离子弧的稳定性和挺直度得以改善。自由电弧的扩散角约为45°，等离子弧约为5°，这是因为压缩后从喷嘴口喷射出的等离子弧带电质点运动速度明显提高所致。

2) 热源成分

普通钨极氩弧焊中，加热焊件的热量主要来源于阳极斑点热，弧柱辐射和热传导仅起辅助作用。在等离子弧中，弧柱高速等离子体通过接触传导和辐射带给焊件的热量明显增加，甚至可能成为主要的热量来源，而阳极热降为次要地位。

8.4.3 双弧现象及其防止

正常的转移型等离子弧应稳定地燃烧在钨极和工件之间，由于某些原因，有时会形成一个燃烧于钨极—喷嘴—焊件之间的串联电弧，从而可观察到两个电弧同时存在的现象(图8.22)，这就是双弧现象(double arcing)，这将使主弧电流降低，使正常的焊接或切割过程遭到破坏，喷嘴过热，严重时导致喷嘴漏水、烧毁，造成等离子弧过程中断。

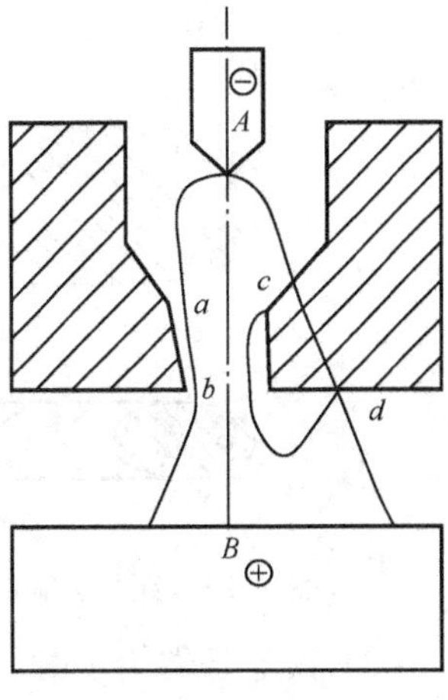

图8.22 双弧现象

等离子稳定燃烧时，在弧柱和喷嘴孔壁之间存在着一层冷气膜，使等离子弧稳定燃烧在钨棒和焊件之间。但冷气膜中有少量的带电质点，因此等离子弧所传导的电流中有一部分是经过喷嘴传导的，这一部分电流称为喷嘴电流。显然，等离子弧电流越大，冷气膜厚度减小时，喷嘴电流增大。当喷嘴电流增加到足够大数值时，冷气膜中所含带电质点多，于是很容易产生雪崩式击穿而形成双弧。

影响双弧形成的因素有以下几个方面：

(1) 喷嘴结构参数对双弧形成有决定作用，喷嘴孔径减小，孔道长度增大时，容易形成双弧。

(2) 电流增大，会导致形成双弧。因此，对于给定的喷嘴，允许使用电流有一个极限的临界值。

(3) 钨极和喷嘴不同心，会造成冷气膜不均匀，易导致双弧。采用切向进气的等离子弧发生器，外围气体密度高于中心区域。既有利于提高中心区的电离度，又有利于降低外围区域温度，提高冷气膜厚度，也有利于防止双弧的产生。

(4) 喷嘴冷却不良，温度提高，或表面有氧化物沾污，或金属飞溅物沾粘形成垂瘤、凸起物时，也容易形成双弧。

(5) 离子气成分不同，产生双弧的倾向也不同。例如，用 Ar+H_2 混合气体，等离子弧发热量增加，但引起双弧的临界电流将会降低。

(6) 采用陡降外特性可以获得比较大的不发生双弧的等离子弧电流。

8.4.4 等离子弧焊接

1. 穿孔型等离子弧焊接

利用等离子弧能量密度和等离子流力大的特点，可在适当参数条件下实现熔化穿孔型焊接(keyhole-mode welding)。这时等离子弧把焊件完全熔透并在等离子流力作用下形成一个穿透焊件的小孔，熔化金属被排挤在小孔周围，随着等离子弧在焊接方向的移动，熔化金属沿电弧周围熔池壁向熔池后方移动，于是小孔也就跟着等离子弧向前移动。稳定的小孔焊接过程是不采用衬垫实现单面焊双面一次成形的好方法，因此受到特别重视。一般大电流等离子弧焊接(100～300A)大都采用这种方法，如图 8.23 所示。

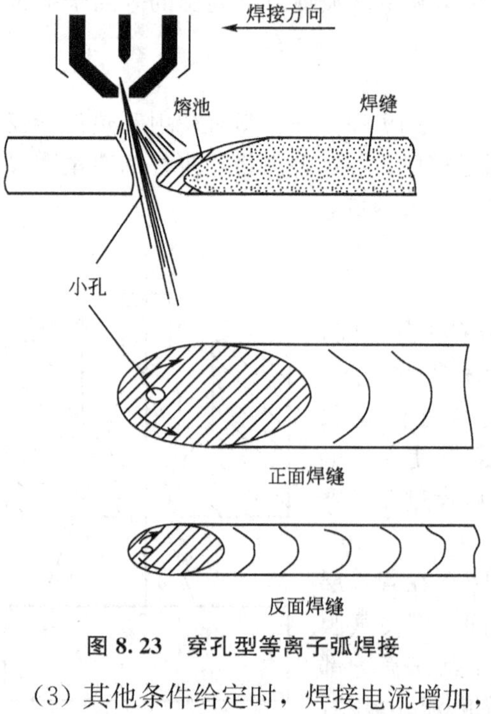

图 8.23 穿孔型等离子弧焊接

穿孔型等离子弧焊接参数主要有：

(1) 喷嘴结构和孔径是选择其他参数匹配的前提，一般按所需电流确定喷嘴孔径。

(2) 离子气流量增加可使等离子流力和穿透能力增大。其他条件给定时，为形成穿孔效应需有足够的离子气流量，但过大时不能保证焊缝成形，应根据焊接电流、流速及喷嘴尺寸、高度等参数来确定。此外，采用不同种类或混合比的离子气时，流量也有不同。

(3) 其他条件给定时，焊接电流增加，等离子弧熔透能力提高。焊接电流根据板厚或熔透要求选定。电流过小，小孔直径减小甚至不能形成小孔；电流过大，小孔直径过大，熔池坠落，也不能形成稳定的穿孔焊接过程。此外，电流过大还可能形成双弧而破坏稳定的焊接过程。因此在喷嘴结构确定的条件下，为形成稳定的穿孔焊接过程，电流与离子气流量相互匹配有一个适宜范围。

(4) 其他条件给定时，焊速增加，焊缝热输入减小，熔孔直径减小，只能在一定焊速范围内获得小孔焊接过程。焊速太慢又会造成焊缝坠落，正面咬边，反面突出太多。为了获得小孔焊接过程，离子气流量、焊接电流和焊速三个参数应该保持匹配。

(5) 喷嘴高度一般取 3～5mm。过高会使焊透能力降低，过低则易造成喷嘴沾粘飞溅物。

(6) 保护气流量应与离子气流有一个恰当的比例，保护气流量太大会造成气流的紊乱，影响等离子弧的稳定性和保护效果。

穿孔型等离子弧焊接最适用于焊接厚度为 3～8mm 的不锈钢、小于 12mm 的钛合金，2～6mm 的低碳钢或低合金结构钢、铜及铜合金、镍及镍合金的对接焊缝。在上述厚度范围内不开坡口，不加填充金属，不用衬垫的条件下实现单面焊双面成形。焊接不锈钢和钛合金时应有背面保护。

2. 熔入型等离子弧焊接

当等离子弧的离子气流量减小，穿孔效应消失时，等离子弧仍可以进行对接、角接焊接。这种熔入型等离子弧焊接方法(fusion type plasma arc welding)基本上与钨极氩弧焊相似，适用于薄板、多层焊缝的盖面以及角焊缝，可加或不加填充焊丝。

3. 微束等离子弧焊接

15～30A 以下的熔入型等离子弧焊接通常称为微束等离子弧焊接(micro-plasma arc welding)。由于喷嘴的约束作用和维弧电流的同时存在，使小电流的等离子弧可以十分稳定，目前已成为焊接金属薄箔的有效方法。为保证焊接质量，应采用精密的装焊夹具保证装配质量和防止焊接变形。焊件表面的清洁应给予重视。

阅读材料8-4

重庆造焊接机将焊接“神七”船舱

曾服务“神五”“神六”，精度比造“神六”时高出 10 倍

本报讯(记者 黄航彬)焊接精度在 0.01A 的重庆造焊接机将会在“神七”上使用。昨日，记者从我市首届焊接设备、技术交流会上获悉，我市焊接技术突飞猛进，连“神七”也向重庆下了焊接机订单，预定了一台微束等离子焊接机。

据重庆运达制造公司技术部长王和松介绍，“神七”上的零件部分是靠焊接上去的，其焊接精度要求特别高。而重庆制造的微束等离子焊接机，主要是用于焊接“神七”的航空飞船舱和“减震器”——波纹管的焊接。

波纹管主要是在飞船运动或停止时，能够减小震动，并将震动系数传送到机舱，供操作人员参考操纵，从而使飞船更安全。但是，波纹管是由无数的厚度不足 0.07mm 的波纹薄片组成，各薄片之间是焊接在一起的，其精度很高，达到了 0.01A。也就是说，经过微束等离子焊接机焊接后，各波纹薄片间的焊接物质只有一张薄纸厚。

据悉，11 月底，“神七”已和重庆运达公司签订了订单，要求运达在 3 个月内制造一台符合要求的微束等离子焊接机。而该公司也正在加紧研制。

该公司称，“神五”和“神六”“减震器”的焊接都是用他们的微束等离子焊接机。不过，每使用一次，神舟系都会对微束等离子焊接机提出新要求，例如“神七”用的微束等离子焊接机，在焊接的精度上比“神六”要高，要求从 0.1A 降低到 0.01A 内，要求提高了 10 倍。王称，在“神六”飞天前，他还专程将微束等离子焊接机护送到基地，并在基地调试了 7 天。

昨日，记者在现场还看见了包括微束等离子焊接机、热电偶种植机等 9 种焊接机器，这些新开发的焊接设备焊接技术均在全国处于领先地位，填补了多项我市汽车、摩托车等机械加工的焊接技术空白。

资料来源：《重庆商报》，2005 年 12 月 04 日.

8.4.5 等离子弧焊接设备

1. 电源

下降或垂直下降特性的整流电源均可作为等离子弧焊接电源。用纯氩气作为离子气时，电源空载电压只需 65～80V；用氢、氩混合气体时，空载电压需 110～120V。大电流等离子弧都采用转移型弧，用高频引燃非转移弧，然后转移成转移弧。30A 以下的小电流微束等离子弧焊接采用混合型弧，用高频或接触短路回抽引弧。由于非转移弧（也称维弧）在正常焊接过程中不能切除，因此一般要用两个独立电源。维弧电源空载电压为 100～150V，转移弧电源空载电压为 80V 左右即可。

2. 气路系统

等离子弧焊机供气系统应能分别供给可调节离子气、保护气、背面保护气。为保证引弧和熄弧处的焊接质量，离子气可分两路供给，其中一路可经气阀放空，以实现离子气流衰减控制。图 8.24 所示为典型的等离子弧焊机供气系统。

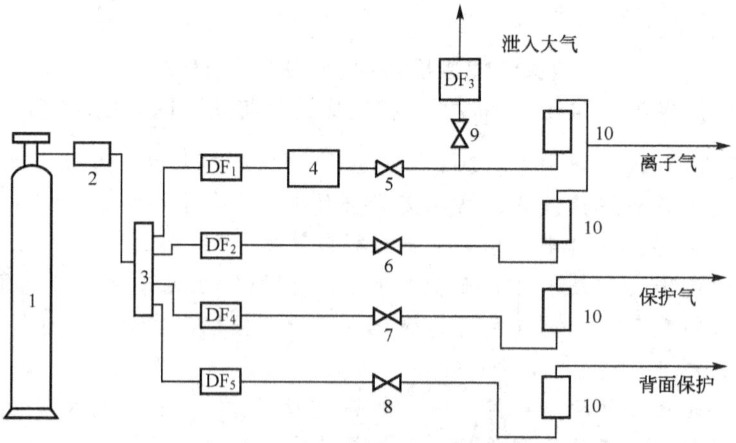

图 8.24　等离子弧焊机供气系统

1—氮气瓶；2—减压表；3—气流汇流排；4—储气筒；5～9—调节阀；10—流量计；$DF_{1\sim5}$—电磁气阀

3. 控制系统

手工等离子弧焊机的控制系统比较简单，只要能保证预先通离子气和保护气，然后引弧即可。自动化等离子弧焊机控制系统通常由高频发生器、小车行走、填充焊丝送进拖动电路及程控电路组成。程控电路应能满足提前送气、高频引弧和转弧、离子气递减、延迟行走、电流和气流衰减熄弧、延迟停气等控制要求。

小　　结

钨极氩弧焊是在氩气保护下的非熔化极焊接方法。由于惰性气体的保护，此种焊接方法可以焊接常规方法难以焊接的很活泼的金属，诸如铝、镁、钛合金。为了获得良好的保护效果，通过焊枪气路控制，尽量获得较厚的层流保护气流。钨极中添加微量元素（钍、铈），可明显增加钨极的电流发射能力及电流容量，同时钨极形状对电弧的形态也产生影响。

高温时，钨极具有很强的热发射能力，一般金属焊接采用直流正接，这也是钨极氩弧焊的设备固定接法。铝、镁等合金非常活泼，需采用交流氩弧焊。由于电弧特性的差异，交流氩弧产生直流分量，对焊接设备造成损害，需要消除。另外，交流电弧还需要采取引弧和稳弧措施。

脉冲氩弧焊由于线能量低，便于控制能量分布，宜于焊接难焊的金属材料。

熔化极氩弧焊具有和钨极氩弧焊一样的特点，并可以获得高的焊接生产率。熔化极氩弧焊焊接铝合金时，配合恒流电源，电弧可采用亚射流过渡形式，此时电弧具有很强的电弧固有自调节作用，电弧非常稳定。

脉冲熔化极氩弧焊可以在平均电流小于临界电流的情况下，实现射流过渡。可以有效控制电弧能量分布，实现全位置焊接。

混合气体可以克服单一气体保护的缺陷，综合多种气体保护的优点。常用的混合气体有 Ar+He 焊接铝、铜等合金；$Ar+O_2$ 焊接不锈钢、低碳钢等。

CO_2 气体保护电弧焊主要用于低碳钢和低合金钢的焊接。其焊接生产率高，生产成本低。焊接时 CO_2 气体需要提纯、干燥和预热。CO_2 气体保护电弧焊冶金特性主要是脱氧和合金化。

CO_2 气体保护电弧焊有短路过渡和细颗粒过渡两种焊接方法。短路过渡适用于直径小于 1.6mm 的细丝，颗粒过渡用于粗丝焊接。

由于 CO_2 气体保护电弧的特性，焊接飞溅较大，需要采取措施减小其飞溅。

等离子弧是经过机械压缩、热压缩和电磁压缩获得的一种特殊电弧。其电弧电场强度高，电弧温度和能量密度很大。

双弧现象是弧柱和喷嘴孔壁之间的冷气膜被击穿的现象，使正常的焊接过程被破坏，焊接中需采取措施防止双弧现象的产生。

等离子弧焊接有穿孔型焊接、熔入型焊接和微束型焊接等形式。

【关键词】

钨极氩弧焊　argon tungsten arc welding

层流　laminar flow

紊流　turbulent flow

钨电极 tungsten electrode
直流反接 direct current reversed polarity
直流正接 direct current straight polarity
直流分量 direct current component
脉冲钨极氩弧焊 pulsed argon tungsten arc welding
熔化极氩弧焊 metal argon arc welding
亚射流过渡 under spatter transfer
熔化极脉冲氩弧焊 metal pulsed argon arc welding
CO_2 气体保护电弧焊 carbon-dioxide arc welding
短路过渡 short circuiting transfer
细颗粒过渡 fine particle transfer
飞溅 spatter
等离子弧 plasma arc
双弧现象 double arcing
穿孔型焊接 keyhole-mode welding

习　题

(1) 钨极氩弧焊的特点是什么?
(2) 钨极氩弧焊为什么引弧困难，但燃烧起来特别稳定?
(3) 影响气体保护效果的因素有哪些?
(4) 在焊接 Al、Mg 合金时，为何常采用交流氩弧焊? 需要解决哪些问题?
(5) 在交流氩弧焊焊接 Al 时，直流分量是如何产生的，又如何消除?
(6) 在交流氩弧焊焊接时，引弧脉冲、稳弧脉冲的相位如何要求?
(7) 脉冲氩弧焊的特点有哪些?
(8) 熔化极氩弧焊的特点是什么?
(9) 熔化极氩弧焊焊接 Al 为何采用亚射流过渡?
(10) 脉冲熔化极氩弧的特点是什么?
(11) 富氩混合气体焊的特点是什么?
(12) 影响送丝系统稳定性的因素有哪些?
(13) CO_2 气体保护电弧焊的特点是什么?
(14) CO_2 气体保护电弧焊焊接低碳钢常采用哪些脱氧措施?
(15) CO_2 气体保护电弧焊为何飞溅较大? 如何减小其飞溅?
(16) CO_2 气体保护电弧焊采用平特性电源有何特点?
(17) 等离子弧有哪些特性?
(18) 等离子产生双弧的原因是什么?
(19) 影响产生双弧的因素有哪些?
(20) 穿孔型等离子弧焊接主要有哪些焊接参数?

第三篇

金属塑性成形工艺及控制

第9章 轧制理论与工艺

本章学习目标

★ 掌握轧制的基本理论知识，熟悉各类轧材的生产工艺过程及相应的技术装备

★ 掌握板厚控制与板型控制的基本理论与手段，了解国内外轧制生产的新技术

本章教学要点

知识要点	掌握程度	相关知识
轧制过程基本概念	掌握轧制过程实现的条件；了解薄轧件和厚轧件的变形规律；了解前后滑、宽展的计算方法	咬入角、接触弧长、前滑、后滑、中性角的计算；稳定轧制条件
轧制压力与轧制力矩	掌握轧制压力、轧制力矩的概念，熟练运用几个典型的单位压力公式计算平均单位压力及轧制压力	采利科夫、斯通、西姆斯等单位压力公式及其图解法；轧制压力计算
板厚控制与板型控制	掌握轧机弹性曲线、轧件塑性曲线的概念；熟悉板厚控制与板型控制的基本理论与手段；了解几种新型板带轧机的特点	轧机弹性曲线；轧件塑性曲线；辊缝转换函数；厚度控制理论；横向厚差与板型；板型控制基本原理
型材及线材生产技术	了解型钢轧机分类及布置形式；熟悉型钢、棒线材轧制新技术；了解H型钢、中小型材、棒线材生产工艺及设备配置	孔型轧制法；万能轧制法；高速无扭线材轧机线；斯太尔摩法控制冷却
板带材生产技术	了解热轧、冷轧板带的生产工艺特点；熟悉热轧、冷轧带钢的工艺制度及工艺流程；了解当前连铸连轧的新技术	连铸坯热装热送；中间坯保温；无头、半无头轧制，铁素体区轧制；层流冷却；酸洗；光亮退火；冷带钢连轧线
管材生产技术	了解无缝管穿孔、轧制、精轧机组及其技术发展；熟悉一般无缝管、焊接钢管生产工艺流程	斜轧穿孔；压力穿孔；连续轧管工艺；直缝电阻焊管；螺旋埋弧焊管；直缝埋弧焊管

导入案例

20世纪90年代初，上海浦东开发区一个合资项目的建筑商，把蜂拥而至的钢材供货厂家召集到即将开工的现场，召开钢材订货会。买方不看材料，不听介绍，只用吊车把各钢厂送来的样品吊至十几米高处摔下，只听“叭叭叭”，有的发生变形，有的断为几截，有的完好无缺。就这样，一直摔到最后只剩下一根完整的钢筋时，才签订了购货合同。这根钢筋就是国内某知名钢铁企业开发的HBR400钢筋，强度为400MPa，是国际标准的Ⅲ级，而当时市场上所用的钢筋强度为335MPa，属于Ⅱ级。目前高强度带肋钢筋HBR的生产除添加微量合金元素外，关键就是用“控轧控冷”的办法提高钢筋强度。推广和使用高强度钢筋，具有很大的社会效益和经济效益，按我国目前楼房钢筋用量和平均节省钢筋14%粗略计算，每年可节约钢材1000万t，这相当于一个大型钢铁企业的钢产量。国家重点工程三峡大坝一、二期工程即使用了大量的400MPa级高强度钢筋。

建设中的宏伟三峡大坝工程

9.1 轧制基本理论

9.1.1 轧制过程基本概念

1. 变形区主要参数

轧件的原始高度、宽度、长度、横断面积分别为 H、B、L_H、F_H，轧件的轧后高度、宽度、长度、横断面积分别为 h、b、L_h、F_h，则轧件的绝对压下量为 $\Delta h=H-h$，相对压下量为 $\varepsilon=\Delta h/H$，绝对宽展 $\Delta B=b-B$，相对宽展为 $\Delta B/B$，延伸系数 $\lambda=L_h/L_H=F_H/F_h$。

轧制时金属在轧辊间产生塑性变形的区域称为轧制变形区，通常指从轧件入辊的垂直平面到轧件出辊的垂直平面所围成的区域 $ABCD$（图9.1），称为几何变形区。实际上，在出、入口端面附近，即几何变形区之外的局部区域内，轧件也有少许塑性变形存在，这两个区域称为非接触变形区。一般的轧制过程主要以几何变形区为研究对象。

几何变形区的主要参数有：接触角 α；变形区长度 l；轧件在入口和出口处的厚度（H 和 h）及宽度（B 和 b）；变形区形状参数 $l/\bar{h}$ 和 $B/\bar{h}$，其中 $\bar{h}=(H+h)/2$。

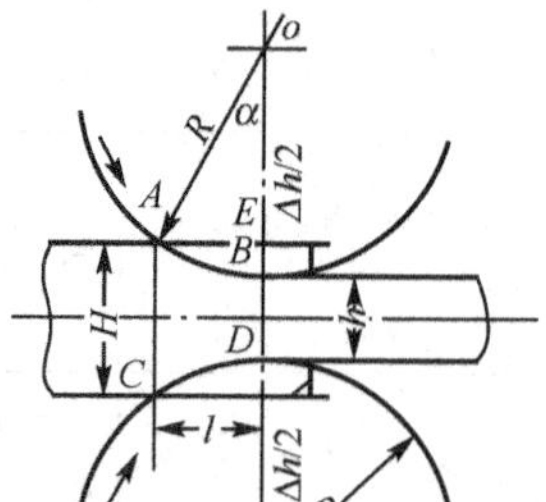

图9.1 几何变形区示意图

1）接触角 α

轧件与轧辊相接触的圆弧所对应的圆心角称为接触角，也称咬入角。由图 9.1 看出，压下量与轧辊直径及接触角之间存在如下的关系：

$$\cos\alpha=1-\frac{\Delta h}{2R} \quad 或 \quad \Delta h=D(1-\cos\alpha) \tag{9-1}$$

在接触角比较小的情况下（$\alpha<15°$），由于 $1-\cos\alpha=2\sin^2\frac{\alpha}{2}\approx\frac{\alpha^2}{2}$，所以有

$$\alpha=\sqrt{\frac{\Delta h}{R}} \tag{9-2}$$

2）变形区长度 l

变形区长度是指接触弧 AB 的水平投影长度，也称咬入弧长度，即图 9.1 中的线段 AE。变形区长度的计算分以下两种情况：

(1) 不考虑轧辊弹性压扁时变形区长度。从图 9.1 所示的几何关系可以得到

$$l=\sqrt{R\Delta h-\frac{\Delta h^2}{4}} \tag{9-3}$$

由于式(9-3)中根号里的第二项较第一项小得多，可忽略不计，则变形区长度公式可简化为

$$l=\sqrt{R\Delta h} \tag{9-4}$$

(2) 考虑轧辊弹性压扁时变形区长度 l'。在轧制压力作用下，轧辊会产生局部的弹性压缩变形，称为轧辊的弹性压扁，其结果使接触弧长度增加。轧件在变形区内，也伴随产生弹性压缩变形，虽然该变形在轧件出辊后即恢复，但也增大了接触弧长度。尤其在热轧薄板和冷轧板时，必须考虑轧辊和轧件的弹性压缩变形对接触弧长度的影响。轧辊弹性压扁时变形区长度 l'可由西齐柯克公式计算：

$$l'=\sqrt{R\Delta h+\left(8\frac{1-\gamma_1^2}{\pi E_1}R\bar{p}\right)^2}+8\frac{1-\gamma_1^2}{\pi E_1}R\bar{p} \tag{9-5}$$

式中，E_1——轧辊的弹性模数，对于钢轧辊 $E=2.1\times10^5$ MPa；

γ_1——泊松系数，对于钢轧辊 $\gamma_1=0.3$；

$\bar{p}$——考虑轧辊压扁时的平均单位压力(MPa)。

实际利用式(9-5)计算 l'比较困难，因为式中还含有未知量 $\bar{p}$。利用斯通图解法求 l'则比较方便，详细见 9.1.3 节的内容。

3）变形区几何形状系数

变形区几何形状系数有 $l/\bar{h}$ 和 $B/\bar{h}$ 两个，其中 $l/\bar{h}$ 反映了对轧制过程纵向的影响，$B/\bar{h}$ 反映了对轧制过程横向的影响。

2. 实现轧制过程的条件

在一个轧制道次内，轧件的轧制过程可以分为开始咬入、拽入、稳定轧制和轧制终了四个阶段，分别如图 9.2(a)、(b)、(c)、(d)所示。其中稳定轧制是轧制过程的主要阶段，金属的流动、应力应变状况及轧制工艺的控制、产品质量控制都是基于此过程的。开始咬入阶段虽然在瞬间完成，但它是轧制过程能否建立的前提条件，不能咬入轧制过程就无法进行。下面就咬入条件和稳定轧制条件分别介绍。

1）咬入条件

依靠轧辊与轧件之间的摩擦力，轧件被拖入轧辊之间的现象称为咬入。轧制过程能否建立，首先决定于轧件能否被旋转的轧辊咬入，因此咬入是轧制过程的先决条件。为使轧件进入轧辊，轧辊对轧件必须有与轧制方向相同的水平作用力。轧件咬入时受力分析如图 9.3 所示，考虑水平方向的受力平衡可以得

$$Q+2T_x\geqslant 2N_x \tag{9-6}$$

式中，Q——后推力；

T——摩擦力，$T=fN$；

N——轧辊对轧件的正压力。

将 $T=fN$ 代入式(9-6)得

$$f\geqslant \tan\alpha-\frac{Q}{2N\cos\alpha} \tag{9-7}$$

根据物理概念 $f=\tan\beta$，β 为摩擦角。如无后推力，即 $Q=0$，则有

$$\tan\beta\geqslant\tan\alpha \tag{9-8}$$

$$\beta\geqslant\alpha \tag{9-9}$$

当 $\beta>\alpha$ 时，称为自然咬入条件，它表示在无张力(或推力)作用的情况下，轧件被轧辊咬入的条件是必须使摩擦角大于咬入角，这是咬入的充分条件；当 $\beta=\alpha$ 时，称为咬入的临界条件，此时的咬入角称为最大咬入角，用 α_{max} 表示；当 $\beta<\alpha$ 时，无法实现自然咬入。

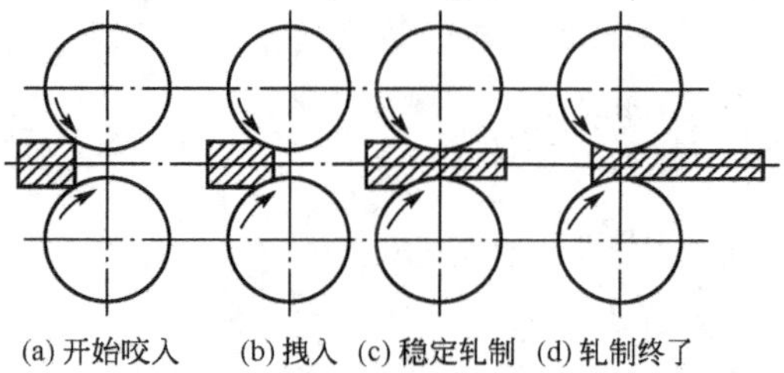

(a) 开始咬入　(b) 拽入　(c) 稳定轧制　(d) 轧制终了

图 9.2　轧制过程示意

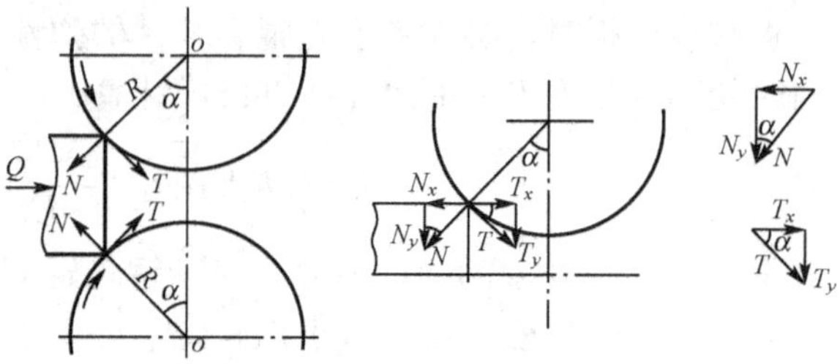

(a) 轧件的受力分析　(b) 摩擦力和正应力的分解

图 9.3　轧件咬入时的受力图示

最大咬入角 α_{max} 取决于轧辊和轧件的材质，以及润滑条件、轧制温度和轧制速度等。表 9-1 为几种有色金属热轧时最大咬入角和摩擦因数，表 9-2 所列是钢铁材料在冷轧及热轧时的最大咬入角和摩擦因数。

表 9-1　有色金属热轧时的最大咬入角与摩擦因数

金属	轧制温度/℃	最大咬入角/(°)	摩擦因数
铝	350	20～22	0.36～0.40
铜	900	27	0.50
镍	950	22	0.40
锌	200	17～19	0.30～0.35

表 9-2 钢铁材料轧制时的最大咬入角与摩擦因数

轧制条件		摩擦因数	最大咬入角/(°)	比值 $\Delta h/R$
热轧	在有刻痕和焊痕的轧辊钢坯	0.45～0.62	24～32	1/6～1/3
	轧制型钢	0.36～0.47	20～25	1/8～1/7
	轧制钢板及扁钢	0.27～0.36	15～20	1/14～1/8
冷轧	在一般光面辊间轧制	0.09～0.18	5～10	1/130～1/33
	在镜面轧辊间轧制	0.05～0.08	3～5	1/350～1/130
	在镜面轧辊间轧制，用蓖麻油等润滑	0.03～0.06	2～4	1/600～1/200

2) 稳定轧制条件

随着轧件的咬入，接触压力水平分量逐渐减小，辊缝完全被轧件充满，进入稳定轧制过程，如图 9.4 所示。假设摩擦力沿接触弧均匀分布(实际上摩擦力的分布不是均匀的)，摩擦力作用点在接触弧中点，则有稳定轧制所需的摩擦条件：

$$T\cos\frac{\alpha}{2}-N\sin\frac{\alpha}{2}\geqslant 0 \qquad (9-10)$$

将 $T=fN$，$f=\tan\beta$ 代入式(9-10)得

$$\beta\geqslant\frac{\alpha}{2} \qquad (9-11)$$

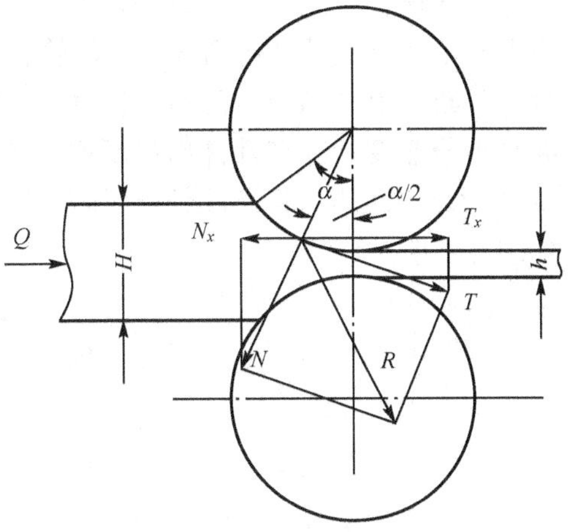

图 9.4 稳定轧制阶段受力图

式(9-11)即为稳定轧制的条件，和咬入条件相对比，可看出稳定轧制条件比自然咬入条件要“宽松”，只要满足了自然咬入条件，就一定能满足稳定轧制条件。当无法实现自然咬入时，但若在外力作用下实现了强迫咬入，仍有可能进行稳定轧制。

3) 改善咬入条件的途径

根据咬入条件 $\beta\geqslant\alpha$，便可以得出：凡是能够提高 β 角的一切因素和降低 α 角的一切因素都有利于咬入。

降低咬入角 α 的方法有：①轧件前端做成锥形或圆弧形；②采用大直径轧辊；③减小道次压下量，降低其变形率；④强迫咬入；⑤咬入时调大轧辊缝，即减小压下量。

提高摩擦因数(β 角)的方法有：①改变轧辊的表面状态，如在粗轧机轧辊上刻槽、焊点、滚花、打砂等，提高摩擦因数；②控制加热温度，清除轧件的炉生氧化铁皮；③咬入时不润滑，稳定轧制后再润滑；④调节轧制速度，可以低速实现咬入，稳定轧制建立后，再提高轧辊速度。

9.1.2 轧制过程中金属的变形规律

1. 轧制过程中的纵向变形

1) 轧制变形区金属质点水平运动速度

金属被轧辊咬入后，产生塑性变形，变形情况可以借用平板压缩来分析。如图 9.5 所

示，当金属在两平行平板间压缩时，金属向两个方向流动，以垂直对称线为分流面；如果压缩时两工具不平行(斜板压缩)，金属容易向宽口一侧流动，此时分流面偏向另一侧；轧制时的情况与斜板压缩相似，金属容易向入口侧流动，其分流面常称为中性面，中性面偏向出口侧。中性面所对应的圆心角称为中性角，常用 γ 表示。

由于变形区长度 l 一般小于轧件的宽度 B，金属沿轧制方向流动所受阻力比金属向宽度方向流动所受阻力小，所以金属纵向延伸比宽展要大。

图 9.5(c)所示的箭头是金属塑性流动的方向示意，不是轧件内部质点的运动方向。实际上轧制是一个连续轧制的动态过程，由于轧辊的旋转运动，金属由入口侧不断进入塑性变形区，由轧前高度 H 轧至轧后高度 h，并不断由出口侧流出。

因此很容易理解：①在中性面上金属质点与轧辊表面无相对运动，因此该断面上金属质点水平运动速度(用 V_r 表示)与轧辊圆周速度的水平分速度相等；②在轧件入口断面一侧，各断面上金属质点的运动速度(入口断面用 V_H 表示)均落后于对应断面轧辊圆周速度的水平分速度；③在轧件出口断面一侧，各断面上金属质点的运动速度(出口断面用 V_h 表示)均大于对应断面轧辊圆周速度的水平分速度。轧制过程各断面金属质点运动速度示意如图 9.6 所示。

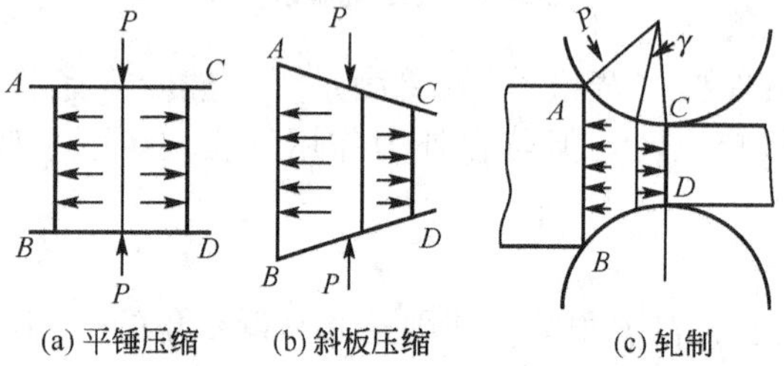

图 9.5　金属塑性流动示意

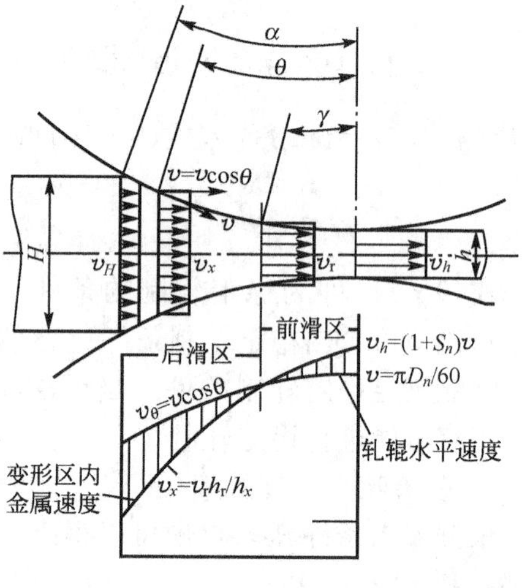

图 9.6　轧制变形区金属质点运动速度示意

1—后滑区；2—前滑区；3—金属质点水平运动速度；4—轧辊水平运动速度

由此可以将轧制变形区分为前滑区、中性面和后滑区三部分。在前滑区和后滑区摩擦力的作用是不同的，在前滑区摩擦力企图阻止轧件运动，在后滑区摩擦力才是轧件运动的主动力。前滑区和后滑区是轧制过程两个相互矛盾的方面，在轧制过程中因某种因素的变化，二者可以相互转化，确保稳定轧制过程的进行。

2) 前滑、后滑及其测定

轧件的出口速度 V_h 大于轧辊在该处圆周速度 V 的现象称为前滑。通常将轧件出口速度 V_h 与轧辊圆周速度 V 差的相对值称为前滑值 S_h，将轧件出口速度 V_h 与轧辊圆周速度 V 的比值称为前滑系数 $\overline{S}$，即

$$S_h=\frac{V_h-V}{V}\times 100\% \tag{9-12}$$

$$\overline{S}=\frac{V_h}{V} \tag{9-13}$$

通过实验方法测定前滑值更准确，而且容易实现，通常采用轧辊刻痕的方法。

轧件进入轧辊的速度小于入口断面上轧辊水平速度的现象称为后滑。后滑值 S_H 是用入口断面上轧辊的水平分速度与轧件的入口速度差的相对值表示：

$$S_H=\frac{V\cos\alpha-V_H}{V\cos\alpha}\times 100\% \tag{9-14}$$

式中，S_H——后滑值；

V_H——轧件在入口处的速度；

α——接触角。

按秒流量相等的原则可以得到前后滑和延伸的关系：

$$\lambda=\frac{1+S_h}{(1-S_H)\cos\alpha} \tag{9-15}$$

式中，λ——延伸系数，$\lambda=V_h/V_H=F_H/F_h$；

F_H——轧件入口断面积(坯料断面积)；

F_h——轧件出口断面积(轧件制品断面积)。

假设忽略宽展，根据秒流量体积不变原则，可以得到前滑值的理论公式：

$$S_h=\frac{(2R\cos\gamma-h)(1-\cos\gamma)}{h} \tag{9-16}$$

轧制薄板时，咬入角 α 很小，γ 角也很小，此时 $1-\cos\gamma=2\sin^2\frac{\gamma}{2}\approx\frac{\gamma^2}{2}$，$\cos\gamma\approx 1$，所以有

$$S_h=\left(\frac{R}{h}-\frac{1}{2}\right)\gamma^2 \tag{9-17}$$

生产中前滑值一般为 2%～10%。在带材的多机架连轧生产中，在设计轧机和制定工艺制度时，要充分考虑前滑的影响，否则轧制过程将无法正常进行。

3) 中性角 γ

中性面的位置及中性角 γ 的大小可根据轧件受力平衡条件确定，若假定单位压力沿接触弧均匀分布，且符合库仑摩擦条件，即可导出带有前后张力时的中性角公式：

$$\sin\gamma=\frac{\sin\alpha}{2}-\frac{1-\cos\alpha}{2f}+\frac{q_H-q_h}{4\overline{p}f\overline{b}R} \tag{9-18}$$

式中，α——接触角；

f——摩擦因数；

q_H——作用在轧件上的后张力；

q_h——作用在轧件上的前张力；

$\overline{p}$——平均单位压力；

$\overline{b}$——轧件的平均宽度；

R——轧辊的半径。

由式(9-18)导出前后张力相等或无张力时的中性角公式：

$$\sin\gamma=\frac{\sin\alpha}{2}-\frac{1-\cos\alpha}{2f} \tag{9-19}$$

当 α 角很小时，得到中性角 γ 的简化公式：

$$\gamma=\frac{\alpha}{2}\left(1-\frac{\alpha}{2f}\right) \tag{9-20}$$

2. 轧制过程中高向的变形

在轧制过程中，轧件变形区内的应力、应变分布具有不均匀性，其不均匀性与几何形状系数 $l/\bar{h}$ 有关。按系数 $l/\bar{h}$ 的不同，可以把轧件沿断面高向的变形分成薄轧件和厚轧件两种情况进行讨论。

1）薄轧件的变形特点

薄轧件的几何形状系数 $l/\bar{h}>0.5$，热轧薄板和冷轧一般属于这种情况。当 $l/\bar{h}$ 较大时，轧件断面高度较小，变形容易深透到内部。由于轧件接触表面存在摩擦力，前后滑区接触摩擦力方向均指向中性面，从而阻碍金属的塑性流动，所以表层金属的延伸比中部小，变形呈单鼓形。此外，因轧制时的工具形状等因素影响，金属的变形绝大部分趋于延伸，宽展很小。

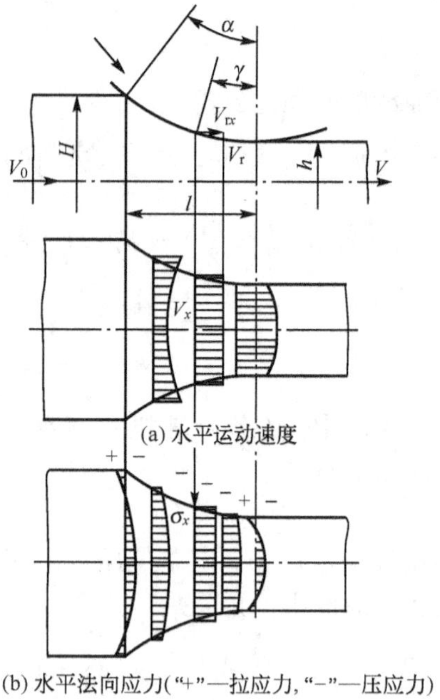

图 9.7　薄轧件金属水平运动速度及水平法向应力分布

前述，轧制时金属质点不仅有塑性流动，而且还有轧辊旋转带动所产生的机械运动，所以变形区内沿高向金属质点的水平运动速度是这两种速度叠加的结果(图 9.7)：①在后滑区，沿断面高向金属质点水平运动速度由表及里逐渐减小，其分布图呈中凹状；②在前滑区，表层金属质点水平运动速度比中部小，速度分布图沿高向呈中凸状；③在中性面上，轧件与轧辊速度相等，轧辊与轧件间无相对滑动，此断面上高向速度分布均匀。

由于金属质点的塑性流动沿断面高向分布不均匀，产生附加应力，因此沿断面高向的应力分布也呈现不均匀性。表层金属受水平附加拉应力，而中部金属受水平附加压应力。附加应力与接触摩擦引起的基本应力相叠加，就是轧件中实际水平应力 σ_x，如图 9.7(b)所示。当表面拉应力超过金属的强度极限时，就会产生横向裂纹。

随 $l/\bar{h}$ 不断增加(如轧制极薄带或箔材)，轧件厚度很小，变形更容易深透到内部，整个变形区受接触摩擦力的影响很大，在轧件表层和中部都呈现较强的三向压应力状态。沿断面高向的应力和变形都趋于均匀，并可认为变形前的垂直横断面，在变形过程中仍保持为垂直平面，即所谓“平断面假设”，此时宽展可以忽略。

2）厚轧件的变形特点

厚轧件的 $l/\bar{h}<1.0$，铸锭或厚铸坯采用热轧开坯的前几道次一般属于这种情况。

厚轧件的变形区形状系数较小，轧制过程受外端的影响较大，压缩变形不能深入轧件内部，即只有表层金属才发生变形，轧件中心层几乎不发生塑性变形，致使外端深入到几何变形区内，出现表面变形，呈双鼓形。

由于受外端的影响，金属流动速度出现不均匀分布，如图 9.8 所示。此时轧件表面和轧辊出现黏着现象，其表面金属质点水平速度和轧辊表面的水平速度相同。在后滑区，断面上金属质点水平速度由表层向内部逐渐减小，速度图呈双凹状；前滑区断面上金属质点水平速度，由表层向内部逐渐增大，速度图呈双凸状。轧件中部的金属不变形，运动速度恒定。外端也不变形，沿高向速度分布均匀。

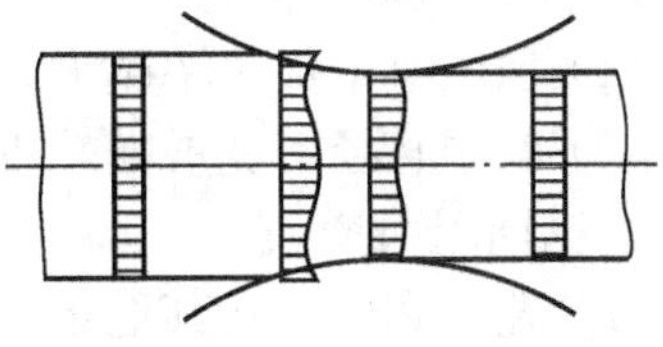

(a) 水平运动速度

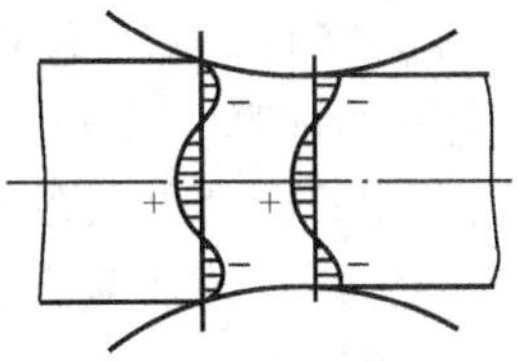

(b) 水平法向应力("+"—拉应力, "-"—压应力)

图 9.8 厚轧件金属水平运动速度及水平法向应力分布

轧制时金属的不均匀塑性流动产生了不均匀变形，其结果导致了附加应力的产生。在表层区域受附加压应力，而在表面及中部区域内承受附加拉应力。因此轧制时除可能产生横裂缺陷外，如果铸锭内部存在缺陷，可能会被拉裂，形成层裂甚至“张嘴”缺陷。在实际生产中，主要是通过加强润滑防止粘辊，或增大加工率减小表层变形，来减小横裂、层裂现象。

3. 轧制过程中的横向变形(宽展)

1) 宽展的分类

根据金属沿横向流动的自由程度，宽展可分为自由展宽、限制展宽和强制展宽。

(1) 自由宽展。坯料在轧制过程中，金属流动除受接触表面的摩擦阻力外，不受其他任何的阻碍和限制的宽展，如图 9.9 所示。

(2) 限制展宽。金属质点横向流动时，除受接触面上的摩擦阻力外，还受到某种额外限制(例如孔型侧壁的限制)，因而破坏了自由流动条件而形成的宽展，如图 9.10 所示。

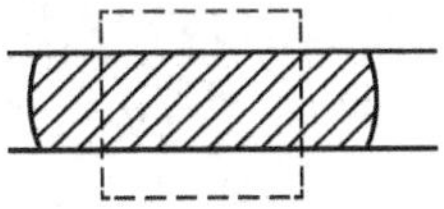

(a) 平辊自由宽展

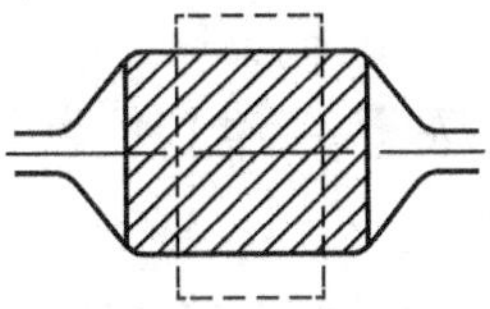

(b) 箱形孔内自由宽展

图 9.9 自由宽展

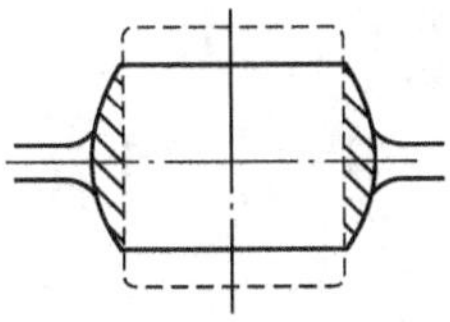

(a) 箱形孔内的宽展

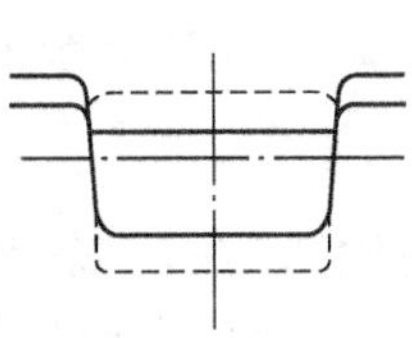

(b) 闭口孔内的宽展

图 9.10 限制宽展

(3) 强迫宽展。坯料在轧制过程中，金属质点由于某种原因被迫向横向流动而形成的宽展，称为强迫宽展，如图 9.11 所示。

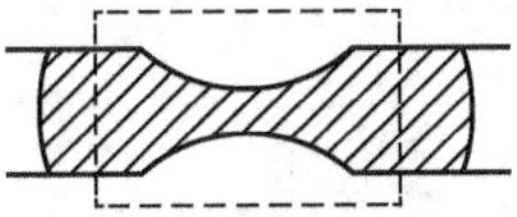

(a) 局部凸型辊强迫宽展

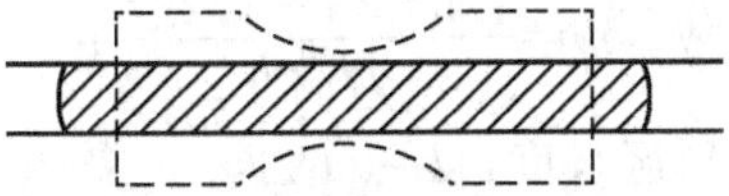

(b) 平辊两侧强迫宽展

图 9.11 强迫宽展

2）影响宽展的因素

（1）加工率。加工率越大，宽展量就越大。

（2）轧辊直径。宽展随轧辊直径增加而增加，因为轧辊直径 D 增加，变形区长度也增加，使纵向阻力增大。

（3）轧件宽度。在其他条件相同时，宽展随轧件宽度的增大而增加，但当轧件宽度增大到一定值后，宽度再增加时宽展不再出现明显变化。

（4）摩擦条件。宽展随摩擦因数增大而增加。

3）宽展的计算

目前有很多计算宽展的公式，但还没有一个公式能适应各种情况。在实际生产中习惯用一些经验公式，或者是根据具体轧制条件，实测宽展值。

（1）西斯公式：

$$\Delta B = c \cdot \Delta h \tag{9-21}$$

式中，Δh——压下量；

c——宽展系数，$c=0.35\sim0.48$(硬金属取下限，软金属取上限)。

西斯公式计算简单，应用比较方便，在一些要求不太精确的场合常被应用。

（2）谢别尔公式：

$$\Delta B = c \cdot \frac{\Delta h}{H}\sqrt{R\Delta h} \tag{9-22}$$

式中，R——轧辊半径；

H——轧件的轧前厚度；

c——金属性质及轧制温度等的影响系数(表 9-3)。

表 9-3　常用金属的 c 值

金属	轧制温度/℃	c 值	金属	轧制温度/℃	c 值
铜	300～800	0.36	黄铜	580～800	0.265
铝	400～450	0.45	钢铁	<1180	0.34

（3）古布金公式：

$$\Delta B = \frac{\Delta h}{H}\left(1+\frac{\Delta h}{H}\right)\left(f\sqrt{R\Delta h}-\frac{\Delta h}{2}\right) \tag{9-23}$$

式中，f——摩擦因数。

此公式是在实验的基础上得到的，反映了多种因素对宽展的影响，因此比较全面。

（4）埃克伦德公式：

$$b=\sqrt{4m^2(H+h)^2\left(\frac{l}{B}\right)^2+B^2+4ml(3H-h)}-2m(H+h)\frac{l}{B} \tag{9-24}$$

式中，b——轧后宽度；

B——轧前宽度；

m——系数，$m=\dfrac{1.6f\times l-1.2\Delta h}{H+h}$；

l——变形区长度，$l=\sqrt{R\Delta h}$；

f——外摩擦因数，对铸铁辊轧钢可按 $f=0.8(1.05-0.0005t)$ 计算；

t——轧件温度(℃)。

埃克伦德公式考虑了压下量、咬入弧长、摩擦因数、轧前宽度和厚度等因素对宽展的影响，计算结果较为准确。

9.1.3 轧制压力的计算

1. 轧制压力计算的一般形式

轧制压力是指轧制时轧件给轧辊合力的垂直分量。轧制时金属对轧辊有两个作用力：一个是与接触表面相切的摩擦力 T，另一个是垂直于接触表面的正压力 N，轧制力就是这两个力在垂直于轧制方向上的投影之和，等于通过压力传感器在压下螺钉下面测得的总压力。

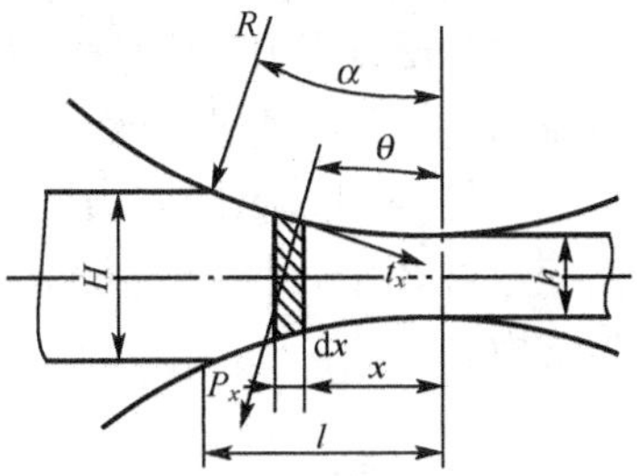

图 9.12 作用在轧辊上的力

若忽略沿轧件宽度方向上的摩擦力和单位压力的变化，轧制力可用下式来表示(图 9.12)：

$$P=\overline{B}\int_0^l p_x\frac{\mathrm{d}x}{\cos\varphi}\cos\varphi+\overline{B}\int_{l_r}^l t_x\frac{\mathrm{d}x}{\cos\varphi}\sin\varphi-\overline{B}\int_0^{l_r} t_x\frac{\mathrm{d}x}{\cos\varphi}\sin\varphi \tag{9-25}$$

式中，$\overline{B}$——轧件的平均宽度，$\overline{B}=\dfrac{B_H+B_h}{2}$；

p_x——单位压力；

t_x——接触面上的单位摩擦力。

式(9-25)中右边的第二项和第三项分别为后滑区和前滑区摩擦力在垂直方向上的分力，它们远小于第一项的数值，工程计算时可以忽略不计，则轧制力可简化为

$$P=\overline{B}\int_0^l p_x\mathrm{d}x \tag{9-26}$$

如果单位压力用平均值即平均单位压力 $\bar{p}$ 表示，则式(9-26)可写为

$$P=\bar{p}F \tag{9-27}$$

式中，F——接触面积，即轧件与轧辊实际接触面积的水平投影；

$\bar{p}$——平均单位压力。

由式(9-26)及式(9-27)，平均单位压力 $\bar{p}$ 由下式计算：

$$\bar{p}=\frac{\overline{B}}{F}\int_0^l p_x\mathrm{d}x \tag{9-28}$$

因此计算轧制力归根结底在于计算两个基本参数，即轧件与轧辊之间的接触面积和平均单位压力。

(1) 接触面积。接触面积 F 并非轧件与轧辊的实际接触面积，而是实际接触面积的水平投影，习惯上称该面积为接触面积。当不考虑轧辊的弹性压扁时接触面积按式(9-29)计算：

$$F=l\overline{B}=\frac{B_H+B_h}{2}l=\frac{B_H+B_h}{2}\sqrt{R\Delta h} \tag{9-29}$$

当考虑轧辊的弹性压扁时，应用弹性压扁的变形区长度 l' 代入上式计算。

(2) 平均单位压力。平均单位压力的确定大致有三种方法：①实测法，即针对某种轧

制条件用测压装置直接测定轧制压力，再除以接触面积即可；②经验图表法，可查阅相似轧制设备及轧制工况的有关实测曲线图得到；③工程近似解法，即根据不同轧制条件单位压力的计算公式，按式(9-28)积分。

本教材简要介绍几种工程近似解法，它们均是由两个著名的单位轧制压力微分方程即卡尔曼单位压力微分方程和奥罗万单位压力微分方程推得的。

2. 单位压力的微分方程

1）卡尔曼单位压力微分方程

卡尔曼单位压力微分方程建立的假设条件：①轧件在变形区内沿横断面高度上各点的金属流动速度、应力及变形分布均匀；②忽略宽展，把轧制过程简化为平面变形问题；③轧制时，轧件高向、纵向和横向的变形都与主应力方向一致，忽略切应力的影响；④金属质点在变形过程中，性质处处相同；⑤轧辊和轧件不产生弹性变形；⑥在接触弧上的摩擦因数为常数。

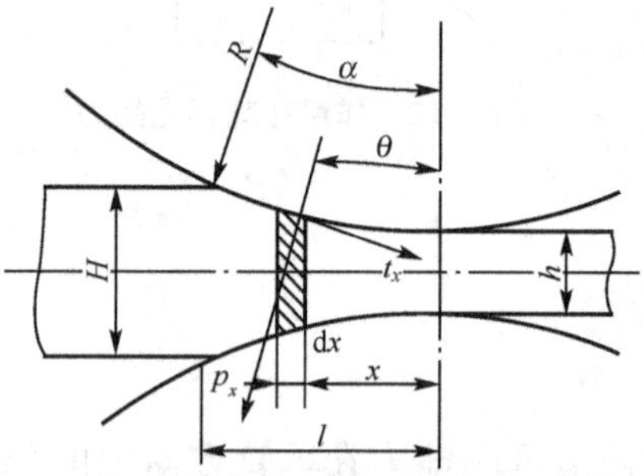

图 9.13　轧制变形区任意微分体的受力情况

如图 9.13 所示，在变形区的后滑区内任取一微分体，根据其静力平衡条件有

$$(\sigma_x+d\sigma_x)\times(h_x+dh_x)-\sigma_x h_x-2p_x R d\theta\sin\theta\pm 2t_x R\,d\theta\cos\theta=0 \tag{9-30}$$

将该式展开，略去高阶无穷小，并将 $t_x=fp_x$ 代入后得

$$\frac{d(\sigma_x h_x)}{d\theta}=2p_x R(\sin\theta\pm f\cos\theta) \tag{9-31}$$

式(9-31)即为卡尔曼单位压力微分方程的原形，式中负号适用于后滑区，正号适用于前滑区。

后来史密斯将接触弧长近似为弦长，并由假设坐标主轴与应力主轴重合，利用平面变形状态下的屈服准则 $\sigma_1-\sigma_3=1.155\sigma_s=K$，并近似认为 $\sigma_1=p_x$，$\sigma_3=\sigma_x$，代入式(9-31)最后得

$$\frac{dp_x}{dx}-\frac{K}{h_x}\cdot\frac{dh_x}{dx}\pm\frac{2fp_x}{h_x}=0 \tag{9-32}$$

或

$$\frac{dp_x}{dx}-\frac{K}{h_x}\cdot\frac{dh_x}{dx}\pm\frac{2t_x}{h_x}=0 \tag{9-33}$$

式中正号为后滑区，负号为前滑区。式(9-33)为卡尔曼单位压力微分方程的一般形式。

要求得卡尔曼单位压力微分方程式的通解有很大困难，由于各研究者所采取的简化条件不同，因而存在很多不同解，采利柯夫公式和斯通公式即是基于卡尔曼单位压力微分方程得到的。

2）奥罗万单位压力微分方程

奥罗万单位压力微分方程建立的假设条件：①忽略轧件宽展，变形为平面变形；②在变形区内，金属与轧辊的接触表面不产生滑移而发生黏着，可用剪应力代替接触表面的摩擦力；③认为剪应力在轧件高度方向呈线性分布，即在轧件与轧辊接触表面 $\tau=K/2$，轧件中心层 $\tau=0$；④水平应力 σ_x 沿

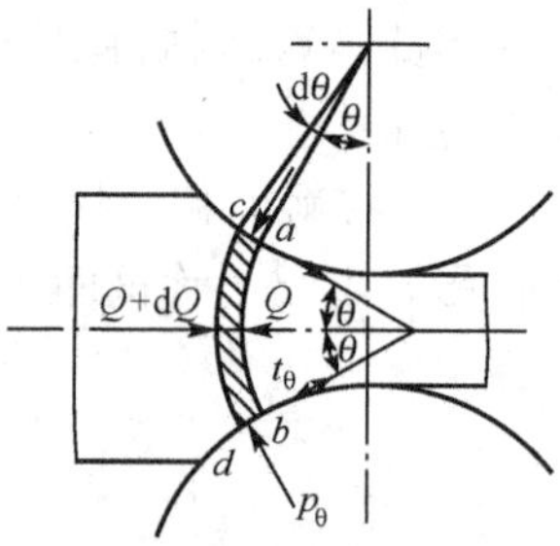

图 9.14　奥罗万理论作用在微分体上的力

轧件断面高度分布不均匀，因此用水平应力的合力 Q 来代替，如图 9.14 所示。

根据上述假设导出了奥罗万单位压力微分方程式：

$$(Q+\mathrm{d}Q)-Q-2p_xR\sin\varphi\pm 2tR\cdot \mathrm{d}\varphi\cdot\cos\varphi=0 \tag{9-34}$$

整理后得

$$\mathrm{d}Q=2R(p_x\cdot\sin\varphi\pm t\cdot\cos\varphi)\mathrm{d}\varphi \tag{9-35}$$

要想解微分方程式(9-35)，必须知道水平力 Q 与单位压力 p_x 间的函数关系，奥罗万借用纳达依的粗糙倾斜平板间压缩金属楔的应力分布理论，确定出它们的关系式：

$$Q=h_x\left(p_x-\frac{\pi}{4}K\right) \tag{9-36}$$

西姆斯公式、勃兰特-福特公式等均是以奥罗万单位压力微分方程为基础推得的。

3. 几个典型的单位压力计算公式

1）全滑动的采利柯夫公式

在前滑区：
$$p_h=\frac{K}{\delta}\left[(\delta\xi_h+1)\left(\frac{h_x}{h}\right)^{\delta}-1\right] \tag{9-37}$$

在后滑区：
$$p_H=\frac{K}{\delta}\left[(\delta\xi_H-1)\left(\frac{H}{h_x}\right)^{\delta}+1\right] \tag{9-38}$$

式中，δ——简化系数，$\delta=2fl/\Delta h$；

ξ_h——简化系数，$\xi_h=1-\dfrac{q_h}{K}$；

ξ_H——简化系数，$\xi_H=1-\dfrac{q_H}{K}$；

q_H——后张力；

q_h——前张力。

2）全滑动的斯通公式

后滑区：
$$p_x=(K-q_H)\mathrm{e}^{m\left(1-\frac{2x}{l}\right)} \tag{9-39}$$

前滑区：
$$p_x=(K-q_h)\mathrm{e}^{m\left(1+\frac{2x}{l}\right)} \tag{9-40}$$

式中，m——简化系数，$m=\dfrac{fl}{\bar{h}}$；

$\bar{h}$——轧件平均厚度，$\bar{h}=\dfrac{H+h}{2}$；

q_H——后张力；

q_h——前张力；

l——变形区长度，一般应考虑弹性压扁时的变形区长度。

3）全黏着的西姆斯公式

在后滑区：
$$\frac{p_x}{K}=\frac{\pi}{4}\ln\frac{h_x}{H}+\frac{\pi}{4}+\sqrt{\frac{R}{h}}\arctan\left(\sqrt{\frac{R}{h}}\ \alpha\right)-\sqrt{\frac{R}{h}}\arctan\left(\sqrt{\frac{R}{h}}\ \varphi\right) \tag{9-41}$$

在前滑区：
$$\frac{p_x}{K}=\frac{\pi}{4}\ln\frac{h_x}{h}+\frac{\pi}{4}+\sqrt{\frac{R}{h}}\arctan\left(\sqrt{\frac{R}{h}}\ \varphi\right) \tag{9-42}$$

西姆斯公式考虑了轧辊与轧件接触表面的摩擦条件为黏着状态和水平应力沿变形区横断面分布不均匀的情况，所以该公式较适用于热轧情况。

4）混合摩擦条件下轧制单位压力计算

我国学者陈家民将轧制视为平面压缩，并把接触表面按混合摩擦考虑，即在滑动区按 $t_x = fp_x$，在黏着区取 $t_x = K/2$，采用平面变形的精确塑性条件导出了单位压力及平均单位压力的计算公式，由于公式比较复杂，为便于计算，将其绘成图 9.18 所示的曲线。

4. 平均单位压力的影响因素

由材料成形基本原理知道，平均单位压力受以下两类因素的影响：①影响轧件变形抗力的因素；②影响轧件应力状态的因素。所以平均单位压力可用以下通式表示：

$$\bar{p} = n_\sigma \sigma_\varphi \tag{9-43}$$

式中，σ_φ——金属的实际变形抗力(有的资料用 $\bar{\sigma}_s$ 表示实际变形抗力)；

n_σ——应力状态影响系数。

影响轧件应力状态的因素有外摩擦力、外端及张力等，因此应力状态系数 n_σ 可写成以下通式：

$$n_\sigma = n_\beta n'_\sigma n''_\sigma n'''_\sigma \tag{9-44}$$

式中，n_β——轧件宽度影响的应力状态系数；

n'_σ——外摩擦影响系数；

n''_σ——外端影响的系数；

n'''_σ——张力影响的系数。

影响金属实际变形抗力 σ_φ 的因素主要有材料本身的特性、温度、变形程度和变形速度。一般对热轧要考虑变形温度和变形速度对 σ_φ 的影响，对冷轧情况只考虑累积加工率的影响。针对轧制条件下的实际变形抗力 σ_φ 的计算，可参阅有关资料。

5. 应力状态系数 n_σ 的确定

应力状态系数 n_σ 比其他系数对平均单位压力的影响更大，因此准确确定应力状态系数 n_σ 非常重要。下面就对式(9-44)中的各应力状态系数逐一分析：

1）考虑轧件宽度影响的应力状态系数 n_β 的确定

修正的屈雷斯加屈服准则通过引入修正系数 n_β 来考虑中间主应力 σ_2 的影响，当为纯切状态或平面变形状态时，σ_2 的影响最大，此时 $n_\beta = 1.155$。因为 $K = n_\beta \sigma_\varphi$，而采利柯夫公式是假设为平面变形状态导出的，所以轧制时平面变形抗力 $K = 1.155\sigma_\varphi$，平均单位压力可写成

$$\bar{p} = n'_\sigma n''_\sigma n'''_\sigma K \tag{9-45}$$

2）张力影响系数 n'''_σ 的确定

张力影响系数 n'''_σ 较难确定，通常用简化的方法，把张力对平均单位压力的影响考虑成影响了平面变形抗力 K，即认为张力降低了 K 值。在入辊处 K 值降低 $K - q_H$；出辊处 K 值降低 $K - q_h$，所以 K 值的平均降低值 K' 为

$$K' = \frac{(K - q_H) + (K - q_h)}{2} = K - \frac{q_H + q_h}{2} \tag{9-46}$$

3）外端影响系数 n''_σ 的确定

外端影响系数 n''_σ 的确定比较困难，因为外端对单位压力的影响很复杂。研究表明，当变形区几何形状系数 $l/\bar{h} > 1$ 时(轧制薄板时)，可认为 $n''_\sigma \approx 1$，即不考虑外端的影响。

对于轧制厚轧件，外端会引起表面变形而出现附加应力，从而使平均单位压力增大，当 $0.05<l/\bar{h}<1$ 时，可用下列经验公式计算 n''_σ 值：

$$n''_\sigma=\left(\frac{l}{\bar{h}}\right)^{-0.4} \tag{9-47}$$

4）外摩擦影响系数 n'_σ 的确定

外摩擦影响系数取决于金属和轧辊接触表面的摩擦规律。前面介绍的几种典型的单位压力公式，对摩擦情况的考虑和假定不同，因此确定出的 n'_σ 的值也就不同。目前所有的平均单位压力公式，实际上其结果就是确定 n'_σ 的值。

6. 按全滑动摩擦规律计算平均单位压力

1）采利柯夫平均单位压力公式

如果不考虑外端和张力的影响，即 $n''_\sigma=n'''_\sigma=1$，又由于采利柯夫公式是由假设为平面变形状态导出的，所以平均单位压力公式式(9-45)简化为 $\bar{p}=n'_\sigma\cdot K$。根据采利柯夫单位压力公式式(9-37)和式(9-38)，经积分后，得到计算平均单位压力的采利柯夫公式：

$$\bar{p}=\left(\frac{2h}{\Delta h(\delta-1)}\right)\left(\frac{h_\gamma}{h}\right)\left[\left(\frac{h_\gamma}{h}\right)^\delta-1\right]\cdot K=n'_\sigma\cdot K \tag{9-48}$$

将式(9-48)改写为

$$n'_\sigma=\frac{\bar{p}}{K}=\left(\frac{2h}{\Delta h(\delta-1)}\right)\left(\frac{h_\gamma}{h}\right)\left[\left(\frac{h_\gamma}{h}\right)^\delta-1\right] \tag{9-49}$$

式中，δ——简化系数，$\delta=\frac{2fl}{\Delta h}=f\cdot\sqrt{\frac{2D}{\Delta h}}$；

h_γ——中性面上轧件的厚度。

为了计算方便，采利柯夫根据式(9-49)作出图 9.15 所示曲线，根据每道次加工率 ε 和每道次的 δ 值，可从图中查出 n'_σ。从而再由 $\bar{p}=n'_\sigma\cdot K$ 或 $\bar{p}=n'_\sigma\cdot 1.155\sigma_\varphi$ 计算出平均单位压力。在应用上述公式或查曲线计算平均单位压力时，冷轧时要考虑轧辊的弹性压扁，即 l 要用 l' 代替。

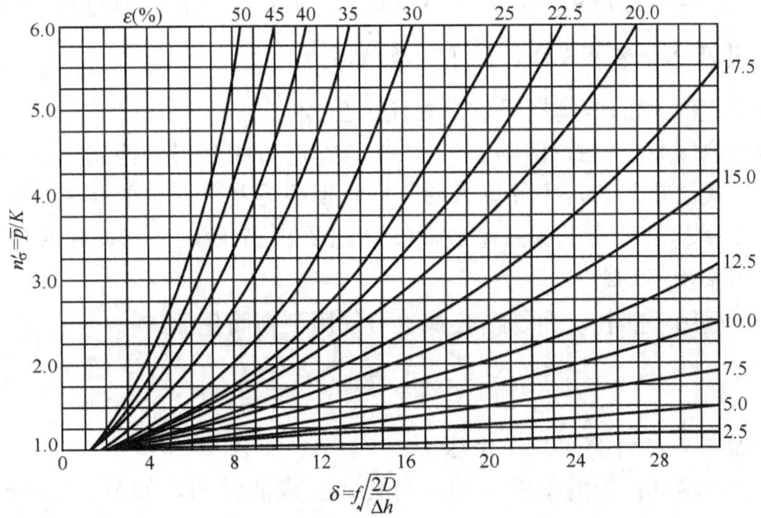

图 9.15 采利柯夫公式中 n'_σ 与 ε 和 δ 的关系

2）斯通平均单位压力公式

根据斯通单位压力公式式(9－39)和式(9－40)，经积分后得出斯通平均单位压力公式：

$$\bar{p}=n_\sigma' K'=\frac{e^m-1}{m}(K-\bar{q}) \tag{9-50}$$

式中，$\bar{p}$——考虑轧辊弹性压扁后的平均单位压力；

m——系数，$m=2fl'/\bar{h}$，$\bar{h}=(H+h)/2$；

l'——考虑轧辊弹性压扁时的变形区长度；

$\bar{q}$——前、后张力的平均值，$\bar{q}=\dfrac{q_h+q_H}{2}$。

由式(9－50)可看出只要计算出 m，就可计算平均单位压力，而计算 m 的难点在于计算 l'。由于轧辊弹性压扁时的变形区长度 l' 由式(9－5)计算非常麻烦，后来斯通把他的平均单位压力公式式(9－50)和希契科夫弹性压扁弧长公式式(9－5)联立起来得到式(9－51)。

$$\left(\frac{fl'}{\bar{h}}\right)^2=2c\,\frac{f}{\bar{h}}(K-\bar{q})(e^{fl'/\bar{h}}-1)+\left(\frac{fl}{\bar{h}}\right)^2 \tag{9-51}$$

设 $x=\dfrac{fl'}{\bar{h}}$，$y=2c\,\dfrac{f}{\bar{h}}(K-\bar{q})$，$z=\dfrac{fl}{\bar{h}}$；其中 $c=8\,\dfrac{1-\gamma_1^2}{\pi E_1}R$，对钢轧辊 $c=R\times 1.1\times 10^{-5}\,\mathrm{MPa}^{-1}$，则式(9－51)可写成

$$x^2=(e^x-1)y+z^2 \tag{9-52}$$

为了计算方便，斯通将式(9－52)作成图 9.16 所示的图形。图中左边标尺为 $z^2=\left(\dfrac{fl}{\bar{h}}\right)^2$，右边标尺为 $y=2c\,\dfrac{f}{\bar{h}}(K-\bar{q})$，图中曲线为 $x=\dfrac{fl'}{\bar{h}}$(即 m 值)。根据轧制条件，首先计算 z^2 和 y，分别在左边标尺和右边标尺找到对应的两点，连接该两点的直线与图中曲线的交点即为 x，也即为 m 的值，再代入式(9－50)即可求得平均单位压力。

7. 按全黏着及混合摩擦规律计算平均单位压力的公式

1）全黏着摩擦规律的西姆斯平均单位压力公式

将西姆斯单位压力公式式(9－41)和式(9－42)进行积分得到西姆斯平均单位压力计算公式，由于该公式比较复杂，为计算方便，西姆斯根据其平均单位压力计算公式把应力状态系数 n_σ' 与加工率 ε 和 R/h 的关系绘成曲线，如图 9.17 所示。由 ε 和 R/h 的值可从图中查出 n_σ'，进而可求出平均单位压力。

西姆斯公式适用于热轧。西姆斯公式也可采用下列简化形式：

$$n_\sigma'=\frac{\bar{p}}{K}=0.785+0.25\,\frac{l}{\bar{h}} \tag{9-53}$$

2）按混合摩擦规律计算平均单位压力

前述，陈家民将其得到的单位平均压力公式绘成曲线图，如图 9.18 所示。根据摩擦因数 f 和 $l/\bar{h}$ 的值，可从图中直接查出 n_σ'，进而计算平均单位压力 $\bar{p}$。

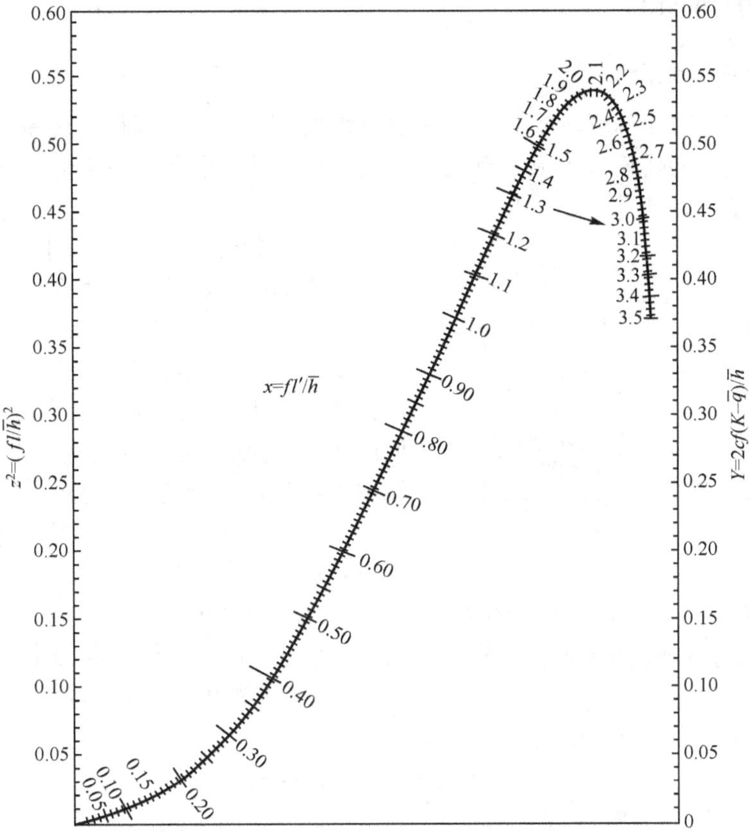

图 9.16 轧辊弹性压扁时变形区长度计算图

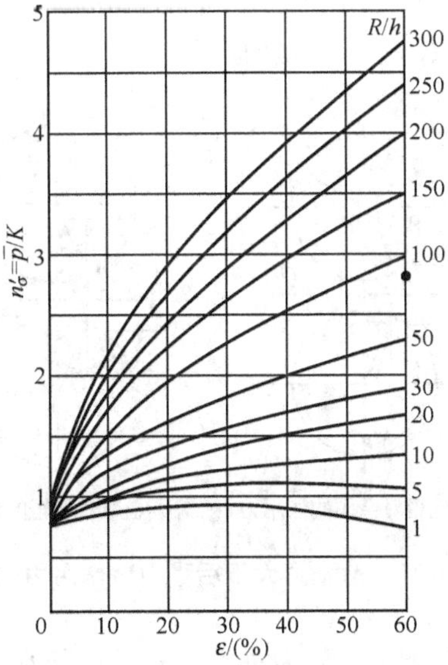

图 9.17 n'_σ 与 ε 和 R/h 的关系

（西姆斯公式）

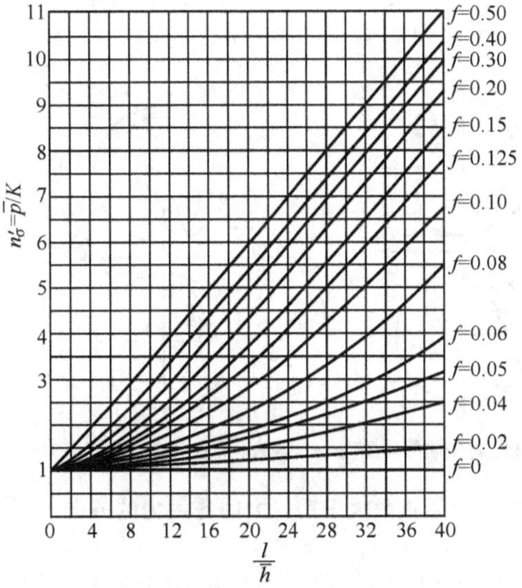

图 9.18 n'_σ 与 f 和 $l/\bar{h}$ 的关系

（陈家民绘制）

9.1.4 轧制力矩的计算

1. 轧制力矩的概念

轧制压力和它对于两轧辊中心连线的垂直距离(力臂)的乘积称为轧制力矩。轧制力矩不仅与金属对轧辊的作用合力大小有关，而且与合力的方向和作用点的位置有关。

1) 简单轧制时的轧制力矩

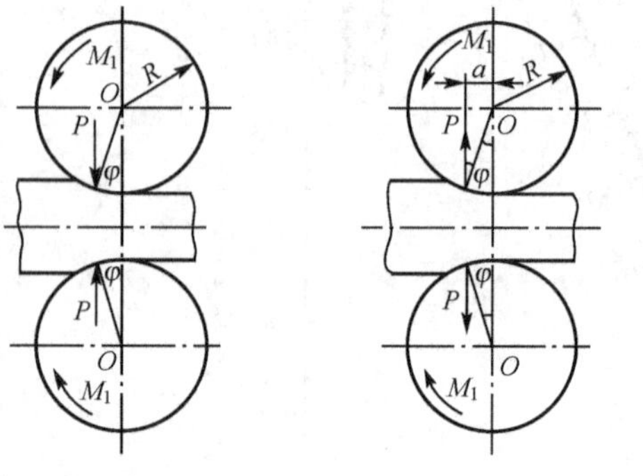

(a) 轧辊对金属的作用力 (b) 金属对轧辊的作用力

图 9.19 简单轧制时作用力的方向

简单轧制时，两轧辊作用在轧件上力的大小相等，方向相反，而且作用在同一直线上，力的作用线与轧辊中心连线相平行，如图 9.19(a)所示。根据牛顿第三定律，轧件同时以大小相等的反作用力 P 作用在轧辊上，如图 9.19(b)所示，此时 P 为轧制压力。这样可以确定作用在一个轧辊上的轧制力矩为

$$M_1 = P \cdot a = PR\sin\varphi \tag{9-54}$$

式中，R——轧辊半径；

a——力臂；

φ——过合力作用点的半径与轧辊中心连线的夹角，即合压力作用角。

所以作用在两个轧辊上的轧制力矩为

$$M = 2P \cdot a = 2PR\sin\varphi \tag{9-55}$$

2) 带张力的轧制力矩

若轧制时仅是在轧件入口处和出口处存在前、后张力作用，而其他一切条件与简单轧制过程相同，则轧辊作用在轧件上的合压力将偏离垂直方向。当后张力 q_H 大于前张力 q_h 时，轧辊作用在轧件上的合压力偏向出口侧，如图 9.20(a)所示。当前张力 q_h 大于后张力 q_H 时，轧辊对轧件的合压力 $P_{\rm H}$ 的方向偏向入口侧，如图 9.21(a)所示。

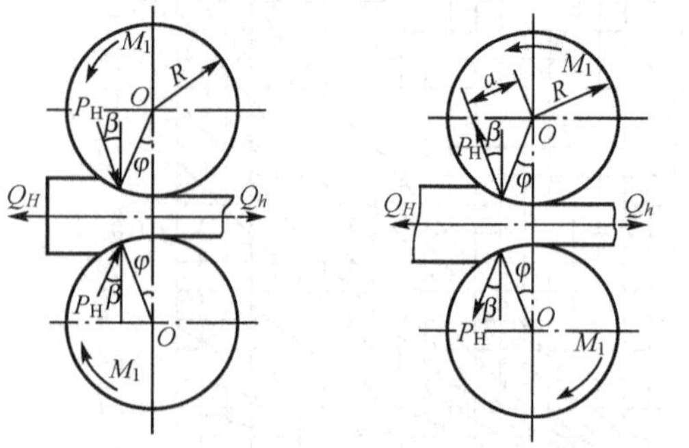

(a) 轧辊对金属的作用力 (b) 金属对轧辊的作用力

图 9.20 后张力大于前张力时作用力的方向

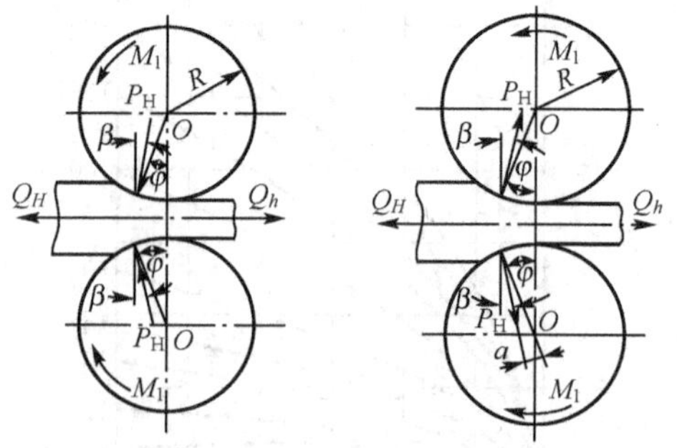

(a) 轧辊对金属的作用力 (b) 金属对轧辊的作用力

图 9.21 前张力大于后张力时作用力的方向

将图 9.20(b)、图 9.21(b)中金属给轧辊的合压力 $P_{\rm H}$ 分解为垂直分量 $P_{\rm V}$ 和水平分量 $\frac{q_h - q_H}{2}$，则作用在两个轧辊上的轧制力矩为

$$M=P_{\mathrm{V}}D\sin\varphi-\frac{q_h-q_H}{2}D\cos\varphi \tag{9-56}$$

若用合压力对辊心之矩表示轧制力矩，轧制力矩也可写成

$$M=2P_{\mathrm{H}}\cdot a=2P_{\mathrm{H}}R\sin(\varphi\pm\beta) \tag{9-57}$$

式中，P_{V}——轧制压力的垂直分量；

P_{H}——合压力；

β——张力角，合压力与垂直线的夹角。

2. 轧制力矩的确定方法

由式(9-54)可知，轧制力矩等于轧制压力 P 乘以力臂 a，因此除知道轧制压力 P 外，还需知道合压力作用角 φ。实际计算中，为了消除几何因素对力臂 a 的影响，通常不直接确定出力臂 a，而是通过确定力臂系数的方法，即

$$a=l\cdot x \tag{9-58}$$

式中，a——力臂；

l——接触弧长度；

x——力臂系数

其中力臂系数 x 根据大量统计实验数据确定，一般为：

热轧铸锭时，$x=0.55\sim0.60$；

热轧板带时，$x=0.42\sim0.50$；

冷轧板带时，$x=0.33\sim0.42$。

所以在简单轧制情况下，转动两个轧辊所需的轧制力矩为

$$M=2Pa=2Pxl=2Px\sqrt{R\Delta h} \tag{9-59}$$

9.1.5 轧机的弹跳方程与板带的厚度控制

1. 轧机的弹性曲线

轧机在轧制过程中辊缝变化如图 9.22 所示，由于整个机座产生了弹性变形，导致辊缝由 S_0 增大到 S，轧件由初始厚度 H 变为 h，若忽略轧件的弹性恢复量，则有

$$h=S=S_0+\Delta S \tag{9-60}$$

式中，ΔS——机座弹性变形值。

假定机座弹性变形值 ΔS 符合胡克定律，即有

$$\Delta S=P/k \tag{9-61}$$

式中，P——轧制压力；

k——轧机的刚度系数(自然刚度)。

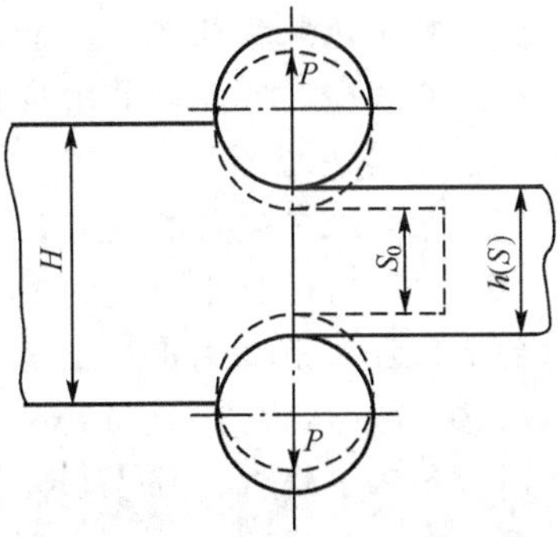

图 9.22 轧机辊缝的弹跳示意

轧机的刚度系数 k 的物理意义是指机座产生单位弹性变形值时的压力。因此 k 越大，说明轧机的刚度越好，反映到辊缝中的弹跳值就越小。实际生产中可以通过快速液压压下实现轧件厚度调整(不变)，即相当于提高轧机刚度，称为轧机的可调刚度。

阅读材料9-1

轧机刚度系数的测量方法

轧机刚度系数测量常用轧制法和空压靠法两种。

1. 轧制法

此法又可以分为固定辊缝和改变辊缝两种方法：

(1) 固定辊缝轧板法。预先固定轧辊辊缝，然后将不同厚度的轧件依次送入轧辊中轧制，同时测出每一道次的轧制力和轧出的轧件厚度，求出该道次的轧机弹跳值，即可绘出轧机的弹性曲线(图 9.23 或图 9.24)，从而求出轧机的刚度系数。

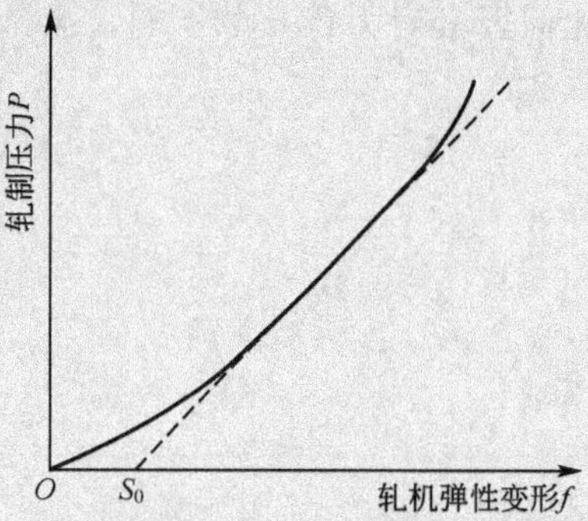

图 9.23　轧机的弹性曲线

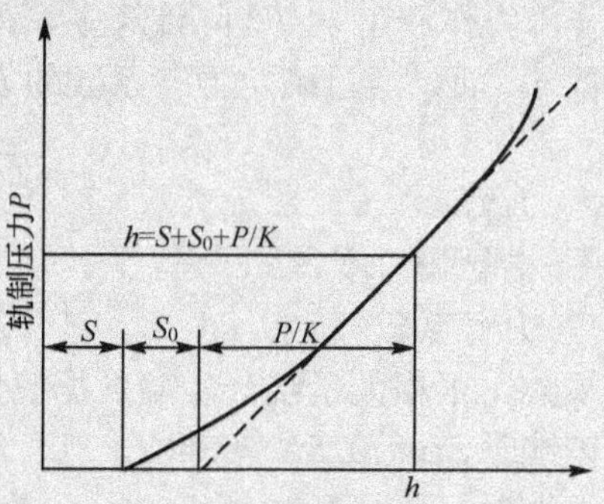

图 9.24　轧件尺寸在弹性曲线上的表示

(2) 改变辊缝轧板法。固定轧件厚度，改变辊缝，以轧出不同厚度的轧件，同样测出每一道次的轧制力和轧出的轧件厚度，求出该道次的轧机弹跳值，绘出弹性曲线，求出轧机刚度系数。

用这种轧板法确定的轧机刚度称为动刚度。使用这种方法测定刚度时，辊缝可用轧铅板测出原始辊缝 S_0。

对于冷轧板轧机，随时可以精确测量轧前、轧后的钢板厚度，可以用轧板法测量刚度。对于热轧板轧机，不能用此法测量，需用高压油缸顶轧辊来测量轧制压力 P 及油缸的上升量Q，可以计算刚度系数 $k=P/Q$。

2. 空压靠法

在轧机不进行轧制时，利用轧机的压下电动机，调节压下螺钉使两个工作辊相接触(压靠)。通过压下螺钉加载，此时由测力传感器测出轧辊压靠时的压力。由装在压下装置上的自整角机测出压下螺钉位移，它等于轧机各部件变形量的总和。这样，从工作辊压靠时起(压力为 0 值)到压靠完(压力为 P 值)止，每压下一次压下螺钉，就记录一次轧制力和压下螺钉行程 H(即为轧机总变形)。绘制出轧制力的弹性曲线，求得轧机的刚度系数 $k=P/H$。

图 9.23 所示轧机的原始辊缝值 S_0 为零，由图可以看到实际的弹性曲线并不是直线，尤其弹性曲线的开始阶段，主要是由于机座各部件之间在加工及装配过程中产生了一定的间隙。如果忽略此曲线最初和最终阶段的弯曲，即可近似视为直线，延长直线段与横坐标轴交于 S_0'处，可以将 S_0'看作是“承载初始辊缝值”。这样若考虑弹性曲线弯曲段的辊缝

值，则轧机的弹性变形量 ΔS 可表示为

$$\Delta S=S_0'+P/k \tag{9-62}$$

如果考虑轧机的原始辊缝 S_0，那么弹性曲线将不由零开始，而向右平移 S_0(图 9.24)。根据图中曲线，可直接得到在一定辊缝和负荷下所能轧出的轧件厚度 h：

$$h=S=S_0+S_0'+P/k \tag{9-63}$$

如果把弹性曲线看作一条直线，即忽略弹性弯曲段的部件间隙值 S_0'(或者把 S_0'考虑到原始辊缝 S_0 内)，则式(9-63)可写成

$$h=S=S_0+P/k \tag{9-64}$$

式中，h——轧件轧出厚度；

S——轧辊实际辊缝；

S_0——轧辊原始辊缝；

P——轧制压力；

k——轧机的刚度系数。

式(9-63)或式(9-64)即为轧机的弹跳方程，它说明当忽略轧件的弹性恢复量时，轧件的轧出厚度为初始辊缝与轧机弹跳量之和，即把轧件与轧辊的关系及轧制过程紧密地联系起来。运用弹跳方程，可以分析轧制工艺与设备因素的变化对轧出厚度的影响，它是板厚控制的基本方程。

2. 轧件的塑性曲线

所谓塑性曲线，是指轧制压力与轧件轧出厚度之间相互关系的曲线。如图 9.25 所示，其纵坐标为轧制压力，横坐标为轧件厚度。塑性曲线可用测压及测出对应的轧出厚度，或用理论法近似计算来绘制。

从图 9.25 所示可以看到，轧制压力在相当宽的压下量范围内呈直线变化，只是在压下量较小或较大时，轧制压力才呈曲线变化。

塑性曲线的意义在于分析轧件原始厚度相同时，由于某一工艺因素的变化，对轧制压力与轧出厚度之关系的影响：

(1) 变形抗力的影响。如图 9.26 所示，当被轧金属变形抗力较大(曲线 2)时，其塑性曲线比变形抗力较小(曲线 1)的塑性曲线要陡。若保持轧制压力不变，则轧出厚度 $h_2>h_1$。如果要轧出厚度不变，那么变形抗力较大的金属其轧制压力应增大。

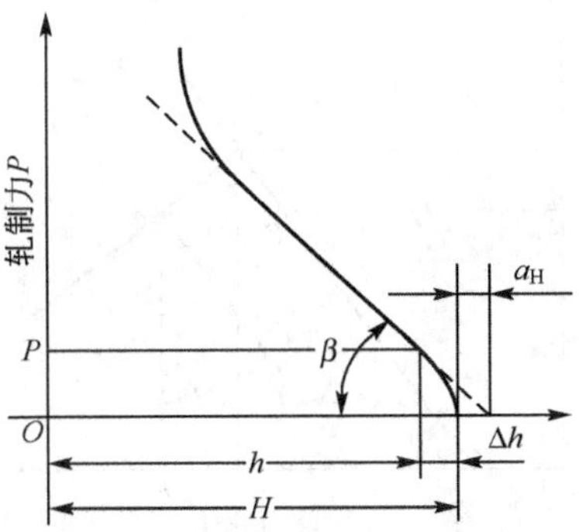

图 9.25 轧制塑性曲线

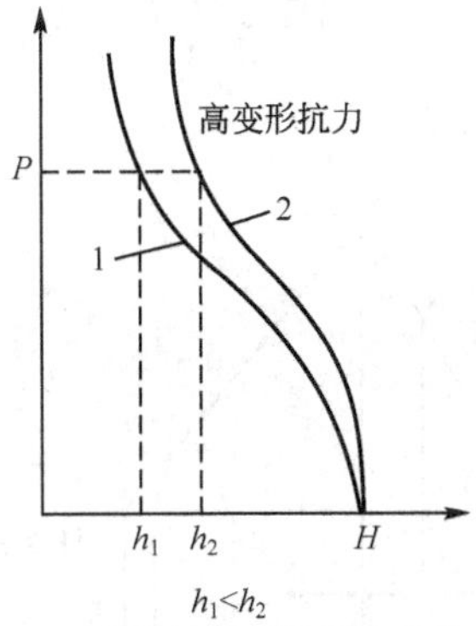

图 9.26 变形抗力的影响

（2）外摩擦条件的影响。如图 9.27 所示，摩擦因数大时其塑性曲线要陡，轧制压力相同时轧出厚度也大。要使轧出厚度不变，则摩擦因数越大，所需轧制压力越大。

（3）张力的影响。如图 9.28 所示，张力越大，轧出厚度越薄。要求轧出同一厚度时，张力越大则轧制压力越小。

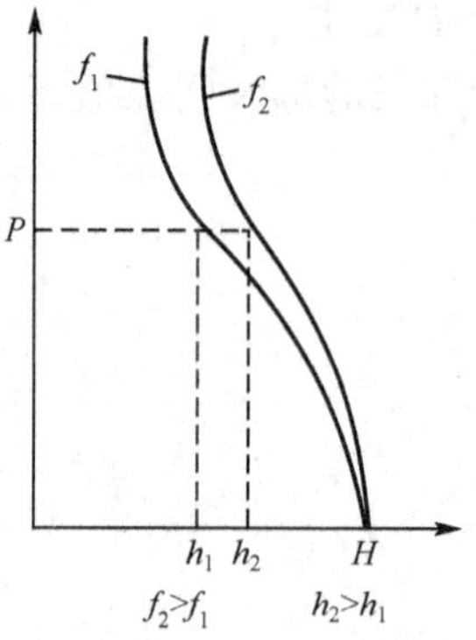

图 9.27　摩擦因数的影响

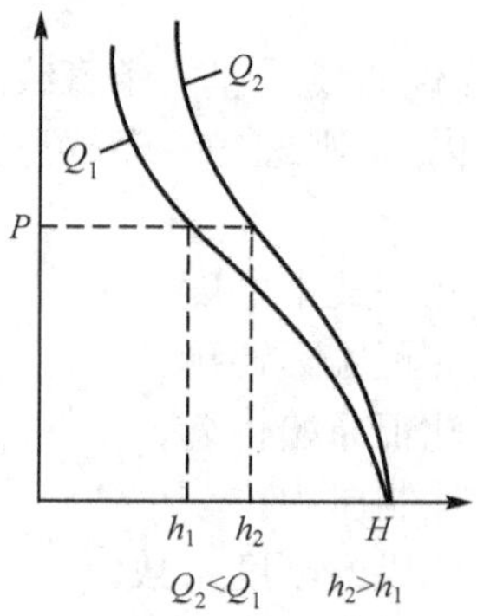

图 9.28　张力的影响

（4）轧件原始厚度的变化。相同轧制压力下，轧件原始厚度变大，轧件厚度越厚。

3．轧制时的弹塑性曲线

1）弹塑性曲线

轧制时的弹塑性曲线，是轧件的塑性曲线与轧机弹性曲线的总称，即把它们画在一个图上表示两者相互关系的曲线，也称 $P-H$ 图(图 9.29)。图中两线交点的横坐标为轧件轧出厚度，纵坐标为对应的轧制压力。图中的 S_0 为考虑预压力 P_0 时的辊缝。

应用弹塑性曲线能直观地分析轧制时的各种因素对轧出厚度的影响。它提示了轧制过程轧辊和轧件相互作用的内在矛盾，是厚度控制的理论基础。

2）辊缝转换函数

反映辊缝调整量 δS 与厚度变化量 δh 的关系函数称为辊缝转换函数，以 $\Theta=\delta h/\delta S$ 表示。它反映了轧机的弹性效果，又称压下效率。

辊缝转换函数的大小及其变化，可用弹塑性曲线来说明(图 9.30)。当厚度轧到 h 需要的压力为 P_A，如以调整压下改变产品厚度，当压下 δS 距离时，弹性曲线与塑性曲线的交点由 A 变到 B，轧出厚度为 h'，压力由 P_A 增到 P_B 即增加 δP，厚度变化为 δh。

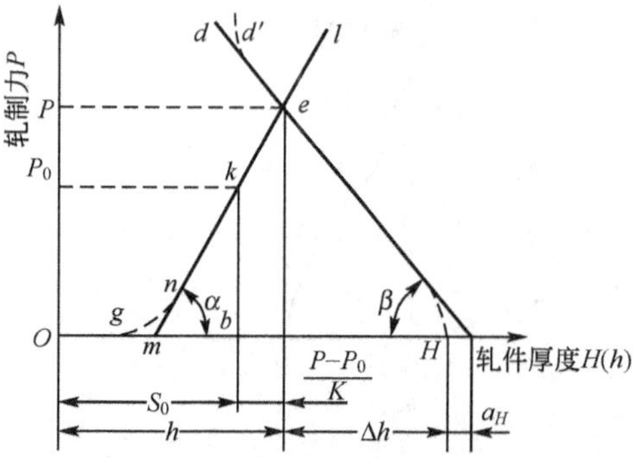

图 9.29　轧制时的弹塑性曲线

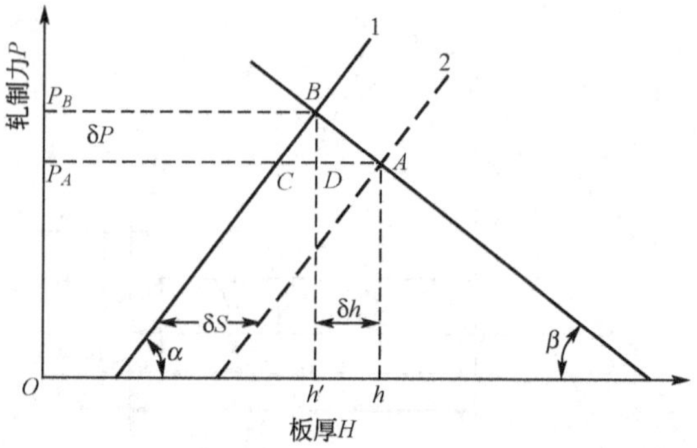

图 9.30　辊缝函数

在微量变化情况下，可把 AB 曲线视为直线段，此塑性曲线段的斜率为 M，则可用下式表示：

$$M=\frac{\delta P}{\delta h} \tag{9-65}$$

M 表示轧件的塑性系数，或称轧件的刚度，它反映轧件抵抗塑性变形的能力大小。金属材质或轧制条件不同，则 M 值也不同。

由图 9.30 所示可知，$AC=AD+DC=\delta S$，$AD=\delta h$，$DC=\delta P/k$，则可推导：

$$\Theta=\frac{\delta h}{\delta S}=\frac{k}{M+k} \tag{9-66}$$

式中，Θ——辊缝转换函数；

k——轧机的刚度系数；

M——轧件的刚度系数。

辊缝转换函数是进行压下调整，改变辊缝，实现板厚控制的基本方程之一。

4. 板带材轧制中的厚度控制

1) 影响轧件厚度的主要因素

由弹跳方程知道，轧件的厚度主要取决于空载时的辊缝、轧机的纵向刚度系数、轴承油膜的厚度和轧制压力等，具体影响如下：

(1) 空载辊缝。空载辊缝的变化、轧辊的偏心、热膨胀和磨损等都会使实际的空辊轧缝 S_0 发生变化，从而使轧件的厚度发生波动。

(2) 轧机纵向刚度系数。当纵向刚度系数减小时，轧机的弹性变形量增加，从而使轧件轧出的实际厚度增大，如图 9.31 所示。

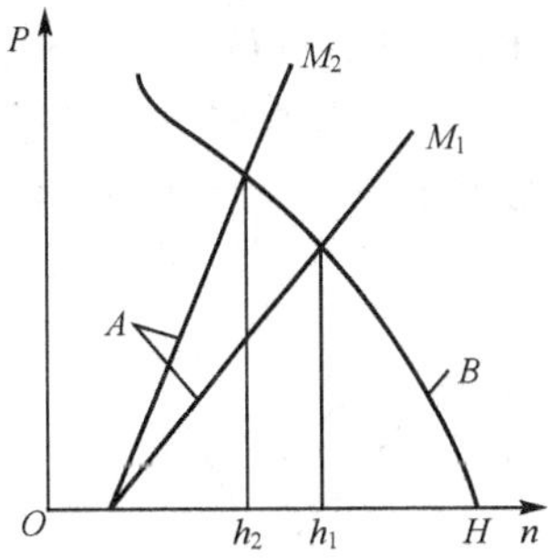

图 9.31 轧机纵向刚度对轧件厚度的影响

(3) 轧制压力。轧制压力的波动是使轧件厚度产生波动的主要原因。所有影响轧制压力的因素都会影响轧制塑性变形曲线的相对位置和斜率，从而影响轧件的实际轧出厚度，如图 9.32 所示。

(4) 轴承油膜厚度。一般轧制速度升高，轴承吸油量增加，油膜变厚导致上下辊缝靠近，结果轧制压力增大，轧件变薄。

(5) 轧制速度的影响。轧制速度是通过影响摩擦因数、变形抗力及轴承油膜厚度而改变轧制压力或辊缝大小进而影响轧出厚度的。一般对热轧，轧制速度对变形抗力影响明显，而对冷轧，轧制速度对摩擦因数影响明显。

在实际的轧制过程中，以上各因素对轧件厚度的影响并不是孤立的，而是同时起作用的。所以，在进行厚度控制时，要综合考虑各因素的影响。

2) 板带厚度控制的方法

轧制厚度控制是通过调整辊缝、辊速和张力等，消除轧制过程中各种干扰轧制厚度的因素，从而使实际轧制厚度达到标准的过程。

(1) 调整压下。调整压下是厚度控制的最主要和最有效的方法。常常用来消除因为影响轧制压力的因素所造成的厚度差。其原理是通过调整空载辊缝来消除各种因素的变化对轧件厚度的影响。图 9.33(a)所示是为消除来料厚度变化对轧件厚度影响的板厚控制原理

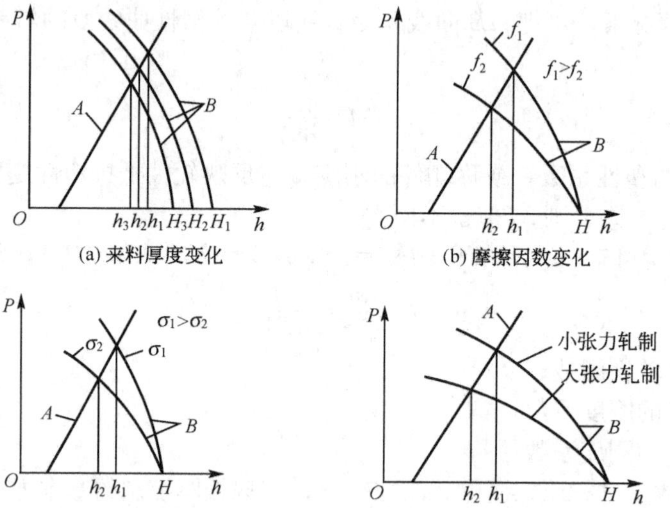

(a) 来料厚度变化　(b) 摩擦因数变化

(c) 变形抗力变化　(d) 张力变化

图 9.32　轧制压力的波动对轧件厚度的影响

图，图 9.33(b)所示是为消除张力、摩擦因数和变形抗力的变化而影响的板厚控制原理图。

(2) 调整轧制速度。轧制速度的变化可使张力、温度、摩擦因数等参数相应发生变化，所以可以通过调整轧制速度来调整张力和温度，从而改变轧件厚度。

(3) 调整张力。调整张力是利用前后张力来改变轧件塑性变形曲线的变化而达到控制板厚的目的，如图 9.34 所示。

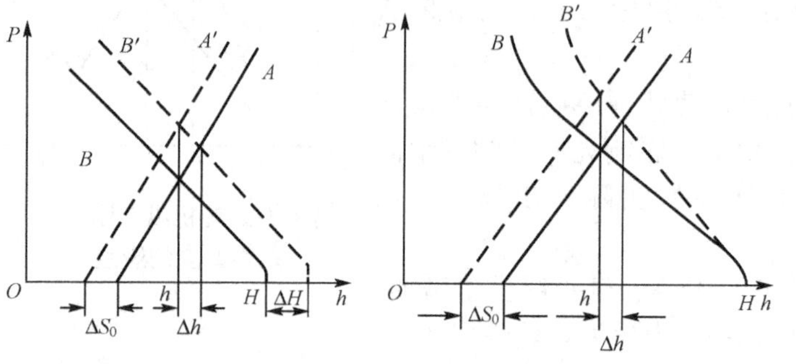

(a) 消除来料厚度变化的影响　(b) 消除张力、摩擦因数和变形抗力的影响

图 9.33　调整压下控制板厚原理图

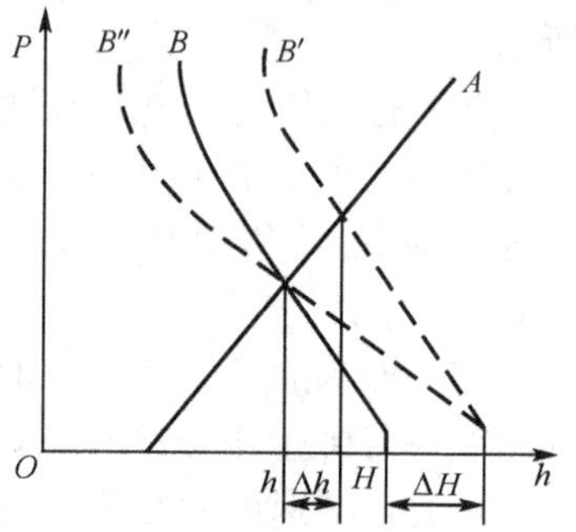

图 9.34　调整张力控制板厚原理图

热轧过程中，若张力过大，易发生拉窄、拉薄等情况，而且张力的变化范围有限，用调整张力的方法来调整板厚的效率不高，所以热轧一般不利用张力来控制板厚。

3) 热轧板带的厚度控制特点

热连轧带材的厚度精度主要取决于精轧机组，现代的热连轧机组都配备有自动的厚度控制系统 AGC，能克服工艺参数波动对厚度精度的影响，并且对轧机参数的变动给予补偿。

影响板带热轧厚度偏差的因素主要有：由于温度波动引起的变形抗力的波动，来自粗轧区的来料厚度波动以及轧辊的偏心等，其中来料温度波动是影响厚度偏差的最主要的因素。

4）冷轧板带的厚度控制特点

厚度精度是冷轧板、带材的最重要的技术指标。20 世纪 50 年代发展起来的厚度自动控制 AGC 技术发展比较成熟，当前成卷宽幅冷轧带钢的厚度精度已达 2～5μm（占全长 98%），基本上已能满足用户的要求。

与热轧相比，大张力是冷连轧生产最主要的特征。任一机架的轧制参数的变化将通过张力的传递作用来影响其他机架的工作状态。

通常情况下，一套冷连轧机组的厚度控制系统由入口段 AGC、机架间 AGC 和出口段 AGC 组成。在实际生产过程中按需要配备若干种不同的厚度控制方法，以下为几种常用的冷连轧厚度控制方法：

(1) 辊缝前馈 AGC。辊缝前馈 AGC 是根据轧制入口测厚仪测出的厚度偏差，控制液压缸来改变辊缝，从而达到消除厚度偏差的目的，辊缝调整量 $\delta S = M \cdot \delta H / k$。

(2) 辊缝监控 AGC。辊缝监控 AGC 是根据轧机出口测厚仪测出来的厚度偏差，调整液压缸来改变辊缝，从而达到消除厚度偏差的目的，辊缝调整量 $\delta S = k \cdot \delta h / (M + k)$。

(3) 张力前馈 AGC。张力前馈 AGC 是根据入口测厚仪测出来的厚度偏差，通过调节前一架的轧制速度来控制机架间的张力，从而消除下一机架出口带材的轧制厚度偏差。

(4) 张力监控 AGC。张力监控 AGC 是根据出口测厚仪测得的厚度偏差，通过调整前面机架轧辊速度来控制机架间的张力，从而消除厚度偏差。

(5) 压力 AGC。压力 AGC 是根据弹跳方程由轧制压力间接得出带材的厚度偏差 Δh，通过调整液压缸来改变辊缝，从而达到消除厚度偏差的目的。该方法通常在第一机架采用。为提高这种间接测量厚度偏差方法的精度，可以在出口通过测厚仪对其进行修正，这种方法称为厚度计监控 GM - AGC。

(6) 秒流量 AGC。秒流量 AGC 是目前现代化冷连轧生产线上配备的一种先进的厚度控制方法。由于在稳定的连轧过程中，各机架间的秒流量会保持不变，即机架入口厚度与出口厚度之比和出口速度与入口速度之比相同，根据精确的速度测定即可控制板带厚度。

9.1.6 板型控制技术

1. 横向厚差与板形的概念

1）横向厚差

板带横向厚差是指沿宽度方向的厚度差，即板带材横断面的厚度偏差。该厚度差取决于板带材轧后的断面形状或轧制时的实际辊缝形状。横向厚差通常用轧件横断面中部的厚度 h_z 和边部厚度 h_b 的差值来表示，即

$$\delta = h_z - h_b \tag{9-67}$$

当 δ 为正时，断面为凸形，当 δ 为负时，断面为凹面。δ 等于零时为理想的断面，即断面是矩形。

2）板形

板形是描述板带材形状的一个综合概念。包括板凸度和平直度两个指标。平直度即浪形、瓢曲的有无及程度。浪形是指板带材纵向呈起伏波浪，波浪有双边波浪、中间波浪、单边波浪等。当板带两边的延伸率大于中部，产生对称的双边波浪；反之，若中部的延伸

率大于边部，就产生中间波浪。如果两边的压下量不一样，压下量大的那一边由于延伸率大则产生单边波浪或侧弯(镰刀弯)。轧件在离开轧辊出口后向上、向下或是沿宽向出现弧形的弯曲称为翘曲。当波浪在轧件横向、纵向同时增大，由于单元波浪的面积较大，板形凹凸形的轮廓变成近似圆形或椭圆形，这种板形缺陷通常被称为瓢曲。图 9.35 所示为常见板型缺陷示意。

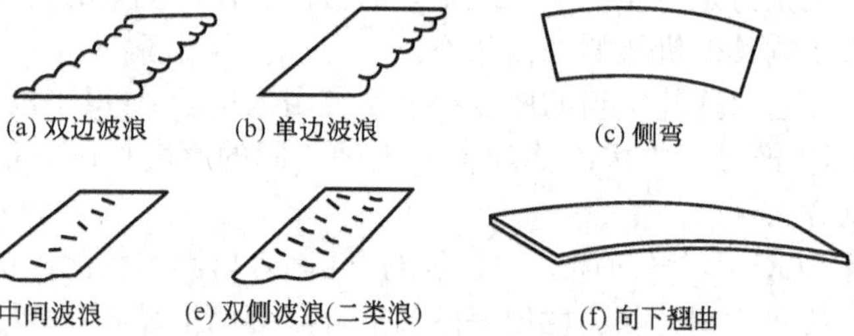

图 9.35　常见板型缺陷示意

3）板形与横向厚差的关系

横向厚差和板形是两个不同的概念，但两者却有着密切的关系。在来料板形良好的前提下，板形取决于延伸率沿宽度方向是否相等，即压缩率是否相等。这一条件由轧前坯料横断面厚度的均匀性及辊型或实际辊缝形状决定。板形在很大程度上还决定于轧制前后的横向厚差。通常所说的板形控制一般包括板形控制和出口横向厚差控制两个方面。

热轧生产中，因为轧件厚，刚性大，对不均匀变形造成的翘曲失稳的敏感性小，波浪少见，热轧头几道次以控制横向厚差为主，后几道次板材变薄，板形的影响突出，应以控制板形为主。冷轧时由于对不均匀变形的敏感性大，微小的延伸差都会引起板形的大幅度恶化，所以冷轧特别是冷轧薄板时主要是严格控制板形。

4）辊型与辊缝对横向厚差及板形的影响

轧辊辊身表面的轮廓形状称为辊型，原始辊型是指刚磨削好的辊型，工作辊型是指轧辊在受力和受热轧制时的辊型，又称承载辊型。通常用辊身中部的凸度表示辊型的大小，轧辊辊身中部与辊身边缘的半径差称为辊型凸度最大值，其大小由轧辊的弹性变形(弯曲挠度、压扁)和不均匀热膨胀决定。由于轧制过程中设备、工艺等条件不断的变化，工作辊型很难保持为理想的平辊型。

如果上下两个工作辊都同为凸辊型，对应的辊缝形状就呈凹形，轧件横断面的形状就是凹形；反之，工作辊型为凹辊型，轧件横断面呈凸形。因此，除了来料的横断面形状以外，板形与横向厚差主要取决于工作辊缝的形状。

2. 板形控制原理

1）板形控制的基本原理

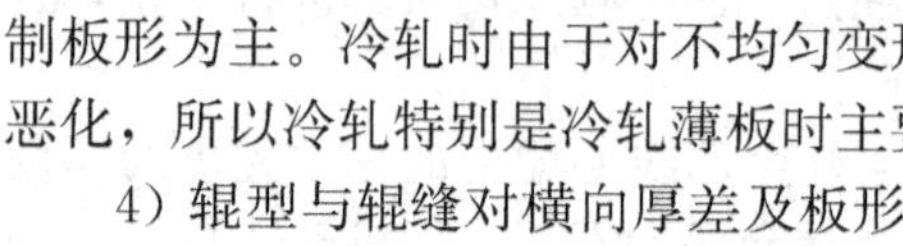

图 9.36　轧制前后板带厚度的变化

如图 9.36 所示，设轧制前板带边缘的厚度为 h_1，轧前厚度差或称板凸量为 c_1，轧后厚度差或称板凸量为 c_2，所以轧前中间的厚度为 h_1+c_1，轧制后板带横断面上的边缘厚度和中间厚度分别为 h_2 和 h_2+c_2。板凸度表示为$\frac{c_1}{h_1}$及$\frac{c_2}{h_2}$。为使板形

良好，坯料横断面必须均匀变形，即板带材边缘和中部的延伸率λ应相等，即有

$$\frac{h_1+c_1}{h_2+c_2}=\frac{h_1}{h_2}=\lambda \tag{9-68}$$

由此可得

$$\frac{c_1}{h_1}=\frac{c_2}{h_2}$$

或

$$\lambda=\frac{c_1}{c_2}=\frac{h_1}{h_2} \tag{9-69}$$

式(9-69)为理想的板形方程，即要得到理想的板形，必须使轧制前的原始凸度率等于轧制后的凸度率。因此，如果在轧制前就有凸度的原料经过轧制后不可能同时得到理想的凸度和平直度。横向的厚度差只能在轧制的过程中与压缩比成比例减少，而不能完全消除。

2）传统的板型控制方法

前面谈到，在不考虑轧件弹性恢复时，可以认为轧后板带的断面形状和轧辊的工作辊缝(即承载辊缝)的形状相同。而实际的工作辊缝形状决定以下因素：①轧辊原始辊型；②轧辊热凸度；③轧辊磨损辊型；④轧辊受轧制力的弹性弯曲；⑤轧辊的弹性压扁；⑥板带轧制前的板凸度等。如果轧制时各影响因素都是稳定的，则通过合理的轧辊原始辊型设计，就可获得良好的板型。

但是，在轧制过程中各因素是在不断变化的，需要随时补偿这些变化因素对轧辊工作辊缝的影响，以便获得良好的板型。因此，板型控制的基本思想是：按照轧制过程中的实际情况，随时改变辊缝凸度，使其能满足获得良好板型的要求。除设定一定的辊型(辊型配置)来控制板型外，板型控制的传统方法还有两种：辊温控制法和液压弯辊控制法。

(1) 辊温控制法。辊温控制法是人为地沿轧辊辊身长度方向对其进行冷却或加热，使辊身温度发生变化来改变轧辊热辊型，以适应板型控制的需要。

(2) 液压弯辊控制法。液压弯辊控制法是将液压缸压力作用在轧辊辊颈处使轧辊产生附加弯曲，以补偿由于轧制力和轧辊温度等因素的变化而产生的轧辊工作辊缝的变化，以获得良好的板型。液压弯辊控制法能迅速改变辊缝形状，具有较强的板型控制能力，是板形控制的最有效的方法，很多新型的轧机(如 HC 轧机)也都有液压弯辊装置。

3. 板形控制新技术及新型轧机

从 20 世纪 70 年代以来，板型控制的新技术和具有较好板型控制能力的新型轧机得到了较大的发展，板型控制新技术的基本原理有两个方面：

(1) 增加承载辊缝的刚度。采用提高辊缝刚度系数来增加板型控制能力的辊缝称为刚性辊缝型。例如 HC 轧机以及采用双阶梯辊支承辊的四辊轧机，属于这一类型。

(2) 加大轧辊原始辊缝或承载辊缝的调节范围。新型板带轧机中的 CVC 轧机、PC 轧机、VC 轧机等属于这一类型。

下面简要介绍以下板型控制的新型轧机。

1) HC 轧机(High Crown Mill)

20 世纪 70 年代，日本的日立公司和新日铁公司联合研制出了中间辊可以横移的六辊轧机，也称 HC 轧机，其结构如图 9.37(b)所示。轧机是在普通的四辊轧机的基础上，在支承辊与工作辊之间安装一对可轴向移动的中间辊而成为六辊轧机，而且两中间辊具有相反的轴向移动方向，这种轧机具有优异的板形和板凸度控制能力。HC 轧机的开发使板形

理论和板形控制技术进入了一个新的时期。国内外已有不少带钢、铝、铜等的轧制线选用 HC 轧机，并取得了较好的效果。UC 轧机是 HC 轧机的改进机型，使用也较多。

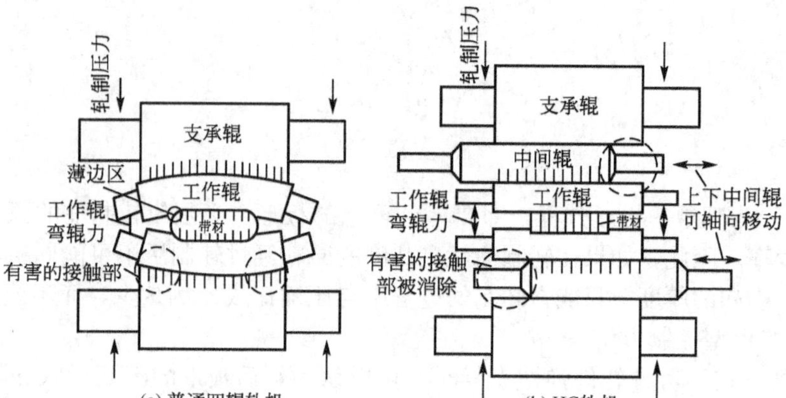

(a) 普通四辊轧机　　(b) HC轧机

图 9.37　HC 轧机与普通四辊轧机结构对比

2）CVC 轧机(Continuously Variable Crown Mill)

CVC 轧机是德国 SMS 公司在 20 世纪 80 年代在 HC 轧机的基础上发明的。CVC 工作时能沿轴向横移，可以实现连续可变凸度。CVC 轧机和常规轧机的比较如图 9.38 所示。

3）PC 轧机(Pair Crossed Mill)

PC 轧机是轧辊成对交叉轧机，是日本三菱重工开发的。如图 9.39 所示，PC 轧机主要特点是轧辊“成对交叉”，利用调节轧辊线的交叉角度来控制凸度，使辊缝可调，而工作辊又不产生挠度，因此凸度控制不会影响工作辊的强度和刚度。

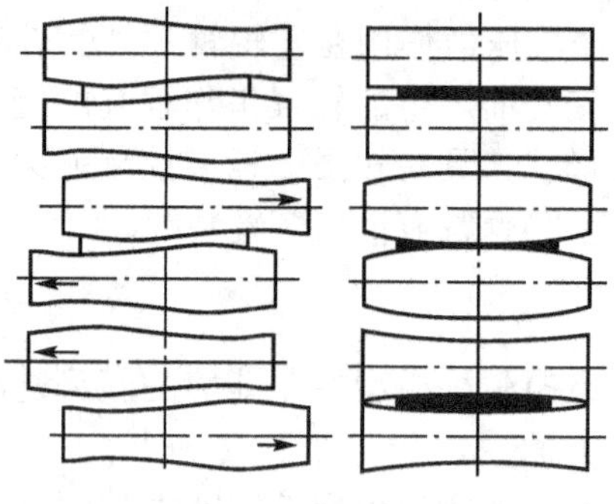

(a) CVC轧机　　(b) 常规轧机

图 9.38　CVC 轧机和常规轧机的比较

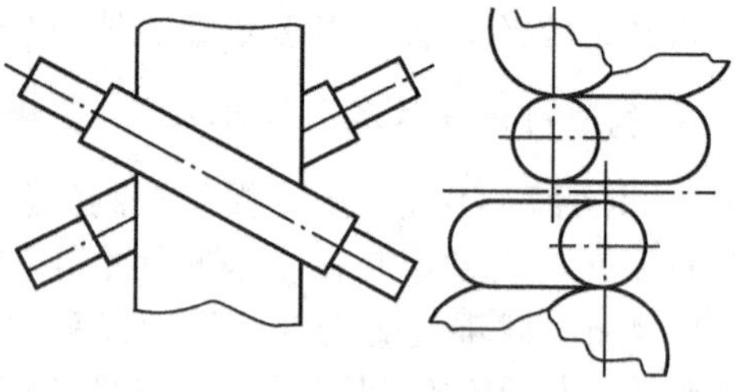

图 9.39　PC 轧机示意图

PC 轧机具有较大的凸度控制范围和较高的控制精度。特别是 PC 轧机加上在线磨辊 ORG 工艺可以实现自由程序的轧制。目前世界上已有几十套 PC 轧机在运行，主要用于热带钢轧制，国内宝钢 1580mm 热带轧机的 F_2～F_7 精轧机即采用了 PC 轧机。

4）VC 轧机(Variable Crown)

VC 轧机是日本住友公司开发的轧辊凸度可瞬时改变的轧机，该轧机的支承辊由芯轴和轴套组成，它们之间有一液压腔，腔内充以压力可调的高压油，随着轧制工艺条件的变化，不断调整高压油的压力来改变轧辊的膨胀量，即轧辊凸度，以获得良好的板型。

近年来，针对某些难以控制的板形缺陷，又相继开发了一些新型的板形控制技术，如动态板形辊 DSR 技术，双腔变凸度辊 DCVC 技术，特别凸度辊 SCR 技术，等等。

9.2 型材及线材生产工艺

9.2.1 型材生产

1. 型材生产概述

型材是金属材料通过轧制、挤压、铸造等工艺生产的，而型钢主要通过热轧工艺生产。型钢按其断面形状可分为简单断面型材和复杂断面型材两类。按钢的冶炼质量不同，型钢分为普通型钢和优质型钢，普通型钢又分为大型型钢、中型型钢和小型型钢。型钢一般按图 9.40 所示的流程进行生产，具体生产流程根据各企业所生产的品种及设备的不同而异。

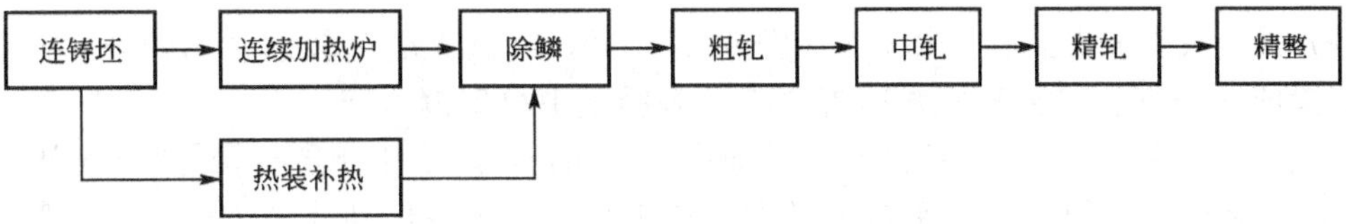

图 9.40 通用型钢的一般生产流程

轧制型钢用的原料主要有初轧坯、连铸坯和锻压坯，个别的用小钢锭直接轧制，生产较大规格的工字钢时常用异型坯。用连铸坯轧制普通型钢，一般不用对连铸坯检查和清理，因此大、中型型钢生产容易实现连铸坯热装热送，甚至直接轧制工艺。

型材轧制分为粗轧、中轧和精轧。粗轧的任务是将坯料轧成适用的中间坯。粗轧阶段温度较高，应该将不均匀变形尽可能放在粗轧阶段。中轧的任务是使轧件迅速延伸，接近成品尺寸。精轧是为保证产品的尺寸精度，延伸量较小。

型材的轧后精整有两种工艺：一种是传统的热锯切定尺、定尺矫直工艺；另一种是长尺冷却、长尺矫直、冷锯切工艺。

2. 型钢轧机及布置形式

轧制型材所使用的轧机按轧机结构有二辊式、三辊式和万能式轧机。通常型钢轧机按轧辊名义直径不同，可分为表 9-4 所列的各种类型。

表 9-4 型钢轧机的类型(按轧辊名义直径)

轧机名称	轨梁	大型轧机	中型轧机	小型轧机	线材轧机
名义直径/mm	750～900	650 以上	350～650	250～300	150～280

按轧机布置形式，基本上分为横列式、顺列式、棋盘式、半连续式和连续式五大类，如图 9.41 所示，各种轧机生产线布置形式特点如下：

(1) 横列式。大多数用一台交流电动机同时传动数架二辊或三辊式轧机，在一列轧机

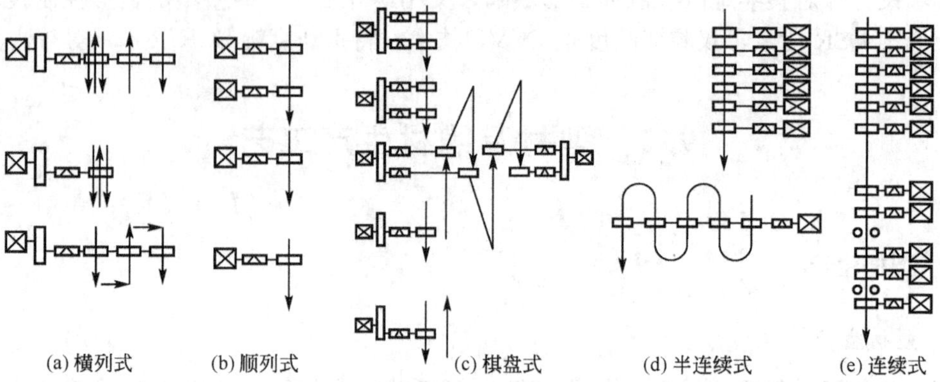

图 9.41　各类型材轧机的布置形式

上进行多道次穿梭轧制。由于轧制间隙时间长，温降大，产品尺寸精度及生产效率不高。

(2) 顺列式。轧机多为水平/立式或多辊式轧机，各架轧机顺序布置在 1～3 个平行纵列中，每架轧机单独传动，每架只轧一道，但不成连轧。传统的大型型钢轧机线采用这种布置。

(3) 棋盘式。该布置介于横列式和顺列式之间，前几架轧件较短时用顺列式，后几架轧机布置成两横列。这种轧机线布置紧凑，多用于中小型钢生产。

(4) 半连续式。该布置介于连轧和其他形式之间，常用于轧制合金钢或老式轧机改造。

(5) 连续式。轧机纵向紧密排列成为连轧机组，可单独传动或集体传动，每架只轧一道。轧机轧制速度快，产量高，轧机紧密排列，间隙时间短，轧件温降小，尤其适于中小规格、轻型薄件、合金钢的生产。随着轧机装备技术、自动控制技术的发展，目前新建的型钢生产线(包括中大型钢)多为连续式轧制线。

3. 型钢轧制法

型钢轧制法基本分为以下两类：

1) 孔型轧制法

孔型轧制法在二辊或三辊轧机上，靠轧辊的轧槽组成的孔型对各类型材纵轧的方法，也称普通轧制法或常规轧制法。孔型设计的原则是：必须尽量减少从坯料到成品所需的轧制道次，以提高轧制效率；同时还必须考虑使轧辊磨损及动力消耗尽量减少；以及能轧出高质量的产品等。图 9.42 所示是槽钢的孔型系统图。

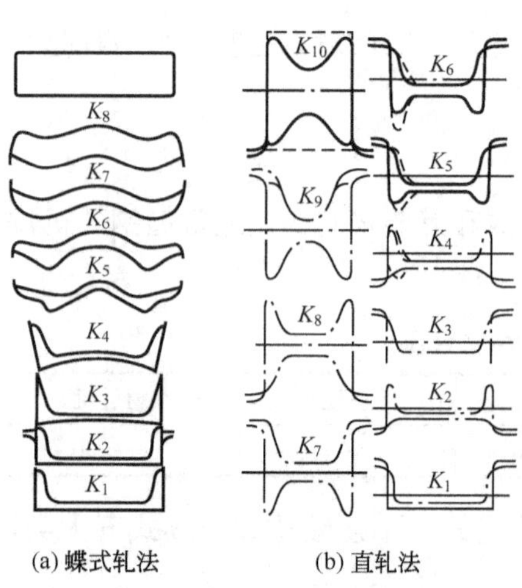

图 9.42　槽钢的孔型系统图

2) 万能轧制法

使用万能轧机轧制型钢称万能轧制法。万能轧钢机除上下两个水平轧辊外，在水平辊的两侧还设置被动的立辊，用四个轧辊形成一个孔型，各个轧辊间隙均可调节。目前万能轧机已在 H 型钢、槽钢、钢轨等生产中得到应用。图 9.43 所示是用万能轧机轧制 H 型钢示意。

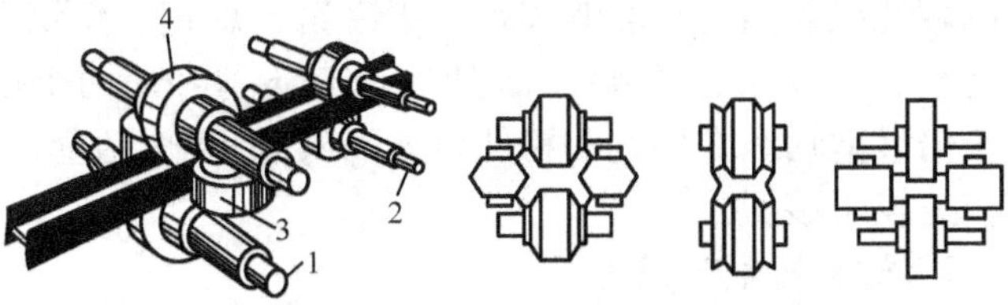

(a) 万能-轧边端可逆轧机 (b) 万能粗轧机 (c) 轧边端孔 (d) 万能成品孔

图 9.43 用万能轧机轧制 H 型钢示意

1—水平辊；2—轧边端辊；3—立辊；4—水平辊

4. 中小型简单断面型材生产

简单断面型钢一般成根供应，又称棒材或小型材，主要有方钢、圆钢、扁钢、弹簧扁钢、角钢等，主要由小型轧机生产。小型轧机种类繁多，轧机的类型和布置形式多种多样，主要有连续式、半连续式和横列式三种，目前国内新建的轧机多为连续式轧机。下面介绍几种典型的全连续小型轧机生产线情况。

1）高速轧制的圆钢和钢筋轧机生产线

可生产带肋钢筋和光面圆钢，年产量可在 30～60 万 t，产品规格范围一般为 ϕ10～40mm，也有 ϕ6～32mm 或 ϕ12～50mm 的。

小型圆钢、螺纹钢连轧生产工艺流程为：热送连铸坯→称重、入炉辊道→步进梁式加热炉→除鳞、无头焊接→粗轧机组→切头切废飞剪→中轧机组→控冷水箱→切头切废飞剪→精轧机组→圆钢/带肋钢筋淬水线→倍尺飞剪→裙板辊道→冷床→成层输送→定尺、冷摆剪等。

典型设备由一座步进梁式加热炉和 18 架轧机组成轧制线，在加热炉和粗轧机之间设有高压水除鳞装置，去除坯料表面的氧化铁皮。18 架轧机平、立交替布置，实现全线无扭转轧制。粗轧机组采用悬臂式轧机，中轧和精轧为高刚度短应力线轧机。在第 6 架、12 架、18 架后设有飞剪，前两个用于切头、切尾和事故碎断，后一个用于倍尺剪切。轧线设有 7 个活套，精密的高刚度轧机和微张力、无张力控制系统用于保证轧件尺寸精度。在线钢筋淬火-回火装置可以低成本生产高强度的钢筋。

2）高产量钢筋轧机生产线

高产量带肋钢筋轧机生产线最主要的特点是采用切分轧制工艺，即在轧制过程中，用轧辊或其他方法将轧件沿纵向剖分成两条或多条轧件，从而将整个变形过程的延伸系数减小到原来的 1/2～1/4，并变单条轧制为多条轧制。

目前 2 切分和 3 切分已成为生产带肋钢筋的标准工艺，近年来更为先进的轧机在生产小规格的钢筋时采用 4 切分轧制工艺，这对单一品种的钢筋轧机来说，非常经济地解决了高生产率的问题。

3）灵活的多品种棒材轧机生产线

这种轧机生产线用来生产小型或中型断面型钢(如等边、不等边角钢、槽钢、扁钢、工字钢)，年产量 60 万 t。

轧线由 18 个机架组成，粗轧机组为 6 架悬臂式轧机，中轧机组为 6 架短应力线轧机，水平、垂直布置，精轧机组为 3 架短应力线轧机，水平/垂直布置，3 架短应力线可倾翻轧机。其中设置3架可倾翻轧机是因为在轧制圆钢、丁字钢、扁钢、角钢和槽钢时，平辊和立辊轧机要有不同的组合。在6架、12架、18架后设有飞剪，前两个用于切头、切尾和事故碎断，后一个用于倍尺剪切。在中轧和精轧机架间共有11个活套，实现无张力轧制。中轧和精轧机组设有快速换辊装置。

4）优质钢和特殊钢棒材轧机生产线

传统的合金钢小型和线材轧机是横列式，由于合金钢的轧制温度范围窄，质量要求高，轧制过程中温降和头尾温差不仅影响尺寸精度，还严重影响产品的冶金和力学性能。轧机技术的发展，特别是在线温度控制技术的运用，使合金钢实现全连续式轧制成为可能。

国内某企业的高合金钢小型轧机生产线主要产品有 ϕ12～75mm 圆钢、12～50mm 方钢、30mm×5mm～100mm×30mm 扁钢、13～47.5mm 六角钢等，设计年产量为20万t。钢种有碳素结构钢、碳素工具钢、合金结构钢、合金工具钢、弹簧钢、滚珠轴承钢、奥氏体不锈钢等。最高轧制速度为14m/s。轧制线由24架轧机组成，全部呈水平/垂直布置，轧制线全部轧机均为高刚度的短应力线轧机，适合于难变形的合金钢轧制和小的轧制公差要求。粗轧与中轧之间为脱头轧制，在加热炉与粗轧机、粗轧机与中轧机之间均设有保温辊道，以减少轧件的温降。

5．中大型型钢生产

中大型型钢是指尺寸较大的I型钢(工字钢)、钢轨、H型钢、U型钢(槽钢)、角钢、Z字钢、丁字钢、T型钢等，目前新建的中大型型钢轧制生产线多为连续轧制工艺。国内某企业100～400mm中小型H型钢连轧生产线的情况如下：

该生产线设计年产量为50万t。采用方坯或近终型异形连铸坯，最大坯重为6.9t。方坯用来生产槽钢、工字钢，异形坯用来生产H型钢。生产工艺流程为：方坯或异形连铸坯→步进梁式加热炉→高压水除鳞→5机架粗轧机组连轧→火焰切割机切头→10机架中、精轧机组连轧→在线尺寸测量→倍尺飞剪→步进式冷床水冷→十辊矫直机矫直→成排收集→冷锯→检查、堆垛、打捆→成品入库、发货。

9.2.2 线材生产

1．线材产品特点

线材是热轧材中断面最小的一种，按其断面形状分为圆形、方形、六角形、螺纹圆形和梯形等，以圆形和螺纹圆形为主。线材的钢种较多，以碳素钢和低合金钢为主。热轧线材一般是指 ϕ5～9mm，现代高速无扭线材轧机出现以后，将其规格扩大到 ϕ13～22mm 甚至更大些。习惯上将一些带有卷材作业线生产的卷材称为盘条，而如果不卷成盘，生产成直条供货的则称为圆钢或棒材，如轧成螺纹型周期断面圆钢则称为螺纹钢筋。

线材生产发展的总趋势是提高线速，增加盘重，提高精度及扩大品种规格范围。高速无扭轧机机组和斯太尔摩控冷装置是现代高速线材轧制技术的两大支柱。当前线材轧制速度已突破100m/s的大关，最高达到120～140m/s，盘重达到2t以上，个别甚至达到2.7～3t，线材规格上限扩大到 ϕ20～26mm。

2．现代化高线生产工艺及设备

下面以国内某企业40万t高线为例介绍现代化高线设备的生产工艺及技术装备情况。

该生产线年设计生产能力 40 万 t，可生产 ϕ5.0～20mm 光圆线材盘条，ϕ6.0～16.0mm 带肋钢筋，设计速度 140m/s，生产钢种包括碳钢、弹簧钢、轴承钢、不锈钢、合金结构钢等。全线 30 架轧机，采用单线全连续轧制方式。

生产工艺流程为：连铸坯→热送至上料台→入炉辊道→热装加热炉→除鳞→连铸坯焊接→粗轧机组无头轧制→剪切头尾→中轧机组→剪切头尾→预精轧机组→预水冷处理→剪切头尾→精轧机组轧制 8 道→QTR 系统(光面线材进行快速冷却控冷)/QTB 系统(带肋钢筋在线淬火和回火)→减定径机组→水箱冷却→在线测径→智能夹送辊和吐丝机→Stelmor 散卷冷却和输送→集卷及剪切分卷→P&F 线→取样→压紧、打捆、称重、入库。

粗、中轧机组各有 6 架二辊闭口牌坊式轧机，平立布置，单独传动。预精轧机组由 6 架平立交替布置的轧机组成，前 2 架为闭口式机架，其余 4 架为悬臂式辊环轧机。精轧机组、减定径机组采用 V 型布置 45°顶交式新型轧机，其中精轧机组 8 个机架集中传动，减定径机组每两架集中传动，8 架精轧机、2 架减径机为重型，2 架定径机为轻型。精轧机组保证轧制速度 49.87～71.71m/s，定径机组保证轧制速度 110m/s。

3. 棒线材轧制新技术新工艺

1) 无头轧制技术

焊接无头轧制技术 EWR 是一项适用于长材轧制的新技术，一般在加热炉的出料侧对钢坯进行在线连续焊接，取消了棒材“头尾”的定义，可以连续不间断地生产产品。

2) 热送热装技术

热送热装即连铸坯在 650～1000℃的温度下，直接装入加热炉中加热。可降低燃料消耗 25%～75%，还可减少氧化损失，减少或取消连铸坯中间储存场地等。

3) 直接轧制技术

直接轧制是将连铸坯直接送至轧钢工序进行轧制(图 9.44)，该技术充分利用了钢坯显热，节约加热燃耗。为补偿部分热损，一般在运输辊道两侧装有板式煤气烧嘴边部加热器，或者采用钢坯感应加热的技术，以补偿轧件边部的温降。

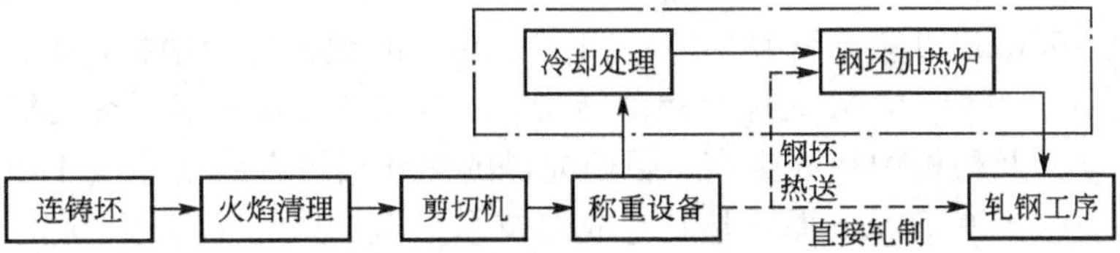

图 9.44　钢坯热装与直接轧制流程图

4) 低温轧制

低温轧制是将钢坯加热到低于常规的加热温度下进行的轧制。在传统连续小型钢生产中，初轧温度一般在 1050～1150℃，采用低温轧制技术初轧温度一般降至 750～800℃。低温轧制的主要目的是节能。

5) 斯太尔摩控冷技术

由于线材盘卷终轧后温度较高(约 1000℃)，高温下盘卷自然冷却时，其内外卷温差大，导致线材表面严重氧化，并导致内部组织不合、力学性能低等缺陷。为解决此问题，1964 年加拿大 Steleo 公司与美国摩根 Morgan 公司联合开发了该控冷技术，因此称为斯太尔摩（Stelmor）法，以后又出现了德马克法、西马克法、达涅利法、阿希洛法等。

该技术又称为棒材表面淬火及自回火工艺，终轧后轧件通过专门的穿水冷却水箱和风冷环节，准确控制轧件的冷却速度，从而获得所需要的组织和性能。近年来被广泛用于热轧带肋钢筋生产，其屈服强度可以提高 150～230MPa。此工艺包括三个热处理阶段(图 9.45)：

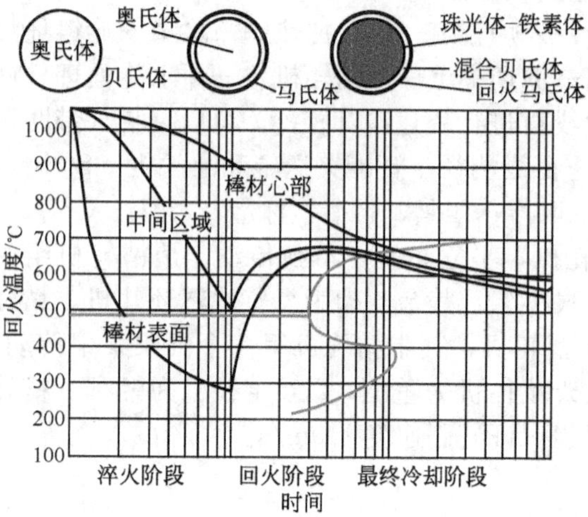

图 9.45　棒材表面淬火及自回火工艺与 *C* 曲线的关系

(1) 淬火阶段。精轧机组后设置一套水冷系统，使带肋钢筋表面淬火形成马氏体，而芯部保持奥氏体组织，当表层下形成一定深度的马氏体后，便停止淬火处理。

(2) 回火阶段。淬火后，再在空气中冷却，由于棒线材各截面内外温度梯度较大，热量从芯部传到表层，使表层马氏体回火形成回火马氏体组织或回火索氏体。

(3) 最终冷却阶段。棒线材在冷床上缓慢冷却时芯部的奥氏体转变成铁素体和珠光体组织，或铁素体、索氏体和贝氏体组织，使得碳和合金元素含量较低的钢获得较高的综合力学性能，降低钢材成本。

9.3　板带材生产

9.3.1　热轧板带生产技术

1. 板带材产品概述

板带钢按厚度可分为厚板、薄板和极薄带钢三大类。一般将厚度 60mm 以上的钢板称为特厚板，20～60mm 的钢板称为厚板，4.0～20mm 的钢板称为中板，0.2～4mm 的钢板称为薄板，其中 0.2～1.2mm 又称为超薄板带，小于 0.2mm 的钢板称为极薄板带，也称箔材。一般中厚板及薄板由热轧生产，目前先进的热轧线可以稳定生产 1.2～1.8mm 的薄板带，国外已有生产 0.78mm 厚的热轧卷成熟技术。箔材只能由冷轧生产。现代工业对热轧板的质量要求有以下几点：

(1) 尺寸精度高。尺寸精度主要是厚度精度，因为它不仅影响其使用性能，而且在生产中达到高精度的难度很大。

(2) 板形要求。板形要平坦，无浪形、瓢曲缺陷，才能有效使用。

(3) 表面质量要好。表面不得有气泡、结疤、拉裂、刮伤、折叠、裂缝、夹杂和压入氧化铁皮等，因为这些缺陷不仅损害产品外观，而且往往对性能也有巨大的危害。

(4) 性能要好。板带钢的性能要求主要包括力学性能、工艺性能和某些钢板的特殊物理或化学性能。

2. 热轧板带材生产工艺特点

板带钢的外形特点(宽厚比很大)和主要技术要求决定着生产的特点：

(1) 控制轧制压力。由于轧制压力巨大而且容易波动，以致影响到厚度和板形的波动，因而在生产中要采取种种措施以减小轧制压力波动的影响。

(2) 传统热轧采取升速轧制。由于板带表面积大散热快，造成头尾温差大，一般在轧制中要采取升速轧制。

(3) 板型和辊型控制。由于钢板宽厚比很大而带来变形敏感性增强，在轧制中要特别注意板形和辊形的控制。

(4) 表面氧化铁皮清除。由于板带钢表面积很大且对表面质量要求又高，在轧制中要特别注重表面的保护和氧化铁皮的清除。

(5) 热处理工艺。由于对板带钢的性能要求高，生产中除注意控制轧制工艺条件以外，还要经常采用热处理手段。

3. 热带钢连轧的生产方式

当前热轧板带主要有两种生产方式，即传统热连轧和薄板坯连铸连轧。

1) 传统热连轧方式

一般将20世纪90年代以前的带钢热连轧称为传统带钢热连轧，年产量可达300万t。目前国内约有半数带钢是通过这种方式生产的。根据其技术特点，大致可分为三代，目前国内使用的热连轧机均属于第三代热连轧机。

(1) 第一代热连轧机。20世纪50年代从前苏联引进的无厚度和板型控制的热连轧机，如鞍钢的1700mm热连轧机。

(2) 第二代热连轧机。20世纪70年代从日本引进的有厚度控制但无板型控制的热连轧机，如武钢的1700mm热连轧机。

(3) 第三代热连轧机。20世纪80年代从德国及日本引进的有厚度、板型、微张力控制的热连轧机，如宝钢的2050mm及1580mm热连轧机。

2) 薄板坯(中厚板坯)连铸连轧方式

薄板坯(中厚板坯)连铸连轧自1990年得到实际应用以来发展很快，截至2005年年底，世界建成的薄(中厚)板坯连铸连轧生产线近40套，主要包括SMS的CSP、DEMAG的ISP、住友的QSP、达涅利的FTSR以及奥钢联的CONROLL等，另外鞍钢自行设计的ASP线已有三条线投运。

连铸板坯厚度不同，相应的生产线设备配置也不同，见表9-5。

表9-5 不同厚度的连铸坯相应生产线配置及特点

连铸工艺	薄板坯连铸	中板坯连铸	厚板坯连铸
铸坯厚度/mm	40～70	90～150	200～300
结晶器形状	漏斗形	平行板形	平行板形
铸速/$m \cdot min^{-1}$	高，最大6.0	中，最大5.0	低，最大2.5
轧制线主要设备	精轧4～6机架	粗轧1～2机架+精轧4～6机架	粗轧1～3机架+精轧7机架
品种	低碳钢为主	与传统工艺相当	多
质量	较低(表面质量较差)	与传统工艺相当	高
投资	小	中	大

4. 带钢热轧机的布置形式

图 9.46 所示给出了各种带钢热轧机的概念设计。传统带钢热轧线可以生产所有的钢种，年产量可达 500 万 t，紧凑式带钢热轧机线可以达到 300 万 t。四辊可逆式炉卷轧机也可生产所有钢种，年产量小于 100 万 t。CSP 机组两流生产时年产量可达到 250 万 t。

(a) 传统的带钢热轧机(高生产率型)

(b) 紧凑式带钢热轧机

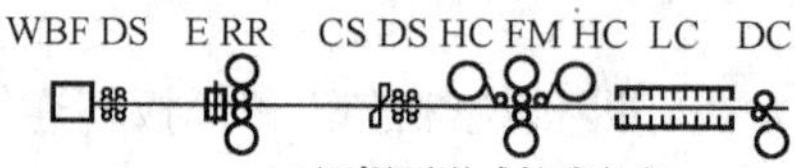

(c) 四辊可逆式炉卷轧机

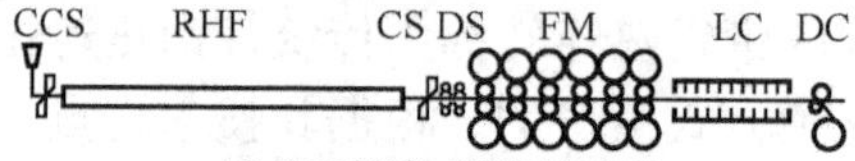

(d) CSP紧凑式带钢生产线

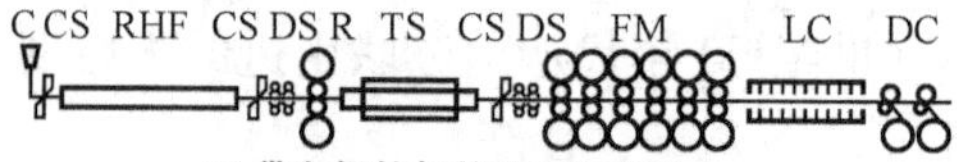

(e) 带有粗轧机的CSP生产线

图 9.46　各种带钢热轧机线的典型设计

C—薄板坯连铸机；CB—卷取箱；CS—铸机剪切机或剪头机；DC—地下卷取机；
DS—除鳞设备；E—轧边机；FM—精轧机；HC—热卷取机；LC—层流冷却；R—不可逆粗轧机；
RR—可逆粗轧机；RHF—辊道炉膛加热炉；SSP—板坯定径压力机；TS—传递系统；WBF—加热炉

5. 热轧薄板生产设备

1）加热区设备

对于传统热连轧生产工艺，由于提高板坯热装率和热装温度是最有效的节能措施，因而配置上下两面多段供热的步进梁式加热炉是最佳选择。

薄板坯连铸连轧线一般采用隧道式炉底加热炉，也可选择步进梁式加热炉或在粗轧机与精轧机之间选用感应加热炉及热卷箱。隧道式炉底加热炉分为加热段、均热段和缓冲段，炉长为 150～200m，集加热、均热、保温、输送及缓冲等功能于一体。

2）粗轧区设备

粗轧区设备包括粗轧除鳞设备、定宽压力机、立辊轧机、水平轧机、保温罩、热卷箱等。一般在粗轧机最后机架后设有测温仪、测宽仪及头尾形状检测系统。

粗轧机的布置形式是根据产量、板卷质量等诸多因素而决定的。粗轧机的布置形式主要有全连续式、3/4 连续式、半连续式和其他形式，如图 9.47 所示。由于全连续式生产线过长，很少采用，目前广泛采用的是 1/2 连续式和 3/4 连续式。

3）精轧区设备

精轧区设备的布置形式已相对定型，一般由切头飞剪机、边部加热器、高压水除鳞

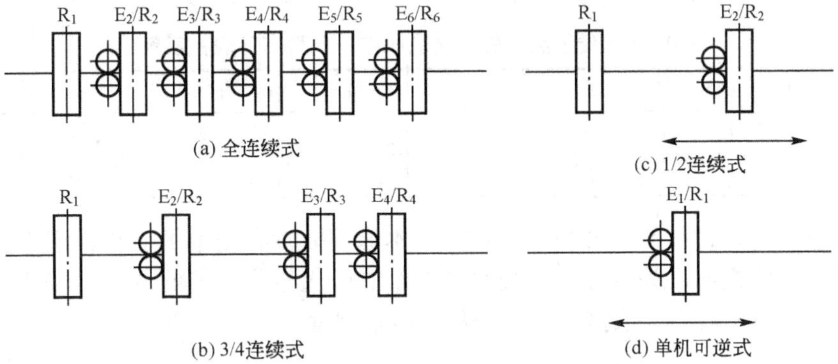

图 9.47 粗轧机的四种布置形式

箱、精轧机组、机架间活套、快速换辊、轧辊在线磨削等装置组成。

精轧机是热带钢连轧线上的核心设备，主要进行对带钢的厚度减薄和板型控制，是决定产品质量的主要工序，轧机的各种先进技术几乎都集中在精轧机组上，如精轧除鳞、边部加热器、AGC 系统、弯辊系统、新型板型控制手段(PC 轧机、CVC 轧机、WRB 轧机等)、精轧机间低惯量活套装置、在线磨辊装置(ORG)、工作辊轴移(WRS)技术等。

4) 轧后冷却装置

为获得良好力学性能的热轧带钢，轧后要进行水冷，使带钢迅速冷却到所要求的卷取温度。为此在精轧机与卷取机之间设置一段水冷区，利用水冷设备对板带进行冷却。带钢轧后冷却装置形式主要有层流冷却、水幕冷却、高压喷水冷却，其中层流冷却的水流为层流，水压稳定，控冷效果较好。

5) 卷取设备

热带钢卷取机分地上式和地下式两种，现代热连轧机生产线上主要采用具有三个助卷辊的地下式卷取机。

6. 薄板坯连铸连轧工艺制度特点

1) 轧制温度与轧制速度

在传统的热轧生产中，随着板坯的大型化和轧制时间的增长，增加了轧件尾部的温降，加大了头尾部的温差，导致精轧温度不一。另外，在传统的热轧带钢生产中，由于在轧制过程中温降的原因，为了避免因温降造成的头尾温差而产生的厚度精度差、板形不好和性能不均匀等的质量问题，在轧制过程中必须要升速轧制。升速轧制还有利于提高产量。

薄板坯连铸连轧中上述的两个问题都不再存在，由于隧道式或感应式加热炉就布置在轧制线上，板坯未轧部分可以仍在炉内保温，不会有头尾的温差问题；一套连轧机的生产能力远远超过连铸机的生产能力，即使两台连铸机给一台轧机提供板坯，轧机生产能力仍然有富裕，所以对于薄板坯连铸连轧升速轧制就没有必要。

2) 变形制度

传统热连轧机组的压下规程制定主要是合理地分配各道次的压下量，确定各机架的实际轧出厚度。其原则一般是充分利用开轧时高温的有利条件，把压下量尽量集中在前几架轧机上。对于薄规格的产品在后几架轧机上为了保证板形、厚度精度及表面质量，压下量逐渐减小。表 9-6 所示为国内某轧钢厂的现代化热连轧机精轧机组的典型压下规程。

表 9-6 传统热连轧机精轧机组的典型压下规程示例

机架号	F1	F2	F3	F4	F5	F6	F7
辊缝/mm	21.0	10.9	6.3	4.1	2.7	2.3	2.0
压下率/(%)	46	42	36	31	25	18	13

薄板坯连铸连轧过程的变形制度制定的基本原则并没有根本的变化，但因该工艺在坯料、温度制度、轧机布置等方面与传统热轧机组有较大不同，因此变形量普遍有了较大的增加。表 9-7 所列是薄板坯连铸连轧 CSP 的压下规程。

表 9-7 CSP 薄板坯连铸连轧的典型压下规程示例

机 架 号		F1	F2	F3	F4	F5	F6
规程 I	辊缝/mm	30.0	12.2	4.98	2.12	1.41	1.20
	压下率/(%)	40.0	59.26	59.26	57.44	33.51	14.82

7. 板带钢热连轧技术的发展

1）宽度动态控制

板宽动态控制是热轧生产中的一个重要环节，其控制效果直接影响带钢成品宽度精度。目前采用的板宽动态控制技术有自动宽度控制、连续宽度控制、短行程控制等。

2）中间坯保温技术

粗轧机出口带坯长度可达 80～90m，为了减少输送辊道上的温降，近年来很多工厂在输送辊道上安置绝热保温罩或补偿加热炉，有效地提高了进入精轧的中间坯温度，从而降低加热炉出坯温度，节约燃耗，提高成材率，还可减少带钢头尾温差，使板带温度更加均匀。

3）中间坯边部感应加热技术

带坯在轧制过程中，边部散热较快，其温降大于中部温降，导致带钢横截面上晶粒组织不均匀，性能差异大，还会出现边部裂纹和对轧辊严重的不均匀磨损。因此，在精轧机组前对带坯边部进行加热，将温度补偿到与中部温度一致。一般采用电磁感应加热器或煤气烧嘴边部加热器，使带坯边部温度提高 30～50℃，使带钢横向温度更加均匀，减少带钢边部裂纹。

4）组织性能控制

热轧板带钢的内在质量除了受材料本身化学成分的影响之外，很大程度上取决于轧制过程中的变形制度和冷却制度。通过控制变形量的分配、终轧温度、卷取温度、冷却速度，可以控制产品的晶粒度、析出、相变、微结构形态等组织结构特征和屈服强度、抗拉强度、伸长率、断面收缩率、韧性等力学性能参数。热轧带钢中最有效的组织性能控制手段是通过控制轧件在层流冷却区的冷却过程来控制卷取温度。

5）铁素体区轧制技术

铁素体区轧制工艺又称为温轧，是在 Ar_3 温度以下轧制，由于温度低，可降低加热温度，节约燃料，开发加热炉的潜在生产力，提高效益，还可大幅度降低由此产生的氧化铁皮损耗，提高成材率和带钢的表面质量，并使冷轧前酸洗效率提高。

6）超快冷却技术

随着轧制技术的发展和对新钢种开发的不断追求，对控制冷却技术提出了更高的要求，例如在超级钢的研究中发现，超级钢在轧制时只有遵循“低温、大压下及随后快速冷却”的原则才能获得 3～5μm 的细小晶粒。因此随着新产品的不断开发和轧制技术的发展，要求在轧制过程中实现短时、快速、准确控温，而常规的层流冷却、气雾式冷却等技术难以满足这一要求，因此促使人们开发新型的超快冷却技术。

7）板型、板厚控制的高精度轧机

目前我国轧机采用的板形控制方式主要有三种：HC 轧机、CVC 轧机和 PC 轧机。各种轧机有各自的特点，PC、CVC 轧机在热轧线上应用得较多，而 HC 轧机在冷轧线上应用得较多。

8）无头轧制技术

1996 年日本川崎制铁的热带轧机首先应用无头轧制技术，如图 9.48 所示。热轧无头轧制技术在超薄热带轧制、板厚精度控制、板带整长性能稳定性控制以及提高生产率等方面显示出传统热带轧制无可比拟的优越性。

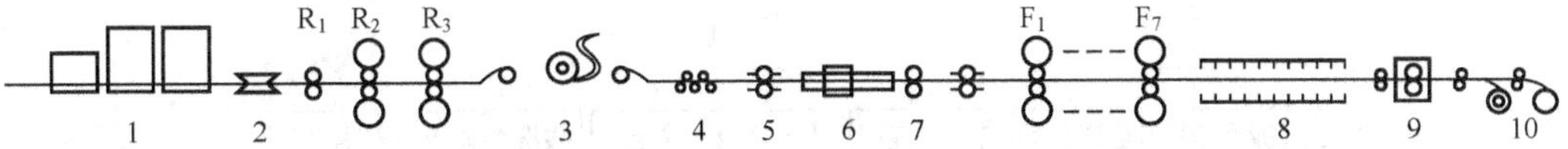

图 9.48 千叶厂 3 号热带轧机无头轧制生产线示意

1—加热炉；2—定宽压力机；3—热卷箱；4—矫直机；5—剪切机；6—移动焊接装置；7—去毛刺机；8—层流冷却；9—高速飞剪；10—卷取机

9.3.2 冷轧板带钢生产

1. 冷轧薄钢板生产概述

冷轧板带钢的产品品种很多，生产工艺流程亦各有特点，具有代表性的冷轧板带钢产品主要有金属镀层薄板、深冲钢板、电工硅钢板、不锈钢板、涂层板、复合板等。成品的供应状态有板、卷或纵剪带形式，外形尺寸及技术性能指标等都有国家标准，涉及出口产品有相关国际或组织通用标准。各种冷轧产品生产流程如图 9.49 所示。

2. 冷轧板带钢产品工艺特点

冷轧板带钢是由热轧板带钢采用冷轧方式生产出的具有较高性能和优良品质的板带产品。以其精确的尺寸、光洁的表面、良好的性能，在板带钢领域内迅速崛起。较之热轧，冷轧板带生产中的轧制工序主要有以下几个问题。

1）加工硬化

冷轧在金属的再结晶温度以下进行，晶粒被破碎，产生了很高的位错密度，且不能在加工过程中产生回复再结晶，故板带在冷轧过程中必然产生很大的加工硬化，并随着变形程度的增加而加剧，从而使变形抗力及轧制压力增大，塑性降低。因此钢材经一定的轧制道次以后，往往要经软化热处理(再结晶退火、固溶处理等)，使轧件恢复塑性，降低变形抗力，以便继续轧薄。所以在冷轧时，要根据金属的加工硬化程度，制定压下规程，确定轧制变形量。

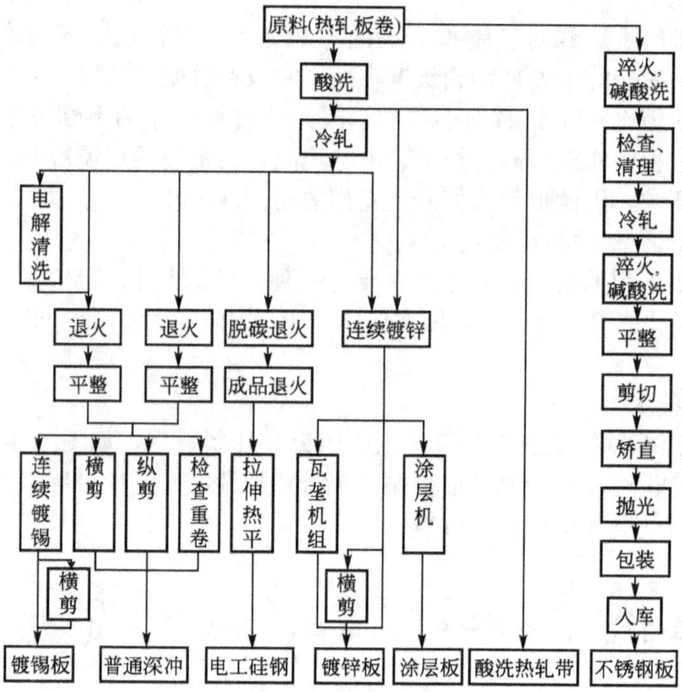

图 9.49　各种冷轧产品生产流程图

2）冷轧中的润滑与冷却

采用工艺冷却和润滑是冷轧工艺中的另一大特点。在冷轧过程中，由于金属的变形及金属与辊面的摩擦而产生的变形热及摩擦热，使轧件和轧辊都要产生较大的温升，而轧件的温度过高会使带钢产生浪形，造成板形不良，因此，润滑对冷轧有十分重要的意义。

冷轧中采用的润滑剂兼有润滑和冷却的作用，不仅可以显著减少轧辊和带材间的摩擦，降低轧制压力和能量消耗，同时还能增加金属延伸，提高带材厚度均匀性及表面质量，防止轧件黏附在轧辊上。冷轧板带常用的工艺润滑剂有纱锭油、棕榈油、蓖麻油、棉籽油及各种成分的乳化液等。

3）冷轧中的张力

采用带张力轧制也是成卷冷轧带钢的主要工艺特点，轧制时所需的张力由位于轧机前后的张力卷筒提供，连续式冷轧机各架之间的张力则依靠控制机架速度来产生。

张力的主要作用有：①改变轧件在变形区中的应力状态，降低单位压力，减少能量消耗；②改善金属的流动条件，有利于轧件延伸，便于轧制更薄的产品；③防止轧件在轧制过程中跑偏，使钢卷紧实齐整，保证冷轧的正常进行；④促使带材沿宽度方向的延伸均匀，使所轧带钢保持平直，得到良好的板形。

最大张力值不能大于金属的屈服强度，否则会造成带材在变形区外产生塑性变形，甚至断带；最小张力值应保证带材卷紧卷齐。

3. 酸洗工艺

冷轧钢板的原料是热轧钢板，经过热轧的钢带表面会有一层硬而脆的氧化铁皮，它是在高温热轧时生成的，这些氧化物对冷轧是非常有害的，应在冷轧前经过酸洗工艺予以去除。因此酸洗是冷轧生产的第一道工序，酸洗板质量的好坏直接关系到后续深加工工艺的质量。酸洗产品可以用于冷轧、热镀锌或直接作为酸洗商品卷供货。

目前冷轧生产线主要采用的是连续式盐酸酸洗技术，主要有半连续式(推拉式)酸洗机组、连续塔式酸洗机组和连续卧式酸洗机组三种方式。目前前两种机组已趋淘汰，新建生产线基本采用连续卧式盐酸酸洗机组。连续酸洗生产线的主要工序为：破鳞→酸洗→漂洗→烘干等工序。

4. 冷轧板带生产设备及工艺流程

1) 冷轧机的分类

冷轧机按轧辊辊系结构分类有二辊式、四辊式和多辊式冷轧机(图 9.50)。二辊轧机是早期出现的比较简单的冷轧机，由于轧机刚度小、产品厚度大、精度差，目前只用于轧制较厚的带钢或作平整机用。

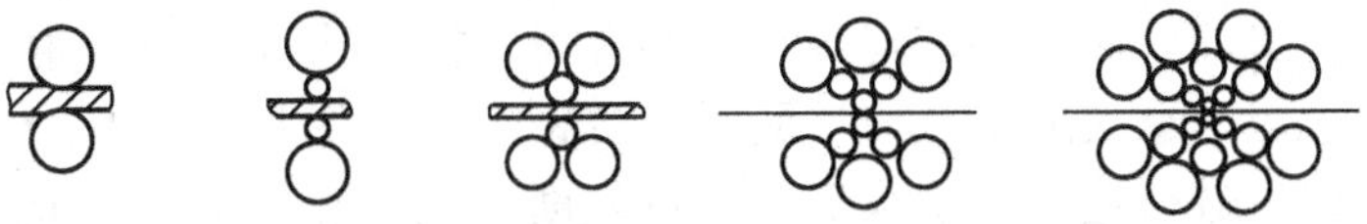

图 9.50 冷轧机的辊系结构

四辊式冷轧机是一种多用途的典型冷轧机，实际应用较多。多辊轧机有六辊轧机、十二辊轧机、MKW 偏八辊轧机、HC 轧机(六辊)、泰勒轧机及其他形式的异步轧机等。20 世纪 80 年代以来，不少新建的冷轧机线采用了 HC 轧机。

2) 冷轧机的机架布置

冷轧机按机架布置形式有单机架可逆式和多机架串列式两类(图 9.51)。早期的冷轧机都是单机架形式，生产工艺由单张生产发展为成卷可逆式生产。可逆轧制是带钢在机架上往复地进行多道次轧制，每道次都要启动、加减速、停车、换向并调整压下，因此生产效率较低，产量低。串列式布置的连轧机只需一道次就完成压下变形，是一种高效率的冷轧机，根据轧制品种规格的需要，连轧机的机架数目一般有 2～6 个。

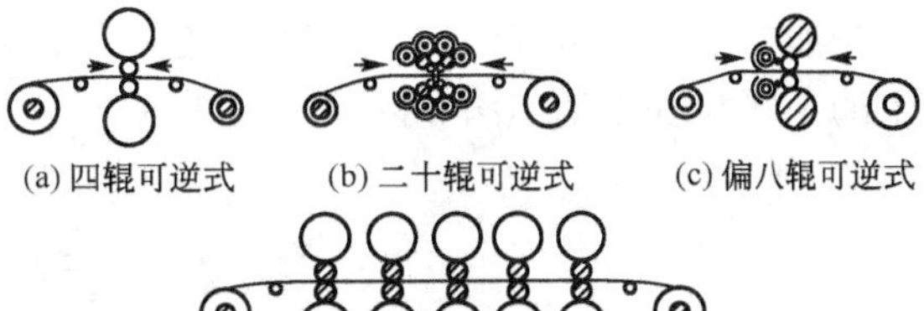

图 9.51 冷轧机的机架布置

3) 冷连轧机的发展

20 世纪 60 年代以来，随着液压压下、晶闸管调速、厚度自动控制和计算机自动化等技术的发展，冷连轧技术及装备发展迅速，冷连轧机的装备形式经历了三次变化，最早是只有 1 台开卷机和卷取机的常规冷连轧机，以后发展为 2 台开卷机和卷取机的改进形式，同时采用了液压压下、快速换辊、弯辊及自动控制等新技术。第三代全连续冷轧机使冷轧工艺实现了无头轧制，轧机生产能力出现重大突破，产品质量及生产率也大幅度提高。目前全连续冷轧机生产线又有三种形式，如图 9.52 所示。

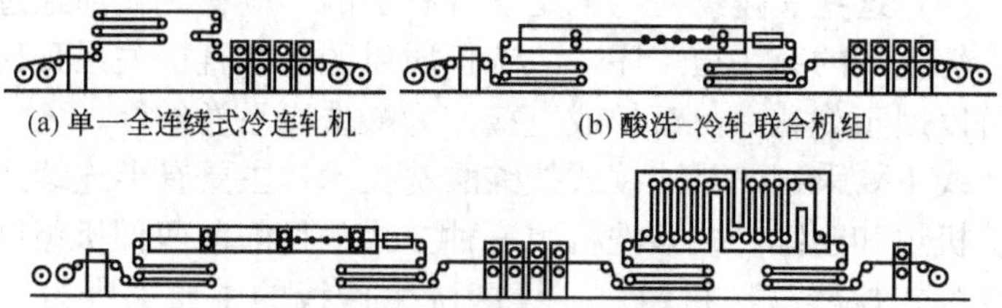

(a) 单一全连续式冷连轧机　(b) 酸洗-冷轧联合机组

(c) 酸洗-冷轧-连续退火联合机组

图 9.52　全连续冷轧机生产线的三种连续形式

4）冷轧带钢的生产工艺

普通薄钢板一般采用厚度为 1.5～6mm 的热轧带钢作为冷轧坯料。冷轧的生产工艺流程是：热轧板卷(原料)→酸洗→冷轧→脱脂→退火→平整→剪切→成品交货。如果生产镀层板，还有电镀锡、热涂锡、热涂锌等镀层或涂层工序。

冷轧坯料在酸洗之后即可轧制，轧到一定厚度必须进行退火使钢软化。但是轧制过程中，带钢表面有润滑油，而油脂在退火炉中会挥发，挥发物残留在带钢表面上形成的黑斑又很难除去。因此，在退火之前，应洗刷干净带钢表面的油脂，即脱脂工序。脱脂之后的带钢，在保护气体中进行退火。退火后的带钢表面光亮，进一步轧制或平整时，就不必酸洗。退火之后的带钢必须进行平整，以获得厚度均匀、表面光洁的产品，并使性能得到调整。平整之后，可根据订货要求对带钢进行剪切。

5）镀锌板生产技术

镀锌包括电镀锌和热镀锌两种工艺，目前电镀锌工艺的发展不如热镀锌工艺快，其原因除成本高之外，热镀锌技术发展已使热镀锌产品可以部分取代电镀锌产品。

热镀锌工艺主要有森吉米尔法、改良森吉米尔法和美钢联法等。森吉米尔法是在氧化炉内采用直接火焰清洗方法，将带钢表面轧制油膜去除，带钢表面被氧化，然后带钢进入还原炉加热退火，最后带钢适度冷却后进入锌锅进行热浸镀锌。而改良森吉米尔法是在氧化炉前增设化学清洗段。美钢联法是在全辐射管加热炉前设有化学清洗和电解清洗段，其余的工序和森吉米尔法相同。

9.4　管材生产工艺

9.4.1　热轧无缝管材生产

1. 热轧无缝钢管生产技术概述

无缝钢管按生产方法不同可分为热轧管、冷轧管、冷拔管、挤压管等。热轧是无缝钢管的主要生产方法，占无缝管产量的 80%。采用电弧炉或转炉冶炼、LF 炉外精炼、VD 真空处理、全保护浇注、连铸圆管坯、热连轧机的管加工工艺，是当今先进的无缝钢管生产工艺流程，采用该流程可以生产诸如石油专用管、高压锅炉管、中低合金管等，钢的质量水平可以达到较高标准。

热轧无缝管生产的基本变形工序可分为三个阶段：

(1) 穿孔。穿孔的主要目的是将实心管坯穿孔成为空心毛管。毛管在规格、精度和表面质量上都不可能满足成品要求，需要通过进一步对金属的变形加以改善。

(2) 轧管或延伸。其主要目的是进一步减小截面(主要是压缩管壁)，获得较大的轴向延伸，使毛管在尺寸精度、表面质量和组织性能上获得改善。经延伸机轧制的钢管统称荒管。

(3) 减径、定径。荒管需要在张力减径机组上进一步成形以达到成品管的要求。张力减径机组有二辊式减径机和三辊式减径机。

2. 穿孔工艺

1) 斜轧穿孔

自1885年曼内斯曼兄弟发明二辊斜轧穿孔机以来，斜轧穿孔工艺至今仍为主要的穿孔技术，并得到较大发展，图9.53(a)所示是早期曼内斯曼穿孔机穿孔示意，其导卫装置为导辊。后来斯蒂菲尔(Stiefel)对斜轧穿孔机进行改进，其轧辊由两个锥体以大直径对接而成，即筒形辊，导卫装置为导板，如图9.53(b)所示，是传统常用的筒形辊斜轧穿孔机，延伸系数一般在1.25～4.5之间。

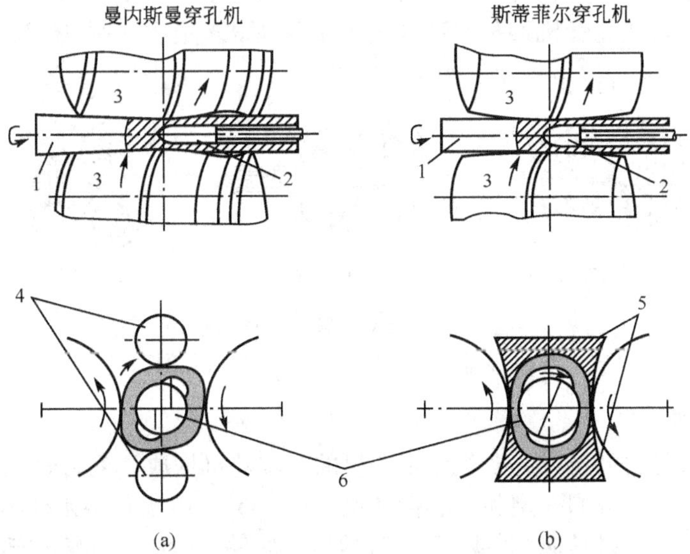

图9.53　二辊斜轧穿孔机穿孔示意

1—管坯；2—顶头；3—轧辊；4—导辊；5—导板；6—顶头芯棒组件

1972年曼内斯曼钢管公司研制出狄塞尔(Diesher)穿孔机，它是在二辊筒形辊穿孔机基础上改进的，将导卫装置改为两个主动旋转导盘，延伸系数提高至5.0，毛管的内表面质量大为改善，并将生产能力提高一倍。

20世纪80年代曼内斯曼与住友公司研制出新型锥辊式穿孔机，也称为菌式或蘑菇式穿孔机，如图9.54所示。由于锥辊式穿孔机轧辊线速度的提高，它取得了以前斜轧穿孔机所未能取得的技术可能性，延伸系数可达6，可生产薄壁穿孔坯。

此外，还有三辊斜轧穿孔机，没有导卫装置，轧辊直径一般为350～500mm。由于二辊斜轧穿孔机技术日益完善，三辊斜轧穿孔机应用较少。

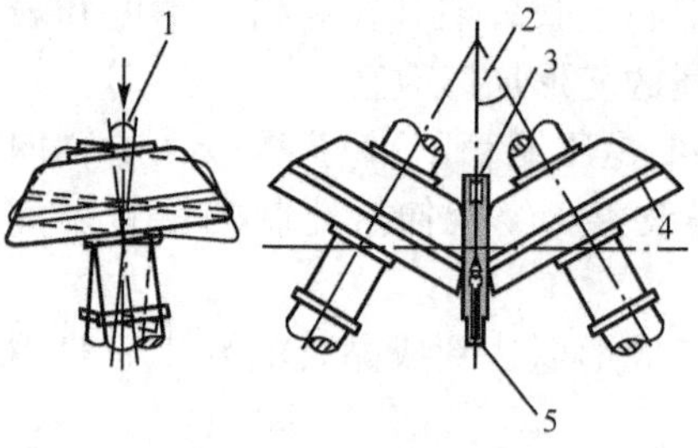

图 9.54 新型锥辊式穿孔机

1—喂入角；2—碾轧角；3—管坯；4—锥形辊；5—带顶头的顶杆

2）压力挤孔

由于早期二辊斜轧穿孔的毛管内外表面裂纹及折叠缺陷多，因此对坯料质量要求高。1891 年出现了一种新的穿孔工艺即压力穿孔法 PPM，它是将方形或多边形钢锭放入挤压缸中，反挤压成圆柱空坯体。后来新日铁对该技术进行改进，并将这种工艺称为 PPR 工艺。

该技术在 20 世纪 60～70 年代应用较多，随后由于圆钢坯连铸技术以及斜轧穿孔技术装备日渐成熟，目前在新建工程中该穿孔技术已较少采用。

3. 轧管方法与轧管机组

1）自动轧管机组

1897 年斯蒂菲尔实现了用空心锻坯在二辊轧钢机上进行带顶头轧制，并在长达近一个世纪的时间里，成为与曼氏二辊斜轧穿孔机相匹配的最主要的轧管机，是 20 世纪 80 年代以前无缝钢管生产的主力轧管机组。自动轧管机的变形特点是单机架纵轧变形，工作方式是由不可逆的二辊式轧管机架和回送辊装置实现往复多道次轧制(图 9.55)。

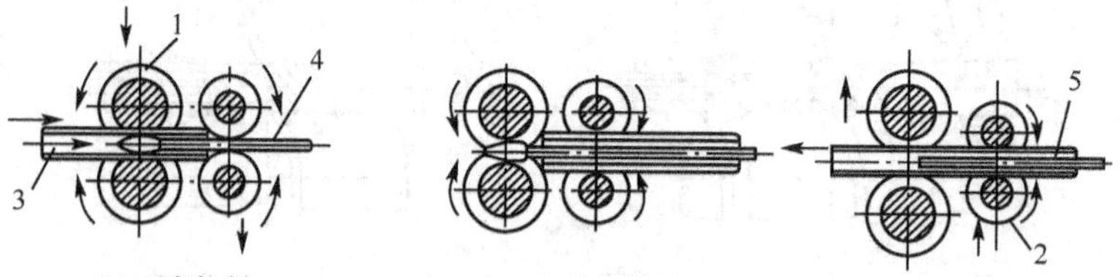

图 9.55 自动轧管机操作示意

1—轧辊；2—回送辊；3—荒管；4—带顶头的顶杆；5—毛管

2）连续轧管机

连续式轧管机是由七架或九架类似定径机的二辊轧机构成，毛管套在长度与成品管相近似的长芯棒上，靠轧辊的孔型和长芯棒减壁(图 9.56)。由于孔型是椭圆的，而且轧机的配置保证相邻的两架轧机是成 90°或 45°交替地压缩轧件，所以出连续式轧管机后，毛管和长芯棒间有 1mm 左右的间隙，用链式抽芯棒机把芯棒从毛管中抽出。

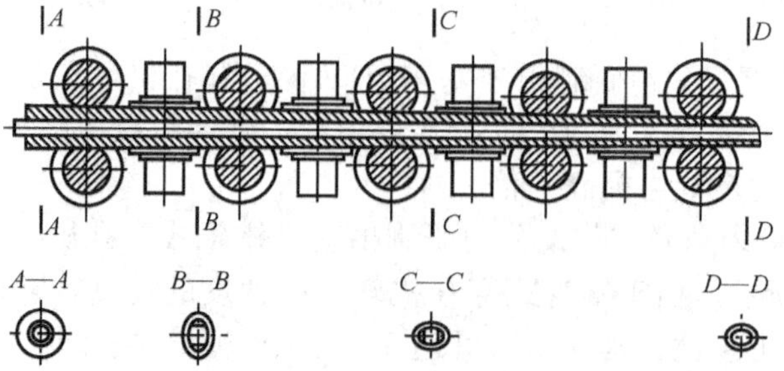

图 9.56 连续轧管示意

早期的连续轧管机的芯棒在机组轧制时是随轧件运行，称为浮动芯棒连续轧管机MM，由于芯棒长而且重，需要芯棒较多。20世纪70年代出现了半浮动芯棒连续轧管机，后来出现了限动芯棒连续轧管机MPM、少机架限动芯棒连轧管机组MINI-MPM、三辊可调式限动芯棒连轧管机组PQF等。目前国内已建的先进连续轧管机组有近10条线，典型代表为2007年天津钢管公司建成的ϕ460mm PQF连轧管机组。

3）阿塞尔三辊轧管机组

这种轧管机由美国工程师阿塞尔(Assel)于1930年发明，其轧制过程如图9.57所示，阿塞尔轧管机的3个轧辊在机架中呈120°布置。机组可实现较大的压下量，延伸系数可达2.0左右，设备投资少，生产灵活性好。其缺点是径厚比D/S不宜大于20，一般应控制在12以内。主要生产高精度的中厚壁结构管和滚动轴承管等产品。图9.58为三辊轧管机组现场生产情况。后来德国MDM公司开发了新型的三辊轧管机，可轧无缝管最大外径为356mm，最小壁厚为2.5mm，径厚比D/S可接近40。

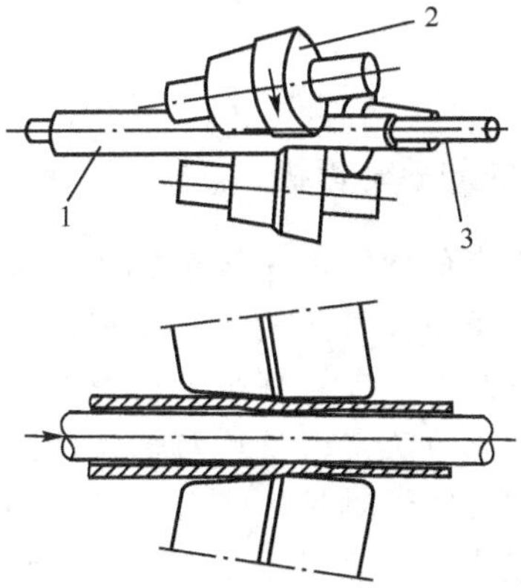

图9.57　三辊轧管机工作原理

1—毛管；2—轧辊；3—芯棒

图9.58　三辊轧管机组生产线现场

4）狄塞尔轧管机

狄塞尔轧管机于1929年问世于美国，是在狄塞尔穿孔机的基础上发展起来的，即为主动回转导盘的二辊斜轧轧管机，如图9.59(a)所示。该轧管机主要用于生产高精度薄壁管，径厚比D/S可在30以上，缺点是延伸系数小于2.0，生产率低。20世纪80年代出现了新型狄塞尔精密轧管组(Accu Roll)，如图9.59(b)所示，其结构类似于锥形辊穿孔机的形式，增加了轧辊的碾轧角和轧辊长度，芯棒改为限动芯棒。

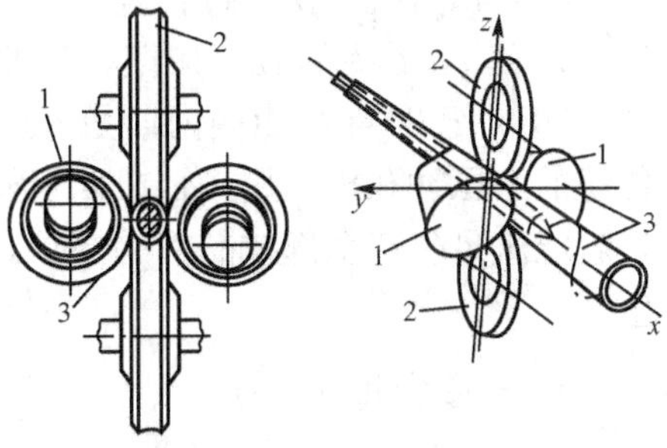

(a) 传统狄塞尔轧管　(b) 狄塞尔精密轧管

图9.59　狄塞尔圆盘轧管机示意

1—轧辊；2—大导盘；3—轧件

5）周期式轧管机

周期式轧管机也称为皮格尔轧机，1891年由曼内斯曼兄弟发明。如图9.60所示，此轧机操作基本特点是锻轧，轧辊旋转方向与轧件送进方向相反，轧辊孔型沿圆周为变断面，轧制时轧件反送进方向运行。直到20世纪上半叶该机组一直是无缝管生产的主要设备，随着自动轧管工艺以及连续轧管工艺等工业化，许多企业已将周期式轧管机淘汰或技术升级改造。

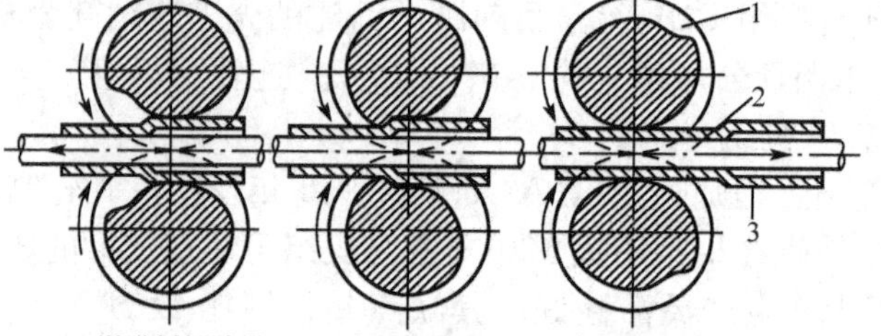

图 9.60　周期式轧管机的操作过程

1—轧辊；2—芯棒；3—毛管

阅读材料9-2

国内将建设全球最大规格的周期轧管机

日前，中曼电力管道有限公司引进德国西马克梅尔公司热皮格尔轧机设备项目正式签约，双方将共同投资 8～12 亿元在天津市大港区经济技术开发区工业园建设一套目前全球最大规格的周期轧管机组。据了解，德国西马克梅尔有限公司的前身是德国曼内斯曼公司。从 20 世纪 50 年代起开始从事粉末成形压机的研究、设计与制造，在粉末冶金成形设备的技术与制造领域处于世界领先地位。此次签订的项目将引进德国西马克梅尔有限公司价值 930 万欧元的热皮格尔轧机生产线设备，主要生产广泛应用于石油裂化、火电、核电等能源工业领域的大口径、中厚壁的合金和不锈钢无缝钢管。

6）顶管机组

早期顶管机的操作过程是在压力挤孔的空心杯体内插入芯棒，推过一系列模环(一般 10～17 道)，达到减径、减壁、延伸的目的。

20 世纪 80 年代由曼内斯曼-德马克开发出了新型顶管工艺 CPE，用斜轧穿孔机代替传统的水压冲孔机，用三辊或四辊构成的辊模代替传统的模环。该机组仅用一种外径的管坯就能满足生产全部成品管的要求。机组投资小，但产量低，用于大口径、小批量的订单生产。

4. 毛管精轧机

毛管精轧机即减径机或定径机。一般用于减径热轧钢管，而且通常用于无缝管，焊管有时也用此法减径。

如图 9.61 所示，减径机就是二辊或三辊式纵轧连轧机，二辊式前后相邻机架轧辊轴线互垂 90°，三辊式轧辊轴线互错 60°。为了大幅度减径，减径机架数一般都在 15 架以上。张力减径机上最大允许的减壁量与减径量和所采用的机架架数有关，一般当总减径量 $\Delta D=25\%\sim30\%$时，不可能有减壁量，当 $\Delta D=50\%\sim60\%$时，减壁量为 ΔD 的 1/4～1/3，当 $\Delta D\geqslant70\%$时，可能的减壁量为 ΔD 的 40%。

定径机和减径机构造形式一样，一般机架数5～11架，总减径率为3%～7%。

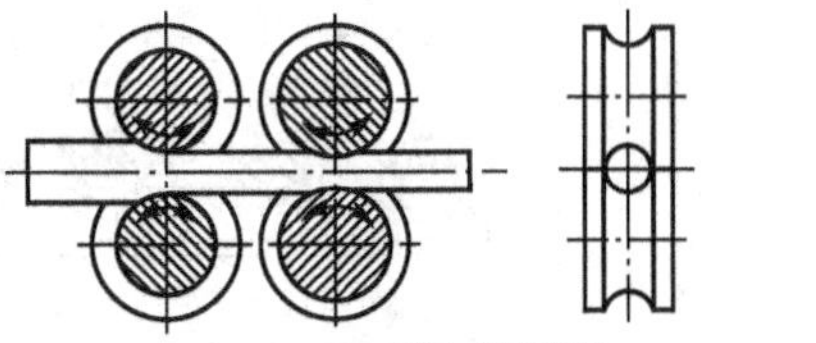

图9.61 减(定)径机示意

9.4.2 焊管生产工艺

焊接钢管采用的坯料是钢板或带钢，其产品按其材质和用途不同可分为若干品种，如低压流体输送用镀锌焊接钢管，低压流体输送用大直径焊接钢管，机械用结构不锈钢焊接钢管，流体输送用不锈钢焊接钢管，等等。焊接钢管按工艺区分主要有直缝电阻焊(ERW)、螺旋埋弧焊(SSAW)和直缝埋弧焊(LSAW)三种工艺。

1. 直缝电阻焊管(ERW)

直缝焊管成形装置最初采用链式拉拔方式，后来美国开发了辊式成形技术，早期主要用于生产小直径焊管，焊接设备采用低频焊接。随后设备不断改进，管径由小直径发展为中直径，而且采用高频焊接，这就是传统的中小型辊式成形焊管机组。20世纪60年代后进一步发展为半排辊及全排辊式成形机组。图9.62所示是排辊式成形机组示意。

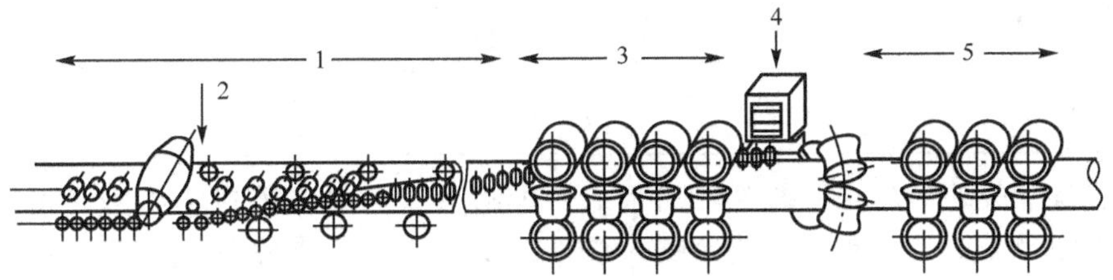

图9.62 排辊式成形机组工作过程示意

1—预成形机架；2—边缘弯曲辊；3—带导向片辊的机架；4—高频电阻焊装置；5—拉料辊

2. 螺旋埋弧焊管(SSAW)

螺旋埋弧焊管设备投资较少，因采用价格较低的窄带(板)卷连续焊接生产大口径(ϕ1016mm～ϕ2400mm)焊管，生产工艺简单、运行费用低，具有低成本运行优势，在中大口径低压输水管、热力管和打桩管等市场具有价格优势，但在压力管道工程中，尤其是在燃气管线中应用应具有必要的硬件配置，如无损检测和理化检验设施，加强质量保证。图9.63所示是螺旋埋弧焊管生产示意。

3. 直缝埋弧焊管(LSAW)

目前国内公称直径DN400及其以下尺寸直缝管的生产为高频电阻焊钢管(ERW)，公称直径DN400以上为直缝双面埋弧焊钢管。对于直缝双面埋弧焊钢管，按成形工艺的不同，有UOE、JCOE、HME、RBE和PFP等多种成形方式，以前两者应用最多。

以UOE工艺为例，管坯成形工序包括纵向弯边、U成形和O成形。纵向弯边将钢板边缘部分用模具分段压弯。U成形是管坯成形的中间工序，通过U成形液压机及其成形

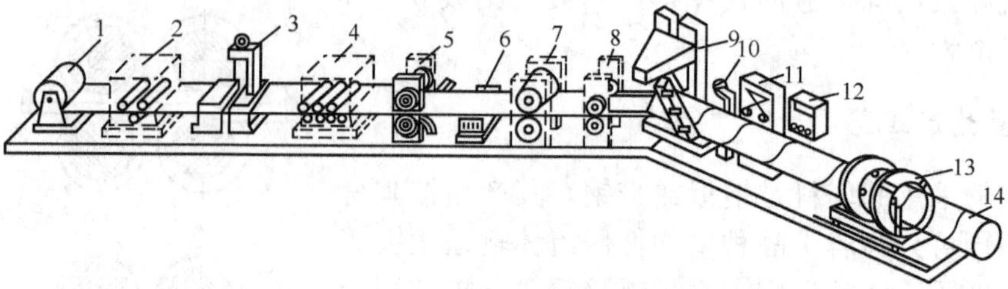

图 9.63　螺旋埋弧焊管生产示意

1—拆卷机；2—端头矫平机；3—对焊机；4—矫平机；5—切边机；6—刮边机；
7—主递送辊；8—弯边机；9—成形机；10—内焊机；11—外焊机；
12—超声波探伤机；13—行走切断机；14—焊管

模具对边缘压弯的钢板沿垂直和水平方向协调加载，使钢板均匀弯曲，口部靠拢。O成形液压机通过模具将U形毛坯成形为截面形状接近规则圆形的管坯。O成形后进行焊接。扩径工序主要采用机械扩管，用分瓣凸模将焊接后的管坯直径扩大，其目的是改善制品尺寸精度、消除残余应力、提高屈服强度，扩径是UOE制管方法的最后一道成形工序。

小　　结

轧制是靠旋转的轧辊与轧件之间形成的摩擦力将轧件拖进辊缝之间，并使之受到压缩产生塑性变形的过程。轧制的咬入条件是咬入角小于摩擦角，稳定轧制的条件是接触角大于2倍的摩擦角。

轧制过程中轧件在高度方向受到压缩，一部分金属纵向流动使金属延伸，另一部分横向流动形成宽展。纵向流动的金属质点部分向入口侧流动形成后滑区，部分向出口侧流动形成前滑区。影响金属流动的因素包括金属本身性能和应力状态条件两方面。

轧制压力是设备设计和轧制工艺及其控制的重要参数。轧制压力是指轧件给轧辊的合力的垂直分量。轧制压力的确定方法有实测法、经验图表法、工程法等，其中工程法应用最广，主要有全滑动的采利柯夫公式、斯通公式，全黏着的西姆斯公式，混合摩擦条件的陈家民公式等。

板厚控制和板型控制是轧制控制的主要内容。轧制的弹塑性曲线($P-H$ 图)对轧件的厚度控制、板型控制、轧机自动控制等方面起着重要作用。轧制厚度控制是通过调整辊缝、辊速和张力等，消除轧制过程中各种干扰轧制厚度的因素，从而使实际轧制厚度达到标准的过程。板型控制的核心是必须遵守均匀延伸或板凸度一定的原则，即必须使带材沿宽度方向上各点的伸长率或压下率基本相等。板型及板厚控制的新型轧机主要有HC轧机、CVC轧机、PC轧机、VC轧机等。

热轧型钢具有生产规模大、效率高、能耗少和成本低等优点，轧制型钢的轧机结构有二辊式、三辊式和万能式轧机，型钢轧制方法主要有孔型轧制法和万能轧制法两种。当前新建的型材轧制线多为全连续式，其中轧制分为粗轧、中轧和精轧。棒线材轧制新技术主要有无头轧制、热送热装、直接轧制、低温轧制、控轧控冷、切分轧制等。

热轧板带主要产品是中厚板和薄板，生产方式有传统热连轧和薄板坯热连轧两种。其中薄板坯热连轧技术发展迅速，主要形式有CSP、ISP、QSP、FTSR、CONROL、ASP等。当前板带热连轧的新技术及发展方向主要有宽度动态控制、中间坯保温与边部加热、增设热卷箱、控制轧制、铁素体区轧制、无头轧制、自由规程轧制、快速冷却技术等。

冷轧板带是由热轧板带采用冷轧方式生产出的具有较高性能和优良品质的板带产品，冷轧还可生产极薄带材和箔材。冷轧机按辊系结构有二辊式、四辊式和多辊式。冷轧机按机架布置形式有单机架可逆式和多机架串列式两类，先进冷轧生产多采用多机架连续式成卷轧制。冷轧前要进行酸洗，冷轧后要进行脱脂、退火。若在冷轧后增加各种镀涂层作业线，还可生产镀层板，如镀锌板、镀锡板、镀铝板、彩色涂层板等。

无缝钢管的生产方法分为热轧、冷轧、冷拔、挤压等，其中热轧是无缝钢管的主要生产方法，占无缝钢管产量的80%。热轧无缝钢管生产的基本变形工序可分为穿孔、轧管、减定径三个阶段。焊接钢管按工艺分主要有直缝电阻焊(ERW)、螺旋埋弧焊(SSAW)和直缝埋弧焊(LSAW)三种工艺。

【关键词】

轧制工艺　rolling technology
板带材轧制　plate and strip rolling
轧制压力　rolling pressure
弹跳方程　spring equation
板厚控制　automatic gauge control(AGC)
板形控制　automatic flatness control(AFC)
无头轧制　endless welding rolling
低温轧制　low temperature rolling
直接轧制　direct rolling

习　题

(1) 在什么轧制条件下应考虑轧辊弹性压扁，为什么？

(2) 已知带钢厚度 $H=1.0$mm，轧制到 $h=0.7$mm，平面变形抗力 $K=500$MPa，平均张力 $\bar{q}=200$MPa，摩擦因数 $f=0.05$，带宽 $B=120$mm，在 $R=100$mm 的四辊轧机上轧制。求轧制压力 P。

(3) 说明产生板厚波动的主要因素有哪些？

(4) 已知轧机的刚度系数 k 和坯料的刚度系数 M，利用弹塑性曲线分析，当前馈式辊缝控制系统检测到坯料厚度超差 ΔH 时，需要调小辊缝的量 δS 的大小。

(5) 现代棒线材轧制使用的新技术有哪些?

(6) 以斯太尔摩控制冷却线为例，说明带肋钢筋轧后控制冷却的原理和特点。

(7) 冷轧板带钢与热轧板带钢生产工艺上的主要差别有哪些?

(8) 现代冷轧板带新型轧机有哪些? 简述其优缺点。

(9) 热带钢连轧机有哪几种布置形式，其主要差别是什么?

(10) 简述热轧无缝钢管的工艺流程。

(11) 简要说明板型控制的基本原理。

第10章 挤压与拉拔工艺

本章学习目标

★ 掌握挤压与拉拔的基本理论知识，熟悉挤压工具的组成及作用
★ 了解型材挤压生产的基本工艺过程，熟悉挤压温度、挤压速度等确定的原则
★ 掌握拉拔工艺配模的基本原则

本章教学要点

知识要点	掌握程度	相关知识
金属挤压的基本理论	了解挤压的分类方法和各自工艺的特点；掌握挤压时金属的流动特点及产品性能特征；了解挤压力的测定和常用计算方法	正向挤压、反向挤压、连续挤压、粗晶环、层状组织、挤压裂纹和挤压缩尾的概念；圆棒材正向挤压金属流动特点
挤压设备及挤压工具	了解挤压设备的分类及挤压机的主要技术指标；熟悉挤压工具的组成及其作用	挤压工具的组成；挤压筒、挤压杆、挤压垫片、穿孔针、挤压模的作用
型材挤压工艺	了解型材挤压生产的基本工艺流程，掌握锭坯尺寸、挤压温度、挤压速度确定的原则；了解有色金属、钢铁材料挤压润滑的方法	挤压比的确定；挤压温度的选择；挤压速度及流出速度的选择；挤压润滑
拉拔理论及工艺	了解常见制品拉拔时应力、应变特点及拉拔产品的性能特点；掌握拉拔过程实现的条件和拉拔工艺配模的原则	拉拔的变形指数与拉拔实现条件；圆棒、管材拉拔时的应力应变特点；拉拔配模的分类与原则

导入案例

在大口径厚壁无缝钢管的生产工艺中，挤压工艺具有比较大的优势，但世界上仅有美国威曼·高登拥有3.15万t黑色金属垂直挤压机和成熟的工艺技术，但该公司拒绝对外转让，再加上德国的曼内斯曼公司、日本的住友公司等，这些外国企业几乎垄断了世界全部耐高温高压厚壁成形材料。2009年7月13日，经过近三年的紧张建设，世界最大的3.6万t垂直挤压机在中国兵器北方重工成功挤出第一根合格的厚壁无缝钢管，标志着备受世人瞩目的360工程全面热调试成功。相关报告表明，我国目前60万kW以上超临界、超超临界火力发电设备必不可少的耐高温高压大口径厚壁特种钢管，90%以上依赖进口。预计“十一五”期间乃至相当长一段时间，我国制造发电设备每年需此类钢管10多万t。因此，360工程项目生产线的建成，对发电机组真正意义上的国产化意义重大，同时也为核电、风电、石油、航空航天、军工等行业自主发展奠定高端材料基础。

北方重工3.6万t挤压机挤出第一根厚壁钢管的情景

资料来源：内蒙古新闻网，www.nmgnews.com.cn

10.1 金属挤压基本概念及理论

10.1.1 挤压的基本方法

按挤压温度可分为热挤压、温挤压及冷挤压，热挤压和冷挤压是挤压的两大分支，在冶金工业系统，主要应用热挤压生产管、棒、型材等产品，在机械工业系统，主要应用冷挤压与温挤压生产有色合金及黑色金属零件。

按金属流动及变形特点可分为正向挤压、反向挤压、侧向挤压、连续挤压及特殊挤压，特殊挤压包括静液挤压、有效摩擦挤压、扩展模挤压、半固态挤压等。

1. 正向挤压

挤压时，金属的流出方向与挤压杆的运行方向相同的挤压方法称为正向挤压。正向挤压又可分实心材挤压、空心材挤压、脱皮挤压以及其他挤压。

1）普通挤压

挤压时，挤压筒一端被模及模座封死，挤压杆在主柱塞力的作用下由另一端向前挤压，迫使挤压筒内的金属流出模孔，如图10.1所示。

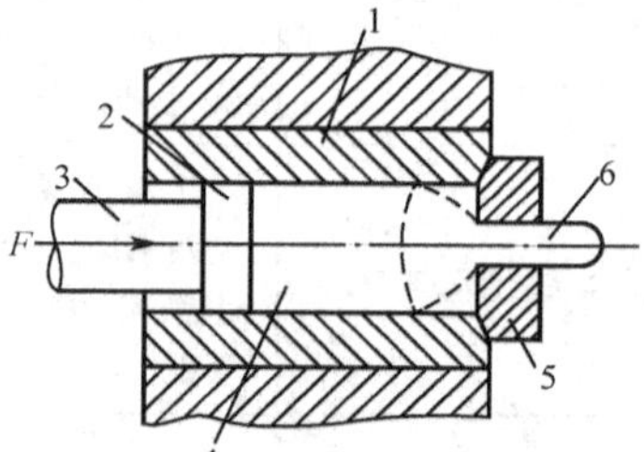

图10.1 普通正向挤压

1—挤压筒；2—挤压垫片；3—挤压杆；4—坯料；5—挤压模；6—制品

其特点主要有：①挤压过程中挤压筒与金属坯料间的摩擦力大，消耗能量多；②金属变形不均匀；③压余多，一般可达10%～15%；④挤压时更换模具简单、迅速，所需的辅助时间少；⑤制品的表面质量好。

2）脱皮挤压

在挤压过程中，锭坯表层金属被挤压垫切离而滞留在挤压筒内的挤压方法称为脱皮挤压。一般挤压时，当挤压垫比挤压筒的内径小2mm即可实现脱皮。挤压结束后，压入外径略大于挤压筒内径的垫片(清理垫)，将残留在挤压筒内的坯料表皮清理干净，脱皮厚度一般为2～3mm。黄铜棒材挤压多采用脱皮挤压。

脱皮挤压的特点：①制品表面光洁；②压余减少，比普通挤压的残料损失减少10%左右；③变形均匀；④增加了清理锭皮工序。

3）无压余挤压

无压余挤压是挤压后期不留压余，使锭坯的金属全部由模孔流出成材的挤压方法。无压余挤压的过程与常规挤压不同的是锭坯可以连续装入挤压筒，一般采用润滑挤压和具有凹形曲面的挤压垫，如图10.2所示。无压余挤压适合于铝及铝合金材的挤压，锭坯表面质量要求比较高。

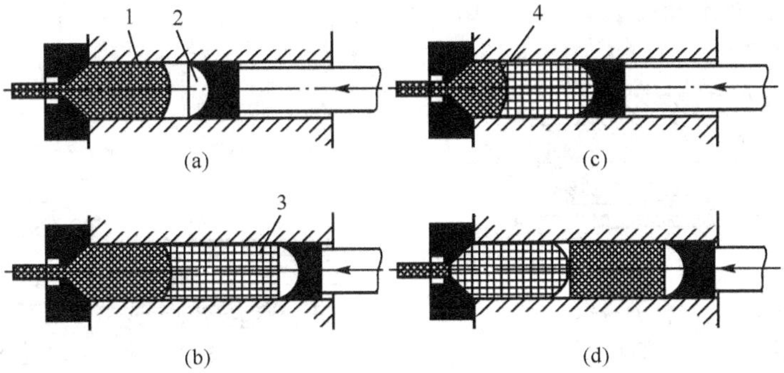

图10.2 无压余挤压法

1—前一个坯料；2—退出挤压垫；3—下一个坯料；4—坯料端面形状

4）变断面型材挤压

变断面型材可分两类：阶段变断面型材和逐渐变断面型材。

(1) 阶段变断面型材挤压。有双位楔挤压法与可拆卸模挤压法。双位楔法如图10.3所示，首先挤压型材前端细的部分，当挤压成形后，松开双位楔，再挤压型材后端粗的部分。从挤压型材前端过渡到挤压后端的停机时间应最短。

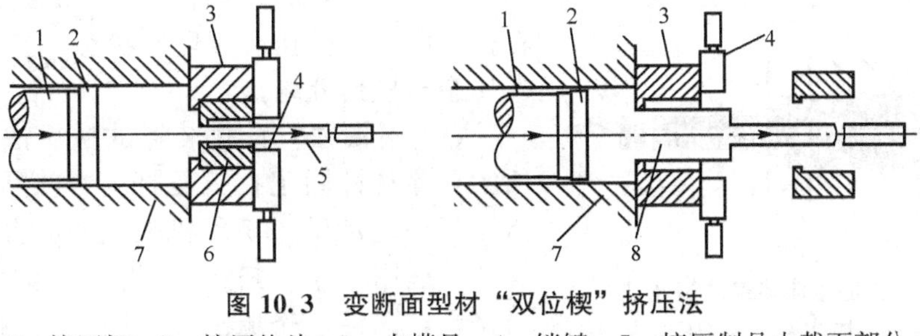

图10.3 变断面型材“双位楔”挤压法

1—挤压杆；2—挤压垫片；3—大模具；4—锁键；5—挤压制品小截面部分；
6—小模具；7—挤压筒；8—挤压制品大截面部分

图 10.4 所示为可拆卸模挤压变断面型材示意。可拆卸模由 3～4 块组成，将此模装在模支承移至挤压筒进行挤压，挤压一定长度后，将可拆卸模升起移开模支承，可拆卸模同模支承与型材脱开，然后换上挤压型材大断面部分的可拆卸模，再将模支承移至挤压筒进行挤压。

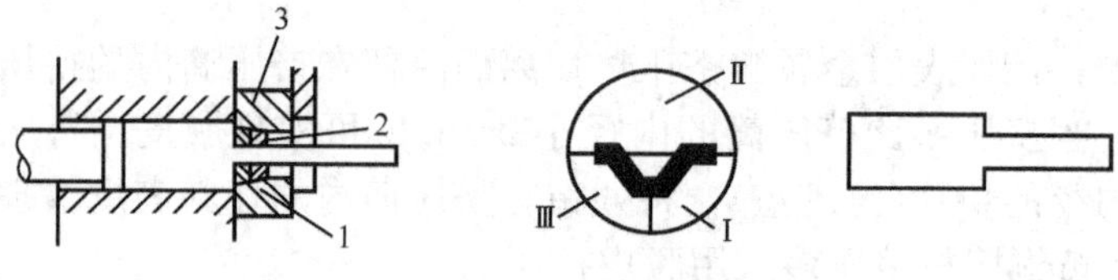

(a) 可拆卸模挤压　　(b) 可拆卸模　　(c) 变断面型材

图 10.4　变断面型材可拆卸模挤压法

1—可拆卸模；2—支承环；3—模支承

(2) 逐渐变断面型材挤压。分为移动模挤压法和锥形穿孔针挤压法。移动模挤压法即在挤压过程中活动模块借助仿型尺的作用，而改变其位置上升或下降，使型材的断面形状或尺寸也随着不断的变化，如图 10.5 所示。锥形穿孔针挤压法是采用带锥度的异型穿孔针挤压，模孔由固定不动的模具与活动的穿孔针所组成，随着挤压的进行，由于穿孔针截面变化使得型材截面不断变化，如图 10.6 所示。

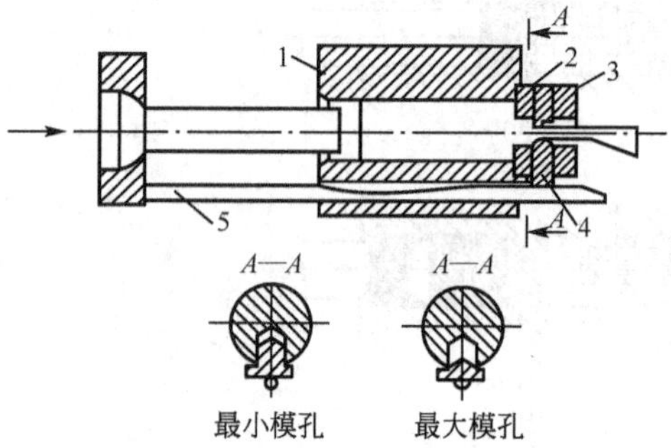

图 10.5　仿形尺挤压逐渐变断面型材

1—挤压筒；2—导环；3—挤压模的固定件；4—挤压模的活动件；5—仿形尺

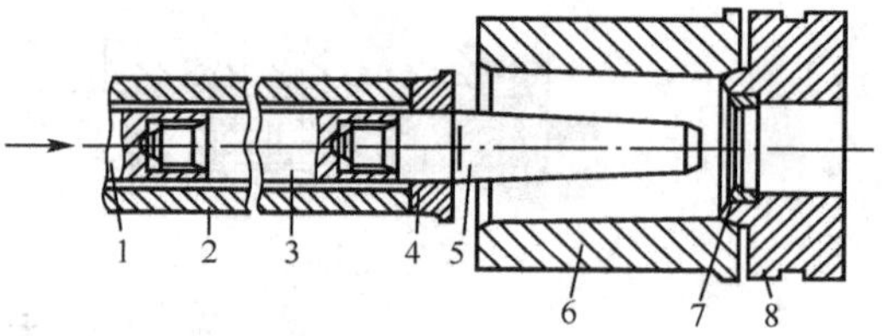

图 10.6　带锥度异形针挤压逐渐变断面型材或管材

1—针支承；2—挤压轴；3—导径接头；4—挤压垫片；5—穿孔针；6—挤压筒；7—挤压模；8—模支承

5) 空心材正向挤压

按照穿孔针与挤压杆是否固定分为以下两类：

(1) 带独立穿孔装置的挤压法。如图 10.7 所示，穿孔针由穿孔缸直接驱动，挤压过程可分三个阶段：①挤压筒内锭坯镦粗，锭坯充满挤压筒，然后穿孔；②穿孔后穿孔针停在模孔内，与模孔形成环形状态，然后进行挤压；③压余与模具分离。

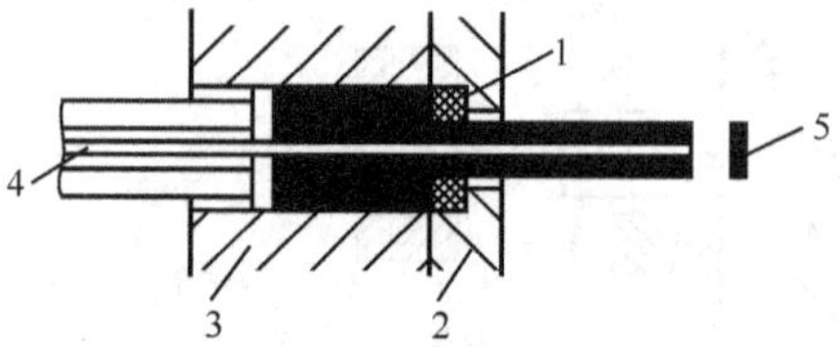

图 10.7　独立穿孔装置的挤压法

1—模；2—模座；3—挤压筒；4—穿孔针；5—实心料头

(2) 不带独立穿孔装置的挤压法。如图 10.8 所示，穿孔针固定在挤压杆上，挤压时穿孔针随挤压杆一起活动，挤压机较简单。此法采用空心锭坯，适用于小厂挤压铝及其铝合金，不适用铜材挤压，铜锭坯挤压前加热时，其内表面氧化损失严重。

6）焊合挤压

穿孔针法一般用来挤压单孔管材和简单异型空心型材，挤压形状复杂的单孔或多孔管材时常用舌形模、叉架模和平面分流组合模焊合挤压的方法，如图 10.9 所示。锭坯在挤压力作用下，将金属分成两股或几股流入焊合室，在焊合室内强大压力作用下，重新焊合在一起，然后进入模孔与舌芯构成的间隙而形成空心制品。

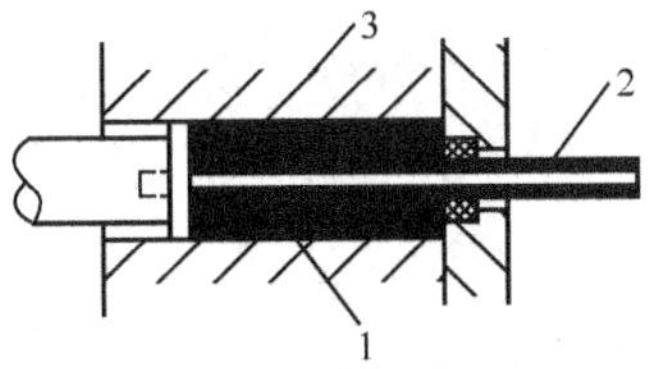

图 10.8　不带独立穿孔装置的挤压法

1—随动穿孔针；2—制品；3—锭坯

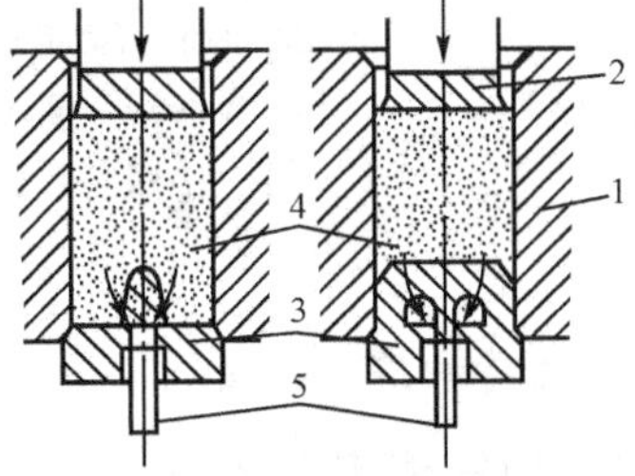

图 10.9　焊合挤压

1—挤压筒；2—挤压垫；3—挤压模；4—锭坯；5—管材

焊合挤压的特点：①制品尺寸精确；②变形较均匀；③可生产复杂断面的空心材；④在制品上有焊缝。该法适用于具有良好焊合性能的铝、镁、铅、锌及其合金。

2. 反向挤压

挤压时，金属制品的流出方向与挤压杆的运行方向相反的挤压方法称为反向挤压。反向挤压的优点主要有：①在挤压过程中锭坯表面与挤压筒内壁之间无相对运动，不存在摩擦；②变形比较均匀；③挤压力比正向挤压可降低 30%～40%，成品率及生产率高。主要缺点是制品表面质量不如正向挤压。反向挤压又可分为实心材反向挤压与空心材反向挤压。

1）实心材反向挤压

反向挤压时，空心挤压杆及位于其端部的模具进入不动的挤压筒中，制品则流入可动的挤压杆空腔中，如图 10.10(a)所示。反向挤压亦可采取可动的挤压筒与不动的空心挤压杆而实现反向挤压，如图 10.10(b)所示。实际生产中，反向挤压多半采取后一种形式，因为采用可动的挤压杆将使挤压机结构复杂化。

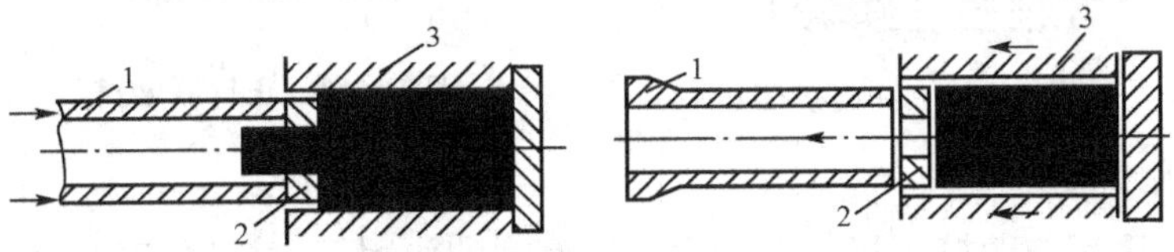

(a) 挤压杆可动反向挤压　　(b) 挤压筒可动反向挤压

图 10.10　实心材反向挤压示意

1—挤压杆；2—挤压模；3—挤压筒

2）空心材反向挤压

空心材反向挤压有两种方法：①一种是采用空心锭坯与不动的芯棒进行反向挤压，如图 10.11(a)所示；②另一种是采用实心锭坯与可动的挤压杆进行反向挤压，一般形成大型管材，如图 10.11(b)所示。

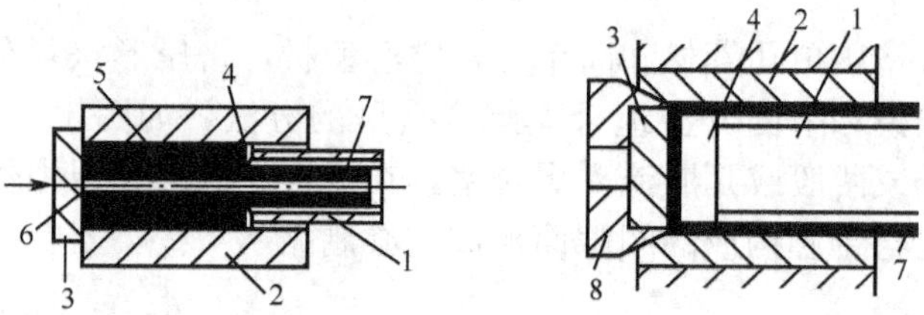

(a) 空心锭坯与不动芯棒反向挤压　(b) 实心锭坯与可动挤压杆反向挤压

图 10.11　空心材反向挤压示意

1—挤压杆；2—挤压筒；3—封闭板；4—模(垫片)；
5—锭坯；6—穿孔棒；7—管材；8—模支承

3. 其他特种挤压方法

1）正反联合挤压

挤压筒中的金属在挤压杆作用下沿挤压杆运动方向及其反方向被同时挤出，这种挤压方法称为正反联合挤压法，如图 10.12 所示。该技术特点是挤压时单位压力峰值明显下降，因而在冷挤压工艺尤其是在薄壁和形状复杂的零件生产中运用较多。

2）侧向挤压

制品流出方向与挤压杆运行方向相垂直的挤压方法称为侧向挤压。侧向挤压的特点是：①挤压模与锭坯轴线成 90°，金属流动的形式使制品纵向力学性能差异最小；②变形程度较大，挤压比可达 100，制品强度高；③要求模具和工具具有高的强度及刚度。

侧向挤压在电缆包铅套和铝套上应用最广泛，机械行业主要制造带凸肩的齿轮坯以及十字轴类零件。图 10.13 所示是侧向挤压生产复合导线的示意。

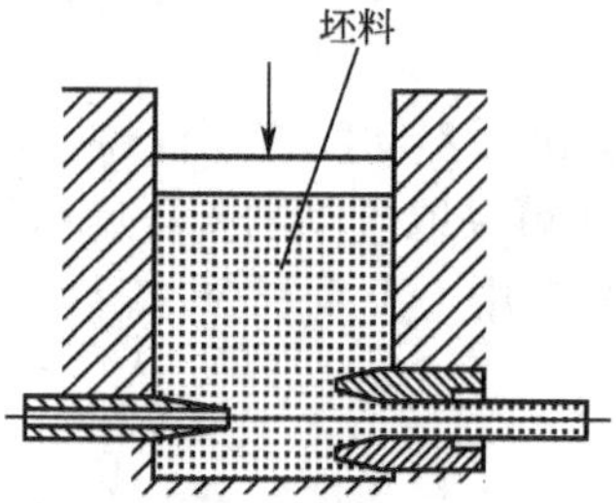

图 10.13　侧向挤压

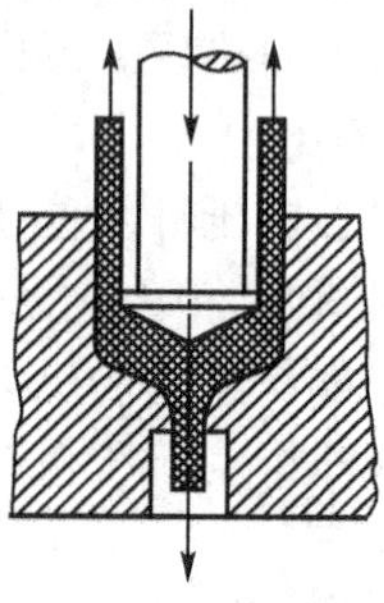

图 10.12　正反联合挤压

3）连续挤压

连续挤压是采用连续挤压机，在压力和摩擦力的作用下，金属坯料连续不断地送入挤压模，获得无限长制品的挤压方法。连续挤压主要有以下三种：

(1) Conform 连续挤压。连续挤压机的结构如图 10.14 所示，它是以杆料或颗粒料为坯料，坯料进入旋转的挤压轮与槽封块构成的型腔，坯料与型腔壁产生摩擦力，摩擦力的大小取决于接触压力、接触面积及摩擦因数。在摩擦力的作用下，挡料块处产生足够大的压力，使金属发生塑性变形，挤出模孔。

(2) Conclad 连续挤压复合法。该技术是在 Conform 连续挤压基础上发展而来的复合线材加工新方法。以铝包钢线缆复合挤压为例，如图 10.15 示，钢芯穿过挤压模及挤压靴的进料口，挤压靴上安有防止金属泄漏的槽封块，槽封块与旋转的挤压轮进料槽组成一个动态的挤压室，铝杆坯由挤压轮的进料槽通过摩擦力进入挤压室，挤压力由铝杆与挤压轮之间的摩擦来形成，铝料进入模腔后与钢芯线复合，从而形成复合线。

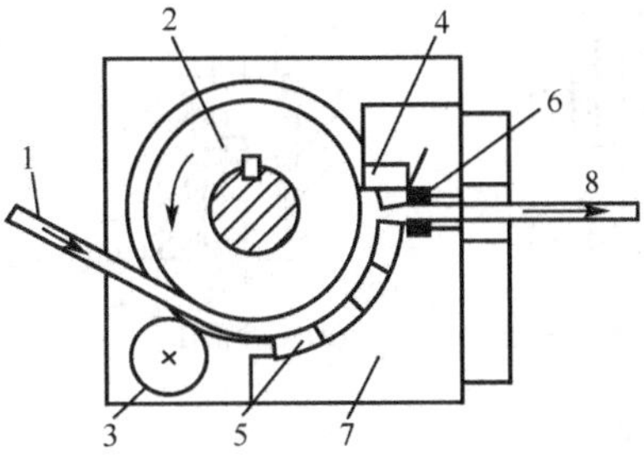

图 10.14 Conform 连续挤压

1—坯杆；2—挤压轮；3—压轮；4—堵头；
5—槽封块；6—挤压模；7—挤压靴；
8—挤压制品

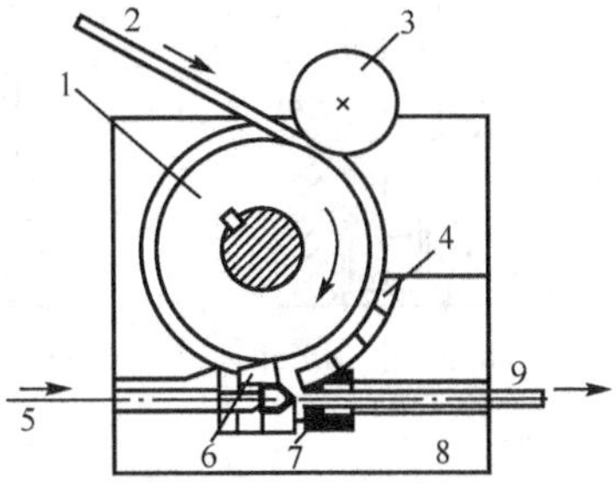

图 10.15 Conclad 连续挤压复合法

1—挤压轮；2—坯杆；3—压轮；4—槽封块；
5—钢芯；6—堵头；7—挤压模；
8—挤压靴；9—挤压制品

(3) Castex 连续铸挤法。Castex 连续铸挤机的结构如图 10.16 所示，铸挤时液态金属被导入铸挤轮的凹槽与槽封块构成的挤压型腔中，在铸挤轮槽与坯料之间摩擦作用下，使料充满型腔，并在型腔中发生“动态凝固-半固态形变-固态塑性变形”三个阶段，金属的组织由铸态组织逐渐变为变形组织。

连续铸挤设备生产的产品范围基本与连续挤压设备相同，可以生产各种形式管、棒、型材及线材，也可以生产包覆材，它与连续挤压技术相比较具有投资少、成材率高、节能效果更显著的特点。

4) 静液挤压

静液挤压的原理如图 10.17 所示，是利用封闭在挤压筒内锭坯周围的高压液体，迫使锭坯产生塑性变形，并从模孔中挤出的加工方法。由于挤压筒内的锭坯在各方向上受到均匀的压力，又称等静压挤压。其突出特点是金属锭坯与工具间几乎没有摩擦力，接近理想润滑状态，金属流动均匀，且金属锭坯周围存在较高的静水压力，有利于提高坯料的变形能力。如采用该工艺生产铜包铝电工母排，铜铝界面可以实现很好的结合。

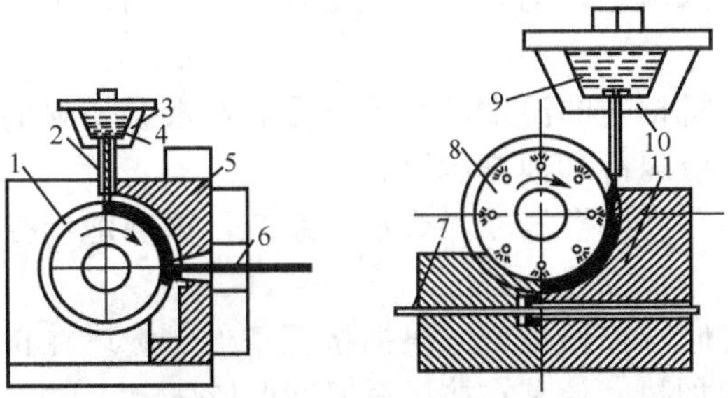

(a) 连续挤压　(b) 复合挤压

图 10.16 Castex 连续铸挤法

1、8—挤压槽轮；2—导流管；3、10—浇注罐；
4、9—金属液体；5、11—凝固、挤压靴块；
6—制品；7—线材

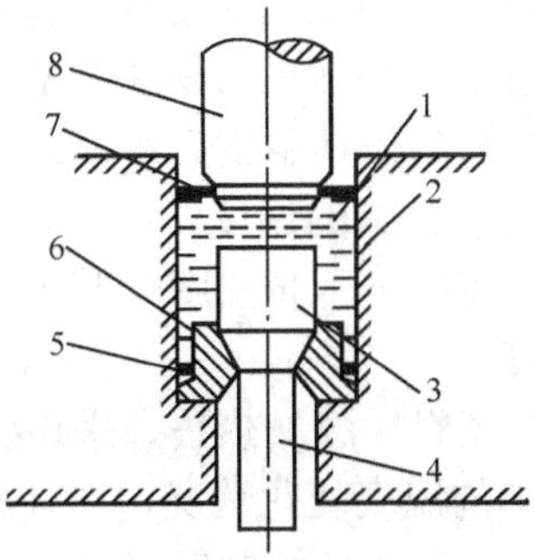

图 10.17 静液挤压的原理

1—高压液体；2—挤压筒；3—锭坯；4—制品；
5—O 型密封圈；6—模具；7—斜切密封环；
8—挤压杆

5）冷挤压

金属锭坯在回复温度以下进行的挤压称为冷挤压。按挤压方法分有正挤压、反挤压、复合挤压等，如图10.18所示。

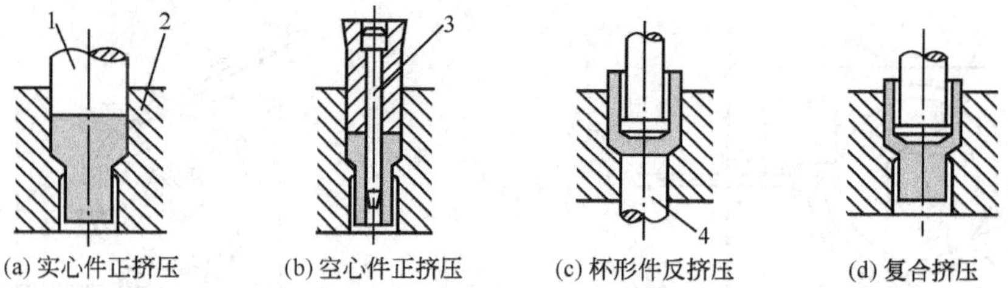

图10.18　常见冷挤压的类型

1—凸模；2—凹模；3—芯棒；4—顶杆

冷挤压最初只限于铅、锡、紫铜等金属挤压，直至20世纪30年代出现磷化处理工艺，使坯料表面形成润滑剂的吸附和支承层，钢的冷挤压才取得进展。目前冷挤压主要用于钢铁及有色金属零件的直接成形或近净成形，具有节约原料、制品尺寸精度高、表面质量好、强度高、生产率高等优点。

6）温挤压

温挤压是将锭坯加热到回复温度以上再结晶温度以下进行的挤压。钢温挤压的温度范围是高于室温、低于800℃，铝及铝合金的温挤压温度范围是高于室温、低于250℃，铜及铜合金的温挤压温度范围是高于室温、低于350℃。温挤压既可用于生产有色金属制品，也可用于生产钢制品。

同冷挤压相比，温挤压时锭坯的变形抗力较小，成形比较容易，所需设备吨位小，若控制合适，模具的寿命比冷挤压长。同时，产品的性能也比退火材料高，产品尺寸精度与粗糙度比热挤压好，与冷挤压差别不是很大。

7）等温挤压

在常规的热挤压过程中，金属的温度和变形是极不均匀的，导致产品的尺寸、形状、组织和性能也极不均匀。为了解决这些问题，出现了等温挤压法。

等温挤压的特点就是要确保在整个挤压过程中，使模孔附近变形区金属的温度始终保持恒定或基本恒定，尽量保持金属变形拉力和金属流动均匀，从而获得较均匀的组织和性能。实现等温挤压的方法主要有四种：

(1) 控制模具温度。将模具加热到与挤压坯料相同的温度，开始挤压后，根据坯料的温度来控制模具的温度，如水封式水冷模挤压，液氮冷却模挤压等。

(2) 控制挤压筒温度。挤压筒分区加热，并有直接空气冷却或水冷系统，精确地调控加热温度。

(3) 坯料梯温加热法。采用感应加热炉或其他可控温炉型，根据挤压条件、锭坯在挤压过程中的温度变化情况，对坯料长度方向梯温加热，使其在挤压时温度保持恒定。

(4) 速度闭环控制等温挤压法。利用计算机辅助系统，计算制品出口温度与挤压速度之间的关系，以获得恒定的挤压制品温度为目标，设定挤压速度控制程序。

8）有效摩擦挤压

该工艺是在挤压时，挤压筒沿金属流出方向以高于挤压的速度移动，挤压筒作用给锭坯的摩擦力的方向与通常正向挤压的相反，从而使摩擦力有效地利用，促进金属的流动。

该工艺的优点是金属变形均匀，无缩尾缺陷，锭坯表面层挤压时附加拉应力较小，因此制品流出速度大为提高。缺点是设备结构较复杂，对模具的强度要求高。

9）液态挤压

液态挤压是在液态模锻与热挤压的基础上发展起来的新型挤压工艺。它将液态金属直接浇注于挤压筒或凹模内，在挤压杆或冲头作用下，对液态及半凝固金属施加压力，使其发生流动、结晶、凝固及塑性变形，如图 10.19 所示。目前主要用于铅丝挤压、铅包覆电缆挤压及半熔融纤维复合材挤压等。

10）半固态挤压

半固态挤压是将液相和固相共存、均匀混合的非枝晶状态的坯料，由挤压筒内挤出模孔而凝固成形的加工方法，如图 10.20 所示。

半固态挤压的特点：①变形抗力低，可实现大挤压比挤压；②可以获得晶粒细小、组织性能均匀的材料；③有利于低塑性、高强度、复合材料等难变形材料的成形。

11）扩展模挤压

在挤压机上，将小于管材直径的锭坯，通过扩展模孔和芯头组成的碗形间隙扩大直径形成碗形，然后流出模孔而成管材的挤压方法，如图 10.21 所示。扩展模挤压适合于大直径的薄壁管材生产。

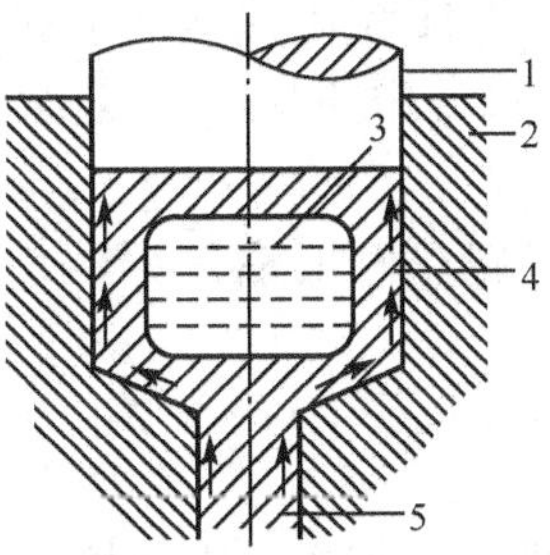

图 10.19　液态挤压示意

1—挤压杆；2—挤压筒；
3—液相；4—固相；
5—制品

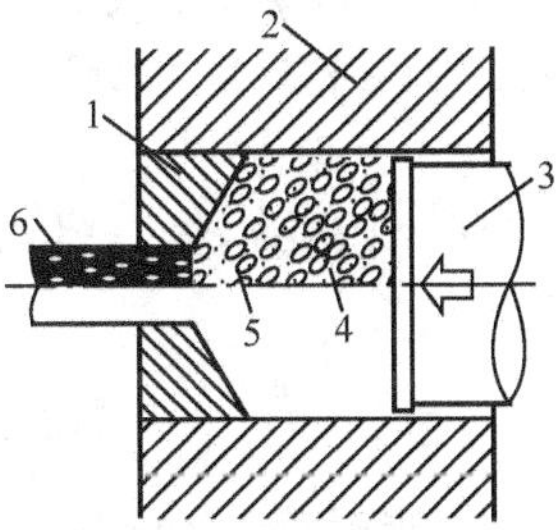

图 10.20　半固态挤压示意

1—挤压模；2—挤压筒；
3—挤压杆；4—固相；
5—液相；6—制品

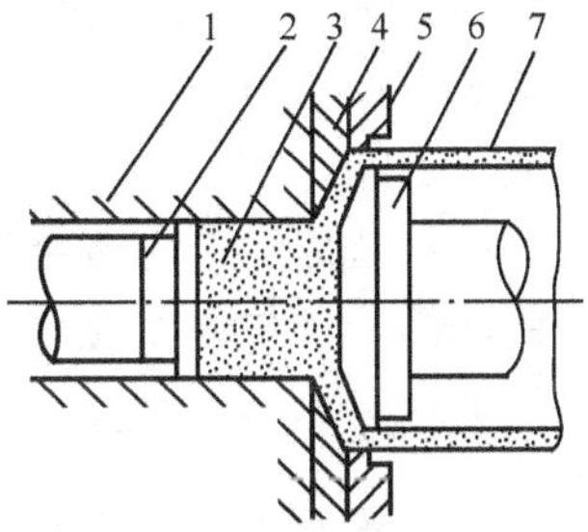

图 10.21　扩展模挤压示意

1—挤压筒；2—挤压垫片；3—锭坯；
4—扩展模；5—挤压模；
6—芯杆与芯头；7—管材

12）复合材料挤压

采用挤压生产的复合材料可分以下两种：

(1) 弥散型复合材料。它是在基体金属中有分散的颗粒、晶须、纤维等强化相复合材料，如图 10.22(a)所示。通常采用粉末冶金、铸造及半固态成形方法制坯，然后进行挤压成形，提高了材料的性能和致密度。

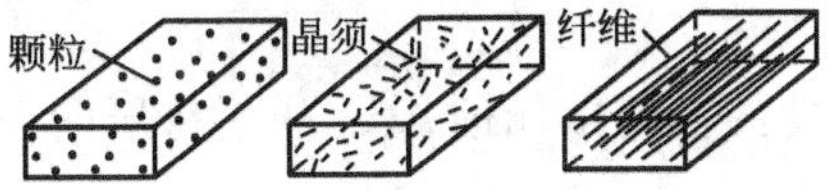

(a) 弥散型复合材料

(b) 层状复合材料

图 10.22　挤压生产的复合材料

(2) 层状复合材料。复合材料是呈层状分布，采用挤压法生产的层状复合材料，主要有双金属管、包覆材及复合板材等，如图 10.22(b)所示。

10.1.2 挤压工艺的特点

1. 挤压工艺的优点

(1) 提高金属材料的变形能力。金属在挤压变形区中处于强烈的三向压应力状态，可以充分发挥其塑性，获得大变形量。因此，利用挤压工艺可以加工一些用轧制等方法有困难或不能加工的金属及合金。

(2) 挤压制品及零件综合质量高。挤压变形可以改善金属材料的组织，提高其力学性能，特别是对于一些具有挤压效应的铝合金，其挤压制品在淬火时效后，综合力学性能远高于其他加工方法生产的产品。

(3) 挤压零件尺寸准确，表面光洁。用冷挤压制造的零件一般不需要再加工，只需少量的精加工或磨削。

(4) 产品范围广。挤压加工不但可以生产断面形状简单的管、棒、线材，而且还可以生产断面形状非常复杂的实心和空心型材，还可以生产形状复杂的机械零件。

(5) 挤压生产零件效率高。用挤压方法生产机械零件的效率是非常高的，特别是生产批量大的零件时用挤压方法生产可比切削加工提高几倍、几十倍甚至上百倍。

(6) 挤压工艺灵活性大。挤压时金属坯料与工具的密合性高，即使锭坯的断面形状尺寸不同，也因在挤压开始前使锭坯充满挤压筒，所以采用锭坯的自由度大，工艺灵活性大。

(7) 提高材料的结合性。包覆挤压可以获得结合性好的复合材料。例如铝包钢丝、铅包铜丝等，还可以使金属粉末挤压成形。

2. 挤压工艺的缺点

(1) 挤压模具损耗大。工具与锭坯接触面的单位压力高，一般为 200～1200MPa，要求工具和设备构件的强度高、刚性好、耐高温，由于挤压时工具受到高温、高压的作用，所以损耗大。

(2) 生产管、棒、型材效率低。与轧制工艺相比，用常规的挤压工艺生产管、棒、型材时的效率较低。

(3) 金属的废料损失大，制品的组织、性能沿轴向和断面上不均匀。

10.1.3 挤压时金属的流动

挤压时金属的流动对制品的组织性能、尺寸形状，以及表面状态有重要的影响，分析挤压时金属的流动特点有许多方法，其中以网格法及观察低倍组织法最常采用。

1. 正向挤压圆棒材金属流动特点

正向挤压圆棒材时金属流动可分为四个阶段：填充挤压阶段、开始挤压阶段、稳定挤压阶段及紊流挤压阶段，如图 10.23 所示。

1) 填充挤压阶段

挤压时为便于把锭坯放入挤压筒中，一般锭坯的直径总要比挤压筒的内径小。因此，

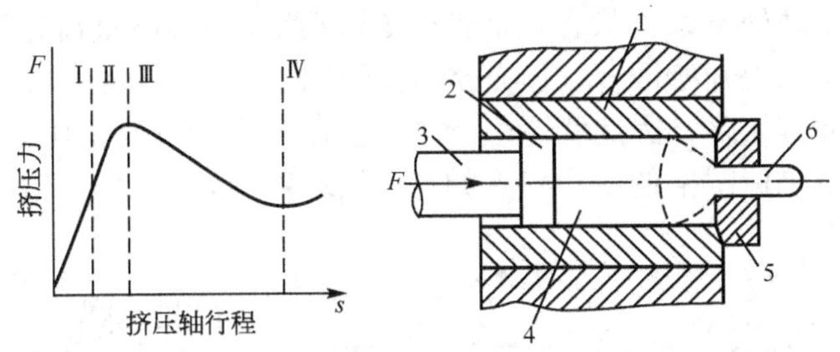

图 10.23 挤压时金属流动的四个阶段及挤压力随挤压行程的变化关系

1—挤压筒；2—挤压垫片；3—挤压杆；4—锭坯；5—挤压模，6—挤压制品

Ⅰ—填充挤压阶段；Ⅱ—开始挤压阶段；Ⅲ—稳定挤压阶段；Ⅳ—挤压终了阶段

第一阶段要进行填充挤压，使金属充满整个挤压筒。在这一阶段，作用在金属坯料上的外力如图 10.24 所示。

填充挤压开始阶段的应力状态类似自由体镦粗，为三向压应力状态，可近似将轴向应力 σ_1、径向应力 σ_r、周向应力 σ_θ 看作主应力。实现填充的条件是 $\sigma_1>\sigma_s$，这一条件最先发生在锭坯与模具侧面的接触部分，端面受摩擦的影响变形小，而最初进入模孔的那部分金属并不是塑性变形的结果，而是在挤压杆作用下，模孔的剪切作用造成的。

由于坯料在填充过程中直径逐渐增大，单位压力也逐渐上升，特别是当一部分金属与挤压筒壁接触后，接触摩擦及内部静水压力增大，导致填充变形所需的力迅速增加，因而对应挤压力-行程曲线上的Ⅰ区挤压力近似直线上升。

2）开始挤压阶段

这一阶段挤压力上升至最大值，使得金属受到很大的三向压应力，σ_1 为最大主应力，且挤压垫片侧 σ_1 最大，金属开始从模孔流出，随之挤压力曲线出现拐点。

3）稳定挤压阶段

稳定挤压阶段是金属从模孔开始流出到挤压将要完毕的过程，金属坯料在此阶段的受力状态和变形情况如图 10.25 所示。

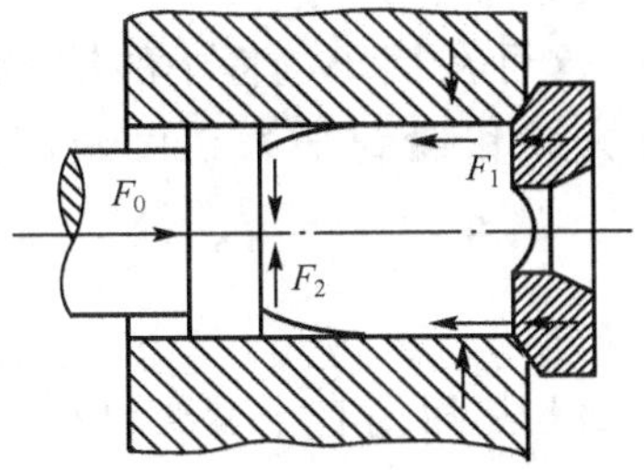

图 10.24 填充阶段的受力状态

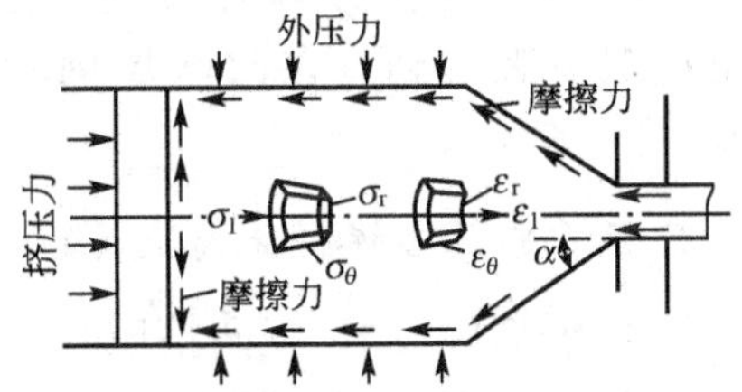

图 10.25 稳定挤压阶段的受力状态

挤压时的基本应力状态是三向压力状态：轴向压应力 σ_1，径向压应力 σ_r 及周向压应力 σ_θ，这对利用和发挥金属的塑性是极其有利的。挤压时的变形状态为：一向延伸、二向压缩变形，即轴向延伸变形 ε_1，径向压缩变形 ε_r，周向压缩变形 ε_θ。由于这种挤压过程是轴对称问题，所以：$\sigma_r=\sigma_\theta$，$\varepsilon_r=\varepsilon_\theta$。

4）挤压终了阶段

挤压过程中，当挤压筒中锭坯长度减小到接近变形区压缩锥高度时，即进入挤压终了阶段。此阶段金属流动处于紊流状态，金属径向流动增加。另外金属温度降低，变形抗力增大，塑性降低，挤压力开始回升。但是挤压力再增加时，死区的金属就要被挤出来，容易造成缩孔、粗晶环等缺陷，因此实际生产中，挤压结束阶段要留压余。

基本挤压阶段中坐标网格的变形特点如图 10.26 所示，由此可以看出：

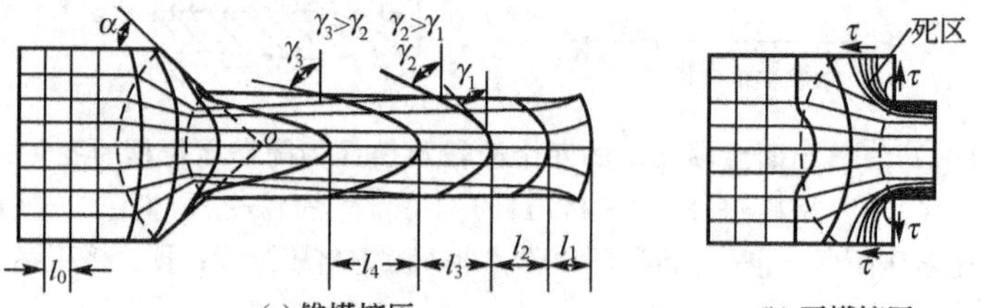

(a) 锥模挤压

(b) 平模挤压

图 10.26　圆棒正挤压时金属流动特征图

(1) 横向坐标线弯曲较大。这说明变形是极不均匀的，是由于挤压筒、模与金属表面之间存在的摩擦力，致使外层金属变形滞后于中心部分变形所致。

(2) 纵向坐标线的变化。在模孔入口处和模孔出口处发生两次方向相反的弯曲，其弯曲角度由中心层向外层逐渐增加，这表明内外层金属变形的不均匀性。分别连接进口与出口纵线的弯曲折点可构成两个曲面(图中虚线)，由它所包围的体积称塑性变形区。

(3) 挤压后的坐标网格也存在着畸变。中间的方格变为近似矩形，外层的方格变为近平行四边形，说明外层金属除了受到延伸变形外还受到附加剪切变形，其切变角 γ 由中心层向外层、由前端向后端逐渐增加。

(4) 存在两个难变形区。一个位于挤压筒和模子端面交界的角落处，称为前端难变形区，另一个位于垫片处的后端难变形区。前端难变形区也称为死区或弹性区。死区形成的原因是，锭坯在前端受到模端面摩擦力的作用阻碍金属的流动，同时这部分金属受挤压筒和模的冷却，塑性降低，强度升高，不易流动，故而形成了难变形区。

(5) 死区与塑性流动区交界处存在着剧烈滑移区。这可在挤压过程中的锭坯横断面低倍组织中观察到，在此区域内存在着明显的金属流线和遇到很大程度破碎的金属晶粒。

2. 反向挤压圆棒材金属流动的特点

与正向挤压不同，反向挤压时，除位于死区处的金属与挤压筒有相对滑动外，其他部分的金属与挤压筒壁并不发生相对滑动。因此摩擦力对反向挤压的影响小，所以反向挤压所需的挤压力低，图 10.27 所示为正向挤压与反向挤压时挤压力与挤压轴行程的对应关系。

反向挤压时塑性变形区仅集中在模口附近处，由于变形区小，金属流动均匀，因此挤压缩孔和压余少，制品的力学性能较均匀。正向挤压与反向挤压时金属流动特性的比较如图 10.28 所示。但是，由于反挤压时的死区体积较小且比较容易参与流动，使得坯料表面层容易流入制品的表皮之下，容易形成起皮、起泡等缺陷，严重影响制品的表面质量，因此，反挤压时对坯料的表面质量要求较高。

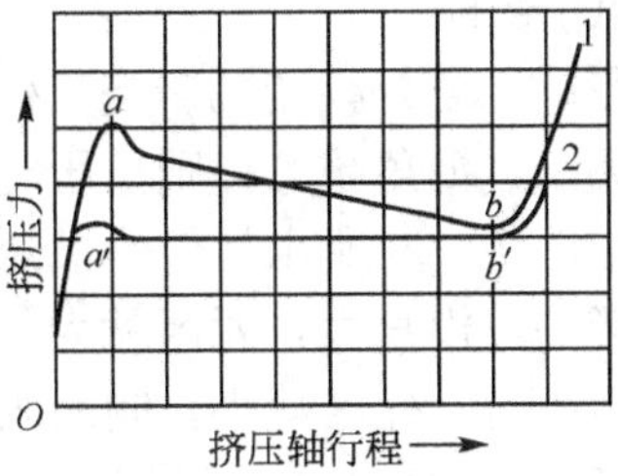

图10.27 正向挤压与反向挤压的挤压力对比
1—正向挤压；2—反向挤压

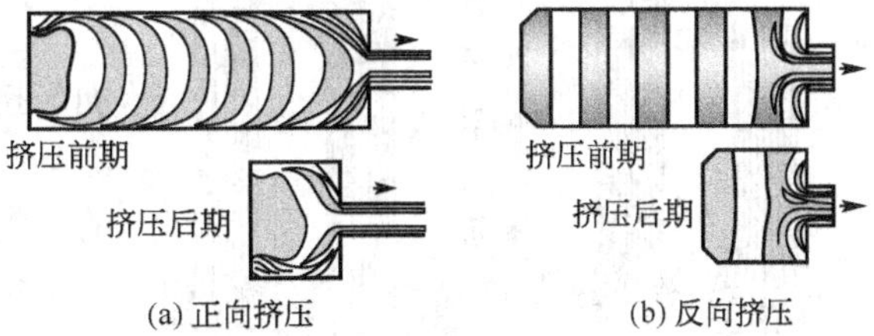

图 10.28 反向与正向挤压金属流动示意对比

3. 影响金属挤压流动的因素

1）制品的形状与尺寸

当其他条件相同时，棒材挤压比型材挤压时金属流动均匀，而采用穿孔针挤压管材比挤压棒材时的金属流动均匀。对称度越低、宽高比越大、壁厚越不均匀、比周长越大(断面越复杂)的型材，挤压时金属流动的均匀性越差。

2）金属强度的影响

一般强度高的金属往往比强度低的金属流动均匀，难挤压的合金较易挤压的合金流动均匀，挤压合金比纯金属流动均匀。挤压强度大的金属时，由于降低了金属与工具的摩擦因数，使摩擦阻力减小，所以金属流动均匀。

3）摩擦的影响

挤压筒壁的摩擦力是影响金属流动的主要因素，摩擦力越大，中间和边部的金属产生的纵向流动速度差越大。

挤压垫片与金属间的摩擦作用，对金属流动的影响主要产生在坯料的后端，使坯料后端金属变形不均匀，而形成一个难变形区，这也是造成挤压缩孔的原因之一。

挤压管材时，由于铸锭内部金属受到穿孔棒摩擦力的影响以及冷却作用，导致铸锭中心部分的金属流速减慢，其结果使挤压管材比挤压棒材金属流动均匀。

在挤压型材时，模子工作带的摩擦力对金属流出模孔速度有阻碍作用。可利用工作带长度来调整型材各部分流动的不均匀性，这种作用被广泛应用在型材模具的设计方面。

4）挤压温度的影响

不论是坯料加热还是挤压工具的预热，它们对金属流动的影响是通过以下四个方面进行的：

(1) 坯料横断面上的力学性能分布。坯料在出炉后，由于空气和挤压筒的冷却作用，使其外层金属的塑性降低、强度升高，内部则塑性高、而强度低，这就势必造成坯料的内部金属易于流动而外部金属难于流动，导致金属流动不均匀。因此，对于挤压工具预热以减少坯料内、外部的温差，使其金属流动均匀。

(2) 导热性的影响。一般来说，导热性能差的金属，坯料断面温度分布不均匀，因而挤压时金属流动不均匀。影响导热系数的因素对金属流动也有影响。

(3) 相的变化。由于温度变化引起某些金属相变，以致在挤压时金属流动受到影响。

(4) 摩擦条件的变化。对多数金属来说，随铸锭温度升高摩擦因数增大，从而使金属在挤压时流动不均匀。

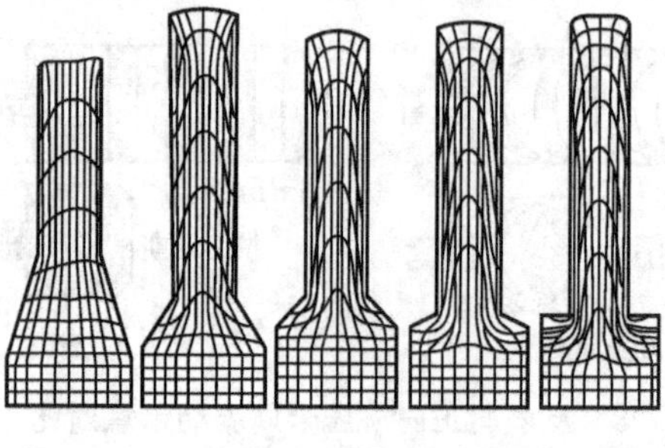

图 10.29　模角对金属流动的影响示意

5）工具形状的影响

工具形状的影响主要是模角的影响，模角即模面与挤压轴线的夹角，模角越大，则挤压时金属的流动越不均匀，如图 10.29 所示。但是模角对产品的质量有重要的影响，模角大，死区就大，制品表面质量好；而模角小时，死区就小，制品表面质量不好。合理模角范围通常在 60°～65°。

6）变形程度的影响

一般来说，当挤压比（或变形程度）增加时，坯料中心与表层金属流动速度差增加，金属流动均匀性下降。但是金属流动均匀性与变形均匀性并不是一个等同概念，由于挤压过程中剪切变形主要存在于坯料的外周层，使得挤压制品表层部与中心的实际变形程度相差较远。只有当挤压比大到一定程度时，剪切变形才可能深入到制品中心部，使制品横断面上的力学性能趋于均匀。因此为了获得性能均匀性较好的制品，实际生产中要求挤压比达到 5（相当于变形程度在 80%）以上。

7）挤压速度的影响

通常是挤压速度大，不均匀流动加剧，附加应力增大，在挤压制品上会引起周期性周向裂纹或破裂。挤压速度的影响通过下述三方面起作用：①挤压速度高，流动更不均匀，附加应力增大；②挤压速度提高，来不及软化加快了加工硬化，使金属塑性降低；③挤压速度的提高，增加了变形热效应，使铸锭温度上升，易进入高温脆性区，降低金属加工塑性。

实际生产中常常把温度和挤压速度统一考虑，在挤压温度高时，就需要适当地控制挤压速度；温度低时，可提高挤压速度，保证产品的质量。

10.1.4　挤压制品的组织与性能特征

1. 铝合金挤压制品的组织与性能

1）挤压制品组织的不均匀性

铝合金挤压制品的组织在断面与长度方向上都是不均匀的，这种不均匀性主要是由于变形不均匀引起的，与挤压温度和速度的变化也有关系。

对某些铝合金挤压制品组织不均匀性还主要表现在，在挤压和随后的热处理过程中，在制品尾端外层出现粗大晶粒组织，通常称之为粗晶环，或出现表面的晶粒粗大组织，如图 10.30 所示。

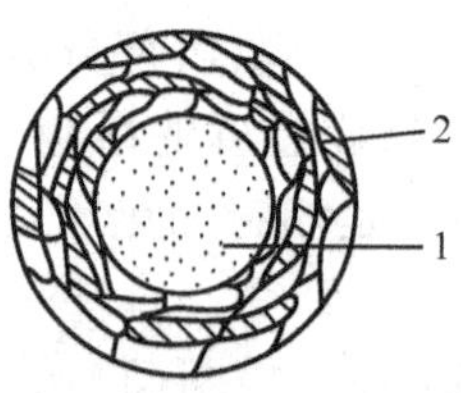

图 10.30　挤压硬铝棒上的粗晶环

1—细晶；2—粗晶

由于变形不均匀，挤压制品也会产生层状组织，其特征是制品被折断后，呈现出与木质相似的断口，分层的断口表面凹凸不平，分层方向与挤压制品轴向平行，继续塑性加工或热处理均无法消除。

2）力学性能的不均匀性与挤压效应

一般来说铝合金实心挤压制品（未经热处理）的心部和前端的强度（σ_b，$\sigma_{0.2}$）低，伸长率高，而外层和后端的强度高，伸长率低。

挤压制品力学性能的不均匀性还表现在纵向和横向性能差异上(即各向异性)，这主要是由于变形组织的影响，与挤压后制品晶粒被拉长、晶粒间化合物被拉长、气泡沿晶界析出等也有关系。

某些铝合金挤压制品与其他加工制品(如轧制、拉伸和锻造)经相同的热处理后，前者的强度比后者高，而塑性比后者低，这一效应是挤压制品所持有的特征，故称挤压效应。挤压效应用铸锭挤压时十分明显，二次挤压(即用挤压坯料进行挤压)时，挤压效应将减小，并在一定条件下几乎完全消除。

2. 钢铁材料冷挤压制品的组织和力学性能

冷挤压前，毛坯经过退火软化处理，晶粒近似于团状或球状，挤压后晶粒被挤压拉长而成细长晶粒，形成纤维组织。变形程度越大，晶粒被挤得越长，细长晶粒再变形所需变形力更大，因而挤压后金属得到强化。另外，由于挤压是强的三向压应力状态，经过挤压后金属材料的组织结构更加致密，微小的气孔、疏松和微裂被压合，使金属进一步强化。

此外钢铁材料挤压后，力学性能也出现了方向性：①沿纤维方向(纵向)的伸长率 δ 比垂直纤维方向(横向)的伸长率 δ 大得多；②而横向冲击韧性 α_k 值比纵向冲击韧性 α_k 值大得多；③挤压前后强度极限 σ_b 及屈服极限 σ_s 变化不大，纵向性能略大。为此，在设计和拟定挤压工艺时，应考虑使制件工作时承受最大应力方向与制件纤维方向一致，使制件工作时的最大剪切力与纤维垂直，并使其纤维与制件轮廓符合。

3. 挤压制品常见的缺陷

1) 挤压制品裂纹

挤压棒材的裂纹分表面裂纹和中心裂纹两种，如图 10.31(a)、(c)所示。型材挤压时，常在宽高比较大的型材的边部产生裂纹，常称为边裂，如图 10.31(b)所示。此种表面和中心裂纹大多外形相同，距离相等(或近似相等)，呈周期性分布，通常称为周期裂纹。裂纹的产生与金属在挤压时的受力情况有直接关系。

挤压棒材的表面周期裂纹的产生，是由于外摩擦力的作用使坯料表面的流动受到阻碍，则产生金属的不均匀变形，在棒材内层金属流速大于外层金属流速，从而使外层金属受到拉副应力作用，在内层则受到压副应力作用。这种拉副应力的产生，就会在挤压过程中助长裂纹的形成。由于越接近模子出口内外层金属的流速差越大，附加拉应力的数值也就越大，因此，表面周期裂纹经常在模子出口处形成。

(a) 棒材表面周期裂纹

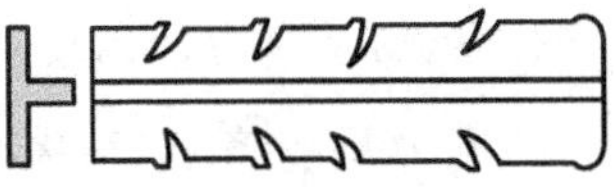

(b) 型材边部周期裂纹

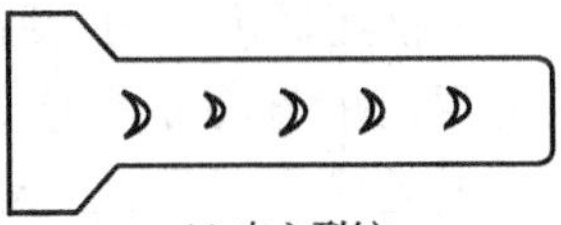

(c) 中心裂纹

图 10.31 周期裂纹示意

中心周期裂纹的产生与表面周期裂纹成因相反，是由于挤压时中心流动慢表层流动快，在中心形成了附加拉应力导致的。实际生产中，由于加热不透形成内生外熟，或者挤压比太小(例如钢、钛等的挤压)，变形不深入，都可能会使金属的中心流速小于表面流速，而产生中心周期裂纹。

消除裂纹的措施：①在允许的条件下采用润滑剂、锥模等来减少不均匀变形；②采取合理的温度、速度规程；③增加变形区内基本应力数值，例如适当增大模子工作带长度。

2）挤压缩尾

挤压缩尾也称挤压缩孔，是在挤压过程中铸锭表面的氧化物、油污脏物及其他表面缺陷进入制品内部或出现在制品的表皮层，而形成漏斗状、环状、半环状的气孔或疏松状态的缺陷。根据缩尾在制品中分布的位置可分中心缩尾、环形缩尾、皮下缩尾三种，如图 10.32 所示。

减少挤压缩尾的措施主要有以下三种：

（1）留压余。挤压末期留一定压余，防止挤压后期形成的缩尾流入制品中。

（2）脱皮挤压。脱皮挤压使锭坯外表层金属留在挤压筒内，减少或消除挤压缩尾。

（3）控制工艺条件。加强锭坯表面处理，减少模子和挤压筒表面的粗糙度，加强润滑，预热挤压工具，降低挤压末期的挤压速度，采用反向挤压工艺等均可使缩尾减少。

3）扭拧、弯曲与波浪

图 10.33 所示为挤压型材常见的扭拧、弯曲与波浪缺陷。这一类型的缺陷主要是由于模孔排列、模子定径带设计不当，模子加工精度差，模孔磨损以及模孔润滑不均匀等原因，造成制品断面上各处金属流速不均匀导致的。

(a) 中心缩尾　(b) 环形缩尾　(c) 皮下缩尾

图 10.32　各种类型缩尾形成过程示意

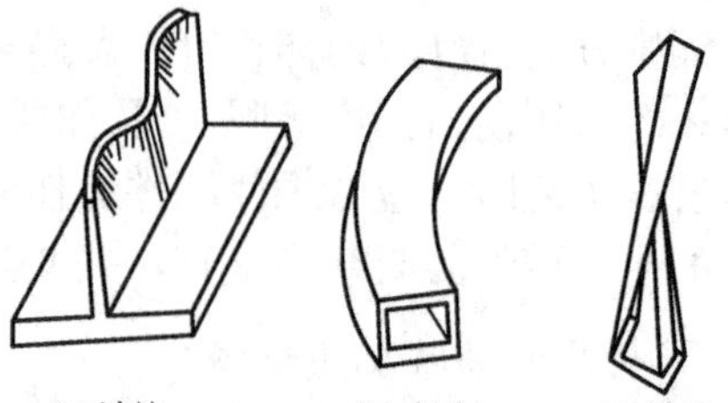

(a) 波浪　(b) 弯曲　(c) 扭拧

图 10.33　挤压型材的扭拧、弯曲与波浪缺陷

10.1.5　挤压力的计算与测定

1. 影响挤压力的因素

挤压力是随挤压杆的行程而变化的，所要确定的挤压力是指曲线上的最大挤压力，它是确定挤压机吨位和校核挤压机部件强度的依据。影响挤压力的因素主要有：

（1）挤压温度。因为所有金属和合金的变形抗力都是随温度升高而下降，所以挤压力也随着温度的升高而降低。

（2）坯料长度。在正向挤压时，金属坯料与挤压筒接触表面之间有很大的摩擦力，所以坯料的长度越大，挤压力就越大。反向挤压时，坯料的长度对挤压力没有影响。

（3）变形程度。当变形程度增加时，挤压力增加。

（4）挤压速度。实验室冷态挤压试验中，挤压速度对挤压力的影响较小。而热挤压时，当挤压温度、摩擦条件不变时，挤压速度越大，挤压力越大。

（5）模角。模角越大，则在挤压时金属流动越不均匀，挤压力增高；相反，模角越小，虽然金属流动越均匀，但由于金属与工具的摩擦面积增加，挤压力增大。因此，在挤压时实际存在一个合理模角范围，在此范围内挤压力最低。

（6）摩擦。挤压时坯料与挤压工具接触面摩擦力越小，则金属的变形越均匀，同时使摩擦功减少，因此挤压力降低。

2. 挤压力的计算与实测方法

挤压力的计算方法主要有主应力工程近似计算法、近似计算一般公式、经验公式法、图解法等方法。

阅读材料10-1

挤压力的计算与图解方法

(1) 主应力近似计算法。该法把问题简化为平面问题或轴对称问题，由力平衡方程和近似塑性条件联立求解，得到单位挤压力及挤压力的近似公式。

(2) 近似计算一般公式。该方法是在主应力近似计算法的基础上，将挤压应力归结为挤压应力状态系数和金属真实变形抗力两个变量的积，并将应力状态系数用挤压筒-锭坯区应力状态系数、变形区压缩锥应力状态系数、定径区应力状态系数来表达。

(3) 经验公式法。该法是把大量经验数据经数学方法处理后得到的具有一定精确度的简便计算方法，但缺乏通用性。

(4) 图解法。挤压力图算法多用于零件冷挤压时挤压力的确定，目前常用的方法有：①德国工程师协会的图算法；②国际冷锻协会的图算法；③国内依据试验的图算法；④有色金属的图算法。具体可参阅有关挤压设计手册。

挤压力的实测法主要有以下三种：

(1) 直接测定法。直接测定法是在挤压过程中，通过连接在高压管路上的压力表，直接读出主缸中高压液体的压力，然后乘以主柱塞的面积和挤压机的效率，即可得到挤压力。

(2) 电测法。采用贴有电阻应变片的测压头和电阻应变仪来测定。

(3) 机械测定法。根据测压元件的弹性变形量的大小与所受外力成正比的原理，计算挤压力的大小。

10.2 挤压设备及工具

10.2.1 挤压设备

1. 挤压机的分类

挤压机是挤压车间的主要设备，挤压机按工作轴线的位置、结构类型、传动方式、加工方法及生产的产品，可以分很多种类，如图 10.34 所示。

2. 挤压机主要技术参数

挤压机的主要技术参数有挤压力、液体的工作压力、主缸系统参数、穿孔系统参数、挤压筒参数、主剪力及辅助剪力、滑移模座推入及拉出力、挤压机的速度参数等。

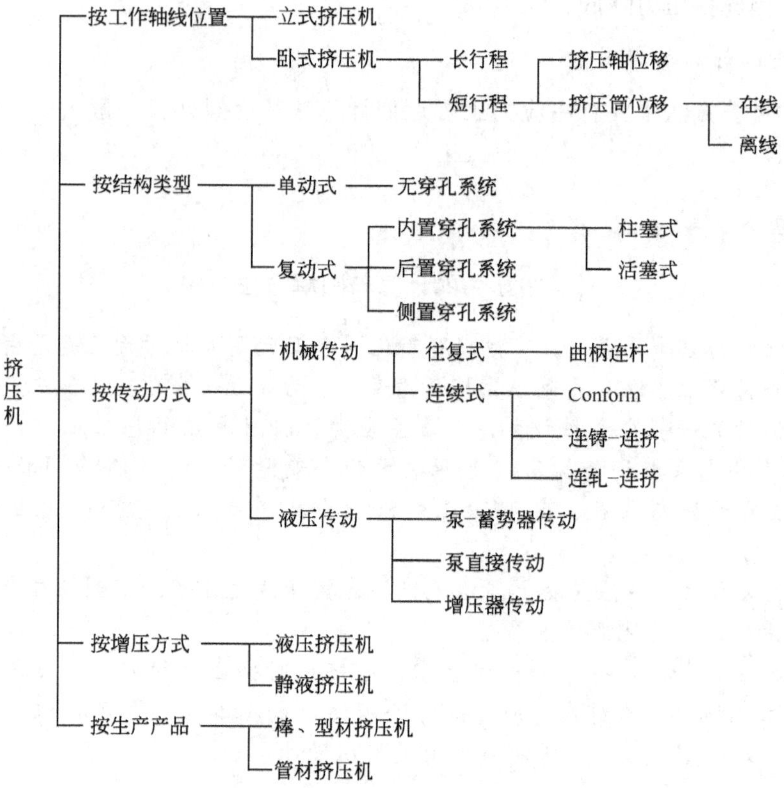

图 10.34　挤压机的分类

(1) 挤压力。挤压力是挤压机最基本参数，它取决于挤压生产工艺的要求，根据工艺计算的力能参数选取。

(2) 液体的工作压力。目前用于金属液压挤压机的液体工作压力为20～32MPa。

(3) 主缸系统参数。主缸系统参数包括主柱塞直径、主柱塞行程、主柱塞回程力、快速前进力等。

(4) 穿孔系统参数。穿孔系统参数包括穿孔力、穿孔行程、穿孔回程力等。

(5) 挤压筒参数。挤压筒参数主要包括挤压筒内径、挤压筒长度、挤压筒压紧力、挤压筒松开力、挤压筒预热器功率等。

(6) 主剪力、辅助剪力。主剪力是压余与挤压制品分离的剪切力，辅助剪力是压余与垫片的分离剪力。

(7) 滑移模座推入及拉出力。滑移模座的驱动一般采用活塞式液压缸，驱动力一般按公称压力的1%经验选取。

(8) 速度参数。挤压机的速度参数包括挤压速度、穿孔速度、空程及回程速度等。

10.2.2　挤压工具

1. 挤压工具的组成

挤压工具主要有挤压模、挤压杆、穿孔针、挤压垫片及挤压筒等。挤压工具承受着长时间的高温、高压、高摩擦，因此挤压工具的使用寿命比较短，消耗量很大，而这些工具的材料均是耐热合金钢，工具成本高。由于挤压机的种类和结构不同，挤压工具的结构与装配方式有很大差异，图 10.35 是卧式挤压机挤压工具装配示意。

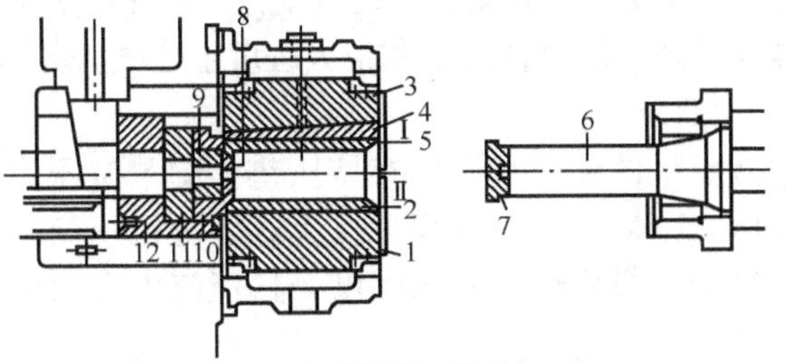

(a) 挤压棒、型材

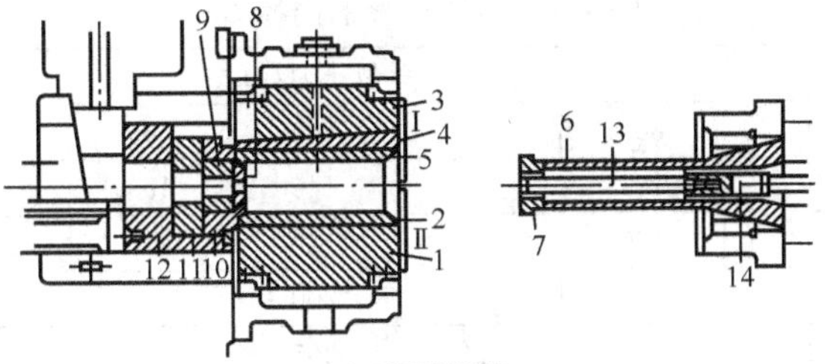

(b) 挤压管材

图 10.35　卧式挤压机挤压工具装配示意

1—挤压筒外套；2—挤压筒内衬；3—挤压筒外套(三层时)；4—挤压筒中衬(三层时)；
5—挤压筒内衬(三层时)；6—挤压杆；7—挤压垫片；8—挤压模具；9—模垫；
10—模套；11—模支承；12—模座；13—穿孔针；14—穿孔针支承
Ⅰ—三层挤压筒方案；Ⅱ—双层挤压筒方案

模座部分由模具、模垫、模套、模支承及模座所组成。图 10.36 所示是纵向移动模座锥面密封的模具装配示意，图 10.37 所示是横向滑移模座平面密封星桥模装配示意。

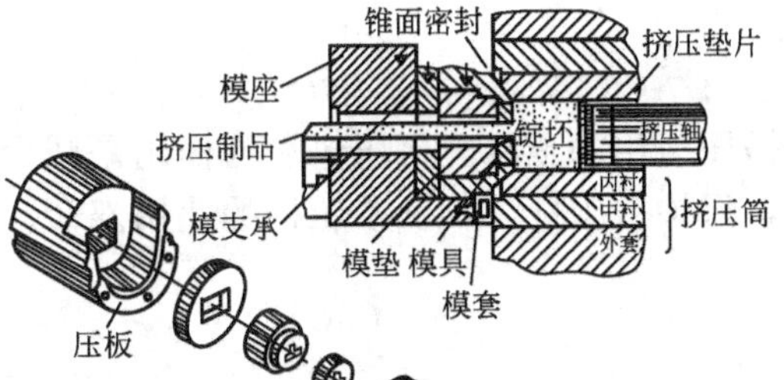

图 10.36　纵向移动模座锥面密封的模具装配图

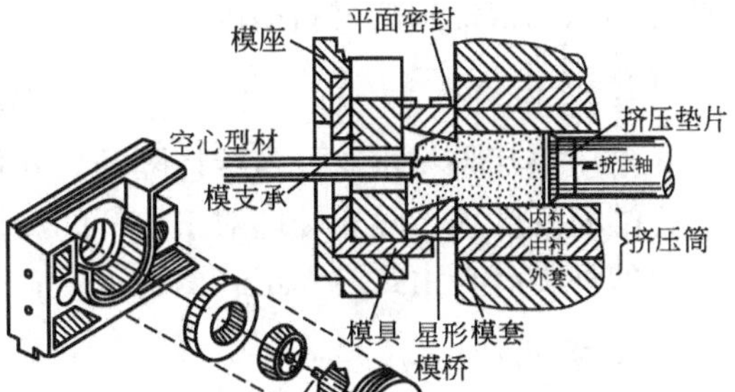

图 10.37　横向滑移模座平面密封星桥模装配图

2. 挤压筒

1）挤压筒的结构

挤压筒是容纳锭坯，承受挤压杆传给锭坯的压力，并同挤压杆一起限制锭坯受压后只能从模孔挤出的挤压工具。圆形挤压筒一般由二层或三层衬套过盈热配合组装在一起。而扁挤压筒则是由四层衬套构成的，扁挤压筒主要用于挤压壁板。挤压筒制作成多层的原因是使筒壁中的应力分布均匀，降低应力峰值；另外，挤压筒磨损可更换内衬，不必换整个挤压筒。

挤压筒的加热方法大多采用感应加热，也有用电阻元件由挤压筒外面加热的。加热的主要目的是为了使金属变形时流动均匀和使挤压筒免受过于激烈的热冲击。挤压筒加热的温度为350～400℃，加热温度过高，耐热合金钢在很大程度上会失去其本身的强度。

2）挤压筒的尺寸

挤压筒的尺寸根据挤压机的吨位和作用在挤压垫上的单位压力确定。挤压筒的最大内径应保证垫片上的单位压力不低于金属的变形抗力，因为挤压筒内径越大，垫片上的单位压力越小。挤压筒的内径最小应保证工具的强度。挤压筒内套的内径 D_1 见表10－1。根据此表确定 D_1，再根据经验确定各层的尺寸。

表10－1　挤压筒内套的内径 D_1 的尺寸

挤压机吨位/MN	单位压力/MPa								
	1000	900	800	710	630	560	500	450	400
10	112	118	125	135	140	150	160	170	180
16	140	150	160	170	180	190	200	212	224
20	160	170	180	190	200	212	224	236	250
35.5	212	224	236	250	265	280	300	315	335
50	250	265	280	300	315	335	375	400	425

3．挤压杆

挤压杆是将挤压机主缸内产生的压力传递给锭坯，使锭坯产生塑性变形从模孔中流出，形成挤压制品用的工具。

挤压杆分空心与实心两种，实心挤压杆用于棒型材挤压机，空心挤压杆用于管棒挤压机。挤压杆一般为圆柱整体结构，可分端头、杆身及根部。在大吨位挤压机上，挤压杆做成变断面的，以增加纵向抗弯强度。另外为节省合金钢，有时挤压杆做成过盈装配式的，杆身部分比根部用的材料强度可大些。

4．挤压垫片

挤压垫片是将挤压杆与锭坯隔开，并传递挤压力用的工具。挤压垫片的作用是减少挤压杆端面的磨损，隔离锭坯对挤压杆的热作用，保护挤压杆，延长挤压杆的使用寿命。挤压垫的种类有自由式与固定式两种。

5．穿孔针

穿孔针用于生产一般圆断面管材、异型管材以及逐渐变断面型材。穿孔针的结构形式有圆柱式针、异形式针、瓶式针和浮动式针等。

6．挤压模

挤压模是金属从中挤出并获得模孔断面形状和尺寸的制品的挤压工具。挤压模对挤压制品的质量、产量及成品率等有重要意义。要求挤压模耐高温、耐高压而且耐磨。按挤压模的结构分为整体模、可拆卸模、舌模及分流组合模。

1）整体模

整体模由整块钢料或镶嵌为一体的挤压模，按模孔的形状分为平模、流线模、双锥模、锥模、平锥模、碗形模和平流线模，如图 10.38 所示。整体模制造简单，广泛地用于管棒型材挤压。

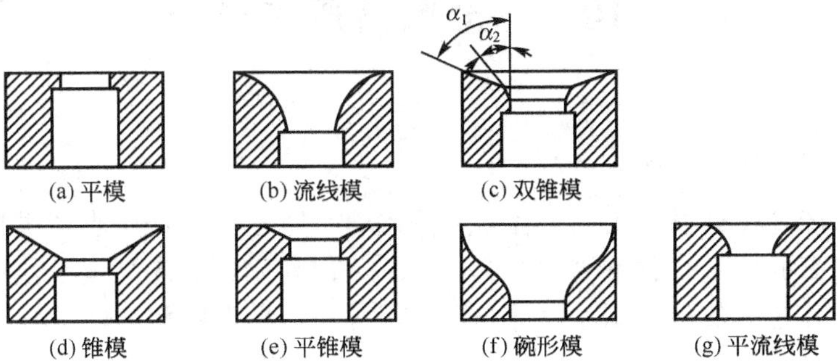

图 10.38 整体模

2）可拆卸模

可拆卸模是由几个模块组装而成(图 10.4)，主要用于变断面型材的挤压。为了换模方便，要合理考虑分模面和脱模角。

3）舌模

舌模又称桥式模，是将模子和舌芯做成一整体，根据舌芯形式不同，可分为突桥式、半突桥式和隐桥式三种结构，如图 10.39 所示。舌模挤压的优点：可用实心锭坯挤压空心材；产品尺寸精确、壁厚偏差小、内表面质量好。缺点是制品有焊缝，挤压力较一般穿孔挤压时的高，压余长。

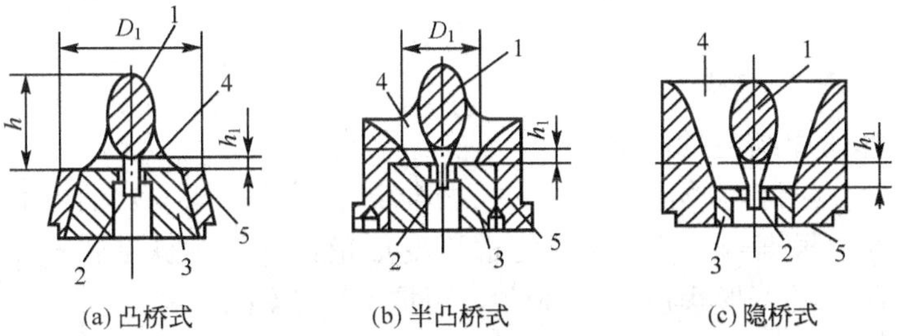

图 10.39 舌模的类型

1—桥；2—舌芯；3—模子；4—进料孔；5—模套

4）分流组合模

分流组合模由阳模(上模)、阴模(下模)、定位销和联接螺钉四部分组成，根据它的结构形式可分孔道式组合模和叉架式组合模如图 10.40 所示。

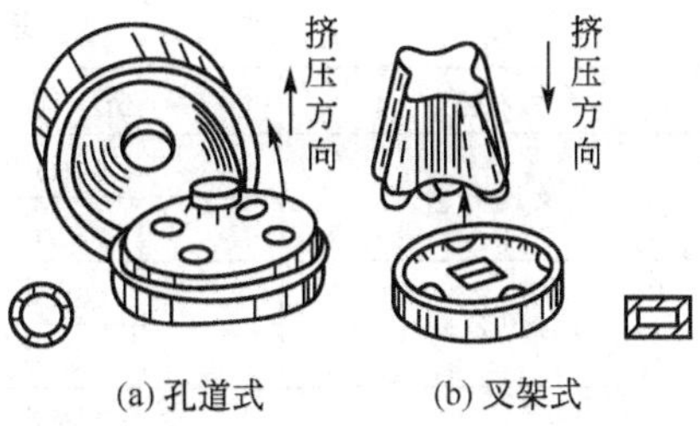

图 10.40 分流组合模

孔道式组合模适用于所有的空心铝型材，但挤压阻力较大，易造成闷车(压挤不动)，用此模生产空心型材成品率较高，模具加工制造方便，生产操作简单，能生产形状复杂的空心型材和多孔空心型材。

叉架式组合模适用于外形尺寸较大的空心型材，挤压阻力较孔道式分流组合模小些，此模生产成品率较高，压挤完毕后清理残料较容易，但模具加工困难。

10.3 金属挤压工艺

10.3.1 管棒型材挤压工艺概述

用挤压法生产管棒型材的工艺流程，如图10.41所示。在挤压生产过程中，基本工艺参数的选择对产品的质量有着重要的影响，为了获得高质量的产品，必须正确地选择工艺参数。所谓基本工艺参数包括制品设计和锭坯尺寸、挤压温度和速度、润滑条件等。

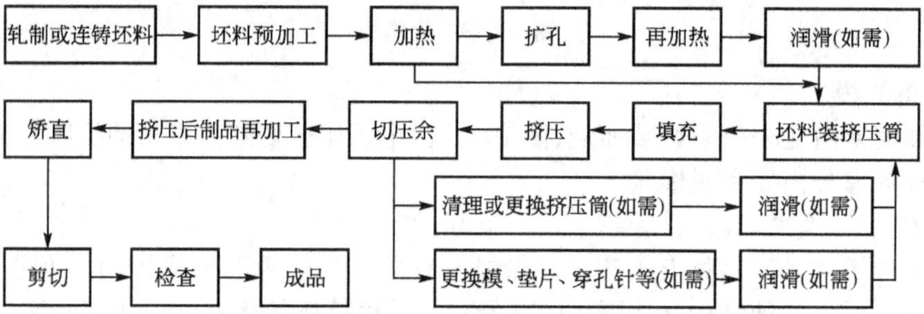

图10.41 挤压法生产管棒型材的工艺流程示意

10.3.2 锭坯尺寸的选择

1. 锭坯尺寸选择的原则

锭坯尺寸选择的原则包括以下几点：

(1) 锭坯质量。对锭坯质量的要求，根据合金、制品的技术要求和生产的工艺而定。

(2) 变形程度。根据合金塑性图确定适当变形量，一般为保证挤压制品断面组织和性能均匀，应使挤压时的变形程度大于80%，可取90%以上。

(3) 挤压压余。在挤压定尺和倍尺产品时，应考虑压余的大小及切头尾所需的金属量。

(4) 设备能力。在确定铸锭尺寸时，必须考虑设备的能力和挤压工具的强度。

(5) 填充系数。为保证操作顺利进行，在挤压筒与铸锭之间，空心锭坯的内径与穿孔针之间都应留有一定的间隙。可根据经验按表10-2选取，$\Delta_{外}$ 为挤压筒内径与锭坯外径间的间隙；$\Delta_{内}$ 为锭坯(空心的)内径与穿孔针外径间的间隙。

表10-2 $\Delta_{外}$ 与 $\Delta_{内}$ 之值

合金种类	挤压机类型	$\Delta_{外}$/mm	$\Delta_{内}$/mm
铝及其合金	卧式	6～10	4～8
	立式	2～3	3～4
重有色金属	卧式	5～10	1～5
	立式	1～2	
稀有金属	卧式	2～4	3～5
	立式	1～2	1～1.5

2. 挤压比 λ 的选择

挤压比为制品横断面积与坯料横断面积的比。选择挤压比 λ 时应考虑合金塑性、产品性能以及设备能力等因素。实际生产中主要考虑挤压工具的强度和挤压机允许的最大压力。

为了获得均匀和较高的力学性能，应尽量选用大的挤压比进行挤压，一般要求：

一次挤压的棒、型材　　$\lambda>10$

锻造用毛坯　　$\lambda>5$

二次挤压用毛坯　　λ 可不限

一般轻金属挤压比 λ 值的范围为 8～60，纯金属与软合金允许的值较大，硬金属较小。挤压型材时 $\lambda=10\sim45$，挤压棒材时 $\lambda=10\sim25$。为保证焊缝质量，使用组合模挤压时 $\lambda\geqslant25$。

重金属挤压比 λ 一般在 4～90 范围内选取，对组织与性能有一定要求的挤压制品，挤压比一般不低于 4。

3. 锭坯长度的确定

按挤压制品所要求的长度来确定锭坯的长度时，可用下式计算：

$$L_0=K_t\left(\frac{L_z+L_Q}{\lambda}\right)+h_y \tag{10-1}$$

式中，L_0——锭坯长度；

K_t——填充系数，$K_t=\dfrac{D_t^2}{D_0^2}$，一般取 1.05～1.1；

L_z——制品长度；

L_Q——切头、切尾长度；

h_y——压余厚度。

10.3.3 挤压温度与速度的选择

1. 挤压温度的选择

挤压温度确定的原则是：在所选择的温度范围内，保证金属具有最好的塑性及较低的变形抗力，同时要保证制品获得均匀良好的组织性能等。挤压与轧制相比，由于挤压变形热效应大，所以一般来说挤压温度要比热轧的温度低些。合理的挤压温度范围，应该是根据“三图”定温的原则：

(1) 合金的状态图。它能够初步给出加热温度范围，挤压上限低于固相线的温度 T_0，为了防止铸锭加热时过热和过烧，通常热加工温度上限取$(0.85\sim0.90)T_0$，而下限对单相合金取$(0.65\sim0.70)T_0$。

(2) 金属与合金的塑性图。塑性图是金属和合金的塑性在高温下随变形状态以及加载方式而变化的综合曲线图，这些曲线可以是冲击韧性 α_K、断面收缩率 ψ、伸长率 δ、扭转角 θ 以及镦粗出现第一个裂纹时的压缩率等。

(3) 第二类再结晶图。挤压制品的温度，对制品组织与性能影响很大，参照第二类再结晶图，可以控制制品的晶粒度。挤压终了温度太高会发生聚集再结晶，温度过低会引起金属加工硬化和能耗大。

总之，"三图"定温是确定热加工温度的主要理论依据，同时还要考虑挤压加工的特点，如挤压的金属与合金、挤压方法、热效应等。常用钢种、轻金属及重金属挤压温度控制范围见表10-3。

表10-3 常用金属挤压温度控制范围

牌　　号	挤压温度/℃	牌　　号	挤压温度/℃	牌　　号	挤压温度/℃
碳素钢	1200±100	镁合金	300～350	HA177-2	720～820
低合金钢	1200±70	紫铜(棒)	750～830	QA110-3-1.5	750～800
铬不锈钢	1175±25	紫铜(管)	800～880	QA19-2，QA19-4	750～850
铬镍不锈钢	1180±30	H96-H80	790～870	QSn6.5-0.1	650～700
纯　铝	320～480	H68	700～770	B30	900～1000
防锈铝	320～480	H62	600～710	镍及其合金	1000～1200
锻　铝	370～520	HPb59-1	600～650	铅及其合金	200～250
硬　铝	380～450	HSn70-1	600～750	锌	250～350
超硬铝	380～450	HSn62-1	650～750	锌合金	200～320

2. 挤压速度和金属流出速度的选择

挤压时的速度一般可分为三种表示方法：①挤压速度$V_{挤}$，所谓挤压速度是指挤压机主柱塞运行速度，也就是挤压杆与垫片前进的速度；②流出速度$V_{流}$，是指金属流出模孔的速度；③变形速度，是指最大主变形与变形时间之比，也称应变速度。

一般在工厂中大多采用流出速度，因为它对不同的金属或合金都有一定的数值范围，该值取决于金属或合金的塑性。

确定金属流出速度应考虑以下几点：①金属塑性变形区温度范围越宽，则挤压金属流出速度也越大；②复杂断面比简单断面的金属流出速度要低，挤压大断面型材的流出速度应低于小断面的；③挤压时润滑条件好，则可提高挤压速度；④当其他条件相同时，纯金属的流出速度可高于合金的，而快速冷硬的合金应更慢些，合金钢、钛合金等耐高温金属与合金，可用很高的流出速度；⑤同一种合金，当挤压温度越高，则金属流出速度应越低；⑥挤压管材时金属流出速度应比挤压同样断面棒材时取小些。

总之，确定金属流出速度时应对各种因素进行综合分析，不可死套以上原则。表10-4为常见金属挤压流出模孔的速度范围。

表10-4 常见金属挤压流出模孔的速度

金属牌号	流出模孔速度/m·min^{-1}	金属牌号	流出模孔速度/m·min^{-1}
纯　铝	40～250	紫　铜	18～300
防锈铝	25～100	H62、H68	12～60
锻　铝	3～90	HSn70-1	2.4～6.0
硬　铝	1～3.5	HA177-2	2.4～6.0
超硬铝	1～2	QSn6.5-0.1	1.8～9.0
镁合金	0.5～5	B30	1.8～7.2

（续）

金属牌号	流出模孔速度/m·min^{-1}	金属牌号	流出模孔速度/m·min^{-1}
镍及其合金	18～220	锌	2.0～23
铅及其合金	6.0～60	锌合金	2.0～12

10.3.4 挤压润滑

1）挤压润滑的目的

为使挤压时金属流动均匀，提高制品表面质量，延长挤压工具的使用寿命和降低挤压力，减少能量消耗，在挤压时应对挤压筒、挤压模、穿孔针进行润滑。但是为了防止和减小挤压缩孔的形成，挤压时对挤压垫片不能进行润滑。

挤压润滑的另一目的是防止黏性较大的金属黏结挤压工具，以提高制品质量。如挤压铝合金管材时，对穿孔针就应该进行润滑，否则管材内表面质量就无法保证。

2）挤压铝合金的润滑

挤压铝合金用的润滑剂有以下几类：①70%～80%72号气缸油+30%～20%粉状石墨；②60%～70%250号苯甲基硅油+40%～30%粉状石墨；③65%气缸油+15%硬脂酸铅+10%石墨+10%滑石粉；④65%气缸油+10%硬脂酸铅+10%石墨+15%二硫化钼。

一般对铝合金挤压时，为了防止把锭坯表层的油污、氧化物带进制品内部或表面，保证制品质量，一般不使用润滑剂，有时在模子上涂上极少一点润滑剂。

3）铜合金及其他重金属的润滑

重金属大多用45号机油加20%～30%片状石墨作润滑剂，而青铜、白铜挤压时，用45号机油加30%～40%的片状石墨。在冬季为增加润滑剂的流动性，往往加入5%～9%煤油，在夏季则加适量的松香，可使石墨质点处于悬浮状态。

铜及铜合金在挤压时都要进行润滑，在模子和穿孔针上薄薄地涂上一层，挤压筒在挤压后也用蘸有上述润滑剂的布简单擦一下。

4）钢、镍、钛等合金的润滑

钢、镍、钛等合金目前大多采用玻璃润滑剂，这种润滑剂在挤压时能起到润滑与绝热作用。玻璃润滑剂的使用方法有涂层法、滚玻璃粉法以及玻璃布包锭法等，以润滑挤压筒与锭坯的接触面。在制品表面去除玻璃润滑剂的方法，一般采用喷砂法、急冷法及化学法等。对低碳钢的冷挤压，广泛采用磷化-皂化处理润滑方法。

阅读材料10-2

磷化-皂化处理润滑方法

磷化处理，是将经过表面洁净处理的钢放入磷酸锰铁或磷酸二氢锌的水溶液中，通过磷酸与铁相互作用，生成不溶于水的、牢固地黏附在钢表面的磷酸盐膜层的过程，膜层厚度约为十几微米，主要成分为磷酸铁或磷酸锌，呈多孔状，对其他润滑剂具有很强的吸附作用。由于磷化膜层本身摩擦因数并不很低，为提高润滑效果，通常磷化后再进行皂化处理。皂化是利用硬脂酸钠或肥皂作润滑剂，与磷化层中的磷酸锌反应生成硬脂酸锌，俗称锌肥皂或金属肥皂的过程。典型的磷化-皂化处理工艺包括除油—酸洗—磷化—中和—皂化—干燥等工序。

10.4 拉拔理论及工艺

10.4.1 拉拔的基本理论

1. 拉拔工艺概述

1）拉拔的分类

在拉力的作用下，使金属坯料通过模孔，从而获得相应形状和尺寸制品的塑性加工方法称为拉拔，如图10.42所示。拉拔是金属管材、棒材、型材及线材的主要加工方法之一。

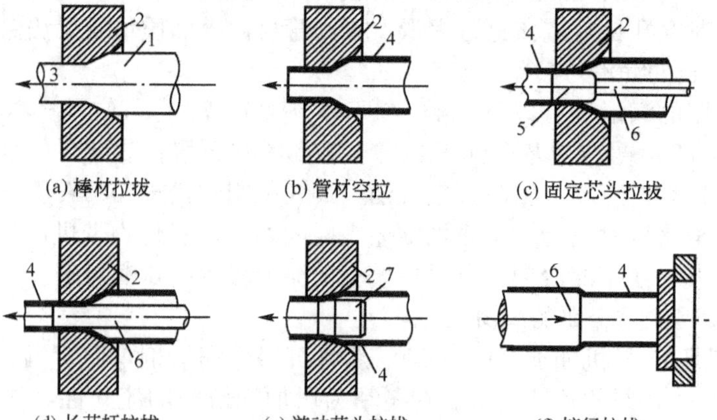

图 10.42 拉拔工艺示意

1—坯料；2—模子；3—制品；4—管材；5—短芯头；6—芯杆；7—芯头

按拉拔时金属的温度分，在再结晶温度以下的拉拔是冷拔，在再结晶温度以上的拉拔是热拔，在高于室温低于再结晶温度的拉拔是温拔。冷拔是金属丝、线材生产中应用最普遍的拉拔方式。热拔主要用于高熔点金属如钨、钼等金属丝的拉拔。温拔主要用于难变形的合金如高速钢丝、轴承钢丝的拉拔。

按拉拔制品的断面形状，可将拉拔分为实心材拉拔和空心材拉拔。实心材拉拔主要包括棒材、型材及线材的拉拔。空心材拉拔主要用于圆管材和异型管材的拉拔。

按拉拔过程中金属同时通过的模子数分，只通过一个模子的拉拔是单道次拉拔，依次连续通过若干(2～25)个模子的拉拔是多道次连续拉拔。

2）拉拔的特点

与其他塑性加工方法相比较，拉拔工艺法有以下特点：

(1) 拉拔制品尺寸精确、表面质量高。由于拉拔一般在冷状态下进行，与热轧材相比，拉拔制品有较高的尺寸精度和表面粗糙度。

(2) 拉拔制品力学性能高。在拉拔过程中，会产生加工硬化，从而使材料的强度提高。

(3) 拉拔生产的工具和设备简单，维修方便。在一台拉拔设备上只需要更换模具即可生产多种规格和品种的制品。拉拔方法也很适合用于连续高速生产断面尺寸很小而长度很长的制品，生产效率高。

(4) 道次变形量和两次退火间的总变形量受到限制。拉拔时的变形量一般较小，这使拉拔道次一般较多。

2. 拉拔的变形指数与拉拔实现条件

1) 拉拔时的变形指数

拉拔时坯料发生塑性变形，其形状和尺寸发生改变。以 F_q 和 L_q 表示拉拔前金属坯料的断面积及长度，F_h 和 L_h 表示拉拔后金属制品的断面积和长度，根据体积不变的条件可得到以下的变形指数和它们之间的关系式。

(1) 延伸系数 λ。λ 表示拉拔后金属材料长度与拉拔前金属材料长度之比，也等于拉拔前后横断面的面积之比，即

$$\lambda=\frac{L_h}{L_q}=\frac{F_q}{F_h} \tag{10-2}$$

(2) 断面减缩率 ψ。ψ 表示拉拔后金属材料横断面积减小量与初始面积之比，即

$$\psi=\frac{F_q-F_h}{F_q} \tag{10-3}$$

2) 实现拉拔过程的基本条件

拉拔过程是借助于在被加工的坯料前端施以拉力实现的，变形区的受力特点为二向压缩、一向拉伸状态，如果拉应力过大，超过材料出模口的屈服强度，则可引起制品出现细径，甚至拉断，因此必须满足以下基本条件：

$$\sigma_l=\frac{P_l}{F_l}<\sigma_s \tag{10-4}$$

式中，σ_l——作用在被拉金属出模口横断面上的拉拔应力；

P_l——拉拔力；

F_l——被拉金属出模口横断面积；

σ_s——金属出模口后的变形抗力。

在拉拔过程中，因为变形抗力随变形的大小发生变化，确定起来比较困难，另外金属拉拔时产生加工硬化，变形抗力与抗拉强度 σ_b 相近，故式(10-4)也可以表示为 $\sigma_l<\sigma_b$。为定量表示被拉金属出模口的抗拉强度与拉拔应力之间的关系，引入安全系数 K：

$$K=\frac{\sigma_s}{\sigma_l} \tag{10-5}$$

因此，实现拉拔过程的基本条件是安全系数 K 大于 1。拉拔时的安全系数与被拉拔金属的直径、状态(退火或硬化)以及变形条件(温度、速度、反拉力等)有关。K 值一般在 1.4～2.0 之间。有色金属拉拔时的安全系数见表 10-5。对钢材来说，主要考虑断头问题，一般安全系数 $K>1.1$。

表 10-5 有色金属拉拔时的安全系数

拉拔制品的品种与规格	厚壁管材、型材及棒材	薄壁管材和型材	不同直径的线材/mm				
			>1.0	1.0～0.4	0.4～1.0	0.10～0.05	0.050～0.015
安全系数 K	>1.35	1.6	≥1.4	≥1.5	≥1.6	≥1.8	≥2.0

3）拉拔后金属的组织与性能

金属在拔制过程中其内部的晶粒尺寸也相应地发生了变化，即晶粒在拉拔方向上拉长。在变形量较大的情况下，可出现明显的纤维状组织，使得制品呈现各向异性，形成变形织构。在拉拔时形成的变形织构称为“丝织构”，其特征是各个晶粒的某一晶向与拉拔力方向平行或接近平行。

金属拉拔后的制品产生显著的加工硬化，即随着变形程度的增加，变形阻力增大，强度和硬度增高，而塑性、韧性下降的现象。在生产中可利用加工硬化来提高材料的强度，从而改善其力学性能。但加工硬化会给冷拔带来困难，为能进一步进行冷拔变形，需要进行中间退火。另外，冷拔后材料的物理与物理化学性质如导电性、导热性、磁性、密度、耐腐蚀性都会发生改变。

3. 圆棒拉拔时应力与变形状态

在拉拔时，变形区金属所受的外力有拉拔力 P，模壁给予金属的正拉力 N 和摩擦力 T，如图 10.43 所示。

金属在拉拔力、正压力和摩擦力的作用下，变形区的金属处于两向压和一向拉的应力状态。由于被拉金属是实心圆棒，应力呈轴对称应力状态，即 $\sigma_r=\sigma_\theta$。变形区中金属的变形状态为两向压缩和一向延伸。通过分析坐标网格在拉拔前后的变化，可得出以下规律（图 10.44）：

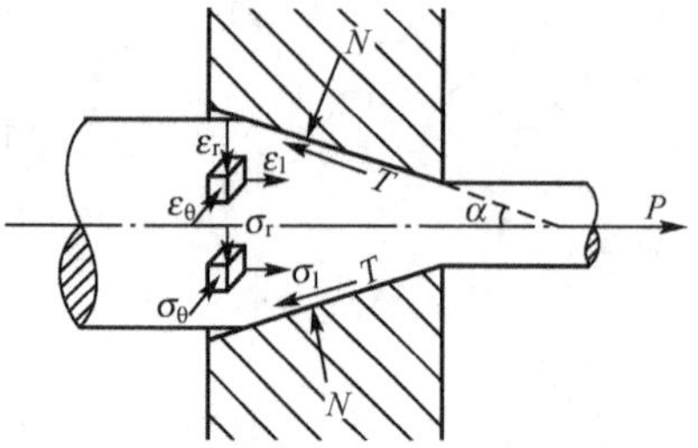

图 10.43　圆棒拉拔时应力与应变状态

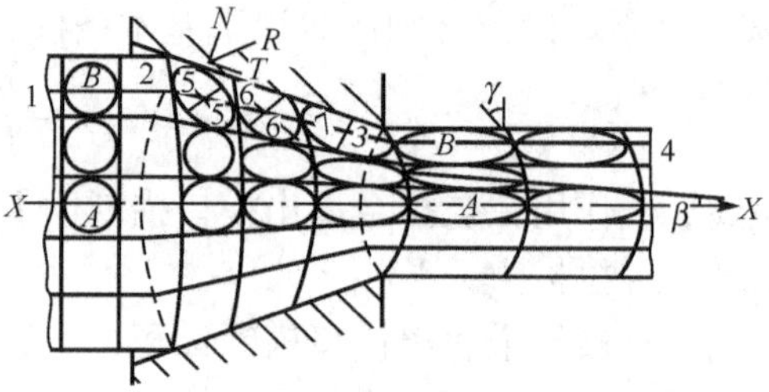

图 10.44　圆棒拉拔时断面坐标网格的变化

（1）纵向上的网格变化。在轴线上，拉拔前形状为正方形网格 A 经拉拔后变成矩形，内切圆变成正椭圆，其长轴和拉拔方向一致。因此，金属在轴线上的变形是沿轴向延伸，在径向和周向上被压缩。在周边上的网格除了受到轴向拉长，径向和周向上被压缩之外，还发生了剪切变形。

（2）横向上的网格变化。拉拔前为直线的横线进入变形区后开始变成拉拔方向凸出的弧形线，且其曲率由入口端到出口端逐渐增大，到出口端后不再变化。说明在拉拔过程中周边层的金属流动速度小于中间层。随着模角和摩擦因数的增大，这种不均匀性更加明显。

拉拔后中心线上延伸变形最小，表面延伸变形最大，其他部分的延伸变形介于两者之间；而拉拔后中心线上的压缩变形最小，表面的压缩变形最大，其他部分的压缩变形介于两者之间。

4. 管材拉拔时的应力与变形

1）空拉时的应力和变形特点

空拉时，主应力图仍为两向压、一向拉的应力状态，而主变形图则根据壁厚增加或减小，可以是轴向延伸、周向压缩、径向(厚向)延伸或压缩的变形状态(图 10.45)。影响空拉时壁厚变化的因素比较复杂，主要有以下几点：

(1) 管坯几何尺寸的影响。研究表明，影响空拉壁厚变化的因素是管坯的径厚比及相对拉拔应力，考虑两者的综合影响所得到的临界系数(径厚比)D_0/S_0 = 3.6～7.6。一般情况下，当 $D_0/S_0 \geqslant 7.6$ 时，只出现增壁；当 $D_0/S_0 \leqslant 3.6$ 时只出现减壁；D_0/S_0 = 3.6～7.6 时，壁厚基本不变。

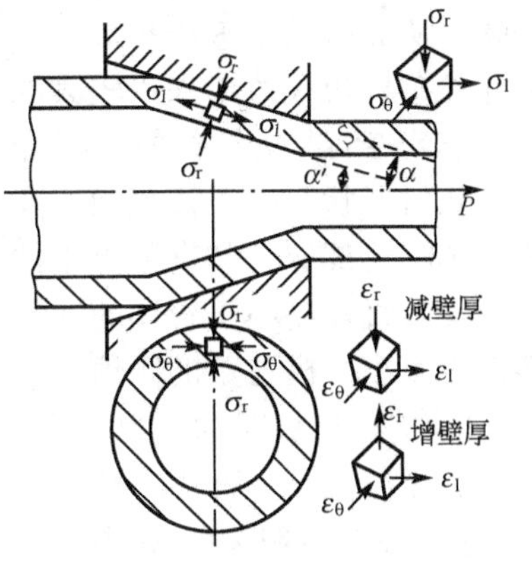

图 10.45 空拉管材时的应力与应变

(2) 材质与状态的影响。材质与材料的状态决定变形抗力、坯料与工具间的摩擦因数以及金属变形时的硬化速率。研究表明，金属硬度越高，增壁趋势越弱。

(3) 道次加工率与加工道次的影响。道次加工率增大时，相对拉应力值增加，这使增壁幅度减小，减壁空拉过程的减壁幅度增大。当 $\varepsilon > 40\%$时，尽管 $D_0/S_0 \geqslant 7.6$，也有可能出现减壁现象，这是由于相对拉拔应力增大之故。

(4) 润滑条件、模子几何参数及拉拔速度的影响。润滑条件的恶化，模角不在合理范围内，定径带长度以及拉速增大均会使相对拉拔力增加，从而导致增壁空拉过程的增壁量减小，而使减壁过程的减壁幅度加大。

与挤压、轧制工艺不同，空拉具有纠正管材偏心的作用，其原因在于周向应力的分布不同，壁厚处的周向应力小于壁薄处的周向应力。因周向应力是引起壁厚增加的应力，周向应力越大，壁厚增加得越大，所以壁薄部分在周向应力的作用下逐渐增厚，使整个断面上的管壁厚趋于一致。有芯头拉拔时纠正管材偏心的效果没有空拉时显著，这是由于此时径向压应力增大，从而妨碍了管材壁厚的调整。

2) 衬拉时的应力分布和变形特点

(1) 固定短芯头拉拔的情况(图 10.46)。在使用固定芯头拉拔时，由于管子内部的芯头不动，接触摩擦面积比拉拔棒材和空拉时大，因而道次加工率较小。

(2) 长芯杆拉拔的情况(图 10.47)。长芯杆拉拔管材时管子的应力和应变状态与固定短芯头拉拔时的基本相同，变形区由空拉段、减壁段和定径段组成。长芯杆拉拔的特点是：

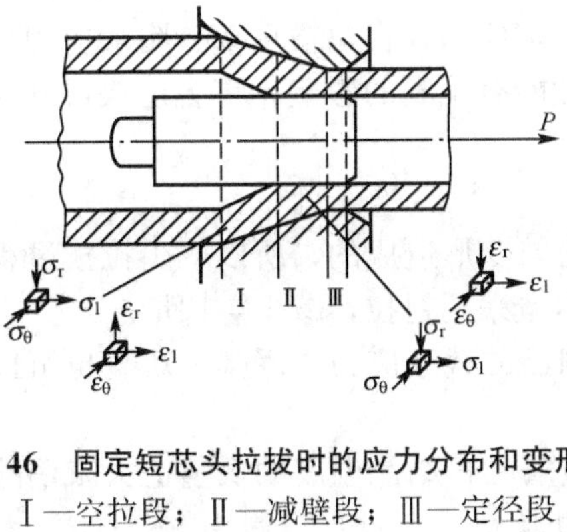

图 10.46 固定短芯头拉拔时的应力分布和变形特点

Ⅰ—空拉段；Ⅱ—减壁段；Ⅲ—定径段

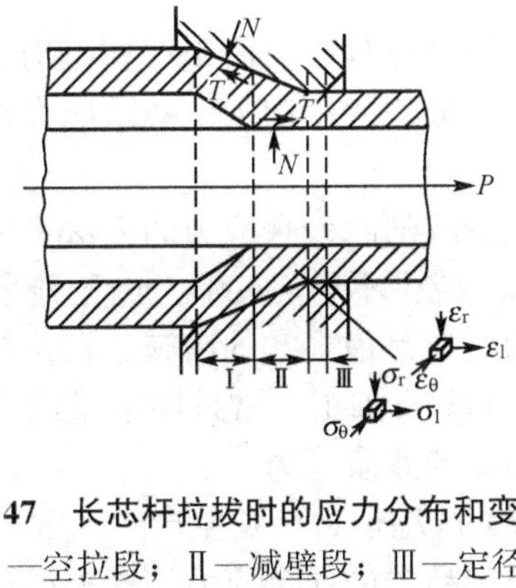

图 10.47 长芯杆拉拔时的应力分布和变形特点

Ⅰ—空拉段；Ⅱ—减壁段；Ⅲ—定径段

在管材拉拔时芯杆有向前滑动的趋势，因此芯杆作用于管内表面的摩擦力方向与拉拔方向一致，从而有助于减小拉拔力。与固定短芯头拉拔相比，拉拔力一般可减小15%～20%，因此长芯杆拉拔可以采用较大的延伸系数，最大延伸系数可达2.95。

(3) 游动芯头拉拔的情况(图10.48)。在用游动芯头拉伸时，芯头后端不固定，靠自身的几何形状与管子接触面之间力的平衡使其稳定在变形区中。游动芯头一般由三部分组成：小圆柱部分，其直径等于拉拔后管子的内径；圆锥部分，其锥角略小于模角；大圆柱部分，其直径略小于管坯的内径。为实现正常拉拔，游动芯头的锥角必须大于拉拔时的摩擦角，而小于模孔壁的倾角。

3) 扩径拉拔时的应力与应变

扩径拉拔是一种用小直径管坯拉拔成大直径管材的拉拔方法。扩径拉拔有两种类型，压入扩径和拉伸扩径，如图10.49所示。

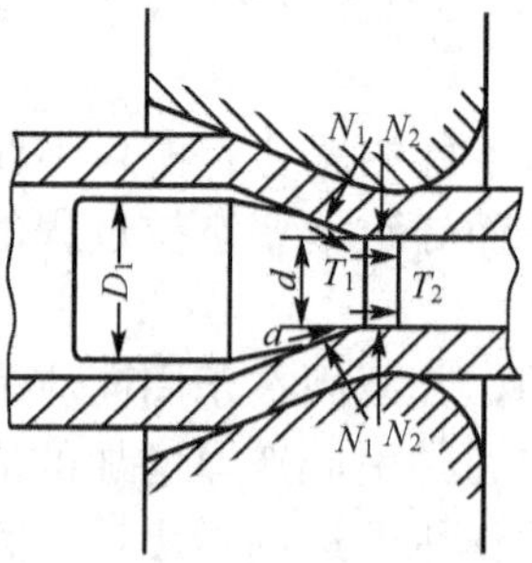

图10.48　游动芯头拉拔时变形区的受力

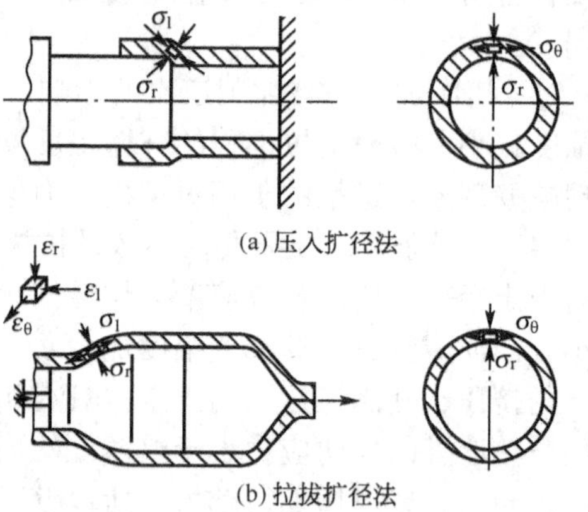

图10.49　扩径拉拔时的应力与应变

压入扩径法适合用于大而短的管坯。压入扩径法的管坯长度和直径之比一般不大于10。压入扩径时的应力状态为纵向、径向两向压应力，切向(周向)拉应力；变形状态为两向压缩变形和一向延伸变形，即扩径时管坯的长度缩短，壁厚变薄，直径增大。

拉拔扩径法适合用于小断面的薄壁长管生产。拉拔扩径的应力状态与压入扩径的不同在于轴向应力σ_l变为拉应力，变形状态与压入扩径相同，但壁厚减薄量一般比压入扩径时要大。

5. 拉拔制品中的残余应力

在拉拔过程中，由于存在不均匀变形而形成附加应力，在拉拔后部分附加应力残留在制品中，形成残余应力。残余应力对制品的力学性能有不利的影响，还会造成尺寸形状的不稳定。

减少或消除残余应力的方法主要有以下几种：

(1) 减少不均匀变形。由于残余应力是由不均匀变形造成的，所以减少拉拔过程中的不均匀变形是最根本的措施。在拉拔管材时，应尽量采用衬拉，减少空拉量。

(2) 矫直加工。常采用辊式矫直来去除拉拔制品的残余应力。用张力矫直也可以减小拉拔制品的残余应力。

(3) 低温退火。在生产中，常采用大大低于金属的再结晶温度的低温退火来消除或减少拉拔制品中的残余应力，这种退火也称为去应力退火。

6. 拉拔制品主要缺陷

1）拉拔实心材的主要缺陷

拉拔实心材的主要缺陷有中心裂纹、表面裂纹、起皮、起刺、麻坑、内外层力学性能不均等，生产中比较常见的是中心裂纹和表面裂纹。

(1) 中心裂纹。一般来说，无论锻造坯料还是挤压、轧制的坯料，内层的强度都低于外层。而拉拔时的应力分布规律是，在塑性变形区内中心层的轴向主拉应力大于周边层，因此在拉拔过程中常常是中心的拉应力首先超过强度极限，从而在中心出现裂纹。

为了防止中心裂纹的产生，可采取以下措施：①提高锭坯的质量，减少中心杂质和气孔，并使坯料内外层的力学性能尽量均匀；②对坯料进行适当的热处理，细化晶粒；③在拉拔过程中进行中间退火；④选择合理的拉拔道次和道次加工率。

(2) 表面裂纹。在拉拔棒材、线材时，有时会在表面出现三角口的裂纹。表面裂纹是由拉拔过程中产生的不均匀变形所造成的。在定径区由于摩擦的作用，中心的金属流动快，受压附应力，周边层的金属流动慢，受拉附应力，因此周边层所受的实际工作应力(拉应力)比中心层大很多。当此拉应力大于金属的断裂极限时，就会产生表面裂纹。变形越不均匀，产生裂纹的倾向越严重。

2）拉拔管材制品的主要缺陷

拉拔管材制品的主要缺陷有表面划伤、裂纹、异物压入、偏心和皱折等，以偏心和皱折最为常见。

(1) 偏心。实际生产中拉拔管坯的壁厚往往是不均匀的，虽然空拉方法对壁厚不均的管坯进行拉拔时能起到纠正偏心的作用，但有些管坯偏心过于严重，则难以完全得到纠正，从而使制品拉拔后仍存在偏心。

(2) 皱折。当管坯存在偏心，且 D_0/S_0 值较大，如采用过大的道次加工率或退火不均匀时，管材在拉拔过程中因失稳出现凹陷或皱折。

10.4.2 拉拔力的影响因素

影响拉拔力的主要因素有以下几点：

(1) 被加工金属的性质对拉拔力的影响。拉拔力与被拉拔金属的抗拉强度呈线性关系，抗拉强度越高，拉拔力越大。

(2) 变形程度对拉拔力的影响。拉拔应力与变形程度呈正比关系，随着断面减缩率的增加，拉拔应力增大。

(3) 模角对拉拔力的影响。随着模角增大，拉拔应力发生变化，并且存在一个最小值，其相应的模角称为最佳模角。随着变形程度增加，最佳模角值逐渐增大。

(4) 拉拔速度对拉拔力的影响。低速拉拔时，拉拔应力随拉拔速度的增加而有所增加。当拉拔速度增至 $6\sim50\text{m}\cdot\text{min}^{-1}$时，拉拔速度增加，拉拔应力下降。继续增加拉拔速度而拉拔力变化不大。

(5) 摩擦与润滑对拉拔力的影响。在拉拔过程中，润滑剂的性质、润滑方式、模具材料、模具和被拉拔材料的表面状态对摩擦力的大小皆有影响，从而对拉拔力的大小产生影响。在其他条件相同的情况下，使用钻石模的拉拔力最小，硬质合金模次之，钢模最大。这是因为模具材料越硬，抛光越良好，金属越不容易黏结工具，摩擦力就越小。

(6) 反拉力对拉拔力的影响。一般随着反拉力的增加，模子所受到的压力近似直线下降，拉拔力逐渐增加。但是，在反拉力达到临界反拉力 Q_c 值之前，对拉拔力并无明显影响。因此将反拉力值控制在临界反拉力值范围以内，可以在不增大拉拔应力和不减小道次加工率的情况下减小模子入口处金属对模壁的压力磨损，从而延长了模子的使用寿命。

(7) 振动对拉拔力的影响。在拉拔时对拉拔工具(模具或芯头)施以振动可以显著地降低拉拔力，继而提高道次加工率。

拉拔力的理论计算方法较多，如平均主应力法、滑移线法、上界法以及有限元法等，而目前应用较广泛的为平均主应力法，由平均主应力法得到的棒线材、管材等拉拔应力计算公式应用较多，具体请参考有关设计手册。

10.4.3 拉拔工艺

1. 拉拔配模分类与原则

为了使拉拔制品获得合格的尺寸、形状、力学性能及表面质量，一般要对拉拔坯料进行几次拉拔。拉拔配模即根据制品的要求(有时还要考虑坯料)来确定拉拔道次和各道次模孔的尺寸形状及中间退火次数。

拉拔配模分单模拉拔配模、多模连续拉拔配模两类。在拉拔机上，坯料每次只能通过一个模子，在配模时确定每道次拉拔所需的拉模尺寸和形状称为单模拉拔配模。在一台拉拔机上，坯料每次连续通过分布在牵引绞盘之间的数个或几十个模子，确定所需要拉模尺寸和形状，称为多模拉拔配模。在多模拉拔配模时，应考虑各模孔秒体积流量及绞盘与坯料滑动特性的要求。

拉拔配模的原则主要有以下几点：①应能充分发挥金属的塑性，提高生产率，降低能耗，在保证拉拔过程稳定的前提下，尽可能增大每道次的延伸系数；②减少不均匀变形，使拉拔制品获得最佳的表面质量、精确的尺寸和性能；③要与现有的设备参数(模数、速度)和设备能力(拉拔力、控制范围)等相适应。

2. 道次数和中间退火次数的确定

1) 拉拔道次及道次延伸系数的分配

拉拔道次及道次延伸系数的分配可根据总延伸系数 λ_Σ 和道次平均延伸系数 $\bar{\lambda}$ 确定拉拔道次 n，即

$$n=\frac{\ln\lambda_\Sigma}{\ln\bar{\lambda}} \tag{10-6}$$

紫铜合金的平均道次延伸系数为 1.15～1.40，黄铜合金的平均道次延伸系数为 1.10～1.20。

2) 中间退火次数的确定

在拉拔过程中，金属或合金会产生加工硬化，塑性降低，会出现断头及拉断现象，此时需要进行中间退火以使材料的塑性得到恢复。中间退火次数可由下式确定：

$$N=(\ln\lambda_\Sigma/\ln\bar{\lambda}') \tag{10-7}$$

式中，N——中间退火次数；

λ_Σ——由坯料至成品的总延伸系数；

$\bar{\lambda}'$——两次退火间的平均总延伸系数，表 10－6 列出了常见金属拉拔的 $\bar{\lambda}'$ 的经验值。

表 10－6　常见金属拉拔的 $\bar{\lambda}'$ 的经验值

铝合金管材	两次退火间平均总壁厚减缩系数	铜合金棒材	两次退火间平均总延伸系数
L1～L6，LF21，LD2	1.42～1.50	紫铜	(不限)
LY11	1.33～1.54	H62，HPb59－1	1.2～1.4
LY12	1.25～1.43	H68，HSn70－1	1.5～2.2
LY2	1.25～1.54	QSn7－0.2	1.28～1.6
LY3	1.19～1.33	QSn6.5－0.1	1.28～1.6

3. 单模拉拔配模

1）圆棒拉拔

一般来说，圆棒拉拔配模有三种情况：①给定坯料与制品尺寸，要求确定道次数和计算各道次的模孔尺寸；②给定制品尺寸，并对拉拔制品的力学性能提出要求；③只要求制品尺寸。对第三种情况，在保证拉拔制品表面质量的情况下，可使坯料的尺寸尽量接近制品尺寸，以减少拉拔道次。

2）型材拉拔

在进行型材拉拔配模时，应尽可能减少拉拔时变形的不均匀性，正确确定原始坯料的形状、尺寸和各道次的模孔形状和尺寸。实心型材的坯料大多采用简单的形状，如圆形、矩形和方形等。

3）圆管拉拔

(1) 空拉管材。对于直径小于 10mm 的管子，由于放芯头较困难，常采用空拉方法拉拔管材。在确定空拉的道次变形量时，除考虑金属出模口的强度以防拉断外，还应考虑管子在变形时的稳定性问题。当变形量过大时，管子会产生凹陷。为防止凹陷，一般在 $\alpha=10°\sim15°$ 时，空拉道次减径量不超过壁厚的 6 倍，即 $D_0-D_1\leqslant 6S_0$。

(2) 固定芯头拉管。采用固定芯头拉拔管时，应选取较小的延伸系数。对塑性良好的金属如纯铜(又称紫铜)、铝等，道次延伸系数最大可达 1.7，两次退火间的总延伸系数可达 10，大直径管材通常拉拔 2～5 道次后要退火一次。

(3) 游动芯头拉管。游动芯头拉拔配模时除应满足拉拔配模的一般原则外，还应注意减壁量必须与减径量相配合，否则将导致管内壁在拉拔时与芯头大圆柱接触，破坏了力的平衡，使拉拔过程不能正常进行。

4. 多模连续拉拔

多模连续拉线机又称多次拉线机，在这种拉线机上，线材要依次连续通过多个模子，每两个模子之间有绞盘，线材以一定的圈数缠绕其上，以建立起拉拔力。根据拉拔时线材与绞盘间的速度关系，可分为滑动式多模连续拉拔和无滑动多模连续拉拔两种情况。

1）滑动式多模连续拉拔

滑动式多模连续拉线机的特点是除最后的收线盘外，线材与绞盘圆周的线速度不相等，存在着滑动。滑动式多模连续拉拔过程如图 10.50 所示，由放线盘放出的线首先穿过第一个模子，然后在模子后的绞盘上绕 2～4 圈，再进入第二个模子，以此类推，最后线材通过成品模到收线盘上。用于粗拉的拉线机的模子数一般为 5、7、11、13 和 15 个，用于中拉和细拉的模子数一般为 9～21 个。

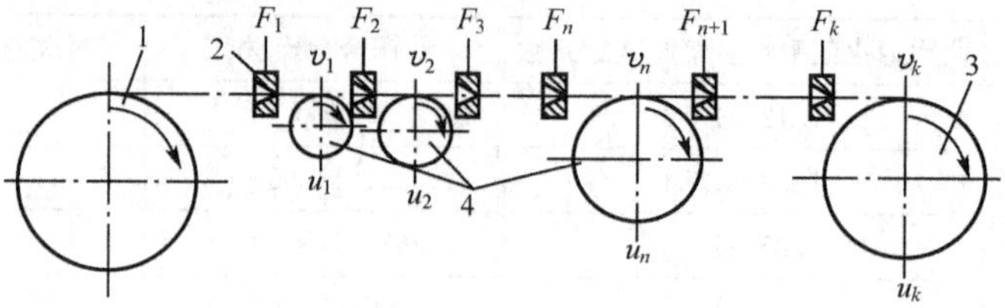

图 10.50　滑动式多模连续拉拔过程示意

1—放线盘；2—模子；3—收线盘；4—绞盘

2）储线式拉拔

储线式拉拔常用的拉线机有滑轮式拉线机和双卷筒拉线机，双卷筒拉线机是滑轮式拉线机的改进机型。图 10.51 所示是滑轮式拉线机工作示意，在拉拔过程中，依靠在中间绞盘上积蓄一定的线圈数，通过线圈数在一定的范围内的增多或减少使连续拉拔得以进行。

3）非储线式无滑动拉线

非储线式无滑动拉线机主要有活套式拉线机和直进式拉丝机两种。

活套式拉丝机的基本原理如图 10.52 所示，在相邻两卷筒中间设置一个活套臂，活套臂在金属秒体积流量出现不平衡时，可以收入或放出少量金属线，起缓冲作用。

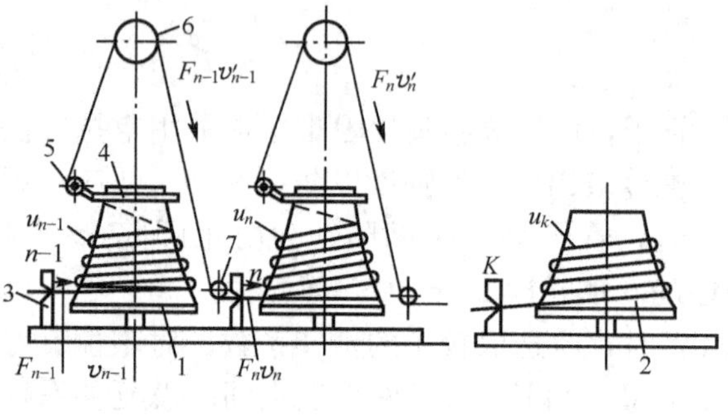

图 10.51　储线式无滑动连续拉拔过程

1—中间绞盘；2—收线绞盘；3—拉线模；4—滑动圆盘；5、6、7—导轮

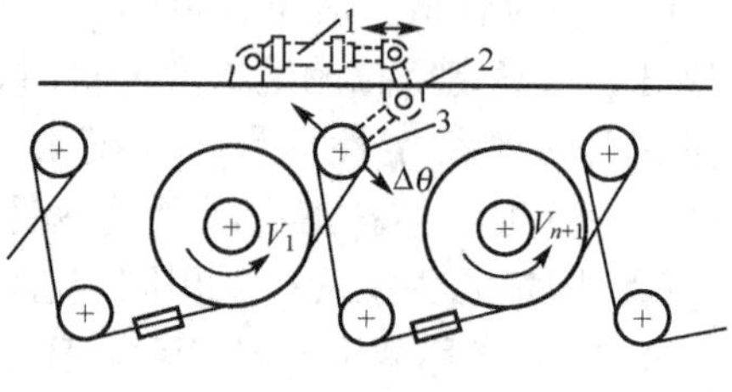

图 10.52　活套式拉丝机

1—气缸；2—活套臂；3—活套轮

直进式拉丝机卷筒之间金属丝不经任何导轮而走直线，大大简化了金属丝的走线，因而也称直线式拉丝机。

5. 拉拔润滑

拉拔润滑剂包括在拉拔时直接使用的润滑剂，也包括为了形成润滑膜在拉拔前在金属表面形成的润滑涂层和镀层。主要根据拉拔方式、拉拔材料、拉拔规格以及产品用途来选择润滑剂。

钢的棒线材的拉拔润滑方法一般有化学涂层法、树脂膜法以及油润滑法，各种润滑方法的特点见表 10-7。管材拉拔润滑与棒线材基本相同。

表 10-7　各种润滑方法的特点

润滑方法	润滑膜的种类	钢种(润滑对象)	特　点
化学处理方法	磷酸盐＋硬脂酸盐	碳素钢、低合金钢	抗粘接性好；润滑性好；工序繁多
	草配盐＋硬脂酸盐	不锈钢、高温合金钢	废液需处理
树脂膜法	氧化树脂＋高压润滑油	高温合金钢	抗粘接性好；工序多；费用高
油润滑法	高压润滑油	所有钢种	抗粘接性差；工序简单

有色金属拉拔时使用矿物油并加入一定量的表面活性物质。由变压器油、油酸、三乙醇胺及水配制的乳化液可用于铜及其合金、铝及其合金等管棒线材的拉拔润滑。在有色金属管棒材的低速拉拔时也可使用润滑脂。在拉拔镍及其合金时可在金属表面涂层，然后用75%的干皂粉和20%硫磺粉以及5%石墨混合做润滑剂。拉拔钨、钼线材时，通常采用石墨和二硫化钼等干式润滑剂。

小　结

挤压按温度分有热挤压、温挤压及冷挤压；按金属流动及变形特征分，有正向挤压、反向挤压、侧向挤压、连续挤压及特殊挤压，特殊挤压主要有静液挤压、有效摩擦挤压、扩展模挤压、半固态挤压、等温挤压、复合材料挤压等。挤压工艺在有色金属、钢铁材料生产、金属零件成形以及新材料制备等领域发挥了重要作用。金属在挤压变形中处于强烈的三向压应力状态，可以充分发挥其塑性，获得大变形量，并可以改善金属材料的组织，提高其力学性能。

影响挤压时金属流动的因素有很多，例如挤压方法、制品的形状与尺寸、合金种类、模具结构与尺寸、工艺参数、润滑条件等。挤压时金属的流动对制品的组织性能、尺寸形状，以及表面状态有着重要的影响。铝及其合金挤压制品常出现粗晶环、层状组织等缺陷，端面和长度方向上力学性能也有差别，并存在各向异性。此外挤压制品的常见缺陷还有周期裂纹、挤压缩尾、扭拧、弯曲、波浪等。

在挤压生产过程中，基本工艺参数的选择对产品的质量有着重要的影响，为了获得高质量的产品，必须正确地选择工艺参数，包括制品设计和锭坯尺寸、挤压温度和速度、润滑条件等。一般挤压的变形程度应大于80%。挤压温度应根据“三图”定温的原则确定，并考虑具体的挤压工艺情况。

拉拔是金属管材、棒材、型材及线材的主要加工方法之一。实现拉拔过程的必要条件是安全系数大于1，拉拔时的安全系数与被拉拔金属的直径、状态以及变形条件等有关，安全系数一般在1.4～2.0之间。

为了使拉拔制品获得合格的尺寸、形状、力学性能及表面质量，一般要对拉拔坯料进行几次拉拔，为此要按一定规则进行拉拔配模，即根据制品的要求来确定拉拔道次和各道次模孔的尺寸形状及中间退火次数。拉拔配模的原则是：充分发挥金属的塑性，提高生产率；减少不均匀变形；与现有的设备参数和设备能力相适应。

【关键词】

挤压　extrusion

挤压工艺　extrusion technology

挤压力　extrusion stress

挤压缩尾　extrusion discontinuity

挤压润滑　extrusion lubrication

拉拔　drawing

拉拔配模　selecting dies for drawing

习　题

(1) 挤压时金属流动分几个阶段？各阶段挤压力是如何变化的？

(2) 画图并说明圆棒材正向挤压金属流动的特点。

(3) 什么是挤压缩尾？说明如何防止缩尾缺陷。

(4) 钢铁材料冷挤压后金属组织和力学性能变化特点。

(5) 什么是挤压力、挤压应力？简要说明各种因素对挤压力的影响。

(6) 挤压工具主要由哪几部分组成？挤压筒为什么做成多层？

(7) 管棒型材热挤压基本工艺流程怎样？如何确定挤压速度与挤压温度？

(8) 什么是拉拔力、拉拔应力？实现拉拔过程的基本条件是什么？

(9) 画图并简要说明拉拔圆棒材时金属的变形特点。

(10) 空拉管材的应力应变特点？为什么空拉具有纠正管材偏心的作用？

(11) 多模连续拉线机有哪几种形式？简要说明各自的特点。

第11章 锻造工艺

本章学习目标

★ 掌握锻前加热、自由锻、模锻的基本知识，熟悉自由锻各工序的作用、变形特点

★ 理解自由锻锻件常见缺陷产生的原因及解决办法

★ 熟悉模型锻造、精密锻造、冷锻技术的特点及应用情况

本章教学要点

知识要点	掌握程度	相关知识
锻造的加热	了解锻前加热的方法、特点、缺陷及防治措施；熟悉锻造温度范围确定的原则及方法	锻前加热；少无氧化加热；锻造温度范围的确定
自由锻工艺	了解自由锻工艺的特点和工序分类；熟悉自由锻各工序的作用、变形特点、成形缺陷及应对措施	自由锻；镦粗工序；拔长工序；内部横向裂纹；内部纵向裂纹
模锻工艺	了解模锻成形的工艺特点及锻模的结构及分类；熟悉开始模锻和闭式模锻成形过程及金属流动特点	模锻特点；锻模结构；开式模锻；闭式模锻
精密模锻及特种锻造	了解精密模锻及其他特种锻造技术的特点及应用	精密锻造；冷锻技术；冷镦技术；压印加工；旋转锻造

导入案例

21世纪初，随着中国国民经济的发展，电力、冶金、石化、造船等行业对大型铸锻件的需求剧增，为此，一重集团于2002年决定自主设计制造一台当今世界最大、技术最先进的1.5万t水压机。经过4年的艰苦攻关，拥有完全自主知识产权的1.5万t水压机终于在2006年12月30日一次热负荷试车成功，该装备的加工精度和控制系统都比国际上的现有两台1.5万t水压机更先进。截至目前，1.5万t水压机成功地完成了多件281t、320t和360t轧机支承辊等大型锻件的锻造，完成了多件百万千瓦超超临界低压转子、12%Cr高中压转子的锻造任务，锻造了世界首支直径5.75m的百万千瓦核电蒸发器锥形筒体、水室封头等超大型锻件，打破了国内特大型铸锻件长期依赖进口的局面，对国民经济建设具有重要推动作用。同时这也标志着国内企业在大型锻件的锻造实力有了实质性的飞跃。左图是该1.5万t水压机在为鄂钢锻造4100mm轧机关键部件360t支承辊的情景。

1.5万t水压机在锻造360t轧机支承辊的情景

11.1 锻造的加热规范

11.1.1 锻前加热

1. 锻前加热的目的及分类

在热锻和温锻工艺中，首先要对毛坯进行锻前加热，目的是提高金属塑性、降低变形抗力，并获得良好的锻后组织。金属锻前加热的方法按采用的热源不同，分为火焰加热和电加热两大类。

1）火焰加热

火焰加热主要通过加热炉内的煤、焦炭、煤气、重油和柴油等燃料在燃烧过程中产生具有高温的火焰和气体，以对流、辐射的方式将热能传给毛坯表面，再由表面向中心热传导而使金属毛坯加热。当炉内温度低于700℃时，毛坯加热主要靠对流加热。当温度超过700℃时，毛坯加热则以辐射传热为主。加热炉在高温加热时，辐射传热占90%以上，对流传热占8%～10%。

火焰加热作为一种传统的毛坯加热方法有很多优点，例如燃料来源方便、炉子制造简单、加热费用较低、对毛坯的适应范围广，适用于大、中、小型坯料的加热。缺点是加热速度慢，效率低，加热质量难以控制，不适合大批量生产，有环境污染问题。

2）电加热

电加热是将电能转为热能来加热金属毛坯，具体的方法有感应电加热、接触电加热、电阻炉加热和盐浴炉加热。

感应电加热就是将金属毛坯放入感应圈内加热毛坯。感应加热的优点有：①加热速度快；②加热质量好；③温度可以准确控制；④金属烧损少；⑤便于实现机械化和自动化，与后续的锻压设备组成生产线；⑥劳动条件好，对环境没污染。

接触电加热的原理是以低压大电流直接接通金属毛坯，利用金属的电阻产生热量，从而使之加热。其特点是设备简单、加热成本低，一般只适用于长毛坯料的整体和局部加热。

电阻炉的加热原理与火焰加热相似，只是热源不是燃料，而是电热体通电后产生的热量。常用的电热体有铁铬铝合金、镍铬合金、碳化硅元件或二硅化钼元件等。

盐浴炉加热是电流通过炉内电极产生的热量把导电介质盐熔融，通过高温介质的对流与传导将埋入介质中的金属加热。

2. 少无氧化加热

少氧化或无氧化加热可以减少金属的氧化烧损和脱碳，限制表面氧化皮厚度在0.06mm以下，将表面脱碳层控制在磨削余量范围以内。少无氧化加热提高了加热质量，不但能提高锻件的尺寸精度和表面质量，降低表面粗糙度，而且能提高模具使用寿命。少无氧化快速加热坯料的最大直径一般是：火焰快速加热为150～160mm，感应加热为30～50mm。

实现少无氧化加热的方法主要有快速加热、少无氧化火焰加热和介质保护加热等。无论采用哪种方法，都应该采用技术上可能的最大加热速度加热金属，以限制坯料表面氧化。也可采用火焰炉与感应炉联合加热，即先在火焰炉中将坯料加热到700～900℃，然后在感应器中快速加热到始锻温度。

11.1.2 加热时的缺陷

坯料在锻前加热过程中，由于加热工艺不合理和加热操作不当所引起的缺陷主要有以下三类：

1. 氧化、脱碳、增碳

1）氧化

氧化的实质是扩散过程，即炉气组分O_2、CO_2、H_2O等中的氧以原子状态吸附到钢料表面后向内扩散，而钢料表层中的铁则以离子状态由内部向表面扩散，结果使钢的表层变成氧化铁(氧化皮)，这种缺陷称为氧化。

氧化的危害有：①毛坯会出现烧损；②氧化皮在成形时易被压入锻件表面，影响其表面质量；③氧化皮又脆又硬，加剧模具的磨损；④氧化皮还会腐蚀加热炉炉底。

2）脱碳

钢在高温加热时，表层中的碳和炉气中的氧化性气体O_2、CO_2、H_2O等与某些还原性气体H_2等发生化学反应，生成甲烷或一氧化碳，导致坯料表层的含碳量减少，这种现象称为脱碳。脱碳的结果是使锻件表面变软，强度和耐磨性降低。当脱碳层较深时，会影响到锻件的质量。

3）增碳

用油炉加热的锻件常常在表面或部分表面发生增碳现象，有时增碳层厚度达到1.5～

1.6mm，增碳层的含碳量达1%左右，局部含碳量甚至超过2%，出现莱氏体组织。增碳使锻件的力学性能变坏，机械加工时易损坏刀具。

2. 过热和过烧

1）过热

当钢加热超过某一温度，或在高温下停留时间过长，会引起奥氏体晶粒迅速长大，这种现象称为过热。晶粒开始急剧长大的温度称过热温度，不同钢种的过热温度不同。

过热对金属锻造过程影响不大，只要没有过烧，在足够大的变形程度下，晶粒粗大组织一般均可以消除。但如果变形程度较小，终锻温度比较高，则锻后冷却时会出现非正常组织，导致钢的强度和冲击韧性降低。

2）过烧

当毛坯加热温度接近其熔点之前，其内部的低熔成分和夹杂物会产生氧化和溶解，破坏晶界的结合，使坯料失去塑性，不能锻压加工，这种现象称过烧。产生过烧的温度称过烧温度，不同的钢种，过烧温度不同。

过烧的毛坯锻造时，会在表面出现网格状的裂纹，一般称为“龟裂”。过烧严重时，毛坯会破裂成碎块。为减少和防止坯料过热、过烧，应严格遵守加热规范，特别是要控制加热温度以及在高温的停留时间。

3. 裂纹

毛坯在加热中会出现两种内应力：①由于其表层与心部温度的差异造成的温度应力；②由于相变发生时间的差异引起的组织应力。当以上内应力超出材料在此温度下的强度极限时便产生裂纹。

11.1.3 锻造温度范围的确定

锻造温度范围是指金属锻造开始温度(始锻温度)和锻造结束温度(终锻温度)之间的温度区间。

确定锻造温度范围的基本原则是：保证金属有较高的塑性，较低的变形抗力，得到高质量锻件，同时锻造温度范围尽可能宽些，以便减少加热火次，提高锻造生产率，减小热损耗。

确定锻造温度范围的基本方法是：以金属的平衡相图为基础，再参考金属的塑性图、变形抗力图和再结晶图，由塑性、质量和变形抗力三方面加以综合分析，从而定出始锻温度和终锻温度。

阅读材料11-1

碳钢锻造温度范围确定的基本方法

确定始锻温度，首先必须保证钢不产生过热和过烧的现象。对碳钢来讲，始锻温度应低于铁-碳平衡相图的始熔线以下150～250℃(图11.1)。此外，始锻温度还应考虑到坯料组织、锻造方式和变形工艺过程等因素。

终锻温度的确定，既要保证钢在终锻前保持足够的塑性，又要使锻件能够获得良好的组织性能。所以终锻温度不能过高，温度过高会使锻件的晶粒粗大，锻后冷却时出现非正常组织。相反温度过低，不仅导致锻造后期加工硬化，内部出现硬化组织和残余应力，在锻压、冷却后续工艺过程都容易开裂。因此，通常钢的终锻温度应稍高于其再结晶温度，如图 11.1 所示，对于碳钢终锻温度要在的 Ar_1 线以上 25～75℃。但是，终锻温度如果比再结晶温度高得过多，停锻后内部晶粒会继续长大，出现粗晶组织，或析出第二相，影响锻压件的力学性能。

一般来说，钢的合金元素含量越高，熔点越低，始锻温度也越低。而再结晶温度则相反，合金元素含量越高，结晶温度越高，终锻温度也越高。所以合金成分越高，始锻和终锻温度的间隔越小。表 11－1 为常见钢种的锻造温度范围。

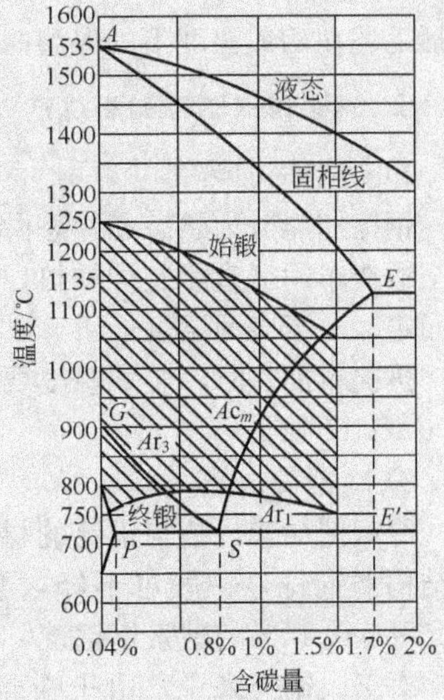

图 11.1　碳钢的锻造温度范围

表 11－1　常见各钢种的锻造温度范围

钢　　种	始锻温度/℃	终锻温度/℃	锻造温度范围/℃
普通碳素钢	1280	700	580
优质碳素钢	1200	800	400
碳素工具钢	1100	770	330
合金结构钢	1150～1200	800～850	350
合金工具钢	1050～1150	800～850	250～300
高速工具钢	1100～1150	900	200～250
耐热钢	1100～1150	850	259～300
弹簧钢	1100～1150	800～850	300
轴承钢	1080	800	280

当然，钢的终锻温度与钢的组织、锻造工序和后续工序等也有关，在具体制订锻造工艺时，还要考虑这些因素。

11.1.4　金属坯料的加热规范

1. 制订加热规范的原则

(1) 加热温度。包括装炉温度，各阶段的保温温度及出炉温度。对于尺寸小、塑性好、导热性高、热膨胀系数小的材料可以用高温装炉。否则为避免加热时产生较大的温度应力而出现裂纹，一般应低温装炉。加热过程中各阶段的保温时间，也应按材料性能与毛坯的尺寸确定。出炉温度一般比始锻温度要稍高一些。

(2) 加热速度。加热速度是指在单位时间内表面温度上升的度数称为加热速度($℃ \cdot h^{-1}$)，也可用单位时间内金属热透的厚度来表示。

（3）加热时间。毛坯从开始加热至始锻温度时所需的时间称为加热时间。加热时间不包括毛坯在始锻温度下的保温时间。加热时间通常用经验公式或图表资料来确定。

2. 钢锭和钢坯的加热规范

1）热钢锭加热

钢锭加热分为热态和冷态两种。热态加热就是将浇注好的钢锭，立即从铸钢车间保温送至锻造车间，直接装炉加热，并要求装炉时表面温度不低于550℃，具体温度高低视钢号而定。对于表面温度低于550℃的锭料，应按冷钢锭考虑。

热锭料加热时，装炉温度要稍许降低，其值视断面尺寸和钢号而定，一般装炉温度为1000～1100℃。

2）冷钢锭加热

冷钢锭加热规范与钢锭的材质和尺寸有关。对于质量小于2500kg、直径小于550mm的结构钢钢锭，一般可不经过预热和不分段，而直接加热到始锻温度。对于含碳量为0.35%～0.45%的碳素钢钢锭，甚至重达7t也可直接加热到始锻温度。

对于大钢锭来说，由于断面上温差大，温度应力较大，内部缺陷较多，残余应力较大，所以一般采用分段加热。

3）钢坯的加热规范

对于一般碳素结构钢和合金结构钢的钢坯，都可不经预热和保温，而采用高温直接装炉，快速加热到锻造温度后即可出炉锻造。对于导热性很低的高合金钢，例如高速钢，若直径较大时，需采用分段加热规范。

11.2 自由锻工艺

11.2.1 自由锻工艺特点及工序

自由锻造简称自由锻，一般是在锻锤或水压机上，利用简单的工具将金属块料锻成所需形状和尺寸。自由锻不使用专用模具，锻件的尺寸精度低，生产效率不高，主要用于单件、小批量、大锻件生产。

自由锻是坯料在平砧上面或工具之间经逐步的局部变形而完成成形，由于是工具和坯料部分接触，故所需设备功率比生产同尺寸锻件的模锻设备小得多，所以自由锻适于大型锻件。

自由锻所用的毛坯可为热轧坯、冷轧坯或铸锭坯等。对碳钢和低合金钢的中小型锻件，原材料大多为经过锻轧的坯料，坯料的内部质量较好，因此锻造时主要解决成形问题。

对于大型锻件和高合金钢锻件，多数是利用初锻坯或铸锭坯，其内部组织有疏松、缩孔、偏析、气泡以及夹杂等缺陷，所以必须通过自由锻造来消除。这类坯料的自由锻造工艺重点是制定合理的工艺参数，选择合适的工具，消除缺陷，改善材料的性能。

自由锻的工序可以分为三类，即基本工序、辅助工序和修正工序(表11-2)。

表 11-2 自由锻造的工序简图

基 本 工 序		
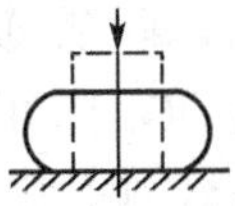 镦粗	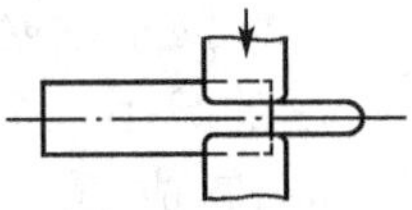 拔长	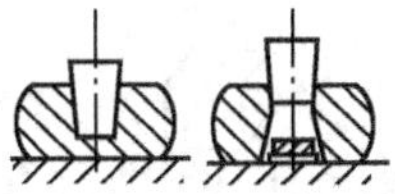 冲孔
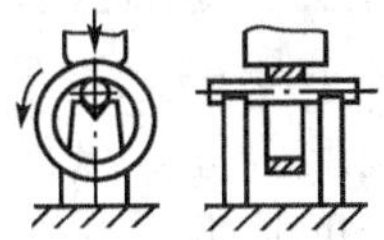 芯轴扩孔	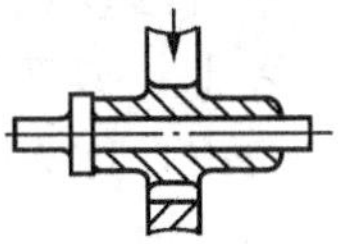 芯轴拔长	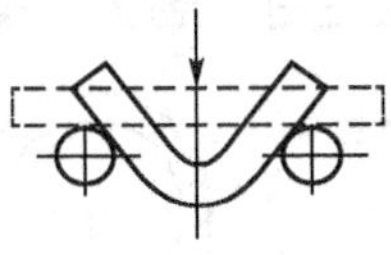 弯曲
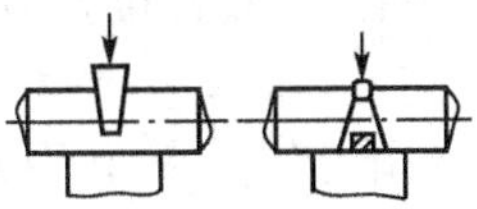 切割	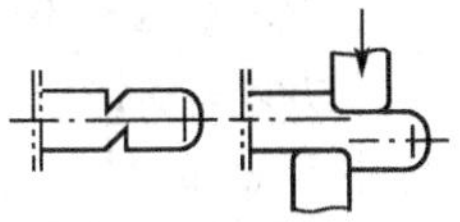 错移	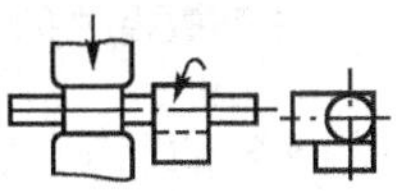 扭转
辅 助 工 序		
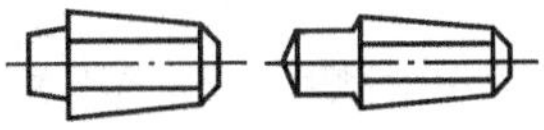 压钳把	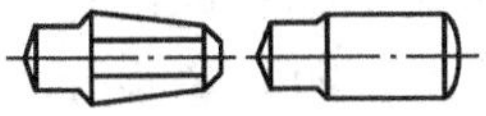 倒棱	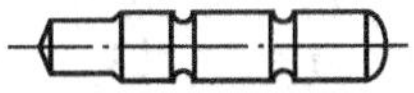 压痕
修 正 工 序		
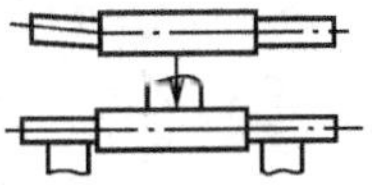 校正	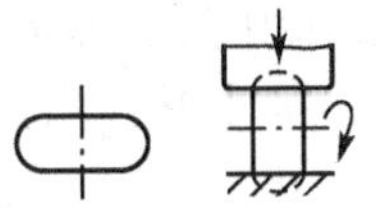 滚圆	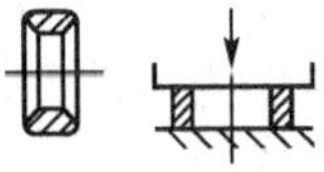 平整

11.2.2 镦粗工序

使坯料高度减小而横截面积增大的成形工序称为镦粗。镦粗是自由锻造中最基本最常见的工序之一。镦粗主要应用在下列情况中：①由横截面积小的毛坯得到横截面积较大而高度较小的饼类锻件；②冲孔前增大横截面积和平整坯料端面；③提高后续拔长工序的锻比；④提高锻件的横向力学性能和减少力学性能的异向性；⑤反复镦粗和拔长可以破碎合金工具钢中的碳化物，并使其均匀分布。

镦粗方法一般分为三类：即平砧镦粗、垫环镦粗和局部镦粗。

1. 平砧镦粗

坯料在上下平砧间或镦粗平板间进行的镦粗称为平砧镦粗，如图 11.2 所示。镦粗的变形程度除了用压下量 ΔH、相对变形程度 e_H、对数应变 ϵ_H 表示之外，常以坯料镦粗前后的高度之比，即镦粗比 k_H

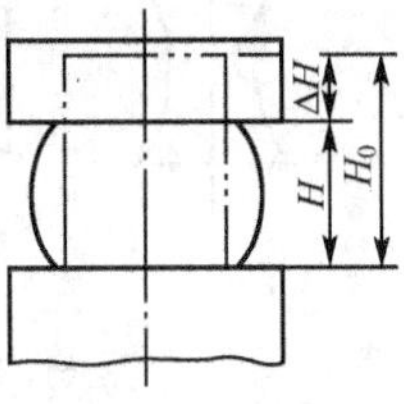

图 11.2 平砧镦粗

来表示，即

$$k_H = \frac{H_0}{H} \tag{11-1}$$

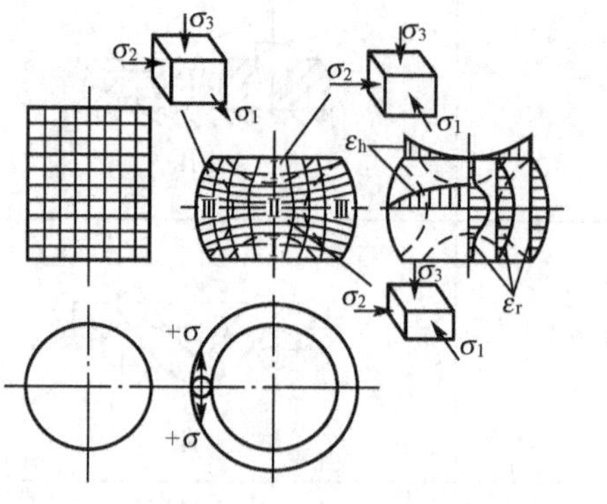

图 11.3　平砧镦粗时变形分布与应力状态

从平砧镦粗圆柱坯料看出，随着镦粗坯料高度的减小，金属不断向四周流动，镦粗后的侧表面变成鼓形，中部直径大，两端直径小。图 11.3 所示是利用网格法得到的金属流动的规律，沿坯料的对称面可分为三个变形区：①变形区Ⅰ，该变形区受端面摩擦的影响大，变形程度最小，称为难变形区；②变形区Ⅱ，该区处于坯料中段，受摩擦影响小，温度降低最慢，而且应力状态也有利于变形，因此变形程度最大，称为大变形区；③变形区Ⅲ，该区变形程度居中，称为小变形区。

平砧镦粗的特点决定了这种工艺生产的锻件容易出现一些缺陷：①“鼓肚”现象；②侧面容易产生纵向或呈 45°方向的裂纹；③锭料镦粗后，上、下端常保留粗大铸造组织；④高毛坯镦粗时还会出现“双鼓肚”现象，并易失稳而弯曲。

为了消除这些缺陷，保证锻件质量，尽量减小“鼓肚”的程度，提高变形的均匀性，在锻造生产中常采用以下工艺措施来解决这些缺陷：

(1) 预热工具和使用润滑剂。主要是防止金属毛坯很快冷却，一般情况下，需对工具进行 200～300℃的预热。另外使用玻璃粉、石墨粉以及二硫化钼等作为润滑剂，可以减小工具与毛坯之间的摩擦。

(2) 控制坯料高径比 D_0/H_0。对圆柱坯料，一般 $0.5<D_0/H_0\leqslant 1.0$ 时，镦粗只产生单鼓形；$1.0<D_0/H_0\leqslant 1.5$ 时，镦粗时由单鼓形向双鼓形过渡；$1.5<D_0/H_0\leqslant 2.5$ 时，镦粗时两端为单鼓形，中间均匀变形为圆柱形；当 $D_0/H_0>2.5$ 时，镦粗时坯料易失稳，导致纵向弯曲。

(3) 凹形坯镦粗。如图 11.4 所示，镦前对坯料端部变形，锻成侧表面向内凹的形状。这样在镦粗时，侧凹面上产生径向压力分量，可以减小鼓形，使坯料变形均匀，并防止侧表面纵向裂纹。随着镦粗进行，侧面内凹形消失，变成圆柱形，最终可获得程度不大的鼓形。

(4) 软金属垫镦粗。如图 11.5 所示，该法是将坯料放在两个温度不低于坯料温度的软

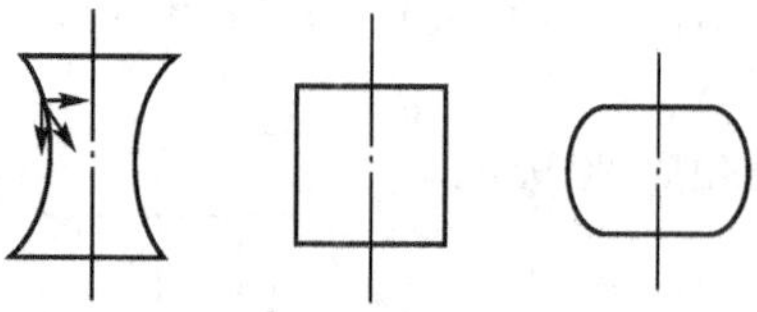

图 11.4　凹形坯镦粗

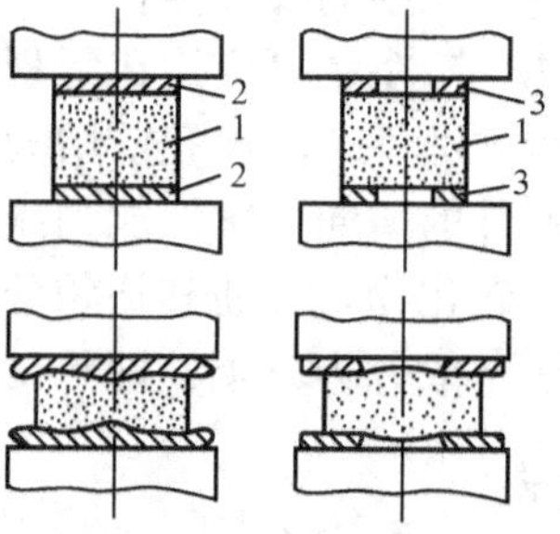

图 11.5　软金属垫镦粗

1—坯料；2—板状软垫；3—环状软垫

金属垫之间进行镦粗。由于容易变形的软金属的流动，对坯料产生了向外的主动摩擦力，促使坯料端部的金属向四周流动，坯料侧面先内凹。继续镦粗时，软垫直径增大，厚度变薄，温度降低，变形抗力增大，而此时坯料明显地镦粗，侧面内凹形消失，呈现圆柱形。再继续镦粗，即可得到“鼓肚”程度不大的锻件。

(5) 坯料叠起镦粗。叠起镦粗主要用于薄饼类锻件，将两件叠加起来，形成彭形后，再将两个坯料都翻转 180°，镦到侧面为圆柱面为止(图 11.6)。这样不但可以获得没有“鼓肚”的锻件，而且由于上、下端部先后均位于两个不同的成形区，因此消除了难变形区而使变形均匀。

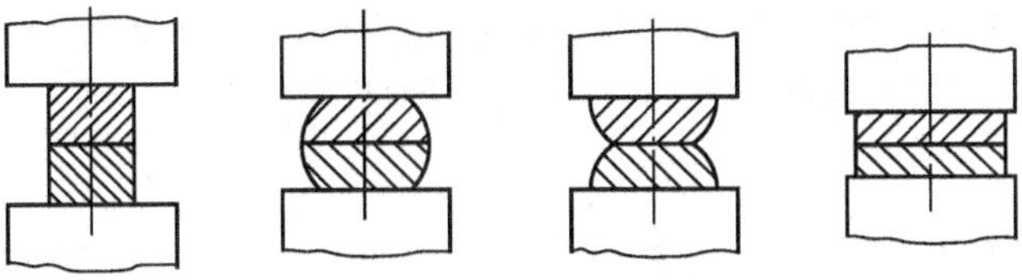

图 11.6　坯料叠起镦粗

(6) 套环内镦粗。这种镦粗方法主要用于低塑性的高合金钢，在坯料外圈加一个碳钢外套，靠套环产生的压应力来减小由于变形不均匀而引起的附加拉应力，镦粗后将外套去掉。

2. 垫环镦粗

如图 11.7 所示，坯料放在单个垫环和平砧之间或两个垫环之间进行的镦粗，称为垫环镦粗，又称镦挤。主要用于成形带有单边或双边凸肩的齿轮、带法兰的饼块类锻件。

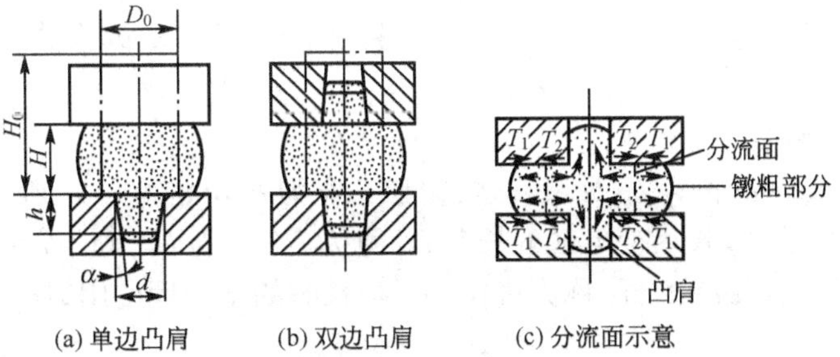

(a) 单边凸肩　(b) 双边凸肩　(c) 分流面示意

图 11.7　垫环镦粗

垫环镦粗的关键是能否锻出所要求的凸肩高度。镦粗过程中既有挤压又有镦粗，必然存在一个金属流动的分界面，即分流面，如图 11.7(c)所示。在镦粗过程中分流面的位置是变化的，具体与下列因素有关：毛坯高径比、环孔与毛坯直径比、变形程度、环孔斜度及摩擦条件等。

3. 局部镦粗

利用自由锻设备及简单工具，只对坯料局部(如端部或中间)进行镦粗称为局部镦粗。局部镦粗可以锻造凸肩直径和高度较大的饼类锻件，也可锻造端部带有较大法兰的轴杆类锻件，如图 11.8 所示。局部镦粗时的金属流动特征与平砧镦粗相似，但会受到不变形部分的影响。

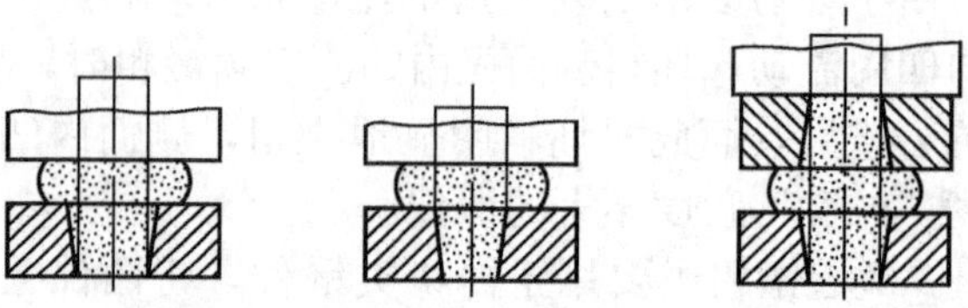
(a) 端部局部镦粗　(b) 一端伸长一端局部镦粗　(c) 中间局部镦粗

图 11.8　垫环局部镦粗

锻件以局部镦粗成形时，毛坯尺寸最好是按杆部直径选取。为了避免镦粗时产生纵向弯曲，毛坯变形部分高径比应小于 3。因此对于头部较大而杆部较细的锻件，应采用大于杆部直径的毛坯，锻造时可先拔长杆部，然后再局部镦粗头部，或者先局部镦粗头部，然后再拔长得到杆部。

11.2.3　拔长工序

1. 拔长的作用及拔长效率

1）拔长的特点及作用

使坯料横截面积减小而长度增加的锻造工序称为拔长。拔长是一种局部成形工艺，变形区的金属流动与镦粗相似，即坯料侧面产生鼓形，内部的变形分布不均匀。但与镦粗不同的是，金属的变形除了受到工具和温度的影响外，还与外端有关，因此变形区横向宽展相对较小，轴向伸长相对增加。由于拔长是局部成形，所以比较费时，因此在保证锻件质量的前提下，应尽量提高拔长效率。

拔长主要用于下列情况：①由横截面积大的毛坯得到横截面积较小而轴向较长的轴类锻件；②改善锻件内部质量，例如通过反复镦粗和拔长可以击碎合金工具钢中的碳化物，并使其均匀分布。

2）拔长的变形程度

如果拔长前变形区的长为 l_0（l_0 又称送进量），宽为 b_0，高为 h_0，则 l_0/h_0 称为相对送进量，l_0/b_0 称为进料比。拔长后变形区的长为 l，宽为 b，高为 h，则 $\Delta h=h_0-h$ 称为压下量，$\Delta b=b-b_0$ 称为展宽量，$\Delta l=l-l_0$ 称为拔长量。拔长时的变形程度用锻比 K_L 来表示：

$$K_L=F_0/F \qquad (11-2)$$

式中，K_L——锻比；

F_0——拔长前坯料截面面积；

F——拔长后坯料截面面积。

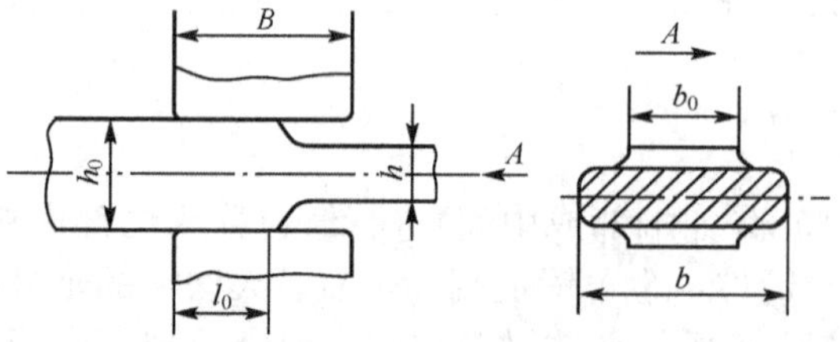

图 11.9　矩形断面坯料拔长

3）拔长效率分析

图 11.9 所示是矩形断面拔长示意图，根据最小阻力定律，当进料比 l_0/b_0 较小时，金属向轴向流动的变形程度 ε_l 较大，横向变形程度 ε_b 较小，随着 l_0/b_0 的不断增大，ε_l 逐渐减小，而 ε_b 逐渐增大。可见，为提高拔长生产率，应当采用较小的进料

比。但送进量也不宜过小，因为会增加压下次数，在一定程度上将降低拔长效率。因此，通常取 $l_0=(0.4\sim0.8)B$，B 为砧宽，相对送进量 $l_0/h_0=0.5\sim0.8$。

图 11.10 所示是圆形断面拔长示意，因为圆形截面与砧子的接触面很窄，金属横向流动大，轴向流动小，因此拔长效率低。同时，由于变形区集中在上下表层，芯部金属受表层金属横向流动的影响，产生拉应力，容易引起中心纵向裂纹。

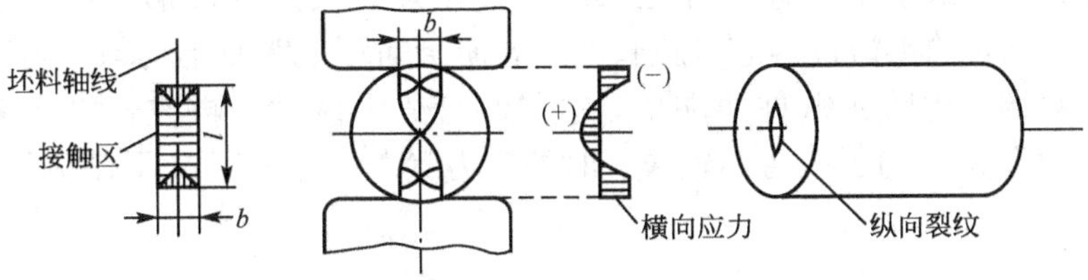

图 11.10　平砧拔长圆形截面坯料时的变形区和横向应力分布

2. 拔长的分类

拔长可以分为平砧拔长、型砧拔长和芯轴拔长三类。

1) 平砧拔长

这种方法应用得最广泛，在平砧拔长中有以下几种坯料截面变形过程：

(1) 方截面-方截面拔长。由较大的方形截面尺寸坯料，经拔长得到尺寸较小的方形截面锻件的过程，称为方截面坯料拔长，如图 11.11 所示。使用上下平砧拔长方形(或矩形)截面坯料时，只要相对送进量合适，就能够使坯料的中心锻透。

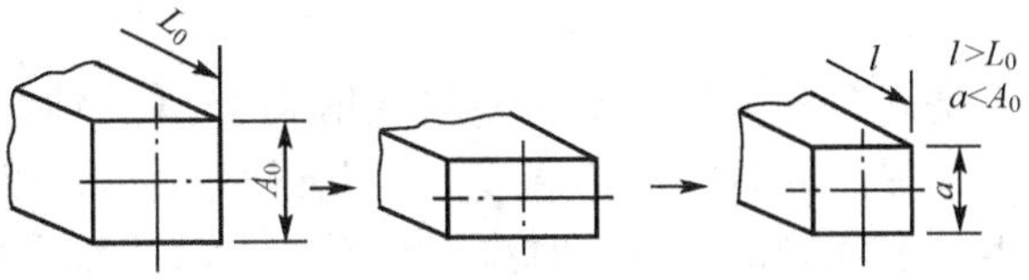

图 11.11　方截面坯料拔长(方截面-方截面)

(2) 圆截面-方截面拔长。如图 11.12 所示，圆截面坯料经拔长得到方截面锻件的拔长，除最初变形外，以后的拔长过程变形特点与方截面坯料拔长相同。

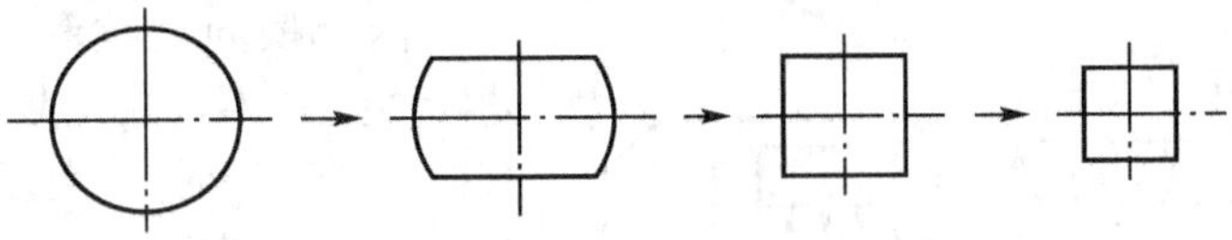

图 11.12　圆截面坯料拔长(圆截面-方截面)

(3) 圆截面-圆截面拔长。较大尺寸的圆截面坯料，经拔长得到较小尺寸圆截面锻件，称为圆截面坯料拔长，可采用图 11.13 所示的拔长过程，即由圆截面锻成四方截面、八方截面、最后倒角滚圆，获得所需直径的圆截面长轴锻件。

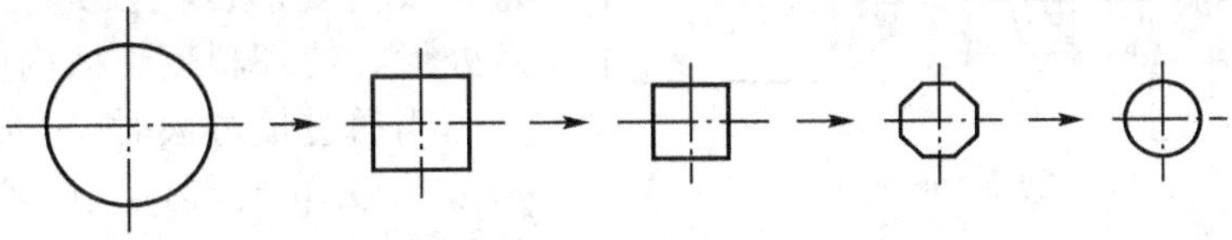

图 11.13　圆截面坯料拔长(圆截面-圆截面)

2）型砧拔长

在一个或两个带有形状的砧子之间进行坯料拔长的工艺称为型砧拔长，形砧一般为V形砧或圆弧形砧(图11.14)。用型砧拔长主要是为了解决圆形截面坯料在平砧间拔长轴向伸长小、横向宽展大的问题。

3）芯轴拔长

芯轴拔长是一种减小空心坯料外径(壁厚)而增加其长度的成形工序，如图11.15所示，主要用于锻制长筒类锻件。芯轴拔长的主要质量问题是壁厚不均匀，内壁容易产生裂纹，尤其是在两端。为防止锻件两端出现裂纹，应先锻两端，再拔长中间部分，图中的1～5是拔长顺序示意。为了改善芯轴拔长时的应力状态，应采用V形砧拔长。

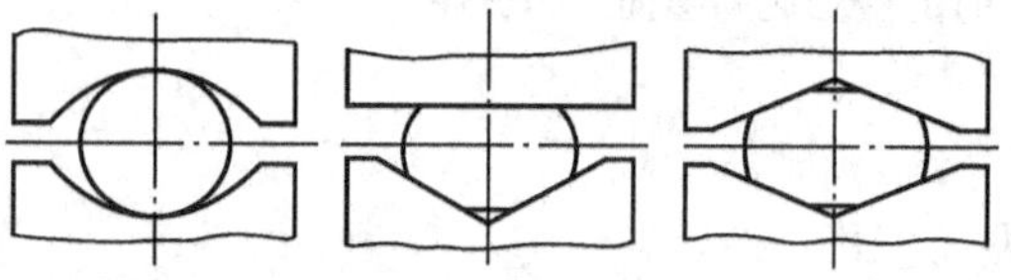

(a) 圆弧形砧　(b) 上平下V形砧　(c) 上下V形砧

图11.14　型砧拔长

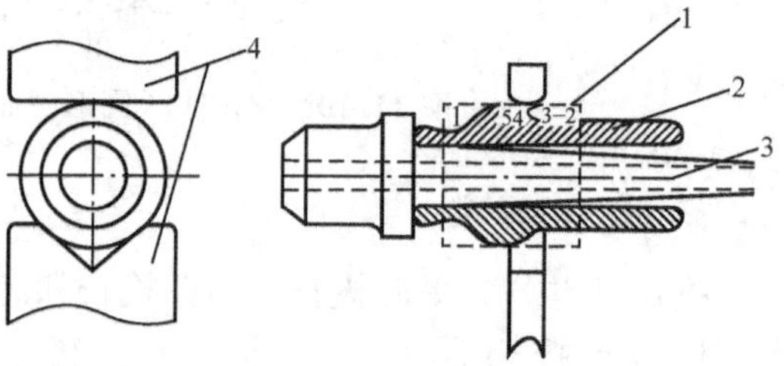

图11.15　芯轴拔长

1—坯料；2—锻件；3—芯轴；4—砧子

提高芯轴拔长效率的关键是增强金属的轴向流动，减小金属的径向流动。具体措施有：①提高坯料的加热温度，并将芯轴预热，提高金属塑性；②芯轴做成1/100～1/150斜度，表面光滑，拔长时涂以润滑剂，减小轴向摩擦阻力；③用型砧拔长，限制金属横向流动；④尽可能采取较高的坯料，通常取高径比$H_0/D_0=0.6\sim1$。

3．拔长工艺容易出现的缺陷

拔长工艺容易出现的缺陷有：表面和角部裂纹、内部裂纹以及表面折叠。

1）内部横向裂纹和对角裂纹

内部横向裂纹和对角裂纹主要是送进量控制不当造成。当送进量过小($l_0/h_0<0.5$)或一次压下量过小时，变形区集中在表面层，拔长变形区出现双鼓形，中心不能锻透，而且会出现轴向拉应力，如图11.16(a)所示，因此易产生内部横向裂纹。为了避免这种缺陷，可适当增加相对送进量，控制一次压下量，改变变形区的变形特征，避免出现双鼓形，使坯料变形区内应力分布合理。

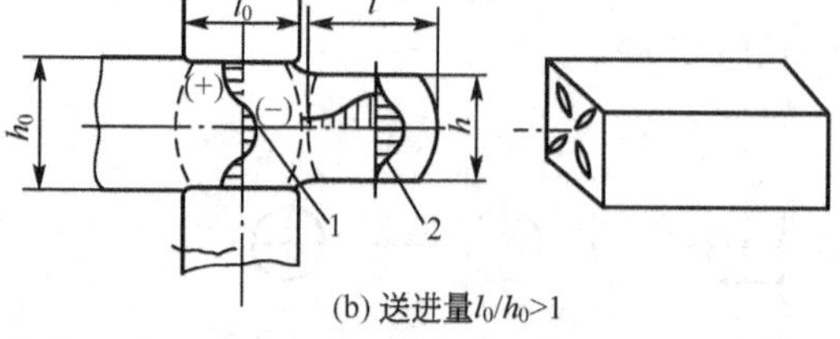

图11.16　拔长送进量对变形和应力分布的影响

1—轴向应力；2—轴向变形

当送进量过大时($l_0/h_0>1$)，拔长变形区出现单鼓形，这时心部变形很大，得到锻透。但在鼓形侧面和角部受拉应力，容易引起表面横向裂纹和角裂。如果坯料在同一位置反复重击时，由于金属沿对角线的剧烈相对流动，常易出现十字对角裂纹，如图 11.16(b)所示。

2）内部纵向裂纹

平砧上拔长圆形截面的坯料时，当拔长进给量很大，压下量相对较小，金属沿轴向流动少，而横向流动大，内部坯料受拉应力，容易造成纵向裂纹(中心开裂)，如图 11.17(a)所示。方截面坯料的倒角情况与此相似。纵向裂纹除了隐藏在锻件内部外，还可能发展到锻件的端部。

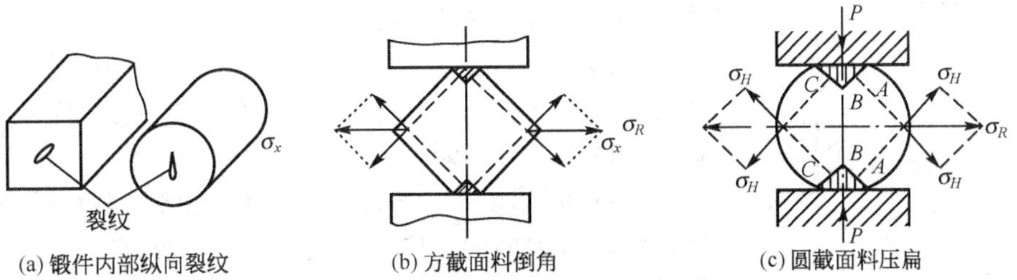

图 11.17　坯料拔长时内部纵向裂纹与坯料受力情况

避免这种缺陷的措施有：①选择合理的送进量，使金属轴向流动大于横向流动；②采用 V 形砧拔长，减小锻件中心的附加拉应力；③方截面的坯料在倒角时应轻击，减小一次变形量；④对塑性较差的材料，可采用圆形砧进行倒角。

3）表面裂纹和角裂

如图 11.18 所示，这类缺陷常在锻造低塑性材料时出现，其开裂部位主要是受拉应力作用，而造成这种拉应力的原因是由于送进量过大(出现单鼓形)，同时压缩量过大所引起。而角部裂纹除了变形原因外，因角部温降快，产生温度应力，增加了拉应力的附加值。

由此可见，在拔长操作中，为了避免这些缺陷要控制好两个参数，即送进量和一次压下量，对于角部还要及时倒角，以减小温降，改变角部的应力状态，避免裂纹产生。

4）表面折叠

表面横向折叠是由于送进量相对压下量过小引起的，当送进量 $l_0<\Delta h/2$ 时容易产生这种折叠(图 11.19)。因此增大送进量可以避免这种缺陷，每次的送进量与单边压缩量之比 $l_0/(\Delta h/2)$应大于 1～1.5。

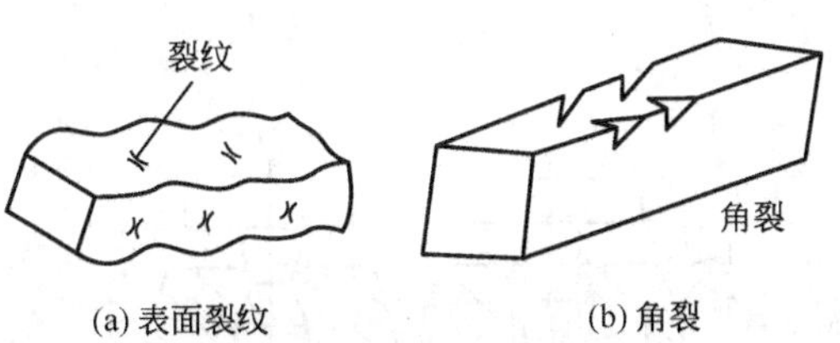

图 11.18　坯料拔长时出现的表面裂纹与角裂

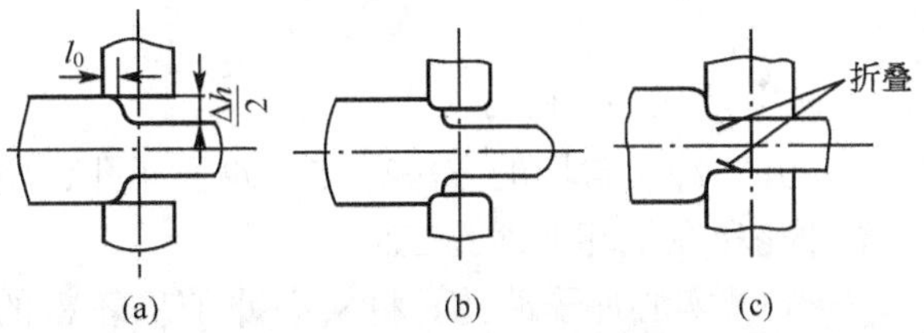

图 11.19　坯料拔长时出现的表面折叠

表面纵向折叠是在采用单面压缩法拔长过程中，毛坯压缩得太扁，翻转 90°后继续压缩时形成的。因此每次单面压缩后，不要使毛坯压缩得太扁，应使坯料宽度和高度之比不小于 2，或采用其他方法拔长。

11.2.4 自由锻其他工序

1. 冲孔

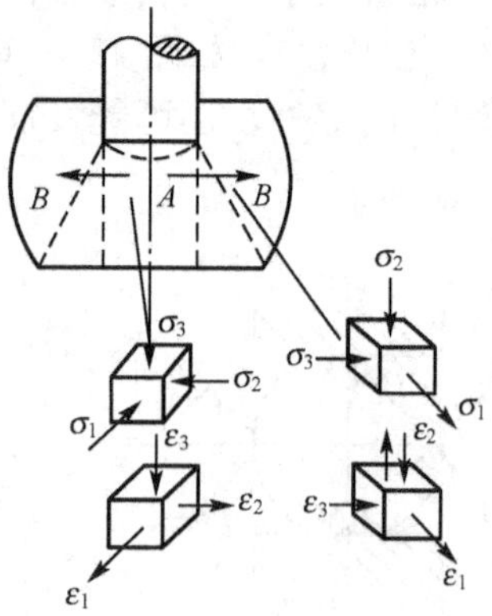

图 11.20 开式冲孔时的应力应变简图

1）冲孔的变形特点

采用冲子将坯料冲出透孔(通孔)或不透孔(盲孔)的锻造工序称为冲孔。冲孔常用于：①锻件带有大于 ϕ30mm 以下的盲孔或通孔；②需要扩孔的锻件应预先冲出通孔；③需要拔长的空心件应预先冲出通孔。

一般冲孔可分为开式冲孔和闭式冲孔两大类。闭式冲孔实质上就是反挤压。在生产实际中，使用最多的是开式冲孔，如图 11.20 所示。

冲孔也是属于局部加载，根据局部加载应力的变化规律，沿加载方向的正应力随受力面积不断扩大，其绝对值逐渐减小。因此，可以将坯料受力区分为直接受力区(A 区)和间接受力区(B 区)。

阅读材料11-2

冲孔前坯料高度的确定方法

冲孔时 B 区总的变形趋势是径向压缩变形，切向伸长变形，轴向的应变可能是伸长，也可能是缩短，主要取决于径向压应力的大小，具体与环壁的厚度有关，一般有三种情况：①环壁较薄时(D_0/d 较小)，冲孔后坯料高度减小；②环壁较厚时($D_0/d\approx5$)，冲孔后坯料高度变化不大；③环壁很厚时(D_0/d 很大)，冲孔后坯料高度增加。因此，生产中由于冲孔后坯料高度 H 会变化，确定冲孔前坯料高度 H_0 时可按下列公式计算：

(1) 当 $D_0/d\geqslant5$ 时

$$H_0=H \tag{11-3}$$

(2) 当 $D_0/d<5$ 时

$$H_0=(1.1\sim1.2)H \tag{11-4}$$

2）开式冲孔的分类

开式冲孔常用的方法有实心冲子冲孔、空心冲子冲孔和在垫环上冲孔三种。

(1) 实心冲子冲孔。将实心冲子从坯料的一端面冲入，当孔深达到坯料高度 70%～80%时，取出冲子，将坯料翻转 180°，再用冲子从坯料的另一面把孔冲穿。冲孔过程如图 11.21 所示，这种方法称为双面冲孔。

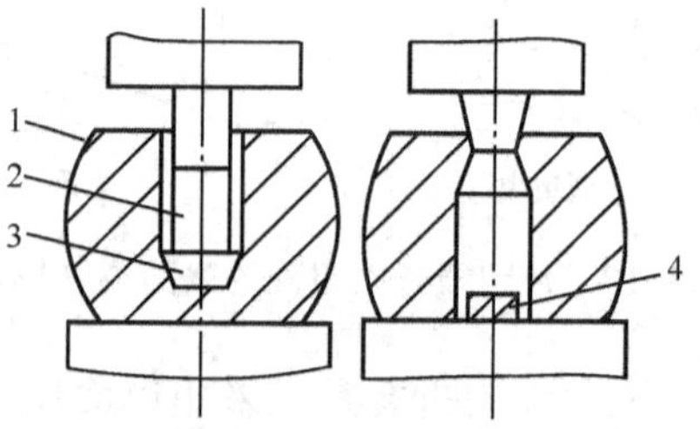

图 11.21 实心冲子双面冲孔

1—坯料；2—冲垫；3—冲子；4—芯料

(2) 空心冲子冲孔。空心冲子的冲孔过程如

图 11.22 所示，冲孔时坯料形状变化较小，但芯料损失较大。优点是可以减小外层金属的切向拉应力，避免产生表面裂纹。当锻造大锻件时，还能将钢锭中心质量差的部分冲掉，主要用于孔径大于 450mm 的大锻件。

(3) 在垫环上冲孔。垫环上冲孔过程如图 11.23 所示，冲孔时坯料形状变化很小，但芯料损失较大，芯料高度 h 为$(0.7\sim0.75)H$。这种冲孔方法只适用于高径比小于 0.125 的薄饼类锻件。

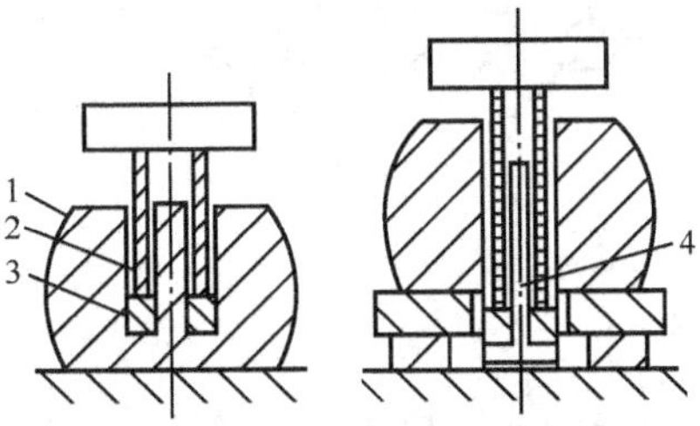

图 11.22　空心冲子冲孔

1—坯料；2—冲垫；3—冲子；4—芯料

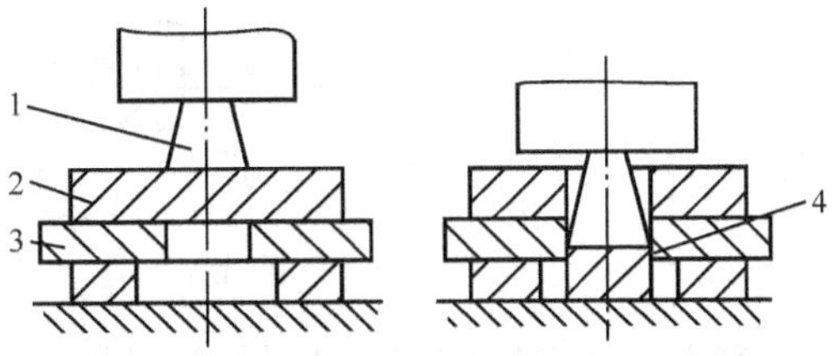

图 11.23　在垫环上冲孔

1—冲子；2—坯料；3—垫环；4—芯料

3) 开式冲孔的主要质量问题

(1) 走样。是指冲孔时坯料高度减小，外径上小下大，下端面凸出，上端面凹进等导致的冲件变形的现象。“走样”程度与 D_0/d 有关，为减小走样，一般取 $D_0/d\approx3$。

(2) 裂纹。低塑性材料开式冲孔时常易在外侧表面和内孔圆角处产生纵向裂纹。外侧表面裂纹是冲孔时坯料外层金属受到切向拉应力导致的，一般为沿高度方向的纵向裂纹。内孔圆角处的裂纹是由于此处温降较多，塑性较低，容易被胀裂。

(3) 孔冲偏。引起孔冲偏的原因很多，如冲子放偏，金属性质不均，冲头各部位圆角、斜度不一致等。坯料越高，越容易冲偏，因此坯料高度一般要小于其直径。

2. 扩孔

减小空心坯料壁厚而使其外径和内径均增大的锻造工序称为扩孔。扩孔用于锻造各种带孔锻件和圆环锻件。自由锻中常用的扩孔方法有冲子扩孔和芯轴扩孔两种。另外，还有在专门扩孔机上碾压扩孔、液压扩孔和爆炸扩孔等，这里只简要介绍冲子扩孔和芯轴扩孔。

1) 冲子扩孔

冲子扩孔是采用直径比空心坯料内孔要大并带有锥度的冲子，穿过坯料内孔而使其内、外径扩大，如图 11.24 所示。从坯料变形特点看，冲子扩孔时坯料近似于胀形，因此在坯料切向有拉应力，容易胀裂。

为防止锻件胀裂，要求每次扩孔变形量不宜过大，一般为 25～30mm。另外避免扩孔时温度过低，必要时再加热坯料，多次扩孔。冲子扩孔适用于 $D/d>1.7$ 和 $H>0.125D$ 的壁厚不太薄的锻件。

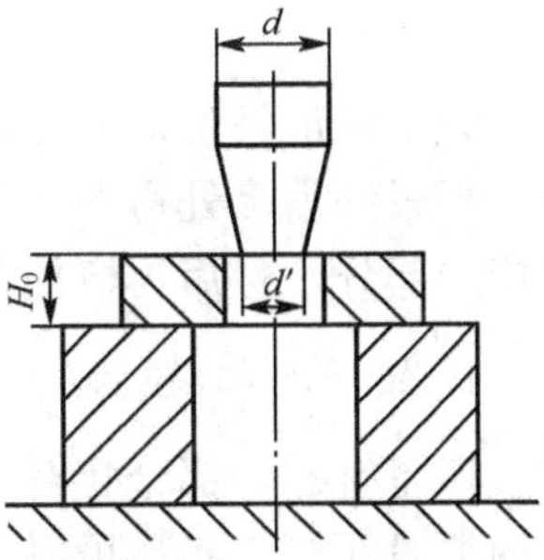

图 11.24　冲子扩孔

2) 芯轴扩孔

芯轴扩孔是将芯轴穿过空心坯料、放在“马架”上，坯料每转过一个角度压下一次，逐渐将坯料的壁厚压薄、内外径扩大。因此这种扩孔又称马架扩孔，如图 11.25 所示。

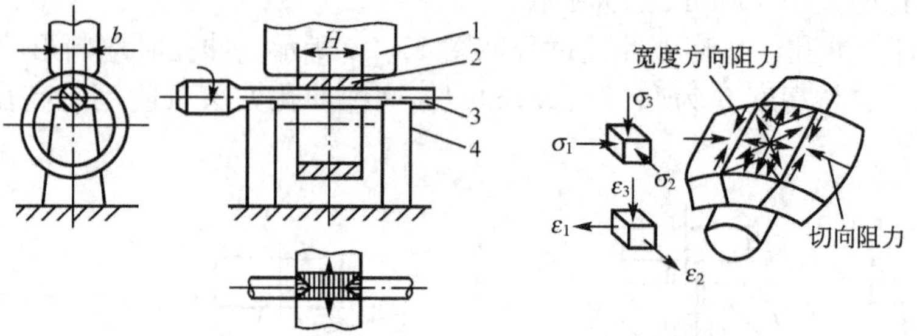

图 11.25　芯轴扩孔

1—扩孔砧子；2—坯料；3—芯轴；4—支架

芯轴扩孔的变形实质是坯料沿圆周方向拔长，从图示的变形区看出，金属在变形区的宽度方向(即坯料周向)流动较多，而在变形区的长度方向(即坯料高向)流动较少。因此用芯轴扩孔时，随着壁厚减薄，内、外径同时扩大，高度稍有增加。

由于芯轴扩孔时的应力状态较好，不容易产生裂纹，因此适用于锻造扩孔量大的薄壁环形锻件。

3. 弯曲

将坯料弯折成规定外形的锻造工序称为弯曲，这种方法可用于锻造各种弯曲类锻件，如起重吊钩、弯曲轴杆等。

坯料在弯曲时，弯曲变形区内侧的金属受压缩，可能产生折叠，外侧金属受拉伸，容易引起裂纹，而且弯曲处坯料断面形状要发生畸变，如图 11.26 所示，断面面积减小，长度略有增加。弯曲半径越小，弯曲角度越大，上述现象越严重。因此坯料弯曲时，坯料拟弯曲处断面应比锻件相应断面稍大(一般增大 10%～15%)。

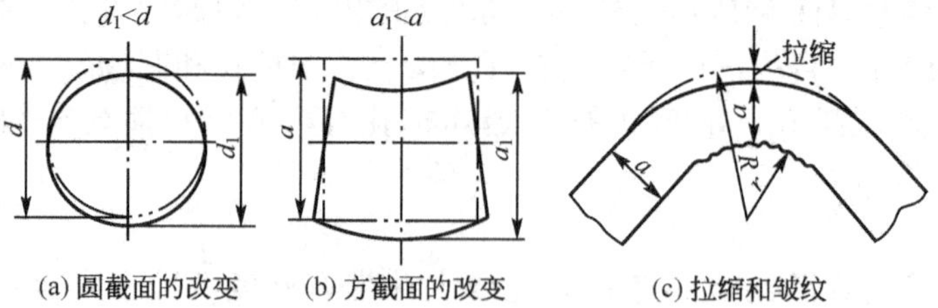

图 11.26　弯曲处坯料截面变化情况

为了保证锻件质量，坯料加热部分不宜过长，最好仅加热弯曲段，并且要求加热均匀。当锻件需多处弯曲时，一般弯曲的先后顺序是：首先弯锻件的端部，其次再弯与直线相接的部分，然后再弯曲其余部分。

4. 错移与扭转

将坯料的一部分相对另一部分平行错移开的锻造工序称为错移，这种方法常用于锻造曲轴类锻件等。错移可以在一个平面内错移，也可以在两个平面内错移。

扭转是将坯料的一部分相对另一部分绕其轴线扭转一定角度的锻造工艺。主要用来锻造曲轴、麻花钻、地脚螺栓等锻件。

11.2.5 大型锻件自由锻及胎模锻造

1. 大型锻件的自由锻造工艺

大锻件通常地指用10000kN以上的水压机或50kN以上的锻锤，将10t以上的钢锭锻压成各种重型设备的锻件。如电站设备的叶轮、转子、护环以及高压容器、大型曲轴、轧钢机轧辊等。这种锻件都是大型设备的关键零件，要求力学性能高、质量可靠。但生产批量一般不大，外形也不太复杂。为此，在大锻件生产过程中，保证锻件的质量常成为制订工艺的首要问题。目前世界各国锻造大型锻件的工艺大致有十几种，其中最具代表性的是FM法、JIS法和WHF法。

(1) FM锻造法。又称曼内斯曼效应消除法，即中心无拉应力锻造法。一般的平砧镦粗或拔长，上下砧板是相同的宽度。而FM锻造法采用的是上窄下宽的砧子进行锻造。坯料在不对称的平砧间变形，各部位应力状态发生改变，在坯料变形区内，形成拉应力的部位移至坯料下部，而中心部位受到压应力作用，这种方法对锻合钢锭内部空洞类缺陷很有效果。

(2) JIS锻造法。又称硬壳锻造法、表面降温法或中心压实法。该技术的特点是：将钢锭倒棱后，锻成方截面坯，然后加热到始锻温度1220～1250℃保温后，从炉中取出，表面进行空冷、吹风或喷雾，冷却到终锻温度720～750℃，于是钢锭表面形成了一层“硬壳”，这时钢锭的心部温度仍然保持在1050～1100℃，内外温差为230～270℃，这时再用窄砧沿钢锭纵向加压。借助表面层低温硬壳的包紧作用，达到显著压实心部的目的。

(3) WHF锻造法。它是利用宽平砧在高温下对钢锭进行大变形，使钢锭中的缺陷进行锻合的有效工艺方法，也称为宽平砧高温强压法。

2. 胎模锻造

1) 胎模锻工艺特点

在自由锻设备上采用活动模具成形锻件的方法称为胎模锻造，简称胎模锻。

胎模锻的主要工艺特点有：①与自由锻相比，可以得到较高的锻件精度和较高的生产率；②与模锻相比，不需要专用的模锻设备，可以在自由锻锤上生产模锻件，而且胎模的制造简单、成本低；③采用人力操作胎模，劳动强度大；④适于小型锻件小批量或中批量生产。

2) 胎模的种类与应用

按胎模的用途可分为摔模、扣模、垫模、套模、弯曲模、冲孔模及合模等，如图11.27所示。用于制坯的有摔模、扣模和弯曲模；用于成形的有套模、垫模和合模；用于修整的有校正模、切边模和压印模等。

摔模用于回转体的成形和长轴类锻件的制坯，锻造时毛坯应连续转动，直至上下模块闭合为止。扣模用于非回转体的成形和制坯，锻造时毛坯不转动。

弯曲模可分为制坯弯曲和成形弯曲。垫模是仅有下模块，上模即平砧，用于盘、轮类锻件的成形或制坯。套模分为带垫和无垫两种，主要用于法兰件、齿轮和杯形件成形。

合模与普通单模膛锻模相似，用于最终成形，所需变形力或锻锤吨位最大。

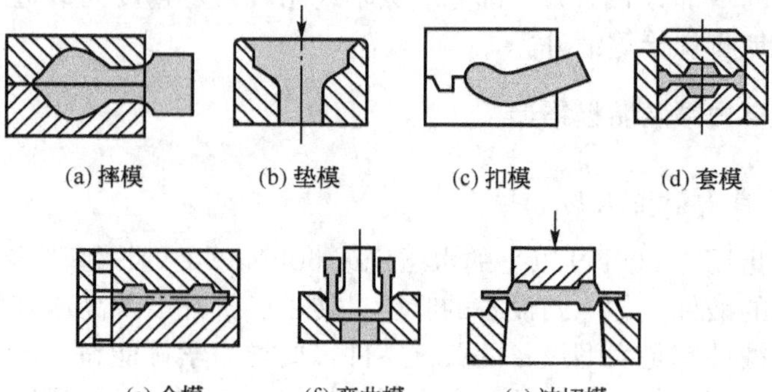

图 11.27 常用胎模的种类

图 11.28 所示是传动轴胎模锻工艺过程示意，第一工步在型摔中摔出头部，第二工步在光摔中拔长杆部，第三工步在垫模中成形头部。

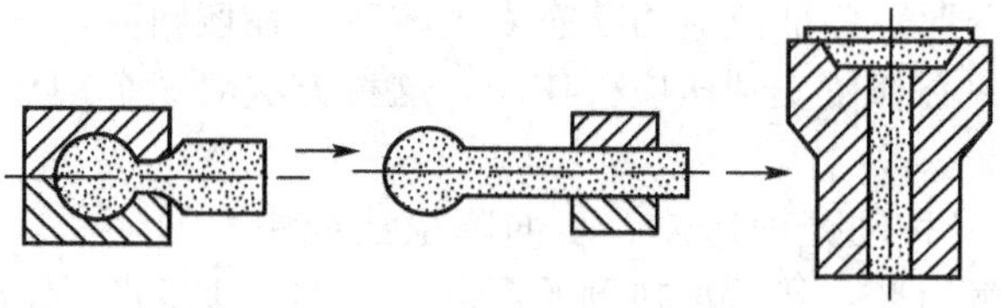

图 11.28 传动轴胎模锻工艺简图

11.3 模锻工艺

11.3.1 模锻工艺概述

1. 模锻的特点及分类

模锻是把热态金属坯料放在具有一定形状和尺寸的锻模模膛内，承受冲击功或静压力产生塑性变形而获得锻件的加工方法，它是在自由锻、胎模锻基础上发展起来的锻造方法。

与自由锻相比，模锻可以生产形状较为复杂的锻件，而且锻件的尺寸和形状精度较高，表面质量好，材料利用率和生产效率高。特别是精密模锻、冷锻可以生产一些少、无切削的产品，实现净成形或近净成形。由于模锻中金属是在模具的限制下流动，所需变形抗力大，因此相同尺寸的毛坯，模锻与自由锻相比需要的设备吨位更大，甚至需要一些专用的设备，而且模具的费用比较昂贵，前期投资大，生产准备周期长，所以模锻主要应用在大批量的中小型锻件生产中。

按锻压设备不同类型，模锻工艺可分为锤上模锻、曲柄压力机模锻、平锻机模锻、螺旋压力机模锻、水压机模锻、高速锻锤模锻及其他专用设备(如精压机、辊锻机、旋转锻机、扩孔机、弯曲机等)模锻。虽然模锻方法很多，但实质都是一致的，即通过塑性变形迫使坯料在锻模模膛内成形。

模锻有不同的方式，有带飞边槽的开式模锻及无飞边槽的闭式模锻，单模膛模锻及多模膛模锻，单件模锻及多件模锻等。

单模膛模锻适用于形状简单的锻件。锻件外形如果较复杂，但毛坯经过制坯(如辊锻、挤压、自由锻制坯等)，也可用单模膛模锻。为了从毛坯到锻件的整个塑性成形过程保持连续性，就得用多模膛模锻，其不足之处是锻模结构复杂、生产率较低、锻锤打击能量不能充分利用。

2. 锻模结构

锻模一般由上模和下模组成，下模固定在砧座或工作台上，上模固定在锤头或压力机的滑块上，并同锤头一起作上、下运动。坯料置于下模膛，当上、下模膛合拢时，坯料受锤击(或压力)变形充满模膛，最后获得与模膛形状一致的模锻件。锻件从模膛中取出，多数带有飞边，还需用切边模切除飞边，切边时可能引起锻件变形，还需进行校正。

前述，模锻按模膛数量及成形简易分为单模膛锻造(图 11.29)和多模膛锻造(图 11.30)。单模膛锻造所使用的模具仅有一个模膛，该模膛决定锻件的尺寸和形状，称为模锻模膛。

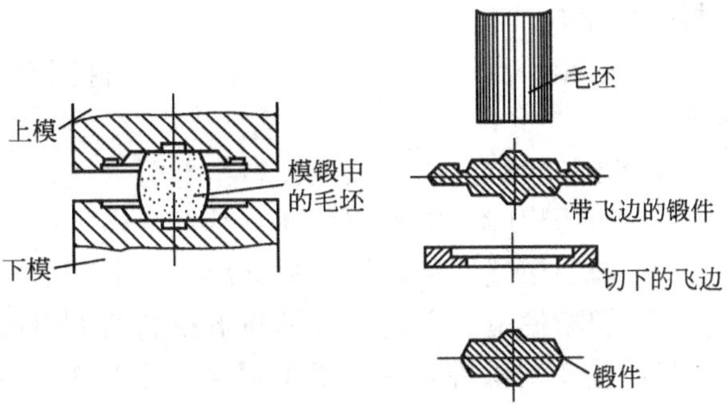

图 11.29　单模膛锻造

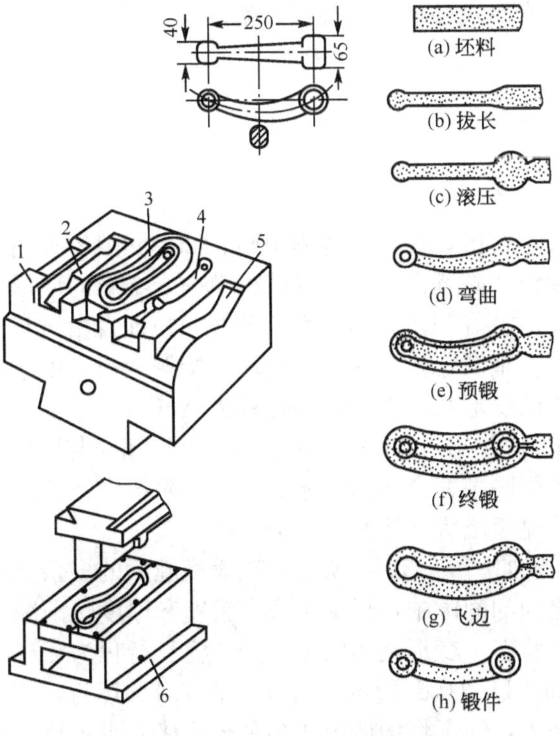

图 11.30　连杆件多模膛模锻示意

1—拔长模膛；2—滚压模膛；3—终锻模膛；4—预锻模膛；5—弯曲模膛；6—切边模

锻模模膛按其作用可分为模锻模膛和制坯模膛两大类：

1）模锻模膛

模锻模膛包括终锻模膛和预锻模膛。终锻模膛是锻件最终成形的模膛。模膛尺寸应为模锻件图的相应尺寸加上收缩量，钢制锻件的收缩量为1%～5%。模膛分模面周围有飞边槽，起阻流、缓冲和调节金属量以保证终锻成形、尺寸精度等作用。

预锻模膛是当锻件形状较复杂时，须经过预锻，以保证终锻成形饱满，延长模膛使用寿命。预锻模膛的形状、尺寸与终锻模膛相近，但具有较大的斜度和圆角，没有飞边槽。

2）制坯模膛

为使坯料具有与锻件相适应的截面变化和形状，复杂形状的锻件多需预先制坯。常见的制坯模膛有以下几种：

(1) 镦粗平台。置于锻模一角，主要将圆盘类锻件镦粗，然后再放入终锻模膛完成终锻。

(2) 拔长模膛。用来减少坯料某部分横截面积并增加其长度。

(3) 滚压模膛。用来减小坯料某部分横截面积以增大另一部分横截面积。

(4) 弯曲模膛。用来使坯料某部分弯曲变形。

(5) 切断模膛。它是在上模与下模的角上组成一对切口，用来切下已锻好的锻件。

形状简单的锻件，在锻模上只需一个终锻模膛。形状复杂的锻件，根据需要可在锻模上安排多个模膛。图 11.30 所示是弯曲连杆锻件的锻模(下模)及模锻工序图。锻模上有五个模膛。坯料经拔长、滚压、弯曲三个制坯工序，使截面变化，并使轮廓与锻件相适应，再经预锻、终锻制成带有飞边的锻件。最后在切边模上切去飞边。

11.3.2 开式模锻

1. 开式模锻的成形阶段

开式模锻又称有飞边模锻，在成形过程中凸、凹模间隙的方向与模具运动的方向相垂直，在模锻过程中分模面间隙逐渐减小。开式模锻中，金属的成形分四个阶段(图 11.31)：

(1) 开式镦粗阶段。如图 11.31(a)所示，开式镦粗即自由镦粗，从坯料与冲头或上模膛表面接触开始，到坯料金属与模膛最宽处的侧壁接触为止。由于这一阶段金属的流动受到的限制比较小，所需的变形力不大。模具行程为 ΔH_1。

(2) 充满阶段。如图 11.31(b)所示，从毛坯的鼓形侧面与凹模侧壁接触开始，到整个侧表面与模壁贴合且模膛间隙完全充满为止。在这一阶段中，变形金属的流动受到模壁的阻碍，所以变形力开始显著增大。模具行程为 ΔH_2。

(3) 挤出飞边阶段。如图 11.31(c)所示，充满模膛后的多余金属在继续增大的压力作用下被挤入凸、凹模之间的间隙中，形成飞边，模壁和厚度逐渐减小的飞边使得变形金属处于很大的三向压应力状态，变形抗力明显上升。模具行程为 ΔH_3。

(4) 打靠阶段。如图 11.31(d)所示，随着上下模具的运行，飞边越来越小，飞边内的金属温度较低，阻力增大，为了将型槽中的多余金属挤入飞边槽，需要更大的打击力，所需的打击能量也将消耗整个成形所需能量的 30%～50%。模具行程为 ΔH_4。

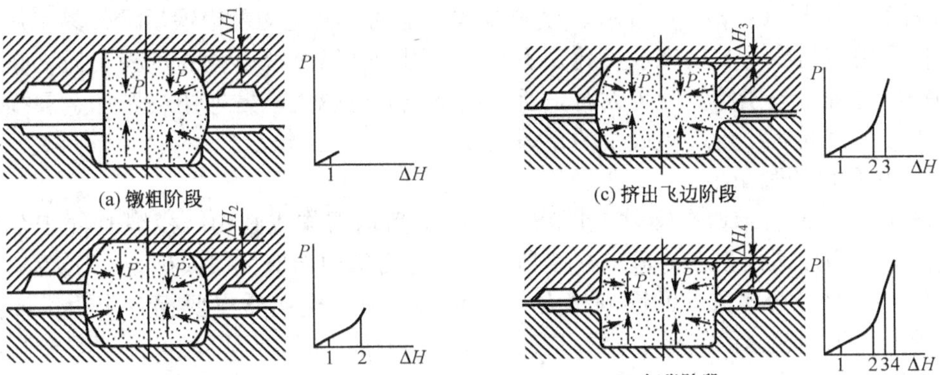

(a) 镦粗阶段　(b) 充满阶段　(c) 挤出飞边阶段　(d) 打靠阶段

图 11.31　开式模锻金属成形的四个阶段及变形抗力的变化

2. 影响开式模锻金属成形的因素

开式模锻时影响金属变形流动的主要因素有：金属充满模膛的方式，模膛的结构，飞边槽的尺寸和位置，坯料的形状和尺寸，温度不均引起的各部分金属变形抗力的差异，设备工作速度，等等。

1）金属充满模膛的方式

模锻时金属充满模膛的方式有镦粗和压入两种方式，如图 11.32 所示，其中以镦粗方式较易充满模膛。

2）模锻件的形状和尺寸

模锻件的形状和尺寸对模膛的充满有重要影响。例如，对图 11.33 所示的具有高筋的锻件，尤其筋较薄时模膛较难充满。因为模腔越窄，在其他条件相同的情况下，金属向模腔内流动的阻力越大，金属温度降低也越严重，故充满模膛越困难。模膛越深，在其他条件相同的情况下，充满模膛也越困难。因此对高筋锻件一般需进行预锻。

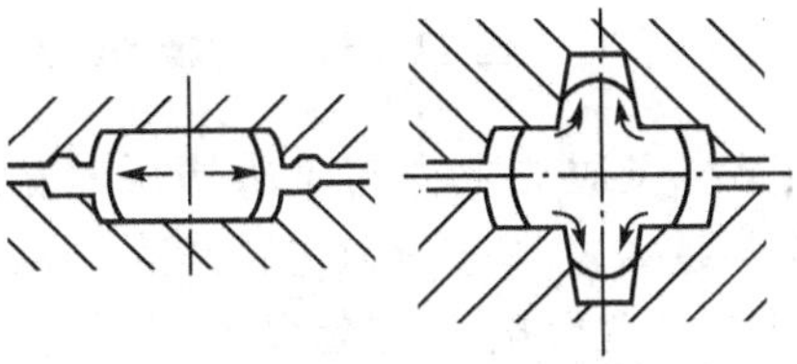

(a) 镦粗方式　(b) 压入方式

图 11.32　金属充满模膛的方式

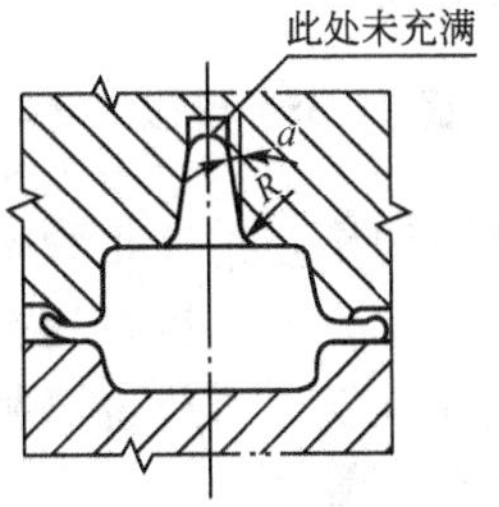

图 11.33　具有高筋的锻件

再如图 11.34 所示，对具有叉形部位的锻件，在其端角处常常产生充不满的现象。

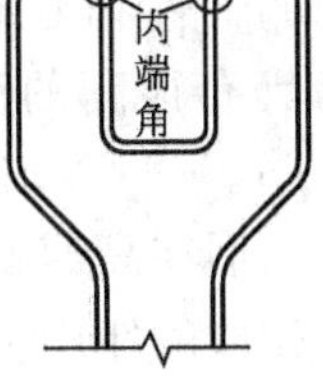

图 11.34　具有叉形部位的锻件

3）摩擦条件

孔壁加工的表面光滑和润滑较好时，摩擦阻力小，有利于金属充满模膛。因此为了有利于金属充满模膛，应该降低模壁的粗糙度值并采用润滑性良好的润滑剂。

4）模壁斜度

在锻件上与分模面相垂直的平面所附加的斜度或固有的斜度统称

为模锻斜度，如图 11.35(a)所示。模膛制成一定的斜度是为了模锻后锻件易于从模膛内取出，但是模壁斜度对金属充填模膛是不利的。因为金属充填模膛的过程实质上是一个变截面的挤压过程，当模壁斜度越大时，所需的挤压力也越大，另外还会增加金属损耗和机械加工工时，因此应尽量选用最小的模锻斜度。

5）模具孔口的圆角半径

如图 11.35(b)所示，在锻件上所有平面的交角均需作成圆角，模锻时便于金属充满模膛。同时可增加锻模强度，避免在棱角处产生应力集中而造成锻模破裂、压塌。

圆角半径 R 对金属流动的影响很大，当 R 很小时，金属质点要拐一个很大的角度再流入孔内，需消耗较多的能量，故不易充满模膛。R 很小时，还可能产生折叠和切断金属纤维，同时此处温度升高较快，模具容易被压塌或磨损过快。R 太大，增加金属消耗和机械加工量。总的看来，从保证锻件质量出发，圆角半径应适当。

6）金属变形温度和模具预热温度

坯料温度和模具预热温度较低时，变形抗力增大，使金属充填模膛困难，尤其当孔口窄(小)时更为严重。

7）飞边槽的影响

常见的飞边槽的结构如图 11.36 所示，它包括桥口和仓部。桥口的主要作用是阻止金属外流，迫使金属充满模膛。另外，使飞边厚度减薄，以便于切除。仓部的作用是容纳多余的金属，以免金属流到分模面上，影响上、下模打靠。

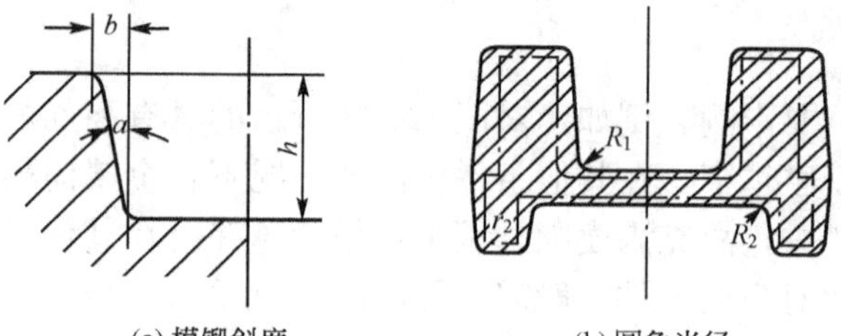

(a) 模锻斜度　　(b) 圆角半径

图 11.35　模锻斜度与圆角半径

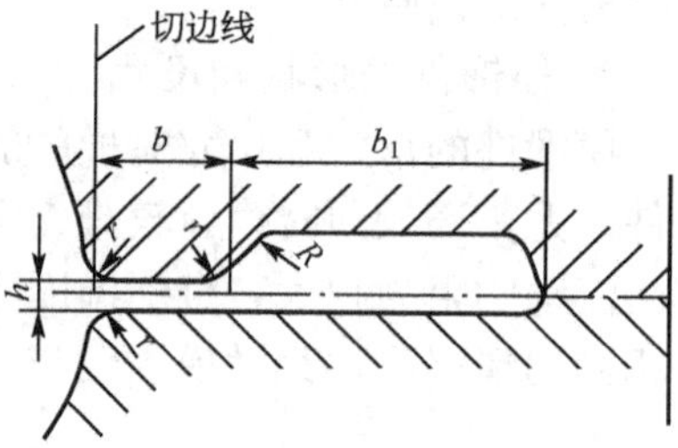

图 11.36　飞边槽的结构

设计飞边槽，主要是确定桥口的高度 h 和宽度 b。飞边的阻力与飞边槽桥口宽度和高度的比值 b/h 有关，桥口越宽，高度越小，比值 b/h 越大，飞边阻力也越越大。从保证金属充满模膛出发，希望桥口阻力大一些。但是若过大，变形抗力将会很大，可能造成上、下模不能打靠等。

8）设备工作速度的影响

设备工作速度高时，金属变形流动的速度也快，摩擦因数有所降低。同时，金属流动的惯性和变形热效应等都有助于充填模膛。例如，在高速锤上模锻时，由于变形金属具有很高的流动速度，变形金属容易充填模膛，可以锻出厚度为 1.0～1.5mm 的薄肋。

但在高速变形时，流动惯性与需要充填的方向一致时才有利于金属充填模膛，否则会起相反的作用。例如在模锻锤上进行开式模锻时，如果第一、二锤打击过猛，由于此时桥口阻力较小，金属主要沿横向流动，大量金属便流出模膛，进入飞边槽，导致最后金属不足，模膛不能充满。

11.3.3 闭式模锻

1. 闭式模锻的特点

闭式模锻又称无飞边模锻，即在成形过程中模膛是封闭的，凸、凹模间隙的方向与模具运动的方向相平行，在模锻过程中分模面间隙大小不变。

闭式模锻的优点是：①减少飞边材料损耗，一般开式模锻件的飞边金属约为锻件质量的 10%～50%，平均约为 30%；②节省切边设备；③由于间隙很小，金属流入间隙的阻力一开始就很大，有利于金属充满模膛，有利于进行精密模锻；④闭式模锻时金属处于明显的三向压应力状态，有利于低塑性材料的成形。

闭式模锻能够正常进行的必要条件主要是：①坯料体积准确；②坯料形状合理，并能在模膛内准确定位；③有简便的取料措施或顶料机构；④能够较准确地控制打击能量或模压力。由于以上条件，闭式模锻在模锻锤和热模锻压机上的应用受到一定限制，而摩擦压力机、液压机和平锻机则较适合进行闭式模锻。

2. 闭式模锻的变形过程分析

闭式模锻的变形过程及模压力变化情况如图 11.37 所示，变形过程可分为基本成形阶段、充满阶段、形成纵向飞边三个阶段。

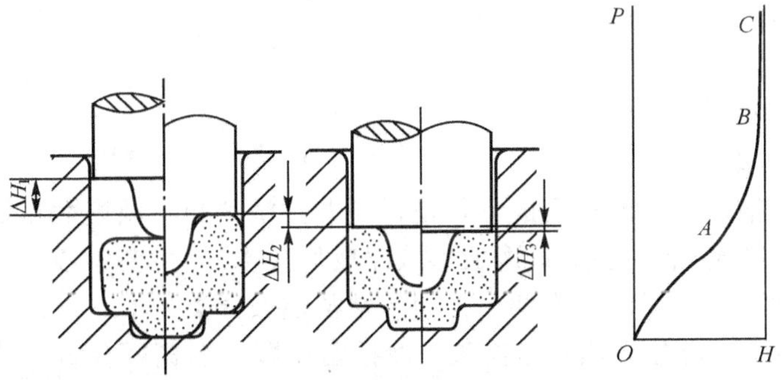

图 11.37 闭式模锻变形过程及模压力变化情况

1) 基本成形阶段

该阶段由开始变形至金属基本充满模膛，此阶段变形量最大(ΔH_1)，但变形力的增加相对较慢(OA 段)。根据锻件和坯料的具体情况不同，金属在此阶段的变形流动可能是镦粗成形、压入成形、冲孔成形或者是挤压成形。

闭式模锻与挤压工艺的差别，只是在于前者最终充满整个模膛，而后者金属挤出端是处于无约束的自由状态。

2) 充满阶段

由基本成形阶段结束到金属完全充满模膛为止。此阶段变形力增加迅速(AB 段)，结束时的变形力比第一段末可增大 2～3 倍，但变形量 ΔH_2 却很小。如图 11.38 所示，坯料端部的锥形区和坯料中心区都处于

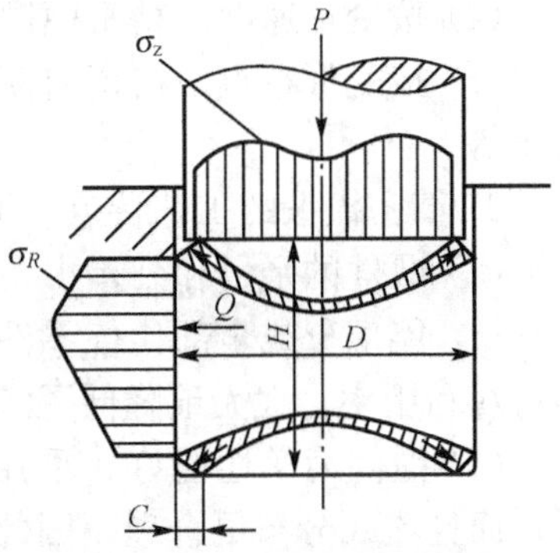

图 11.38 充满阶段变形示意

三向等压应力状态，不发生塑性变形。坯料的变形区(图中阴影处)位于未充满处附近的两个刚性区之间，并且随着变形过程的进行逐渐缩小，最后消失。

3) 形成纵向飞边阶段

该阶段为形成纵向飞边阶段，此时坯料基本上已成为不变形的刚性体，只有在极大的模压力作用下，或在足够的打击能量作用下，才能使端部的金属产生变形流动，形成纵向飞边。飞边的厚度越薄、高度越大，模膛侧壁的压应力也越大，容易使模膛损坏。

这个阶段的变形对闭式模锻有害无益，是不希望出现的，它不仅影响模具寿命，而且容易产生过大的纵向飞边，清除比较困难。

综合分析，应注意以下几点：①闭式模锻变形过程宜在第二阶段，即形成纵向飞边之前结束，允许在分模面处有少量充不满或仅形成很矮的纵向飞边；②模壁的受力情况与锻件的高径比 H/D 有关，H/D 越小，模壁受力状况越好；③坯料体积的精确性对锻件尺寸和是否出现纵向飞边有重要影响；④打击能量或模压力是否合适影响闭式模锻的成形情况；⑤坯料形状尺寸和在模膛中的位置对金属分布的均匀性有重要影响。

11.4 其他锻造技术

11.4.1 精密模锻

1. 精密模锻及工艺特点

1) 精密模锻的概念

精密模锻又称精密锻造或精密成形，是提高锻件精度和降低表面粗糙度的一种先进的模锻方法，是当前精密成形技术(近净成形或净成形技术)的主要手段。精密模锻主要用于生产精化毛坯或生产精密模锻零件两个方面。精密模锻分类如下：

(1) 按成形温度。可分为热精密模锻、冷精密模锻和温精密模锻。热精密模锻是坯料采用少无氧化加热，然后在高温下成形，金属的塑性好，变形抗力小，但防止氧化的效果还不够理想。冷精密模锻简称冷模锻，是在室温下进行，不存在氧化、脱碳和热胀冷缩问题，但金属变形抗力大，塑性较低。温精密模锻是将坯料加热到未产生严重氧化和脱碳的温度下进行的，既可防止坯料表面剧烈氧化，又可避免冷精密模锻时变形抗力大的缺点。

(2) 按变形速度。精密模锻可分为一般精密模锻和高速精密模锻。

(3) 按变形特点。按精密模锻时的变形情况可分为开式模锻、闭式模锻、挤压和体积精压等。

2) 精密模锻的工艺特点

(1) 锻件的余量和公差小。锻件精度一般可达±0.2mm，表面粗糙度 R_a 可达到 0.8～3.2μm，能部分或全部代替零件的机械加工，能节约大量的机械加工量，提高劳动生产率和材料利用率，大大地降低了零件的成本。

(2) 锻件力学性能好。采用精密模锻方法生产的零件，由于金属流线不仅没有被切断，而且流线分布更合理，因此力学性能比采用切削加工的零件高，使用寿命也长。

(3) 复杂零件的生产。采用精密模锻的方法，可以成批生产某些形状复杂、使用性能高而且难于用机械加工方法制造的零件，如齿轮、带齿零件、叶片、航空零件等。

(4) 毛坯质量要求较严格。毛坯的形状和尺寸直接影响到锻件成形、金属充满效果及模具寿命，因此要求毛坯尺寸精确、形状合理，同时表面要进行清理，去除氧化皮、油污、锈斑、腐蚀点等，以保证锻件质量和延长模具使用寿命。

(5) 毛坯加热质量要求高。为了得到尺寸精确、表面光洁的锻件，要求采用少无氧化加热的方法。如在带有保护气氛的加热炉中加热、感应炉中加热及在电炉中快速加热，或采用在毛坯表面上涂刷玻璃滑润剂后进行加热等。

(6) 锻件冷却方法要求高。精锻后的锻件需要在保护介质中冷却，如在砂箱、石棉粉或在无焰油中进行冷却等。

2. 精密模锻所用的设备和模具

1) 精密模锻所用的设备

精密模锻可在摩擦压力机、热模锻压力机、高速锤、液压螺旋压力机等设备上进行，为了减少模锻斜度，提高锻件精度和模具使用寿命，采用装有上顶出装置的模锻设备，有利于锻后锻件的脱模。

2) 精密模锻所用的锻模

在整个精密模锻过程中，一般都需要两套或两套以上的锻模，对于形状简单的锻件也可只用一套锻模。采用两套或两套以上锻模时，其中一套用于预锻(或称粗锻)，另一套用于终锻(或称精锻)，有时为了进一步提高锻件精度往往再加一套精密锻模。为了保证锻件质量，精锻型腔的精度和表面粗糙度要求应比锻件高 1～2 级，一般粗锻模要为精锻模留有 0.5～1.2mm 的余量(即粗锻型腔深度要比精锻型腔大 0.5～1.2mm)。若只用一套锻模，则在粗锻时应欠压 0.5～1.2mm，然后用同模精锻至所要求的尺寸。

精密模锻对于模具材料的红硬性、耐磨性、强度要求都更高，而且还要求有优良的抗热疲劳性、良好的工艺性和物理性能。对于常用的模具钢很难满足上述要求，目前，我国某些工厂已在生产中采用新型的耐热模具钢如 RM2(5Cr4W5Mo2V)等来制造凹模。

模具结构应采用镶块模，这样可以节约模具材料。为了保证得到轮廓清晰的锻件，在凹模型腔中应开设 ϕ2mm 的排气孔，以保证金属更好地充满型腔。

3. 常用精密模锻方法

1) 闭塞式锻造

闭塞式锻造是近年来发展迅速的精密成形方法，图 11.39 所示是其锻造过程示意，先将上下凹模闭合，并施以足够的合模力，然后用一个或多个冲头，从一个或多个方向对型槽内的坯料进行挤压成形。该成形方法又称闭模挤压，是具有可分凹模的闭式模锻。

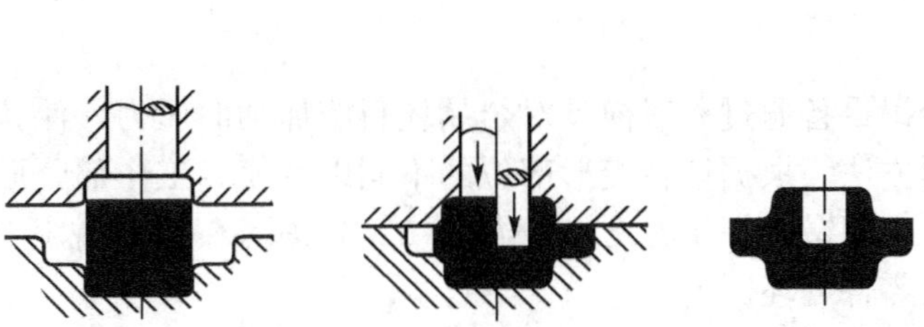

图 11.39 闭塞式锻造

闭塞式锻造是从径向挤压发展而来，最初用于十字轴、十字接头等带有枝杈的锻件，近年来已开始用于生产锥形齿轮、轮毂螺母等零件，目前国外已开发了锥形齿轮冷态闭塞式锻造新工艺，精度达到了轿车齿轮的要求。

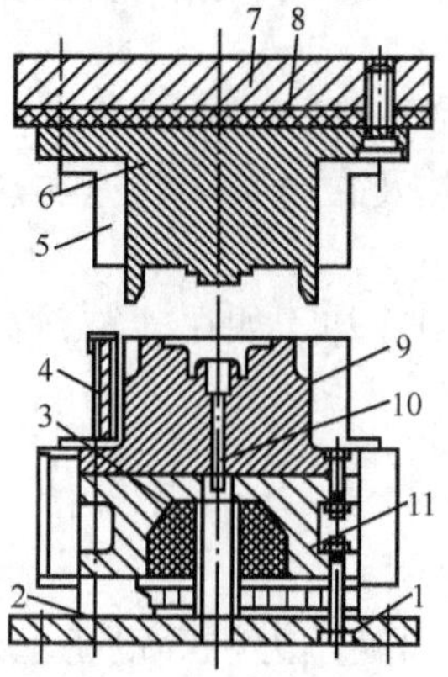

图 11.40　等温模锻模具图

1—下模板；2—中间垫板；3、8—隔热层；4、5—加热圈；6—凸模；7—上模板；9—凹模；10—顶杆；11—垫板

2）等温模锻

等温模锻是指坯料在几乎恒定的温度条件下模锻成形。等温模锻常用的成形方法有开式模锻、闭式模锻和挤压等。为了保证恒温成形的条件，模具也必须加热到与坯料相同的温度，模具常采用电感应法或电阻法加热，如图 11.40 所示。

等温模锻常用于航空、航天工业中钛合金、铝合金、镁合金等零件的精密成形。主要原因是：①在普通锻造条件下，这些金属材料的锻造温度范围比较窄，尤其是锻造薄壁、高筋等零件时，坯料温降快，变形抗力迅速增加，塑性急剧降低，不仅设备吨位提高，也易造成锻件和模具开裂；②某些铝合金和高温合金对变形温度很敏感，若变形温度较低，变形后为不完全再结晶组织，固溶处理后易形成粗晶或组织不均匀，使锻件性能达不到要求。

3）超塑性模锻

超塑性模锻也是在恒温条件下成形，但是要求在更低的变形速度和适宜的变形温度下进行，要求设备的行程速度更慢，而且超塑性模锻前坯料需要进行晶粒超细化处理。超塑性模锻的生产效率低，晶粒超细化处理工艺复杂，目前主要用于个别钛合金零件的成形。

4）小飞边和无飞边模锻

为减小模锻时飞边部分的金属消耗，可将飞边设置在变形较困难端部，并迫使金属首先充满模膛，因此既大大减小了飞边金属消耗，又充分保证锻件的成形质量。

无飞边模锻即闭式模锻，由于金属容易充满型槽，因此有利于进行精密模锻。

11.4.2　冷锻技术

在再结晶温度以下进行的锻造加工简称冷锻加工，其主要操作工艺方式有冷镦、锻造、挤压、压印、冷模锻等。冷锻与热锻的不同之处在于：冷锻所用坯料不进行加热，冷锻所用设备属于压力机类设备。

1. 冷镦

冷镦是利用冷锻设备通过冷锻模具对金属坯料施加轴向压力，使其产生轴向压缩、横向加粗的冷锻成形方法。根据坯料变形部位的不同以及模具工作部分形状的不同，冷镦可分为镦粗、顶镦、中间镦粗等工艺方法，如图 11.41 所示。冷镦常用来生产螺钉、螺母、螺杆、齿轮、轴类零件毛坯。

冷镦工艺要考虑零件材料的塑性(许用镦粗率)、零件形状结构、尺寸精度及避免加工缺陷等因素。

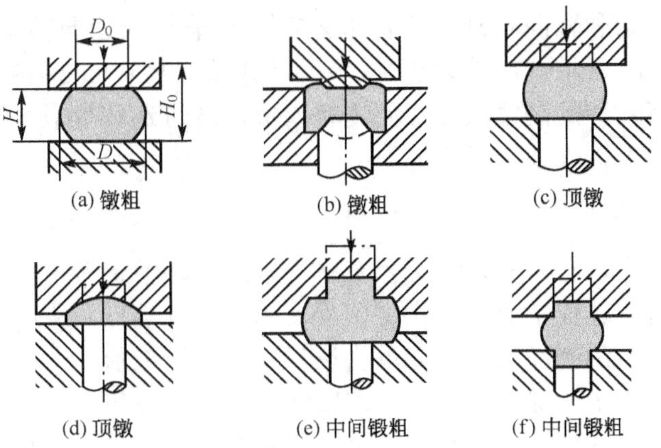

图 11.41 冷镦

2. 型锻

型锻是利用冷锻设备通过模具对金属坯料施加压力使其产生横向压缩变形的冷锻成形方法。型锻的特点是坯料的横截面变薄。实际生产中，型锻通常在锻锤的型砧上进行的，故取名为型锻。根据坯料变形部位的不同，型锻可分为端部拔长和中间压扁两种基本工序：

(1) 端部拔长。端部拔长是使坯料的一端沿其横向压缩、轴向伸长的一种型锻工序。

(2) 中间压扁。中间压扁是在坯料的中间部位沿其横向压缩而变薄的一种型锻工序，如图 11.42 所示，包括轴向伸长压扁和展宽压扁。

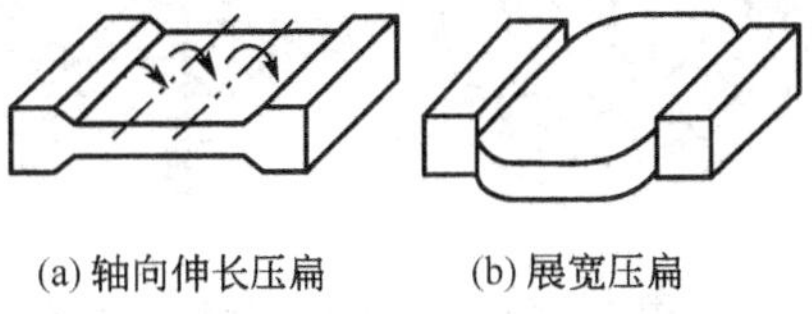

图 11.42 中间压扁

3. 压印

压印是利用冷锻设备通过模具对金属坯料施加压力使之产生轴向压缩、横向不明显扩展的冷锻成形方法。压印的特点是压缩量及总体变形量不大，但压力很大。依据坯料形状的不同以及所用模具结构特点的不同，压印可以分为压花、压凹及精压三种基本形式。

4. 冷模锻

冷模锻是利用冷锻设备通过带有型槽的凸模和凹模，对金属坯料施加压力并使之充满模具型腔的冷锻成形方法。根据金属坯料流动方式的不同，冷模锻也可以分为开式模锻、半闭式模锻和闭式模锻三种。其中半闭式模锻为有飞边冷模锻，闭式模锻为无飞边冷模锻。

5. 冷挤压

冷挤压的内容在第 10 章已简单介绍过，目前除高碳钢、高合金钢、镍钢、钴合金及钛合金之外，大多数金属材料都可以用冷挤压技术进行生产性加工。冷挤压制品形状也从简单的环形发展到截面形状较为复杂的电动机、汽车、缝纫机及仪器的零件。

11.4.3 特种锻造技术

1. 旋转锻造

旋转锻造是使棒、管类坯料减少断面积、增加长度的一种锻造工艺。锻打时坯料与锤头间有相对的旋转运动和轴向移动，这种工艺靠轮转锻机或径向精锻机这类设备来进行。其工作原理如图 11.43 所示。旋转锻造时，坯料周围用两个以上的锤头，沿径向从几个方向对准坯料轴线进行对称的高速锻压，使坯料成形。通过选取模具长度方向的形状，可以锻成台阶状的棒、管类锻件或锥形件等。

2. 辊锻

辊锻是伸长类工序，它是由轧制工艺发展过来的一种锻造工艺。辊锻是使坯料在装有扇形模块的一对旋转的轧辊中通过时产生塑性变形(图 11.44)，从而获得所需要的锻件和锻坯。它既可作模锻前的制坯工序，亦可将坯料直接辊锻成形。

辊锻近似于小送进量情况下的拔长，即轴向的伸长应变较大，横向的宽展较小。采用辊锻工艺可以生产的锻件如扳手、剪刀、锄头、麻花钻、柴油机连杆、履带拖拉机的链轨带、涡轮机叶片等。

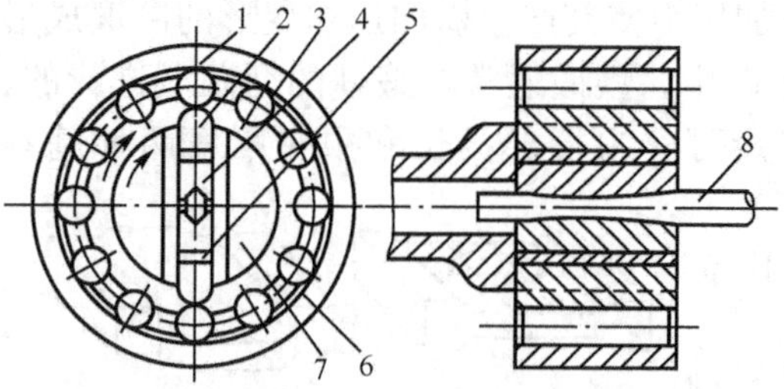

图 11.43　滚柱式旋转锻造示意

1—外环；2—滑块；3—滚柱；4—锤头；5—调整垫片；6—夹圈；7—主轴；8—毛坯

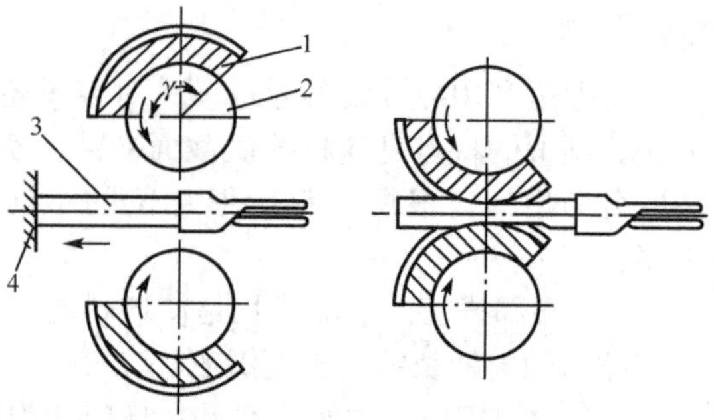

图 11.44　辊锻工作过程

1—扇形模块；2—轧辊；3—坯料；4—挡板

3. 楔横轧

图 11.45 所示为常见楔横轧机及其工作原理示意，在两个滚动模具或两块平板模具表面上设计成形状相同的楔形突起，模具对坯料作相对运动(坯料本身也运动)，结果坯料沿轴向(横向)产生直径的变化而制成各种阶梯形状的轴类零件。

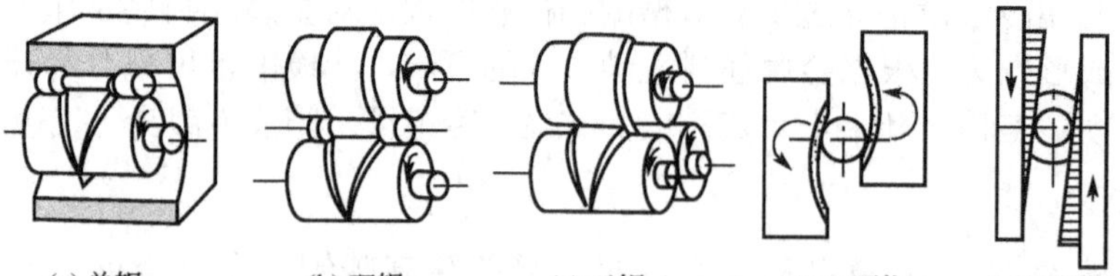

(a) 单辊　(b) 双辊　(c) 三辊　(d) 凹面楔　(e) 平板楔

图 11.45　常见楔横轧机的类型及原理

目前利用楔横轧工艺可以轧制出电机轴、汽车四联齿轮、火车轮轴、汽车变速箱轴、双头吊板手等上百种产品，产品的直径范围为 6～150mm，长度范围为 40～1200mm(甚至更长)。楔横轧可以生产零件毛坯，又可为模锻制坯，还可以实现无切屑、少切屑的精轧。楔横轧以热轧为主，小直径产品也可以冷轧。

4. 斜轧

轧辊互相倾斜配置，以相同方向旋转，坯料在轧辊作用下反向旋转，同时还作轴向运动，即螺旋运动，这种轧制称为斜轧，又称为螺旋轧制或螺旋横轧。坯料靠摩擦力矩咬入，坯料经过径向压缩，沿轴向和径向流动充填轧辊型槽而成形。

斜轧法生产的零件很多，从轧辊及运动特点基本分为以下两大类：

(1) 孔型斜轧。两个或三个带有螺旋孔型的轧辊，相互倾斜，同方向旋转，棒料在孔型的作用下作螺旋运动，并被连续制成若干件变断面回转件的成形方法。可用于生产钢球、滚柱、锥型轴承内环、丝杠、滚刀体、螺旋翅片等。

(2) 仿形斜轧。呈三角形配置的三个锥形或蘑菇形轧辊(图 11.46)，相互倾斜配置同方向旋转，坯料在轧辊作用下作旋转运动，仿形板与坯料同步轴向移动，通过仿形板控制三辊辊缝开合而轧制变断面回转件的成形方法。

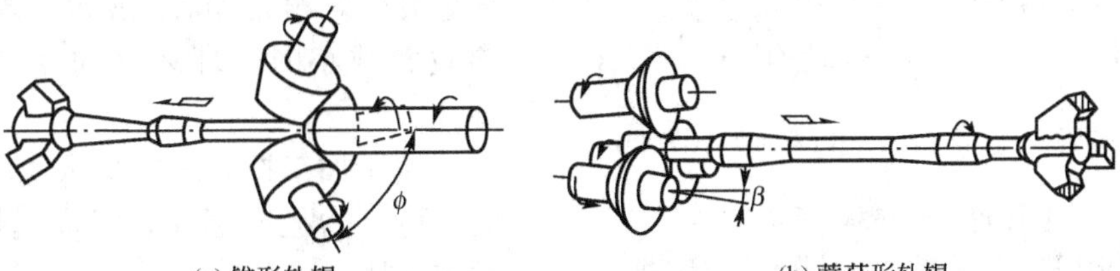

(a) 锥形轧辊　　(b) 蘑菇形轧辊

图 11.46　仿形斜轧

5. 摆动辗压

摆动辗压属于增粗类变形，适用于盘类、饼类和带法兰的轴类零件的成形，特别适用于较薄工件的成形。摆动辗压是一种局部加载、整体受力、局部变形的锻压工艺。

摆动辗压的工作原理如图 11.47 所示，圆锥形上模的中心线 oo' 与摆轴中心线 oz 成 γ 角，称为摆角。当摆轴旋转时，摆头中心线 oo' 绕摆轴中心线 oz 作旋转，于是摆头产生回

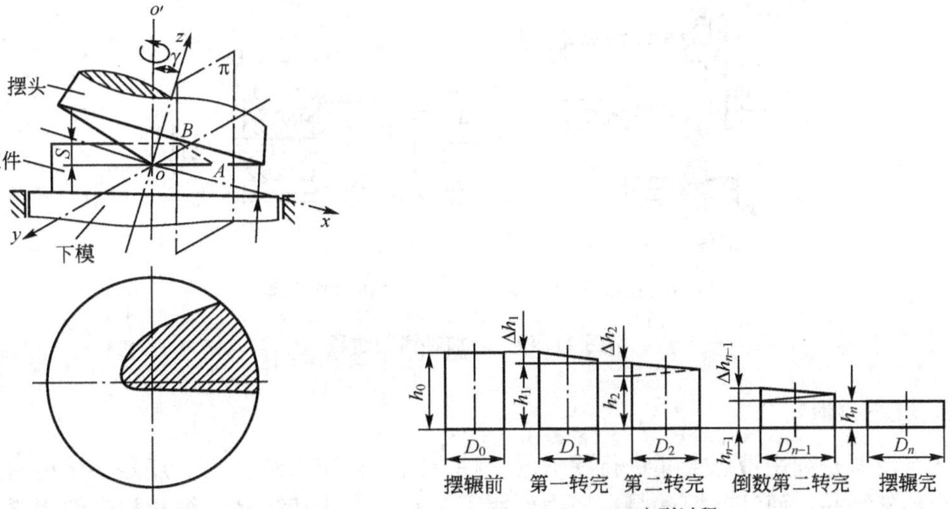

(a) 模具运动示意　　(b) 变形过程

图 11.47　摆动辗压工作原理图

摆运动，同时坯料在下模里由进给油缸推动作等速度垂直送进，摆头的母线便在工件上连续不断地滚动，局部地、顺次地对工件施加压力。随着坯料不断地送进，最后达到整个坯料在下模膛内充满成形。

一般情况下，圆锥母线是一直线，所以压出的工件上表面为一平面。若圆锥母线为一曲线，则工件上表面也可以获得相应的形状。

6. 辗环

辗环是制造有精确加工尺寸和周向流线的无缝环形锻件的金属成形工艺。在图 11.48 所示的辗环中，将加热的环坯放置在比环坯孔径稍小的心轴上，心轴(被动辊)和较大直径的辗压辊(主传动辊)之间轧制间隙逐渐减小，辗压辊和环坯之间的摩擦引起环坯旋转，再带动心轴旋转。当环坯的径向截面减小时，环坯厚向受压缩，直径增大。

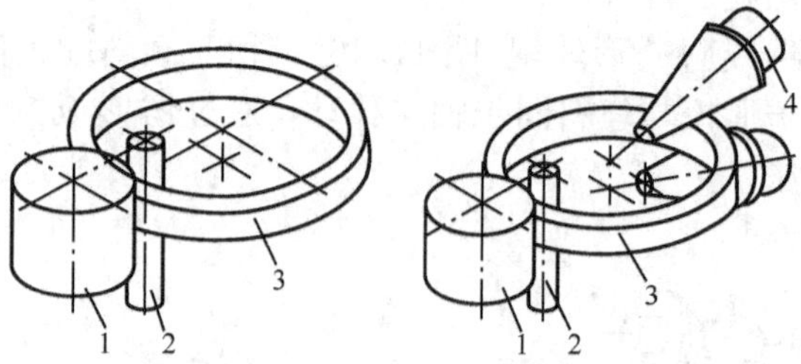

(a) 单向辗环(径向)　(b) 双向辗环(径向-轴向)

图 11.48　辗环示意

1—辗压辊；2—心轴；3—环坯；4—端面辊

辗压加工按其坯料受压变形方向的不同，可分为径向辗压、径向-轴向辗压和轴向辗压。

7. 电镦

在一些零件的锻造过程中，有时为了给头部聚积足够的金属，当聚积工步次数达四次以上时，生产率就较低。为了解决这一工艺问题，出现了电加热镦粗工艺，简称电镦。

如图 11.49 所示，电镦工艺是在接触加热的同时对毛坯进行镦粗，毛坯加热和镦粗是局部连续进行的，因此毛坯被镦粗长度不受镦粗规则限制，一次镦粗的最大长径比 l/d 可达 15～20。电镦后可在头部得到合理的纤维分布，组织致密，晶粒度可达 6～7 级。

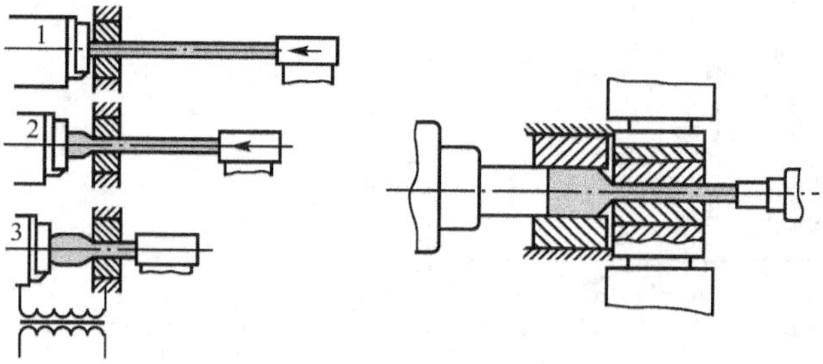

(a) 自由镦粗　(b) 成形镦粗

图 11.49　电加热镦粗过程

8. 液态模锻

液态模锻是利用液态金属进行模锻的一种方法。它和压铸不同之点是，压铸时金属靠散热冷却来结晶，而液态模锻是在压力作用下结晶，因此其结晶组织和相应的力学性能比压铸好，甚至超过轧材。

对有色金属及其合金，当其熔点不高时，采用液态模锻效果显著。而对于黑色金属及其合金，由于模具寿命不好解决，推广受到很大的限制，因此，国内外均还处于发展阶段。

小　　结

锻造工艺按金属变形时的温度来分，可以分为热锻、温锻和冷锻三种。根据金属变形所采用的设备和工具，锻造可以分为自由锻、胎模锻、模锻和特种锻造等。

在热锻和温锻工艺中，首先需要对毛坯进行加热。锻前加热的目的是提高金属塑性、降低变形抗力、并获得良好的锻后组织。加热的方法有火焰加热和电加热两大类。由于加热工艺不合理和加热操作不当所引起的缺陷主要有氧化、脱碳、增碳、过热、过烧、裂纹和开裂等，为减少缺陷发生，应严格遵守加热规程。

自由锻的成形特点是坯料在平砧上面或工具之间经逐步的局部变形而完成成形。自由锻造的工序可以分为三类，即基本工序、辅助工序和修正工序。其中基本工序有镦粗、拔长、冲孔、芯轴扩孔、芯轴拔长、弯曲、切割、错移、扭转和锻接等。

与自由锻相比，模锻可以生产形状较为复杂的锻件，而且锻件的尺寸和形状精度较高，表面质量好，材料利用率和生产效率高。模锻分开式模锻和闭式模锻两类，开式模锻又称有飞边模锻，其特点是两模具之间间隙的方向与模具运动方向垂直，在模锻过程中不断减小；闭式模锻又称无飞边模锻，其特点是两模具之间间隙的方向与模具运动方向平行，在模锻过程中间隙不变化，对坯料的体积要求精确。

精密模锻是在普通模锻的基础上发展起来的精密成形技术，即近净成形或净成形技术，主要用于生产精化毛坯或生产精密模锻零件。精锻的主要方法有闭塞式锻造、等温模锻、小飞边和无飞边模锻、超塑性模锻等。

在再结晶温度以下进行锻造加工简称为冷锻加工，其主要操作工艺有冷镦、挤压、锻造、压印、模锻等。

实际生产中一些特殊的锻造技术如旋转锻造、辊锻、楔横轧、斜轧、摆动辗压、辗环、电镦等在特殊的零件、锻件生产加工中发挥了较大的作用。

【关键词】

锻造工艺　forging technology
热锻　hot forging
冷锻　cold forging
自由锻造　free forging
模型锻造　die forging
开式模锻　closed die forging
闭式模锻　flashless die forging
精密模锻　precision die forging

习　题

(1) 以低碳钢为例说明锻造温度范围确定的方法。

(2) 自由模锻的基本工序有哪些？各有什么变形特点？

(3) 说明圆柱坯料平砧镦粗时金属的变形及流动特点？易出现的主要缺陷是什么？

(4) 自由锻拔长时，用窄砧为什么坯料主要沿长度方向变形？而用宽砧锻造时坯料主要沿宽度方向变形？

(5) 胎模锻的特点？图示并简单说明常见胎模的类型。

(6) 模锻时飞边桥部和仓部各有哪些用途？

(7) 开式模锻的技术特点？开式模锻变形过程怎样？

(8) 闭式模锻的技术特点？闭式模锻变形过程怎样？

(9) 冷锻的概念？常用的冷锻工艺方法有哪些？

(10) 精密模锻的概念及其成形特点？

第12章 冲压工艺

本章学习目标

★ 掌握冲裁、弯曲、拉伸等常见冲压工艺的变形特点及应用
★ 熟悉胀形、翻边、缩口、旋压等其他冲压成形工艺的应用
★ 了解板料基本性能指数对冲压成形性能的影响及各类板料成形模拟试验的方法

本章教学要点

知识要点	掌握程度	相关知识
冲裁工艺	了解冲裁变形区的受力特点及正常冲裁断面的基本特征；理解冲裁模具间隙对冲裁断面、冲裁力的影响	冲裁变形区的受力特点；冲裁变形过程；冲裁断面的基本特征；冲裁模具间隙的选择
弯曲工艺	掌握弯曲变形的应力应变特点；了解影响弯曲回弹的因素及减小措施	弯曲回弹、最小弯曲半径的概念，板料弯曲过程；影响弯曲回弹的因素
拉深工艺	了解圆筒形零件的拉深变形过程及其典型区域的应力应变特点；掌握圆筒形零件拉深系数及极限拉深系数的确定方法	拉深系数；极限拉深系数的概念，圆筒形零件的拉深变形过程；极限拉深系数的确定方法
其他冲压成形工艺	了解胀形、翻边、缩口、旋压等其他冲压成形工艺的特点及应用	胀形、胀形系数翻边、翻边、缩口、缩口系数、旋压、旋压系数的概念
板料冲压成形性能参数及试验方法	理解板料基本性能指数对冲压成形性能的影响；了解各类板料成形模拟试验的方法与目的	拉伸试验；斯韦弗特试验；扩孔试验；弯曲试验；福井锥杯试验；凸耳试验；爱立克森杯突试验

导入案例

在汽车工业及航空、航天等领域，减轻结构质量以节约运行中的能量是人们长期追求的目标，也是先进制造技术发展的趋势之一。液压成形或内高压成形就是为实现结构轻量化的一种先进制造技术。它的基本原理是以管材作为坯料，在管材内部施加超高压液体同时，对管坯的两端施加轴向推力，进行补料。在两种外力的共同作用下，管坯材料发生塑性变形，并最终与模具型腔内壁贴合，得到形状与精度均符合技术要求的中空零件。例如，对于空心变截面结构件，传统的制造工艺是先冲压成形两个半片，然后再焊接成整体，而液压成形则可以一次整体成形沿构件截面有变化的空心结构件。与冲压焊接工艺相比，液压成形技术和工艺可显著减少零件和模具数量，降低模具费用，减轻组装配件质量和强度、刚度指标，降低生产成本。液压成形件通常只需要1套模具，而冲压件大多需要多套模具。液压成形的发动机托架零件由6个减少到1个(见下图)，散热器支架零件由17个减少到10个。

传统冲压件

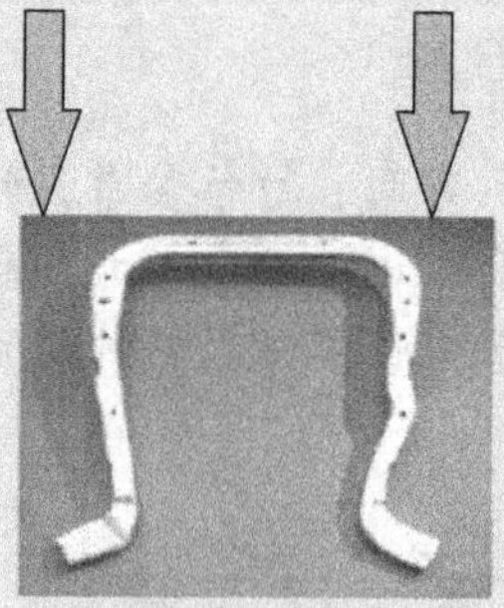
液压成形零件

采用液压成形技术制造的欧宝发动机托架零件与传统冲压件的比较

12.1 冲 裁 工 艺

12.1.1 冲裁的概念及变形过程

1. 冲裁的基本概念

冲裁是利用模具使板料沿着一定的轮廓形状产生分离的一种冲压工序。冲裁可分为普通冲裁和精密冲裁，通常说的冲裁是指普通冲裁，包括落料、冲孔、切口、刨切、修边等。冲裁所使用的模具称为冲裁模，如落料模、冲孔模，切边模、切冲模等。

冲裁工艺与冲裁模在生产中使用广泛，它可为弯曲、拉深、胀形、翻边等冲压工序制备毛坯，也可直接制作零件。经过冲裁以后，板料被分为带孔部分和冲落部分，若冲裁的目的在于获得一定形状和尺寸的内孔，这种冲裁称为冲孔；若冲裁的目的在于获得具有一定外形轮廓和尺寸的零件，这种冲裁称为落料。图12.1所示为垫圈的生产工艺，需要经过外形轮廓的冲裁(落料)和内孔冲裁(冲孔)两道工序才能完成。

2. 冲裁变形时板料变形区的受力分析

图 12.2 所示是模具对板料进行冲裁时的受力分析。该图表明了无压紧装置冲裁时板料的受力情况，其中：F_1、F_2 为凸、凹模对板料的垂直作用力；F_3、F_4 为凸、凹模对板料的侧压力；μF_1、μF_2 为模端面对板料的摩擦力，其方向与间隙大小有关，一般指向模具刃口；μF_3、μF_4 为凸、凹模侧面对板料的摩擦力。

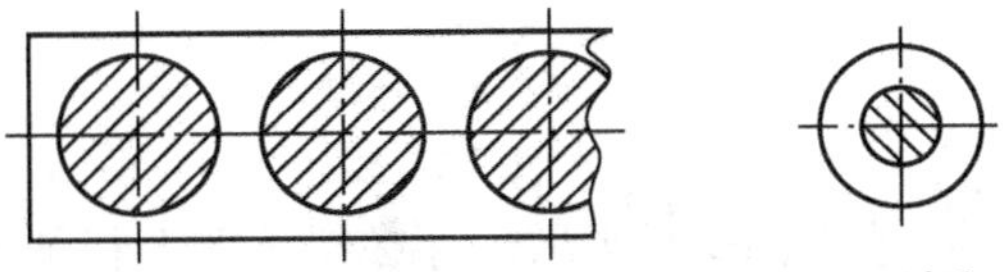

(a) 落料　　(b) 冲孔

图 12.1　垫圈冲裁中的落料与冲孔

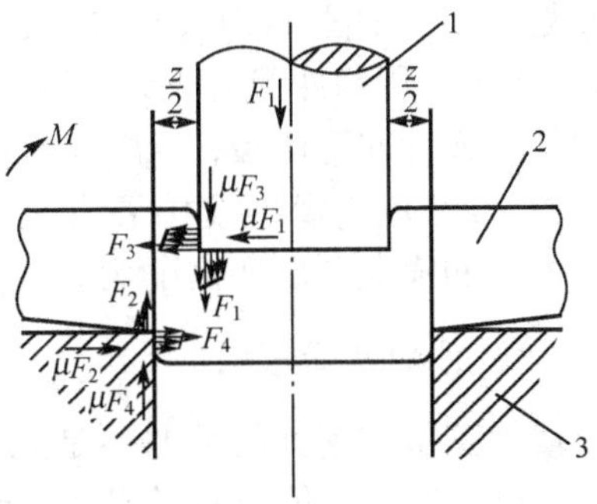

图 12.2　冲裁时作用于板料上的力

1—凸模；2—板料；3—凹模

当凸模下降与板料接触时，板料就受到凸、凹模端面的作用力。由于凸、凹模之间存在间隙，使凸、凹模施加于板料的力产生一个力矩，在无压料板压紧装置时，力矩使板料产生弯曲，模具与板料仅在刃口附近的狭小区域内保持接触，因此凸、凹模作用于板料的垂直压力呈不均匀分布，越靠近模具刃口，垂直压力急剧增大。

冲裁时由于板料弯曲的影响，其剪切区的应力状态很复杂，且与变形过程有关。对于无压料板压紧板料的冲裁，其剪切区应力状态如图 12.3 所示。一般凸模与凹模端面(即 B 与 D 点处)的静水压应力高于侧面(A 与 E 点处)的，且凸模刃口附近的静水压应力又比凹模刃口附近的高。

3. 冲裁变形的过程

图 12.4 所示为冲裁变形过程示意，大致分为以下三个阶段：

(1) 弹性变形阶段。凸模开始接触板料并下压，板料发生弹性压缩与弯曲，并略微挤入凹模型孔里，此时材料内的应力没有超过屈服点，若凸模卸除压力，材料可恢复原状，如图 12.4(a) 所示。

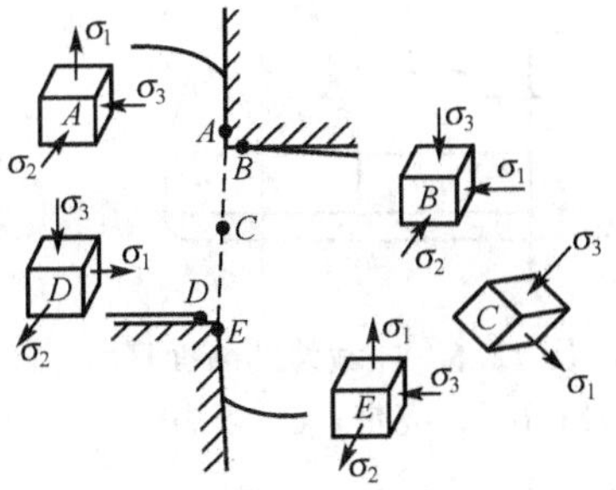

图12.3　冲裁时板料的应力状态图

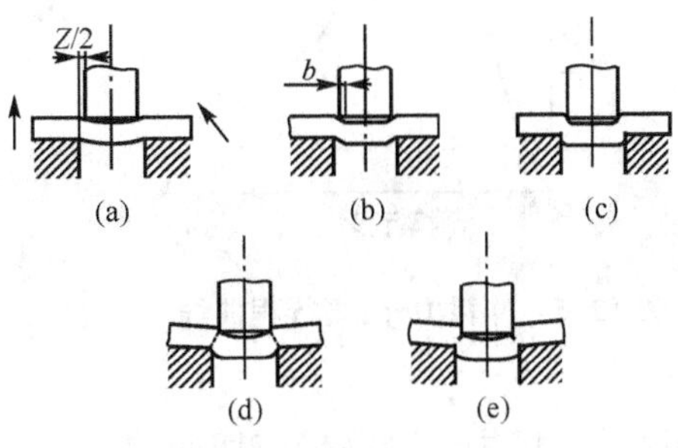

图 12.4　冲裁变形过程示意

（2）塑性变形阶段。凸模继续加压时，部分材料被挤入凹模型孔内，使材料产生塑性剪切变形，随着凸模挤入板料深度的增大，塑性变形程度增大，冲裁变形抗力不断上升，直至刃口附近产生裂纹为止，塑性变形阶段结束，此时冲裁力达到最大值，如图 12.4(b)所示。

（3）断裂分离阶段。凸模继续下行，凸、凹模刃口部分材料的微细裂纹不断向材料内部扩展，当凸模与凹模之间间隙合理时，上下裂纹能相互重合，从而使零件与板料分离，完成冲裁过程。如图 12.4(c)、(d)、(e)所示。

从图 12.5 所示冲裁力-凸模行程曲线可明显看出冲裁变形过程的三个阶段。图中 *OA* 段是冲裁的弹性变形阶段；*AB* 段是塑性变形阶段，*B* 点为冲裁力的最大值，在此点材料开始剪裂；*BC* 段为微裂纹扩展直至材料分离的断裂阶段；*CD* 段主要是用于克服摩擦力将冲件推出凹模孔口时所需的力。

4. 冲裁件的断面形状

冲裁件正常的断面特征并不是光滑垂直的，如图 12.6 所示，存在以下四个特征区：

（1）圆角带。圆角带的形成是当凸模刃口压入材料时，刃口附近的材料产生弯曲和伸长变形，被拉入间隙的结果。一般材料的塑性越好，凸模与凹模的间隙越大，圆角带越大。

（2）光亮带。光亮带发生在塑性变形阶段，当刃口切入材料后，材料被凸模与凹模的侧表面挤压而形成光亮垂直的断面，通常占全断面的 30%～50%。间隙越小，材料的塑性越好，光亮带就越宽。

（3）断裂带。断裂带在断裂阶段形成，其断面特点是比较粗糙，且带有斜度。塑性差的材料撕裂倾向严重，断裂带所占比例也越大。

（4）毛刺区。毛刺的形成是由于在塑性变形阶段后期，凸模和凹模的刃口切入被加工的板料一定深度时，刃口正面材料被压缩，刃尖部分是高静水压应力状态，使微裂纹的起点不会在刃尖处发生，而是在模具侧面距刃尖不远的地方发生，在拉应力的作用下裂纹加长，材料断裂面产生毛刺，在普通冲裁中毛刺是不可避免的。

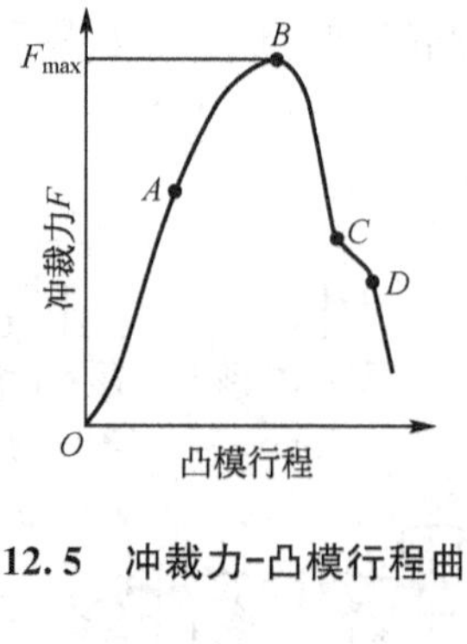

图 12.5　冲裁力-凸模行程曲线

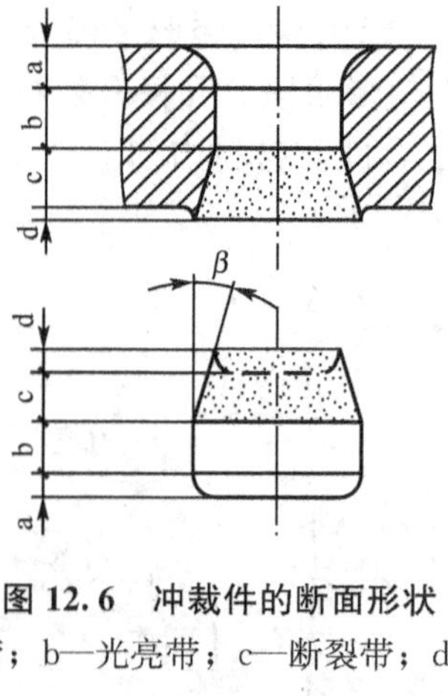

图 12.6　冲裁件的断面形状

a—圆角带；b—光亮带；c—断裂带；d—毛刺区

在四个特征区中，光亮带剪切面的质量最佳。各个部分在整个断面上所占的比例，随材料的性能、厚度、冲裁模具间隙、刃口状态及摩擦等条件的不同而变化。

12.1.2 冲裁模的间隙

1. 冲裁模的间隙

模具间隙是指凸、凹模刃口间隙的距离，用符号 $Z/2$ 表示，也称单面间隙，Z 为双面间隙，如图 12.7 所示。在普通冲裁中，间隙均为正值。

模具间隙对冲裁件质量、冲裁力、模具寿命影响很大，是冲裁工艺与模具设计中的一个极其重要的工艺参数。

1）模具间隙对冲裁件质量的影响

冲裁时，板料断裂面上下裂纹是否重合，与凸、凹模间隙的大小有关。当模具间隙合适时，凸、凹模刃口附近沿最大切应力方向产生的裂纹在冲裁过程中能会合，冲裁件的断面质量较好，如图 12.8(b)所示。

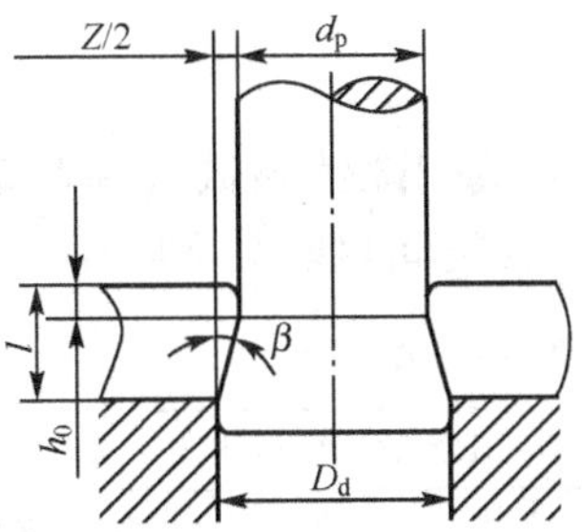

图 12.7　冲裁模的间隙

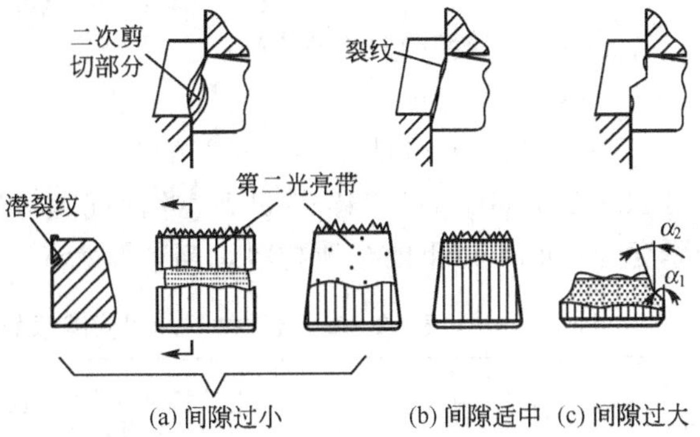

图 12.8　模具间隙对冲裁件断面质量的影响

当模具间隙较小时，变形区内弯矩小、压应力成分高，凹模刃口附近产生的裂纹进入凸模下表面的压应力区而停止发展，由凸、凹模刃口附近产生的裂纹进入凹模下表面的压应力区也停止发展，结果是上下裂纹不重合。两条裂纹之间的金属将被二次剪切，当上裂纹压入凹模时，受到凹模壁的挤压，产生第二光亮带，同时部分材料被挤出，在表面形成薄而高的毛刺，如图 12.8(a)所示。

当间隙过大时，如图 12.8(c)所示，上、下裂纹仍然不重合。因变形材料应力状态中的拉应力成分增大，材料的弯曲和拉深也增大，材料容易产生微裂纹，使塑性变形较早结束。所以断面光亮带变窄，断裂带、圆角带增宽，毛刺和斜度较大，拱弯、翘曲现象显著，冲裁件质量下降。

2）模具间隙对冲裁力的影响

随着模具间隙的增大，材料所受的拉应力增大，材料容易断裂分离，因此冲裁力减小。通常冲裁力的降低并不显著。

模具间隙对卸料力、推件力的影响比较显著。间隙增大后，从凸模上卸料和从凹模里推出零件都省力，当单边间隙为材料厚度的 15%～25%时，卸料力几乎为零。但间隙继续增大时，毛刺增大，引起卸料力、顶件力迅速增大。

3）模具间隙对模具寿命的影响

模具间隙越小，材料对模具产生的侧压力越大，由此产生的摩擦力也越大，使凸、凹模侧壁的磨损加剧，模具寿命大大降低。间隙较大时，凸模侧面与材料的摩擦力小，减少了磨损。但间隙取得太大时，因弯矩与拉应力增大易导致刃口易损坏，故不能无限制地取大间隙。

2. 模具间隙的选用

在冲压生产中，间隙的选用应主要考虑冲裁件的断面质量和模具寿命这两个主要的因素。一般说来，当对冲裁件断面质量要求较高时，应取较小间隙值，而当冲裁件的断面质量要求不高时，应尽可能加大间隙值以利于提高模具的寿命。

确定冲模合理间隙的方法主要有理论公式计算、经验公式计算、经验图表等三种方法。由于理论计算法在生产中使用不方便，故目前间隙值的确定广泛使用后两种方法。

1）经验公式法

实际生产中常采用下述经验公式计算合理的模具间隙的数值：

$$Z_{min}/2=K\cdot t \tag{12-1}$$

式中，Z_{min}——合理的模具间隙值；

t——材料厚度；

K——与材料性能及厚度有关的系数。

表 12-1 是 GB/T 16743—1997《冲裁间隙》所推荐的冲裁间隙值系数选择，该表适用于厚度为 10mm 以下的金属材料，当料厚为≤1.0mm 时，各类间隙取其下限值。

表 12-1　金属材料冲裁间隙系数(GB/T 16743—1997)

材　料	抗剪强度 τ /MPa	初始间隙系数(单边间隙)/(%)		
		Ⅰ类	Ⅱ类	Ⅲ类
低碳钢 08F、10F、10、20、Q235-A	≥210～400	3.0～7.0	>7.0～10.0	>10.0～12.5
中碳钢 45 不锈钢 1Cr18Ni9Ti、4Cr13 膨胀合金(可伐合金)4J29	≥420～560	3.5～8.0	>8.0～11.0	>11.0～15.0
高碳钢 T8A、T10A、65Mn	≥590～930	8.0～12.0	>12.0～15.0	>15.0～18.0
纯铝 1060(L2)、1050A(L3)、1035(L4)、1200(L5) 铝合金(软态)LF21 黄铜(软态)H62 紫铜(软态)T1、T2、T3	≥65～255	2.0～4.0	4.5～6.0	6.5～9.0
黄铜(硬态)H62 铅黄铜 HPb59-1 紫铜(硬态)T1、T2、T3	≥290～420	3.0～5.0	5.5～8.0	8.5～11.0
铝合金(硬态)2Al2(LY12) 锡磷青铜 QSn4-4-2.5 铝青铜 QAl7 铍青铜 QBe2	≥225～550	3.5～6.0	7.0～10.0	11.0～13.0
镁合金 MB1、MB8	≥120～180	1.5～2.5		
电工硅钢 D21、D31、D41	190	2.5～5.0	>5.0～9.0	

2）经验图表法

合理的间隙值也可以直接从有关冲压设计资料中的冲裁模间隙图表中获得。

12.1.3 冲裁力

冲裁力是选择冲压设备吨位和检验模具强度的一个重要依据。平刃冲模的冲裁力可按下式计算：

$$P=kLt\tau \tag{12-2}$$

式中，P——冲裁力(N)；

L——冲裁周边长度(mm)；

t——材料厚度(mm)；

τ——材料抗剪强度(MPa)；

k——系数，它是考虑到实际生产中的各种因素而给出一个修正系数，一般取 $k=1.0\sim1.3$。

对于冲裁工艺来说，实际材料的抗剪强度 τ 一般取该材料抗拉强度 σ_b 的 70%～85%，为便于估算，通常取 σ_b 的 80%。

12.2 弯曲工艺

12.2.1 弯曲的概念及板料弯曲过程

1. 弯曲工艺概述

弯曲是将板料、棒料、管料或型材等发生塑性变形，弯成一定形状、角度或曲率零件的成形方法，是冲压成形的基本工序之一。生产中弯曲件的形状很多，如 V 形件、U 形件、帽形件、圆弧形件等(图 12.9)。这些零件可以在压力机上用模具弯曲，也可以用专用弯曲机进行折弯、拉弯或滚弯等。

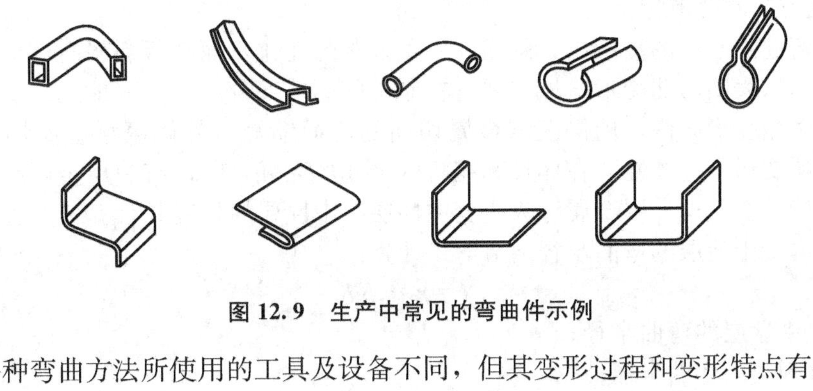

图 12.9 生产中常见的弯曲件示例

虽然各种弯曲方法所使用的工具及设备不同，但其变形过程和变形特点有共同规律。

2. 板料弯曲变形过程

图 12.10 所示为板料在 V 形模内的弯曲变形过程。在弯曲开始时，板料在凸模作用

下，产生弹性变形。随着凸模下压，板料与凹模工作表面逐渐靠紧，弯曲半径由 R_0 变为 R_1，弯曲力臂由 l_0 变为 l_1。凸模继续下压，板料弯曲区逐渐减小，直到与凸模三点接触，此时曲率半径已由 R_1 变为 R_2，弯曲力臂也由 l_1 变为 l_2。此后，板料直边部分则向与以前相反的方向变形，直至圆角、直边与模具全部贴合，此为弯曲过程的塑件变形阶段。

以上整个过程均为自由弯区。而在行程终了时，凸、凹模对板料进行镦压，冲床和模具产生弹性变形，弯曲力瞬间急剧增加，使制件形状获得校正，这就是校正弯曲。

综上所述，弯曲过程是由自由弯曲和校正弯曲组成，而自由弯曲包括弹性变形和塑性变形两个阶段。

3. 弯曲过程的变形特点

如图 12.11 所示，借助网格分析法可以得到弯曲过程板料在长度、厚度及宽度方向的变形特点：

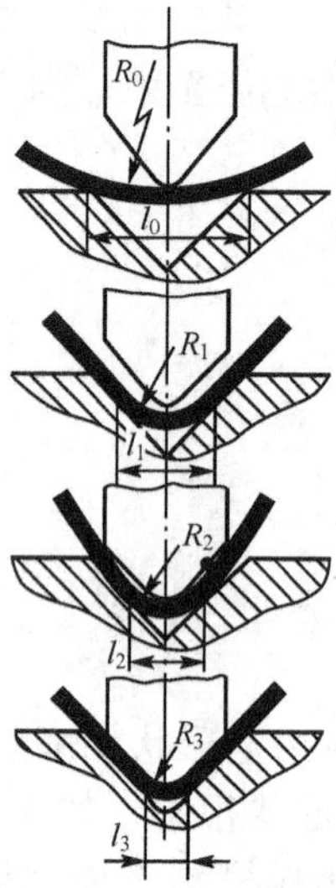

图 12.10　弯曲过程

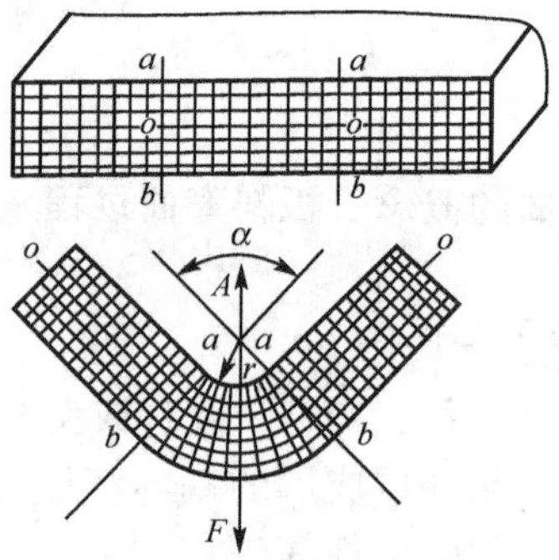

图 12.11　弯曲变形网格示意

1）长度方向的变形特点

只有在弯曲中心角的范围内，网格才发生显著的变化，而在板料平直部分，网格仍保持原来状态。这表明弯曲变形区域主要是在制件的圆角部分。

在弯曲圆角变形区内，内侧区域金属切向受压而缩短，外侧区域金属切向受拉而伸长。由于材料变形的连续性，在伸长和缩短两个变形区域之间，有一层金属纤维的长度在弯曲前后保持不变，这一层金属称为应变中性层。中性层的长度是计算弯曲件原始板料长度的重要依据，中性层的弯曲半径 r 由下式计算：

$$r=r_0+Kt \tag{12-3}$$

式中，r——中性层的弯曲半径；

r_0——板料内弯曲半径；

K——中性层系数，如表 12-2 所示，表中 K 适用于有压料情况的 V 形或 U 形压弯，K_1 适用于无压料的 V 形压弯；

t——板料厚度。

表 12-2 中性层系数 K

r_0/t	≤0.1	0.2	0.25	0.3	0.4	0.5	0.8	1.0	1.5	2.0	3.0	4.0	5.0	≥6.5
K	0.23	0.28	0.3	0.31	0.32	0.33	0.34	0.35	0.37	0.4	0.43	0.45	0.48	0.5
K_1	0.3	0.33	0.35	0.35	0.35	0.36	0.38	0.4	0.42	0.44	0.47	0.475	0.48	0.5

2）厚度方向的变形特点

在弯曲过程中，以应变中性层为界，内侧金属切向受压而变厚，外侧金属切向受拉而变薄。由于内侧金属的增厚受到凸模的限制，因此内侧金属的增厚量小于外侧金属的减薄量，总体上表现出厚度减薄的特点。一般用实验测得的变薄系数表示变薄的程度，ξ 等于弯曲后材料厚度与弯曲前材料厚度之比，ξ 值主要与板料相对弯曲半径 r/t 有关，ξ 值总是小于1。

3）宽度方向的变形特点

从弯曲件变形区域的横断面看，根据板宽 B 与板厚 t 的相对大小分两种情况：

（1）对于窄板($b<3t$)。弯曲时内侧材料受到切向压缩后，便向宽度方向流动，使板宽增大，外侧的材料受到切向拉伸后，宽度变窄，结果使断面略呈扇形，如图 12.12(a)所示。

（2）对于宽板($b>3t$)。由于弯曲时宽度方向变形阻力大，材料不易流动，因此弯曲后在宽度方向无明显变化，断面仍为矩形，如图 12.12(b)所示。

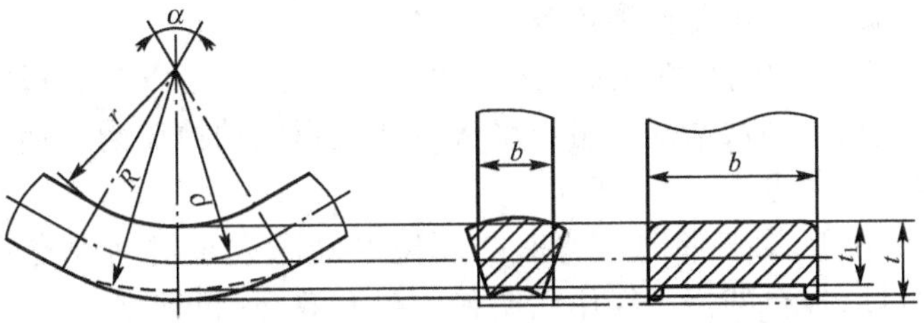

图 12.12 横断面形状变化

12.2.2 弯曲回弹

1. 弯曲回弹现象

弯曲回弹是弯曲成形时常见的现象，如图 12.13 所示。板料塑性弯曲时和所有塑性变形一样，都伴有弹性变形，当变形结束、工件不受外力作用时，由于弹性变形部分的恢复，使弯曲件的弯曲中心角和弯曲半径变得与模具的尺寸不一致，这种现象称为弯曲件的弯曲回弹(简称回弹)。弯曲回弹使弯曲件的几何精度受到破坏，弯曲回弹表现在以下两点：

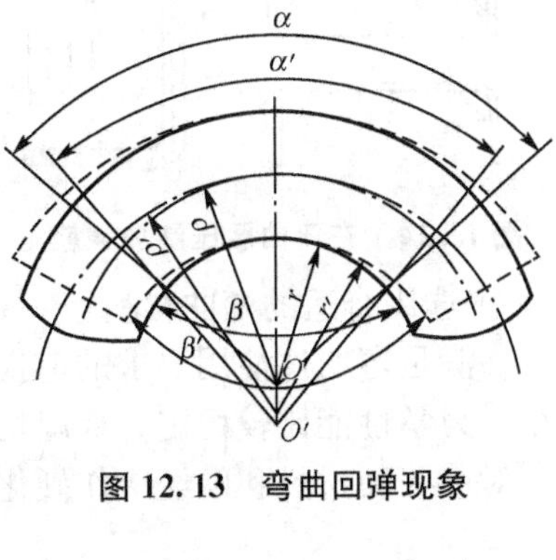

图 12.13 弯曲回弹现象

（1）弯曲件曲率减小。卸载前弯曲中性层的半径为 ρ，卸载后增加至 ρ'，曲率则由卸载前的 $1/\rho$ 减小至卸载后的 $1/\rho'$，曲率的减小量 ΔK 为

$$\Delta K=1/\rho-1/\rho' \tag{12-4}$$

（2）弯曲中心角减小。卸载前弯曲变形区的弯曲中心角为 α，卸载后减小至 α'，所以弯曲中心角减小值 $\Delta\alpha$ 为

$$\Delta\alpha=\alpha-\alpha' \tag{12-5}$$

对应弯曲角 β 的增大量为

$$\Delta\beta=\beta-\beta' \tag{12-6}$$

以上曲率的减小量 ΔK、弯曲中心角减小值 $\Delta\alpha$、弯曲角增大量 $\Delta\beta$ 即为弯曲件的回弹量。

2. 影响弯曲回弹的因素

（1）材料的力学性能。材料的弹性模量越小，屈服极限和抗拉强度等与变形抗力有关的数值越大，则回弹也越大。

（2）相对弯曲半径(r/t)。相对弯曲半径越小，板料的变形程度越大，在板料中性层两侧的纯弹性变形区以及塑性变形区总变形中的弹性变形的比例减小，所以回弹值就越小。

（3）弯曲中心角(α)。弯曲中心角越大，则变形区域回弹积累值($r\cdot\alpha$)越大，回弹角越大。但对弯曲半径的回弹没有影响。

（4）弯曲件形状。相对弯曲半径 r/t 相同的条件下，U 形件的回弹由于两边互相牵制一般小于 V 形件的回弹。形状复杂的弯曲件一次弯成时，由于各部分相互牵制以及弯曲件表面与模具表面间的摩擦，也使回弹困难。

（5）摩擦条件。被弯曲的板料表面与模具之间的摩擦，可以改变板料各部分的应力状态，一般认为，摩擦在大多数情况下可以增大弯曲变形区的拉应力，使弯曲件形状更接近模具的形状，卸载后回弹也小。

（6）模具间隙。在 U 形弯曲时，弯曲凸凹模的间隙大小对回弹有直接影响。间隙越小，摩擦越大，模具对板料的挤压作用越明显，可有效抑制回弹。

（7）弯曲方式。板料的弯曲方式有自由弯曲和校正弯曲两类，自由弯曲回弹值大，校正弯曲回弹值小。

3. 减小弯曲回弹的措施

1）改善弯曲件的回弹工艺性

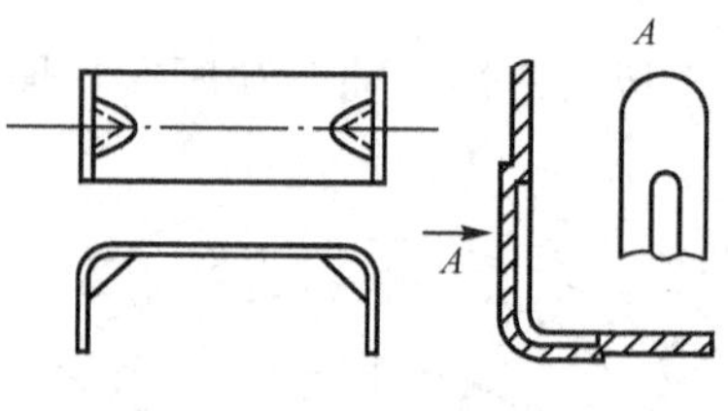

图 12.14　在弯曲区压制加强筋

增加弯曲件变形部位的刚性，常用的方法有设计加强筋，在弯曲处压出加强筋(图 12.14)，使弯曲件回弹比较精准，这样既能增加弯曲件尺寸的准确性，又能提高弯曲件的刚度。

设计有利于弯曲变形的弯曲形状，如采用最有利的相对弯曲半径、适当的弯曲角、对称而又有足够高度的直边等。

2）选用合适的弯曲材料

在满足弯曲件使用要求的前提下，尽可能选用弹性模量大、屈服极限小、加工硬化指数小、力学性能比较稳定、板厚均匀的材料。

对一些硬材料和已经冷作硬化的材料，弯曲前先进行退火处理，降低其硬度以减少弯

曲时的回弹，待弯曲后再淬硬。在条件允许的情况下，甚至可使用加热弯曲。

3）采用正确的弯曲工艺

（1）改善弯曲方式。对弯曲精度要求高的制件，应尽可能采用带有压料板的校正弯曲，充分利用弹簧、橡胶等弹性元件所产生的压力来控制回弹。

（2）采用校正弯曲。用校正弯曲代替自由弯曲，减小回弹量。通常当弯曲变形区材料的校正压缩量为板厚的2%～5%时，就可以得到较好的效果。

（3）采用补偿法。如图12.15所示，在模具结构设计上，可根据弯曲件的回弹趋势，进行修正弯曲凸模或凹模的形状和尺寸，从而使弯曲件的回弹量得到补偿。

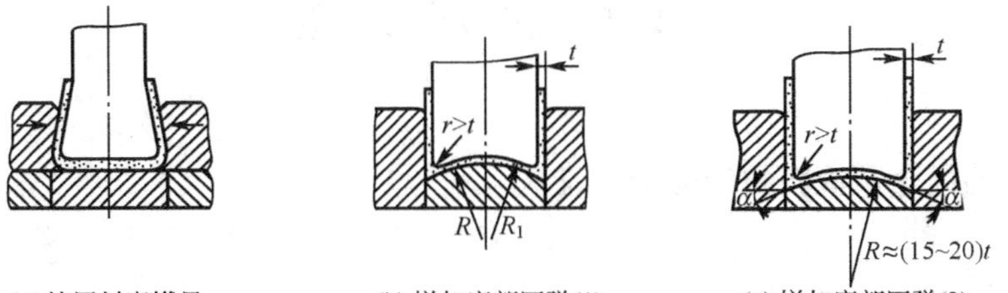

(a) 使用斜度模具　　(b) 增加底部回弹(1)　　(c) 增加底部回弹(2)

图12.15　补偿法减小回弹

（4）采用拉弯工艺。拉弯是一种较为特殊的弯曲方法，在拉弯时，弯曲毛坯的两端夹持在两个由液压装置驱动的夹头里，在纵向拉力作用的同时，使材料在受拉的状态下完成弯曲变形，如图12.16所示。由于在弯曲件弯曲的同时施加一轴向拉力，其数值要使弯曲件断面内的应力稍大于材料的屈服极限，这样在弯曲时将使材料内应力均为拉应力，从而减小回弹。

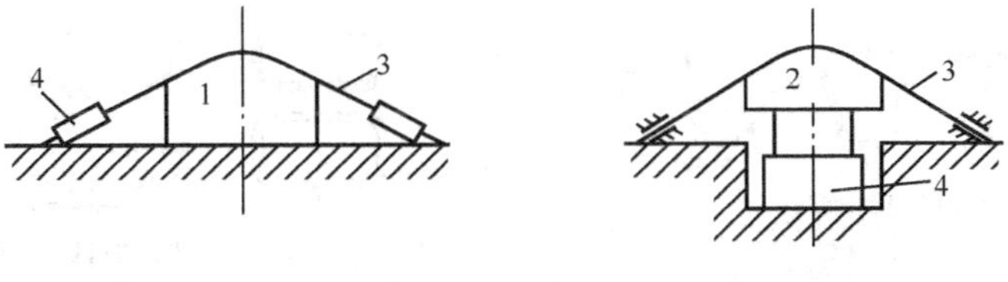

图12.16　拉弯工艺

1—固定模；2—活动模；3—板料；4—液压缸

4．弯曲裂纹与最小弯曲半径

1）产生弯曲裂纹的原因

产生弯曲裂纹的原因主要有：①材料塑性差；②弯曲方向与板料纤维方向不符合规定；③弯曲半径过小，致使弯曲时外层金属变形程度超过变形极限；④毛坯剪切和冲裁断面质量差；⑤凸、凹模圆角磨损或间隙过小，进料阻力大，易把材料拉裂；⑥润滑不良，摩擦阻力大；⑦料厚尺寸严重超差以及酸洗质量差等。

2）最小弯曲半径

弯曲件内层的弯曲半径，即凸模的圆角半径，对弯曲件质量有很大关系。因为弯曲半径越小，则工件外层纤维的拉长越厉害。如果外层纤维的伸长率超过一定限度就会被拉断，故弯曲件应有一个最小的允许弯曲半径 r_{min} 来限制。

影响最小允许弯曲半径 r_{min} 的因素有：

(1) 材料的力学性能和热处理状态。对塑性差的材料，由于弯曲时外层纤维的最大允许变形量小，因此 r_{min} 值应该大一些。此外，弯曲材料经冲裁后，在断面周围产生冷作硬化，塑性降低，因此冲裁后未经退火材料的 r_{min} 值也应该大一些。

(2) 弯曲线的方向。弯曲线与材料纤维方向垂直时，r_{min} 值小，平行时则大。

(3) 坯料表面质量。弯曲时将有毛刺或表面质量相对较差的一面置于弯曲的内侧，则 r_{min} 值可较小。

12.3 拉深工艺

12.3.1 拉深的概念及板料拉深变形过程

1. 拉深工艺概述

将剪裁或冲裁成一定形状的平板毛坯，通过拉深模制成各种形状的开口空心零件的工序称为拉深（或称拉延），拉深工艺是常用的塑性加工工艺之一。拉深模的凸模与凹模的工作部分均有较大的圆角，凸、凹模之间的间隙一般大于板料厚度。

图 12.17 所示是部分拉深件示意。用拉深工艺可以制成筒形、锥形、球形、方盒形和其他不规则的薄壁零件，还可以与其他成形工序配合，制成形状极为复杂的零件。拉深工艺广泛用于汽车、拖拉机、仪器仪表、电子、航空和航天等各种工业部门和民用日常生活用品的生产中。

(a) 旋转体零件

(b) 轴对称零件

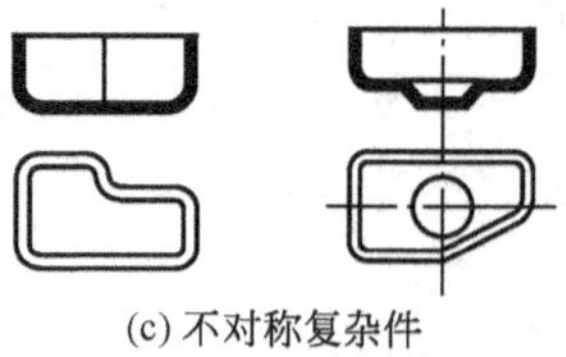

(c) 不对称复杂件

图 12.17 部分拉深件示意

各种拉深件按照其变形力学特点可以分为：直壁圆筒零件、盒形件、曲面形状零件（指曲面旋转体）和非旋转体曲面形状零件等四种类型，本教材简要介绍圆筒形零件的变形特点。对不同类型的拉深件，由于在变形上有着根本性的差别，因此出现的质量问题的形式和解决的方法，以及工艺参数的含义和确定的原则等也不一样，必须分别处理。

2. 圆筒形零件的拉深变形过程

典型圆筒形零件的拉深过程如图 12.18 所示。拉深所用的模具一般是由凸模、凹模和压边圈(有时可不用压边圈)三部分组成。凸、凹模的结构和形状不同于冲裁模，它们没有锋利的刃口，而是做成具有一定半径的圆角，凸、凹模之间的间隙稍大于板料的厚度。在拉深时，直径为 D 的平板毛坯同时受到凸模和压边圈的作用，其凸模的压力大于压边圈的压力，坯料在凸模的压力下，随凸模进入凹模，最后使坯料拉深成开口的圆筒形件。

可以借助网格法分析金属的流动变形过程，如图 12.19 所示，在初始未变形的圆形毛坯上画许多间距都等于 a 的同心圆和分度相等的辐射线，由这些同心圆和辐射线组成很多扇形网格。

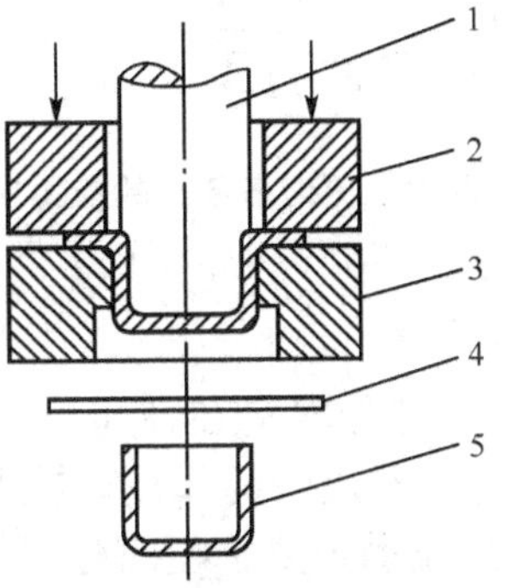

图 12.18　圆筒形拉深件的拉深过程

1—凸模；2—压边圈；3—凹模；
4—坯料；5—拉深件

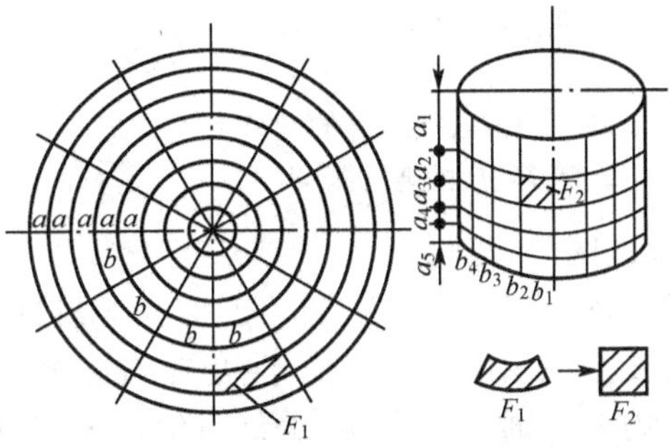

图 12.19　拉深件变形前后的网格变化

拉深后，圆筒形底部的网格基本保持原来的形状，而筒壁部分的网格则发生了很大的变化，原来的同心圆变为筒壁上的水平圆筒线，而且其间距 a 也增大了，越靠近筒的口部增大越多，即 $a_1>a_2>a_3>\cdots>a_n$。原来分度相等的辐射线变成了筒壁上的垂直线，其间距则完全相等，即 $b_1=b_2=b_3=\cdots=b_n$。

如果拿网格中一个小单元体来看，在拉深前是扇形 F_1，在拉深中，由于毛坯整体内材料相互制约、相互作用，使径向相邻单元体之间产生了拉应力 σ_1，切向相邻单元体之间产生了压应力 σ_3。扇形小单元体在 σ_1 作用下，直径方向被拉长；在 σ_3 的作用下，切向方向被压缩，因此拉深后变成矩形小单元体 F_2。由于材料厚度变化很小，可认为拉深前后小单元体的面积近似不变，即 $F_1=F_2$。小单元体 F_2 即形成零件的筒壁。

3. 拉深过程中的应力应变特点

图 12.20 所示为拉深圆筒形件的侧壁上厚度和硬度的变化规律，硬度的大小可以间接反映变形程度的大小。由此可见，在拉深过程的不同时刻，毛坯各部分的应力应变状态是不一样的。

设在拉深过程中的某一时刻工件已处于图 12.21 所示的应力应变状态，图中 σ_1、ε_1 分别为坯料径向方向的应力与应变；σ_2、ε_2 分别为坯料厚度方向的应力与应变；σ_3、ε_3 分别为坯料周向(切向)方向的应力与应变。根据圆筒件各部位应力应变状态的不同，可将整个拉深毛坯划分为五个区域：

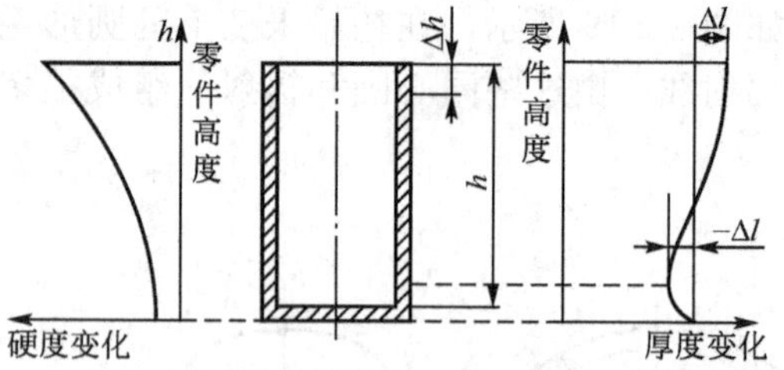

图 12.20　拉深圆筒形件的侧壁上厚度和硬度的变化规律

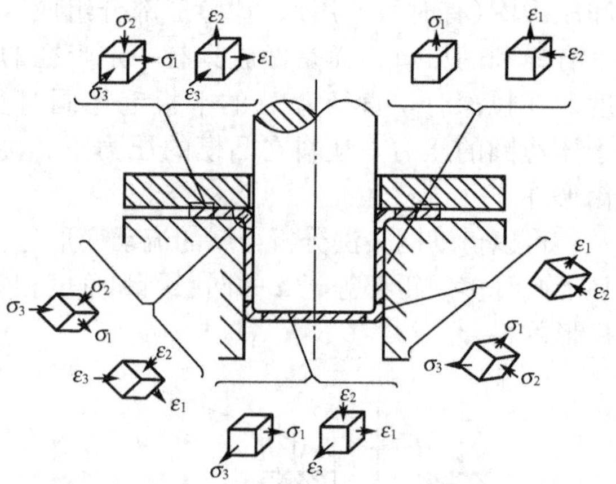

图 12.21　筒形件拉深时各部分的应力应变特点

1）法兰区凸缘部分—主要成形区

这是拉深变形的主要区域，也称为成形区或变形区。这部分材料在径向应力 σ_1 和切向压应力 σ_3 的作用下，发生塑性变形而逐渐进入凹模。由于压边圈的作用，在厚度方向产生压应力 σ_2。通常 σ_1 和 σ_3 的绝对值比 σ_2 大得多，材料的流动主要是径向延展，同时也向毛坯厚度方向流动而增厚，这时厚度方向的应变 ε_2 是正值。因此本部分应变是两向伸长、一向压缩的变形特点。由于越靠边缘需要转移的材料越多，因此越到坯料外边缘材料变得越厚，硬化也越严重。

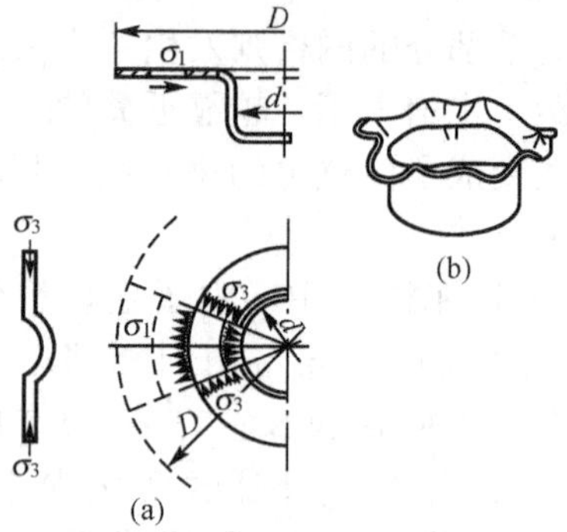

图 12.22　拉深毛坯的边缘部分的受力及起皱缺陷

假若不用压边圈，则 $\sigma_2=0$，此时的 ε_2 要比有压边圈时大。当需要转移的材料面积较大而板材相对又较薄时，毛坯的边缘部分，尤其是最外缘部分，受切向压应力 σ_3 的作用极易失去稳定而拱起，出现起皱缺陷，如图 12.22所示。

2）凹模圆角部分——过渡区

这属于过渡区，材料变形比较复杂，除有与法兰部分相同的特点外，还由于承受凹模圆角的压力和弯曲作用而产生较大压应力 σ_2 的作用，所以厚向应变 ε_2 一般为负。所以此区域的变形状态是径向伸长，切向、厚向压缩，径向应变 ε_1 是绝对值最大的主应变，此处材料厚度有所减薄。

3）筒壁部分——传力区

这部分材料已经变形完毕成为筒形，也称为传力区或已成形区。此时不再发生大的变形，继续拉深时，凸模的拉深力要经由筒壁传递到法兰区凸缘部分。如果间隙适当，厚向压应力 σ_2 很小，周向应力 σ_3 也很小，可以认为基本承受单向拉应力 σ_1 的作用，发生少量的纵向(坯料径向)伸长和变薄。

4）凸模圆角部分——过渡区

该区材料除承受径向和切向拉应力 σ_1 和 σ_3 外，还由于凸模圆角的压力和弯曲作用，在厚度方向承受压应力 σ_2。

凸模圆角稍上处(即筒壁与圆角相切处)是拉深件的危险断面，这是由于：①该处拉深开始便处于凸模、凹模之间，材料基本没有增厚，传递拉深力的截面积较小，产生的拉应力 σ_1 较大；②该处材料加工硬化较弱，材料的屈服强度较低；③该处不像底部圆角处存在较大的摩擦阻力。因此在拉深过程中，该处变薄最为严重，成为零件强度最薄弱的断面。拉深过程中若此处的应力 σ_1 超过材料的抗拉强度，则拉深件将在此处拉裂(图 12.23)，或者变薄超差。

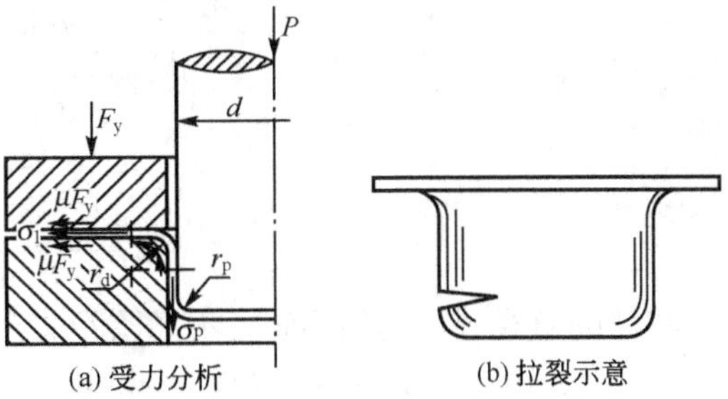

图 12.23 筒壁的拉裂

5) 筒底部分——小变形区

该部分材料处于凸模下面，直接承受凸模施加的拉深力并将其传递给筒壁，因此该区也是传力区。该区域受力特点是承受双向拉应力 σ_1 和 σ_3 的作用，应变特点是厚向压缩，径向、周向两向拉伸。由于凸模圆角处的摩擦阻碍了筒底材料的向外流动，故圆筒底部变形很小，一般可忽略不计。

12.3.2 圆筒形拉深的工艺性设计

1. 毛坯的计算原则及方法

1) 毛坯的计算原则

毛坯的计算原则是毛坯的平面面积应等于零件的表面积。毛坯直径按下式确定：

$$D=\sqrt{\frac{4}{\pi}A}=\sqrt{\frac{4}{\pi}\sum A_i} \tag{12-7}$$

式中，A——拉深件的表面积；

A_i——拉深件分解成的某一个简单几何体的表面积。

2) 修边余量的确定

由于金属材料的各向异性，以及拉深时金属流动条件、模具几何形状等因素的影响，在实际拉深过程中会造成拉深件口部不整齐，因此在多数情况下采取加大零件高度或凸缘宽度的办法留出切边余量，以保证零件质量。所以，在确定毛坯的面积时，应该考虑修边的余量，具体参考有关设计手册。

2. 圆筒形零件拉深系数的确定

从拉深过程的分析可知，拉深件的起皱和拉裂是拉深件的主要质量问题，而其中拉裂是首要问题。拉深试验表明，当零件需要的毛坯直径很大时，往往需要多次拉深，以减小危险断面的变形抗力。

零件究竟需要几次才能拉成，是与拉深系数有关的，拉深后零件的直径 d 与拉深前毛坯直径 D 之比称为拉深系数 m。图 12.24 所示是圆筒形零件多次拉深示

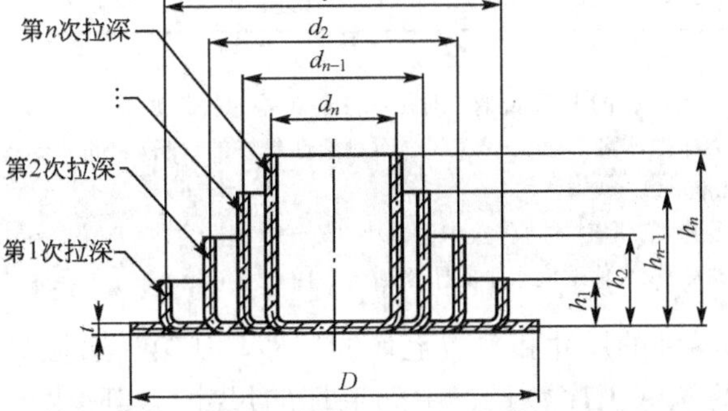

图 12.24 圆筒形零件多次拉深示意

意，依据拉深系数的定义，各次拉深的拉深系数分别为

$$m_1=d_1/D$$

$$m_2=d_2/d_1$$

$$\vdots$$

$$m_n=d_n/d_{n-1}$$

零件的直径 d_n 与拉深前毛坯直径 D 之比称为总拉深系数 $m_{总}$：

$$m_{总}=d_n/D=(d_1/D)\cdot(d_2/d_1)\cdot\cdots\cdot(d_n/d_{n-1})=m_1\cdot m_2\cdot\cdots\cdot m_n$$

拉深系数表示了拉深前后毛坯直径的变化量，反映了毛坯外边缘在拉深时的切向压缩变形的大小，因此可以认为拉深系数是拉深时毛坯变形程度的一种简便而实用的表示方法。拉深系数的倒数称为拉深程度或拉深比。

在拉深变形时，筒壁不被拉破的最小拉深系数称为极限拉深系数。当拉深系数达到极限值时，毛坯圆筒侧壁的拉深应力的最大值接近于材料的抗拉强度 σ_b，这时将会出现侧壁的破坏。与极限拉深系数相对应的有极限拉深比（LDR），它是极限拉深系数的倒数。

阅读材料12-1

极限拉深系数的确定方法

极限拉深系数决定于板材的力学性能、毛坯的相对厚度 t/D、冲模工作部分的圆角半径与间隙、冲模的类型、拉深速度、润滑条件等。表 12－3 所示是圆筒形件在无压边圈拉深条件下各次拉深的极限拉深系数。有压边圈时的极限拉深系数要比无压边圈的情况要大些。

表 12－3　圆筒形件极限拉深系数(无压边圈情况)

拉深系数	毛坯的相对厚度$(t/D)\times100$					
	2.0～1.5	1.5～1.0	1.0～0.6	0.6～0.3	0.3～0.15	0.15～0.08
m_1	0.48～0.50	0.50～0.53	0.53～0.55	0.55～0.58	0.58～0.60	0.60～0.63
m_2	0.37～0.75	0.76～0.78	0.76～0.78	0.78～0.79	0.79～0.80	0.80～0.82
m_3	0.76～0.78	0.78～0.79	0.79～0.80	0.80～0.81	0.81～0.82	0.82～0.84
m_4	0.78～0.80	0.80～0.81	0.81～0.82	0.82～0.83	0.83～0.85	0.85～0.86
m_5	0.80～0.82	0.82～0.84	0.84～0.85	0.85～0.86	0.86～0.87	0.87～0.88

注：

(1) 表中的拉深系数适用于 08、10 和 15Mn 等低碳钢及软化的 H62 黄铜。对拉深性能较差的材料如 20、25 号钢及 Q215（A2）、Q235（A3）、硬铝等，应将表中值增大 1.5%～2.0%；而对塑性更好的材料如 05、08、10 深冲钢和软铝等，可将表中值减小 1.5%～2.0%。

(2) 表中值适用于未经中间退火的拉深，若采用中间退火工序时，可将表中值减小 2%～3%。

(3) 表中较小值适应于大的凹模圆角半径 $r=(8\sim15)t$；较大值适应于小的凹模圆角半径 $r=(4\sim8)t$。

知道极限拉深系数后，就可根据圆筒形零件的尺寸和平板毛坯的尺寸，从第一道拉深工序开始逐步地向后推算，即可求出所需的拉深工序数量、中间毛坯的尺寸。实际生产中，为了保证零件的质量，一般都选用稍大于极限值的拉深系数。

12.4 其他冲压成形工艺

12.4.1 胀形

1. 胀形概念及应用

利用模具强迫板料厚度减薄和表面积增大，所获取零件几何形状的冲压加工方法称为胀形。胀形是冲压成形的一种基本形式，也常与其他成形方式结合出现在复杂零件的冲压过程中。胀形主要用于：①平板毛坯的局部成形；②圆柱形空心毛坯的胀形；③管类毛坯的胀形(波纹管)；④平板毛坯的拉形。

胀形可用不同方法实现，如刚模胀形、橡皮胀形和液压胀形等。冲压生产中的起伏成形、圆柱形空心毛坯的凸模胀形、波纹管的成形及平板胀拉成形等均属于胀形成形方式。汽车覆盖件等形状比较复杂的零件成形也常常包含胀形成分。

2. 平板毛坯胀形

平板毛坯胀形，又称起伏成形或局部成形。根据零件的要求，可以在板上压出各种形状，如压筋、压包、压字、压花纹、压标志等，可以增加零件的刚度，还可以起装饰作用。

图 12.25 所示是用球头凸模胀形的示意，这种胀形方法可视为纯胀形。纯胀形时，毛坯被带有拉深筋的压边圈压死，变形区限制在拉深筋以内的毛坯中部，在凸模作用下，变形区大部分材料受双向拉应力作用(厚度方向的应力可忽略)，沿切向和径向产生拉伸应变使材料厚度减薄、表面积增大，并在凹模内形成一个凸包。

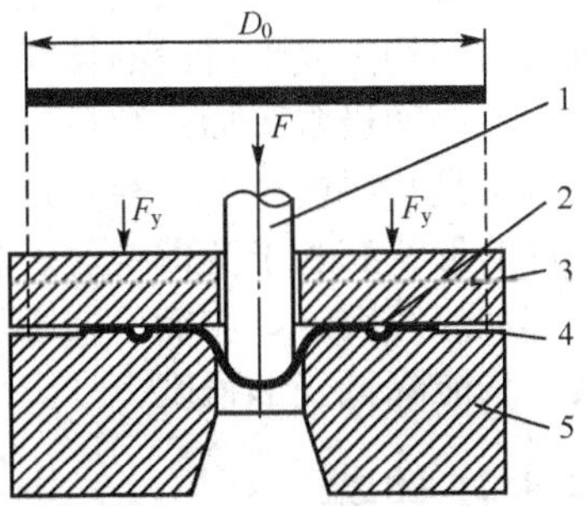

图 12.25 球头凸模胀形示意

1—凸模；2—拉深筋；3—压边圈；4—毛坯；5—凹模

一般来讲，胀形破裂总是发生在材料厚度减薄量最大的部位，所以变形区的应变分布是影响胀形成形极限的重要因素。若零件形状和尺寸不同，胀形时的应变分布也不相同。一般球形凸模胀形时，应变分布比较均匀，各点的应变量都比较大，能获得较大的胀形高度，故成形极限较大。

3. 管材胀形

管材胀形简称胀管，是依靠材料的拉伸，在压力的作用下使直径较小的管坯沿径向向外扩张的成形工艺。根据要求，既可以对管坯进行局部扩张，也可以对整个管坯进行扩张。根据成形所使用的模具类型，可将胀形分为刚模胀形和软模胀形。刚模胀形主要是采用刚性分块式凸模实现胀形。软模胀形主要是利用弹性体(聚氨酯、天然橡胶、聚氯乙烯)或液体(油、乳化液和水)、气体代替刚性凸模的作用对管坯进行胀形。

在胀管中，主要变形区的应力特点是：承受双向拉应力的平面应力状态(忽略厚度应力)，胀形变形区的应变为两向拉伸、一向收缩，如图 12.26(a)所示。

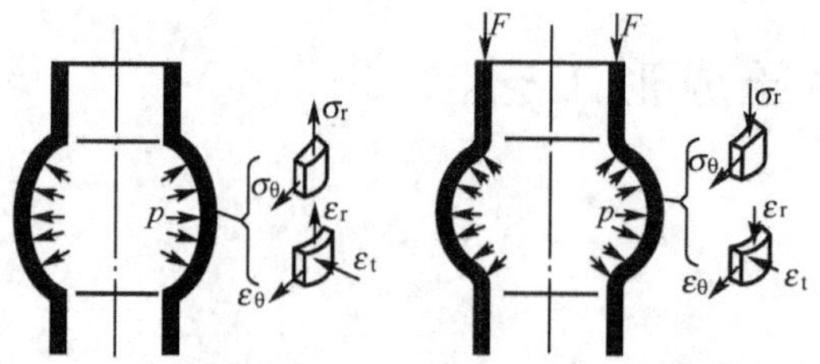

(a) 自由胀管　　(b) 有轴向推力的胀管

图 12.26　胀管变形的应力应变

大多数情况下，管坯在内压力和轴向压力共同作用下胀形，优点是不仅使管坯在胀形过程中产生轴向压缩变形，以补偿变形区材料的不足，而且使胀形区的应力应变状态得到改善。当轴向力足够大时，胀形区母线方向的拉应力变为压应力，成为拉-压的平面应力状态，变形也由两向拉伸、一向压缩变为两向压缩、一向拉伸状态，如图 12.26(b)所示。

轴向推力胀管在液压胀形中应用得更普遍，可以生产飞机、汽车等交通工具和日用品中的复杂管材。随着汽车工业对减排减重的要求，对低密度、高强度的铝合金和镁合金轻量化构件的需求越来越大，如汽车排气管件、三通管、副车架等零件的生产，液压内高压成形技术已引起人们的广泛关注。

4. 胀形系数

胀形变形程度用胀形系数 K_z 来表示：

$$K_z = d/d_0 \leqslant 0.8\delta + 1 \tag{12-8}$$

式中，d——胀形后坯料的直径；

d_0——胀形前坯料的直径；

δ——材料的伸长率。

如果胀形零件的表面质量要求高，过大的塑性拉伸变形会引起表面粗糙，这时 δ 值应取板材的均匀变形阶段的伸长率。

材料的极限胀形系数可以通过实验测定，也可查阅有关资料。影响极限胀形系数的主要因素是材料的塑性。经几道拉深而成的胀形坯料，应在胀形前退火以恢复材料的塑性。胀形的形状有利于变形均匀、材料厚度大、轴向施加压力、变形区局部施加压力、变形区局部加热等因素，均能不同程度地提高变形程度。而坯料上各种表面损伤、不良润滑等因素，均能降低变形程度。

12.4.2　翻边

1. 翻边工艺概念及分类

利用模具把板料上的孔缘或外缘翻成竖边的冲压加工方法称为翻边。利用翻边可以加工具有特殊空间形状和良好刚度的立体零件，还能在冲压件上制取与其他零件装配的铆钉孔、螺纹底孔和轴承座等。冲压大型零件时，还能利用翻边改善材料塑性流动，以免发生破裂或起皱。

按工艺特点划分有内孔(圆孔或非圆孔)翻边、外缘翻边和变薄翻边等方法，图 12.27 所示是常见的内孔翻边和外缘翻边件示例。由于零件外缘凸凹性质不同，外缘翻边又可分为内曲翻边和外曲翻边。按变形性质划分时，有伸长类翻边、压缩类翻边以及属于体积成形的变薄翻边等。

2. 圆孔翻边工艺

图 12.28 所示为圆孔翻边示意。翻边时，带有圆孔的环形毛坯被压边圈压死，即变形

区基本被限制在凹模圆角以内，并在凸模轮廓的约束下受单向或双向拉应力作用(忽略板厚方向的应力)。随着凸模下降，毛坯中心的圆孔不断胀大，凸模下面的材料向侧面转移，直到完全贴靠凹模侧壁，形成直立的竖边。

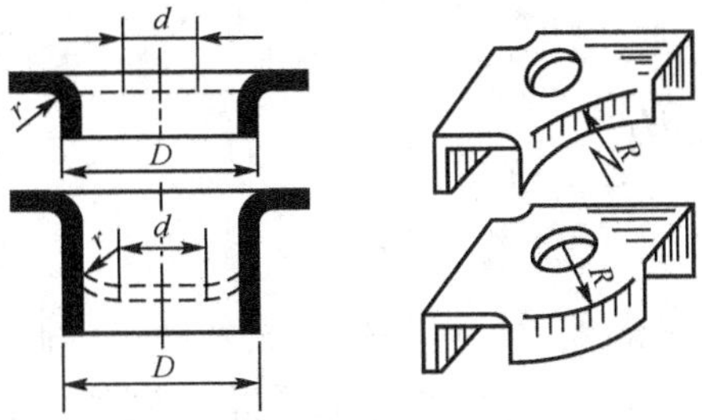

(a) 内孔翻边　　(b) 外缘翻边

图 12.27　常见的翻边件示例

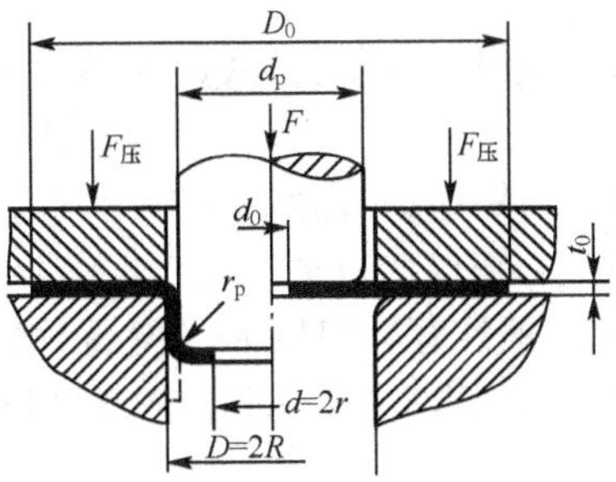

图 12.28　圆孔翻边

在圆孔翻边的中间阶段，即凸模下面的材料尚未完全转移到侧面之前，如果停止变形，则这种成形称扩孔。

如果圆孔处的拉伸量超过了材料的允许范围，就会破裂，因此必须控制翻边的变形程度。圆孔翻边的变形程度用翻边系数 K_1 表示，即

$$K_1 = d_0/D_m \tag{12-9}$$

式中，d_0——毛坯上圆孔的初始直径；

D_m——翻边后竖边的孔径。

影响圆孔翻边成形极限的因素如下：

(1) 材料种类及性能。材料延伸率和应变硬化指数 n 越大，翻边成形极限越大。

(2) 预制孔的状态。孔缘无毛刺和硬化时，翻边成形极限较大。

(3) 凸模的形状。用球形、锥形和抛物形凸模翻边时，孔缘会被圆滑地胀开，变形条件比平底凸模优越，故翻边成形极限较大。

(4) 板料相对厚度(t/d)。板料相对厚度越大，翻边成形极限越大。

12.4.3　缩口

1. 缩口的概念及变形特点

利用模具把圆形筒件或管件的口部直径缩小的成形工艺称为缩口。缩口在军工产品、机械制造、日用品工业中应用广泛。如圆壳体的口径部，用缩口代替拉深，可以减少工序。

缩口的变形特点如图 12.29 所示，在压力 F 的作用下，模具工作部分压迫坯料的口部，使变形区的材料处于两向受压的平面应力状态和一向压缩、两向伸长的立体应变状态。在切向压缩主应力 σ_1 的作用下，产生了切向压缩主应变 ε_1，引起了高度和厚度方向的伸长应变 ε_3 和 ε_2。由于厚度相对很小，阻止 ε_2 的压应力很小，故变形主要是直径因切向受压而缩小，高度和厚度有相应的增加。

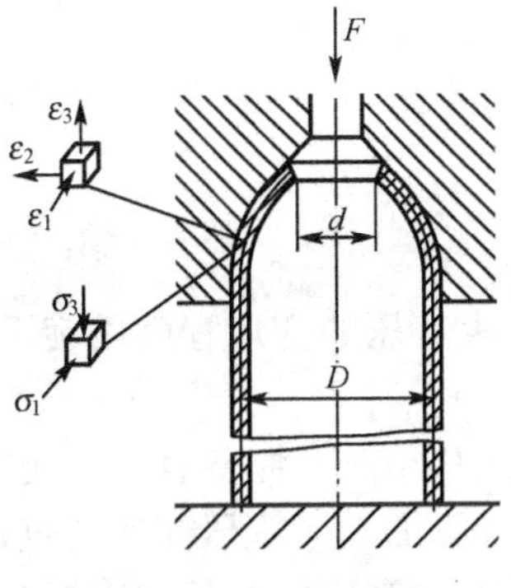

图 12.29　缩口变形的应力应变

坯料端部直径在缩口前后不宜相差太大，否则切向压应力值过大，易使变形区失稳起皱，在非变形区的筒壁部分由于承受缩口压力，也有可能失稳而弯曲变形，所以防止失稳起皱和弯曲变形是缩口工艺的主要问题。

2. 缩口系数

缩口变形程度用缩口系数 m 表示：

$$m=d/D \tag{12-10}$$

式中，d——缩口后直径；

D——缩口前直径。

材料的塑性好、厚度大、模具对筒壁的支承刚性好，极限缩口系数就小。此外，极限缩口系数还与模具工作部分的表面形状和粗糙度、坯料的表面质量、润滑条件等因素有关。

缩口制件的 d/D 值大于极限缩口系数时，则一次缩口即可成形，当 d/D 值小于极限缩口系数时，则需多次缩口，每次缩口工序后进行中间退火。

12.4.4 旋压

1. 普通旋压

旋压工作原理如图 12.30(a)所示，将平板或半成品毛坯套在芯模上并用顶块压紧，芯模、毛坯和顶块均随主轴旋转，操纵赶棒迫使材料逐渐贴模，而获得所要求的工件形状。图 12.30(b)所示是各类旋压制件。旋压所用的设备和模具都很简单，各种形状的旋转体拉深、翻边、缩口、胀形和卷边件都可适用。但旋压生产率较低，劳动强度大，操作技术要求较高，产品质量不稳定，所以只适于单件试制及小批量生产。

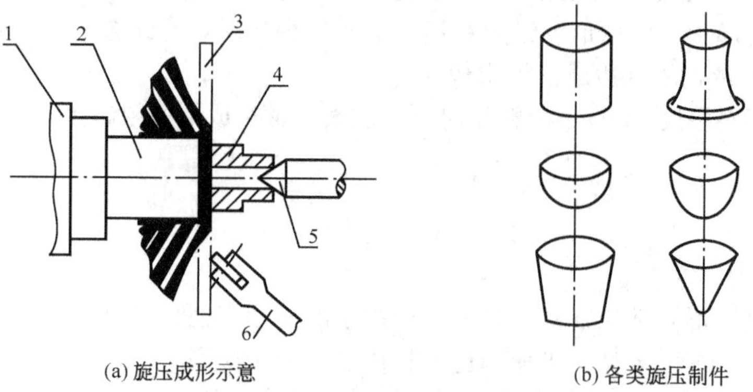

图 12.30 旋压成形与旋压制件

1—主轴；2—胎具；3—坯料；4—顶块；5—顶尖；6—赶棒或旋轮

旋压的变形程度用旋压系数 m 表示：

$$m=d/D \tag{12-11}$$

式中，d——制件直径，制件为锥形件时 d 取圆锥的最小直径；

D——旋压前坯料直径。

圆筒形件极限旋压系数可取 $m=0.6\sim0.8$，当相对厚度 $t/D\times100=0.5$ 时取大值，当

$t/D\times100=2.5$ 时取小值。圆锥形件极限旋压系数可取 $m=0.2\sim0.3$。若工件需要的变形程度比较大时，可以在不同芯模上多次旋压，但应进行中间退火。

2. 变薄旋压

变薄旋压又称强力旋压，是在普通旋压的基础上发展起来的，目前在导弹及喷气发动机的生产中应用较多。图 12.31 所示是锥形件变薄旋压示意，毛坯套在芯模上随同旋压主轴一起旋转，旋轮沿一定轨迹移动，并与芯模保持一定间隙而加压于毛坯，迫使毛坯按芯模形状逐渐成形，加工成所需要的工件。旋轮压力可达 2500～3000MPa，制品表面质量好，并且加工后材料晶粒紧密细化，其强度、硬度和疲劳强度均有所提高。

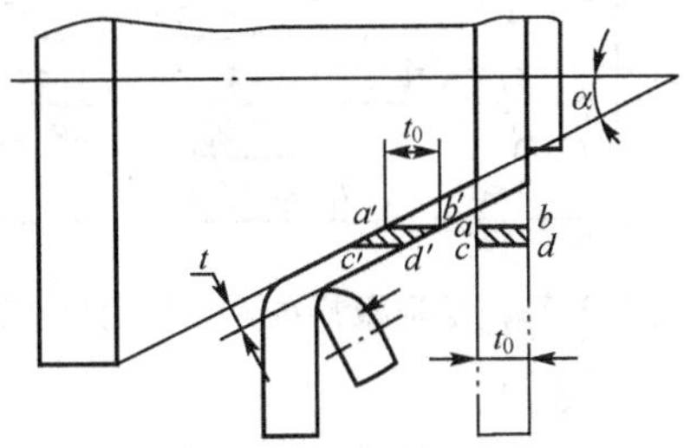

图 12.31 变薄旋压示意

12.5 板料冲压成形性能参数及试验方法

12.5.1 板料冲压性能指标

1. 板料的冲压性能的概念

板料的冲压性能是指板料对各种冲压加工方法的适应能力，包括便于加工，容易得到高质量和高精度的冲压件，生产率高，模具消耗低，废品率低等。

不同的冲压工艺，其应力状态、变形特点以及变形区和传力区之间的关系等都不相同，所以对板材的冲压性能的要求也不一样。目前有很多种板材冲压性能的试验方法，概括起来分为直接试验和间接试验两大类。直接试验中板材的应力状态和变形情况与真实冲压时基本相同，所得的结果也比较准确；而间接试验时，板材的受力情况与变形特点都与实际冲压有一定的差别，其结果只能间接地反映板材的冲压性能。

间接试验方法有拉伸试验、剪切试验、硬度检查、金相检查等，其中拉伸试验具有简单易行而不需专用板材试验设备等优点，而且所得的结果能从不同角度反映板材的冲压性能，是一种很重要的试验方法，详见国家标准 GB/T 228—2002《金属材料　室温拉伸试验方法》。

直接试验方法也称模拟试验法，主要有成形极限试验、斯韦弗特拉深(冲杯)试验、扩孔试验、弯曲试验、福井锥杯试验、凸耳试验、爱立克森杯突试验、吉田拉皱试验等。

2. 板料的拉伸试验及板料基本性能指数

板料的拉伸试验是用图 12.32 所示形状的标准试样，在万能材料实验机上进行的。根据试验结果或利用自动记录装置，可得到图 12.33 所示的应力与伸长率之间的拉伸曲线。

通常将拉伸试验所得到的板料性能指标称为板材的基本性能指数，它们与冲压性能有很紧密的联系，现将其中较为重要的几项分述。

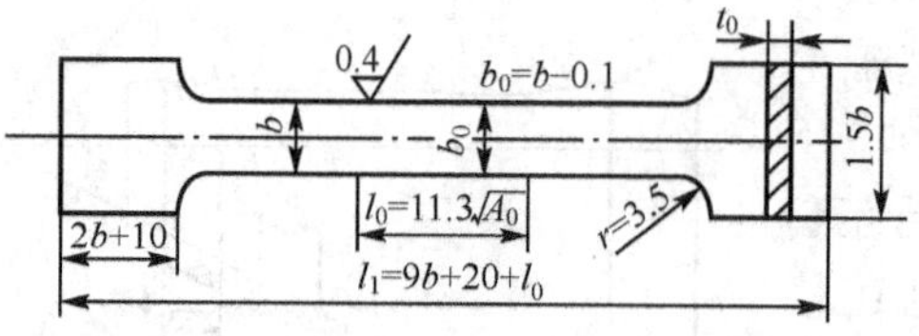

图 12.32　矩形板料拉伸试验用标准试样示意

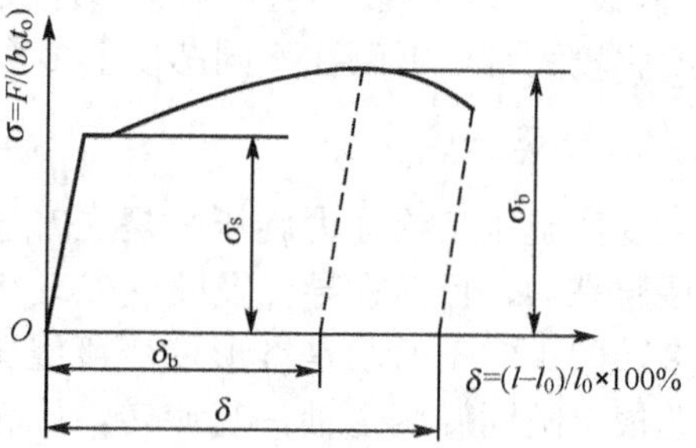

图 12.33　拉伸曲线

1）δ_u 与 δ

δ_u 称为均匀伸长率，δ_u 是在拉伸试验中开始产生局部集中变形(颈缩时)的伸长率。δ 称为总伸长率，或简称伸长率，它是在拉伸试验中试样破坏时的伸长率。一般情况下，冲压成形都在板材的均匀变形范围内进行，所以 δ_u 对冲压性能有较为直接的意义。

δ_u 表示板材产生均匀的或称稳定的塑性变形的能力，它直接决定板材在伸长类变形中的冲压性能。可用 δ_u 间接地表示伸长类变形的极限变形程度，如翻边系数、胀形系数、扩孔系数、最小弯曲半径等。试验结果也表明，大多数材料的翻边变形程度都是与 δ_u 成正比例关系。另外，板材的爱立克森试验值也与 δ_u 成正比例关系，所以具有很大胀形成分的复杂曲面拉深件用的钢板，要求具有很高的 δ_u 值。

2）屈强比 σ_s/σ_b

屈强比是材料的屈服极限与强度极限的比值。较小的屈强比几乎对所有的冲压成形都是有利的。屈强比小尤其对于压缩类成形工艺有利，因为在拉深时，如果板材的屈服点 σ_s 低，则变形区的切向压应力较小，材料起皱的趋势也小，对提高极限变形程度有利。

在伸长类的成形工艺中，如胀形、拉形、拉弯、曲面形状零件的成形等，当 σ_s 低时，成形所需的拉力和毛坯破坏时的拉断力之差较大，所以成形工艺的稳定性高，不容易出废品。弯曲件所用的板材的 σ_s 低时，卸载时回弹变形也小。

3）硬化指数 n

硬化指数表示在塑性变形中材料硬化的强度，又称 n 值。n 值大的材料，在同样的变形程度下，真实应力增加的要多。因此 n 值大时，在伸长类变形过程中可以使变形均匀化，具有扩展变形区、减少毛坯的局部变薄和增大极限变形参数等作用。尤其对于复杂形状的曲面零件的深拉深成形，当毛坯中间部分的胀形成分较大时，n 值的上述作用对冲压性能的影响更为显著。具有不同 n 值材料的爱立克森试验结果也表明，n 值与爱立克森试验值之间存在正比例关系。

硬化指数 n 的数值，可以根据拉伸试验结果所得的硬化曲线，经过一定的计算求得，具体可参阅 GB/T 5028—1999《金属薄板和薄带拉伸应变硬化指数(n 值)试验方法》。

4）塑性应变比 r

塑性应变比又称 r 值或板厚方向性系数，它是板料试样拉伸试验中宽度应变 ε_w 与厚度应变 ε_t 之比。

r 值的大小，表明板材在受单向拉应力作用时，板平面方向和厚度方向上的变形难易程度的比较，也就是表明在相同的受力条件下，板厚度方向上的变形性能和板平面方向上的差别，所以也称为板厚方向性系数。

r值尤其与拉深成形性能直接相关。板料的r值大，拉深成形时有利于凸缘的切向收缩变形，并有利于提高拉深件底部的承载能力。大型覆盖件成形，基本上是拉深与胀形相结合的复合成形，当拉深变形的成分占主导地位时，板材r值大，成形性能好。

冲压生产所用的板材都是经过轧制的，其纵向和横向的性能不同，在不同方向的r值也不一样，GB/T 5027—1999 将用下式计算板厚方向性系数的平均值，称为加权平均塑性比($\bar{r}$)，常作为代表板材冲压性能的一项重要指标：

$$\bar{r}=\frac{r_0+r_{90}+2r_{45}}{4} \tag{12-12}$$

式中，r_0——板材的纵向方向上的r值；

r_{90}——板材的横向方向上的r值；

r_{45}——板材的 45°方向上的r值。

板材平面内的力学性能在不同方向上的差异称为板平面各向异性，其程度可用差值Δr表示，GB/T 5027—1999 将Δr称为塑性应变比平面各向异性度：

$$\Delta r=\frac{r_0+r_{90}}{2}-r_{45} \tag{12-13}$$

板料的塑性平面各向异性常会使拉深件口部出现凸耳(或制耳)，凸耳的大小和位置与Δr有关，所以Δr也称为凸耳参数。

12.5.2 板料成形性能模拟试验

用标准拉伸试验测得的参数，虽然有普遍意义，但在生产中直接应用这些参数，往往难以掌握，而且对具体生产所要求的性能也难以估计。而采用与实际生产性质接近的直接试验方法，即所谓的模拟试验，来测定材料对某种工艺的适用性更有意义。随着冲压生产技术的不断发展和用户对冲压产品成形质量要求的不断提高，这些通过模拟试验测得的板料成形性能参数成为冲压用板料的重要参数。国家对一些模拟试验方法也制定了相关标准，下面介绍几种常见的试验方法。

1. 板料的冲压成形极限试验

板料的成形极限性能常用成形极限图(FLD)描述，成形极限图是 20 世纪 60 年代中期由 Keeler 和 Goodwin 等人提出的。冲压成形极限是指板料在冲压加工中所能达到的最大变形程度。成形极限包含两方面的因素，即变形区的变形极限和传力区的承载能力。目前对成形极限所研究的范围主要是以伸长为主的变形，对以压缩为主的变形的成形极限还没有充分研究。对板料冲压来说，厚度方向的应力很小，可忽略不计，一般近似认为是平面应力状态。

阅读材料12-2

成形极限图的绘制方法

GB/T 15825.8—1995《金属薄板成形性能与试验方法　成形极限图(FLD)试验》详细规定了成形极限图的实验室测定方法。在实验室条件下测定成形极限图时，通常采用刚性凸模对试样进行胀形的方法，必要时可辅以拉伸试验和液压胀形试验。刚性凸模胀形试验时(图 12.34)，将一侧表面制有网格圆的试样置于凹模与压边圈之间，利用压边力压紧拉筋以外的试样材料，试样中部在凸模力作用下产生胀形变形并形成凸包，其表面上的网格圆发生畸变，当凸包上某个局部产生缩颈或破裂时，停止试验，测量缩颈区(或缩颈区附近)或破裂区附近的网格圆长轴和短轴尺寸，由此计算金属薄板允许的局部表面极限工程主应变量(e_1、e_2)和表面极限真实主应变量(ε_1、ε_2)。

以表面应变 e_2(或 ε_2)为横坐标、表面应变 e_1(或 ε_1)为纵坐标，建立表面应变坐标系，将试验测定的表面极限应变量(e_1，e_2)或(ε，ε_2)标绘在表面应变坐标系中，根据表面极限应变量在坐标系中的分布特征，将它们连成适当的曲线或构成条带形区域(图 12.35)，即成形极限曲线(FLC)，曲线以上的区域为破裂区，曲线以下的区域为安全区。

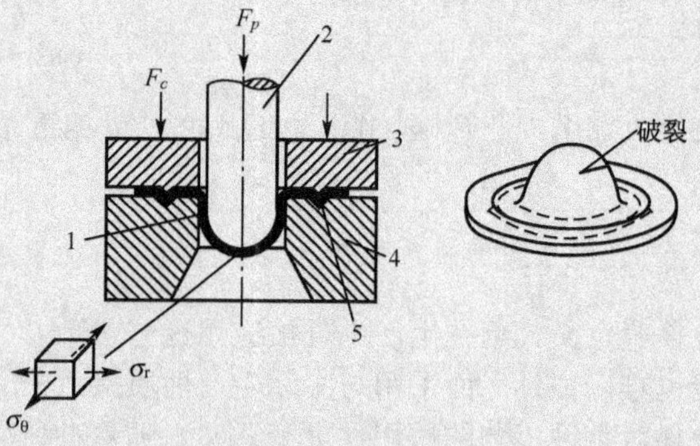

图 12.34　成形极限图 FLD 试验(刚性凸模胀形试验)

1—试样；2—凸模；3—压边圈；4—凹模；5—拉深筋

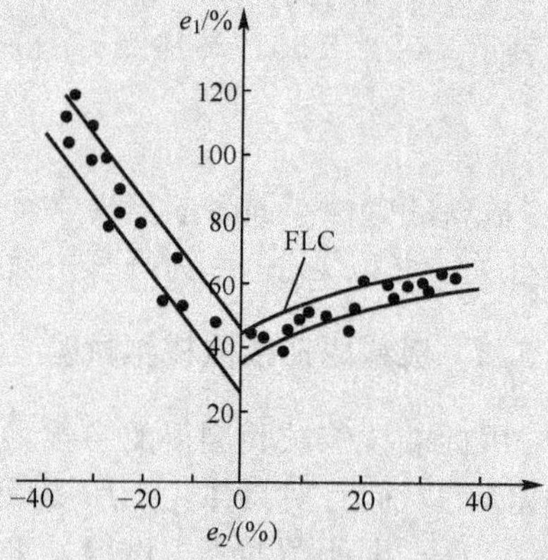

图 12.35　成形极限图 FLD 标绘示意

应用成形极限图可以判别复杂冲压件工艺设计是否合理，在成形零件上取诸点，按上述坐标网格法，测其长、短轴应变后，和成形极限图比较，如应变落在破裂区，则应采取相应措施，如改变模具圆角，改变润滑条件，改变某方向坯料尺寸等，改进成形工艺。

2. 斯韦弗特试验

斯韦弗特(Swift)试验又称冲杯试验或拉深试验，是采用平底凸模将试样拉深成形。国家标准 GB/T 15825.3—1995《金属板料成形性能与试验方法　拉深与拉深载荷试验》规定了以极限拉深比为标志的金属薄板拉深成形性能试验方法。

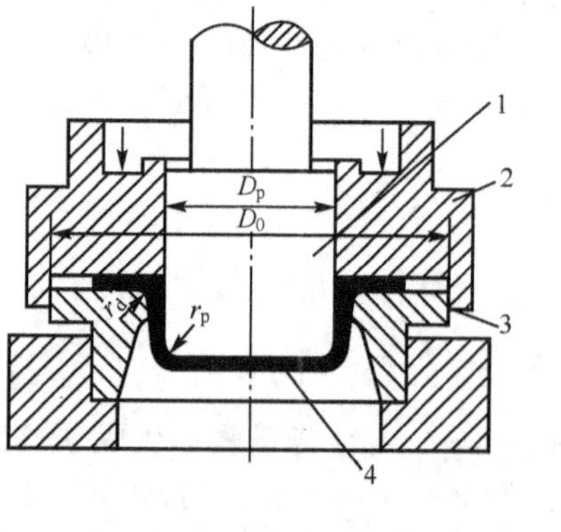

图 12.36　拉深试验

1—凸模；2—压边圈；3—凹模；4—试样

如图 12.36 所示，试验时将圆片试样压置于凹模与压边圈之间，通过凸模对其进行拉深成形。试验需要采用不同直径的试样，并按逐级增大直径的操作程序进行拉深试验，以测定拉深杯体底部圆角附近的壁部不产生破裂时允许使用的最大试样直径(D_{0max})，

试验结束后用 D_{0max} 计算极限拉深比(LDR)。LDR 越大，材料的拉深性能越好。

斯韦弗特拉深试验能比较直接地反映板材的拉深成形性能，但也受试验条件(如间隙、压边及润滑等)的影响，使试验结果的可靠性有所降低。其最大缺点是需制备较多的试件，经过多次试验。

3. 扩孔试验

国家标准 GB/T 15825.4—1995《金属薄板成形性能与试验方法　扩孔试验》详细规定了金属薄板扩孔性能试验方法，将中心带有预制圆孔的试样置于凹模与压边圈之间压紧，通过凸模将其下部的试样材料压入凹模，迫使预制圆孔直径不断胀大，直至孔缘局部发生开裂，停止凸模运动，测量试样孔径的最大值和最小值，用它们计算扩孔率 λ 作为金属薄板的扩孔性能指标。

4. 弯曲试验

国家标准 GB/T 15825.5—1995《金属薄板成形性能与试验方法　弯曲试验》详细规定了以最小相对弯曲半径为标志的弯曲性能试验方法。试验采用一系列具有不同底部弧面半径的凸模(或不同厚度的垫模)，将试样按照规定的弯曲角成形(V 形或 U 形)后，检查其变形区外侧表面，以确定该表面不产生裂纹或显著凹陷时的最小相对弯曲半径作为金属薄板的弯曲性能指标。

5. 福井试验(锥杯试验)

福井试验又称锥杯试验，主要目的是测试板料拉深和胀形复合成形的能力。国家标准 GB/T 15825.6—1995《金属薄板成形性能与试验方法　锥杯试验》详细规定了以锥杯值为标志的金属薄板“拉深+胀形”复合成形性能的试验方法。它是通过一个钢球冲头把试样冲成锥形杯，当发现材料破裂时停止试验，测量杯口的最大值 D_{cmax} 和最小值 D_{cmin}，其平均值作为每次试验的锥杯试验值(CCV)。对于同种材料应进行六次有效重复试验，计算重复试验得到的平均锥杯值作为标准试验值。

锥杯试验模拟的变形方式，是拉深和胀形的综合。因为材料在凸模上拉胀，所以与 n 值有关，其余部分受环向压缩，所以与 r 值有关。通过这种试验，可以判断板料对于球面零件的成形及一些大型覆盖件的加工成形的适应能力。试验结果 CCV 越小，即试件破裂时口部直径越小，反映板材可能产生的变形越大，也就表明板材的复合成形的冲压性能越好。

6. 凸耳试验

国家标准 GB/T 15825.7—1995《金属薄板成形性能与试验方法　凸耳试验》详细规定了以凸耳率 e 为标志的金属薄板塑性平面各向异性试验方法。凸耳率是平均凸耳高度与平均凸耳谷高的百分比。

将圆片试样压置于凹模与压边圈之间，通过凸模对试样进行拉深，将其成形为一个空心圆柱形杯体。试验结束后，测定杯口处凸耳的各项特性指标，并计算凸耳率作为评定金属薄板塑性平面各向异性程度的指标。

7. 爱立克森试验(杯突试验)

爱立克森试验，又称杯突试验，其目的是为了测试板料的胀形性能。目前我国已制定杯突试验的国家标准GB/T 4156—2007《金属材料　薄板和薄带埃里克森杯突试验》，该标准等同采用 ISO 20482：2003 标准。如图 12.37 所示，试验用指定宽度的条料试样放在凹模与压边圈之间压死，用规定尺寸的球形凸模在试件上压出凹坑，直到出现一条穿透裂纹，依据冲头位移测得的凹痕深度即为试验结果。有时还要测出板料破裂前加在凸模上的作用力，以供参考。在试验中，材料的变形方法主要是拉胀成形，凸模压入深度越大，说明板料胀形性能越好。

8. 吉田拉皱试验

吉田拉皱试验是日本吉田清太提出的，也称为拉皱试验。它是沿方形或三角形坯料的对角线方向进行拉深，测取拉深过程中坯料起皱高度，用以反映不均匀拉力条件下成形大尺寸零件(如汽车覆盖件)时板料的冲压成形性能。图 12.38 所示是方板单向和双向对角拉深的示意。拉皱试验中影响起皱发生、发展及弹复的因素主要是材料的特性值 σ_s，E，r 值及 n 值，复合参数 r/σ_s 也与皱高有关。拉皱试验可以用于研究、预测复杂形状大型零件在冲压成形时由于承受不均匀拉应力而产生的起皱缺陷、贴模问题及定形性问题等。

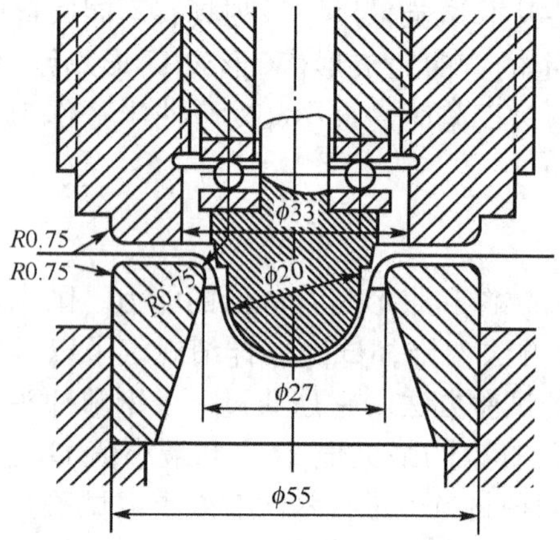

图 12.37　爱立克森杯突试验

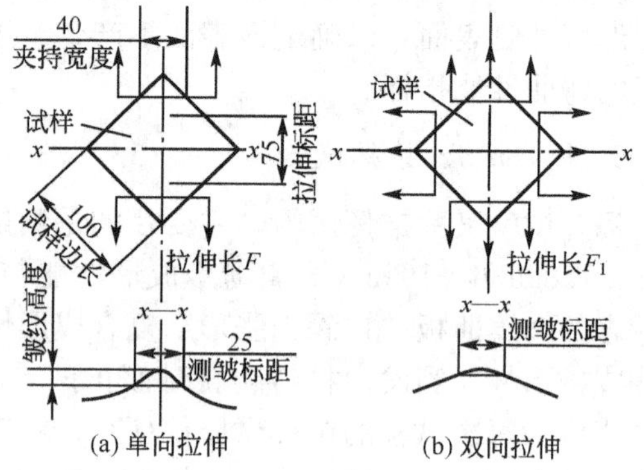

图 12.38　吉田拉皱试验

以上几种模拟成形试验，都是在特定的试验条件下进行的，而实际生产中经常遇到的条件都是比较复杂的，往往还要借助网格法进行直接的工艺试验，再借助成形极限曲线来分析成形时可能或已经出现的问题，作为改进工艺和模具设计的依据，或用来检验为解决问题所采取措施的效果。

小　　结

冲压是利用安装在压力机等设备上的模具，对在模具内的板料施加变形力，使板料产生变形，获得一定形状、尺寸和性能的产品零件的生产技术。根据材料的变形特点可将冲压分为分离工序(冲裁、剪切)和成形工序(弯曲、拉深、胀形等)两大类。

冲裁是利用模具使板料沿着一定的轮廓形状产生分离的一种冲压工序。冲裁既可为弯曲、拉深、胀形、翻边等冲压工序制备毛坯，也可直接制作零件。冲裁变形过程大致分为弹性变形、塑性变形、断裂分离三个阶段。冲裁件正常的断面存在圆角带、光亮带、断裂带、毛刺区四个特征区。冲裁模具间隙的选择对冲裁断面、冲裁力、模具寿命影响很大，生产中一般根据经验选择合适的模具间隙。

弯曲是将板料、棒料、管料或型材等发生塑性变形，弯成一定形状、角度或曲率零件的成形方法。在弯曲圆角变形区内，内侧区域金属切向受压而缩短，外侧区域金属切向受拉而伸长，长度保持不变的金属层为应变中性层。弯曲回弹是弯曲成形时常见的现象，生产中可以通过改善工艺、选用适宜材料、使用拉弯工艺等措施减小弯曲回弹。

拉深工艺可以制成筒形、锥形、球形、方盒形和其他不规则的薄壁零件。圆筒形拉深件拉深时，边缘部分受切向压应力易失稳起皱，筒壁与圆角相切处容易出现拉裂或变薄超差缺陷。在拉深变形时筒壁不被拉破的最小拉深系数称为极限拉深系数，实际选用拉深系数要稍大于极限拉深系数。

胀形是冲压变形的一种基本形式，也常与其他变形方式结合出现在复杂零件的冲压过程中，胀形主要用于平板毛坯的局部成形、圆柱形空心毛坯的胀形、管类毛坯的胀形(波纹管)、平板毛坯的胀形等。

翻边可以加工具有特殊空间形状和良好刚度的立体零件，还能在冲压件上制取与其他零件装配的部位如铆钉孔和轴承座等。按工艺特点划分有内孔翻边、外缘翻边和变薄边等方法。

利用模具把圆形筒件或管件的口部直径缩小的成形工艺称为缩口。旋压是将平板或半成品毛坯套在芯模上并用顶块压紧，芯模、毛坯和顶块均随主轴旋转，操纵赶棒迫使材料逐渐贴模，而获得所要求的工件形状的成形工艺。

板材冲压性能的试验方法分为直接试验和间接试验两类。拉伸试验是一种常用很重要的间接试验方法，通过拉伸试验可以得到板料基本性能指数如伸长率、屈强比等。板料成形模拟试验的方法主要有成形极限图试验、斯韦弗特拉深试验、扩孔试验、弯曲试验、福井锥杯试验、凸耳试验、爱立克森杯突试验等。

【关键词】

冲压工艺　stamping technology
冲裁　blanking
弯曲　bending
拉深　drawing
胀形　bulging
翻边　flanging
旋压　spinning
成形极限图　forming limit diagram

习　题

(1) 试讨论冲裁间隙的大小与冲裁件断面质量的关系。

(2) 弯曲回弹的原因？试述生产中减小弯曲回弹的常用措施。

(3) 圆筒形零件拉深时，毛坯变形区的应力应变状态是怎样的？

(4) 拉深工艺中，主要会出现哪些缺陷形式？说明产生的原因和防止的措施。

(5) 影响极限拉深系数的因素有哪些？拉深系数对拉深工艺有何意义？

(6) 简单说明平板局部胀形与管材胀形的变形特点及应用。

(7) 材料的哪些力学性能对伸长类变形有重大影响？哪些对压缩类变形有重大影响？

(8) 解释FLD图的意义，并在图中标出在拉深、胀形、弯曲等成形工艺中的破坏经常出现在哪些区域。

(9) 为了防止圆筒形拉深件出现凸耳，采用 Δr 值大的材料还是 Δr 值小的材料更有利？为什么？

参考文献

[1] 刘兴国. 铸造过程质量控制与检验读本 [M]. 北京：中国标准出版社，2006.
[2] 昆明工学院. 造型材料 [M]. 昆明：云南人民出版社，1978.
[3] 李弘英. 铸造工艺设计 [M]. 北京：机械工业出版社，2005.
[4] 刘喜俊. 铸造工艺学 [M]. 北京：机械工业出版社，1999.
[5] 曹文龙. 铸造工艺学 [M]. 北京：机械工业出版社，1989.
[6] 孟爽芬. 造型材料 [M]. 哈尔滨：哈尔滨工业大学出版社，1996.
[7] 李传栻. 造型材料新论 [M]. 北京：机械工业出版社，1992.
[8] 丁根宝. 铸造工艺学 [M]. 北京：机械工业出版社，1986.
[9] 夏巨谌. 材料成形工艺 [M]. 北京：机械工业出版社，2005.
[10] 王文清，李魁盛. 铸造工艺学 [M]. 北京：机械工业出版社，2006.
[11] 周述积，侯英玮. 材料成形工艺 [M]. 北京：机械工业出版社，2005.
[12] 黄天佑. 材料加工工艺 [M]. 北京：清华大学出版社，2004.
[13] 中国机械工程学会铸造分会. 铸造手册：第4卷 造型材料 [M]. 2版. 北京：机械工业出版社，2002.
[14] 林柏年. 特种铸造 [M]. 杭州：浙江大学出版社，2004.
[15] 陈立亮. 材料加工 CAD/CAE/CAM 技术基础 [M]. 北京：机械工业出版社，2006.
[16] BEELEY P R. Foundry Technology [M]. London：Butterworths press. 1972.
[17] 侯英玮. 材料成型工艺 [M]. 北京：中国铁道出版社，2002.
[18] 王寿彭. 铸件形成理论及工艺基础 [M]. 西安：西北工业大学出版社，1994.
[19] 沈其文. 材料成形工艺基础 [M]. 2版. 武汉：华中科技大学出版社，2001.
[20] 李魁盛. 铸造工艺及原理 [M]. 北京：机械工业出版社，1989.
[21] 联合编写组. 砂型铸造工艺及工装设计 [M]. 北京：北京出版社，1980.
[22] 李魁盛. 铸造工艺设计基础 [M]. 北京：机械工业出版社，1981.
[23] 叶荣茂. 铸造工艺课程设计手册 [M]. 哈尔滨：哈尔滨工业大学出版社，1989.
[24] 魏兵. 均衡凝固技术铸件质量控制 [M]. 西安：西安理工大学出版社，1992.
[25] HINE R W. Risering Principles Applied to Ductile Iron Casting Made in Green Sand Mould [M]. Visconsin：Madison press，1979.
[26] WLODAWER R. Derectional Solidification of Steel Casting [M]. London：Pergaman Press，1966.
[27] 中国机械工程学会铸造专业学会. 铸造手册：第5卷 铸造工艺 [M]. 2版. 北京：机械工业出版社，2003.
[28] 中国机械工程学会铸造专业学会. 铸造手册：第2卷 铸钢 [M]. 2版. 北京：机械工业出版社，1991.
[29] 李元熔. 铸钢件保温补贴工艺 [J]. 铸造，1996，45(2)：17-20.
[30] 张毅. 铸造工艺 CAD 及其应用 [M]. 北京：机械工业出版社，1994.
[31] IMAFUKU I，CHIJIIWA K. Application and Consideration of the Shrinkage Cavity Predication Method [J]. AFS Transactions，1983，3：463-474.
[32] 李永保，柳百成. 铸造工艺集成 CAD 的研究发展 [J]. 铸造技术，1997，18，2：40-42.
[33] ENGLER S，BOENISCH D. Metal and Mold Wall Movement During Solidification of Cast Iron [J]. Metal Cast Research Journal，1973，3：32-30.
[34] MICHAEL BRASTOW. Controlling cast iron gas defects [J]. Modern Casting，1993，7：41-44.

[35] 孟爽芬. 铸件与铸型的相互作用 [M]. 哈尔滨：哈尔滨工业大学出版社，1985.
[36] HOFMANN F，DIETERT H W，Graham A L. Compactability testing，a new approach in sand research [J]. AFS Trans. 1969，6：134-140.
[37] PARKES W E. Clay-Bonded Foundry Sand [M]. London：Applied Publishers Ltd，1971.
[38] YEARLY B C. Influence of clay and water on expansion defects [J]. Foundry M and T，1964，92(11)：74-78.
[39] [英] 格里姆 R E. 粘土矿物学 [M]. 北京：地质出版社，1960.
[40] DRAPER A B. Lustrous Carbon in Molding Sand [J]. AFS Transactions，1976，84：749-764.
[41] STANBRIDGE R P. The Replacement of Seacoal in Iron Foundry Molding Sands [J]. AFS Transactions，1974，82：169-180.
[42] PREDICINI L J. Sand Control for Bentonite-Bonded Molding Sand [C]. Beijing International Foundry Conference. 1986.
[43] 朱纯熙，邹忠桂，卢晨. 水玻璃固化机理的研究 [J]. 造型材料，1989，1：19-23.
[44] 佟天夫. 铸件的近净形化技术 [J]. 铸造，1992，3：17-20.
[45] 刘仲礼，陈秋玲，吴勇生. 铸造旧砂的综合利用综述 [J]. 中国资源综合利用，2003，7：36-37.
[46] 姜焕中. 焊接方法及设备：第一分册：电弧焊 [M]. 北京：机械工业出版社，1988.
[47] 姜焕中. 电弧焊及电渣焊 [M]. 北京：机械工业出版社，1995.
[48] 机械工程学会焊接分会. 焊接手册　第一分册：焊接方法及设备 [M]. 北京：机械工业出版社，1992.
[49] 美国焊接学会. 焊接手册 [M]. 黄敖文译. 北京：机械工业出版社，1988.
[50] 张文钺. 焊接传热学 [M]. 北京：机械工业出版社，1987.
[51] 邹尚利，冯玉敏，杜冬梅. 单面焊双面成形技术 [M]. 北京：机械工业出版社，2003.
[52] 王文翰. 焊接技术手册 [M]. 郑州：河南科学技术出版社，1997.
[53] 殷树言，张九海. 气体保护焊工艺 [M]. 哈尔滨：哈尔滨工业大学出版社，1988.
[54] 卢本，王大麟，王飞龙. 焊接自动化基础 [M]. 武汉：华中工学院出版社，1985.
[55] [苏] 古列维奇. 有色金属焊接手册 [M]. 邸斌，刘中青译. 北京：中国铁道出版社，1988.
[56] 顾曾迪. 有色金属焊接 [M]. 北京：机械工业出版社，1995.
[57] 任家烈，吴爱萍. 先进材料的连接 [M]. 北京：机械工业出版社，2000.
[58] 史耀武，张新平，雷永年. 严酷条件下的焊接技术 [M]. 北京：机械工业出版社，2000.
[59] 熊腊森. 焊接工程基础 [M]. 北京：机械工业出版社，2002.
[60] 陈丙森. 计算机辅助焊接技术 [M]. 北京：机械工业出版社，1999.
[61] 王廷溥. 金属塑性加工学：轧制理论与工艺 [M]. 北京：冶金工业出版社，1988.
[62] 陈彦博，赵红亮，翁康荣. 有色金属轧制技术 [M]. 北京：化学工业出版社，2007.
[63] 吕立华. 金属塑性变形与轧制原理 [M]. 北京：化学工业出版社，2006.
[64] 齐克敏，丁桦. 材料成形工艺学 [M]. 北京：冶金工业出版社，2006.
[65] 傅祖铸. 有色金属板带才生产 [M]. 长沙：中南大学出版社，2000.
[66] 邹家祥. 轧钢机械 [M]. 北京：冶金工业出版社，1992.
[67] 赵志业. 金属塑性变形与轧制理论 [M]. 北京：冶金工业出版社，2004.
[68] 陈连生. 热轧薄板生产技术 [M]. 北京：冶金工业出版社，2006.
[69] 傅作宝. 冷轧薄钢板生产 [M]. 北京：冶金工业出版社，2005.
[70] 张金柱. 薄板坯连铸装备及生产技术 [M]. 北京：冶金工业出版社，2007.
[71] 田乃媛. 薄板坯连铸连轧 [M]. 北京：冶金工业出版社，2004.
[72] 小型型钢连轧生产工艺与设备编写组. 小型型钢连轧生产工艺与设备 [M]. 北京：冶金工业出版社，2003.
[73] 小型连轧机的工艺与电气控制编写组. 小型连轧机的工艺与电气控制 [M]. 北京：冶金工业

出版社，2003.
[74] 魏军. 金属挤压机 [M]. 北京：化学工业出版社，2006.
[75] 温景林. 有色金属挤压与拉拔技术 [M]. 北京：化学工业出版社，2007.
[76] 谢建新，刘静安. 金属挤压理论与技术 [M]. 北京：冶金工业出版社，2001.
[77] 刘静安，邵连芬. 铝合金挤压工模具典型图册 [M]. 北京：冶金工业出版社，1988.
[78] 翟德梅. 挤压工艺及模具 [M]. 北京：化学工业出版社，2004.
[79] 钟毅. 连续挤压技术及其应用 [M]. 北京：冶金工业出版社，2004.
[80] 温景林. 金属挤压与拉拔工艺学 [M]. 沈阳：东北大学出版社，2003.
[81] 刘静安，谢建新. 大型铝合金型材挤压技术与工模具优化设计 [M]. 北京：冶金工业出版社，2003.
[82] 谢建新. 材料加工新技术与新工艺 [M]. 北京：冶金工业出版社，2004.
[83] 胡亚民，华林. 锻造工艺过程及模具设计 [M]. 北京：北京大学出版社，2006.
[84] 许洪斌，谭险峰. 金属体积成形工艺及模具 [M]. 北京：化学工业出版社，2007.
[85] 高锦张. 塑性成形工艺与模具设计 [M]. 北京：机械工业出版社，2001.
[86] 夏巨谌. 塑性成形工艺及设备 [M]. 北京：机械工业出版社，2001.
[87] 张志文. 锻造工艺学 [M]. 北京：机械工业出版社，1983.
[88] 曾光廷. 材料成型加工工艺及设备 [M]. 北京：化学工业出版社，2001.
[89] 李晋敏. 塑性加工技术 [M]. 北京：机械工业出版社，2003.
[90] 吕炎. 模锻设计手册 [M]. 北京：机械工业出版社，2005.
[91] 李英龙，李体彬. 有色金属锻造与冲压技术 [M]. 北京：化学工业出版社，2007.
[92] 谢懿. 实用锻压技术手册 [M]. 北京：机械工业出版社，2003.
[93] 邓明，吕琳. 冲压成形工艺及模具 [M]. 北京：化学工业出版社，2006.
[94] 李奇涵. 冲压成形工艺与模具设计 [M]. 北京：科学出版社，2007.
[95] 吴诗惇. 冲压工艺学 [M]. 西安：西北工业大学出版社，1987.
[96] 华玉培，李恒权. 冷冲压及模具设计 [M]. 济南：山东科学技术出版社，1990.
[97] 成虹，徐家祥. 冲压工艺与模具设计 [M]. 成都：电子科技大学出版社，2000.
[98] 郑家贤. 冲压工艺与模具设计实用技术 [M]. 北京：机械工业出版社，2005.
[99] 付宏生. 冷冲压成形工艺与模具设计制造 [M]. 北京：化学工业出版社，2005.
[100] 李硕本. 冲压工艺理论与新技术 [M]. 北京：机械工业出版社，2002.
[101] 杨卫海，徐国就. 单面焊双面成形技术在油罐埋弧自动焊中的应用 [J]. 化工建设安装，2002，24(5)：14.
[102] 赵海鸿，尹长华，黄福祥. 西气东输用X70钢的自动焊焊接工艺 [J]. 焊接技术，2004，33(3)：20.
[103] 李颂宏，张萍，于泳. 西气东输管道工程焊接方法性能比较 [J]. 焊接，2002(8)：32.
[104] 王建勋. 焊接电弧磁偏吹问题的理论解释及解决办法 [J]. 电焊机，2003，33(6)：46.
[105] 赵华夏，焦向东. 输油管TIG焊接电弧温度的光谱诊断 [J]. 焊接技术，2006，35(6)：55.
[106] 包晔峰，周昀，吴毅雄. 熔化极气体保护焊熔滴过渡研究 [J]. 焊接技术，2006，36(3)：55.
[107] 武丹，裘荣鹏，许鸿吉. 焊接工艺参数对A-TIG焊的焊缝成形的影响 [J]. 兵器材料科学与工程，2004，27(4)：26.
[108] 李鹤歧，王新，蔡秀鹏. 国内外埋弧焊的发展状况 [J]. 电焊机，2006，36(4)：1.
[109] 贾巍，王华. 浅谈如何控制埋弧焊焊缝中的气孔产生 [J]. 大众科学，2007，14：28.
[110] 莫文凯. 高频脉冲TIG焊机及其应用 [J]. 电焊机，2004，34(10)：70.
[111] 王杭安. 送丝系统对GMAW电弧稳定性的影响及改善对策 [J]. 电焊机，2007，37(11)：72.